미분적분학 바이블

Essential Calculus 2nd edition

James Stewart 지음

한빛수학교재연구소 옮김

한빛아카데미
Hanbit Academy, Inc.

Cengage

***Essential Calculus, International Metric Edition, Brief Edition*, 2nd Edition**

James Stewart

ISBN-13: 979-11-5664-614-3

Cengage Learning Korea Ltd.
14F YTN Newsquare 76 Sangamsan-ro
Mapo-gu Seoul 03926 Korea
Tel: (82) 1533 7053
Fax: (82) 2 330 7001

Cengage Learning is a leading provider of customized learning solutions with office locations around the globe, including Singapore, the United Kingdom, Australia, Mexico, Brazil, and Japan. Locate your local office at: **www.cengage.com**

Cengage Learning products are represented in Canada by Nelson Education, Ltd.

To learn more about Cengage Learning Solutions, visit **www.cengageasia.com**

Printed in Korea
Print Number: 05 Print Year: 2025

미분적분학 바이블

Essential Calculus

2nd edition

James Stewart 지음
한빛수학교재연구소 옮김

Cengage

Australia • Brazil • Canada • Mexico • Singapore • United Kingdom • United States

지은이 **James Stewart**

고인이 된 제임스 스튜어트는 미국 스탠퍼드대학교에서 석사 학위를 받고 토론토 대학교에서 박사 학위를 받았다. 영국 런던대학교에서 연구했는데 스탠퍼드대학교의 저명한 수학자 조지폴리아의 영향을 받았다. 스튜어트는 최근까지 맥마스터 대학교의 수학과 교수로 재직했으며, 연구 분야는 조화해석학이었다. 그는 센게이지러닝을 통해 『PRECALCULUS』, 『CALCULUS』, 『CALCULUS : EARLY TRANSCENDENTALS』, 『CALCULUS : CONCEPTS AND CONTEXTS』 등 다양한 미적분학 교재를 출간한 베스트셀러 저자이다.

옮긴이 **한빛수학교재연구소**

한빛수학교재연구소에서는 이공계열 공통 수학 및 수학 관련 학과 전공 교재에 적합한 원서를 기획/출간하고 있습니다. 이 책은 국립 금오공과대학교 응용수학과 이재원 교수님께서 총괄 번역하였으며, 여러 수학 전문 편집자가 편집에 참여했습니다.

미분적분학 바이블

초판발행 2018년 03월 01일
5쇄발행 2025년 02월 07일

지은이 James Stewart / **옮긴이** 한빛수학교재연구소 / **펴낸이** 전태호
펴낸곳 한빛아카데미㈜ / **주소** 서울시 서대문구 연희로2길 62 한빛아카데미㈜ 2층
전화 02-336-7112 / **팩스** 02-336-7199
등록 2013년 1월 14일 제2017-000063호 / **ISBN** 979-11-5664-614-3 93410
기획 고지연 / **편집** 고지연, 박현진, 유지형 / **교정** 박한솔 / **진행** 윤세은
디자인 김연정 / **전산편집** 임희남 / **제작** 박성우, 김정우
영업 김태진, 김성삼, 이정훈, 임현기, 이성훈, 김주성 / **마케팅** 김호철, 심지연

이 책에 대한 의견이나 오탈자 및 잘못된 내용은 출판사 홈페이지나 아래 이메일로 알려주십시오.
파본은 구매처에서 교환하실 수 있습니다. 책값은 뒤표지에 표시되어 있습니다.

홈페이지 www.hanbit.co.kr / 이메일 question@hanbit.co.kr

지은이 머리말

미적분학의 유용성과 아름다움을 발견하길 바라며

미적분 교재를 읽는 것은 신문이나 소설 또는 물리책을 읽는 것과는 다르다. 미적분학 내용을 이해하기 위해 한 번 이상 읽어야만 한다면 주저하지 마라. 그림을 그린다거나 계산을 하기 위한 연필, 종이, 계산기를 갖고 있어야 한다.

어떤 학생들은 숙제를 해결하고자 연습문제를 풀기 어려운 경우에만 교재를 본다. 그러나 연습문제를 풀기 전에 교재의 한 절을 읽고 이해하는 것이 훨씬 좋은 방법일 것이다. 특히 용어의 정확한 의미를 알려면 정의를 제대로 이해해야 한다. 그리고 예제는 먼저 풀이를 가린 상태에서 스스로 풀어보기를 권한다. 이와 같이 한다면 단순히 풀이를 알게 되는 것보다 훨씬 더 많은 것을 얻게 될 것이다.

이 과정의 주요 목적 중 하나는 학습자 스스로가 논리적으로 생각하는 연습을 하게 만드는 것이다. 동떨어진 방정식 또는 공식의 실마리가 아닌 앞뒤가 연결되고 단계적으로 이유를 밝히는 문장으로 연습문제의 풀이를 쓰도록 학습하기 바란다.

구두로 설명한다거나 해석 또는 서술을 묻는 몇몇 연습문제들의 경우에는 답을 표현하는 정확한 방법이 한 가지만 있는 것이 아니다. 따라서 결정적인 답을 구하지 못했다고 걱정할 필요가 없다. 추가적으로 수치나 대수적으로 답을 표현할 때 다른 형태로 표현되는 경우가 종종 있다. 자신이 구한 답이 제시된 답과 다르다고 하여 자신의 답이 틀렸다고 추정하지 마라. 예를 들어 제시된 답은 $\sqrt{2}-1$인데 구한 답이 $\dfrac{1}{1+\sqrt{2}}$이라면, 구한 답도 맞는 것이다. 분모를 유리화하면 두 답이 동일한 것을 알 수 있다.

미적분학 수강을 마쳤다고 해도 참고용으로 이 책을 갖고 있기를 권한다. 우리는 미적분학의 세부사항을 모두 기억할 수 없다. 미적분학 이후의 과정을 수강하게 될 때 기억나지 않는 미적분학 지식들을 찾아볼 수 있을 것이다. 또한 이 책에는 어느 한 강좌 하나에서 다루는 것보다 훨씬 많은 문제가 담겨있기 때문에 실무 과학자나 기술자에게 귀중한 자료가 될 것이다.

미적분학은 인간의 지성으로 이룬 가장 위대한 업적 중 하나로 생각되는 매우 흥미로운 주제이다. 나는 미적분학이 매우 유용할 뿐만 아니라 본질적으로 아름답다는 것을 학생들이 발견하기를 희망한다.

지은이 **James Stewart**

미리보기

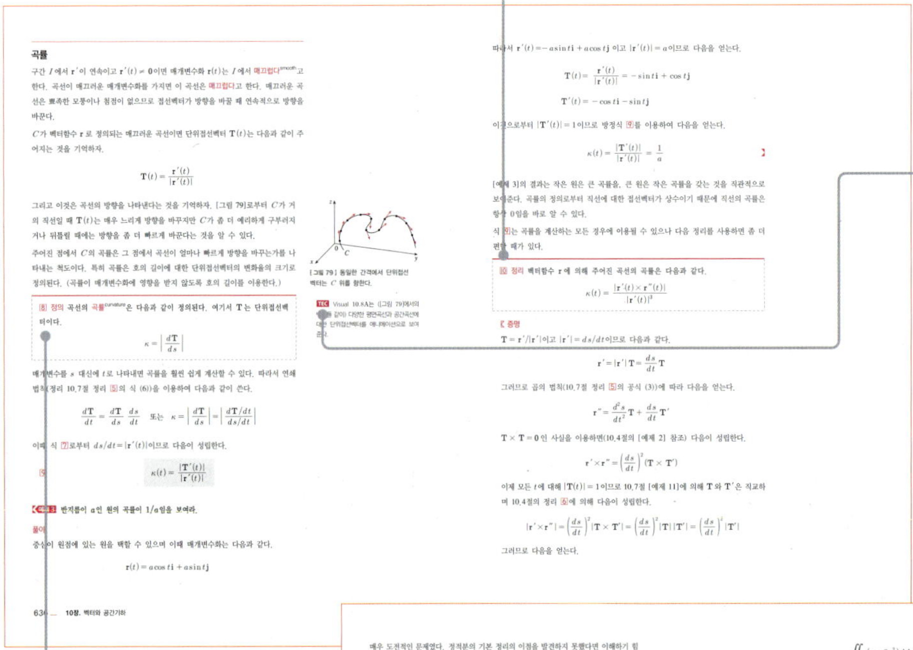

정리 및 증명

해당 주제에서 기억해 두어야 할 공식과 증명 과정을 간단히 보여준다.

TEC

미분적분의 유용한 측면을 컴퓨터로 탐구할 수 있는 모듈을 제시한다. Enhanced WebAssign (www.webassign.net)과 CourseMate(www.cengagebrain.com)에서 찾을 수 있으며, Visual과 Module이 언급된 것은 다음 웹사이트에서 실행할 수 있다. www.stewartcalculus.com

정의

해당 주제에서 기억해 두어야 할 중요한 핵심 용어를 정의한다.

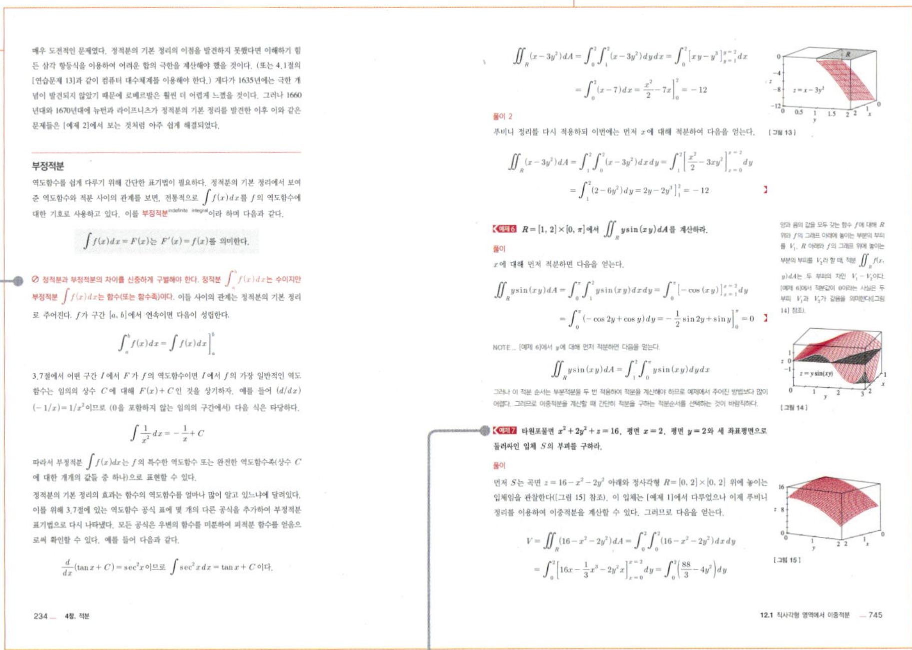

⊘

오류를 범할 수 있는 상황을 알리고 그에 대해 설명한다.

예제 및 풀이

본문에서 다룬 개념들을 적용한 문제와 그에 대한 상세한 풀이를 담았다.

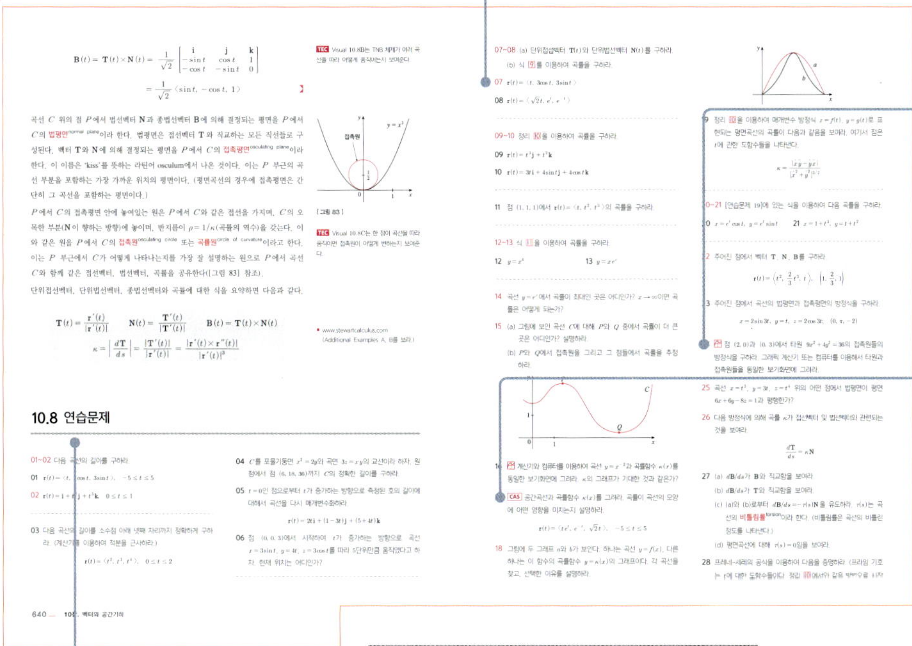

힌트가 주어지는 문제

Enhanced WebAssign(www.webassign.net), CourseMate(www.cengagebrain.com), www.stewartcalculus.com에서 연습문제에 대한 힌트를 찾을 수 있다.

그래프 계산기나 그래프 소프트웨어가 있는 컴퓨터를 반드시 사용해야 하는 문제를 의미한다.

CAS

Derive, Maple, Mathematica, TI-89/92와 같은 컴퓨터 대수체계를 사용해야 하는 문제를 의미한다.

연습문제

해당 절이 끝날 때마다 본문에서 익힌 내용을 문제를 통해 정리한다.

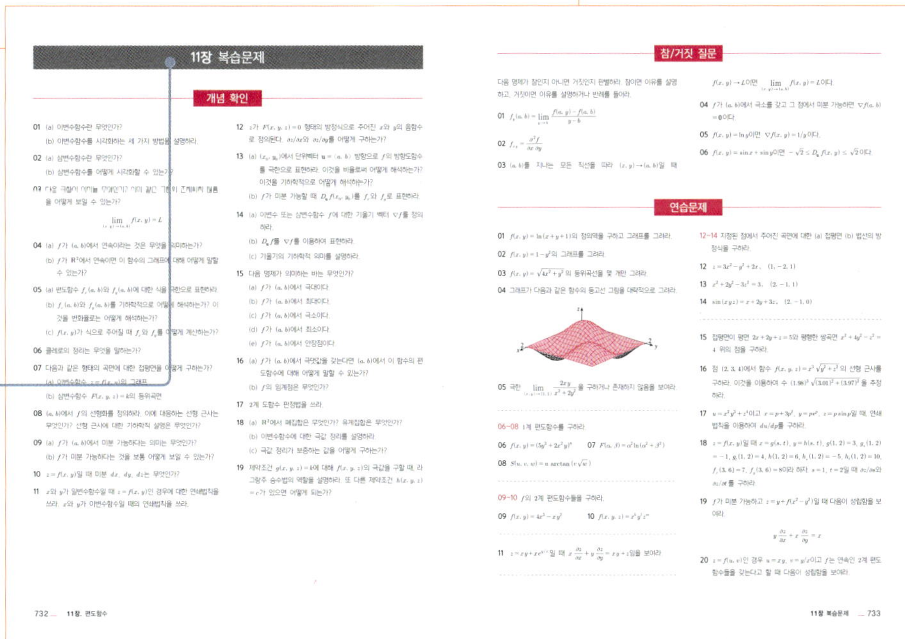

복습문제

해당 장이 끝날 때마다 종합적인 개념 확인, 참/거짓 질문, 연습문제를 통해 해당 장의 학습을 마무리한다.

강의자용 : 강의보조자료 다운받기 한빛출판네트워크 접속(http://www.hanbit.co.kr) → [교수전용] 클릭 → [강의자료] 클릭

학습자용 : 연습문제 해답 다운받기 한빛출판네트워크 접속(http://www.hanbit.co.kr) → [SUPPORT] 클릭 → [자료실] 클릭

옮긴이 머리말

미적분을 배워야 하는 이유가 담긴 책

제임스 스튜어트James Stewart는 미적분학의 바이블이라 할 수 있는 여러 종류의 미적분학 도서를 집필하였다. 이 책은 그의 미적분학 도서 중 하나인『Essential Calculus, 2nd Ed.』의 번역서이다.

이 책은 수학과의 전통적인 교과 과정뿐만 아니라 자연과학, 공학, 의학을 비롯한 사회과학에의 많은 응용을 담고 있다. 또한 미적분학의 내용을 단순하게 기술하기보다는 문제해결을 위한 원리를 이해하고, 그에 대한 응용을 자세하고도 친절하게 기술하고 있다.

일반적으로 미적분학은 고교 수학에서 기본적인 내용을 학습하고, 그 내용을 대학교 1학년에서 다시 학습하게 된다. 그러나 대부분의 미적분학 교재들이 수학적 내용에 치우쳐 있으며, 지금 배우는 이 내용이 어느 학문의 어떤 분야에서 필요로 하는지를 알려주지 않는다. 많은 학생들이 미적분학을 왜 배워야 하는지, 내 전공과 무슨 관련이 있는지 모르는 상태에서 공부하다 보니 결국 흥미를 잃는다.

반면 이 번역서는 미적분학의 주제마다 여러 학문 분야에서 나타나는 실질적인 문제를 제시한다. 따라서 학생들이 미적분을 배워야 하는 이유를 명확히 알 수 있으며, 전공에 대한 자신감을 얻을 수 있을 것이다. 특히 공학도에게는 필수적인 계산기 또는 Maple, Mathematica 등과 같은 프로그램을 이용하도록 함으로써 프로그램 사용 능력을 배양하고 있다. 또한 학생들이 공부하면서 쉽게 범할 수 있는 오류에 경고 표시를 붙여줌으로써 주의를 환기시키는 방식이 다른 책과 구별된다.

이 책을 번역하면서 다음과 같은 점에 특히 주의를 기울였다.

첫째, 최대한 원문에 충실하게 번역한다.
둘째, 문장은 되도록 짧게, 학생들이 이해하기 쉬운 용어를 사용한다.
셋째, 원문의 내용이 왜곡되지 않도록 학습 내용을 생략하지 않는다.
넷째, 각 절의 연습문제는 원문의 홀수 번을 수록하되, 필요에 따라 짝수 번을 추가한다.

다시 한 번 말하지만, 이 책은 단순한 계산 문제뿐만 아니라 여러 학문 분야에서 필요한 내용까지 폭넓게 수록하고 있다. 미적분학 수강을 마쳤다 하더라도 다양한 분야의 학문을 공부할 때 많은 도움이 되는 책이므로 반드시 소장하기를 바란다.

끝으로 이 책의 기획에서 출간까지 수고를 아끼지 않은 한빛아카데미㈜ 관계자분과 김태헌 사장님께 감사드린다.

옮긴이 **이재원**

학습 로드맵

이 책은 기본적으로 3학기 과정에 맞추어 집필된 저자의 다른 미적분학 교재에서 다루는 분량의 2/3 정도를 수록하고 있다. 그럼에도 불구하고 거의 모든 동일한 주제가 포함되어 있다. 따라서 전공에 따라 내용을 선택적으로 선별하여 수업을 진행할 필요가 있다. 예를 들어 '13장. 벡터해석'의 경우 수학계열 전공에서는 '벡터해석'을 학습해야 하지만, 공학계열 전공에서는 이 내용을 학습할 필요가 없을 것이다. 이런 기조에 따라 다음과 같이 로드맵을 정리했으므로 전공에 따라 내용을 선별하여 학습하기를 권한다.

수학계열 전공

1학기		2학기	
1장	함수와 극한	8장	급수
2장	도함수	9장	매개변수 방정식과 극좌표
3장	도함수의 응용	10장	벡터와 공간기하
4장	적분	11장	편도함수
5장	역함수 : 지수함수, 로그함수, 역삼각함수	12장	중적분
6장	적분법	13장	벡터해석
7장	적분의 응용		

공학계열 전공

1학기		2학기	
1장	함수와 극한	7장	적분의 응용
2장	도함수	8장	급수
3장	도함수의 응용	9장	매개변수 방정식과 극좌표
4장	적분	11장	편도함수
5장	역함수 : 지수함수, 로그함수, 역삼각함수	12장	중적분
6장	적분법		

목차

목차

목차

13장 벡터해석

부록

10장 벡터와 공간기하

VECTORS AND THE GEOMETRY OF SPACE

이 장에서는 3차원 공간에 대한 벡터와 좌표계를 소개한다. 이는 11장에서 다룰 이변수 함수에 대한 준비과정이기도 하다. 왜냐하면 이변수 함수의 그래프는 공간에서 곡면이기 때문이다. 이 장에서 벡터를 이용하면 직선, 평면, 곡선을 간단히 나타낼 수 있음을 알게 될 것이다. 또한 벡터값 함수를 이용하여 공간에서 움직이는 물체의 운동을 설명할 것이다. 더불어 이 함수로 행성 운동에 대한 케플러의 법칙까지 유도할 수 있다.

10.1 3차원 좌표계

평면에서 한 점의 위치를 정하기 위해서는 두 수가 필요하다. 평면 안에서 임의의 점은 실수들의 순서쌍 (a, b)로 표현할 수 있고, 이때 a는 x좌표, b는 y좌표이다. 이런 이유로 평면을 2차원이라 부른다. 공간에서 한 점의 위치를 정하기 위해서는 세 수가 필요하다. 공간 안에 있는 임의의 점은 세 실수의 순서쌍 (a, b, c)로 나타낸다.

공간에서 점을 나타내기 위해 먼저 고정된 점 O(원점)와 이 점을 지나며 서로 수직인 세 개의 유향 직선을 선택한다. 이때 이 직선들을 **좌표축**coordinate axes이라 하고 각각 x축, y축, z축이라 부른다. 보통 [그림 1]과 같이 x축, y축은 평면 위에, z축은 이에 수직으로 그린다. z축의 방향은 [그림 2]와 같이 **오른손 법칙**right-hand rule에 의해 결정된다. 즉 z축을 중심으로 오른손 손가락을 양의 x축에서 양의 y축을 따라 시계 반대 방향으로 $90°$ 회전하면 엄지손가락은 z축 양의 방향을 가리킨다.

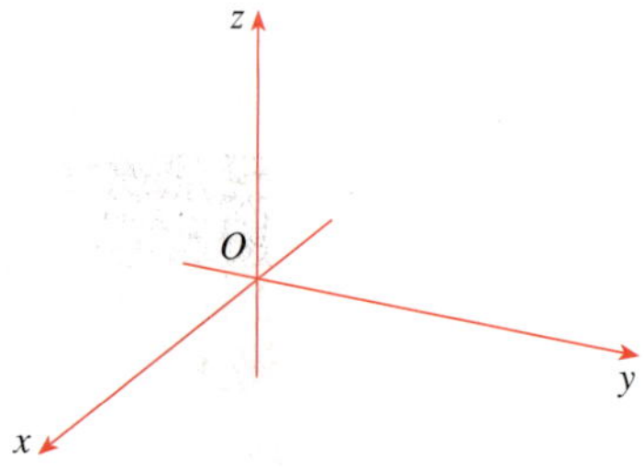

[그림 1] 좌표축

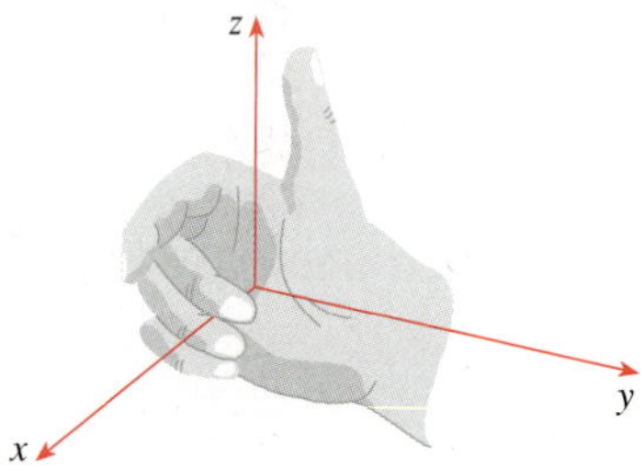

[그림 2] 오른손 법칙

세 좌표축은 [그림 3(a)]와 같이 세 **좌표평면**coordinate plane을 결정한다. xy평면은 x축과 y축을 포함하고, yz평면은 y축과 z축을 포함하며, xz평면은 x축과 z축을 포함한다. 이들 세 좌표평면은 공간을 **팔분공간**octant이라고 하는 여덟 개의 부분으로 나눈다. 전면에 나타나 있는 **제1팔분공간**first octant은 양의 축들에 의해 결정된 팔분공간이다.

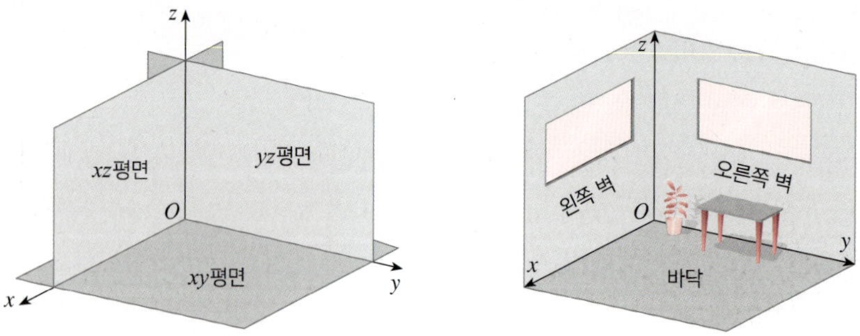

(a) 좌표평면 (b)

[그림 3]

대부분 3차원에 있는 입체도형을 가시적으로 그리는 것을 어려워하므로 다음과 같이 생각하면 도움이 될 것이다([그림 3(b)] 참조). 임의의 방바닥 귀퉁이를 선택하여 원점이라 하자. 왼쪽 벽이 xz평면, 오른쪽 벽이 yz평면, 방바닥은 xy평면이다. 방바닥과 왼쪽 벽이 만나는 선을 따라 x축이 나오고, 방바닥과 오른쪽 벽이 만나는 선을 따라 y축이 나온다. z축은 두 벽이 만나는 선을 따라 방바닥에서 천장쪽으로 올라가면 나온다. 제1팔분공간 안에 위치하고 있으니 다른 일곱 개의 팔분공간 안에 위치한 일곱 개의 다른 방(세 개는 같은 층, 네 개는 아래층)을 상상할 수 있을 것이다. 이때 모든 방들은 공통적으로 귀퉁이 점 O에 의해 연결된다.

이제 P가 공간 안에 있는 임의의 점이면 yz평면에서 P까지의 (유향) 거리를 a, xz평면에서 P까지의 거리를 b, xy평면에서 P까지의 거리를 c라 하자. 점 P를 세 실수의 순서쌍 (a, b, c)로 나타내고 a, b, c를 P의 **좌표**coordinates라 한다. 즉 a는 x좌표, b는 y좌표, c는 z좌표이다. 따라서 점 (a, b, c)의 정확한 위치를 찾으려면 [그림 4]와 같이 원점 O에서 출발해서 x축을 따라 a단위만큼 이동한 다음 y축과 평행하게 b단위만큼 이동하고 다시 z축에 평행하게 c단위만큼 이동하면 된다.

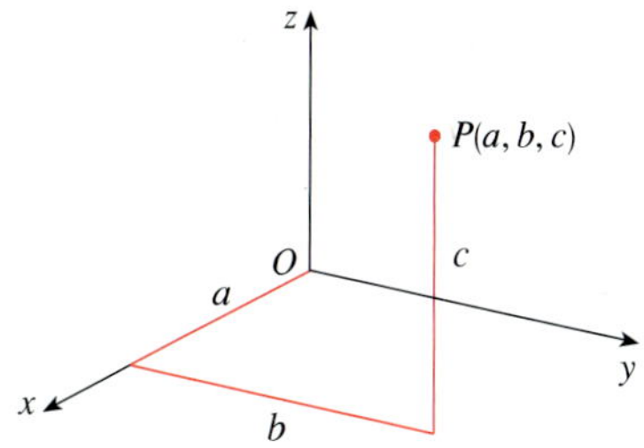

[그림 4]

점 $P(a, b, c)$는 [그림 5]와 같은 직육면체 상자를 결정한다. 이때 점 P에서 xy평면에 수선을 내린 점 Q의 좌표는 $(a, b, 0)$이며 이 점을 xy평면 위로의 P의 **사영**projection이라 부른다. 마찬가지로 $R(0, b, c)$와 $S(a, 0, c)$는 각각 yz평면과 xz평면 위로의 P의 사영이다. 예를 들어 점 $(-4, 3, -5)$와 $(3, -2, -6)$을 좌표평면에 표시하면 [그림 6]과 같다.

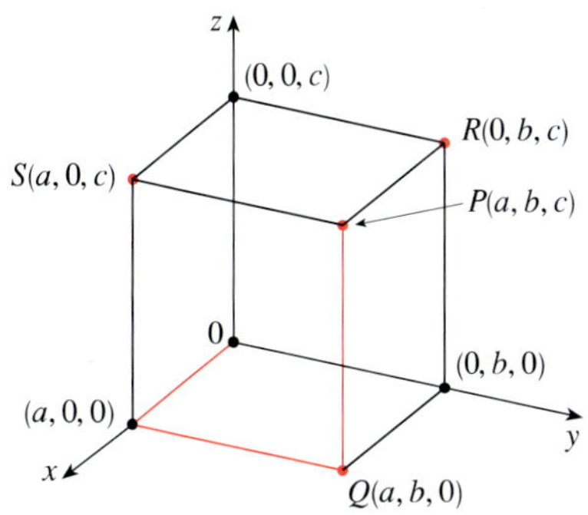

[그림 5]

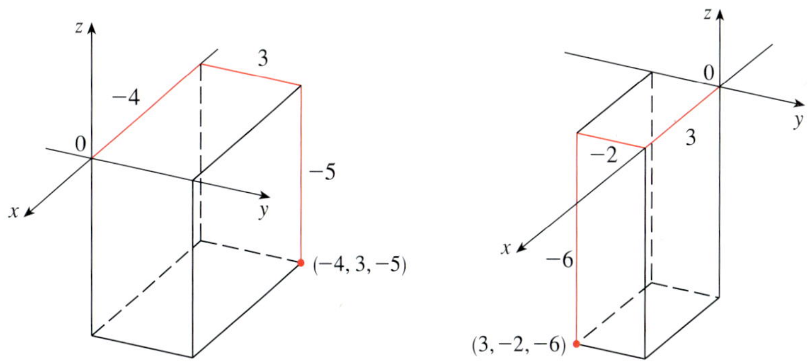

[그림 6]

카테시안 곱 $\mathbb{R} \times \mathbb{R} \times \mathbb{R} = \{(x, y, z) \mid x, y, z \in \mathbb{R}\}$은 세 실수의 순서쌍 전체의 집합이고 이것을 $\mathbb{R}^3$으로 나타낸다. 이것은 공간 안의 점 P와 $\mathbb{R}^3$의 순서쌍 (a, b, c) 사이에 일대일 대응 관계를 지어준 것으로써 이를 **3차원 직교좌표계**three dimensional rectangular coordinate system라 한다. 좌표상으로 제1팔분공간은 좌표들이 모두 양수인 점의 집합으로 나타낼 수 있음을 주목하자.

2차원 해석기하학에서 x와 y를 포함하는 방정식의 그래프는 $\mathbb{R}^2$ 안의 곡선이다. 3차원 해석기하학에서 x, y, z를 포함하는 방정식은 $\mathbb{R}^3$ 안의 곡면을 나타낸다.

예제 1 **다음 방정식을 나타내는 $\mathbb{R}^3$ 안의 곡면은 무엇인가?**

(a) $z = 3$ **(b)** $y = 5$

풀이

(a) 방정식 $z = 3$은 z좌표가 3인 $\mathbb{R}^3$ 안의 모든 점들의 집합인 $\{(x, y, z) \mid z = 3\}$을 나타낸다. 이것은 [그림 7(a)]와 같이 xy평면에서 3단위만큼 위에 있고, xy평면과 평행한 수평면이다.

(b) 방정식 $y = 5$는 y좌표가 5인 $\mathbb{R}^3$ 안의 모든 점들의 집합을 나타낸다. 이것은 [그림 7(b)]와 같이 xz평면의 오른쪽으로 5단위만큼 오른쪽에 있고 xz평면과 평행한 수직평면이다.

■ www.stewartcalculus.com (Additional Example A를 보라.)

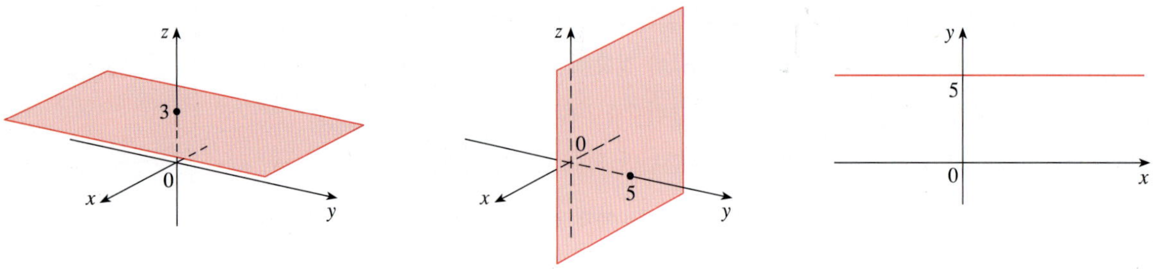

(a) $z=3$, $\mathbb{R}^3$ 안의 평면 (b) $y=5$, $\mathbb{R}^3$ 안의 평면 (c) $y=5$, $\mathbb{R}^2$ 안의 직선

[그림 7]

NOTE _ 하나의 방정식이 주어지면 이 방정식이 문맥상 $\mathbb{R}^2$에서 곡선을 나타내는지 아니면 $\mathbb{R}^3$에서 곡면을 나타내는지 이해해야 한다. [예제 1]에서 $y=5$는 $\mathbb{R}^3$ 안의 평면을 나타내지만 2차원 해석기하학을 다룰 때 $\mathbb{R}^2$에서 $y=5$는 직선을 나타내는 것이다([그림 7(b)], [그림 7(c)] 참조).
일반적으로 k가 상수이면 $x=k$는 yz평면과 평행한 평면, $y=k$는 xz평면과 평행한 평면, $z=k$는 xy평면과 평행한 평면을 나타낸다. [그림 5]에서 직육면체의 면은 세 좌표평면 $x=0$(yz평면), $y=0$(xz평면), $z=0$(xy평면)과 세 평면 $x=a$, $y=b$, $z=c$로 이루어진다.

예제 2 **방정식 $y=x$로 표현되는 $\mathbb{R}^3$ 안의 곡면을 설명하고 그림을 그려라.**

풀이

방정식 $y=x$는 $\mathbb{R}^3$에서 x좌표와 y좌표가 같은 점들의 집합, 즉 $\{(x, x, z) \mid x \in \mathbb{R}, z \in \mathbb{R}\}$을 나타낸다. 이것은 직선 $y=x$와 $z=0$에서 xy평면을 가로지르는 수직평면이다. 이 평면의 제1팔분공간에 놓이는 부분은 [그림 8]과 같다.

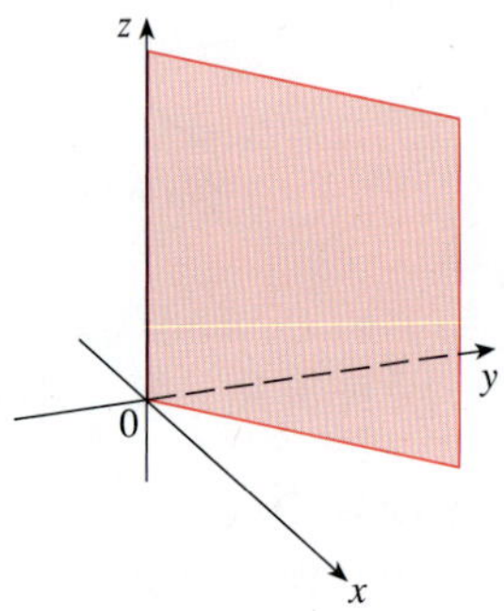

[그림 8] 평면 $y=x$

평면에서 두 점 사이의 거리 공식은 다음과 같이 3차원 공식으로 쉽게 확장된다.

3차원에서의 거리 공식 두 점 $P_1(x_1, y_1, z_1)$과 $P_2(x_2, y_2, z_2)$ 사이의 거리 $|P_1P_2|$는 다음과 같다.

$$|P_1P_2| = \sqrt{(x_2-x_1)^2+(y_2-y_1)^2+(z_2-z_1)^2}$$

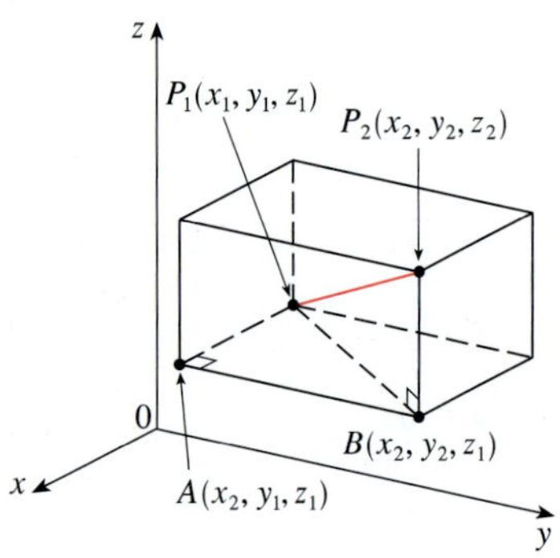

[그림 9]

이 공식을 증명하기 위해 [그림 9]와 같이 직육면체 상자를 만든다. 이때 P_1과 P_2는 맞꼭짓점이고 상자의 각 면은 좌표평면에 평행하다.
$A(x_2, y_1, z_1)$과 $B(x_2, y_2, z_1)$이 그림에서 표시된 꼭짓점이라 하면 다음이 성립한다.

$$|P_1A| = |x_2-x_1|, \quad |AB| = |y_2-y_1|, \quad |BP_2| = |z_2-z_1|$$

삼각형 P_1BP_2와 P_1AB는 모두 직각삼각형이므로 피타고라스 정리를 각각 적용하면 다음을 얻는다.

$$|P_1P_2|^2 = |P_1B|^2 + |BP_2|^2$$

$$|P_1B|^2 = |P_1A|^2 + |AB|^2$$

두 식으로부터 다음을 얻는다.

$$|P_1P_2|^2 = |P_1A|^2 + |AB|^2 + |BP_2|^2$$
$$= |x_2 - x_1|^2 + |y_2 - y_1|^2 + |z_2 - z_1|^2$$
$$= (x_2 - x_1)^2 + (y_2 - y_1)^2 + (z_2 - z_1)^2$$

따라서 다음과 같다.

$$|P_1P_2| = \sqrt{(x_2 - x_1)^2 + (y_2 - y_1)^2 + (z_2 - z_1)^2}$$

예제 3 **점 $P(2, -1, 7)$에서 점 $Q(1, -3, 5)$까지의 거리는 다음과 같다.**

$$|PQ| = \sqrt{(1-2)^2 + (-3+1)^2 + (5-7)^2} = \sqrt{1+4+4} = 3$$

예제 4 **반지름이 r이고 중심이 $C(h, k, l)$인 구면의 방정식을 구하라.**

풀이

정의에 의해 구면은 C로부터 거리가 r인 모든 점 $P(x, y, z)$들의 집합이다([그림 10] 참조). 따라서 P가 구면 위에 있기 위한 필요충분조건은 $|PC| = r$이다. 양변을 제곱하면 $|PC|^2 = r^2$ 또는 다음을 얻는다.

$$(x-h)^2 + (y-k)^2 + (z-l)^2 = r^2$$

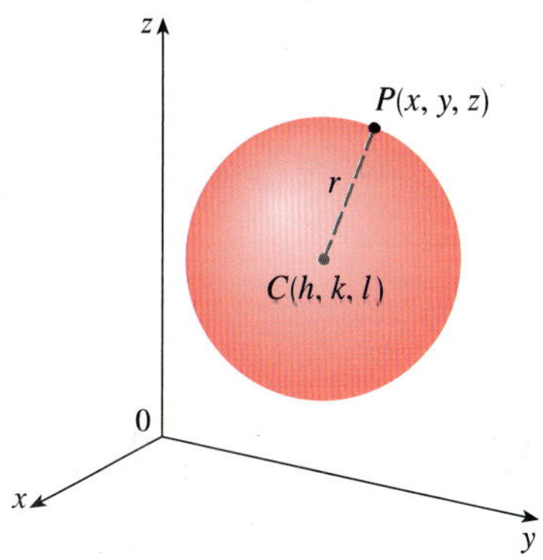

[그림 10]

[예제 4]의 결과는 자주 사용하므로 기억해 둘 필요가 있다.

> **구면의 방정식** 중심이 $C(h, k, l)$, 반지름이 r인 구면의 방정식은 다음과 같다.
>
> $$(x-h)^2 + (y-k)^2 + (z-l)^2 = r^2$$
>
> 특히 중심이 원점 O이면 구면의 방정식은 다음과 같다.
>
> $$x^2 + y^2 + z^2 = r^2$$

예제 5 **$x^2 + y^2 + z^2 + 4x - 6y + 2z + 6 = 0$이 구면의 방정식임을 보이고 중심과 반지름을 구하라.**

풀이

완전제곱을 이용하여 주어진 방정식을 다음과 같이 구면의 방정식 형태로 고쳐 쓸 수 있다.

$$(x^2+4x+4)+(y^2-6y+9)+(z^2+2z+1) = -6+4+9+1$$

$$(x+2)^2+(y-3)^2+(z+1)^2 = 8$$

이 방정식을 표준형과 비교하면 중심이 $(-2, 3, -1)$이고 반지름이 $\sqrt{8}=2\sqrt{2}$ 인 구면의 방정식임을 알 수 있다.

예제 6 **다음 부등식으로 표현되는 $\mathbb{R}^3$ 안의 영역을 구하라.**

$$1 \le x^2+y^2+z^2 \le 4, \quad z \le 0$$

풀이

부등식 $1 \le x^2+y^2+z^2 \le 4$를 다음과 같이 나타낼 수 있다.

$$1 \le \sqrt{x^2+y^2+z^2} \le 2$$

따라서 이것은 원점으로부터 거리가 1 이상 2 이하인 점 (x, y, z)를 나타낸다. 그러나 $z \le 0$이므로 점들은 xy평면 위 또는 그 아래에 놓인다. 따라서 주어진 부등식은 두 구면 $x^2+y^2+z^2=1$과 $x^2+y^2+z^2=4$ 사이(또는 평면 위에)와 xy평면 아래(또는 평면 위에)에 놓이는 영역을 나타낸다. 이 도형은 [그림 11]과 같다.

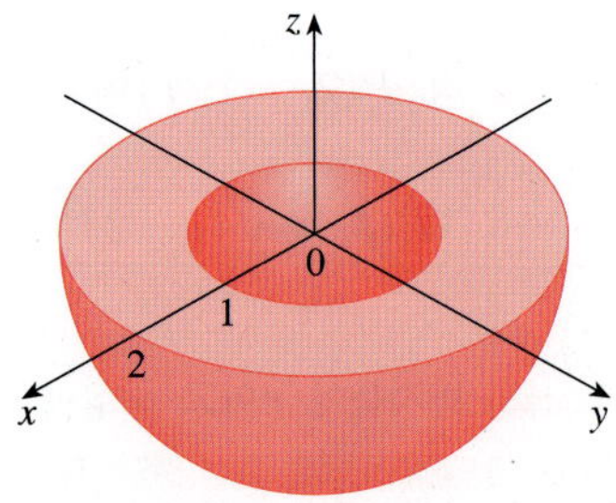

[그림 11]

10.1 연습문제

01 원점에서 시작하여 x축을 따라 양의 방향으로 거리 4단위만큼 다시 아래 방향으로 3단위만큼 움직인다고 하자. 그 위치에 대한 좌표를 구하라.

02 점 $A(-4, 0, -1)$, $B(3, 1, -5)$, $C(2, 4, 6)$ 중에서 yz평면에 가장 가까운 점은 어느 것인가? xz평면에 놓여있는 점은 어느 것인가?

03 방정식 $x+y=2$로 표현되는 $\mathbb{R}^3$의 곡면을 설명하고 그림을 그려라.

04 삼각형 PQR의 각 변의 길이를 구하라. 이 삼각형이 직각삼각형인가? 이등변삼각형인가?

(a) $P(3, -2, -3)$, $Q(7, 0, 1)$, $R(1, 2, 1)$

(b) $P(2, -1, 0)$, $Q(4, 1, 1)$, $R(4, -5, 4)$

05 다음 점들이 한 직선 위에 있는지를 결정하라.

(a) $A(2, 4, 2)$, $B(3, 7, -2)$, $C(1, 3, 3)$

(b) $D(0, -5, 5)$, $E(1, -2, 4)$, $F(3, 4, 2)$

06 점 $(4, 3, -1)$을 지나고 중심이 $(3, 8, 1)$인 구면의 방정식을 구하라.

07~08 다음 방정식이 구면을 나타냄을 보이고 그 중심과 반지름을 구하라.

07 $x^2+y^2+z^2-2x-4y+8z=15$

08 $2x^2+2y^2+2z^2=8x-24z+1$

09 (a) $P_1(x_1, y_1, z_1)$에서 $P_2(x_2, y_2, z_2)$까지 이은 선분의 중점이 다음과 같음을 증명하라.

$$\left(\frac{x_1+x_2}{2}, \frac{y_1+y_2}{2}, \frac{z_1+z_2}{2}\right)$$

(b) 꼭짓점이 $A(1, 2, 3)$, $B(-2, 0, 5)$, $C(4, 1, 5)$인 삼각형의 중선의 길이를 구하라.

10 중심이 $(2, -3, 6)$일 때 다음 평면과 접하는 구면의 방정식을 각각 구하라.

(a) xy평면 (b) yz평면 (c) xz평면

11~15 다음 방정식 또는 부등식으로 표현되는 $\mathbb{R}^3$의 영역을 말로 설명하라.

11 $x=5$

12 $y<8$

13 $0 \le z \le 6$

14 $x^2+y^2+z^2 \le 3$

15 $x^2+z^2 \le 9$

---

16 다음 영역을 설명하고 부등식으로 나타내라.

yz평면과 수직평면 $x=5$ 사이의 영역

17 원점이 중심이고 반지름이 r과 R인 두 구면 사이(구면 위의 점은 제외)에 있는 점 전체로 이루어진 영역(단, $r<R$)

18 두 점 $A(-1, 5, 3)$과 $B(6, 2, -2)$에서 등거리인 모든 점들의 집합에 대한 방정식을 구하고 이 집합을 설명하라.

19 두 구 $x^2+y^2+z^2=4$와 $x^2+y^2+z^2=4x+4y+4z-11$ 사이의 거리를 구하라.

10.2 벡터

과학자들은 **벡터**vector라는 용어를 크기와 방향을 모두 가진 (변위, 속도, 힘과 같은) 물리량을 나타내기 위해 이용한다. 벡터는 흔히 화살표나 유향 선분으로 나타낸다. 화살표의 길이는 벡터의 크기를 나타내고 화살표는 벡터의 방향을 가리킨다. 벡터는 볼드체 활자($\mathbf{v}$) 또는 문자 위에 화살표($\vec{v}$)를 붙여 나타낸다.

예를 들어 입자가 점 A에서 점 B까지 선분을 따라 움직인다고 하자. [그림 12]와 같이 이에 대응하는 **변위벡터**displacement vector $\mathbf{v}$는 **시점**initial point이 A (꼬리)이고 **종점**terminal point이 B(머리)이며 $\mathbf{v}=\overrightarrow{AB}$로 나타낸다. 벡터 $\mathbf{u}=\overrightarrow{CD}$는 $\mathbf{v}$와 다른 위치에 있다 하더라도 길이와 방향이 같음에 유의하자. $\mathbf{u}$와 $\mathbf{v}$를 **동치**equivalent 또는 **같다**equal라 하고 $\mathbf{u}=\mathbf{v}$라 쓴다. $\mathbf{0}$으로 나타내는 **영벡터**zero vector는 길이가 0이다. 영벡터는 특정한 방향이 없는 유일한 벡터이다.

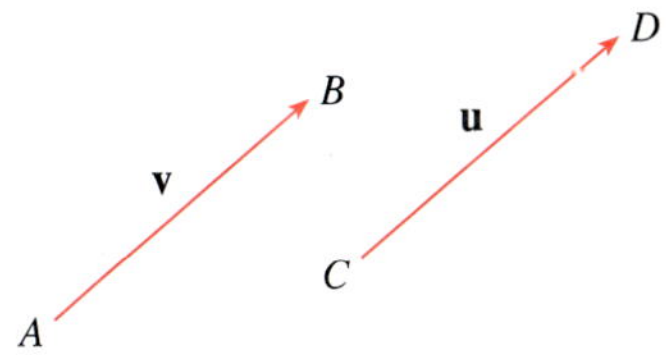

[그림 12] 동치벡터

벡터의 결합

입자가 A에서 B까지 움직인다고 하면 이에 대한 변위벡터는 $\overrightarrow{AB}$이다. 그 다음에 입자가 방향을 바꾸어 [그림 13]과 같이 변위벡터가 $\overrightarrow{BC}$가 되도록 B에서 C까지 움직인다고 하자.

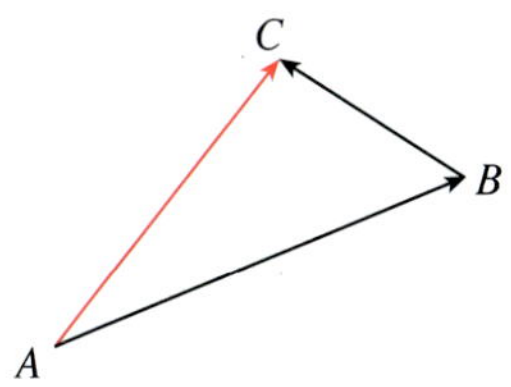

[그림 13]

이 변위벡터들의 결합 효과는 입자가 A에서 C까지 움직인 것과 같다. 이 결과에 의한

변위벡터 $\overrightarrow{AC}$를 $\overrightarrow{AB}$와 $\overrightarrow{BC}$의 합이라 하고 다음과 같이 쓴다.

$$\overrightarrow{AC} = \overrightarrow{AB} + \overrightarrow{BC}$$

일반적으로 벡터 $\mathbf{u}$와 $\mathbf{v}$를 가지고 시작한다면 $\mathbf{v}$의 시점이 $\mathbf{u}$의 종점과 일치하도록 $\mathbf{v}$를 옮겨서 $\mathbf{u}$와 $\mathbf{v}$의 합을 다음과 같이 정의한다.

벡터합 $\mathbf{v}$의 시점이 $\mathbf{u}$의 종점에 놓이도록 위치한 두 벡터를 $\mathbf{u}$와 $\mathbf{v}$라 하면 두 벡터의 합[sum] $\mathbf{u}+\mathbf{v}$는 $\mathbf{u}$의 시점에서 $\mathbf{v}$의 종점까지를 나타내는 벡터이다.

[그림 14]는 벡터 합의 정의를 설명한다. 이 그림을 보면 이 정의를 때때로 **삼각형 법칙**[Triangle Law]이라 부르는 이유를 알 수 있을 것이다.

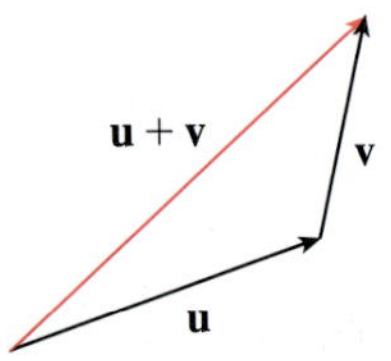

[그림 14] 삼각형 법칙

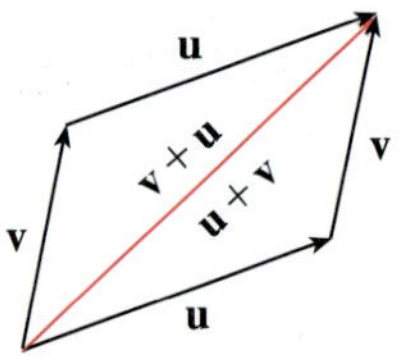

[그림 15] 평행사변형 법칙

[그림 15]에서 [그림 14]와 같이 동일한 벡터 $\mathbf{u}$와 $\mathbf{v}$를 가지고 시작한다. $\mathbf{u}$와 동일한 시점을 갖는 $\mathbf{v}$의 또 다른 복사본을 그린다. 평행사변형을 그리면 $\mathbf{u}+\mathbf{v}=\mathbf{v}+\mathbf{u}$가 되는 것을 알 수 있다. 이것 역시 벡터의 합을 그리는 또 다른 방법을 제시한다. 벡터 $\mathbf{u}$와 $\mathbf{v}$를 동일한 점에서 시작하도록 놓으면 $\mathbf{u}+\mathbf{v}$는 $\mathbf{u}$와 $\mathbf{v}$를 변으로 갖는 평행사변형의 대각선을 따라 놓인다. [이것을 **평행사변형 법칙**[Parallelogram Law]이라 한다.]

예제 1 **[그림 16]의 벡터 $\mathbf{a}$와 $\mathbf{b}$의 합을 그려라.**

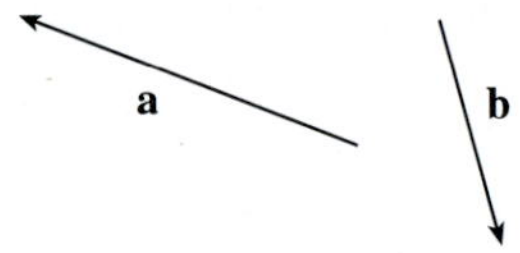

[그림 16]

풀이

먼저 $\mathbf{a}$의 종점에 $\mathbf{b}$의 복사본 시점이 놓이도록 이동한다. $\mathbf{b}$의 복사본은 $\mathbf{b}$의 길이와 방향이 같도록 유의해서 그린다. 그런 후 $\mathbf{a}$의 시점에서 시작해서 $\mathbf{b}$의 복사본의 종점에서 끝나는 벡터 $\mathbf{a}+\mathbf{b}$를 그린다([그림 17(a)] 참조).

또 다른 방법으로는 $\mathbf{a}$가 시작하는 곳에서 $\mathbf{b}$가 시작하도록 놓고, [그림 17(b)]와 같이 평행사변형 법칙에 따라 $\mathbf{a}+\mathbf{b}$를 그린다.

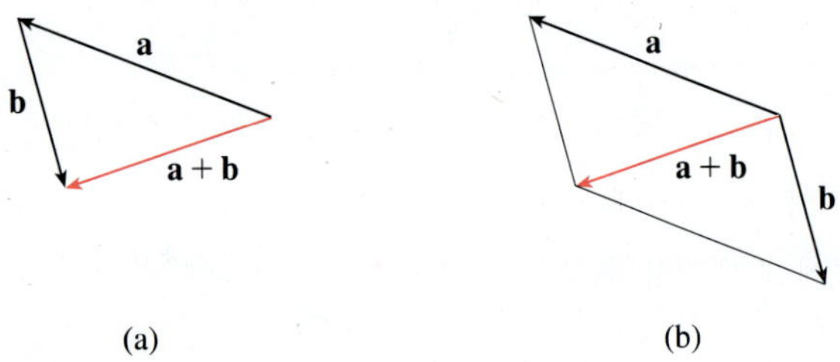

[그림 17]

TEC Visual 10.2는 다양한 벡터들 $\mathbf{u}$와 $\mathbf{v}$에 대해 삼각형 법칙과 평행사변형 법칙을 어떻게 활용할 수 있는지를 보여준다.

벡터에 실수 c를 곱할 수 있다.[이때 실수 c를 벡터와 구별하기 위해 **스칼라**scalar라 한다.] 예를 들어 $2\mathbf{v}$는 $\mathbf{v}+\mathbf{v}$와 같은 벡터로서 방향은 $\mathbf{v}$와 같으나 길이는 2배이다. 일반적으로 다음과 같이 벡터에 스칼라를 곱한다.

스칼라 배 c가 스칼라이고 $\mathbf{v}$가 벡터이면 **스칼라 배**scalar multiple $c\mathbf{v}$는 $\mathbf{v}$의 길이에 $|c|$배 한 것과 같은 벡터이다. $c>0$이면 $\mathbf{v}$와 같은 방향이고 $c<0$이면 $\mathbf{v}$와 반대 방향의 벡터이다. $c=0$이거나 $\mathbf{v}=\mathbf{0}$이면 $c\mathbf{v}=\mathbf{0}$이다.

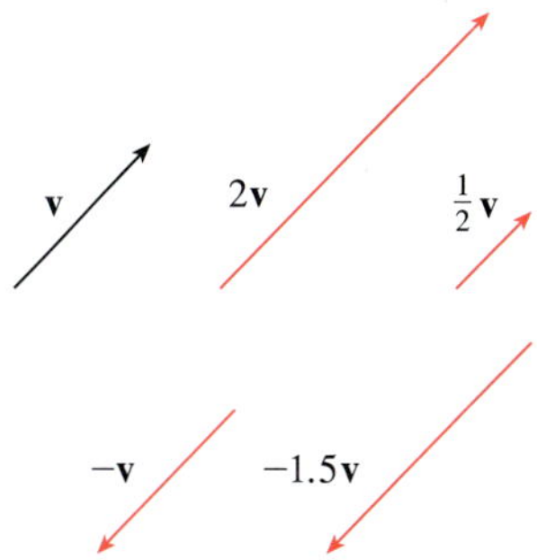

[그림 18] $\mathbf{v}$의 스칼라 배

이 정의는 [그림 18]에서 설명된다. 여기서 실수는 비례인수와 같은 역할을 하므로 이 실수를 스칼라라 부른다. 0이 아닌 두 벡터가 다른 한 벡터의 스칼라 배이면 두 벡터는 **평행**parallel이다. 특히 벡터 $-\mathbf{v}=(-1)\mathbf{v}$는 $\mathbf{v}$와 길이는 같지만 방향은 반대이다. 이것을 $\mathbf{v}$의 **음벡터**negative vector라 한다.

두 벡터의 차 $\mathbf{u}-\mathbf{v}$는 다음을 의미한다.

$$\mathbf{u}-\mathbf{v}=\mathbf{u}+(-\mathbf{v})$$

따라서 먼저 $\mathbf{v}$의 음벡터인 $-\mathbf{v}$를 그린 다음 [그림 19(a)]와 같이 평행사변형 법칙으로 $\mathbf{u}$에 $-\mathbf{v}$를 더하여 $\mathbf{u}-\mathbf{v}$를 그릴 수 있다. 다른 방법으로 $\mathbf{v}+(\mathbf{u}-\mathbf{v})=\mathbf{u}$이므로 벡터 $\mathbf{u}-\mathbf{v}$를 $\mathbf{v}$에 더해서 $\mathbf{u}$를 얻는다. 따라서 [그림 19(b)]와 같이 삼각형 법칙을 이용하여 $\mathbf{u}-\mathbf{v}$를 그릴 수 있다.

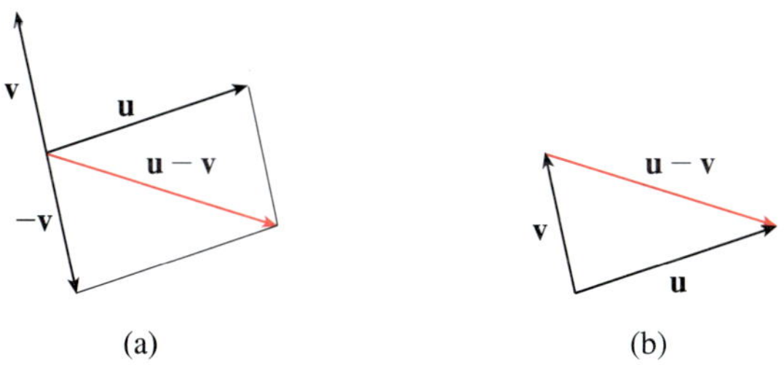

[그림 19] $\mathbf{u}-\mathbf{v}$ 그리기

예제 2 **벡터 $\mathbf{a}$와 $\mathbf{b}$가 [그림 20]과 같을 때 $\mathbf{a}-2\mathbf{b}$를 그려라.**

풀이

먼저 방향이 $\mathbf{b}$와 반대이고 길이가 2배인 벡터 $-2\mathbf{b}$를 그린다. 이 벡터의 시점을 $\mathbf{a}$의 종점에 놓고 삼각형 법칙을 이용해서 [그림 21]과 같이 $\mathbf{a}+(-2\mathbf{b})$를 그린다.

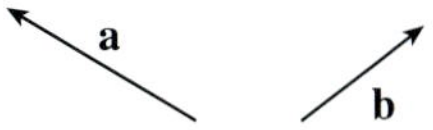

[그림 20]

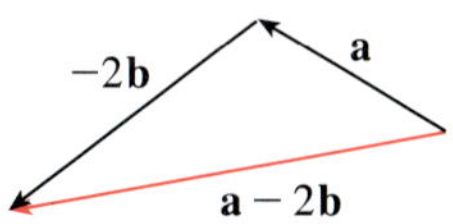

[그림 21]

성분

어떤 경우에는 좌표계를 도입하고 벡터를 대수적으로 다루는 것이 최선인 경우가 있다. 직교 좌표계의 원점에 벡터 $\mathbf{a}$의 시점을 놓으면 좌표계가 2차원 또는 3차원인가에 따라서 $\mathbf{a}$의 종점은 (a_1, a_2) 또는 (a_1, a_2, a_3) 형태가 된다([그림 22] 참조). 이러한 좌표를 $\mathbf{a}$의 **성분**component이라 하고 다음과 같이 쓴다.

$$\mathbf{a} = < a_1, a_2 > \quad \text{또는} \quad \mathbf{a} = < a_1, a_2, a_3 >$$

평면에 있는 점과 관련된 순서쌍 (a_1, a_2)와 혼동을 피하기 위해 벡터와 관련된 순서쌍의 기호를 $\langle a_1, a_2 \rangle$로 표시한다.

예를 들어 [그림 23]에 있는 벡터들은 모두 종점이 $P(3, 2)$인 벡터 $\overrightarrow{OP} = \langle 3, 2 \rangle$와 동치인 벡터이다. 이 벡터들의 공통점은 종점이 시점에서 오른쪽으로 3단위, 위로 2단위만큼 이동한다는 것이다. 이런 모든 기하학적 벡터를 대수적 벡터 $\mathbf{a} = \langle 3, 2 \rangle$의 표현으로 생각할 수 있다. 원점으로부터 점 $P(3, 2)$에 이르는 특별한 표현 $\overrightarrow{OP}$를 점 P의 **위치벡터**position vector라 한다.

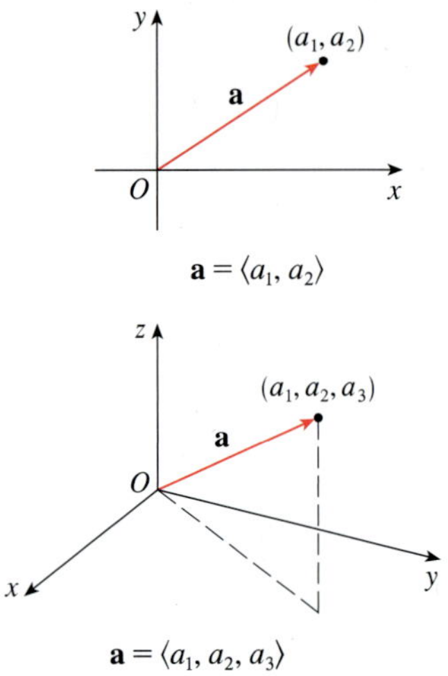

[그림 22]

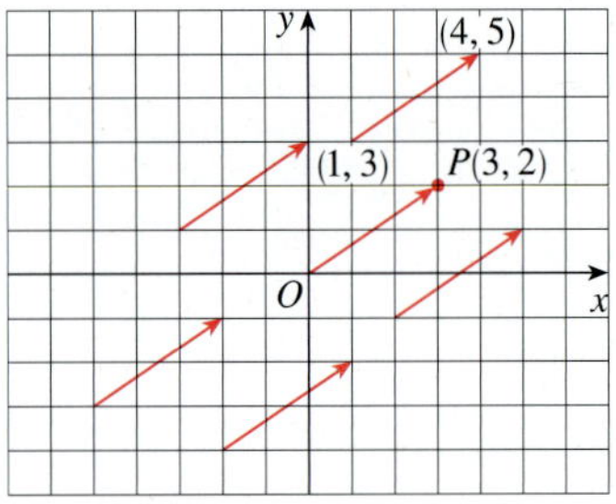

[그림 23] 벡터 $\mathbf{a} = <3, 2>$의 표현

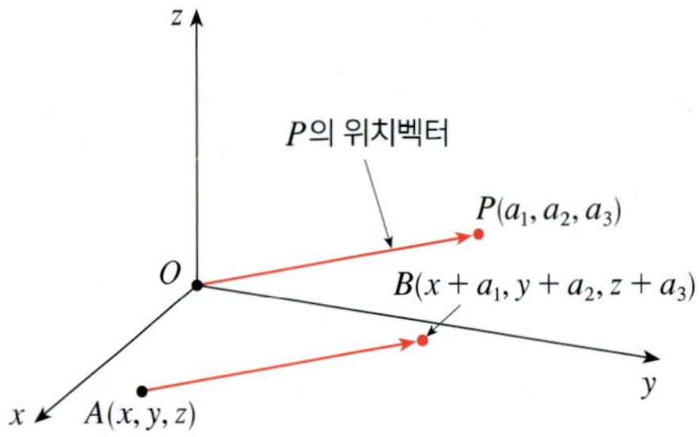

[그림 24] $\mathbf{a} = <a_1, a_2, a_3>$의 표현

3차원에서 벡터 $\mathbf{a} = \overrightarrow{OP} = \langle a_1, a_2, a_3 \rangle$은 점 $P(a_1, a_2, a_3)$의 위치벡터이다([그림 24] 참조). 시점이 $A(x_1, y_1, z_1)$, 종점이 $B(x_2, y_2, z_2)$인 $\mathbf{a}$의 또 다른 표현 $\overrightarrow{AB}$를 생각하자. 그러면 $x_1 + a_1 = x_2$, $y_1 + a_2 = y_2$, $z_1 + a_3 = z_2$이므로 $a_1 = x_2 - x_1$, $a_2 = y_2 - y_1$, $a_3 = z_2 - z_1$이다. 따라서 다음 결과를 얻는다.

1 주어진 점 $A(x_1, y_1, z_1)$과 $B(x_2, y_2, z_2)$에 대해 $\overrightarrow{AB}$ 형태의 벡터 $\mathbf{a}$는 다음과 같다.

$$\mathbf{a} = \langle x_2 - x_1, y_2 - y_1, z_2 - z_1 \rangle$$

예제 3 **시점이 $A(2, -3, 4)$, 종점이 $B(-2, 1, 1)$인 유향 선분으로 표현된 벡터를 구하라.**

풀이

[1]에 의해 $\overrightarrow{AB}$에 대응하는 벡터는 다음과 같다.

$$\mathbf{a} = \langle -2-2,\ 1-(-3),\ 1-4 \rangle = \langle -4,\ 4,\ -3 \rangle$$

벡터 $\mathbf{v}$의 크기magnitude 또는 길이length는 임의의 표현에 대한 길이이고 기호 $|\mathbf{v}|$ 또는 $\|\mathbf{v}\|$로 나타낸다. 선분 OP의 길이를 구하는 거리 공식을 이용하면 다음을 얻는다.

2차원 벡터 $\mathbf{a} = \langle a_1, a_2 \rangle$의 길이는 다음과 같다.

$$|\mathbf{a}| = \sqrt{a_1^2 + a_2^2}$$

3차원 벡터 $\mathbf{a} = \langle a_1, a_2, a_3 \rangle$의 길이는 다음과 같다.

$$|\mathbf{a}| = \sqrt{a_1^2 + a_2^2 + a_3^2}$$

어떻게 벡터를 대수적으로 더할 수 있을까? 적어도 성분들이 양수인 경우에는 [그림 25]와 같이 $\mathbf{a} = \langle a_1, a_2 \rangle$와 $\mathbf{b} = \langle b_1, b_2 \rangle$일 때 합은 $\mathbf{a}+\mathbf{b} = \langle a_1+b_1,\ a_2+b_2 \rangle$이다. 다시 말해서 대수적 벡터의 합을 구하기 위해 그들의 성분끼리 더한다. 마찬가지로 벡터의 차를 구하려면 성분끼리 빼면 된다. [그림 26]의 닮은 삼각형으로부터 $c\mathbf{a}$의 성분은 ca_1과 ca_2이다. 따라서 벡터에 스칼라를 곱하기 위해 각 성분에 그 스칼라를 곱한다.

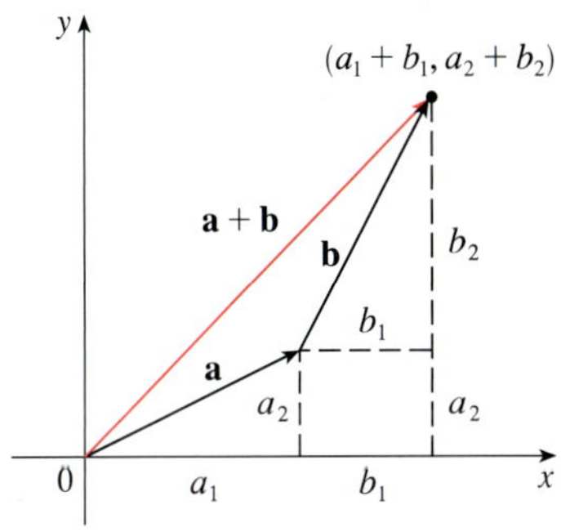

[그림 25]

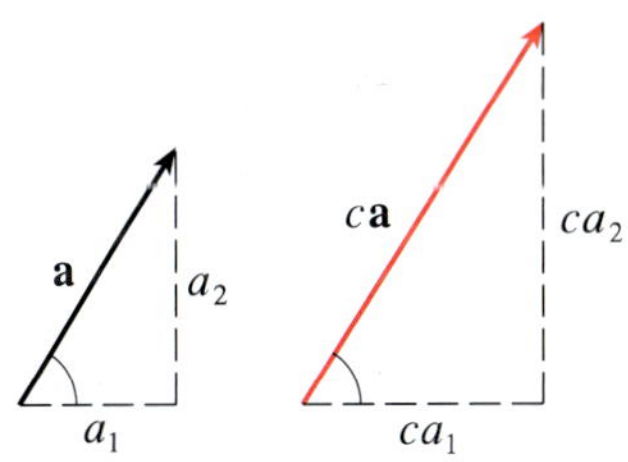

[그림 26]

$\mathbf{a} = \langle a_1, a_2 \rangle$와 $\mathbf{b} = \langle b_1, b_2 \rangle$이면 다음과 같다.

$$\mathbf{a}+\mathbf{b} = \langle a_1+b_1,\ a_2+b_2 \rangle, \quad \mathbf{a}-\mathbf{b} = \langle a_1-b_1,\ a_2-b_2 \rangle$$

$$c\mathbf{a} = \langle ca_1,\ ca_2 \rangle$$

마찬가지로 3차원 벡터에 대해 다음과 같다.

$$\langle a_1, a_2, a_3 \rangle + \langle b_1, b_2, b_3 \rangle = \langle a_1+b_1,\ a_2+b_2,\ a_3+b_3 \rangle$$

$$\langle a_1, a_2, a_3 \rangle - \langle b_1, b_2, b_3 \rangle = \langle a_1-b_1,\ a_2-b_2,\ a_3-b_3 \rangle$$

$$c\langle a_1, a_2, a_3 \rangle = \langle ca_1,\ ca_2,\ ca_3 \rangle$$

예제 4 $\mathbf{a} = \langle 4, 0, 3 \rangle$, $\mathbf{b} = \langle -2, 1, 5 \rangle$일 때 $|\mathbf{a}|$와 벡터 $\mathbf{a}+\mathbf{b}$, $\mathbf{a}-\mathbf{b}$, $3\mathbf{b}$, $2\mathbf{a}+5\mathbf{b}$를 각각 구하라.

풀이

$$|\mathbf{a}| = \sqrt{4^2+0^2+3^2} = \sqrt{25} = 5$$

$$\begin{aligned}\mathbf{a}+\mathbf{b} &= \langle 4, 0, 3 \rangle + \langle -2, 1, 5 \rangle \\ &= \langle 4-2,\ 0+1,\ 3+5 \rangle = \langle 2, 1, 8 \rangle\end{aligned}$$

$$\begin{aligned} \mathbf{a}-\mathbf{b} &= \langle 4, 0, 3\rangle - \langle -2, 1, 5\rangle \\ &= \langle 4-(-2), 0-1, 3-5\rangle = \langle 6, -1, -2\rangle \\ 3\mathbf{b} &= 3\langle -2, 1, 5\rangle = \langle 3(-2), 3(1), 3(5)\rangle = \langle -6, 3, 15\rangle \\ 2\mathbf{a}+5\mathbf{b} &= 2\langle 4, 0, 3\rangle + 5\langle -2, 1, 5\rangle \\ &= \langle 8, 0, 6\rangle + \langle -10, 5, 25\rangle = \langle -2, 5, 31\rangle \end{aligned}$$

모든 2차원 벡터의 집합을 V_2, 모든 3차원 벡터의 집합을 V_3로 나타낸다. 이를 일반화 하면 모든 n차원 벡터의 집합 V_n으로 나타낼 수 있다. n차원 벡터는 다음과 같이 n 순서쌍이다.

$$\mathbf{a} = \langle a_1, a_2, \cdots, a_n\rangle$$

여기서 n개의 실수 $a_1, a_2, \cdots, a_n$을 $\mathbf{a}$의 성분이라 한다. 합과 스칼라 배는 $n=2$와 $n=3$인 경우와 마찬가지로 성분을 이용해서 정의된다.

n차원 안의 벡터는 구성 방법에 따라 다양한 양을 나열하는 데 사용된다. 예를 들어 다음과 같은 6차원 벡터의 성분은 특정한 상품을 만들기 위해 필요한 6종류의 서로 다른 원료의 가격을 표현할 수 있다.

$$\mathbf{p} = \langle p_1, p_2, p_3, p_4, p_5, p_6\rangle$$

4차원 벡터 $\langle x, y, z, t\rangle$는 상대성 이론에 사용되는데 처음 세 성분은 공간에서의 위치를 나타내고 네 번째 성분은 시간을 나타낸다.

벡터의 성질 $\mathbf{a}$, $\mathbf{b}$, $\mathbf{c}$가 V_n의 벡터이고 c와 d가 스칼라일 때 다음이 성립한다.

(1) $\mathbf{a}+\mathbf{b}=\mathbf{b}+\mathbf{a}$ (2) $\mathbf{a}+(\mathbf{b}+\mathbf{c})=(\mathbf{a}+\mathbf{b})+\mathbf{c}$

(3) $\mathbf{a}+\mathbf{0}=\mathbf{a}$ (4) $\mathbf{a}+(-\mathbf{a})=\mathbf{0}$

(5) $c(\mathbf{a}+\mathbf{b})=c\mathbf{a}+c\mathbf{b}$ (6) $(c+d)\mathbf{a}=c\mathbf{a}+d\mathbf{a}$

(7) $(cd)\mathbf{a}=c(d\mathbf{a})$ (8) $1\mathbf{a}=\mathbf{a}$

이와 같은 여덟 가지 벡터의 성질은 기하학적으로 또는 대수적으로 쉽게 증명할 수 있다. 예를 들어 성질 (1)은 [그림 15](평행사변형 법칙과 동치이다.)로부터 알 수 있다. 또는 $n=2$인 경우에 다음과 같이 보일 수 있다.

$$\begin{aligned} \mathbf{a}+\mathbf{b} &= \langle a_1, a_2\rangle + \langle b_1, b_2\rangle = \langle a_1+b_1, a_2+b_2\rangle \\ &= \langle b_1+a_1, b_2+a_2\rangle = \langle b_1, b_2\rangle + \langle a_1, a_2\rangle \\ &= \mathbf{b}+\mathbf{a} \end{aligned}$$

[그림 27]을 자세히 살펴보고 삼각형 법칙을 여러 번 적용하면 성질 (2)(결합법칙)가 성립함을 알 수 있다. 즉 벡터 $\overrightarrow{PQ}$는 처음에 $\mathbf{a}+\mathbf{b}$를 그린 다음에 $\mathbf{c}$를 더하거나 벡터 $\mathbf{b}+\mathbf{c}$에 $\mathbf{a}$를 더해서 얻는다.

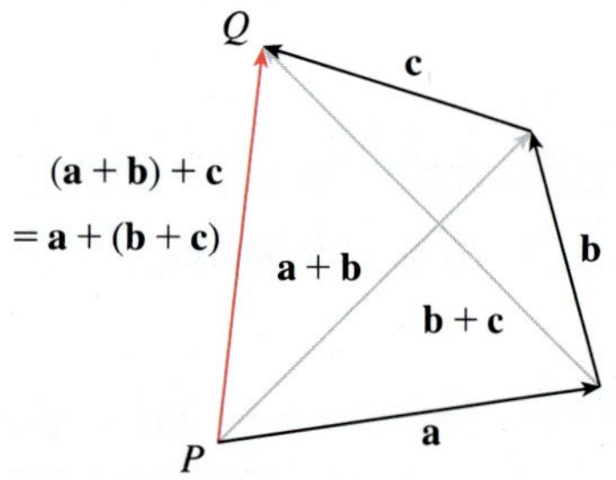

[그림 27]

V_3에는 특별한 역할을 하는 3개의 벡터가 있다. 다음 벡터를 정의하자.

$$\mathbf{i} = \langle 1, 0, 0\rangle,\ \mathbf{j} = \langle 0, 1, 0\rangle,\ \mathbf{k} = \langle 0, 0, 1\rangle$$

이와 같은 벡터 $\mathbf{i}$, $\mathbf{j}$, $\mathbf{k}$를 표준기저벡터[standard basis vector]라 한다. 이 벡터들은 각각 길이가 1이고 양의 x축, y축, z축을 향한다. 마찬가지로 2차원에서는 $\mathbf{i} = \langle 1, 0 \rangle$, $\mathbf{j} = \langle 0, 1 \rangle$로 정의한다([그림 28] 참조).

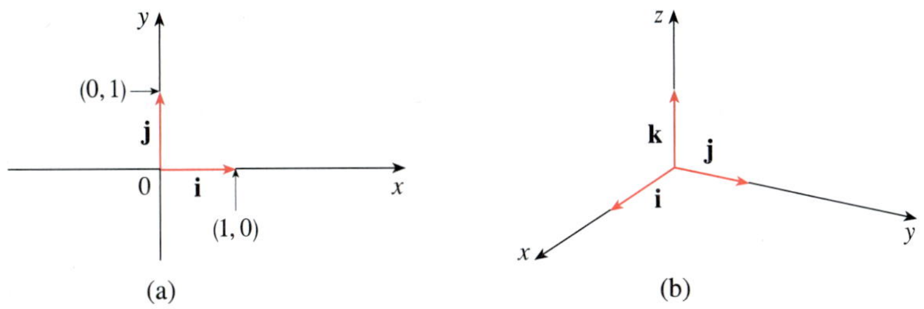

[그림 28] V_2와 V_3에서 표준기저벡터

$\mathbf{a} = \langle a_1, a_2, a_3 \rangle$이면 다음과 같이 쓸 수 있다.

$$\begin{aligned}\mathbf{a} &= \langle a_1, a_2, a_3 \rangle = \langle a_1, 0, 0 \rangle + \langle 0, a_2, 0 \rangle + \langle 0, 0, a_3 \rangle \\ &= a_1\langle 1, 0, 0 \rangle + a_2\langle 0, 1, 0 \rangle + a_3\langle 0, 0, 1 \rangle\end{aligned}$$

2 $$\mathbf{a} = a_1\mathbf{i} + a_2\mathbf{j} + a_3\mathbf{k}$$

따라서 V_3 안에 있는 임의의 벡터는 $\mathbf{i}$, $\mathbf{j}$, $\mathbf{k}$를 이용하여 표현할 수 있다. 예를 들어 다음과 같다.

$$\langle 1, -2, 6 \rangle = \mathbf{i} - 2\mathbf{j} + 6\mathbf{k}$$

마찬가지로 2차원에서 다음과 같이 쓸 수 있다.

3 $$\mathbf{a} = \langle a_1, a_2 \rangle = a_1\mathbf{i} + a_2\mathbf{j}$$

[그림 29]에서 식 3과 2의 기하학적 해석을 알아보고 이를 [그림 28]과 비교해보자.

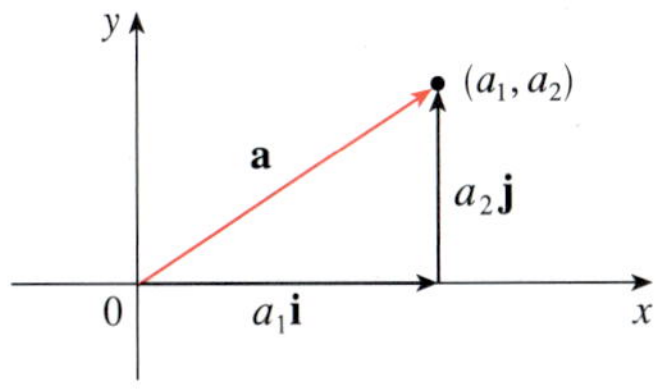

(a) $\mathbf{a} = a_1\mathbf{i} + a_2\mathbf{j}$

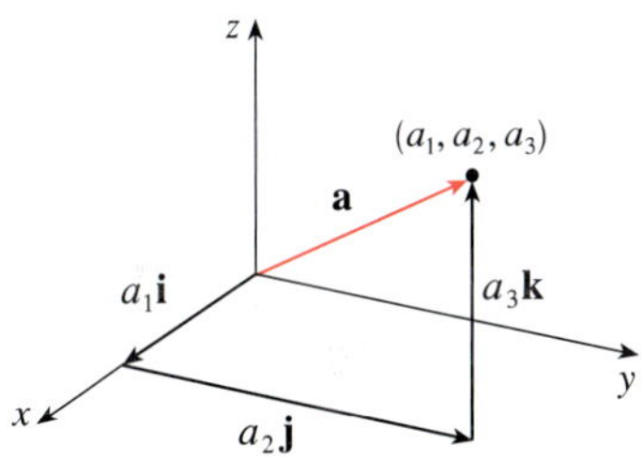

(b) $\mathbf{a} = a_1\mathbf{i} + a_2\mathbf{j} + a_3\mathbf{k}$

[그림 29]

예제 5 **$\mathbf{a} = \mathbf{i} + 2\mathbf{j} - 3\mathbf{k}$, $\mathbf{b} = 4\mathbf{i} + 7\mathbf{k}$일 때 $2\mathbf{a} + 3\mathbf{b}$를 $\mathbf{i}$, $\mathbf{j}$, $\mathbf{k}$를 이용하여 표현하라.**

풀이

벡터의 성질 (1), (2), (5), (6), (7)을 이용하면 다음을 얻는다.

$$\begin{aligned}2\mathbf{a} + 3\mathbf{b} &= 2(\mathbf{i} + 2\mathbf{j} - 3\mathbf{k}) + 3(4\mathbf{i} + 7\mathbf{k}) \\ &= 2\mathbf{i} + 4\mathbf{j} - 6\mathbf{k} + 12\mathbf{i} + 21\mathbf{k} = 14\mathbf{i} + 4\mathbf{j} + 15\mathbf{k}\end{aligned}$$

단위벡터[unit vector]는 길이가 1인 벡터이다. 예를 들어 $\mathbf{i}$, $\mathbf{j}$, $\mathbf{k}$는 모두 단위벡터이다. 일반적으로 $\mathbf{a} \neq \mathbf{0}$이면 $\mathbf{a}$와 방향이 같은 단위벡터는 다음과 같다.

$$\boxed{4} \qquad \mathbf{u} = \frac{1}{|\mathbf{a}|}\mathbf{a} = \frac{\mathbf{a}}{|\mathbf{a}|}$$

이를 증명하기 위해 $c = 1/|\mathbf{a}|$로 놓자. $\mathbf{u} = c\mathbf{a}$이고 c는 양의 스칼라이므로 $\mathbf{u}$는 $\mathbf{a}$와 방향이 같다. 또한 다음이 성립한다.

$$|\mathbf{u}| = |c\,\mathbf{a}| = |c|\,|\mathbf{a}| = \frac{1}{|\mathbf{a}|}|\mathbf{a}| = 1$$

예제 6 벡터 $2\mathbf{i} - \mathbf{j} - 2\mathbf{k}$ 방향의 단위벡터를 구하라.

풀이

주어진 벡터의 길이는 다음과 같다.

$$|2\mathbf{i} - \mathbf{j} - 2\mathbf{k}| = \sqrt{2^2 + (-1)^2 + (-2)^2} = \sqrt{9} = 3$$

따라서 식 4에 의해 동일한 방향을 갖는 단위벡터는 다음과 같다.

$$\frac{1}{3}(2\mathbf{i} - \mathbf{j} - 2\mathbf{k}) = \frac{2}{3}\mathbf{i} - \frac{1}{3}\mathbf{j} - \frac{2}{3}\mathbf{k}$$

깁스 Josiah Willard Gibbs, 1839~1903

예일대학의 수리물리학 교수였던 깁스는 1881년에 "벡터해석"(Vector Analysis)이라는 벡터에 관한 책을 처음으로 출판했다. 해밀턴(Hamilton)이 일찍이 공간을 설명하기 위한 도구로 4원수라는 좀 더 복잡한 대상을 발명했지만 이는 과학자들이 사용하기에는 쉽지 않았다. 4원수는 스칼라 부분과 벡터 부분을 갖는다. 깁스는 벡터 부분을 분리해서 사용했다. 맥스웰(Maxwell)과 헤비사이드(Heaviside)도 비슷한 생각을 했으나 깁스의 접근이 공간을 연구하기 위한 가장 편리한 방법임이 증명되었다.

응용

벡터는 물리학과 공학의 여러 분야에서 매우 유용하다. 10.9절에서 벡터가 공간에서 움직이는 물체의 속도와 가속도를 어떻게 기술하는지 볼 것이다. 여기서는 힘에 대해 알아본다.

힘은 (파운드 또는 뉴턴으로 측정되는) 크기와 방향을 모두 갖고 있으므로 벡터로 표현된다. 한 물체에 여러 힘이 작용하면 이 물체에 영향을 주는 **합력** resultant force 은 이 힘들의 벡터 합이다.

예제 7 [그림 30]과 같이 질량 100 kg인 물체가 두 줄에 매달려 있을 때 두 줄에 걸리는 장력(힘) $\mathbf{T}_1$, $\mathbf{T}_2$와 그 크기를 구하라.

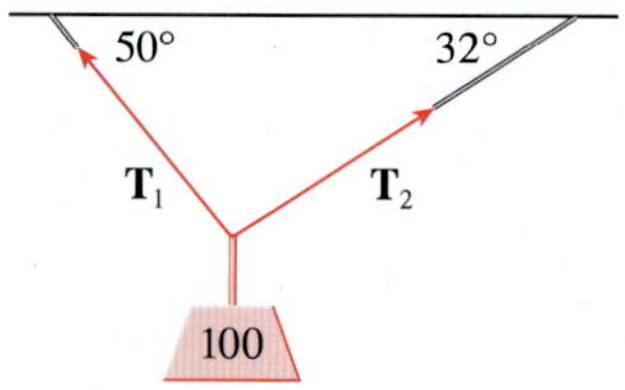

[그림 30]

풀이

먼저 $\mathbf{T}_1$과 $\mathbf{T}_2$를 수평 및 수직성분으로 나타낸다. [그림 31]로부터 다음을 알 수 있다.

$$\boxed{5} \qquad \mathbf{T}_1 = -|\mathbf{T}_1|\cos 50°\,\mathbf{i} + |\mathbf{T}_1|\sin 50°\,\mathbf{j}$$

$$\boxed{6} \qquad \mathbf{T}_2 = |\mathbf{T}_2|\cos 32°\,\mathbf{i} + |\mathbf{T}_2|\sin 32°\,\mathbf{j}$$

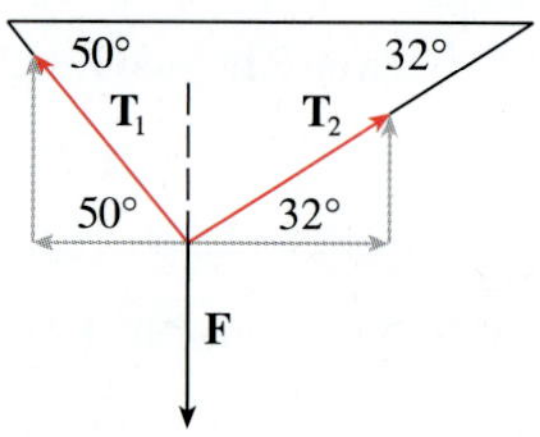

[그림 31]

물체에 작용하는 중력의 힘은 $\mathbf{F} = -100(9.8)\mathbf{j} = -980\mathbf{j}$이다. 두 장력의 합력 $\mathbf{T}_1 + \mathbf{T}_2$는 $\mathbf{F}$와 균형을 이루므로 다음과 같다.

$$\mathbf{T}_1 + \mathbf{T}_2 = -\mathbf{F} = 980\mathbf{j}$$

그러므로 다음을 얻는다.

$$(-|\mathbf{T}_1|\cos 50° + |\mathbf{T}_2|\cos 32°)\,\mathbf{i} + (|\mathbf{T}_1|\sin 50° + |\mathbf{T}_2|\sin 32°)\,\mathbf{j} = 980\mathbf{j}$$

성분을 같게 놓으면 다음을 얻는다.

$$-|\mathbf{T}_1|\cos 50° + |\mathbf{T}_2|\cos 32° = 0$$

$$|\mathbf{T}_1|\sin 50° + |\mathbf{T}_2|\sin 32° = 980$$

첫 번째 방정식을 $|\mathbf{T}_2|$에 대해 풀어서 두 번째 방정식에 대입하면 다음을 얻는다.

$$|\mathbf{T}_1|\sin 50° + \frac{|\mathbf{T}_1|\cos 50°}{\cos 32°}\sin 32° = 980$$

따라서 각 장력의 크기는 다음과 같다.

$$|\mathbf{T}_1| = \frac{980}{\sin 50° + \tan 32° \cos 50°} \approx 839\,\text{N}$$

$$|\mathbf{T}_2| = \frac{|\mathbf{T}_1|\cos 50°}{\cos 32°} \approx 636\,\text{N}$$

이 값들을 5와 6에 대입하면 다음과 같은 장력벡터를 얻는다.

$$\mathbf{T}_1 \approx -539\mathbf{i} + 643\mathbf{j}, \quad \mathbf{T}_2 \approx 539\mathbf{i} + 337\mathbf{j}$$

10.2 연습문제

01 다음 평행사변형에서 서로 동치인 벡터를 모두 말하라.

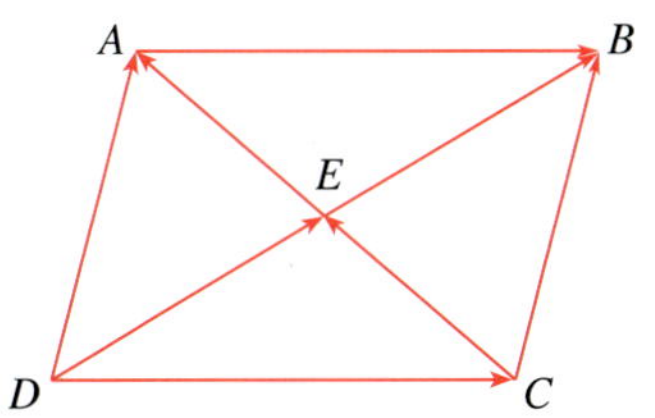

02 그림과 같은 벡터를 이용해서 다음 벡터를 그려라.

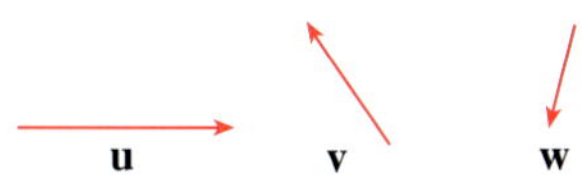

(a) $\mathbf{u}+\mathbf{v}$ (b) $\mathbf{u}+\mathbf{w}$

(c) $\mathbf{v}+\mathbf{w}$ (d) $\mathbf{u}-\mathbf{v}$

(e) $\mathbf{v}+\mathbf{u}+\mathbf{w}$ (f) $\mathbf{u}-\mathbf{w}-\mathbf{v}$

03~04 유향 선분 $\overrightarrow{AB}$로 표현되는 벡터 $\mathbf{a}$를 구하라. $\overrightarrow{AB}$와 원점에서 시작하는 이와 동치인 표현을 그려라.

03 $A(-1, 1)$, $B(3, 2)$

04 $A(0, 3, 1)$, $B(2, 3, -1)$

05~06 주어진 벡터의 합을 구하고 이를 기하학적으로 설명하라.

05 $\langle -1, 4\rangle$, $\langle 6, -2\rangle$

06 $\langle 3, 0, 1\rangle$, $\langle 0, 8, 0\rangle$

07~08 $\mathbf{a}+\mathbf{b}$, $2\mathbf{a}+3\mathbf{b}$, $|\mathbf{a}|$, $|\mathbf{a}-\mathbf{b}|$를 구하라.

07 $\mathbf{a}=\langle 5, -12\rangle$, $\mathbf{b}=\langle -3, -6\rangle$

08 $\mathbf{a}=\mathbf{i}+2\mathbf{j}-3\mathbf{k}$, $\mathbf{b}=-2\mathbf{i}-\mathbf{j}+5\mathbf{k}$

09 $8\mathbf{i}-\mathbf{j}+4\mathbf{k}$와 방향이 같은 단위벡터를 구하라.

10 $\mathbf{i}+\sqrt{3}\,\mathbf{j}$가 x축의 양의 방향과 이루는 사이의 각을 구하라.

11 제1사분면에 있는 $\mathbf{v}$가 양의 x축과 이루는 각이 $\pi/3$이고 $|\mathbf{v}|=4$일 때, $\mathbf{v}$를 성분으로 나타내라.

12 쿼터백이 초속 60 ft/s로 지면과 40°의 각도로 풋볼 공을 던진다. 속도벡터의 수평성분과 수직성분을 구하라.

13 다음 그림에서 두 벡터의 합력을 나타내는 벡터가 양의 x축과 이루는 각도를 구하라.

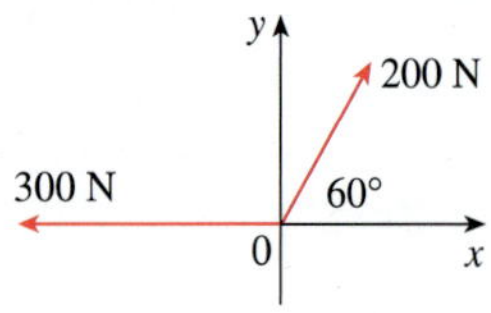

14 한 여성이 배의 갑판에서 5km/h로 정서쪽을 향해 걷고 있다. 배는 북쪽으로 35km/h의 속력으로 움직이고 있다. 수면에 대한 이 여성의 속력과 방향을 구하라.

15 8m 떨어진 두 기둥에 빨랫줄이 처지지 않고 팽팽하게 묶여 있다. 질량이 0.8kg인 젖은 셔츠를 빨랫줄 가운데에 널면 빨랫줄의 중간점이 아래로 8cm 처진다고 한다. 중간점에서 양 끝점까지 빨랫줄의 장력을 구하라.

16 사공이 너비 3km인 수로를 가로질러 출발점으로부터 상류 2km 지점에 상륙하려고 한다. 수로의 흐름은 3.5km/h, 배의 속력은 13km/h이다.

(a) 사공은 배를 어떤 방향으로 조정해야 하는가?

(b) 이동 시간은 얼마나 걸리는가?

17 점 (2, 4)에서 포물선 $y=x^2$에 대한 접선과 평행한 단위벡터를 구하라.

18 (a) 벡터 $\mathbf{a}=\langle 3, 2\rangle$, $\mathbf{b}=\langle 2, -1\rangle$, $\mathbf{c}=\langle 7, 1\rangle$을 그려라.

(b) 그림을 그려서 $\mathbf{c}=s\mathbf{a}+t\mathbf{b}$를 만족하는 스칼라 s와 t가 존재함을 보여라.

(c) 그림을 이용하여 s와 t의 값을 추정하라.

(d) s와 t의 정확한 값을 구하라.

19 0이 아닌 두 벡터 $\mathbf{a}$와 $\mathbf{b}$는 평행하지 않고 평면 안에 있는 임의의 벡터 $\mathbf{c}$는 $\mathbf{a}$와 $\mathbf{b}$에 의해 결정된다고 하자. $\mathbf{c}$를 적당한 스칼라 s와 t에 대해 $\mathbf{c}=s\mathbf{a}+t\mathbf{b}$로 쓸 수 있음을 기하학적으로 논하라. 그런 다음 성분을 이용하여 주어진 논거를 제시하라.

20 $\mathbf{r}=\langle x, y, z\rangle$, $\mathbf{r}_0=\langle x_0, y_0, z_0\rangle$일 때 $|\mathbf{r}-\mathbf{r}_0|=1$을 만족하는 점 (x, y, z) 전체의 집합을 설명하라.

21 [그림 27]은 벡터의 성질 (2)에 대한 기하학적인 증명이다. 성분을 이용하여 $n=2$인 경우에 이 사실을 대수적으로 증명하라.

22 벡터를 이용하여 삼각형의 두 변의 중점을 잇는 선분은 나머지 변과 평행하고 길이는 반임을 증명하라.

10.3 내적

지금까지 두 벡터의 덧셈, 벡터와 스칼라의 곱을 살펴봤다. 두 벡터를 곱할 수 있는가? 그 곱이 유용한 양이 되는가? 하는 의문이 생길 것이다. 이와 같은 곱의 하나는 다음에서 정의할 내적이고, 다른 하나는 다음 절에서 설명할 외적이다.

[1] **정의** $\mathbf{a} = \langle a_1, a_2, a_3 \rangle$, $\mathbf{b} = \langle b_1, b_2, b_3 \rangle$이라 하면 $\mathbf{a}$와 $\mathbf{b}$의 **내적**inner product은 다음과 같이 정의되는 수 $\mathbf{a} \cdot \mathbf{b}$이다.

$$\mathbf{a} \cdot \mathbf{b} = a_1 b_1 + a_2 b_2 + a_3 b_3$$

따라서 대응하는 성분끼리 곱한 다음 더하여 $\mathbf{a}$와 $\mathbf{b}$의 내적을 구한다. 그 결과는 벡터가 아니라 실수, 즉 스칼라이다. 이와 같은 이유로 내적을 때때로 **스칼라 곱**scalar product 또는 **점적**dot product이라 한다. 정의 [1]은 3차원 벡터에 대한 내적의 정의이지만 다음과 같이 유사한 방법으로 2차원 벡터의 내적을 정의한다.

$$\langle a_1, a_2 \rangle \cdot \langle b_1, b_2 \rangle = a_1 b_1 + a_2 b_2$$

예제 1

$$\langle 2, 4 \rangle \cdot \langle 3, -1 \rangle = 2(3) + 4(-1) = 2$$

$$\langle -1, 7, 4 \rangle \cdot \left\langle 6, 2, -\frac{1}{2} \right\rangle = (-1)(6) + 7(2) + 4\left(-\frac{1}{2}\right) = 6$$

$$(\mathbf{i} + 2\mathbf{j} - 3\mathbf{k}) \cdot (2\mathbf{j} - \mathbf{k}) = 1(0) + 2(2) + (-3)(-1) = 7$$

내적도 실수들 사이의 곱셈에서 성립하는 많은 성질을 따른다. 다음 정리는 이러한 사실을 나타낸다.

[2] **내적의 성질** $\mathbf{a}$, $\mathbf{b}$, $\mathbf{c}$가 V_3의 벡터이고 c가 스칼라이면 다음이 성립한다.

(1) $\mathbf{a} \cdot \mathbf{a} = |\mathbf{a}|^2$

(2) $\mathbf{a} \cdot \mathbf{b} = \mathbf{b} \cdot \mathbf{a}$

(3) $\mathbf{a} \cdot (\mathbf{b} + \mathbf{c}) = \mathbf{a} \cdot \mathbf{b} + \mathbf{a} \cdot \mathbf{c}$

(4) $(c\mathbf{a}) \cdot \mathbf{b} = c(\mathbf{a} \cdot \mathbf{b}) = \mathbf{a} \cdot (c\mathbf{b})$

(5) $\mathbf{0} \cdot \mathbf{a} = 0$

증명

이 성질들은 정의 [1]을 이용하면 쉽게 증명된다. 예를 들어 성질 (1)과 (3)의 증명은 다음과 같다.

(1) $\mathbf{a} \cdot \mathbf{a} = a_1^2 + a_2^2 + a_3^2 = |\mathbf{a}|^2$

(3)
$$\begin{aligned}
\mathbf{a} \cdot (\mathbf{b} + \mathbf{c}) &= \langle a_1, a_2, a_3 \rangle \cdot \langle b_1 + c_1, b_2 + c_2, b_3 + c_3 \rangle \\
&= a_1(b_1 + c_1) + a_2(b_2 + c_2) + a_3(b_3 + c_3) \\
&= a_1 b_1 + a_1 c_1 + a_2 b_2 + a_2 c_2 + a_3 b_3 + a_3 c_3 \\
&= (a_1 b_1 + a_2 b_2 + a_3 b_3) + (a_1 c_1 + a_2 c_2 + a_3 c_3) \\
&= \mathbf{a} \cdot \mathbf{b} + \mathbf{a} \cdot \mathbf{c}
\end{aligned}$$

나머지 성질에 대한 증명은 연습문제로 남긴다.

내적 $\mathbf{a}\cdot\mathbf{b}$는 $\mathbf{a}$와 $\mathbf{b}$ 사이의 각 θ를 이용하여 기하학적으로 설명할 수 있다. 이때 각 θ는 원점에서 시작하는 $\mathbf{a}$와 $\mathbf{b}$의 표현들 사이의 각을 나타내며 $0 \le \theta \le \pi$이다. 다시 말해서 θ는 [그림 32]의 선분 $\overrightarrow{OA}$와 $\overrightarrow{OB}$ 사이의 각이다. $\mathbf{a}$와 $\mathbf{b}$가 평행한 벡터이면 $\theta = 0$ 또는 $\theta = \pi$임에 주의한다.

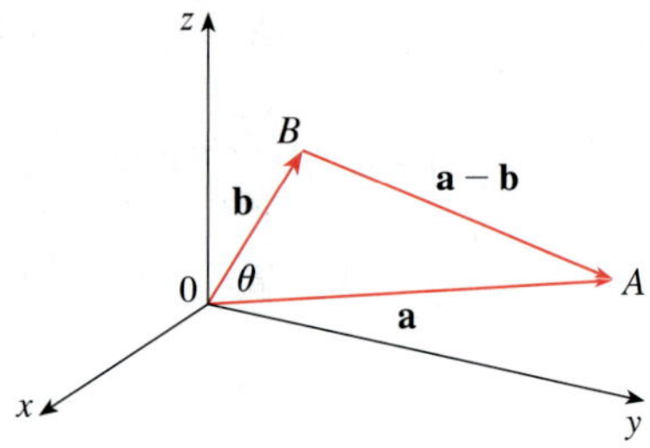

[그림 32]

다음 정리에 나타나는 공식은 물리학자들이 내적의 정의로 사용한다.

3 정리 θ가 벡터 $\mathbf{a}$와 $\mathbf{b}$ 사이의 각이면 다음이 성립한다.

$$\mathbf{a}\cdot\mathbf{b} = |\mathbf{a}||\mathbf{b}|\cos\theta$$

증명

[그림 32]의 삼각형 OAB에 코사인 법칙을 적용하면 다음을 얻는다.

$$|AB|^2 = |OA|^2 + |OB|^2 - 2|OA||OB|\cos\theta \qquad \boxed{4}$$

(코사인 법칙은 $\theta = 0$ 또는 $\theta = \pi$, $\mathbf{a} = \mathbf{0}$ 또는 $\mathbf{b} = \mathbf{0}$이 되는 극단적인 경우에도 적용할 수 있다.) 이때 $|OA| = |\mathbf{a}|$, $|OB| = |\mathbf{b}|$, $|AB| = |\mathbf{a}-\mathbf{b}|$이고 식 4는 다음과 같이 된다.

$$|\mathbf{a}-\mathbf{b}|^2 = |\mathbf{a}|^2 + |\mathbf{b}|^2 - 2|\mathbf{a}||\mathbf{b}|\cos\theta \qquad \boxed{5}$$

내적의 성질 (1)~(3)을 이용하여 이 방정식의 좌변을 다음과 같이 고쳐 쓸 수 있다.

$$\begin{aligned}|\mathbf{a}-\mathbf{b}|^2 &= (\mathbf{a}-\mathbf{b})\cdot(\mathbf{a}-\mathbf{b}) = \mathbf{a}\cdot\mathbf{a} - \mathbf{a}\cdot\mathbf{b} - \mathbf{b}\cdot\mathbf{a} + \mathbf{b}\cdot\mathbf{b} \\ &= |\mathbf{a}|^2 - 2\,\mathbf{a}\cdot\mathbf{b} + |\mathbf{b}|^2\end{aligned}$$

그러므로 식 5로부터 다음이 성립한다.

$$\begin{aligned}|\mathbf{a}|^2 - 2\,\mathbf{a}\cdot\mathbf{b} + |\mathbf{b}|^2 &= |\mathbf{a}|^2 + |\mathbf{b}|^2 - 2|\mathbf{a}||\mathbf{b}|\cos\theta \\ -2\,\mathbf{a}\cdot\mathbf{b} &= -2|\mathbf{a}||\mathbf{b}|\cos\theta \\ \mathbf{a}\cdot\mathbf{b} &= |\mathbf{a}||\mathbf{b}|\cos\theta\end{aligned}$$

예제 2 **벡터 $\mathbf{a}$와 $\mathbf{b}$의 길이가 각각 4와 6이고 그들 사이의 각이 $\dfrac{\pi}{3}$일 때, $\mathbf{a}\cdot\mathbf{b}$를 구하라.**

풀이

정리 3을 이용하면 다음을 얻는다.

$$\mathbf{a}\cdot\mathbf{b} = |\mathbf{a}||\mathbf{b}|\cos(\pi/3) = 4\cdot 6\cdot\frac{1}{2} = 12$$

역시 정리 3의 공식을 이용하여 두 벡터 사이의 각을 구할 수 있다.

> 6 따름 정리 θ가 영이 아닌 두 벡터 $\mathbf{a}$와 $\mathbf{b}$ 사이의 각이면 다음이 성립한다.
>
> $$\cos\theta = \frac{\mathbf{a}\cdot\mathbf{b}}{|\mathbf{a}||\mathbf{b}|}$$

예제 3 벡터 $\mathbf{a}=\langle 2, 2, -1\rangle$와 $\mathbf{b}=\langle 5, -3, 2\rangle$ 사이의 각을 구하라.

풀이

$|\mathbf{a}|=\sqrt{2^2+2^2+(-1)^2}=3$, $|\mathbf{b}|=\sqrt{5^2+(-3)^2+2^2}=\sqrt{38}$,

$$\mathbf{a}\cdot\mathbf{b}=2(5)+2(-3)+(-1)(2)=2$$

이므로 따름 정리 6으로부터 다음을 얻는다.

$$\cos\theta=\frac{\mathbf{a}\cdot\mathbf{b}}{|\mathbf{a}||\mathbf{b}|}=\frac{2}{3\sqrt{38}}$$

따라서 $\mathbf{a}$와 $\mathbf{b}$ 사이의 각은 다음과 같다.

$$\theta=\cos^{-1}\left(\frac{2}{3\sqrt{38}}\right)\approx 1.46 \ (\text{또는 } 84^\circ)$$

영이 아닌 두 벡터 $\mathbf{a}$와 $\mathbf{b}$ 사이의 각이 $\theta=\pi/2$일 때 $\mathbf{a}$와 $\mathbf{b}$는 서로 수직perpendicular 또는 서로 직교orthogonal한다고 한다. 그러면 정리 3으로부터 다음을 얻는다.

$$\mathbf{a}\cdot\mathbf{b}=|\mathbf{a}||\mathbf{b}|\cos(\pi/2)=0$$

역으로 $\mathbf{a}\cdot\mathbf{b}=0$이면 $\cos\theta=0$이므로 $\theta=\pi/2$이다. 영벡터 $\mathbf{0}$는 모든 벡터에 수직인 것으로 생각한다. 그러므로 두 벡터가 직교하는지 아닌지를 결정하기 위해 다음 방법을 사용한다.

> 7 두 벡터 $\mathbf{a}$와 $\mathbf{b}$가 직교하기 위한 필요충분조건은 $\mathbf{a}\cdot\mathbf{b}=0$이다.

예제 4 $2\mathbf{i}+2\mathbf{j}-\mathbf{k}$가 $5\mathbf{i}-4\mathbf{j}+2\mathbf{k}$에 수직임을 보여라.

풀이

$(2\mathbf{i}+2\mathbf{j}-\mathbf{k})\cdot(5\mathbf{i}-4\mathbf{j}+2\mathbf{k})=2(5)+2(-4)+(-1)(2)=0$이므로 7에 의해 두 벡터는 수직이다.

$0\le\theta<\pi/2$이면 $\cos\theta>0$, $\pi/2<\theta\le\pi$이면 $\cos\theta<0$이므로 $\theta<\pi/2$에 대해 $\mathbf{a}\cdot\mathbf{b}$는 양수이고 $\theta>\pi/2$에 대해 $\mathbf{a}\cdot\mathbf{b}$는 음수이다. $\mathbf{a}\cdot\mathbf{b}$를 $\mathbf{a}$와 $\mathbf{b}$가 같은 방향

을 가리키는 정도를 측정하는 척도로 생각할 수 있다. $\mathbf{a}$와 $\mathbf{b}$가 일반적으로 같은 방향을 가리키면 $\mathbf{a}\cdot\mathbf{b}$는 양수, 서로 수직이면 0, 반대 방향을 가리키면 음수이다([그림 33] 참조). $\mathbf{a}$와 $\mathbf{b}$가 정확히 같은 방향을 가리키는 극단적인 경우에는 $\theta=0$이므로 $\cos\theta=1$이고 다음이 성립한다.

$$\mathbf{a}\cdot\mathbf{b}=|\mathbf{a}||\mathbf{b}|$$

$\mathbf{a}$와 $\mathbf{b}$가 정확히 반대 방향을 가리키면 $\theta=\pi$이므로 $\cos\theta=-1$이고 다음이 성립한다.

$$\mathbf{a}\cdot\mathbf{b}=-|\mathbf{a}||\mathbf{b}|$$

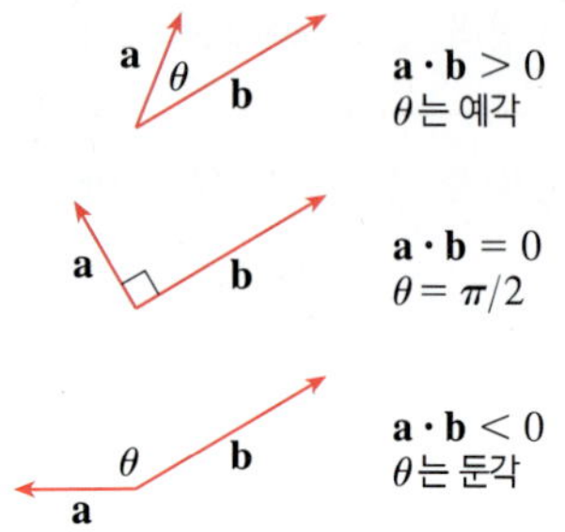

[그림 33]

TEC Visual 10.3A는 [그림 33]이 움직이는 모습을 보여준다.

사영

[그림 34]는 동일한 시점 P를 갖는 두 벡터 $\mathbf{a}$와 $\mathbf{b}$의 표현 $\overrightarrow{PQ}$와 $\overrightarrow{PR}$을 보이고 있다. R에서 $\overrightarrow{PQ}$를 포함하는 직선에 내린 수선의 발을 S라고 할 때, $\overrightarrow{PS}$로 표현된 벡터를 $\mathbf{a}$ 위로 $\mathbf{b}$의 **벡터 사영**vector projection이라 하고, $\text{proj}_{\mathbf{a}}\mathbf{b}$로 나타낸다. (이를 벡터 $\mathbf{b}$의 그림자로 생각할 수 있다.)

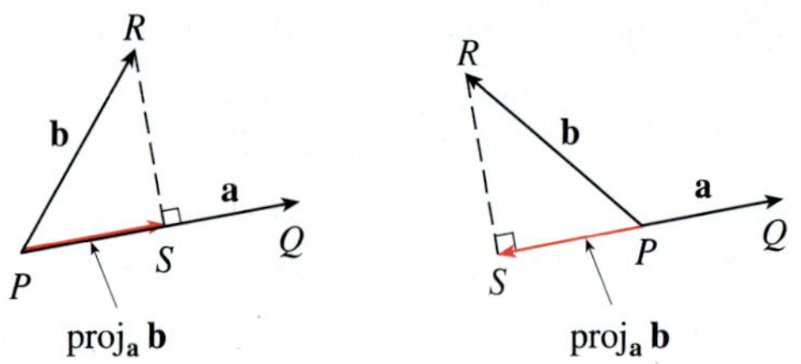

[그림 34] 벡터 사영

TEC Visual 10.3B는 $\mathbf{a}$와 $\mathbf{b}$가 변할 때 [그림 34]가 어떻게 변하는지 보여준다.

$\mathbf{a}$ 위로 $\mathbf{b}$의 **스칼라 사영**scalar projection ($\mathbf{a}$ 방향의 $\mathbf{b}$의 **성분**이라 한다.)은 $\mathbf{a}$와 $\mathbf{b}$ 사이의 각 θ에 대해 벡터 사영의 부호가 있는 크기, 즉 $|\mathbf{b}|\cos\theta$로 정의한다([그림 35] 참조). 이것을 $\text{comp}_{\mathbf{a}}\mathbf{b}$로 나타낸다.

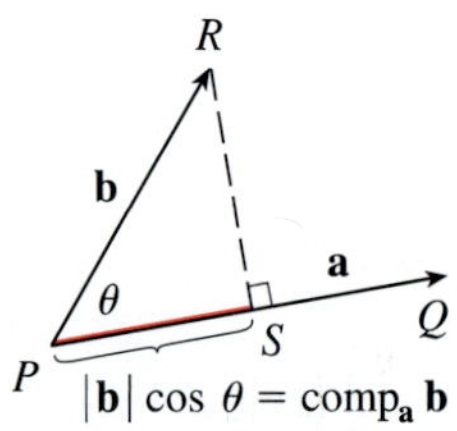

[그림 35] 스칼라 사영

$\pi/2<\theta\le\pi$이면 스칼라 사영은 음수임에 주목한다. 다음 방정식은 $\mathbf{a}$와 $\mathbf{b}$의 내적이 $\mathbf{a}$의 길이에 $\mathbf{a}$ 위로 $\mathbf{b}$의 스칼라 사영을 곱한 것으로 해석할 수 있음을 보여준다.

$$\mathbf{a}\cdot\mathbf{b}=|\mathbf{a}||\mathbf{b}|\cos\theta=|\mathbf{a}|(|\mathbf{b}|\cos\theta)$$

그러므로 다음을 얻는다.

$$|\mathbf{b}|\cos\theta=\frac{\mathbf{a}\cdot\mathbf{b}}{|\mathbf{a}|}=\frac{\mathbf{a}}{|\mathbf{a}|}\cdot\mathbf{b}$$

따라서 $\mathbf{a}$ 방향의 $\mathbf{b}$의 성분은 $\mathbf{a}$ 방향의 단위벡터와 $\mathbf{b}$의 내적으로 계산할 수 있다. 이것을 요약하면 다음과 같다.

$\mathbf{a}$ 위로 $\mathbf{b}$의 스칼라 사영: $\text{comp}_{\mathbf{a}}\mathbf{b} = \dfrac{\mathbf{a}\cdot\mathbf{b}}{|\mathbf{a}|}$

$\mathbf{a}$ 위로 $\mathbf{b}$의 벡터 사영: $\text{proj}_{\mathbf{a}}\mathbf{b} = \left(\dfrac{\mathbf{a}\cdot\mathbf{b}}{|\mathbf{a}|}\right)\dfrac{\mathbf{a}}{|\mathbf{a}|} = \dfrac{\mathbf{a}\cdot\mathbf{b}}{|\mathbf{a}|^2}\mathbf{a}$

벡터 사영은 스칼라 사영과 $\mathbf{a}$ 방향의 단위벡터의 곱이라는 사실에 주목하자.

예제 5 $\mathbf{a} = \langle -2, 3, 1\rangle$ **위로** $\mathbf{b} = \langle 1, 1, 2\rangle$**의 스칼라 사영과 벡터 사영을 구하라.**

풀이

$|\mathbf{a}| = \sqrt{(-2)^2+3^2+1^2} = \sqrt{14}$ 이므로 $\mathbf{a}$ 위로 $\mathbf{b}$의 스칼라 사영은 다음과 같다.

$$\text{comp}_{\mathbf{a}}\mathbf{b} = \frac{\mathbf{a}\cdot\mathbf{b}}{|\mathbf{a}|} = \frac{(-2)(1)+3(1)+1(2)}{\sqrt{14}} = \frac{3}{\sqrt{14}}$$

벡터 사영은 이 스칼라 사영과 $\mathbf{a}$ 방향의 단위벡터의 곱이므로 다음과 같다.

$$\text{proj}_{\mathbf{a}}\mathbf{b} = \frac{3}{\sqrt{14}}\frac{\mathbf{a}}{|\mathbf{a}|} = \frac{3}{14}\mathbf{a} = \left\langle -\frac{3}{7}, \frac{9}{14}, \frac{3}{14}\right\rangle$$

물리학에서 일을 계산할 때도 사영을 이용한다. 7.6절에서 일정한 힘 F로 물체를 거리 d만큼 이동시킬 때 이루어진 일을 $W = Fd$로 정의했다. 그러나 이것은 물체가 움직이는 선을 따라 힘의 방향이 주어질 때에만 적용된다. 그러나 [그림 36]에서와 같이 일정한 힘이 어떤 다른 방향을 향하는 벡터 $\mathbf{F} = \overrightarrow{PR}$이라고 하자. 힘이 물체를 P에서 Q로 이동시킬 때 **변위벡터** displacement vector는 $\mathbf{D} = \overrightarrow{PQ}$이다. 이 힘에 의해 이루어진 **일** work은 다음과 같이 $\mathbf{D}$ 방향의 힘의 성분과 움직인 거리의 곱으로 정의한다.

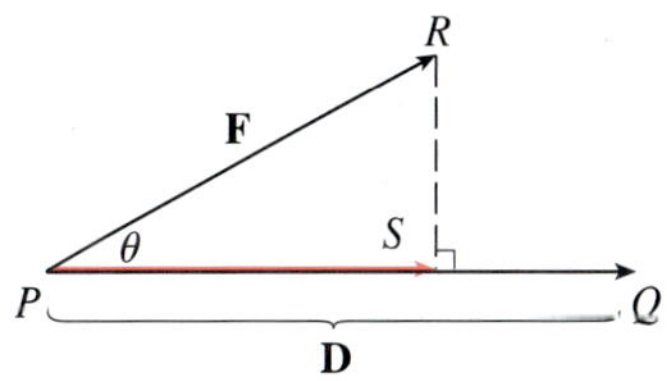

[그림 36]

$$W = (|\mathbf{F}|\cos\theta)|\mathbf{D}|$$

그러면 정리 3으로부터 다음을 얻는다.

8 $$W = |\mathbf{F}||\mathbf{D}|\cos\theta = \mathbf{F}\cdot\mathbf{D}$$

따라서 $\mathbf{D}$가 변위벡터일 때 일정한 힘 $\mathbf{F}$가 한 일은 내적 $\mathbf{F}\cdot\mathbf{D}$이다.

예제 6 **짐수레를 70 N의 일정한 힘으로 수평인 길을 따라서 100 m를 끌고 있다. 짐수레의 손잡이가 수평 위로 35°의 각도로 달려 있다. 이 힘이 한 일을 구하라.**

풀이

[그림 37]과 같이 $\mathbf{F}$와 $\mathbf{D}$를 각각 힘과 변위벡터라고 하면 한 일은 다음과 같다.

$$\begin{aligned} W &= \mathbf{F}\cdot\mathbf{D} = |\mathbf{F}||\mathbf{D}|\cos 35° \\ &= (70)(100)\cos 35° \approx 5734\,\text{N}\cdot\text{m} = 5734\,\text{J} \end{aligned}$$

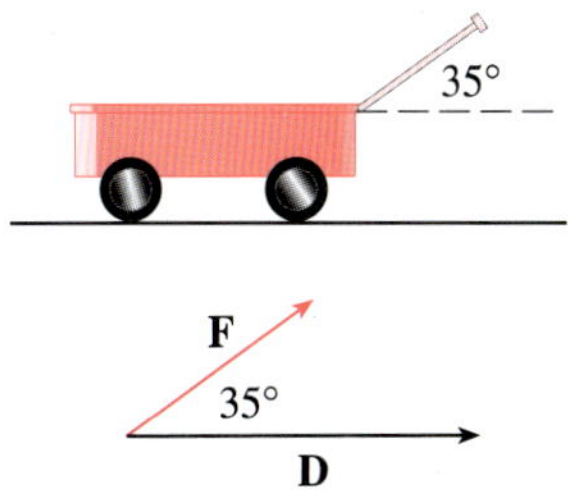

[그림 37]

예제 7 벡터 $\mathbf{F} = 3\mathbf{i} + 4\mathbf{j} + 5\mathbf{k}$로 주어진 힘이 입자를 점 $P(2, 1, 0)$에서 $Q(4, 6, 2)$로 이동시킨다. 이때 이루어진 일을 구하라.

풀이

변위벡터는 $\mathbf{D} = \overrightarrow{PQ} = \langle 2, 5, 2 \rangle$이므로 식 8에 의해 이루어진 일은 다음과 같다.

$$W = \mathbf{F} \cdot \mathbf{D} = \langle 3, 4, 5 \rangle \cdot \langle 2, 5, 2 \rangle$$
$$= 6 + 20 + 10 = 36$$

길이의 단위가 m, 힘의 크기의 단위가 N이면 한 일은 36 J이다.

10.3 연습문제

01 다음 식 중에서 의미가 있는 것과 의미가 없는 것은 각각 어느 것인가? 그 이유를 설명하라.

(a) $(\mathbf{a} \cdot \mathbf{b}) \cdot \mathbf{c}$ (b) $(\mathbf{a} \cdot \mathbf{b})\mathbf{c}$

(c) $|\mathbf{a}|(\mathbf{b} \cdot \mathbf{c})$ (d) $\mathbf{a} \cdot (\mathbf{b}+\mathbf{c})$

(e) $\mathbf{a} \cdot \mathbf{b}+\mathbf{c}$ (f) $|\mathbf{a}| \cdot (\mathbf{b}+\mathbf{c})$

02~05 $\mathbf{a} \cdot \mathbf{b}$를 구하라.

02 $\mathbf{a} = \left\langle -2, \frac{1}{3} \right\rangle$, $\mathbf{b} = \langle -5, 12 \rangle$

03 $\mathbf{a} = \left\langle 4, 1, \frac{1}{4} \right\rangle$, $\mathbf{b} = \langle 6, -3, -8 \rangle$

04 $\mathbf{a} = 2\mathbf{i} + \mathbf{j}$, $\mathbf{b} = \mathbf{i} - \mathbf{j} + \mathbf{k}$

05 $|\mathbf{a}| = 6$, $|\mathbf{b}| = 5$, $\mathbf{a}$와 $\mathbf{b}$ 사이의 각이 $2\pi/3$이다.

06 $\mathbf{u}$가 단위벡터일 때 $\mathbf{u} \cdot \mathbf{v}$와 $\mathbf{u} \cdot \mathbf{w}$를 구하라.

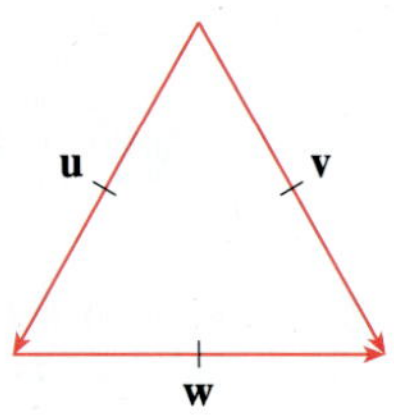

07 (a) $\mathbf{i} \cdot \mathbf{j} = \mathbf{j} \cdot \mathbf{k} = \mathbf{k} \cdot \mathbf{i} = 0$임을 보여라.

(b) $\mathbf{i} \cdot \mathbf{i} = \mathbf{j} \cdot \mathbf{j} = \mathbf{k} \cdot \mathbf{k} = 1$임을 보여라.

08~09 두 벡터 사이의 각을 구하라. (먼저 정확한 식을 구한 다음 가장 가까운 정수 각도로 근사시킨다.)

08 $\mathbf{a} = \langle 4, 3 \rangle$, $\mathbf{b} = \langle 2, -1 \rangle$

09 $\mathbf{a} = 4\mathbf{i} - 3\mathbf{j} + \mathbf{k}$, $\mathbf{b} = 2\mathbf{i} - \mathbf{k}$

10 주어진 벡터가 직교한지, 평행한지, 아무 관계도 아닌지 결정하라.

(a) $\mathbf{a} = \langle -5, 3, 7 \rangle$, $\mathbf{b} = \langle 6, -8, 2 \rangle$

(b) $\mathbf{a} = \langle 4, 6 \rangle$, $\mathbf{b} = \langle -3, 2 \rangle$

(c) $\mathbf{a} = -\mathbf{i} + 2\mathbf{j} + 5\mathbf{k}$, $\mathbf{b} = 3\mathbf{i} + 4\mathbf{j} - \mathbf{k}$

(d) $\mathbf{a} = 2\mathbf{i} + 6\mathbf{j} - 4\mathbf{k}$, $\mathbf{b} = -3\mathbf{i} - 9\mathbf{j} + 6\mathbf{k}$

11 벡터를 이용해서 꼭짓점이 $P(1, -3, -2)$, $Q(2, 0, -4)$, $R(6, -2, -5)$인 삼각형이 직각삼각형인지 결정하라.

12 $\mathbf{i} + \mathbf{j}$와 $\mathbf{i} + \mathbf{k}$에 직교하는 단위벡터를 구하라.

13 직선 $2x - y = 3$, $3x + y = 7$ 사이의 예각을 구하라.

14 교점에서 두 곡선 $y = x^2$, $y = x^3$ 사이의 예각을 구하라. (두 곡선 사이의 각은 교점에서 두 접선 사이의 각이다.)

15~16 $\mathbf{a}$ 위로 $\mathbf{b}$의 스칼라 사영과 벡터 사영을 구하라.

15 $\mathbf{a}=\langle -5,\ 12\rangle,\ \mathbf{b}=\langle 4,\ 6\rangle$

16 $\mathbf{a}=\langle 3,\ 6,\ -2\rangle,\ \mathbf{b}=\langle 1,\ 2,\ 3\rangle$

---

17 벡터 $\mathrm{orth}_{\mathbf{a}}\mathbf{b}=\mathbf{b}-\mathrm{proj}_{\mathbf{a}}\mathbf{b}$는 벡터 $\mathbf{a}$와 직교함을 보여라.[이 벡터를 $\mathbf{b}$의 **직교 사영**orthogonal projection 이라 한다.]

18 $\mathbf{a}=\langle 3,\ 0,\ -1\rangle$일 때 $\mathrm{comp}_{\mathbf{a}}\mathbf{b}=2$를 만족하는 벡터 $\mathbf{b}$를 구하라.

19 물체를 점 $(0, 10, 8)$에서 점 $(6, 12, 20)$까지 직선을 따라 움직인 힘 $\mathbf{F}=8\mathbf{i}-6\mathbf{j}+9\mathbf{k}$가 한 일을 구하라. 거리의 단위는 m, 힘의 단위는 N이다.

20 한 여성이 나무상자에 수평인 힘 140N을 가해서 수평과 20°의 각을 이루는 길이가 4m인 경사로 끝까지 이 상자를 밀어올렸다. 이 상자에 한 일을 구하라.

21 스칼라 사영을 이용하여 점 $P_1(x_1,\ y_1)$에서 직선 $ax+by+c=0$까지 거리가 다음과 같음을 보여라.

$$\frac{|ax_1+by_1+c|}{\sqrt{a^2+b^2}}$$

이 식을 이용하여 점 $(-2, 3)$에서 직선 $3x-4y+5=0$까지 거리를 구하라.

22 정육면체의 대각선과 한 모서리 사이의 각을 구하라.

23 메탄(CH_4)의 분자는 정사면체의 꼭짓점에 수소원자 4개가 위치하고 무게중심에 탄소원자가 위치한 구조로 되어 있다. 결합각은 H—C—H 결합이 이루는 각이다. 즉 탄소원자와 두 수소원자를 연결하는 두 선분 사이의 각이다. 결합각이 약 109.5°임을 보여라.[힌트: 그림과 같이 사면체의 네 꼭짓점을 $(1, 0, 0)$, $(0, 1, 0)$, $(0, 0, 1)$, $(1, 1, 1)$로 잡으면 무게중심은 $\left(\frac{1}{2},\ \frac{1}{2},\ \frac{1}{2}\right)$이다.]

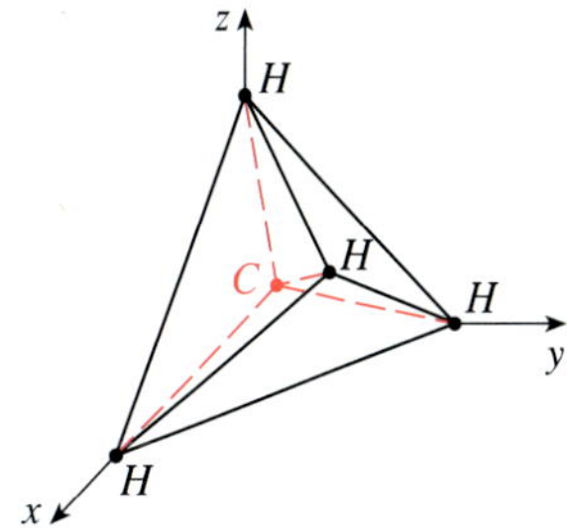

24 내적의 성질(정리 [2]) (2), (4), (5)를 증명하라.

25 정리 [3]을 이용하여 다음 **코시-슈바르츠 부등식**Cauchy-Schwarz inequality을 증명하라.

$$|\mathbf{a}\cdot\mathbf{b}|\le|\mathbf{a}||\mathbf{b}|$$

26 벡터에 대한 삼각부등식은 다음과 같다.

$$|\mathbf{a}+\mathbf{b}|\le|\mathbf{a}|+|\mathbf{b}|$$

(a) 삼각부등식에 대한 기하학적인 설명을 제시하라.

(b) [연습문제 25]의 코시-슈바르츠 부등식을 이용하여 삼각부등식을 증명하라. [힌트: $|\mathbf{a}+\mathbf{b}|^2=(\mathbf{a}+\mathbf{b})\cdot(\mathbf{a}+\mathbf{b})$와 내적의 성질 (3)을 이용하라.]

27 평행사변형 법칙은 다음을 의미한다.

$$|\mathbf{a}+\mathbf{b}|^2+|\mathbf{a}-\mathbf{b}|^2=2|\mathbf{a}|^2+2|\mathbf{b}|^2$$

(a) 평행사변형 법칙을 기하학적으로 설명하라.

(b) 평행사변형 법칙을 증명하라. ([연습문제 26]의 힌트를 보라.)

10.4 외적

내적과는 달리 두 벡터 $\mathbf{a}$와 $\mathbf{b}$의 **외적**outer product $\mathbf{a}\times\mathbf{b}$는 벡터이다. 이러한 이유로 외적을 **크로스 곱**cross product 또는 **벡터곱**vector product이라고도 한다. $\mathbf{a}\times\mathbf{b}$는 오로지 $\mathbf{a}$와 $\mathbf{b}$가 3차원 벡터일 때만 정의된다.

[1] 정의 $\mathbf{a} = \langle a_1, a_2, a_3 \rangle$와 $\mathbf{b} = \langle b_1, b_2, b_3 \rangle$이면 $\mathbf{a}$와 $\mathbf{b}$의 외적outer product은 다음과 같이 정의한다.

$$\mathbf{a} \times \mathbf{b} = \langle a_2 b_3 - a_3 b_2,\ a_3 b_1 - a_1 b_3,\ a_1 b_2 - a_2 b_1 \rangle$$

외적은 일반적으로 알고 있는 곱과 달리 생소하게 느낄 것이다. 정의 [1]과 같이 외적을 특별하게 정의함으로써 외적이 매우 유용한 성질들을 갖는다는 것을 곧 알게 될 것이다. 특히 벡터 $\mathbf{a} \times \mathbf{b}$는 $\mathbf{a}$와 $\mathbf{b}$에 모두 수직이다.

정의 [1]을 쉽게 기억하기 위해 행렬식의 기호를 이용한다. 2차 행렬식determinant은 다음과 같이 정의한다.

$$\begin{vmatrix} a & b \\ c & d \end{vmatrix} = ad - bc$$

예를 들어 $\begin{vmatrix} 2 & 1 \\ -6 & 4 \end{vmatrix} = 2(4) - 1(-6) = 14$이다.

3차 행렬식은 2차 행렬식을 이용하여 다음과 같이 정의한다.

[2] $$\begin{vmatrix} a_1 & a_2 & a_3 \\ b_1 & b_2 & b_3 \\ c_1 & c_2 & c_3 \end{vmatrix} = a_1 \begin{vmatrix} b_2 & b_3 \\ c_2 & c_3 \end{vmatrix} - a_2 \begin{vmatrix} b_1 & b_3 \\ c_1 & c_3 \end{vmatrix} + a_3 \begin{vmatrix} b_1 & b_2 \\ c_1 & c_2 \end{vmatrix}$$

식 [2]의 우변의 각 항은 행렬식의 첫 번째 행에 수 a_i를 포함하고 있다. a_i가 나타나는 행과 열을 제거하는 방법으로 좌변으로부터 얻은 2차 행렬식에 a_i를 곱한다. 또한 두 번째 항에 음의 부호가 있음에 유의하자. 예를 들어 다음 3차 행렬식을 얻는다.

$$\begin{vmatrix} 1 & 2 & -1 \\ 3 & 0 & 1 \\ -5 & 4 & 2 \end{vmatrix} = 1 \begin{vmatrix} 0 & 1 \\ 4 & 2 \end{vmatrix} - 2 \begin{vmatrix} 3 & 1 \\ -5 & 2 \end{vmatrix} + (-1) \begin{vmatrix} 3 & 0 \\ -5 & 4 \end{vmatrix}$$

$$= 1(0-4) - 2(6+5) + (-1)(12-0) = -38$$

2차 행렬식과 표준기저벡터 $\mathbf{i}$, $\mathbf{j}$, $\mathbf{k}$를 이용하여 정의 [1]을 다시 쓴다면 $\mathbf{a} = a_1\mathbf{i} + a_2\mathbf{j} + a_3\mathbf{k}$, $\mathbf{b} = b_1\mathbf{i} + b_2\mathbf{j} + b_3\mathbf{k}$의 외적은 다음과 같다.

[3] $$\mathbf{a} \times \mathbf{b} = \begin{vmatrix} a_2 & a_3 \\ b_2 & b_3 \end{vmatrix} \mathbf{i} - \begin{vmatrix} a_1 & a_3 \\ b_1 & b_3 \end{vmatrix} \mathbf{j} + \begin{vmatrix} a_1 & a_2 \\ b_1 & b_2 \end{vmatrix} \mathbf{k}$$

식 [2]와 [3]의 유사성에 비추어 다음과 같이 쓰기도 한다.

[4] $$\mathbf{a} \times \mathbf{b} = \begin{vmatrix} \mathbf{i} & \mathbf{j} & \mathbf{k} \\ a_1 & a_2 & a_3 \\ b_1 & b_2 & b_3 \end{vmatrix}$$

해밀턴Sir William Rowan Hamilton, 1805~1865

외적은 아일랜드 수학자인 해밀턴경이 고안한 것이다. 그는 4원수라 하는 벡터의 전조를 만들었다. 해밀턴은 5살 때 라틴어, 그리스어, 히브리어를 읽을 수 있었고, 8살 때 프랑스어와 이탈리아어를 구사했다. 10살 때에는 아랍어와 산스크리트어를 읽을 수 있었다. 21살에 더블린에 있는 트리니티 대학 학부 시절 동안 그는 천문학 교수와 아일랜드의 왕립 천문대장에 임명됐다.

식 [4]에서 행렬식의 첫 번째 행이 벡터로 이루어져 있지만 일반적인 행렬식인 것처럼 식 [2]의 규칙을 이용하여 전개하면 식 [3]을 얻는다. 식 [4]의 기호적인 공식이 아마도 외적을 기억하고 계산하는 가장 쉬운 방법일 것이다.

예제 1 $\mathbf{a} = \langle 1, 3, 4 \rangle$와 $\mathbf{b} = \langle 2, 7, -5 \rangle$이면 다음을 얻는다.

$$\mathbf{a} \times \mathbf{b} = \begin{vmatrix} \mathbf{i} & \mathbf{j} & \mathbf{k} \\ 1 & 3 & 4 \\ 2 & 7 & -5 \end{vmatrix} = \begin{vmatrix} 3 & 4 \\ 7 & -5 \end{vmatrix} \mathbf{i} - \begin{vmatrix} 1 & 4 \\ 2 & -5 \end{vmatrix} \mathbf{j} + \begin{vmatrix} 1 & 3 \\ 2 & 7 \end{vmatrix} \mathbf{k}$$

$$= (-15-28)\mathbf{i} - (-5-8)\mathbf{j} + (7-6)\mathbf{k} = -43\mathbf{i} + 13\mathbf{j} + \mathbf{k}$$

예제 2 V_3 안에 있는 임의의 벡터 $\mathbf{a}$에 대해 $\mathbf{a} \times \mathbf{a} = \mathbf{0}$임을 보여라.

풀이

$\mathbf{a} = \langle a_1, a_2, a_3 \rangle$이라 하면 다음을 얻는다.

$$\mathbf{a} \times \mathbf{a} = \begin{vmatrix} \mathbf{i} & \mathbf{j} & \mathbf{k} \\ a_1 & a_2 & a_3 \\ a_1 & a_2 & a_3 \end{vmatrix}$$

$$= (a_2a_3 - a_3a_2)\mathbf{i} + (a_1a_3 - a_3a_1)\mathbf{j} + (a_1a_2 - a_2a_1)\mathbf{k}$$

$$= 0\mathbf{i} - 0\mathbf{j} + 0\mathbf{k} = \mathbf{0}$$

다음은 외적에 관한 중요한 성질 중 하나이다.

> [5] **정리** 벡터 $\mathbf{a} \times \mathbf{b}$는 $\mathbf{a}$와 $\mathbf{b}$에 모두 직교한다.

증명

$\mathbf{a} \times \mathbf{b}$와 $\mathbf{a}$가 직교하는 것을 보이기 위해 다음과 같이 내적을 계산한다.

$$(\mathbf{a} \times \mathbf{b}) \cdot \mathbf{a} = \begin{vmatrix} a_2 & a_3 \\ b_2 & b_3 \end{vmatrix} a_1 - \begin{vmatrix} a_1 & a_3 \\ b_1 & b_3 \end{vmatrix} a_2 + \begin{vmatrix} a_1 & a_2 \\ b_1 & b_2 \end{vmatrix} a_3$$

$$= a_1(a_2b_3 - a_3b_2) - a_2(a_1b_3 - a_3b_1) + a_3(a_1b_2 - a_2b_1)$$

$$= a_1a_2b_3 - a_1b_2a_3 - a_1a_2b_3 + b_1a_2a_3 + a_1b_2a_3 - b_1a_2a_3$$

$$= 0$$

비슷하게 계산하면 $(\mathbf{a} \times \mathbf{b}) \cdot \mathbf{b} = 0$임을 보일 수 있다. 따라서 $\mathbf{a} \times \mathbf{b}$는 $\mathbf{a}$와 $\mathbf{b}$에 모두 직교한다.

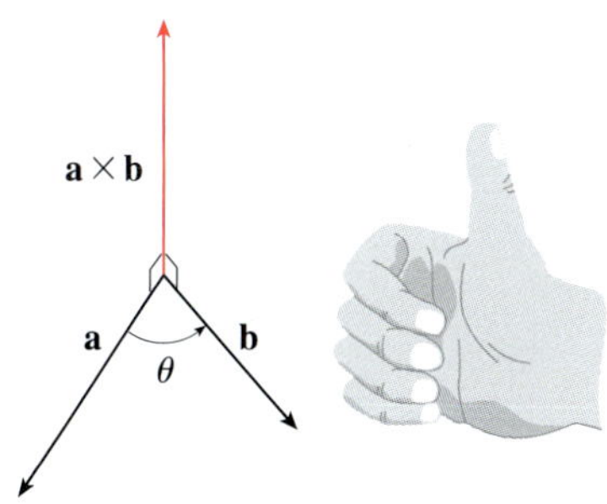

[그림 38] 오른손 법칙은 $\mathbf{a} \times \mathbf{b}$의 방향을 알려준다.

$\mathbf{a}$와 $\mathbf{b}$를 [그림 38]과 같이 동일한 시점을 갖는 유향 선분으로 표현하면 정리 [5]는 외적 $\mathbf{a} \times \mathbf{b}$가 $\mathbf{a}$와 $\mathbf{b}$를 지나는 평면에 수직인 방향을 가리키고 있음을 의미한다.

$\mathbf{a} \times \mathbf{b}$의 방향은 오른손 법칙에 의해 주어진다. 즉 오른손 손가락을 $\mathbf{a}$에서 $\mathbf{b}$로 (180° 보다 작은 각으로) 회전하는 방향으로 구부리면 엄지손가락이 $\mathbf{a} \times \mathbf{b}$의 방향을 향한다.

이제 벡터 $\mathbf{a} \times \mathbf{b}$의 방향을 알았다. 기하학적 설명을 완성하기 위해 필요한 나머지는 길이 $|\mathbf{a} \times \mathbf{b}|$이다. 이것은 다음 정리로 주어진다.

6 정리 $\mathbf{a}$와 $\mathbf{b}$ 사이의 각을 $\theta(0 \le \theta \le \pi)$라 하면 다음이 성립한다.

$$|\mathbf{a} \times \mathbf{b}| = |\mathbf{a}||\mathbf{b}| \sin\theta$$

증명

외적과 벡터의 길이의 정의로부터 다음을 얻는다.

TEC Visual 10.4는 $\mathbf{b}$가 변함에 따라 $\mathbf{a} \times \mathbf{b}$가 어떻게 변하는지 보여준다.

$$\begin{aligned}
|\mathbf{a} \times \mathbf{b}|^2 &= (a_2 b_3 - a_3 b_2)^2 + (a_3 b_1 - a_1 b_3)^2 + (a_1 b_2 - a_2 b_1)^2 \\
&= a_2^2 b_3^2 - 2a_2 a_3 b_2 b_3 + a_3^2 b_2^2 + a_3^2 b_1^2 - 2a_1 a_3 b_1 b_3 + a_1^2 b_3^2 \\
&\quad + a_1^2 b_2^2 - 2a_1 a_2 b_1 b_2 + a_2^2 b_1^2 \\
&= (a_1^2 + a_2^2 + a_3^2)(b_1^2 + b_2^2 + b_3^2) - (a_1 b_1 + a_2 b_2 + a_3 b_3)^2 \\
&= |\mathbf{a}|^2 |\mathbf{b}|^2 - (\mathbf{a} \cdot \mathbf{b})^2 \\
&= |\mathbf{a}|^2 |\mathbf{b}|^2 - |\mathbf{a}|^2 |\mathbf{b}|^2 \cos^2\theta \quad \text{(정리 10.3절의 3에 의해)} \\
&= |\mathbf{a}|^2 |\mathbf{b}|^2 (1 - \cos^2\theta) \\
&= |\mathbf{a}|^2 |\mathbf{b}|^2 \sin^2\theta
\end{aligned}$$

양변에 제곱근을 취하면 $0 \le \theta \le \pi$일 때 $\sin\theta \ge 0$이므로 $\sqrt{\sin^2\theta} = \sin\theta$이다. 따라서 다음을 얻는다.

$$|\mathbf{a} \times \mathbf{b}| = |\mathbf{a}||\mathbf{b}| \sin\theta$$

$\mathbf{a} \times \mathbf{b}$의 기하학적인 특성

벡터는 온전히 크기와 방향에 의해 결정된다. 그러므로 이제 $\mathbf{a} \times \mathbf{b}$는 $\mathbf{a}$와 $\mathbf{b}$에 모두 수직이고 오른손 법칙에 의해 방향이 결정되며, 크기가 $|\mathbf{a}||\mathbf{b}| \sin\theta$인 벡터라고 말할 수 있다. 사실 이것이 바로 물리학자가 $\mathbf{a} \times \mathbf{b}$를 정의하는 방식이다.

7 따름 정리 영이 아닌 두 벡터 $\mathbf{a}$와 $\mathbf{b}$가 서로 평행하기 위한 필요충분조건은 다음과 같다.

$$\mathbf{a} \times \mathbf{b} = \mathbf{0}$$

증명

영이 아닌 두 벡터 $\mathbf{a}$와 $\mathbf{b}$가 서로 평행하기 위한 필요충분조건은 $\theta = 0$ 또는 π이다. 어느 경우이든 $\sin\theta = 0$이니까 $|\mathbf{a} \times \mathbf{b}| = 0$이므로 $\mathbf{a} \times \mathbf{b} = \mathbf{0}$이다.

[그림 39]를 보면 정리 6의 기하학적인 해석을 알 수 있다. **a**와 **b**를 시점이 같은 유향 선분으로 표현하면 이들은 밑변이 $|\mathbf{a}|$이고 높이가 $|\mathbf{b}|\sin\theta$인 평행사변형이 되며 넓이는 다음과 같다.

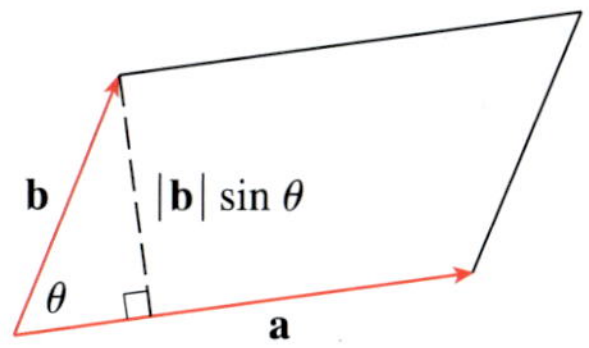

[그림 39]

$$A = |\mathbf{a}|(|\mathbf{b}|\sin\theta) = |\mathbf{a}\times\mathbf{b}|$$

따라서 외적의 크기를 다음과 같은 방식으로 설명할 수 있다.

외적 $\mathbf{a}\times\mathbf{b}$의 길이는 a와 b에 의해 결정되는 평행사변형의 넓이와 같다.

예제 3 **세 점 $P(1, 4, 6)$, $Q(-2, 5, -1)$, $R(1, -1, 1)$을 지나는 평면에 수직인 벡터를 구하라.**

풀이

벡터 $\overrightarrow{PQ}\times\overrightarrow{PR}$은 두 벡터 $\overrightarrow{PQ}$와 $\overrightarrow{PR}$에 모두 직교하므로 P, Q, R을 지나는 평면에 직교한다. 10.2절의 1로부터 다음을 알 수 있다.

$$\overrightarrow{PQ} = (-2-1)\mathbf{i} + (5-4)\mathbf{j} + (-1-6)\mathbf{k} = -3\mathbf{i} + \mathbf{j} - 7\mathbf{k}$$

$$\overrightarrow{PR} = (1-1)\mathbf{i} + (-1-4)\mathbf{j} + (1-6)\mathbf{k} = -5\mathbf{j} - 5\mathbf{k}$$

이 벡터들의 외적을 구하면 다음과 같다.

$$\overrightarrow{PQ}\times\overrightarrow{PR} = \begin{vmatrix} \mathbf{i} & \mathbf{j} & \mathbf{k} \\ -3 & 1 & -7 \\ 0 & -5 & -5 \end{vmatrix}$$

$$= (-5-35)\mathbf{i} - (15-0)\mathbf{j} + (15-0)\mathbf{k} = -40\mathbf{i} - 15\mathbf{j} + 15\mathbf{k}$$

따라서 벡터 $\langle -40, -15, 15\rangle$는 주어진 평면에 수직이다. $\langle -8, -3, 3\rangle$과 같이 이 벡터에 영이 아닌 임의의 스칼라를 곱해도 역시 평면과 수직이다.

예제 4 **꼭짓점이 $P(1, 4, 6)$, $Q(-2, 5, -1)$, $R(1, -1, 1)$인 삼각형의 넓이를 구하라.**

풀이

[예제 3]에서 구한 바와 같이 $\overrightarrow{PQ}\times\overrightarrow{PR} = \langle -40, -15, 15\rangle$이다. 이웃하는 두 변이 PQ와 PR인 평행사변형의 넓이는 다음과 같이 이 외적의 길이와 같다.

$$|\overrightarrow{PQ}\times\overrightarrow{PR}| = \sqrt{(-40)^2 + (-15)^2 + 15^2} = 5\sqrt{82}$$

삼각형 PQR의 넓이 A는 이 평행사변형의 넓이의 반이다. 즉 $\frac{5}{2}\sqrt{82}$이다.

정리 5와 6을 표준기저벡터 **i**, **j**, **k**에 적용하고 $\theta = \pi/2$를 이용하면 다음을 얻는다.

$$\mathbf{i} \times \mathbf{j} = \mathbf{k} \qquad \mathbf{j} \times \mathbf{k} = \mathbf{i} \qquad \mathbf{k} \times \mathbf{i} = \mathbf{j}$$

$$\mathbf{j} \times \mathbf{i} = -\mathbf{k} \qquad \mathbf{k} \times \mathbf{j} = -\mathbf{i} \qquad \mathbf{i} \times \mathbf{k} = -\mathbf{j}$$

다음에 주목하자.

⊘ $$\mathbf{i} \times \mathbf{j} \neq \mathbf{j} \times \mathbf{i}$$

따라서 외적은 교환 법칙이 성립하지 않는다. 또한 다음이 성립한다.

$$\mathbf{i} \times (\mathbf{i} \times \mathbf{j}) = \mathbf{i} \times \mathbf{k} = -\mathbf{j}$$

반면에 다음과 같다.

$$(\mathbf{i} \times \mathbf{i}) \times \mathbf{j} = \mathbf{0} \times \mathbf{j} = \mathbf{0}$$

그러므로 곱셈에 관한 결합 법칙도 통상적으로 성립하지 않는다. 즉 일반적으로 다음과 같다.

⊘ $$(\mathbf{a} \times \mathbf{b}) \times \mathbf{c} \neq \mathbf{a} \times (\mathbf{b} \times \mathbf{c})$$

그러나 통상적인 대수 법칙 몇 가지가 외적에 대해 성립한다. 다음 정리는 외적의 성질을 요약한 것이다.

8 **정리** $\mathbf{a}$, $\mathbf{b}$, $\mathbf{c}$가 벡터이고 c가 스칼라이면 다음이 성립한다.

(1) $\mathbf{a} \times \mathbf{b} = -\mathbf{b} \times \mathbf{a}$

(2) $(c\mathbf{a}) \times \mathbf{b} = c(\mathbf{a} \times \mathbf{b}) = \mathbf{a} \times (c\mathbf{b})$

(3) $\mathbf{a} \times (\mathbf{b} + \mathbf{c}) = \mathbf{a} \times \mathbf{b} + \mathbf{a} \times \mathbf{c}$

(4) $(\mathbf{a} + \mathbf{b}) \times \mathbf{c} = \mathbf{a} \times \mathbf{c} + \mathbf{b} \times \mathbf{c}$

(5) $\mathbf{a} \cdot (\mathbf{b} \times \mathbf{c}) = (\mathbf{a} \times \mathbf{b}) \cdot \mathbf{c}$

(6) $\mathbf{a} \times (\mathbf{b} \times \mathbf{c}) = (\mathbf{a} \cdot \mathbf{c})\mathbf{b} - (\mathbf{a} \cdot \mathbf{b})\mathbf{c}$

이 성질들은 벡터를 성분으로 나타내고 외적의 정의를 이용하면 증명할 수 있다. 여기서는 성질 (5)를 증명하고 나머지는 연습문제로 남긴다.

성질 (5)의 증명

$\mathbf{a} = \langle a_1, a_2, a_3 \rangle$, $\mathbf{b} = \langle b_1, b_2, b_3 \rangle$, $\mathbf{c} = \langle c_1, c_2, c_3 \rangle$이라 하면 다음이 성립한다.

9
$$\begin{aligned} \mathbf{a} \cdot (\mathbf{b} \times \mathbf{c}) &= a_1(b_2c_3 - b_3c_2) + a_2(b_3c_1 - b_1c_3) + a_3(b_1c_2 - b_2c_1) \\ &= a_1b_2c_3 - a_1b_3c_2 + a_2b_3c_1 - a_2b_1c_3 + a_3b_1c_2 - a_3b_2c_1 \\ &= (a_2b_3 - a_3b_2)c_1 + (a_3b_1 - a_1b_3)c_2 + (a_1b_2 - a_2b_1)c_3 \\ &= (\mathbf{a} \times \mathbf{b}) \cdot \mathbf{c} \end{aligned}$$

삼중적

성질 (5)에서 나타나는 곱 $\mathbf{a}\cdot(\mathbf{b}\times\mathbf{c})$를 벡터 $\mathbf{a}$, $\mathbf{b}$, $\mathbf{c}$의 **스칼라 삼중적**scalar triple product이라 한다. 식 9로부터 스칼라 삼중적은 다음 행렬식으로 쓸 수 있음에 주의하자.

10 $$\mathbf{a}\cdot(\mathbf{b}\times\mathbf{c})=\begin{vmatrix} a_1 & a_2 & a_3 \\ b_1 & b_2 & b_3 \\ c_1 & c_2 & c_3 \end{vmatrix}$$

스칼라 삼중적의 기하학적 의미는 벡터 $\mathbf{a}$, $\mathbf{b}$, $\mathbf{c}$로 결정되는 평행육면체를 생각하면 알 수 있다([그림 40] 참조). 평행사변형인 밑면의 넓이는 $A=|\mathbf{b}\times\mathbf{c}|$이다. $\mathbf{a}$와 $\mathbf{b}\times\mathbf{c}$ 사이의 각을 θ라 하면 평행육면체의 높이 h는 $h=|\mathbf{a}||\cos\theta|$이다. ($\theta>\pi/2$인 경우에는 $\cos\theta$ 대신에 $|\cos\theta|$를 이용해야 한다.) 따라서 평행육면체의 부피는 다음과 같다.

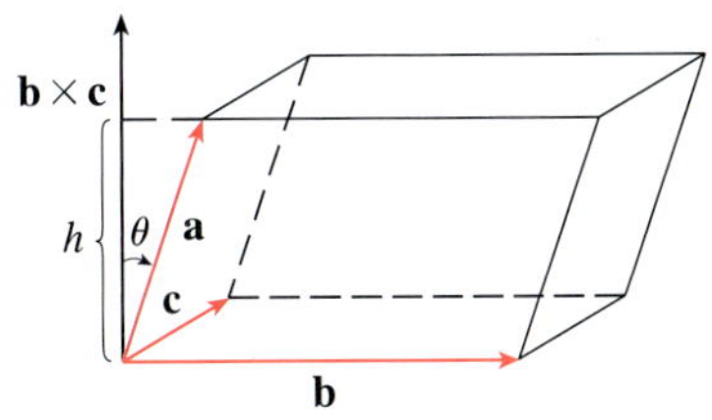

[그림 40]

$$V=Ah=|\mathbf{b}\times\mathbf{c}||\mathbf{a}||\cos\theta|=|\mathbf{a}\cdot(\mathbf{b}\times\mathbf{c})|$$

따라서 다음 공식이 증명된다.

> 11 벡터 $\mathbf{a}$, $\mathbf{b}$, $\mathbf{c}$에 의해 결정되는 평행육면체의 부피는 다음과 같이 스칼라 삼중적의 크기이다.
>
> $$V=|\mathbf{a}\cdot(\mathbf{b}\times\mathbf{c})|$$

11에 있는 식을 이용하고 $\mathbf{a}$, $\mathbf{b}$, $\mathbf{c}$에 의해 결정되는 평행육면체의 부피가 0이면, 이 벡터들은 동일한 평면 안에 놓여야 한다. 즉 이 벡터들은 **공면벡터**coplanar vectors이다.

예제 5 **스칼라 삼중적을 이용하여 벡터 $\mathbf{a}=\langle 1,4,-7\rangle$, $\mathbf{b}=\langle 2,-1,4\rangle$, $\mathbf{c}=\langle 0,-9,18\rangle$이 공면벡터임을 보여라.**

풀이

식 10을 이용하여 스칼라 삼중적을 계산하면 다음과 같다.

$$\begin{aligned}\mathbf{a}\cdot(\mathbf{b}\times\mathbf{c})&=\begin{vmatrix} 1 & 4 & -7 \\ 2 & -1 & 4 \\ 0 & -9 & 18 \end{vmatrix}\\ &=1\begin{vmatrix} -1 & 4 \\ -9 & 18 \end{vmatrix}-4\begin{vmatrix} 2 & 4 \\ 0 & 18 \end{vmatrix}-7\begin{vmatrix} 2 & -1 \\ 0 & -9 \end{vmatrix}\\ &=1(18)-4(36)-7(-18)=0\end{aligned}$$

그러므로 11에 의해 $\mathbf{a}$, $\mathbf{b}$, $\mathbf{c}$로 결정되는 평행육면체의 부피는 0이다. 이것은 $\mathbf{a}$, $\mathbf{b}$, $\mathbf{c}$가 공면벡터임을 의미한다.

성질 (6)의 곱 $\mathbf{a}\times(\mathbf{b}\times\mathbf{c})$를 $\mathbf{a}$, $\mathbf{b}$, $\mathbf{c}$의 **벡터 삼중적**vector triple product이라 한다. 성질 (6)은 10.9절에서 행성 운동에 대한 케플러의 법칙을 유도할 때 사용할 것이다. 이 성질의 증명은 [연습문제 26]에 남긴다.

회전력

외적의 개념은 물리학에서 자주 나타난다. 특히 위치벡터 $\mathbf{r}$에 의해 주어진 점에서 강체에 작용하는 힘 $\mathbf{F}$를 생각하자. (예를 들어 [그림 41]과 같이 렌치에 힘을 가해 볼트를 조인다면 회전력이 생긴다.) (원점에 대한) **회전력**torque $\boldsymbol{\tau}$는 다음과 같이 위치벡터와 힘벡터의 외적으로 정의한다.

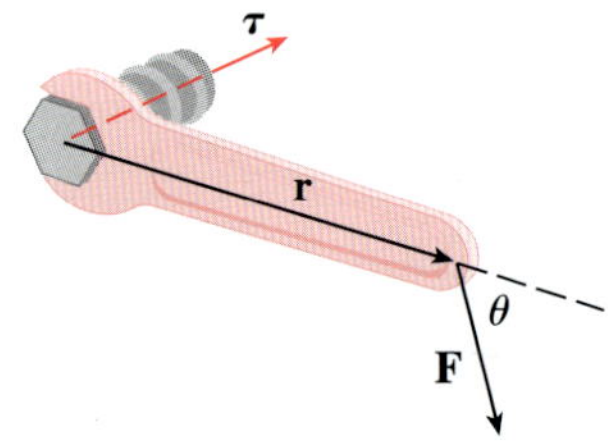

[그림 41]

$$\boldsymbol{\tau}=\mathbf{r}\times\mathbf{F}$$

그리고 이 힘은 원점을 중심으로 회전하는 물체의 성향을 나타낸다. 회전력 벡터의 방향은 회전축을 나타낸다. 정리 6에 따라 회전력 벡터의 크기는 다음과 같다.

$$|\boldsymbol{\tau}|=|\mathbf{r}\times\mathbf{F}|=|\mathbf{r}||\mathbf{F}|\sin\theta$$

여기서 θ는 위치벡터와 힘벡터 사이의 각이다. 회전을 유발시키는 $\mathbf{F}$의 유일한 성분은 $\mathbf{r}$에 수직인 성분, 즉 $|\mathbf{F}|\sin\theta$임에 주목하라. 회전력의 크기는 $\mathbf{r}$과 $\mathbf{F}$에 의해 결정되는 평행사변형의 넓이와 같다.

예제 6 **[그림 42]와 같이 길이가 0.25 m인 렌치에 40 N의 힘을 가해 볼트를 조인다. 볼트의 중심에 대한 회전력의 크기를 구하라.**

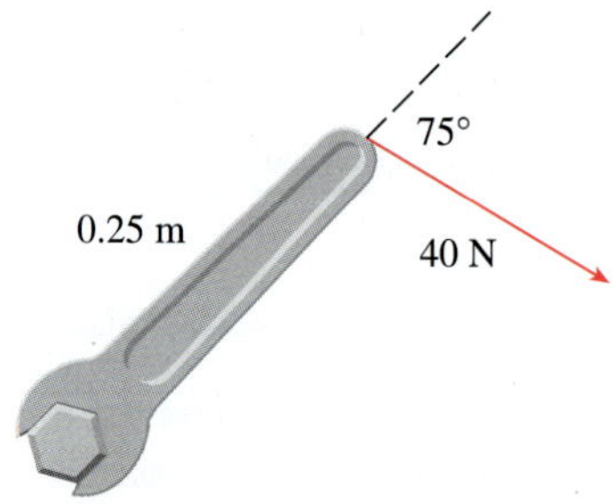

[그림 42]

풀이

회전력 벡터의 크기는 다음과 같다.

$$\begin{aligned}|\boldsymbol{\tau}|&=|\mathbf{r}\times\mathbf{F}|=|\mathbf{r}||\mathbf{F}|\sin 75°=(0.25)(40)\sin 75°\\&=10\sin 75°\approx 9.66\,\mathrm{N\cdot m}\end{aligned}$$

볼트가 오른 나사이면 회전력 벡터 자체는 다음과 같다.

$$\boldsymbol{\tau}=|\boldsymbol{\tau}|\mathbf{n}\approx 9.66\,\mathbf{n}$$

$\mathbf{n}$은 평면 안으로 들어가는 방향의 단위벡터이다.

10.4 연습문제

01~04 외적 $\mathbf{a}\times\mathbf{b}$를 구하라. 이것이 $\mathbf{a}$와 $\mathbf{b}$에 모두 수직임을 보여라.

01 $\mathbf{a}=\langle 6,\ 0,\ -2\rangle,\quad \mathbf{b}=\langle 0,\ 8,\ 0\rangle$

02 $\mathbf{a}=\mathbf{i}+3\mathbf{j}-2\mathbf{k},\quad \mathbf{b}=-\mathbf{i}+5\mathbf{k}$

03 $\mathbf{a}=\mathbf{i}-\mathbf{j}-\mathbf{k},\quad \mathbf{b}=\frac{1}{2}\mathbf{i}+\mathbf{j}+\frac{1}{2}\mathbf{k}$

04 $\mathbf{a}=\langle t,\ 1,\ 1/t\rangle,\quad \mathbf{b}=\langle t^2,\ t^2,\ 1\rangle$

05~06 행렬식을 사용하지 않고 외적의 성질만을 이용하여 다음 벡터를 구하라.

05 $(\mathbf{i}\times\mathbf{j})\times\mathbf{k}$

06 $(\mathbf{j}-\mathbf{k})\times(\mathbf{k}-\mathbf{i})$

07 다음 각 식이 의미가 있는지 말하라. 의미가 없다면 이유를 설명하라. 의미가 있다면 벡터인지 아니면 스칼라인지 말하라.

(a) $\mathbf{a}\cdot(\mathbf{b}\times\mathbf{c})$ (b) $\mathbf{a}\times(\mathbf{b}\cdot\mathbf{c})$

(c) $\mathbf{a}\times(\mathbf{b}\times\mathbf{c})$ (d) $\mathbf{a}\cdot(\mathbf{b}\cdot\mathbf{c})$

(e) $(\mathbf{a}\cdot\mathbf{b})\times(\mathbf{c}\cdot\mathbf{d})$ (f) $(\mathbf{a}\times\mathbf{b})\cdot(\mathbf{c}\times\mathbf{d})$

08 $|\mathbf{u}\times\mathbf{v}|$를 구하고 $\mathbf{u}\times\mathbf{v}$가 평면 안으로 들어가는지 아니면 밖으로 나오는지 결정하라.

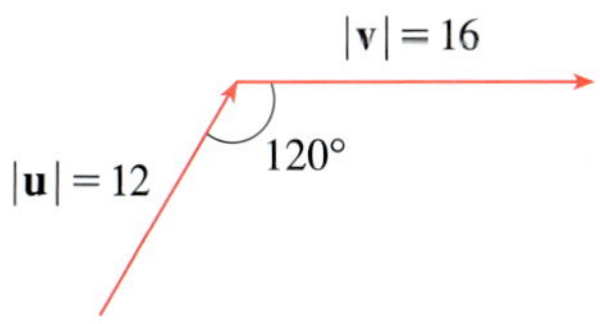

09 $\mathbf{a}=\langle 2,\ -1,\ 3\rangle$, $\mathbf{b}=\langle 4,\ 2,\ 1\rangle$일 때, $\mathbf{a}\times\mathbf{b}$와 $\mathbf{b}\times\mathbf{a}$를 구하라.

10 $\langle 3,\ 2,\ 1\rangle$와 $\langle -1,\ 1,\ 0\rangle$에 모두 수직인 두 단위벡터를 구하라.

11 V_3 안에 있는 임의의 벡터 $\mathbf{a}$에 대해 $\mathbf{0}\times\mathbf{a}=\mathbf{0}=\mathbf{a}\times\mathbf{0}$임을 보여라.

12 정리 8의 성질 (1)을 증명하라.

13 정리 8의 성질 (3)을 증명하라.

14 꼭짓점이 $A(-2,1)$, $B(0,4)$, $C(4,2)$, $D(2,-1)$인 평행사변형의 넓이를 구하라.

15~16 (a) 점 P, Q, R을 지나는 평면에 수직이고 영이 아닌 벡터를 구하라.

(b) 삼각형 PQR의 넓이를 구하라.

15 $P(1,0,1),\quad Q(-2,1,3),\quad R(4,2,5)$

16 $P(0,-2,0),\quad Q(4,1,-2),\quad R(5,3,1)$

17 벡터 $\mathbf{a}$, $\mathbf{b}$, $\mathbf{c}$에 의해 결정되는 평행육면체의 부피를 구하라.

$$\mathbf{a}=\langle 1,\ 2,\ 3\rangle,\quad \mathbf{b}=\langle -1,\ 1,\ 2\rangle,\quad \mathbf{c}=\langle 2,\ 1,\ 4\rangle$$

18 이웃하는 변이 PQ, PR, PS인 평행육면체의 부피를 구하라.

$$P(-2,1,0),\quad Q(2,3,2),\quad R(1,4,-1),\quad S(3,6,1)$$

19 스칼라 삼중적을 이용하여 다음 벡터가 공면벡터임을 보여라.

$$\mathbf{u}=\mathbf{i}+5\mathbf{j}-2\mathbf{k},\quad \mathbf{v}=3\mathbf{i}-\mathbf{j},\quad \mathbf{w}=5\mathbf{i}+9\mathbf{j}-4\mathbf{k}$$

20 그림과 같이 자전거의 페달을 60N의 힘으로 밟는다. 페달의 축의 길이가 18㎝일 때 P에 내한 회전력의 크기를 구하라.

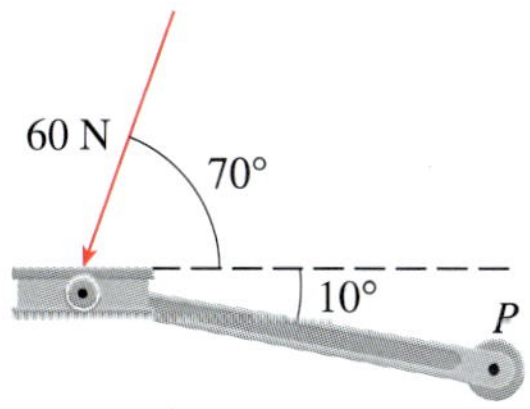

21 양의 y축을 따라 놓여있는 30㎝ 길이의 렌치로 원점에 있는 볼트를 죄고 있다. 렌치의 끝에서 $\langle 0,\ 3,\ -4\rangle$ 방향으로 힘이 작용한다. 볼트에 100N·m의 회전력을 전달하기 위해 필요한 힘의 크기를 구하라.

22 $\mathbf{a}\cdot\mathbf{b}=\sqrt{3}$, $\mathbf{a}\times\mathbf{b}=\langle 1,\ 2,\ 2\rangle$일 때 $\mathbf{a}$와 $\mathbf{b}$의 사잇각을 구하라.

23 (a) P는 점 Q와 R을 지나는 직선 L 위에 있지 않다고 하자. P에서 직선 L까지의 거리 d가 다음과 같음을 보여라.

$$d=\frac{|\mathbf{a}\times\mathbf{b}|}{|\mathbf{a}|}$$

여기서 $\mathbf{a}=\overrightarrow{QR}$, $\mathbf{b}=\overrightarrow{QP}$이다.

(b) (a)의 식을 이용하여 점 $P(1,1,1)$에서 $Q(0,6,8)$과 $R(-1,4,7)$을 지나는 직선까지의 거리를 구하라.

24 $|\mathbf{a}\times\mathbf{b}|^2 = |\mathbf{a}|^2|\mathbf{b}|^2 - (\mathbf{a}\cdot\mathbf{b})^2$임을 보여라.

25 $(\mathbf{a}-\mathbf{b})\times(\mathbf{a}+\mathbf{b}) = 2(\mathbf{a}\times\mathbf{b})$임을 보여라.

26 정리 8의 성질 (6)을 이용하여 다음을 증명하라.

$$\mathbf{a}\times(\mathbf{b}\times\mathbf{c}) = (\mathbf{a}\cdot\mathbf{c})\mathbf{b} - (\mathbf{a}\cdot\mathbf{b})\mathbf{c}$$

27 [연습문제 26]을 이용하여 다음을 증명하라.

$$\mathbf{a}\times(\mathbf{b}\times\mathbf{c}) + \mathbf{b}\times(\mathbf{c}\times\mathbf{a}) + \mathbf{c}\times(\mathbf{a}\times\mathbf{b}) = \mathbf{0}$$

28 $\mathbf{a}\neq\mathbf{0}$이라 하자.

(a) $\mathbf{a}\cdot\mathbf{b} = \mathbf{a}\cdot\mathbf{c}$이면 $\mathbf{b}=\mathbf{c}$가 성립하는가?

(b) $\mathbf{a}\times\mathbf{b} = \mathbf{a}\times\mathbf{c}$이면 $\mathbf{b}=\mathbf{c}$가 성립하는가?

(c) $\mathbf{a}\cdot\mathbf{b} = \mathbf{a}\cdot\mathbf{c}$, $\mathbf{a}\times\mathbf{b} = \mathbf{a}\times\mathbf{c}$이면 $\mathbf{b}=\mathbf{c}$가 성립하는가?

10.5 직선과 평면의 방정식

xy평면에서 직선의 한 점과 직선의 방향(기울기 또는 경사각)이 주어지면 직선이 결정된다. 이때 직선의 방정식을 점-기울기형을 이용해서 쓸 수 있다.

마찬가지로 3차원 공간의 직선 L은 L 위의 한 점 $P_0(x_0, y_0, z_0)$와 L의 방향을 알면 결정된다. 3차원에서 직선의 방향은 벡터로 편리하게 설명되므로 $\mathbf{v}$를 L과 평행한 벡터라 하자. $P(x, y, z)$를 L 위의 임의의 점이고, $\mathbf{r}_0$와 $\mathbf{r}$을 각각 P_0와 P의 위치벡터(즉 $\mathbf{r}_0 = \overrightarrow{OP_0}$, $\mathbf{r} = \overrightarrow{OP}$)라 하자. [그림 43]과 같이 $\mathbf{a}$를 $\overrightarrow{P_0P}$로 표현되는 벡터라 하면 벡터의 합에 관한 삼각형 법칙으로부터 $\mathbf{r} = \mathbf{r}_0 + \mathbf{a}$를 얻는다.

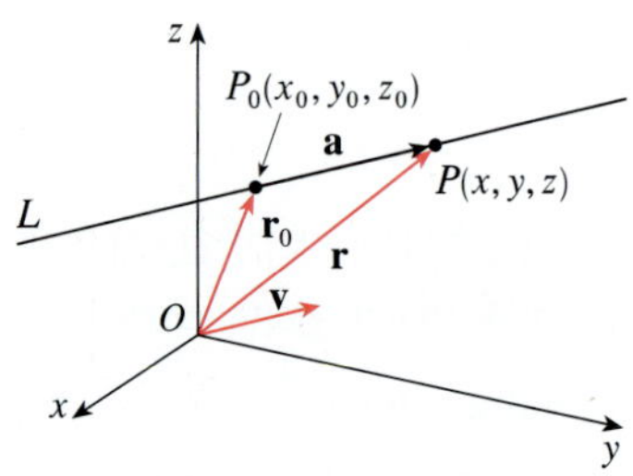

[그림 43]

이때 $\mathbf{a}$와 $\mathbf{v}$가 평행한 벡터이므로 $\mathbf{a} = t\mathbf{v}$를 만족하는 스칼라 t가 존재한다. 따라서 다음과 같은 L의 **벡터 방정식**vector equation을 얻는다.

1 $$\mathbf{r} = \mathbf{r}_0 + t\mathbf{v}$$

매개변수parameter t에 대한 각각의 값에 따라 직선 L 위에 있는 점의 위치벡터 $\mathbf{r}$이 정해진다. 다시 말해서 t가 변함에 따라 직선의 자취는 벡터 $\mathbf{r}$의 종점에 의해 그려진다. [그림 44]에서 나타낸 것과 같이 t가 양수이면 P_0의 한쪽에 있는 L의 점이 대응하는 반면, t가 음수이면 P_0의 다른 한쪽에 있는 L의 점이 대응한다.

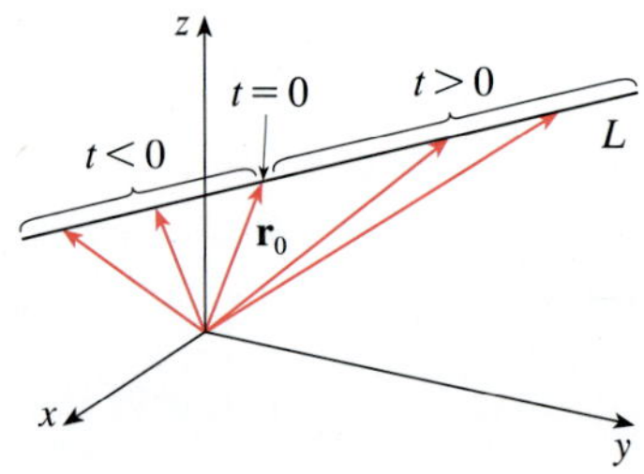

[그림 44]

직선 L의 방향을 결정하는 벡터 $\mathbf{v}$를 $\mathbf{v} = \langle a, b, c\rangle$와 같이 성분으로 나타내면 $t\mathbf{v} = \langle ta, tb, tc\rangle$이다. 또한 $\mathbf{r} = \langle x, y, z\rangle$와 $\mathbf{r}_0 = \langle x_0, y_0, z_0\rangle$로 쓸 수 있으므로 벡터 방정식 1은 다음과 같다.

$$\langle x, y, z\rangle = \langle x_0 + ta, y_0 + tb, z_0 + tc\rangle$$

두 벡터가 같기 위한 필요충분조건은 대응하는 성분들이 같은 것이다. 그러므로 $t\in\mathbb{R}$에 대해 다음과 같은 세 개의 스칼라 방정식을 얻는다.

$$\boxed{2} \qquad x = x_0 + at, \quad y = y_0 + bt, \quad z = z_0 + ct$$

이들 방정식을 점 $P_0(x_0, y_0, z_0)$를 지나고 벡터 $\mathbf{v} = \langle a, b, c \rangle$에 평행한 직선 L의 **매개변수 방정식**parametric equation이라 한다. 매개변수 t에 대한 각각의 값에 따라 L 위에 있는 점 (x, y, z)가 결정된다.

예제 1 (a) 점 $(5, 1, 3)$을 지나고 벡터 $\mathbf{i} + 4\mathbf{j} - 2\mathbf{k}$에 평행한 직선에 대한 벡터 방정식과 매개변수 방정식을 구하라.

(b) 직선 위의 다른 두 점을 구하라.

풀이

(a) 여기서 $\mathbf{r}_0 = \langle 5, 1, 3 \rangle = 5\mathbf{i} + \mathbf{j} + 3\mathbf{k}$이고 $\mathbf{v} = \mathbf{i} + 4\mathbf{j} - 2\mathbf{k}$이다. 따라서 벡터 방정식 $\boxed{1}$은 다음과 같다.

$$\begin{aligned} \mathbf{r} &= (5\mathbf{i} + \mathbf{j} + 3\mathbf{k}) + t(\mathbf{i} + 4\mathbf{j} - 2\mathbf{k}) \\ &= (5 + t)\mathbf{i} + (1 + 4t)\mathbf{j} + (3 - 2t)\mathbf{k} \end{aligned}$$

매개변수 방정식은 다음과 같다.

$$x = 5 + t, \quad y = 1 + 4t, \quad z = 3 - 2t$$

(b) 매개변수의 값을 $t = 1$이라 하면 $x = 6$, $y = 5$, $z = 1$이므로 $(6, 5, 1)$은 직선 위의 점이다. 마찬가지로 $t = -1$이면 점 $(4, -3, 5)$를 얻는다.

[그림 45]는 [예제 1]의 직선 L을 보여주며, 주어진 점과 직선의 방향을 제시하는 벡터의 관계를 알 수 있다.

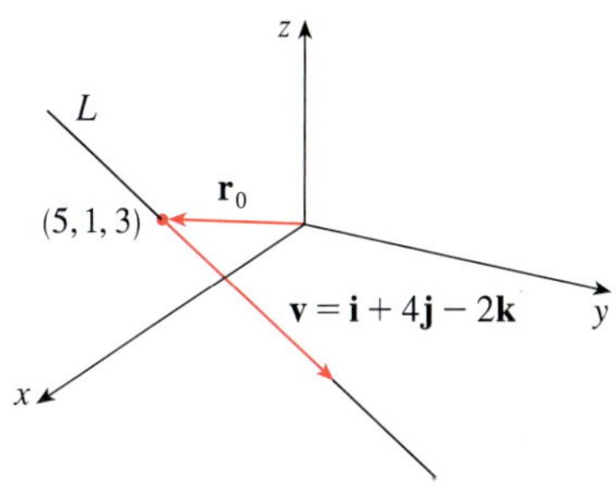

[그림 45]

직선을 나타내는 벡터 방정식과 매개변수 방정식이 유일한 것은 아니다. 점이나 매개변수를 바꾸거나 평행한 다른 벡터를 택하면 방정식은 달라진다. 예를 들어 [예제 1]에서 $(5, 1, 3)$ 대신 점 $(6, 5, 1)$을 택하면 직선의 매개변수 방정식은 다음과 같다.

$$x = 6 + t, \quad y = 5 + 4t, \quad z = 1 - 2t$$

또는 점 $(5, 1, 3)$을 그대로 두고 평행한 벡터 $2\mathbf{i} + 8\mathbf{j} - 4\mathbf{k}$를 택하면 방정식은 다음과 같다.

$$x = 5 + 2t, \quad y = 1 + 8t, \quad z = 3 - 4t$$

일반적으로 직선 L의 방향을 나타내기 위해 벡터 $\mathbf{v} = \langle a, b, c \rangle$를 이용할 때 a, b, c를 L의 **방향수**direction number라 한다. $\mathbf{v}$에 평행한 임의의 벡터가 사용될 수 있으므로 a, b, c에 비례하는 세 수들도 L의 방향수로 사용될 수 있다.

직선 L을 설명하는 또 다른 방법은 식 $\boxed{2}$에서 매개변수 t를 소거하는 것이다. a, b, c 중 어느 것도 0이 아니면 각 방정식을 t에 대해 풀 수 있다. 그 결과를 같게 놓으면 다음 식을 얻는다.

3 $$\frac{x-x_0}{a}=\frac{y-y_0}{b}=\frac{z-z_0}{c}$$

이 방정식을 L의 **대칭 방정식**symmetric equation이라 한다. 식 3의 분모에 나타난 수 a, b, c는 L의 방향수, 즉 L과 평행한 벡터의 성분임에 주목하자. a, b, c 중 어느 하나가 0인 경우에도 역시 t를 소거할 수 있다. 예를 들어 $a=0$이면 L의 방정식은 다음과 같다.

$$x=x_0, \quad \frac{y-y_0}{b}=\frac{z-z_0}{c}$$

이것은 L이 수직평면 $x=x_0$ 안에 놓여있음을 의미한다.

예제 2 **(a) 점 $A(2, 4, -3)$과 $B(3, -1, 1)$을 지나는 직선의 매개변수 방정식과 대칭 방정식을 구하라.**

(b) 이 직선은 어느 점에서 xy평면과 만나는가?

[그림 46]은 [예제 2]의 직선 L과 이 직선이 xy평면과 만나는 점 P를 보여준다.

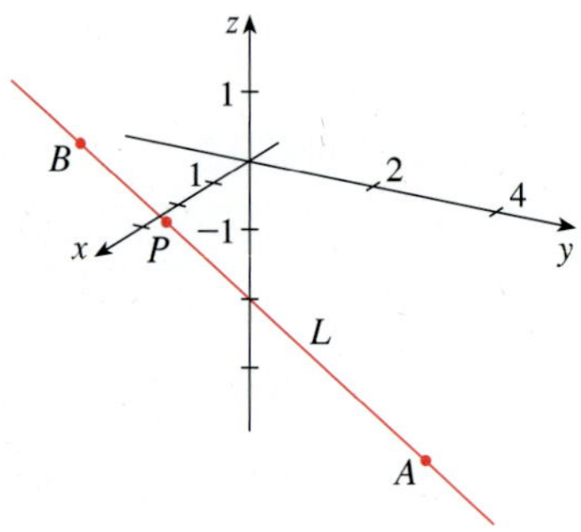

[그림 46]

풀이

(a) 직선과 평행한 벡터가 명확하지 않다. 그러나 $\overrightarrow{AB}$로 표현되는 벡터 $\mathbf{v}$는 직선에 평행하고 다음과 같은 것을 알고 있다.

$$\mathbf{v}=\langle 3-2, -1-4, 1-(-3)\rangle=\langle 1, -5, 4\rangle$$

따라서 방향수는 $a=1$, $b=-5$, $c=4$이다. 점 $(2, 4, -3)$을 P_0로 택하면 매개변수 방정식 2는 다음과 같다.

$$x=2+t, \quad y=4-5t, \quad z=-3+4t$$

그리고 대칭 방정식 3은 다음과 같다.

$$\frac{x-2}{1}=\frac{y-4}{-5}=\frac{z+3}{4}$$

(b) $z=0$일 때 직선은 xy평면과 만난다. 따라서 대칭 방정식에서 $z=0$이라 놓으면 다음을 얻는다.

$$\frac{x-2}{1}=\frac{y-4}{-5}=\frac{3}{4}$$

이로부터 $x=\frac{11}{4}$, $y=\frac{1}{4}$을 얻고, 이 직선은 점 $\left(\frac{11}{4}, \frac{1}{4}, 0\right)$에서 xy평면과 만난다.

[예제 2]의 풀이 과정에서 보인 바와 같이 일반적으로 점 $P_0(x_0, y_0, z_0)$와 $P_1(x_1, y_1, z_1)$을 지나는 직선 L의 방향수는 x_1-x_0, y_1-y_0, z_1-z_0이다. 따라서 L의 대칭 방정식은 다음과 같다.

$$\frac{x-x_0}{x_1-x_0}=\frac{y-y_0}{y_1-y_0}=\frac{z-z_0}{z_1-z_0}$$

종종 직선 전체가 아닌 그 일부분인 선분에 대해서만 설명이 필요할 때가 있다. 예를 들어 [예제 2]의 선분 AB를 어떻게 설명할 수 있을까? [예제 2(a)]의 매개변수 방정식에서 $t=0$이라 하면 점 $(2, 4, -3)$을 얻고 $t=1$이라 하면 점 $(3, -1, 1)$을 얻는다. 따라서 선분 AB는 다음과 같은 매개변수 방정식으로 설명된다.

$$x=2+t, \quad y=4-5t, \quad z=-3+4t, \quad 0 \le t \le 1$$

또는 다음과 같이 이에 대응하는 벡터 방정식에 의해 설명된다.

$$\mathbf{r}(t)=\langle 2+t,\ 4-5t,\ -3+4t\rangle, \quad 0 \le t \le 1$$

일반적으로 식 [1]로부터 벡터 $\mathbf{v}$의 방향으로 벡터 $\mathbf{r}_0$의 종점을 지나는 직선의 벡터 방정식은 $\mathbf{r}=\mathbf{r}_0+t\mathbf{v}$임을 알고 있다. 직선이 벡터 $\mathbf{r}_1$의 종점도 지나면 $\mathbf{v}=\mathbf{r}_1-\mathbf{r}_0$를 택할 수 있다. 직선의 벡터 방정식은 다음과 같다.

$$\mathbf{r}=\mathbf{r}_0+t(\mathbf{r}_1-\mathbf{r}_0)=(1-t)\mathbf{r}_0+t\mathbf{r}_1$$

$\mathbf{r}_0$에서 $\mathbf{r}_1$까지 이은 선분은 매개변수 구간 $0 \le t \le 1$로 주어진다.

[4] $\mathbf{r}_0$에서 $\mathbf{r}_1$까지 이은 선분은 다음 벡터 방정식으로 주어진다.

$$\mathbf{r}(t)=(1-t)\mathbf{r}_0+t\mathbf{r}_1, \quad 0 \le t \le 1$$

예제 3 **다음과 같은 매개변수 방정식을 갖는 L_1과 L_2는 서로 꼬인 위치의 직선**skew line**, 즉 만나지도 않고 평행하지도 않는 직선(따라서 같은 평면에 있지 않는 직선)임을 보여라.**

$$x=1+t, \quad y=-2+3t, \quad z=4-t$$

$$x=2s, \quad y=3+s, \quad z=-3+4s$$

[그림 47]과 같이 [예제 3]의 두 직선 L_1과 L_2는 꼬인 위치의 직선이다.

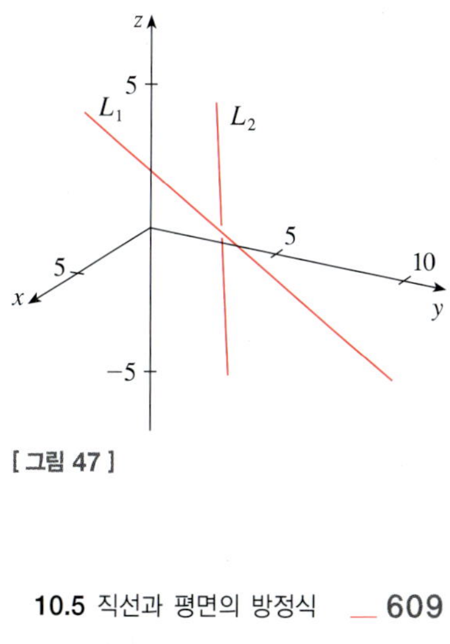

[그림 47]

풀이

두 직선에 대응하는 벡터 $<1, 3, -1>$과 $<2, 1, 4>$가 평행하지 않으므로 직선들은 평행하지 않는다.(그들의 성분이 비례하지 않는다.) 만일 L_1과 L_2의 교점이 있다면 다음을 만족하는 t와 s의 값이 존재해야 한다.

$$1+t=2s$$

$$-2+3t=3+s$$

$$4-t=-3+4s$$

그러나 처음 두 방정식을 풀면 $t=\frac{11}{5}$와 $s=\frac{8}{5}$을 얻지만 이 값들은 세 번째 방정식을 만족하지 않는다. 따라서 세 방정식을 모두 만족하는 t와 s의 값은 존재하지 않는다. 따라서 L_1과 L_2는 만나지 않는다. 그러므로 L_1과 L_2는 서로 꼬인 위치의 직선이다.

평면

공간에 있는 직선이 점과 방향으로 결정된다 하더라도 공간에 있는 평면은 설명하기가 훨씬 어렵다. 평면에 평행한 하나의 벡터로는 평면의 '방향'을 전달하기에는 충분하지 않다. 그러나 평면에 수직인 벡터는 평면의 방향을 정확하게 나타낸다. 따라서 공간에서 평면은 평면 안의 한 점 $P_0(x_0, y_0, z_0)$와 이 평면에 수직인 벡터 $\mathbf{n}$으로 결정된다. 이때 수직인 벡터 $\mathbf{n}$을 평면의 **법선벡터**normal vector라 한다. $P(x, y, z)$를 평면 안의 임의의 점이라 하고 $\mathbf{r}_0$와 $\mathbf{r}$을 P_0와 P의 위치벡터라 하면 벡터 $\mathbf{r}-\mathbf{r}_0$는 $\overrightarrow{P_0P}$로 표현된다([그림 48] 참조). 법선벡터 $\mathbf{n}$은 주어진 평면 안의 모든 벡터와 수직이다. 특히 $\mathbf{n}$은 $\mathbf{r}-\mathbf{r}_0$와 수직이므로 다음을 얻는다.

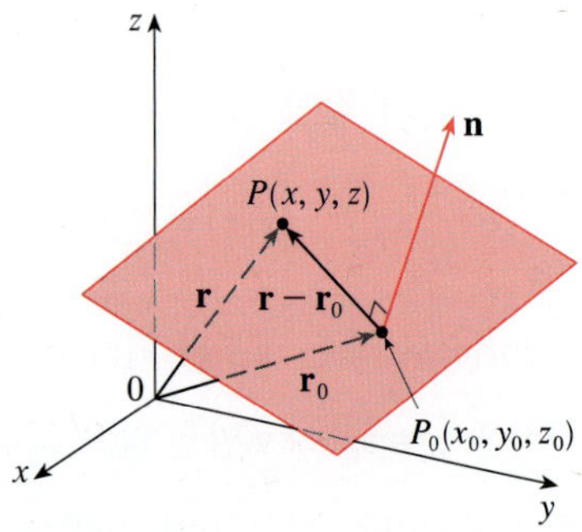

[그림 48]

5 $$\mathbf{n}\cdot(\mathbf{r}-\mathbf{r}_0)=0$$

이것은 다음과 같이 고쳐 쓸 수 있다.

6 $$\mathbf{n}\cdot\mathbf{r}=\mathbf{n}\cdot\mathbf{r}_0$$

방정식 5 또는 6을 **평면의 벡터 방정식**vector equation of the plane이라 한다.

평면의 스칼라 방정식을 얻기 위해 $\mathbf{n}=\langle a, b, c\rangle$, $\mathbf{r}=\langle x, y, z\rangle$, $\mathbf{r}_0=\langle x_0, y_0, z_0\rangle$라 하면 벡터 방정식 5는 다음과 같다.

$$\langle a, b, c\rangle\cdot\langle x-x_0, y-y_0, z-z_0\rangle=0$$

또는 다음을 얻는다.

7 $$a(x-x_0)+b(y-y_0)+c(z-z_0)=0$$

식 7은 법선벡터가 $\mathbf{n}=\langle a, b, c\rangle$이고 $P_0(x_0, y_0, z_0)$를 지나는 **평면의 스칼라 방정식**scalar equation of the plane이다.

예제 4 **점 $(2, 4, -1)$을 지나고 법선벡터가 $\mathbf{n} = \langle 2, 3, 4 \rangle$인 평면의 방정식을 구하라. 절편을 구하고 평면의 그래프를 그려라.**

풀이

식 [7]에서 $a=2$, $b=3$, $c=4$, $x_0=2$, $y_0=4$, $z_0=-1$이라 놓으면 평면의 방정식은 다음과 같다.

$$2(x-2)+3(y-4)+4(z+1)=0$$
$$2x+3y+4z=12$$

x절편을 구하기 위해 이 방정식에서 $y=z=0$이라 놓으면 $x=6$을 얻는다. 마찬가지로 y절편은 4, z절편은 3이다. 이것으로 제1팔분공간에 있는 평면의 일부분을 그릴 수 있다([그림 49] 참조).

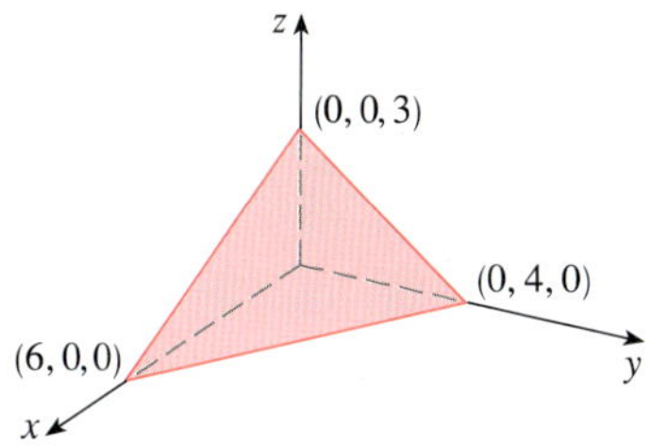

[그림 49]

[예제 4]에서 풀이한 것과 같이 식 [7]의 항을 묶으면 평면의 방정식은 다음과 같이 고쳐 쓸 수 있다.

[8] $$ax+by+cz+d=0$$

여기서 $d=-(ax_0+by_0+cz_0)$이다. 식 [8]을 x, y, z에 대한 선형방정식 linear equation이라 한다. 역으로 a, b, c가 모두 0이 아닐 때 선형방정식 [8]은 법선벡터가 $\langle a, b, c \rangle$인 평면을 나타낸다([연습문제 30] 참조).

예제 5 **점 $P(1, 3, 2)$, $Q(3, -1, 6)$, $R(5, 2, 0)$을 지나는 평면의 방정식을 구하라.**

[그림 50]은 [예제 5]의 평면 중 삼각형 PQR로 둘러싸인 일부분이다.

풀이

$\mathbf{a}$와 $\mathbf{b}$를 각각 $\overrightarrow{PQ}$와 $\overrightarrow{PR}$에 대응하는 벡터라 하면 다음과 같다.

$$\mathbf{a}=\langle 2, -4, 4 \rangle,\ \mathbf{b}=\langle 4, -1, -2 \rangle$$

$\mathbf{a}$와 $\mathbf{b}$가 모두 평면 안에 놓여있다. 따라서 외적 $\mathbf{a}\times\mathbf{b}$는 평면에 수직이며, 이것을 법선벡터로 택할 수 있다. 따라서 다음을 얻는다.

$$\mathbf{n}=\mathbf{a}\times\mathbf{b}=\begin{vmatrix} \mathbf{i} & \mathbf{j} & \mathbf{k} \\ 2 & -4 & 4 \\ 4 & -1 & -2 \end{vmatrix} = 12\mathbf{i}+20\mathbf{j}+14\mathbf{k}$$

점 $P(1, 3, 2)$와 법선벡터 $\mathbf{n}$을 갖는 평면의 방정식은 다음과 같다.

$$12(x-1)+20(y-3)+14(z-2)=0$$
$$6x+10y+7z=50$$

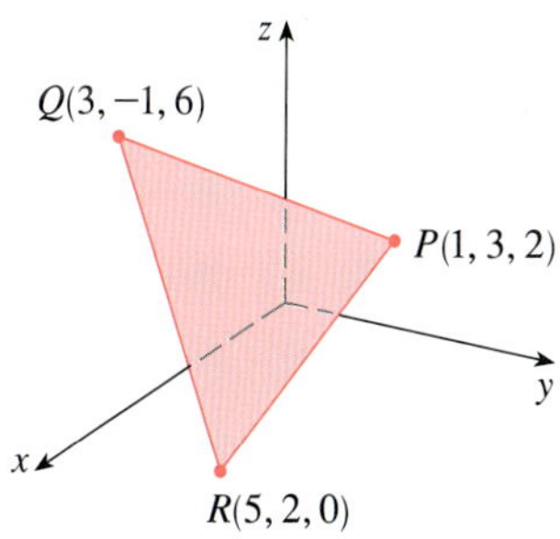

[그림 50]

두 평면에 대한 법선벡터가 평행하면 두 평면은 평행parallel하다. 예를 들어 평면 $x+2y-3z=4$와 $2x+4y-6z=3$은 평행하다. 각각의 법선벡터가 $\mathbf{n}_1=\langle 1, 2, -3\rangle$, $\mathbf{n}_2=\langle 2, 4, -6\rangle$이므로 $\mathbf{n}_2=2\mathbf{n}_1$이기 때문이다. 두 평면이 평행하지 않으면 한 직선에서 만나고 두 평면 사이의 각은 법선벡터 사이의 예각으로 정의된다([그림 51]의 각 θ 참조).

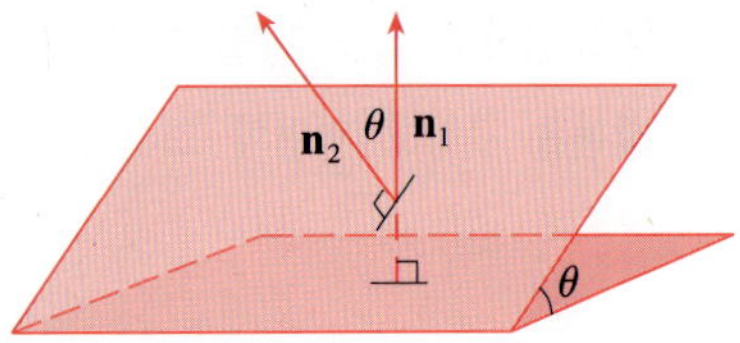

[그림 51]

예제 6 (a) 평면 $x+y+z=1$과 $x-2y+3z=1$ 사이의 각을 구하라.
(b) 이 두 평면의 교선 L의 대칭 방정식을 구하라.

[그림 52]는 [예제 6]의 평면들과 이들의 교선 L을 나타낸다.

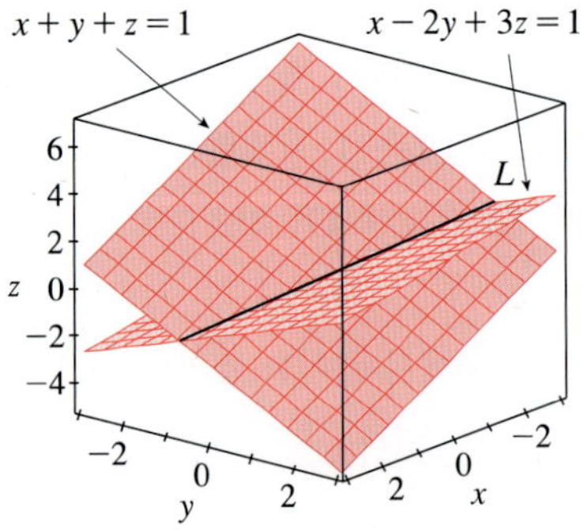

[그림 52]

풀이

(a) 두 평면의 법선벡터가 다음과 같다.

$$\mathbf{n}_1=\langle 1, 1, 1\rangle, \quad \mathbf{n}_2=\langle 1, -2, 3\rangle$$

또한 평면 사이의 각을 θ라 하면 다음을 얻는다.

$$\cos\theta=\frac{\mathbf{n}_1\cdot\mathbf{n}_2}{|\mathbf{n}_1||\mathbf{n}_2|}=\frac{1(1)+1(-2)+1(3)}{\sqrt{1+1+1}\sqrt{1+4+9}}=\frac{2}{\sqrt{42}}$$

$$\theta=\cos^{-1}\left(\frac{2}{\sqrt{42}}\right)\approx 72^\circ$$

(b) 먼저 L 위의 한 점을 구할 필요가 있다. 예를 들어 두 평면의 방정식에서 $z=0$이라 놓음으로써 직선이 xy평면과 만나는 점을 구할 수 있다. 그러면 방정식 $x+y=1$과 $x-2y=1$을 얻는데, 그 해는 $x=1$, $y=0$이다. 그래서 점 $(1, 0, 0)$은 L에 있다.

이제 L이 두 평면 안에 있으므로 L은 두 법선벡터에 모두 수직이다. 따라서 L과 평행한 벡터 $\mathbf{v}$는 다음 외적으로 주어진다.

$$\mathbf{v}=\mathbf{n}_1\times\mathbf{n}_2=\begin{vmatrix}\mathbf{i} & \mathbf{j} & \mathbf{k}\\ 1 & 1 & 1\\ 1 & -2 & 3\end{vmatrix}=5\mathbf{i}-2\mathbf{j}-3\mathbf{k}$$

교선을 구하는 또 다른 방법은 두 변수를 매개변수로 택할 수 있는 제3의 변수에 대한 평면의 방정식을 푸는 것이다.

따라서 L의 대칭 방정식은 다음과 같다.

$$\frac{x-1}{5}=\frac{y}{-2}=\frac{z}{-3}$$

예제 7 점 $P_1(x_1, y_1, z_1)$에서 평면 $ax+by+cz+d=0$까지의 거리 D에 관한 식을 구하라.

풀이

$P_0(x_0, y_0, z_0)$를 주어진 평면 안의 임의의 점이라 하고 $\mathbf{b}$를 $\overrightarrow{P_0P_1}$에 대응하는 벡터

라 하면 다음과 같다.

$$\mathbf{b} = \langle x_1 - x_0,\ y_1 - y_0,\ z_1 - z_0 \rangle$$

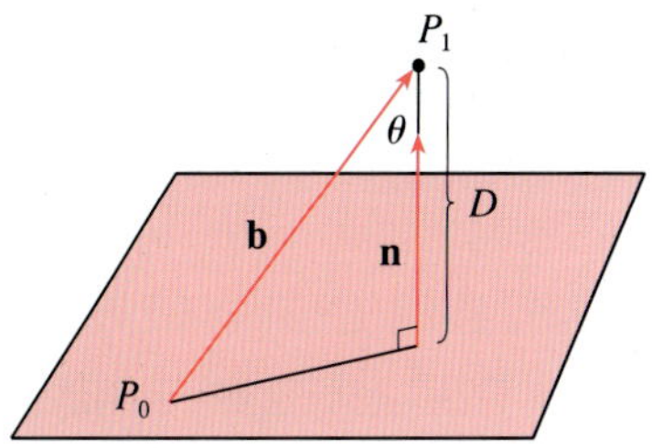

[그림 53]

[그림 53]으로부터 P_1에서 평면까지의 거리 D는 법선벡터 $\mathbf{n} = \langle a, b, c \rangle$ 위로 $\mathbf{b}$의 스칼라 사영의 절댓값과 같음을 알 수 있다(10.3절 참조). 따라서 다음을 얻는다.

$$D = |\mathrm{comp}_{\mathbf{n}}\mathbf{b}| = \frac{|\mathbf{n} \cdot \mathbf{b}|}{|\mathbf{n}|} = \frac{|a(x_1 - x_0) + b(y_1 - y_0) + c(z_1 - z_0)|}{\sqrt{a^2 + b^2 + c^2}}$$

$$= \frac{|(ax_1 + by_1 + cz_1) - (ax_0 + by_0 + cz_0)|}{\sqrt{a^2 + b^2 + c^2}}$$

P_0이 평면 안에 있으므로 이 점의 좌표는 평면의 방정식을 만족하여 $ax_0 + by_0 + cz_0 + d = 0$을 얻는다. 따라서 D에 대한 식은 다음과 같이 쓸 수 있다.

9 $$D = \frac{|ax_1 + by_1 + cz_1 + d|}{\sqrt{a^2 + b^2 + c^2}}$$

예제 8 **평행한 두 평면 $10x + 2y - 2z = 5$와 $5x + y - z = 1$ 사이의 거리를 구하라.**

풀이

먼저 두 평면의 법선벡터 $\langle 10, 2, -2 \rangle$와 $\langle 5, 1, -1 \rangle$이 평행하므로 두 평면이 평행함에 주의한다. 두 평면 사이의 거리 D를 구하기 위해 한 평면 위에서 임의의 점을 택하고 이 점에서 다른 평면까지의 거리를 계산한다. 첫 번째 평면의 방정식에서 $y = z = 0$이라 놓으면 $10x = 5$이므로 $\left(\frac{1}{2}, 0, 0\right)$은 이 평면의 한 점이다. 식 9에 의해 점 $\left(\frac{1}{2}, 0, 0\right)$과 평면 $5x + y - z - 1 = 0$ 사이의 거리는 다음과 같다.

■ www.stewartcalculus.com (Additional Examples A, B를 보라.)

$$D = \frac{\left|5\left(\frac{1}{2}\right) + 1(0) - 1(0) - 1\right|}{\sqrt{5^2 + 1^2 + (-1)^2}} = \frac{\frac{3}{2}}{3\sqrt{3}} = \frac{\sqrt{3}}{6}$$

따라서 두 평면 사이의 거리는 $\sqrt{3}/6$이다.

10.5 연습문제

01 다음 명제가 참인지 아니면 거짓인지 판별하라.

(a) 어떤 직선에 평행한 두 직선은 평행하다.

(b) 어떤 직선에 수직인 두 직선은 평행하다.

(c) 어떤 평면에 평행한 두 평면은 평행하다.

(d) 어떤 평면에 수직인 두 평면은 평행하다.

(e) 한 평면에 평행한 두 직선은 평행하다.

(f) 한 평면에 수직인 두 직선은 평행하다.

(g) 한 직선에 평행한 두 평면은 평행하다.

(h) 한 직선에 수직인 두 평면은 평행하다.

(i) 두 평면은 만나거나 평행하다.

(j) 두 직선은 만나거나 평행하다.

(k) 평면과 직선은 만나거나 평행하다.

02~03 다음 직선의 벡터 방정식과 매개변수 방정식을 구하라.

02 점 $(2, 2.4, 3.5)$를 지나고 벡터 $3\mathbf{i}+2\mathbf{j}-\mathbf{k}$에 평행한 직선

03 점 $(1, 0, 6)$을 지나고 평면 $x+3y+z=5$와 수직인 직선

04~05 다음 직선의 매개변수 방정식과 대칭 방정식을 구하라.

04 점 $\left(0, \frac{1}{2}, 1\right)$과 $(2, 1, -3)$을 지나는 직선

05 점 $(1, -1, 1)$을 지나고 직선 $x+2=\frac{1}{2}y=z-3$에 평행한 직선

---

06 점 $(-4, -6, 1)$과 $(-2, 0, -3)$을 지나는 직선은 점 $(10, 18, 4)$와 $(5, 3, 14)$를 지나는 직선과 평행한가?

07 (a) 점 $(1, -5, 6)$을 지나고 벡터 $\langle -1, 2, -3\rangle$에 평행한 직선의 대칭 방정식을 구하라.

(b) (a)에서 구한 직선이 좌표평면과 만나는 점들을 구하라.

08 점 $(2, -1, 4)$에서 $(4, 6, 1)$까지 이은 선분의 벡터 방정식을 구하라.

09~10 다음 직선 L_1과 L_2가 평행한지 꼬여있는지 아니면 교차하는지를 결정하라. 교차한다면 그 교점을 구하라.

09 L_1: $x=3+2t,\ y=4-t,\ z=1+3t$

L_2: $x=1+4s,\ y=3-2s,\ z=4+5s$

10 L_1: $\dfrac{x-2}{1}=\dfrac{y-3}{-2}=\dfrac{z-1}{-3}$

L_2: $\dfrac{x-3}{1}=\dfrac{y+4}{3}=\dfrac{z-2}{-7}$

11~16 다음 평면의 방정식을 구하라.

11 점 $\left(-1, \frac{1}{2}, 3\right)$을 지나고 법선벡터가 $\mathbf{i}+4\mathbf{j}+\mathbf{k}$인 평면

12 점 $(1, -1, -1)$을 지나고 평면 $5x-y-z=6$에 평행한 평면

13 점 $(0, 1, 1)$, $(1, 0, 1)$, $(1, 1, 0)$을 지나는 평면

14 점 $(6, 0, -2)$를 지나고 직선 $x=4-2t,\ y=3+5t,\ z=7+4t$를 포함하는 평면

15 점 $(-1, 2, 1)$을 지나고 평면 $x+y-z=2$와 $2x-y+3z=1$의 교선을 포함하는 평면

16 점 $(1, 5, 1)$을 지나고 평면 $2x+y-2z=2$와 $x+3z=4$에 수직인 평면

---

17 직선 $x=3-t,\ y=2+t,\ z=5t$와 평면 $x-y+2z=9$가 만나는 점을 구하라.

18~19 다음 평면이 평행 또는 수직인지 어느 것도 아닌지 결정하라. 어느 것도 아니라면 그들 사이의 각을 구하라.

18 $x+y+z=1,\quad x-y+z=1$

19 $x=4y-2z,\quad 8y=1+2x+4z$

---

20 (a) 평면 $x+y+z=1$과 $x+2y+2z=1$의 교선의 매개변수 방정식을 구하라.

(b) 평면 사이의 각을 구하라.

21 x절편이 a, y절편이 b, z절편이 c인 평면의 방정식을 구하라.

22 점 $(0, 1, 2)$를 지나며 평면 $x+y+z=2$에 평행하고 직선

$x=1+t,\ y=1-t,\ z=2t$에 수직인 직선에 대한 매개변수 방정식을 구하라.

23 다음 네 개의 평면 중에서 평행한 것은 어느 것인가? 이들 중에서 어느 것이 동일한가?

$$P_1:\ 3x+6y-3z=6 \qquad P_2:\ 4x-12y+8z=5$$

$$P_3:\ 9y=1+3x+6z \qquad P_4:\ z=x+2y-2$$

24 10.4절 [연습문제 23]의 공식을 이용하여 주어진 점에서 직선까지의 거리를 구하라.

$$(4,\ 1,\ -2);\ x=1+t,\ y=3-2t,\ z=4-3t$$

25 주어진 점에서 평면까지의 거리를 구하라.

$$(1,\ -2,\ 4),\ 3x+2y+6z=5$$

26 주어진 평행한 평면 사이의 거리를 구하라.

$$2x-3y+z=4,\quad 4x-6y+2z=3$$

27 평행한 평면 $ax+by+cz+d_1=0$과 $ax+by+cz+d_2=0$ 사이의 거리가 다음과 같음을 보여라.

$$D=\frac{|d_1-d_2|}{\sqrt{a^2+b^2+c^2}}$$

28 대칭 방정식이 $x=y=z$와 $x+1=y/2=z/3$인 직선은 서로 꼬여있음을 보여라. 그리고 두 직선 사이의 거리를 구하라. [힌트: 꼬인 직선들이 평행한 평면 위에 놓인다.]

29 L_1은 원점과 점 $(2,\ 0,\ -1)$을 지나고 L_2는 두 점 $(1,\ -1,\ 1)$과 $(4,\ 1,\ 3)$을 지난다고 할 때, L_1과 L_2 사이의 거리를 구하라.

30 $a,\ b,\ c$가 모두 0이 아닐 때 방정식 $ax+by+cz+d=0$은 평면을 나타내고 $\langle a,\ b,\ c\rangle$는 이 평면에 대한 법선벡터임을 보여라. [힌트: $a\neq 0$이라 하고 주어진 방정식을 $a\left(x+\frac{d}{a}\right)+b(y-0)+c(z-0)=0$ 형태로 변경하라.]

10.6 기둥면과 이차곡면

10.5절에서는 평면, 10.1절에서는 구면과 같은 두 종류의 특별한 형태의 곡면을 이미 살펴보았다. 여기서는 기둥면과 이차곡면과 같은 두 종류의 다른 곡면을 살펴본다. 곡면의 그래프를 그리기 위해서 좌표평면에 평행한 평면과 곡면의 교선을 결정하는 것이 유용하다. 이러한 곡선을 그 곡면의 **자취**(trace) 또는 **단면**(cross section)이라 한다.

기둥면

기둥면(cylinder)은 주어진 평면곡선을 지나고 주어진 직선과 평행한 모든 직선, 즉 **모선**(ruling)으로 이루어진 곡면이다.

예제 1 곡면 $z=x^2$의 그래프를 그려라.

풀이

그래프의 방정식 $z=x^2$에는 y가 포함되어 있지 않은 것에 주목한다. 이것은 방정식 $y=k$인 임의의 수직평면(xz평면에 평행)이 방정식 $z=x^2$인 곡선에서 그래프와 교차하는 것을 의미한다. 따라서 이들의 수직 자취는 포물선이다. [그림 54]는 xz평면에

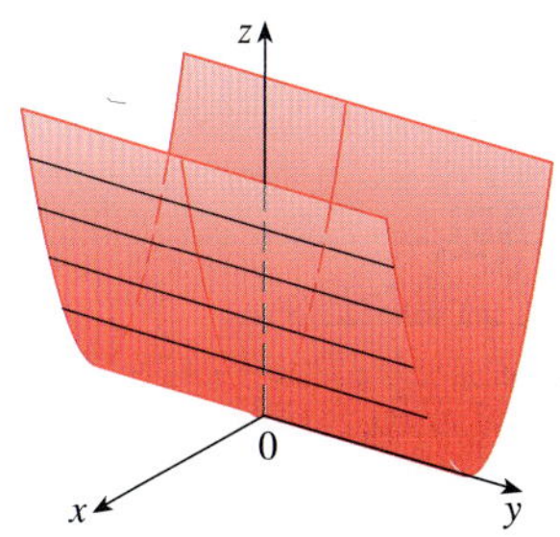

[그림 54] 곡면 $z=x^2$은 포물기둥면이다.

서 포물선 $z = x^2$을 택하여 y축 방향으로 이동함으로써 그래프가 어떻게 만들어지는지 보여준다. 이 그래프는 **포물기둥면**parabolic cylinder이라 부르는 곡면으로 동일한 모양의 포물선을 무수히 많이 복사해서 이동시킴으로써 얻어진다. 여기서 기둥면의 모선은 y축에 평행하다.

[예제 1]에 있는 기둥면의 방정식에서 변수 y가 생략되어 있음을 살펴봤다. 이것은 모선이 어느 한 좌표축에 평행한 대표적인 곡면이다. 변수 x, y, z 중 하나가 곡면의 방정식에서 생략되어 있으면 곡면은 기둥면이 된다.

예제 2 **다음 곡면을 확인하고 그림을 그려라.**

(a) $x^2 + y^2 = 1$ **(b)** $y^2 + z^2 = 1$

풀이

(a) z가 생략되어 있으므로 방정식 $x^2 + y^2 = 1$과 $z = k$는 평면 $z = k$에서 반지름이 1인 원을 나타낸다. 곡면 $x^2 + y^2 = 1$은 중심축이 z축인 원기둥이다([그림 55] 참조). 여기서 모선은 xy평면에 수직인 직선들이다.

(b) 이 경우에 x가 생략되어 있으며 곡면은 중심축이 x축인 원기둥이다([그림 56] 참조). 이것은 yz평면에서 원 $y^2 + z^2 = 1$, $x = 0$을 택하여 x축과 평행하게 이동하면 얻어진다.

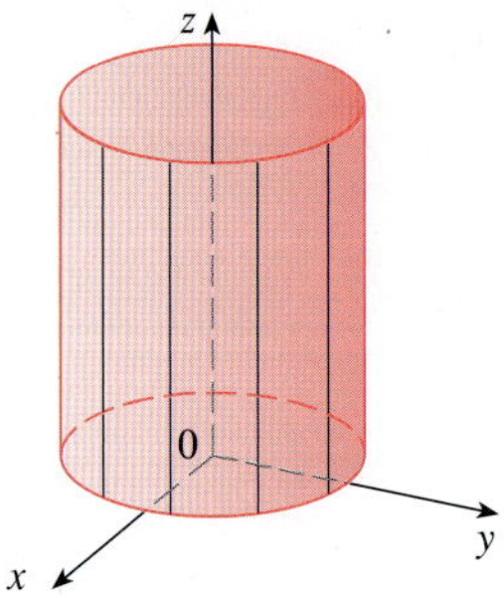

[그림 55] $x^2 + y^2 = 1$

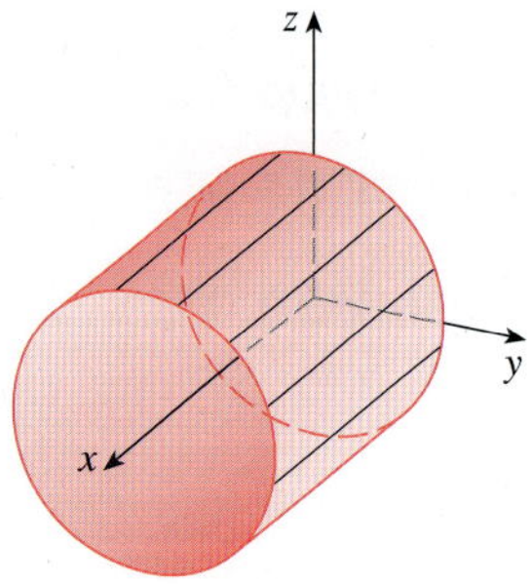

[그림 56] $y^2 + z^2 = 1$

NOTE _ 곡면을 다룰 때 $x^2 + y^2 = 1$과 같은 방정식은 원이 아니라 기둥면을 나타낸다는 것을 인식하는 것이 중요하다. xy평면에서 기둥면 $x^2 + y^2 = 1$의 자취는 방정식이 $x^2 + y^2 = 1$, $z = 0$인 원이다.

이차곡면

이차곡면quadric surface은 세 변수 x, y, z에 대한 이차방정식의 그래프이다. 이와 같은 방정식의 가장 일반적인 형태는 다음과 같다.

$$Ax^2 + By^2 + Cz^2 + Dxy + Eyz + Fxz + Gx + Hy + Iz + J = 0$$

여기서 $A, B, C, \cdots, J$는 상수이다. 그러나 평행 이동과 회전에 의해 다음과 같은 두 가지 표준형 중 하나로 바꿀 수 있다.

$$Ax^2 + By^2 + Cz^2 + J = 0 \quad \text{또는} \quad Ax^2 + By^2 + Iz = 0$$

이차곡면은 평면 안의 원뿔곡선에 대응하는 3차원 공간의 곡면이다. (원뿔곡선에 대한 설명은 9.5절을 참조하라.)

예제 3 자취를 이용하여 다음 방정식을 갖는 이차곡면의 그래프를 그려라.

$$x^2 + \frac{y^2}{9} + \frac{z^2}{4} = 1$$

풀이

$z = 0$을 대입하면 xy평면에서의 자취가 $x^2 + y^2/9 = 1$이고, 이것은 타원의 방정식임을 알고 있다. 일반적으로 평면 $z = k$에서 수평 자취는 다음과 같다.

$$x^2 + \frac{y^2}{9} = 1 - \frac{k^2}{4}, \quad z = k$$

한편 이것은 $k^2 < 4$, 즉 $-2 < k < 2$인 타원이다.

마찬가지로 수직 자취도 다음과 같이 타원이 된다.

$$\frac{y^2}{9} + \frac{z^2}{4} = 1 - k^2, \quad x = k \quad (-1 < k < 1)$$

$$x^2 + \frac{z^2}{4} = 1 - \frac{k^2}{9}, \quad y = k \quad (-3 < k < 3)$$

[그림 57]은 곡면의 모양을 나타내는 자취들을 그리는 방법을 보여준다. 모든 자취가 타원이기 때문에 이 곡면을 타원면[ellipsoid]이라 한다. 이 곡면은 각 좌표평면에 대해 대칭임에 주목한다. 이것은 방정식이 x, y, z의 짝수 거듭제곱만을 포함하고 있다는 사실을 반영한 것이다.

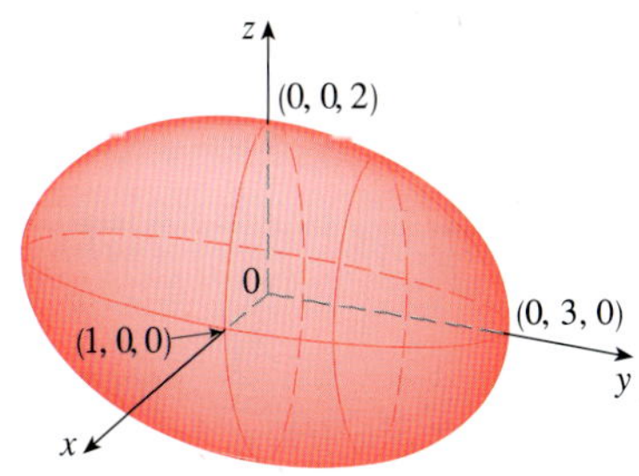

[그림 57] 타원면 $x^2 + \frac{y^2}{9} + \frac{z^2}{4} = 1$

예제 4 자취를 이용하여 곡면 $z = 4x^2 + y^2$의 그래프를 그려라.

풀이

$x = 0$이라 놓으면 $z = y^2$을 얻으므로 yz평면과 곡면은 포물선 모양으로 교차한다. $x = k$(상수)라 놓으면 $z = y^2 + 4k^2$을 얻는다. 이것은 yz평면에 평행한 임의의 평면으로 그래프를 자르면 위쪽이 열린 포물선을 얻는다. 마찬가지로 $y = k$이면 자취는 $z = 4x^2 + k^2$이고 다시 위쪽이 열린 포물선이다. $z = k$라 놓으면 수평 자취는

$4x^2 + y^2 = k$이고, 이것은 타원족으로 인식한다. 자취의 모양을 알면 [그림 58]의 그래프를 그릴 수 있다. 타원의 자취와 포물선의 자취로 인해 이차곡면 $z = 4x^2 + y^2$을 **타원포물면**elliptic paraboloid이라 한다.

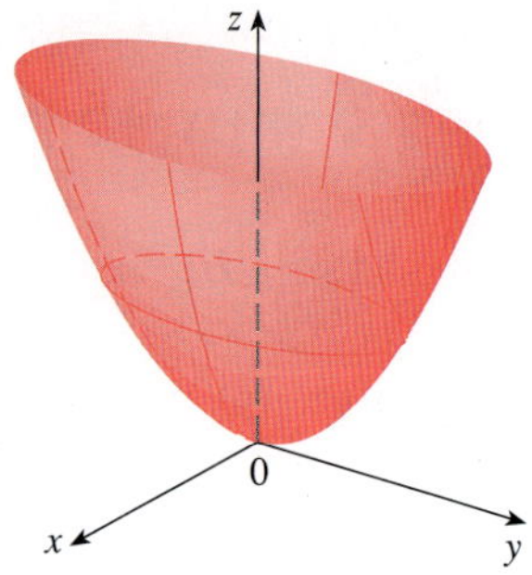

[그림 58] 곡면 $z = 4x^2 + y^2$은 타원포물면이다. 수평 자취는 타원, 수직 자취는 포물선이다.

예제 5 곡면 $z = y^2 - x^2$의 그래프를 그려라.

풀이

수직평면 $x = k$에서 자취는 위쪽이 열린 포물선 $z = y^2 - k^2$이다. $y = k$에서 자취는 아래쪽이 열린 포물선 $z = -x^2 + k^2$이다. 수평 자취는 쌍곡선족 $y^2 - x^2 = k$이다. [그림 59]에서 자취족을 그리고 [그림 60]에서 자취들을 정확한 평면으로 놓아 자취들이 어떻게 나타나는지를 보여준다.

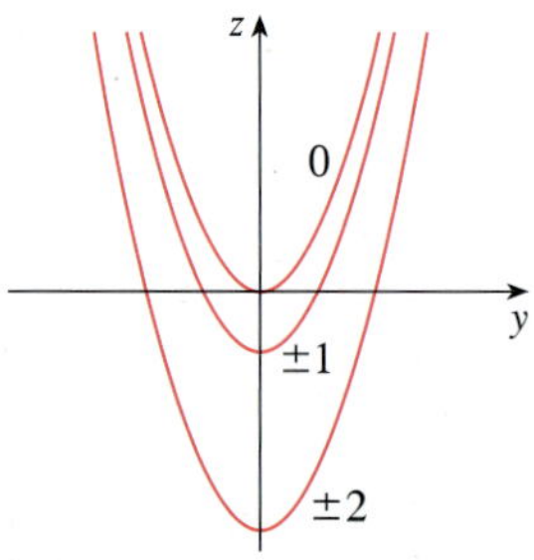

$x = k$에서 자취는 $z = y^2 - k^2$이다.

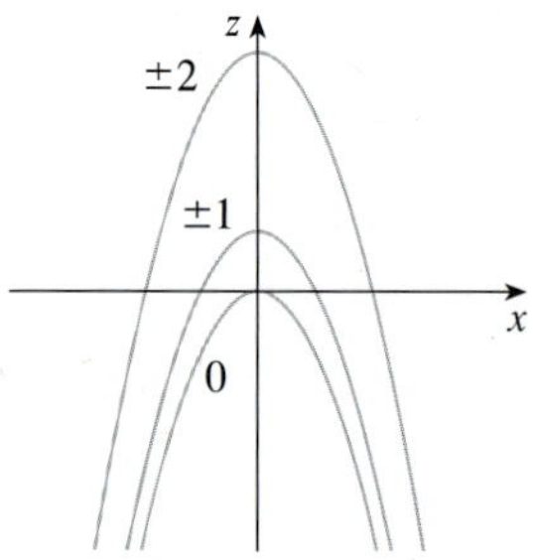

$y = k$에서 자취는 $z = -x^2 + k^2$이다.

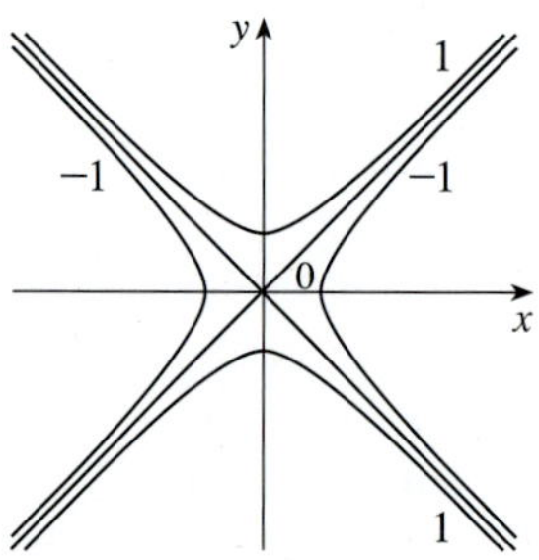

$z = k$에서 자취는 $y^2 - x^2 = k$이다.

[그림 59] 수직 자취는 포물선, 수평 자취는 쌍곡선이다. 모든 자취들에 k의 값을 기입했다.

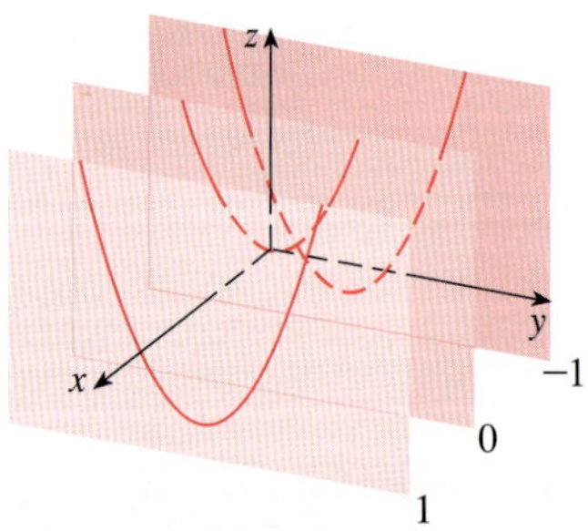

$x = k$에서 자취

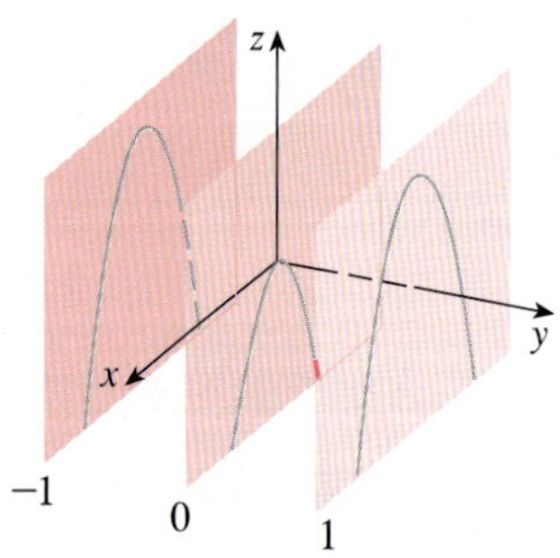

$y = k$에서 자취

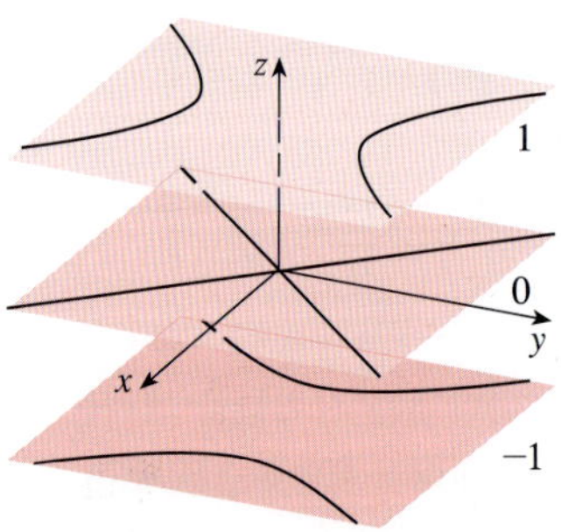

$z = k$

[그림 60] 자취들을 정확한 평면으로 옮긴다.

[그림 60]에서 $z = y^2 - x^2$을 그리기 위해 자취를 모두 모으면 [그림 61]과 같으며, 이 곡면을 **쌍곡포물면**hyperbolic paraboloid이라고 한다. 원점 부근에서 곡면의 모양이 말안장과 닮았음에 주목하자. 이 곡면은 11.7절에서 안장점을 논의할 때 더욱 자세히 규명할 것이다.

TEC Module 10.6A에서 자취들이 곡면의 모양을 어떻게 결정하는지 살펴볼 수 있다.

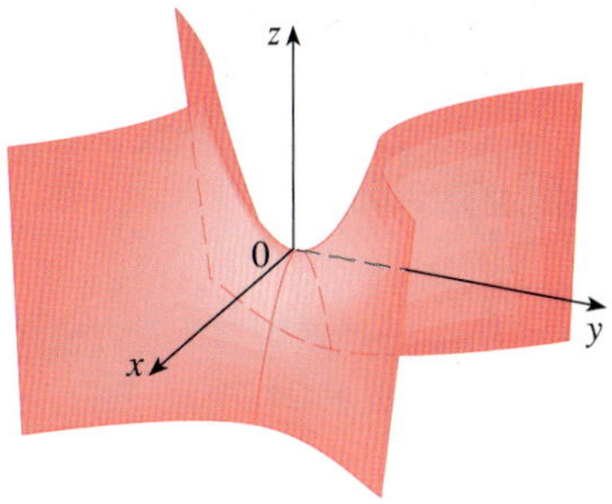

[그림 61] 곡면 $z = y^2 - x^2$은 쌍곡포물면이다.

예제 6 **곡면 $\dfrac{x^2}{4} + y^2 - \dfrac{z^2}{4} = 1$의 그래프를 그려라.**

풀이

임의의 수평평면 $z = k$에서 자취는 다음과 같은 타원이다.

$$\frac{x^2}{4} + y^2 = 1 + \frac{k^2}{4}, \qquad z = k$$

반면 xz평면과 yz평면에서 자취는 다음과 같은 쌍곡선이다.

$$\frac{x^2}{4} - \frac{z^2}{4} = 1, \quad y = 0 \text{과 } y^2 - \frac{z^2}{4} = 1, \quad x = 0$$

이 곡면을 일엽쌍곡면hyperboloid of one sheet이라 하며, 그래프는 [그림 62]와 같다.

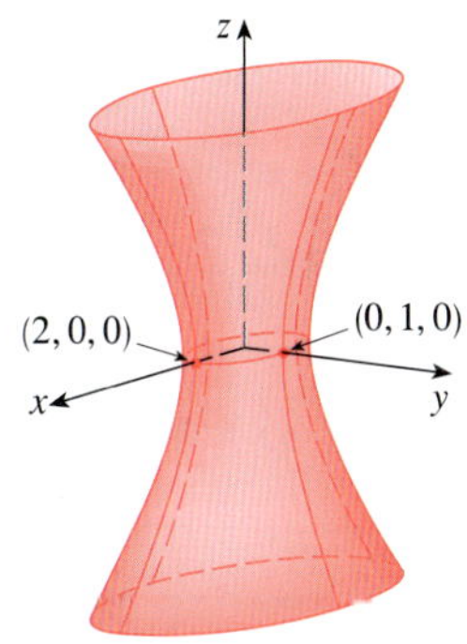

[그림 62]

컴퓨터에서 3차원 그래픽 소프트웨어로 곡면을 그릴 때는 자취를 이용해서 곡면을 그린다. 대부분의 소프트웨어에서 수직평면 $x = k$와 $y = k$는 동일한 간격의 k 값에 대해 자취를 그리고, 숨겨진 선은 제거함으로써 그래프의 일부를 그리지 않는다. [표 1]은 컴퓨터를 이용하여 이차곡면의 6가지 기본 유형을 표준형으로 그린 그림이다. 모든 곡면은 z축에 대해 대칭이다. 이차곡면이 다른 축에 대해 대칭이면 방정식은 그에 따라 바뀌게 된다.

TEC Module 10.6B에서 [표 1]에서 a, b, c가 이차곡면에 어떤 영향을 미치는지 알 수 있다.

곡면	방정식	곡면	방정식
타원면 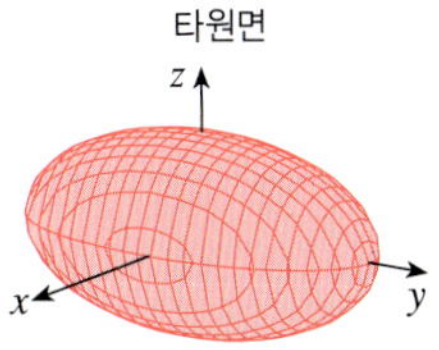	$\frac{x^2}{a^2} + \frac{y^2}{b^2} + \frac{z^2}{c^2} = 1$ 모든 자취는 타원이다. $a = b = c$이면 타원면은 구면이다.	원뿔면 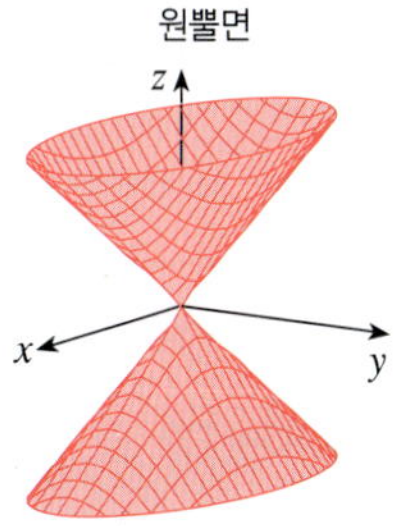	$\frac{z^2}{c^2} = \frac{x^2}{a^2} + \frac{y^2}{b^2}$ 수평 자취는 타원이다. 평면 $x = k$와 $y = k$에서 수직 자취는 $k \neq 0$이면 쌍곡선이고 $k = 0$이면 한 쌍의 직선이다.

곡면	방정식	곡면	방정식
타원포물면 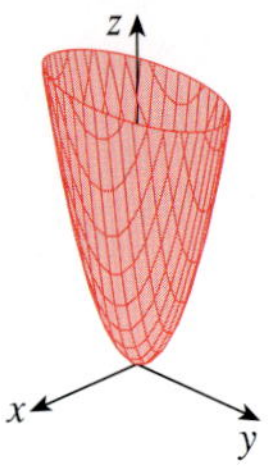	$\frac{z}{c}=\frac{x^2}{a^2}+\frac{y^2}{b^2}$ 수평 자취는 타원이다. 수직 자취는 포물선이다. 지수가 1인 변수는 타원포물면의 중심축을 나타낸다.	일엽쌍곡면 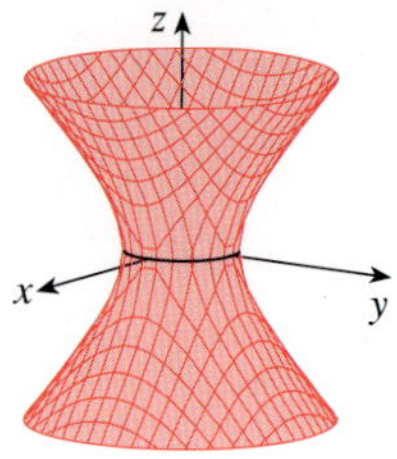	$\frac{x^2}{a^2}+\frac{y^2}{b^2}-\frac{z^2}{c^2}=1$ 수평 자취는 타원이다. 수직 자취는 쌍곡선이다. 대칭축은 계수가 음수인 변수에 대응한다.
쌍곡포물면 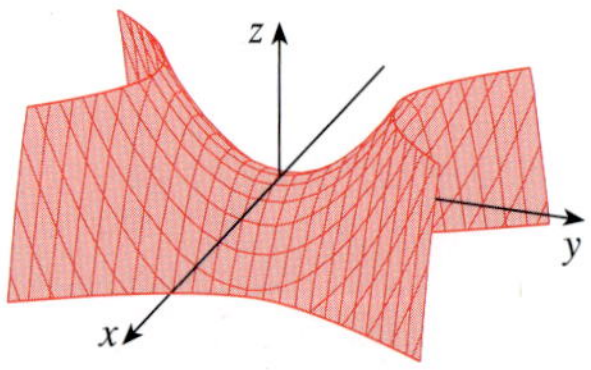	$\frac{z}{c}=\frac{x^2}{a^2}-\frac{y^2}{b^2}$ 수평 자취는 쌍곡선이다. 수직 자취는 포물선이다. 그림은 $c<0$인 경우이다.	이엽쌍곡면 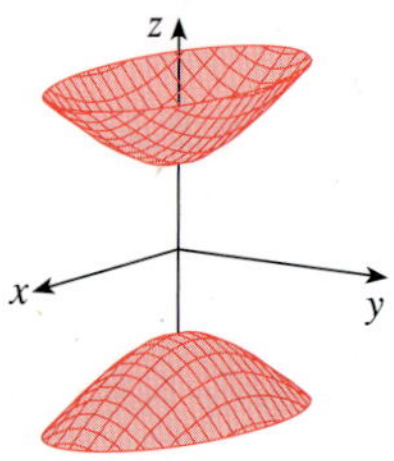	$-\frac{x^2}{a^2}-\frac{y^2}{b^2}+\frac{z^2}{c^2}=1$ $k>c$ 또는 $k<-c$일 때, $z=k$에서 수평 자취는 타원이다. 수직 자취는 쌍곡선이다. 두 개의 음의 부호는 이엽을 나타낸다.

[표 1] 이차곡면의 그래프

예제 7 **이차곡면 $x^2+2z^2-6x-y+10=0$을 분류하라.**

■ www.stewartcalculus.com (Additional Example A를 보라.)

풀이

주어진 방정식을 완전제곱꼴로 다음과 같이 고쳐서 쓴다.

$$y-1=(x-3)^2+2z^2$$

이 방정식을 [표 1]과 비교하면 이것은 타원포물면임을 알 수 있다. 그러나 포물면의 축은 y축에 평행하고 꼭짓점이 점 $(3, 1, 0)$이 되도록 이동되었다. 평면 $y=k$ $(k>1)$에서 자취는 다음과 같은 타원이다.

$$(x-3)^2+2z^2=k-1, \qquad y=k$$

xy평면에서 자취는 방정식이 $y=1+(x-3)^2$, $z=0$인 포물선이다. 이 포물면의 그래프는 [그림 63]과 같다.

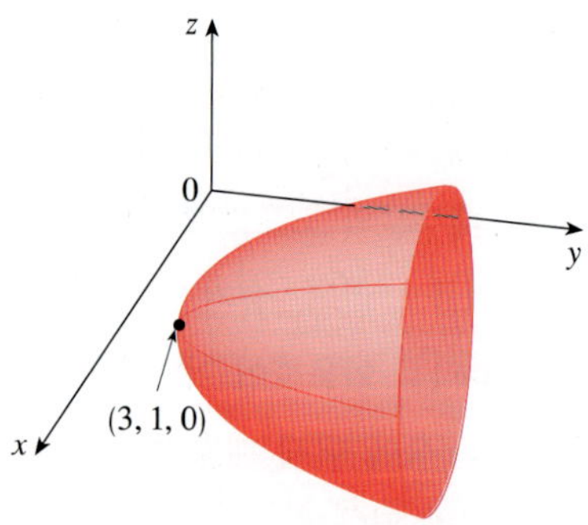

[그림 63] $x^2+2z^2-6x-y+10=0$

10.6 연습문제

01 (a) $\mathbb{R}^2$에서 방정식 $y=x^2$이 어떤 곡선을 나타내는가?

(b) $\mathbb{R}^3$에서 방정식 $y=x^2$이 어떤 곡면을 나타내는가?

(c) 방정식 $z=y^2$은 무엇을 나타내는가?

02~04 다음의 곡면을 설명하고 그림을 그려라.

02 $x^2+z^2=1$ **03** $z=1-y^2$ **04** $xy=1$

05 (a) 이차곡면 $x^2+y^2-z^2=1$의 자취를 구하고 확인하라. 그리고 곡면의 그래프가 [표 1]의 일엽쌍곡면의 그래프와 비슷한 이유를 설명하라.

(b) (a)의 방정식을 $x^2-y^2+z^2=1$로 바꾸면 그래프에 어떤 영향을 미치는가?

(c) (a)의 방정식을 $x^2+y^2+2y-z^2=0$으로 바꾸면 어떻게 되는가?

06~10 자취를 이용하여 주어진 곡면의 그래프를 그리고 확인하라.

06 $x=y^2+4z^2$

07 $x^2=y^2+4z^2$

08 $-x^2+4y^2-z^2=4$

09 $36x^2+y^2+36z^2=36$

10 $y=z^2-x^2$

11~14 주어진 방정식을 표준형으로 바꾸어 곡면을 분류하고 그려라.

11 $y^2=x^2+\frac{1}{9}z^2$

12 $x^2+2y-2z^2=0$

13 $4x^2+y^2+4z^2-4y-24z+36=0$

14 $x^2-y^2+z^2-4x-2y-2z+4=0$

15 곡면 $z=\sqrt{x^2+y^2}$과 $x^2+y^2=1$, $1\le z\le 2$로 유계한 입체를 그려라.

16 점 $(-1,0,0)$에서 평면 $x=1$까지 등거리에 있는 모든 점들로 구성된 곡면의 방정식을 구하라. 곡면을 확인하라.

17 곡면 $z=x^2+y^2$과 $z=1-y^2$의 그래프를 정의역 $|x|\le 1.2$, $|y|\le 1.2$에서 동일한 보기화면에 그려서 이 곡면들의 교선의 곡선을 관찰하라. xy평면 위로 이 곡선의 사영이 타원임을 보여라.

10.7 벡터함수와 공간곡선

일반적으로 함수는 정의역의 각 원소를 치역의 한 원소에 대응시키는 규칙이다. **벡터값 함수**vector-valued function 또는 **벡터함수**vector function는 간단히 말하면 정의역이 실수의 집합이고, 치역이 벡터의 집합인 함수이다. 특히 함숫값이 3차원 벡터인 벡터함수 $\mathbf{r}$에 관심을 갖는다. 이것은 $\mathbf{r}$의 정의역 안에 있는 모든 수 t에 대해 $\mathbf{r}(t)$로 나타내는 V_3의 벡터가 유일하게 존재한다는 것을 의미한다. $f(t)$, $g(t)$, $h(t)$가 벡터 $\mathbf{r}(t)$의 성분이라면 f, g, h는 $\mathbf{r}$의 **성분함수**component function라 부르는 실숫값 함수이다. 그리고 이것을 다음과 같이 쓸 수 있다.

$$\mathbf{r}(t)=\langle f(t),\ g(t),\ h(t)\rangle=f(t)\mathbf{i}+g(t)\mathbf{j}+h(t)\mathbf{k}$$

벡터함수의 응용에서 대부분 독립변수는 시간을 나타내므로 독립변수로 문자 t로 나타낸다.

예제 1 $\mathbf{r}(t)=\langle t^3,\ \ln(3-t),\ \sqrt{t}\,\rangle$이면 성분함수는 다음과 같다.

$$f(t)=t^3,\quad g(t)=\ln(3-t),\quad h(t)=\sqrt{t}$$

관습적으로 $\mathbf{r}$의 정의역은 $\mathbf{r}(t)$에 관한 식이 정의되는 t의 모든 값으로 구성된다. 식

t^3, $\ln(3-t)$, $\sqrt{t}$ 는 $3-t>0$과 $t \geq 0$일 때 모두 정의된다. 그러므로 $\mathbf{r}$ 의 정의역은 구간 $[0, 3)$이다.

벡터함수 $\mathbf{r}$ 의 **극한**limit은 다음과 같이 성분함수들의 극한을 취함으로써 정의된다.

> **1** $\mathbf{r}(t) = \langle f(t), g(t), h(t) \rangle$일 때 각 성분함수의 극한이 존재하면 다음과 같다.
>
> $$\lim_{t\to a} \mathbf{r}(t) = \left\langle \lim_{t\to a} f(t), \lim_{t\to a} g(t), \lim_{t\to a} h(t) \right\rangle$$

$\lim_{t\to a} \mathbf{r}(t) = \mathbf{L}$이면 이 정의는 벡터 $\mathbf{r}(t)$의 길이와 방향이 벡터 $\mathbf{L}$의 길이와 방향으로 한없이 가까워지는 것을 의미한다.

이와 동치로 $\varepsilon-\delta$ 정의를 사용할 수 있다([연습문제 36] 참조). 벡터함수의 극한은 실숫값 함수의 극한과 동일한 규칙을 따른다([연습문제 35] 참조).

예제 2 $\mathbf{r}(t) = (1+t^3)\mathbf{i} + te^{-t}\mathbf{j} + \dfrac{\sin t}{t}\mathbf{k}$일 때 $\lim_{t\to 0} \mathbf{r}(t)$를 구하라.

풀이

정의 **1**에 의해 $\mathbf{r}$의 극한은 다음과 같이 $\mathbf{r}$의 성분함수의 극한인 벡터이다.

$$\begin{aligned} \lim_{t\to 0} \mathbf{r}(t) &= \left[\lim_{t\to 0} (1+t^3)\right]\mathbf{i} + \left[\lim_{t\to 0} te^{-t}\right]\mathbf{j} + \left[\lim_{t\to 0} \frac{\sin t}{t}\right]\mathbf{k} \\ &= \mathbf{i} + \mathbf{k} \quad (1.4\text{절 식 (6)에 의해}) \end{aligned}$$

다음을 만족할 때 벡터함수 $\mathbf{r}$ 은 a에서 **연속**continuous이라 한다.

$$\lim_{t\to a} \mathbf{r}(t) = \mathbf{r}(a)$$

정의 **1**의 관점에서 $\mathbf{r}$ 이 a에서 연속이기 위한 필요충분조건은 그의 성분함수 f, g, h가 a에서 연속인 것이다.

연속인 벡터함수와 공간곡선 사이에는 밀접한 관계가 있다. f, g, h가 구간 I에서 연속인 실숫값 함수라 하자. 이때 t가 구간 I 전체에서 변할 때 다음과 같은 공간 안의 모든 점 (x, y, z)의 집합 C를 **공간곡선**space curve이라 한다.

2 $$x = f(t), \quad y = g(t), \quad z = h(t)$$

2의 방정식을 C의 **매개변수 방정식**parametric equations, t를 **매개변수**parameter라 한다. C를 시각 t에서 그 위치가 $(f(t), g(t), h(t))$인 움직이는 입자의 궤적으로 생각할 수 있다. 이제 벡터함수 $\mathbf{r}(t) = \langle f(t), g(t), h(t) \rangle$를 생각하면 $\mathbf{r}(t)$는 C 위의 점 $P(f(t), g(t), h(t))$의 위치벡터이다. 따라서 임의의 연속인 벡터함수 $\mathbf{r}$ 은 [그림 64]와 같이 움직이는 벡터 $\mathbf{r}(t)$의 종점이 그리는 공간곡선 C를 정의한다.

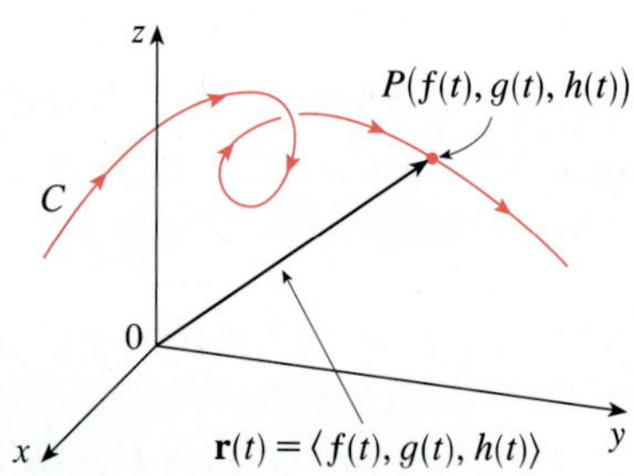

[그림 64] C는 움직이는 위치벡터 $\mathbf{r}(t)$의 종점에 의해 그려진다.

예제 3 벡터함수 $\mathbf{r}(t) = \langle 1+t,\ 2+5t,\ -1+6t \rangle$로 정의된 곡선을 설명하라.

풀이

대응하는 매개변수 방정식은 다음과 같다.

$$x = 1+t, \quad y = 2+5t, \quad z = -1+6t$$

이것은 10.5절의 식 2로부터 점 $(1,\ 2,\ -1)$을 지나고 벡터 $\langle 1,\ 5,\ 6 \rangle$에 평행한 직선의 매개변수 방정식으로 알고 있다. 한편 이 함수는 $\mathbf{r}_0 = \langle 1,\ 2,\ -1 \rangle$이고 $\mathbf{v} = \langle 1,\ 5,\ 6 \rangle$에 대해 $\mathbf{r} = \mathbf{r}_0 + t\mathbf{v}$로 쓸 수 있으며, 이는 10.5절의 식 1로 주어진 것과 같은 직선의 벡터 방정식이다.

TEC Module 10.7A는 [그림 64]와 [그림 65]에서의 위치벡터를 포함하여 위치벡터에 의해 움직이는 몇 가지 곡선을 보여준다.

평면곡선도 역시 벡터로 표현할 수 있다. 예를 들어 매개변수 방정식 $x = t^2 - 2t$와 $y = t+1$로 주어진 곡선(9.1절의 [예제 1] 참조)은 역시 다음 벡터 방정식으로 설명할 수도 있다.

$$\mathbf{r}(t) = \langle t^2 - 2t,\ t+1 \rangle = (t^2 - 2t)\mathbf{i} + (t+1)\mathbf{j}$$

여기서 $\mathbf{i} = \langle 1,\ 0 \rangle$, $\mathbf{j} = \langle 0,\ 1 \rangle$이다.

예제 4 벡터 방정식이 $\mathbf{r}(t) = \cos t\,\mathbf{i} + \sin t\,\mathbf{j} + t\mathbf{k}$인 곡선을 그려라.

풀이

이 곡선의 매개변수 방정식은 다음과 같다.

$$x = \cos t, \quad y = \sin t, \quad z = t$$

$x^2 + y^2 = \cos^2 t + \sin^2 t = 1$이므로 이 곡선은 원기둥 $x^2 + y^2 = 1$ 위에 놓여있어야 한다. 점 $(x,\ y,\ z)$는 점 $(x,\ y,\ 0)$ 바로 위에 놓이며, xy평면에서 원 $x^2 + y^2 = 1$ 주위를 시계 반대 방향으로 돈다. (xy평면 위로 곡선의 사영은 벡터 방정식 $\mathbf{r}(t) = \langle \cos t,\ \sin t,\ 0 \rangle$을 갖는다. 9.1절의 [예제 2]를 보라.) $z = t$이므로 곡선은 t가 증가함에 따라 원기둥 주위를 회전하면서 휘감아 올라간다. 이 곡선은 [그림 65]와 같고 이를 나선helix이라 한다.

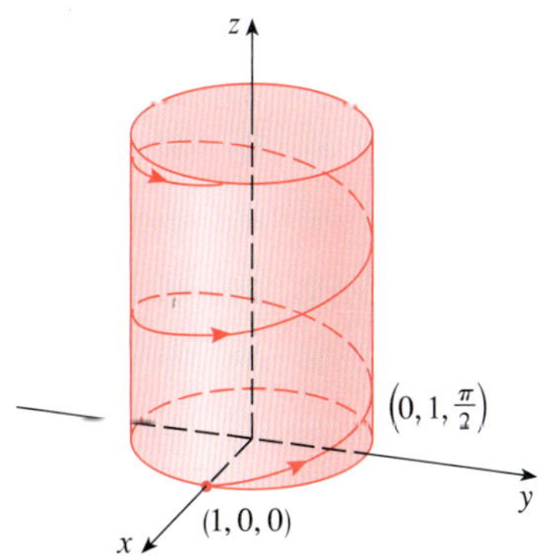

[그림 65]

[예제 4]에서 코르크 마개뽑이 모양의 나선은 돌돌 감긴 용수철에서도 볼 수 있다. 또한 이것은 DNA(데옥시리보핵산, 살아있는 세포의 유전물질)의 모형에서도 나타난다. 1953년에 왓슨James Watson과 크릭Francis Crick은 DNA 분자의 구조가 [그림 66]과 같이 서로 얽힌 두 개의 연접한, 평행한 나선구조임을 밝혔다.

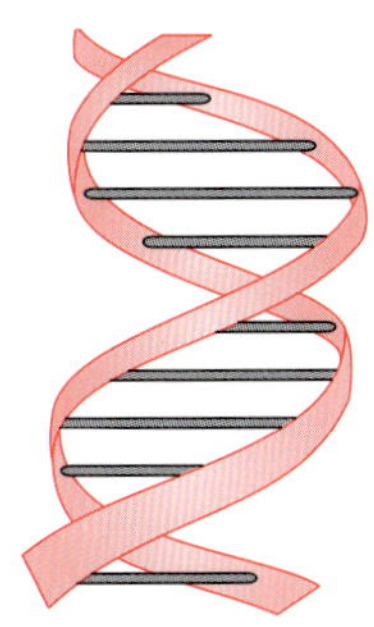

[그림 66]

[예제 3]과 [예제 4]에서는 곡선의 벡터 방정식이 주어졌고 이를 기하학적으로 설명하

며 그림을 그렸다. 다음 두 예제에서는 곡선에 대한 기하학적인 설명을 제시하고 곡선의 매개변수 방정식을 구해보자.

예제 5 점 $P(1, 3, -2)$와 점 $Q(2, -1, 3)$을 잇는 선분에 대한 벡터 방정식과 매개변수 방정식을 구하라.

풀이

10.5절에서 벡터 $\mathbf{r}_0$의 종점과 벡터 $\mathbf{r}_1$의 종점을 잇는 선분의 벡터 방정식은 다음과 같음을 알았다(10.5절의 방정식 4 참조).

$$\mathbf{r}(t) = (1-t)\mathbf{r}_0 + t\mathbf{r}_1, \quad 0 \le t \le 1$$

여기서 P에서 Q까지 선분의 벡터 방정식을 얻기 위해 $\mathbf{r}_0 = \langle 1, 3, -2 \rangle$와 $\mathbf{r}_1 = \langle 2, -1, 3 \rangle$을 택하면 다음과 같다.

$$\mathbf{r}(t) = (1-t)\langle 1, 3, -2 \rangle + t\langle 2, -1, 3 \rangle, \quad 0 \le t \le 1$$

$$\mathbf{r}(t) = \langle 1+t, 3-4t, -2+5t \rangle, \quad 0 \le t \le 1$$

이에 대응하는 매개변수 방정식은 다음과 같다.

$$x = 1+t, \quad y = 3-4t, \quad z = -2+5t, \quad 0 \le t \le 1$$

[그림 67]은 [예제 5]에서 선분 PQ를 보여준다.

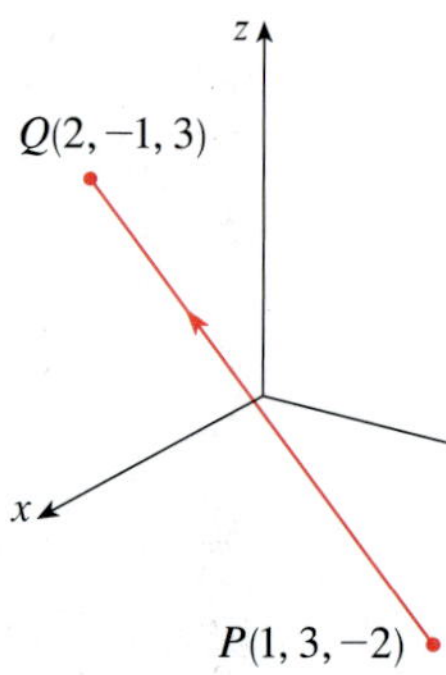

[그림 67]

예제 6 원기둥 $x^2 + y^2 = 1$과 평면 $y + z = 2$의 교선을 나타내는 벡터함수를 구하라.

풀이

[그림 68]은 평면과 원기둥이 어떻게 만나는지를 보여주며 [그림 69]는 교선 C가 타원임을 보여준다.

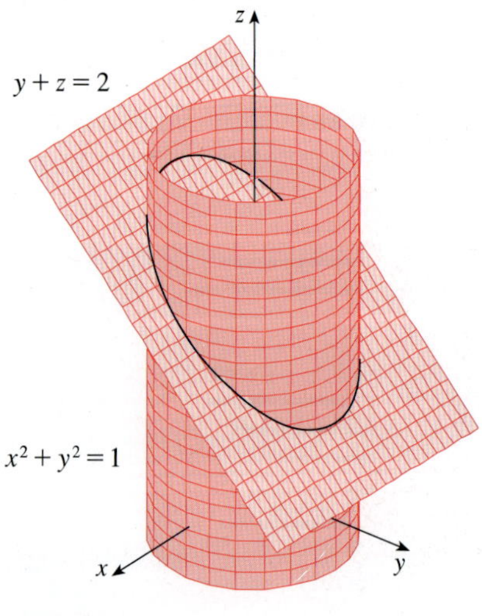

[그림 68]

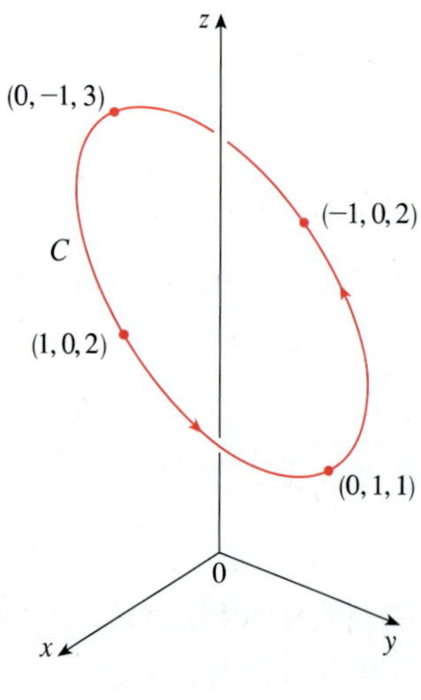

[그림 69]

xy평면으로 C의 사영은 원 $x^2+y^2=1$, $z=0$이므로 9.1절의 [예제 2]로부터 이를 다음과 같이 쓸 수 있다.

$$x=\cos t, \quad y=\sin t, \quad 0 \le t \le 2\pi$$

평면의 방정식으로부터 다음을 얻는다.

$$z=2-y=2-\sin t$$

따라서 C의 매개변수 방정식은 다음과 같다.

$$x=\cos t, \quad y=\sin t, \quad z=2-\sin t, \quad 0 \le t \le 2\pi$$

이에 대응하는 벡터 방정식은 다음과 같다.

$$\mathbf{r}(t)=\cos t\,\mathbf{i}+\sin t\,\mathbf{j}+(2-\sin t)\mathbf{k}, \quad 0 \le t \le 2\pi$$

이 방정식을 곡선 C의 **매개변수화**parametrization라고 한다. [그림 69]에서 화살표는 매개변수 t가 증가함에 따라 C가 진행하는 방향을 나타낸 것이다.

컴퓨터를 이용한 공간곡선 그리기

공간곡선은 원래 평면곡선보다 손으로 그리기가 훨씬 어렵다. 그림을 정확히 그리기 위해서는 장비가 필요하다. 예를 들어 [그림 70]은 다음 매개변수 방정식을 갖는 곡선의 그래프를 컴퓨터로 생성한 것이다.

$$x=(4+\sin 20t)\cos t, \quad y=(4+\sin 20t)\sin t, \quad z=\cos 20t$$

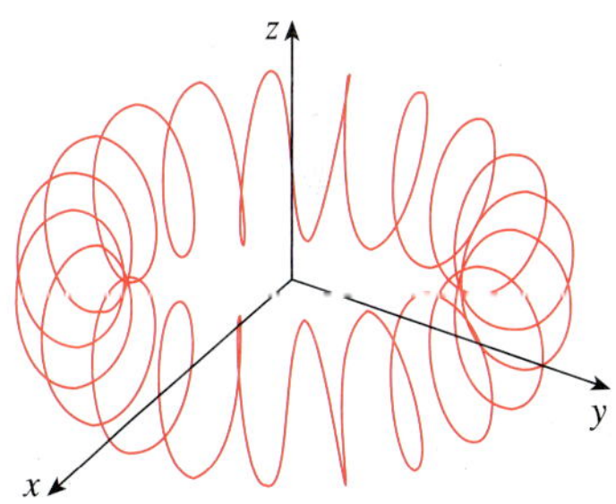

[그림 70] 원환 소용돌이선

이것은 원환면 위에 있기 때문에 **원환 소용돌이선**toroidal spiral이라 한다. **세잎매듭실**trefoil knot이라 불리는 또 다른 흥미로운 곡선은 다음 방정식을 나타내는 곡선으로서 [그림 71]과 같다.

$$x=(2+\cos 1.5t)\cos t, \quad y=(2+\cos 1.5t)\sin t, \quad z=\sin 1.5t$$

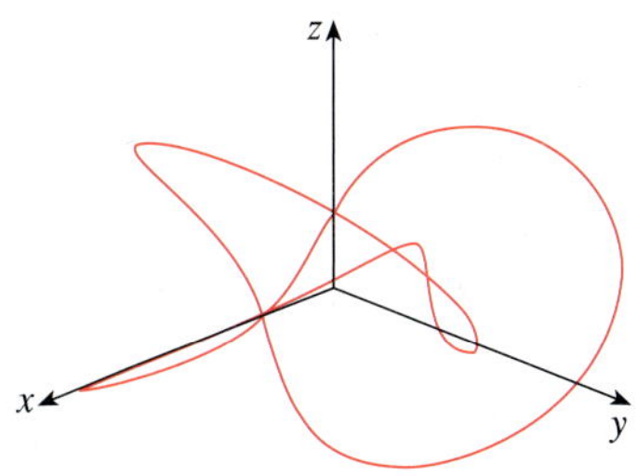

[그림 71] 세잎매듭실

이러한 곡선들을 손으로 일일이 점을 찍어서 그리기란 쉽지 않을 것이다.

공간곡선을 그리기 위해 컴퓨터를 이용할 때조차도 착시현상으로 인해 곡선이 실제로 어떻게 생겼는지 파악하기 어려울 때가 있다.(특히 [그림 71]에서 그렇다.) 다음 예제는 이런 문제를 어떻게 극복하는지를 보여준다.

예제 7 **컴퓨터를 이용하여 벡터 방정식이 $\mathbf{r}(t)=\langle t, t^2, t^3\rangle$인 곡선을 그려라. 이 곡선을 비틀린 삼차곡선twisted cubic이라 한다.**

풀이

먼저 컴퓨터를 이용하여 다음 매개변수 방정식의 곡선을 그린다.

$$x = t, \quad y = t^2, \quad z = t^3, \quad -2 \le t \le 2$$

이 결과는 [그림 72(a)]에 있지만 이 그래프만으로 곡선의 실체를 알기가 어렵다. 대부분의 3차원 컴퓨터 그래픽 프로그램은 좌표축을 보여주는 대신에 곡선이나 곡면을 상자로 둘러싸서 나타낸다. [그림 72(b)]와 같이 상자 안에 있는 곡선을 보면 [그림 72(a)]의 곡선보다 그 실체가 더 명확하게 보인다. 곡선이 상자의 아래쪽 모서리에서 우리에게 가장 가까운 쪽에 있는 상자의 위쪽 모서리로 회전하면서 올라가는 것을 알 수 있다. 이 곡선을 좀 더 좋은 위치에서 바라본다면 곡선을 이해하기가 훨씬 쉬울 것이다. [그림 72(c)]는 곡선을 다른 관점에서 보기 위해 상자를 회전시킨 것이다.

TEC Visual 10.7B에서는 임의의 방향에서 곡선을 볼 수 있도록 [그림 72]의 상자를 회전할 수 있다.

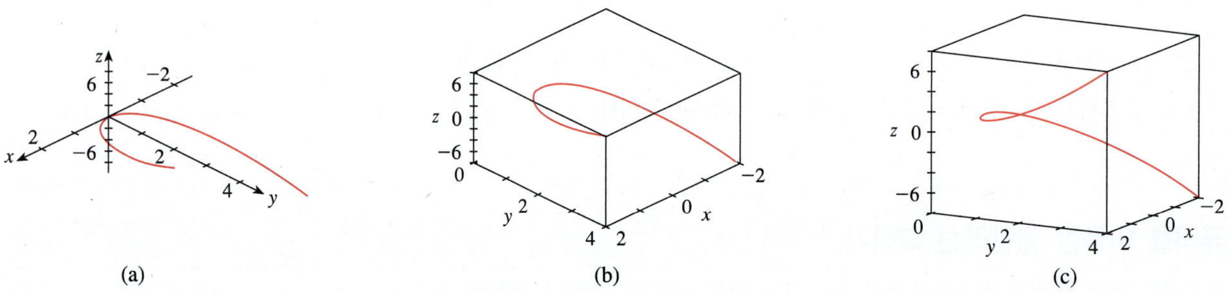

[그림 72] 비틀린 삼차곡선의 관찰

도함수

벡터함수 $\mathbf{r}$의 **도함수**derivative $\mathbf{r}'$은 다음 극한이 존재한다는 조건 하에 실숫값 함수에서와 같은 방법으로 정의한다.

3
$$\frac{d\mathbf{r}}{dt} = \mathbf{r}'(t) = \lim_{h \to 0} \frac{\mathbf{r}(t+h) - \mathbf{r}(t)}{h}$$

이 정의에 대한 기하학적인 의미는 [그림 73]과 같다.

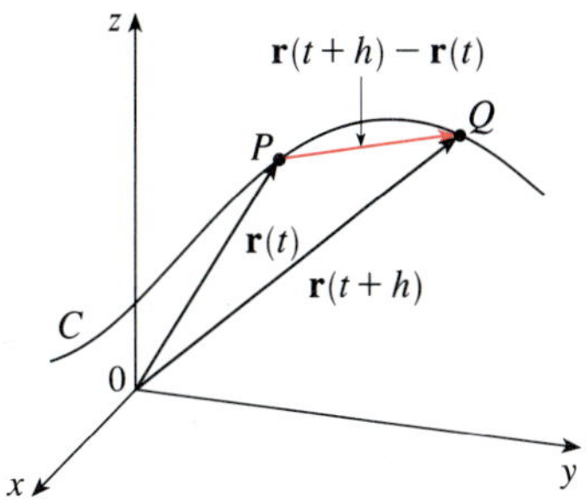

(a) 할선벡터

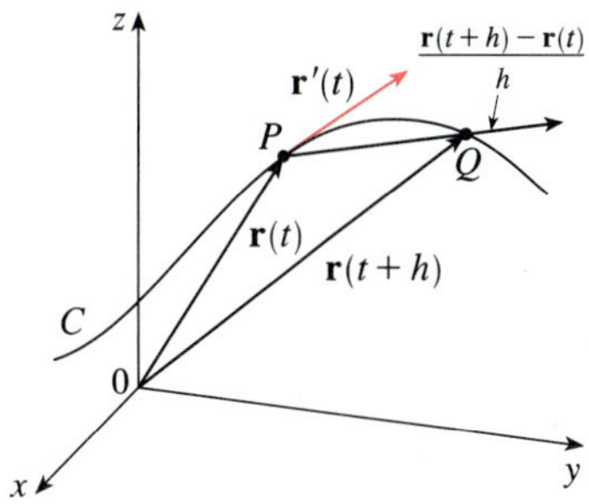

(b) 접선벡터

[그림 73]

TEC Visual 10.7C는 [그림 73]의 움직임을 보여준다.

점 P와 Q의 위치벡터가 $\mathbf{r}(t)$와 $\mathbf{r}(t+h)$이면 $\overrightarrow{PQ}$는 벡터 $\mathbf{r}(t+h)-\mathbf{r}(t)$를 나타내므로 할선벡터로 생각할 수 있다. $h>0$이면 스칼라 곱 $(1/h)(\mathbf{r}(t+h)-\mathbf{r}(t))$는 $\mathbf{r}(t+h)-\mathbf{r}(t)$와 같은 방향을 갖는다. $h\to 0$일 때 이 벡터는 접선 위에 놓여있는 벡터에 한없이 가까워진다. 이와 같은 이유로 $\mathbf{r}'(t)$가 존재하며, $\mathbf{r}'(t)\neq\mathbf{0}$이면 벡터 $\mathbf{r}'(t)$를 점 P에서 $\mathbf{r}$에 의해 정의되는 곡선에 대한 **접선벡터**tangent vector라 한다. P에서 C에 대한 **접선**tangent line은 P를 지나고, 접선벡터 $\mathbf{r}'(t)$에 평행한 직선으로 정의된다. 또한 다음과 같은 **단위접선벡터**unit tangent vector를 생각해야 하는 경우도 있을 것이다.

$$\mathbf{T}(t)=\frac{\mathbf{r}'(t)}{|\mathbf{r}'(t)|}$$

다음 정리는 벡터함수 $\mathbf{r}$의 도함수를 계산하기 위한 편리한 방법, 즉 $\mathbf{r}$의 각 성분을 미분하는 방법을 알려준다.

4 정리 $\mathbf{r}(t)=\langle f(t),\ g(t),\ h(t)\rangle=f(t)\mathbf{i}+g(t)\mathbf{j}+h(t)\mathbf{k}$이면 다음이 성립한다.

$$\mathbf{r}'(t)=\langle f'(t),\ g'(t),\ h'(t)\rangle=f'(t)\mathbf{i}+g'(t)\mathbf{j}+h'(t)\mathbf{k}$$

여기서 $f,\ g,\ h$는 미분 가능한 함수이다.

증명

$$\mathbf{r}'(t)=\lim_{\Delta t\to 0}\frac{1}{\Delta t}[\mathbf{r}(t+\Delta t)-\mathbf{r}(t)]$$

$$=\lim_{\Delta t\to 0}\frac{1}{\Delta t}[\langle f(t+\Delta t),\ g(t+\Delta t),\ h(t+\Delta t)\rangle-\langle f(t),\ g(t),\ h(t)\rangle]$$

$$=\lim_{\Delta t\to 0}\left\langle\frac{f(t+\Delta t)-f(t)}{\Delta t},\ \frac{g(t+\Delta t)-g(t)}{\Delta t},\ \frac{h(t+\Delta t)-h(t)}{\Delta t}\right\rangle$$

$$=\left\langle\lim_{\Delta t\to 0}\frac{f(t+\Delta t)-f(t)}{\Delta t},\ \lim_{\Delta t\to 0}\frac{g(t+\Delta t)-g(t)}{\Delta t},\ \lim_{\Delta t\to 0}\frac{h(t+\Delta t)-h(t)}{\Delta t}\right\rangle$$

$$=\langle f'(t),\ g'(t),\ h'(t)\rangle$$

예제 8 **(a)** $\mathbf{r}(t) = (1+t^3)\mathbf{i} + te^{-t}\mathbf{j} + \sin 2t\mathbf{k}$ **의 도함수를 구하라.**

(b) $t = 0$**인 점에서 단위접선벡터를 구하라.**

풀이

(a) 정리 4에 따라 $\mathbf{r}$의 각 성분을 미분하면 다음과 같다.

$$\mathbf{r}'(t) = 3t^2\mathbf{i} + (1-t)e^{-t}\mathbf{j} + 2\cos 2t\mathbf{k}$$

(b) $\mathbf{r}(0) = \mathbf{i}$, $\mathbf{r}'(0) = \mathbf{j} + 2\mathbf{k}$이므로 점 $(1, 0, 0)$에서의 단위접선벡터는 다음과 같다.

$$\mathbf{T}(0) = \frac{\mathbf{r}'(0)}{|\mathbf{r}'(0)|} = \frac{\mathbf{j}+2\mathbf{k}}{\sqrt{1+4}} = \frac{1}{\sqrt{5}}\mathbf{j} + \frac{2}{\sqrt{5}}\mathbf{k}$$

예제 9 **곡선** $\mathbf{r}(t) = \sqrt{t}\,\mathbf{i} + (2-t)\mathbf{j}$ **에 대해** $\mathbf{r}'(t)$**를 구하고, 위치벡터** $\mathbf{r}(1)$**과 접선벡터** $\mathbf{r}'(1)$**을 그려라.**

풀이

$\mathbf{r}'(t) = \frac{1}{2\sqrt{t}}\mathbf{i} - \mathbf{j}$, $\mathbf{r}'(1) = \frac{1}{2}\mathbf{i} - \mathbf{j}$이므로 주어진 곡선은 평면곡선이다. 따라서 방정식 $x = \sqrt{t}$, $y = 2-t$에서 매개변수 t를 소거하면 $y = 2 - x^2$, $x \geq 0$을 얻는다. 원점에서 시작하는 위치벡터 $\mathbf{r}(1) = \mathbf{i} + \mathbf{j}$와 대응되는 점 $(1, 1)$에서 시작하는 접선벡터 $\mathbf{r}'(1)$은 [그림 74]와 같다.

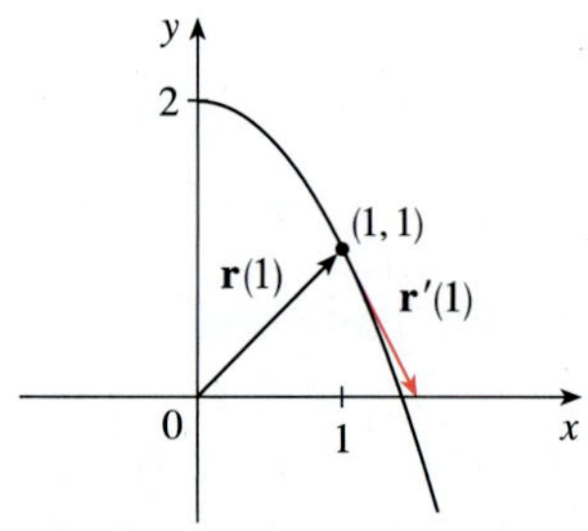

[그림 74]

예제 10 **다음 매개변수 방정식을 갖는 나선에 대해 점** $(0, 1, \pi/2)$**에서 접선의 매개변수 방정식을 구하라.**

$$x = 2\cos t, \quad y = \sin t, \quad z = t$$

풀이

나선의 벡터 방정식이 $\mathbf{r}(t) = \langle 2\cos t, \sin t, t\rangle$이므로 다음을 얻는다.

$$\mathbf{r}'(t) = \langle -2\sin t, \cos t, 1\rangle$$

점 $(0, 1, \pi/2)$에 대응되는 매개변수의 값은 $t = \pi/2$이므로 이 점에서의 접선벡터는 $\mathbf{r}'(\pi/2) = \langle -2, 0, 1\rangle$이다. 접선은 점 $(0, 1, \pi/2)$를 지나고 벡터 $\langle -2, 0, 1\rangle$에 평행한 직선이다. 따라서 10.5절의 방정식 2에 의해 매개변수 방정식은 다음과 같다.

$$x = -2t, \quad y = 1, \quad z = \frac{\pi}{2} + t$$

[예제 10]의 나선과 접선을 나타내면 [그림 75]와 같다.

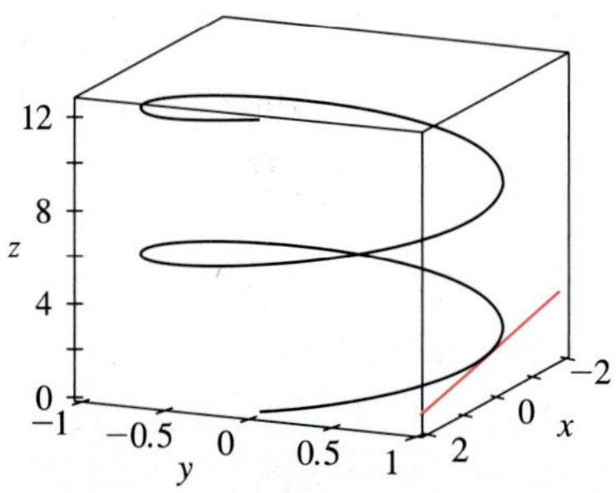

[그림 75]

시각 t에서 위치벡터 $\mathbf{r}(t)$로 공간을 움직이는 입자에 대해 $\mathbf{r}'(t)$와 $\mathbf{r}''(t)$가 어떻게 이 입자의 속도벡터와 가속도벡터로 해석되는지 10.9절에서 보일 것이다.

실숫값 함수와 같이 벡터함수 $\mathbf{r}$의 2계 도함수second derivative는 $\mathbf{r}'$의 도함수이다. 즉 $\mathbf{r}'' = (\mathbf{r}')'$이다. 예를 들면 [예제 10] 함수의 2계 도함수는 다음과 같다.

$$\mathbf{r}''(t) = \langle -2\cos t,\ -\sin t,\ 0 \rangle$$

미분 법칙

다음 정리는 벡터값 함수의 미분 공식이 실숫값 함수에 대한 미분 공식에 대응함을 보여준다.

5 정리 $\mathbf{u}$와 $\mathbf{v}$가 미분 가능한 벡터함수, c는 스칼라, f는 실숫값 함수라 하자. 그러면 다음이 성립한다.

(1) $\dfrac{d}{dt}[\mathbf{u}(t)+\mathbf{v}(t)] = \mathbf{u}'(t)+\mathbf{v}'(t)$

(2) $\dfrac{d}{dt}[c\mathbf{u}(t)] = c\mathbf{u}'(t)$

(3) $\dfrac{d}{dt}[f(t)\mathbf{u}(t)] = f'(t)\mathbf{u}(t)+f(t)\mathbf{u}'(t)$

(4) $\dfrac{d}{dt}[\mathbf{u}(t)\cdot\mathbf{v}(t)] = \mathbf{u}'(t)\cdot\mathbf{v}(t)+\mathbf{u}(t)\cdot\mathbf{v}'(t)$

(5) $\dfrac{d}{dt}[\mathbf{u}(t)\times\mathbf{v}(t)] = \mathbf{u}'(t)\times\mathbf{v}(t)+\mathbf{u}(t)\times\mathbf{v}'(t)$

(6) $\dfrac{d}{dt}[\mathbf{u}(f(t))] = f'(t)\mathbf{u}'(f(t))$ (연쇄법칙)

이 정리는 정의 3으로부터 직접적으로 증명하거나 정리 4와 실숫값 함수에 대응되는 미분 공식을 이용하여 증명할 수 있다. 공식 (4)에 대한 증명은 다음과 같으며 나머지 증명은 연습문제로 남겨둔다.

공식 (4)의 증명

$\mathbf{u}(t) = \langle f_1(t),\ f_2(t),\ f_3(t)\rangle$, $\mathbf{v}(t) = \langle g_1(t),\ g_2(t),\ g_3(t)\rangle$라 하면 다음과 같다.

$$\mathbf{u}(t)\cdot\mathbf{v}(t) = f_1(t)g_1(t)+f_2(t)g_2(t)+f_3(t)g_3(t) = \sum_{i=1}^{3} f_i(t)g_i(t)$$

따라서 스칼라 함수에 대한 곱의 법칙을 이용하여 다음을 얻는다.

$$\begin{aligned}\frac{d}{dt}[\mathbf{u}(t)\cdot\mathbf{v}(t)] &= \frac{d}{dt}\sum_{i=1}^{3} f_i(t)g_i(t) = \sum_{i=1}^{3}\frac{d}{dt}[f_i(t)g_i(t)] \\ &= \sum_{i=1}^{3}[f_i'(t)g_i(t)+f_i(t)g_i'(t)] \\ &= \sum_{i=1}^{3} f_i'(t)g_i(t)+\sum_{i=1}^{3} f_i(t)g_i'(t)\end{aligned}$$

$$= \mathbf{u}'(t) \cdot \mathbf{v}(t) + \mathbf{u}(t) \cdot \mathbf{v}'(t)$$

예제 11 $|\mathbf{r}(t)| = c$**(상수)이면 모든** t**에 대해** $\mathbf{r}'(t)$**가** $\mathbf{r}(t)$**에 직교함을 보여라.**

풀이

$\mathbf{r}(t) \cdot \mathbf{r}(t) = |\mathbf{r}(t)|^2 = c^2$이고 c^2이 상수이므로 정리 5의 식 (4)에 의해 다음을 얻는다.

$$0 = \frac{d}{dt}[\mathbf{r}(t) \cdot \mathbf{r}(t)] = \mathbf{r}'(t) \cdot \mathbf{r}(t) + \mathbf{r}(t) \cdot \mathbf{r}'(t) = 2\mathbf{r}'(t) \cdot \mathbf{r}(t)$$

따라서 $\mathbf{r}'(t) \cdot \mathbf{r}(t) = 0$이다. 이것은 $\mathbf{r}'(t)$가 $\mathbf{r}(t)$에 직교함을 뜻한다.

기하학적으로 이 결과는 중심이 원점인 구면 위에 한 곡선이 놓여있으면 접선벡터 $\mathbf{r}'(t)$는 항상 위치벡터 $\mathbf{r}(t)$와 수직임을 의미한다.

적분

연속인 벡터함수 $\mathbf{r}(t)$의 정적분definite integral은 적분의 결과가 벡터라는 것을 제외하면 실숫값 함수에 대한 적분과 동일한 방법으로 정의할 수 있다. 한편 $\mathbf{r}$의 적분을 그의 성분함수 f, g, h의 적분으로 나타낼 수 있다. (4장의 기호를 사용한다.)

$$\int_a^b \mathbf{r}(t)\,dt = \lim_{n\to\infty} \sum_{i=1}^{n} \mathbf{r}(t_i^*)\,\Delta t$$

$$= \lim_{n\to\infty} \left[\left(\sum_{i=1}^{n} f(t_i^*)\,\Delta t \right) \mathbf{i} + \left(\sum_{i=1}^{n} g(t_i^*)\,\Delta t \right) \mathbf{j} + \left(\sum_{i=1}^{n} h(t_i^*)\,\Delta t \right) \mathbf{k} \right]$$

따라서 다음과 같이 정의한다.

$$\int_a^b \mathbf{r}(t)\,dt = \left(\int_a^b f(t)\,dt \right) \mathbf{i} + \left(\int_a^b g(t)\,dt \right) \mathbf{j} + \left(\int_a^b h(t)\,dt \right) \mathbf{k}$$

이것은 각 성분함수를 적분함으로써 벡터함수의 적분을 계산할 수 있음을 의미한다.

다음과 같이 연속인 벡터함수로 미적분학의 기본정리를 확장할 수 있다.

$$\int_a^b \mathbf{r}(t)\,dt = \mathbf{R}(t)\Big]_a^b = \mathbf{R}(b) - \mathbf{R}(a)$$

여기서 $\mathbf{R}$은 $\mathbf{r}$의 역도함수, 즉 $\mathbf{R}'(t) = \mathbf{r}(t)$이다. 부정적분(역도함수)에 대한 기호로 $\int \mathbf{r}(t)\,dt$를 사용한다.

예제 12 $\mathbf{r}(t) = 2\cos t\,\mathbf{i} + \sin t\,\mathbf{j} + 2t\,\mathbf{k}$ **이면 다음을 얻는다.**

$$\int \mathbf{r}(t)\,dt = \left(\int 2\cos t\,dt\right)\mathbf{i} + \left(\int \sin t\,dt\right)\mathbf{j} + \left(\int 2t\,dt\right)\mathbf{k}$$

$$= 2\sin t\,\mathbf{i} - \cos t\,\mathbf{j} + t^2\mathbf{k} + \mathbf{C}$$

여기서 $\mathbf{C}$는 적분의 상수벡터이다. 그리고 다음을 얻는다.

$$\int_0^{\pi/2} \mathbf{r}(t)\,dt = \left[2\sin t\,\mathbf{i} - \cos t\,\mathbf{j} + t^2\mathbf{k}\right]_0^{\pi/2} = 2\mathbf{i} + \mathbf{j} + \frac{\pi^2}{4}\mathbf{k}$$

10.7 연습문제

01 다음 벡터함수의 정의역을 구하라.

$$\mathbf{r}(t) = \left\langle \sqrt{4-t^2},\ e^{-3t},\ \ln(t+1) \right\rangle$$

02 다음 극한을 구하라.

$$\lim_{t\to 0}\left(e^{-3t}\mathbf{i} + \frac{t^2}{\sin^2 t}\mathbf{j} + \cos 2t\,\mathbf{k}\right)$$

03~06 주어진 벡터 방정식의 곡선을 그려라. t가 증가하는 방향을 화살표로 나타내라.

03 $\mathbf{r}(t) = \langle \sin t,\ t\rangle$

04 $\mathbf{r}(t) = \langle t,\ 2-t,\ 2t\rangle$

05 $\mathbf{r}(t) = \langle 1,\ \cos t,\ 2\sin t\rangle$

06 $\mathbf{r}(t) = t^2\mathbf{i} + t^4\mathbf{j} + t^6\mathbf{k}$

07~08 다음 P와 Q를 잇는 선분의 벡터 방정식과 매개변수 방정식을 구하라.

07 $P(2, 0, 0),\ Q(6, 2, -2)$ 08 $P(0, -1, 1),\ Q\left(\frac{1}{2}, \frac{1}{3}, \frac{1}{4}\right)$

09~11 매개변수 방정식과 I~VI의 그래프를 짝짓고 그 이유를 설명하라.

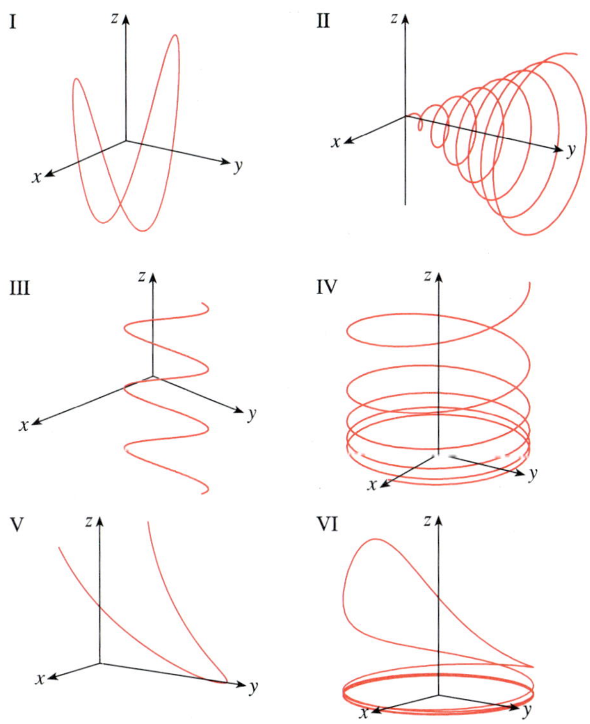

09 $x = t\cos t,\ y = t,\ z = t\sin t,\ t \geq 0$

10 $x = t,\ y = 1/(1+t^2),\ z = t^2$

11 $x = \cos 8t,\ y = \sin 8t,\ z = e^{0.8t},\ t \geq 0$

12 매개변수 방정식이 $x = t\cos t,\ y = t\sin t,\ z = t$인 곡선은 원뿔면 $z^2 = x^2 + y^2$ 위에 있음을 보이고, 이 사실을 이용하여 곡선을

그려라.

13 곡선 $\mathbf{r}(t)=t\mathbf{i}+(2t-t^2)\mathbf{k}$와 포물면 $z=x^2+y^2$의 교점을 구하라.

14 매개변수 방정식이 $x=t^2$, $y=1-3t$, $z=1+t^3$인 곡선은 점 $(1, 4, 0)$과 점 $(9, -8, 28)$을 지나지만 점 $(4, 7, -6)$은 지나지 않음을 보여라.

15 두 곡면의 교선의 곡선을 나타내는 벡터 방정식을 구하라.

원뿔면 $z=\sqrt{x^2+y^2}$ 과 평면 $z=1+y$

16 원기둥 $x^2+y^2=4$와 포물기둥면 $z=x^2$의 교선을 직접 손으로 그려라. 이 곡선에 대한 매개변수 방정식을 구하고 이 방정식과 컴퓨터를 이용하여 곡선의 그래프를 그려라.

17~19 (a) 주어진 벡터 방정식에 대한 평면곡선을 그려라.

(b) $\mathbf{r}'(t)$를 구하라.

(c) 주어진 t의 값에 대해 위치벡터 $\mathbf{r}(t)$와 접선벡터 $\mathbf{r}'(t)$를 그려라.

17 $\mathbf{r}(t)=\langle t-2,\ t^2+1\rangle,\quad t=-1$

18 $\mathbf{r}(t)=\sin t\,\mathbf{i}+2\cos t\,\mathbf{j},\quad t=\pi/4$

19 $\mathbf{r}(t)=e^{2t}\mathbf{i}+e^t\mathbf{j},\quad t=0$

20~22 다음 벡터 방정식의 도함수를 구하라.

20 $\mathbf{r}(t)=\langle t\sin t,\ t^2,\ t\cos 2t\rangle$

21 $\mathbf{r}(t)=e^{t^2}\mathbf{i}-\mathbf{j}+\ln(1+3t)\mathbf{k}$

22 $\mathbf{r}(t)=\mathbf{a}+t\mathbf{b}+t^2\mathbf{c}$

---

23 주어진 매개변수 t의 값을 갖는 점에서 단위접선벡터 $\mathbf{T}(t)$를 구하라.

$$\mathbf{r}(t)=\cos t\,\mathbf{i}+3t\,\mathbf{j}+2\sin 2t\,\mathbf{k},\quad t=0$$

24 $\mathbf{r}(t)=\langle t,\ t^2,\ t^3\rangle$일 때 $\mathbf{r}'(t)$, $\mathbf{T}(1)$, $\mathbf{r}''(t)$, $\mathbf{r}'(t)\times\mathbf{r}''(t)$를 구하라.

25~26 주어진 매개변수 방정식을 갖는 곡선에 대해 지정된 점에서 접선의 매개변수 방정식을 구하라.

25 $x=1+2\sqrt{t},\ y=t^3-t,\ z=t^3+t;\ (3, 0, 2)$

26 $x=e^{-t}\cos t,\ y=e^{-t}\sin t,\ z=e^{-t};\ (1, 0, 1)$

---

27 원기둥 $x^2+y^2=25$와 $y^2+z^2=20$의 교선 위에 있는 점 $(3, 4, 2)$에서 접선의 벡터 방정식을 구하라.

28 CAS 점 $(-\pi, \pi, 0)$에서 곡선 $x=t\cos t,\ y=t,\ z=t\sin t$에 대한 접선의 매개변수 방정식을 구하라. 곡선과 접선을 동일한 보기화면에 그려서 설명하라.

29 두 곡선 $\mathbf{r}_1(t)=\langle t,\ t^2,\ t^3\rangle$과 $\mathbf{r}_2(t)=\langle \sin t,\ \sin 2t,\ t\rangle$는 원점에서 만난다. 두 곡선의 교각을 도degree 단위로 구하라.

30~32 다음 적분을 계산하라.

30 $\displaystyle\int_0^2 (t\,\mathbf{i}-t^3\mathbf{j}+3t^5\mathbf{k})\,dt$

31 $\displaystyle\int_0^{\pi/2} (3\sin^2 t\cos t\,\mathbf{i}+3\sin t\cos^2 t\,\mathbf{j}+2\sin t\cos t\,\mathbf{k})\,dt$

32 $\displaystyle\int (\sec^2 t\,\mathbf{i}+t(t^2+1)^3\mathbf{j}+t^2\ln t\,\mathbf{k})\,dt$

---

33 $\mathbf{r}'(t)=2t\,\mathbf{i}+3t^2\mathbf{j}+\sqrt{t}\,\mathbf{k}$, $\mathbf{r}(1)=\mathbf{i}+\mathbf{j}$일 때, $\mathbf{r}(t)$를 구하라.

34 두 물체가 다른 곡선을 따라서 공간 안에서 움직인다면 두 물체의 충돌 여부를 아는 것이 중요할 때가 있다. (미사일이 움직이는 목표물을 맞힐 것인가? 두 비행기가 충돌할 것인가?) 두 곡선은 만날 수 있지만 두 물체가 동일한 시각에 동일한 위치에 있는지 알 필요가 있다. 두 물체의 궤적이 $t\ge 0$에 대해 다음 벡터함수로 주어진다고 하자. 이때 두 입자는 충돌하는가?

$$\mathbf{r}_1(t)=\langle t^2,\ 7t-12,\ t^2\rangle,\quad \mathbf{r}_2(t)=\langle 4t-3,\ t^2,\ 5t-6\rangle$$

35 $\mathbf{u}$와 $\mathbf{v}$는 $t\to a$일 때 극한이 존재하는 벡터함수이고 c는 상수라 하자. 다음 극한의 성질을 증명하라.

(a) $\displaystyle\lim_{t\to a}[\mathbf{u}(t)+\mathbf{v}(t)]=\lim_{t\to a}\mathbf{u}(t)+\lim_{t\to a}\mathbf{v}(t)$

(b) $\displaystyle\lim_{t\to a}c\mathbf{u}(t)=c\lim_{t\to a}\mathbf{u}(t)$

(c) $\displaystyle\lim_{t\to a}[\mathbf{u}(t)\cdot\mathbf{v}(t)]=\lim_{t\to a}\mathbf{u}(t)\cdot\lim_{t\to a}\mathbf{v}(t)$

(d) $\displaystyle\lim_{t\to a}[\mathbf{u}(t)\times\mathbf{v}(t)]=\lim_{t\to a}\mathbf{u}(t)\times\lim_{t\to a}\mathbf{v}(t)$

36 $\displaystyle\lim_{t\to a}\mathbf{r}(t)=\mathbf{b}$일 필요충분조건은 임의의 $\varepsilon>0$에 대해 $0<|t-a|<\delta$이면 $|\mathbf{r}(t)-\mathbf{b}|<\varepsilon$을 만족하는 수 $\delta>0$이 존재하는 것임을

보여라.

37 정리 5의 식 (1)을 증명하라.

38 정리 5의 식 (5)를 증명하라.

39 $\mathbf{u}(t)=\langle \sin t,\ \cos t,\ t\rangle$와 $\mathbf{v}(t)=\langle t,\ \cos t,\ \sin t\rangle$일 때 정리 5의 식 (4)를 이용하여 다음을 구하라.

$$\frac{d}{dt}[\mathbf{u}(t)\cdot\mathbf{v}(t)]$$

40 $f(t)=\mathbf{u}(t)\cdot\mathbf{v}(t)$, $\mathbf{u}(2)=\langle 1,\ 2,\ -1\rangle$, $\mathbf{u}'(2)=\langle 3,\ 0,\ 4\rangle$, $\mathbf{v}(t)=\langle t,\ t^2,\ t^3\rangle$일 때 $f'(2)$를 구하라.

41 $\mathbf{r}(t)$를 $\mathbf{r}''(t)$가 존재하는 벡터함수라 할 때 다음이 성립함을 보여라.

$$\frac{d}{dt}[\mathbf{r}(t)\times\mathbf{r}'(t)]=\mathbf{r}(t)\times\mathbf{r}''(t)$$

42 $\mathbf{r}(t)\neq\mathbf{0}$이면 $\dfrac{d}{dt}|\mathbf{r}(t)|=\dfrac{1}{|\mathbf{r}(t)|}\mathbf{r}(t)\cdot\mathbf{r}'(t)$임을 보여라.

[힌트: $|\mathbf{r}(t)|^2=\mathbf{r}(t)\cdot\mathbf{r}(t)$이다.]

43 $\mathbf{u}(t)=\mathbf{r}(t)\cdot[\mathbf{r}'(t)\times\mathbf{r}''(t)]$이면 $\mathbf{u}'(t)=\mathbf{r}(t)\cdot[\mathbf{r}'(t)\times\mathbf{r}'''(t)]$임을 보여라.

10.8 호의 길이와 곡률

9.2절에서 f'과 g'이 연속일 때 매개변수 방정식이 $x=f(t)$, $y=g(t)$, $a\le t\le b$인 평면곡선의 길이를 곡선에 내접한 다각형의 길이의 극한으로 정의했으며, 다음 공식을 얻었다.

1
$$L=\int_a^b\sqrt{[f'(t)]^2+[g'(t)]^2}\,dt=\int_a^b\sqrt{\left(\frac{dx}{dt}\right)^2+\left(\frac{dy}{dt}\right)^2}\,dt$$

공간곡선의 길이도 이와 같은 방법으로 정의된다([그림 76] 참조).

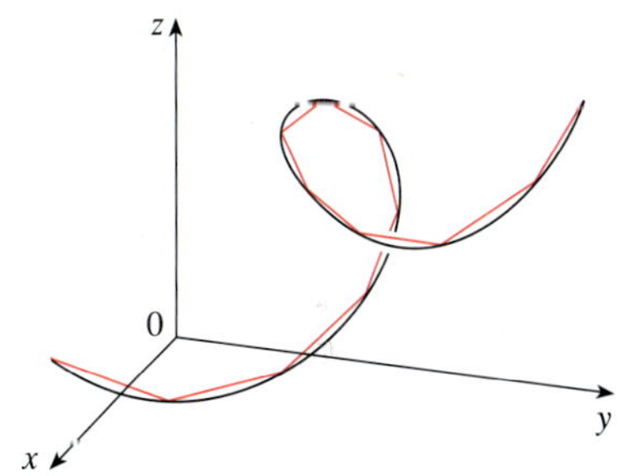

[그림 76] 공간곡선의 길이는 내접한 다각형의 길이의 극한이다.

공간곡선이 벡터 방정식 $\mathbf{r}(t)=\langle f(t),\ g(t),\ h(t)\rangle$, $a\le t\le b$이거나 이와 동치인 매개변수 방정식 $x=f(t)$, $y=g(t)$, $z=h(t)$이고 f', g', h'이 연속이라 하자. t가 a에서 b까지 증가할 때 곡선이 꼭 한 번만 궤적을 이룬다면 그 곡선의 길이는 다음과 같음을 보일 수 있다.

2
$$L=\int_a^b\sqrt{[f'(t)]^2+[g'(t)]^2+[h'(t)]^2}\,dt=\int_a^b\sqrt{\left(\frac{dx}{dt}\right)^2+\left(\frac{dy}{dt}\right)^2+\left(\frac{dz}{dt}\right)^2}\,dt$$

호의 길이에 대한 공식 1과 2는 모두 다음과 같이 보다 간략한 형태로 나타낼 수 있다.

3 $$L = \int_a^b |\mathbf{r}'(t)|\,dt$$

그 이유는 평면곡선 $\mathbf{r}(t) = f(t)\mathbf{i} + g(t)\mathbf{j}$ 에 대해 다음이 성립하기 때문이다.

$$|\mathbf{r}'(t)| = |f'(t)\mathbf{i} + g'(t)\mathbf{j}| = \sqrt{[f'(t)]^2 + [g'(t)]^2}$$

반면 공간곡선 $\mathbf{r}(t) = f(t)\mathbf{i} + g(t)\mathbf{j} + h(t)\mathbf{k}$ 에 대해서도 다음이 성립한다.

$$|\mathbf{r}'(t)| = |f'(t)\mathbf{i} + g'(t)\mathbf{j} + h'(t)\mathbf{k}| = \sqrt{[f'(t)]^2 + [g'(t)]^2 + [h'(t)]^2}$$

예제 1 점 $(1, 0, 0)$에서 점 $(1, 0, 2\pi)$까지 벡터 방정식이 $\mathbf{r}(t) = \cos t\,\mathbf{i} + \sin t\,\mathbf{j} + t\mathbf{k}$ 인 원형 나선의 호의 길이를 구하라.

[그림 77]은 [예제 1]에서 그 길이를 구한 원형 나선의 호를 보여준다.

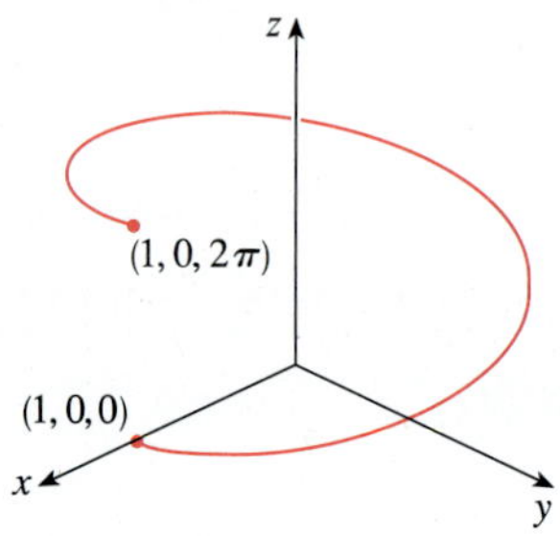

[그림 77]

풀이

$\mathbf{r}'(t) = -\sin t\,\mathbf{i} + \cos t\,\mathbf{j} + \mathbf{k}$ 이므로 다음을 얻는다.

$$|\mathbf{r}'(t)| = \sqrt{(-\sin t)^2 + \cos^2 t + 1} = \sqrt{2}$$

$(1, 0, 0)$에서 $(1, 0, 2\pi)$까지의 호는 매개변수 구간 $0 \le t \le 2\pi$에 의해 만들어진다. 따라서 식 3으로부터 다음을 얻는다.

$$L = \int_0^{2\pi} |\mathbf{r}'(t)|\,dt = \int_0^{2\pi} \sqrt{2}\,dt = 2\sqrt{2}\pi$$

단순곡선 C는 하나 이상의 벡터함수로 나타낼 수 있다. 예를 들어 다음과 같은 비틀린 삼차곡선

4 $$\mathbf{r}_1(t) = \langle t,\ t^2,\ t^3 \rangle, \quad 1 \le t \le 2$$

은 다음 함수로 표현할 수 있다.

5 $$\mathbf{r}_2(u) = \langle e^u,\ e^{2u},\ e^{3u} \rangle, \quad 0 \le u \le \ln 2$$

이것은 두 매개변수 t와 u의 관계가 $t = e^u$로 주어질 수 있기 때문이다. 방정식 4와 5를 곡선 C의 **매개변수화** parametrization라 한다. 식 4와 5를 사용하여 C의 길이를 계산하기 위해 방정식 3을 이용한다면 동일한 결과를 얻을 것이다.

일반적으로 호의 길이를 구하기 위해 식 3을 이용할 때 사용된 매개변수화에 관계없이 결과는 동일한 것을 알 수 있다.

이제 C가 다음 벡터함수로 주어진 곡선이고 $\mathbf{r}'$이 연속이라 하자.

$$\mathbf{r}(t) = f(t)\mathbf{i} + g(t)\mathbf{j} + h(t)\mathbf{k} \quad a \le t \le b$$

그리고 t가 a에서 b까지 증가할 때 C가 꼭 한 번만 궤적을 이룬다고 하자. 그러면 **호의 길이함수**[arc length function] s를 다음과 같이 정의한다.

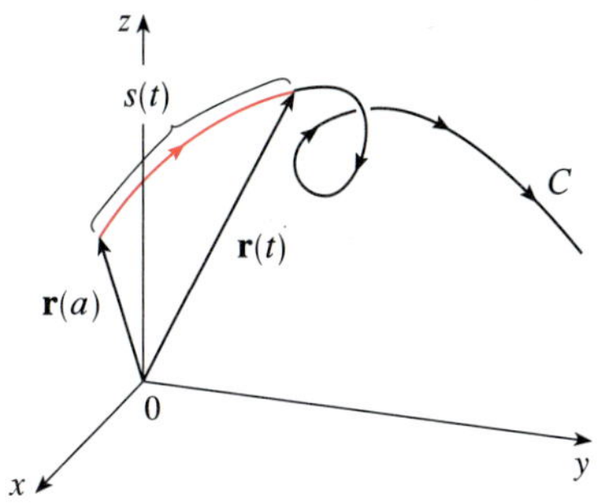

[그림 78]

6
$$s(t) = \int_a^t |\mathbf{r}'(u)|\,du = \int_a^t \sqrt{\left(\frac{dx}{du}\right)^2 + \left(\frac{dy}{du}\right)^2 + \left(\frac{dz}{du}\right)^2}\,du$$

따라서 $s(t)$는 C에 대한 $\mathbf{r}(a)$와 $\mathbf{r}(t)$ 사이의 길이이다([그림 78] 참조).

4장의 '미적분학의 기본정리 1'을 이용하여 식 6의 양변을 미분하면 다음을 얻는다.

7
$$\frac{ds}{dt} = |\mathbf{r}'(t)|$$

곡선을 호의 길이에 대해 매개변수화하는 것이 때때로 유용한데 그 이유는 호의 길이가 특정한 좌표계에 의존하지 않고 곡선의 모양으로부터 자연스럽게 생기기 때문이다. 곡선 $\mathbf{r}(t)$가 이미 매개변수 t에 대해 주어지고, $s(t)$가 식 6에 의해 주어진 호의 길이 함수라 하면 t를 s에 대한 함수 $t = t(s)$로 풀 수 있다. 그러면 곡선은 t를 대입하여 $\mathbf{r} = \mathbf{r}(t(s))$와 같이 s에 대해 다시 매개변수화할 수 있다. 예를 들어 $s = 3$이면 $\mathbf{r}(t(3))$은 시점에서 곡선을 따라 길이가 3단위인 점의 위치벡터이다.

예제 2 **나선 $\mathbf{r}(t) = \cos t\,\mathbf{i} + \sin t\,\mathbf{j} + t\mathbf{k}$를 시점 $(1, 0, 0)$으로부터 t가 증가하는 방향으로 측정한 호의 길이에 대해 다시 매개변수화하라.**

풀이

시점 $(1, 0, 0)$은 매개변수의 값 $t = 0$에 해당한다. [예제 1]로부터 다음을 얻는다.

$$\frac{ds}{dt} = |\mathbf{r}'(t)| = \sqrt{2}$$

따라서 다음과 같다.

$$s = s(t) = \int_0^t |\mathbf{r}'(u)|\,du = \int_0^t \sqrt{2}\,du = \sqrt{2}\,t$$

그러므로 $t = s/\sqrt{2}$이고 t를 처음 식에 대입하면 다음과 같은 s에 대한 매개변수화를 얻는다.

$$\mathbf{r}(t(s)) = \cos(s/\sqrt{2})\mathbf{i} + \sin(s/\sqrt{2})\mathbf{j} + (s/\sqrt{2})\mathbf{k}$$

곡률

구간 I에서 $\mathbf{r}'$이 연속이고 $\mathbf{r}'(t) \neq \mathbf{0}$이면 매개변수화 $\mathbf{r}(t)$는 I에서 **매끄럽다**smooth고 한다. 곡선이 매끄러운 매개변수화를 가지면 이 곡선은 **매끄럽다**고 한다. 매끄러운 곡선은 뾰족한 모퉁이나 첨점이 없으므로 접선벡터가 방향을 바꿀 때 연속적으로 방향을 바꾼다.

C가 벡터함수 $\mathbf{r}$로 정의되는 매끄러운 곡선이면 단위접선벡터 $\mathbf{T}(t)$는 다음과 같이 주어지는 것을 기억하자.

$$\mathbf{T}(t) = \frac{\mathbf{r}'(t)}{|\mathbf{r}'(t)|}$$

그리고 이것은 곡선의 방향을 나타낸다는 것을 기억하자. [그림 79]로부터 C가 거의 직선일 때 $\mathbf{T}(t)$는 매우 느리게 방향을 바꾸지만 C가 좀 더 예리하게 구부러지거나 뒤틀릴 때에는 방향을 좀 더 빠르게 바꾼다는 것을 알 수 있다.

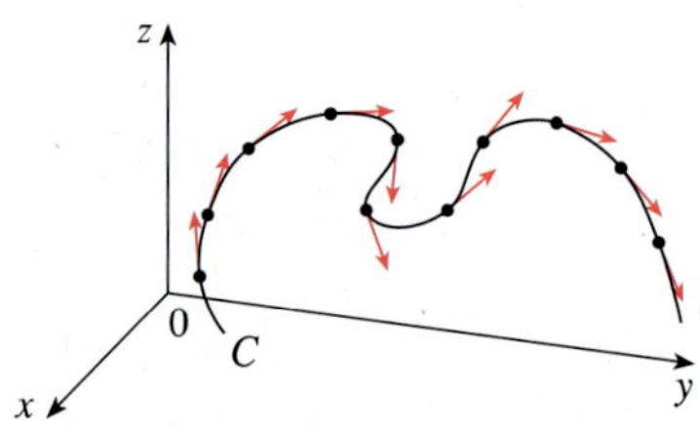

[그림 79] 동일한 간격에서 단위접선벡터는 C 위를 향한다.

TEC Visual 10.8A는 ([그림 79]에서의 벡터들 같이) 다양한 평면곡선과 공간곡선에 대한 단위접선벡터를 애니메이션으로 보여준다.

주어진 점에서 C의 곡률은 그 점에서 곡선이 얼마나 빠르게 방향을 바꾸는가를 나타내는 척도이다. 특히 곡률은 호의 길이에 대한 단위접선벡터의 변화율의 크기로 정의된다. (곡률이 매개변수화에 영향을 받지 않도록 호의 길이를 이용한다.)

8 정의 곡선의 **곡률**curvature은 다음과 같이 정의된다. 여기서 $\mathbf{T}$는 단위접선벡터이다.

$$\kappa = \left| \frac{d\mathbf{T}}{ds} \right|$$

매개변수를 s 대신에 t로 나타내면 곡률을 훨씬 쉽게 계산할 수 있다. 따라서 연쇄법칙(정리 10.7절 정리 5의 식 (6))을 이용하여 다음과 같이 쓴다.

$$\frac{d\mathbf{T}}{dt} = \frac{d\mathbf{T}}{ds}\frac{ds}{dt} \quad \text{또는} \quad \kappa = \left| \frac{d\mathbf{T}}{ds} \right| = \left| \frac{d\mathbf{T}/dt}{ds/dt} \right|$$

이때 식 7로부터 $ds/dt = |\mathbf{r}'(t)|$이므로 다음이 성립한다.

9
$$\kappa(t) = \frac{|\mathbf{T}'(t)|}{|\mathbf{r}'(t)|}$$

예제 3 **반지름이 a인 원의 곡률이 $1/a$임을 보여라.**

풀이

중심이 원점에 있는 원을 택할 수 있으며 이때 매개변수화는 다음과 같다.

$$\mathbf{r}(t) = a\cos t\,\mathbf{i} + a\sin t\,\mathbf{j}$$

따라서 $\mathbf{r}'(t) = -a\sin t\mathbf{i} + a\cos t\mathbf{j}$ 이고 $|\mathbf{r}'(t)| = a$이므로 다음을 얻는다.

$$\mathbf{T}(t) = \frac{\mathbf{r}'(t)}{|\mathbf{r}'(t)|} = -\sin t\mathbf{i} + \cos t\mathbf{j}$$

$$\mathbf{T}'(t) = -\cos t\mathbf{i} - \sin t\mathbf{j}$$

이것으로부터 $|\mathbf{T}'(t)| = 1$이므로 방정식 [9]를 이용하여 다음을 얻는다.

$$\kappa(t) = \frac{|\mathbf{T}'(t)|}{|\mathbf{r}'(t)|} = \frac{1}{a}$$

[예제 3]의 결과는 작은 원은 큰 곡률을, 큰 원은 작은 곡률을 갖는 것을 직관적으로 보여준다. 곡률의 정의로부터 직선에 대한 접선벡터가 상수이기 때문에 직선의 곡률은 항상 0임을 바로 알 수 있다.

식 [9]는 곡률을 계산하는 모든 경우에 이용될 수 있으나 다음 정리를 사용하면 좀 더 편할 때가 있다.

[10] 정리 벡터함수 $\mathbf{r}$에 의해 주어진 곡선의 곡률은 다음과 같다.

$$\kappa(t) = \frac{|\mathbf{r}'(t) \times \mathbf{r}''(t)|}{|\mathbf{r}'(t)|^3}$$

증명

$\mathbf{T} = \mathbf{r}'/|\mathbf{r}'|$이고 $|\mathbf{r}'| = ds/dt$이므로 다음과 같다.

$$\mathbf{r}' = |\mathbf{r}'|\mathbf{T} = \frac{ds}{dt}\mathbf{T}$$

그러므로 곱의 법칙(10.7절 정리 [5]의 공식 (3))에 따라 다음을 얻는다.

$$\mathbf{r}'' = \frac{d^2s}{dt^2}\mathbf{T} + \frac{ds}{dt}\mathbf{T}'$$

$\mathbf{T} \times \mathbf{T} = \mathbf{0}$인 사실을 이용하면(10.4절의 [예제 2] 참조) 다음이 성립한다.

$$\mathbf{r}' \times \mathbf{r}'' = \left(\frac{ds}{dt}\right)^2 (\mathbf{T} \times \mathbf{T}')$$

이제 모든 t에 대해 $|\mathbf{T}(t)| = 1$이므로 10.7절 [예제 11]에 의해 $\mathbf{T}$와 $\mathbf{T}'$은 직교하며 10.4절의 정리 [6]에 의해 다음이 성립한다.

$$|\mathbf{r}' \times \mathbf{r}''| = \left(\frac{ds}{dt}\right)^2 |\mathbf{T} \times \mathbf{T}'| = \left(\frac{ds}{dt}\right)^2 |\mathbf{T}||\mathbf{T}'| = \left(\frac{ds}{dt}\right)^2 |\mathbf{T}'|$$

그러므로 다음을 얻는다.

$$|\mathbf{T}'| = \frac{|\mathbf{r}' \times \mathbf{r}''|}{(ds/dt)^2} = \frac{|\mathbf{r}' \times \mathbf{r}''|}{|\mathbf{r}'|^2}$$

따라서 다음과 같이 증명이 완성된다.

$$\kappa = \frac{|\mathbf{T}|}{|\mathbf{r}'|} = \frac{|\mathbf{r}' \times \mathbf{r}''|}{|\mathbf{r}'|^3}$$

예제 4 **임의의 점과 $(0, 0, 0)$에서 비틀린 삼차곡선 $\mathbf{r}(t) = \langle t, t^2, t^3 \rangle$의 곡률을 구하라.**

풀이

먼저 필요한 성분들을 다음과 같이 계산한다.

$$\mathbf{r}'(t) = \langle 1, 2t, 3t^2 \rangle, \quad \mathbf{r}''(t) = \langle 0, 2, 6t \rangle$$

$$|\mathbf{r}'(t)| = \sqrt{1 + 4t^2 + 9t^4}$$

$$\mathbf{r}'(t) \times \mathbf{r}''(t) = \begin{vmatrix} \mathbf{i} & \mathbf{j} & \mathbf{k} \\ 1 & 2t & 3t^2 \\ 0 & 2 & 6t \end{vmatrix} = 6t^2\mathbf{i} - 6t\mathbf{j} + 2\mathbf{k}$$

$$|\mathbf{r}'(t) \times \mathbf{r}''(t)| = \sqrt{36t^4 + 36t^2 + 4} = 2\sqrt{9t^4 + 9t^2 + 1}$$

이제 정리 10으로부터 다음을 얻는다.

$$\kappa(t) = \frac{|\mathbf{r}'(t) \times \mathbf{r}''(t)|}{|\mathbf{r}'(t)|^3} = \frac{2\sqrt{1 + 9t^2 + 9t^4}}{(1 + 4t^2 + 9t^4)^{3/2}}$$

따라서 $t = 0$, 즉 원점에서의 곡률은 $\kappa(0) = 2$이다.

평면곡선이 방정식 $y = f(x)$로 주어지는 특별한 경우에 대해 x를 매개변수로 택하고 이 곡선을 벡터 방정식 $\mathbf{r}(x) = x\mathbf{i} + f(x)\mathbf{j}$로 쓴다. 그러면 $\mathbf{r}'(x) = \mathbf{i} + f'(x)\mathbf{j}$, $\mathbf{r}''(x) = f''(x)\mathbf{j}$이다. 한편 $\mathbf{i} \times \mathbf{j} = \mathbf{k}$, $\mathbf{j} \times \mathbf{j} = \mathbf{0}$이므로 $\mathbf{r}'(x) \times \mathbf{r}''(x) = f''(x)\mathbf{k}$를 얻는다. 또한 $|\mathbf{r}'(x)| = \sqrt{1 + [f'(x)]^2}$이므로 정리 10에 의해 다음을 얻는다.

11
$$\kappa(x) = \frac{|f''(x)|}{[1 + (f'(x))^2]^{3/2}}$$

예제 5 **점 $(0, 0)$, $(1, 1)$, $(2, 4)$에서 포물선 $y = x^2$의 곡률을 구하라.**

풀이

$y' = 2x$, $y'' = 2$이므로 식 11에 의해 다음을 얻는다.

$$\kappa(x) = \frac{|y''|}{[1+(y')^2]^{3/2}} = \frac{2}{(1+4x^2)^{3/2}}$$

$(0, 0)$에서 곡률은 $\kappa(0) = 2$이다. $(1, 1)$에서 $\kappa(1) = 2/5^{3/2} \approx 0.18$이고 $(2, 4)$에서 $\kappa(2) = 2/17^{3/2} \approx 0.03$이다. $\kappa(x)$에 대한 식 또는 [그림 80]의 κ에 대한 그래프로부터 $x \to \pm\infty$이면 $\kappa(x) \to 0$임을 관찰할 수 있다. 이것은 포물선이 $x \to \pm\infty$일 때 포물선은 평평해진다는 사실과 부합한다.

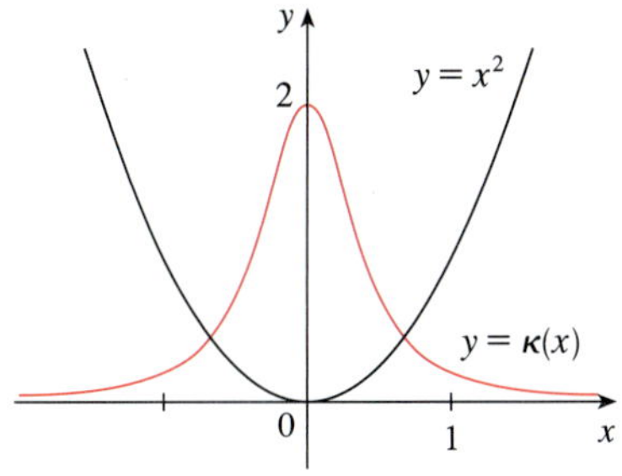

[그림 80] 포물선 $y = x^2$과 곡률함수 $y = \kappa(x)$

법선벡터와 종법선벡터

매끄러운 공간곡선 $\mathbf{r}(t)$ 위의 주어진 점에는 단위접선벡터 $\mathbf{T}(t)$와 직교하는 벡터가 많이 있다. 모든 t에 대해 $|\mathbf{T}(t)| = 1$이고 10.7절 [예제 11]에 의해 $\mathbf{T}(t) \cdot \mathbf{T}'(t) = 0$이므로 $\mathbf{T}'(t)$는 $\mathbf{T}(t)$와 직교한다. $\mathbf{T}'(t)$는 단위벡터가 아님에 주목한다. 그러나 $\kappa \neq 0$인 임의의 점에서 **주단위법선벡터**principal unit normal vector(줄여서 **단위법선벡터**unit normal) $\mathbf{N}(t)$를 다음과 같이 정의할 수 있다.

$$\mathbf{N}(t) = \frac{\mathbf{T}'(t)}{|\mathbf{T}'(t)|}$$

벡터 $\mathbf{B}(t) = \mathbf{T}(t) \times \mathbf{N}(t)$를 **종법선벡터**binormal vector라고 한다. 벡터 $\mathbf{B}$는 $\mathbf{T}$와 $\mathbf{N}$ 모두에 수직인 단위벡터이다([그림 81] 참조).

법선벡터를 각 점에서 곡선이 선회하는 방향을 나타내는 것으로 생각할 수 있다.

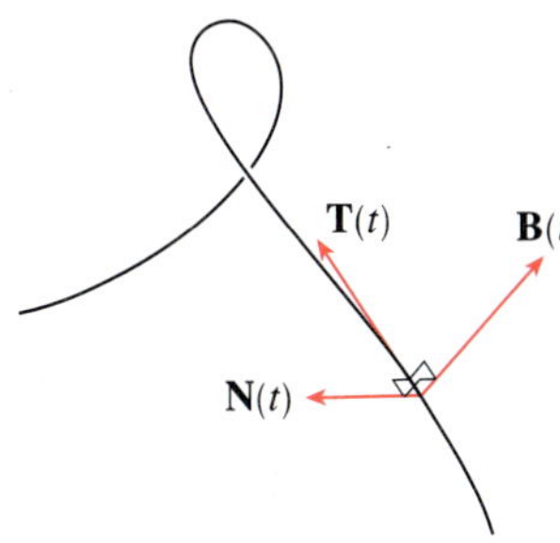

[그림 81]

예제 6 **다음 원형 나선에 대한 단위법선벡터와 종법선벡터를 구하라.**

$$\mathbf{r}(t) = \cos t\,\mathbf{i} + \sin t\,\mathbf{j} + t\,\mathbf{k}$$

풀이

먼저 단위법선벡터를 구하기 위해 필요한 성분들을 다음과 같이 계산한다.

$$\mathbf{r}'(t) = -\sin t\,\mathbf{i} + \cos t\,\mathbf{j} + \mathbf{k}$$

$$|\mathbf{r}'(t)| = \sqrt{2}$$

$$\mathbf{T}(t) = \frac{\mathbf{r}'(t)}{|\mathbf{r}'(t)|} = \frac{1}{\sqrt{2}}(-\sin t\,\mathbf{i} + \cos t\,\mathbf{j} + \mathbf{k})$$

$$\mathbf{T}'(t) = \frac{1}{\sqrt{2}}(-\cos t\,\mathbf{i} - \sin t\,\mathbf{j}), \quad |\mathbf{T}'(t)| = \frac{1}{\sqrt{2}}$$

$$\mathbf{N}(t) = \frac{\mathbf{T}'(t)}{|\mathbf{T}'(t)|} = -\cos t\,\mathbf{i} - \sin t\,\mathbf{j} = \langle -\cos t, -\sin t, 0 \rangle$$

이것은 나선 위의 점에서의 법선벡터가 수평이며 z축을 향하는 것을 보여준다. 종법선벡터는 다음과 같다.

[그림 82]는 나선 위의 두 위치에서 벡터 $\mathbf{T}$, $\mathbf{N}$, $\mathbf{B}$를 보임으로써 [예제 6]을 설명한다. 일반적으로 TNB 체제라 불리는 벡터들 $\mathbf{T}$, $\mathbf{N}$, $\mathbf{B}$는 곡선 위의 다양한 점에서 시작하여 t가 변함으로써 곡선을 따라 움직이는 직교 벡터들의 집합을 형성한다. 이런 TNB 체제는 미분기하학이라는 수학의 한 분야와 우주선의 움직임이라는 응용에서 중요한 역할을 한다.

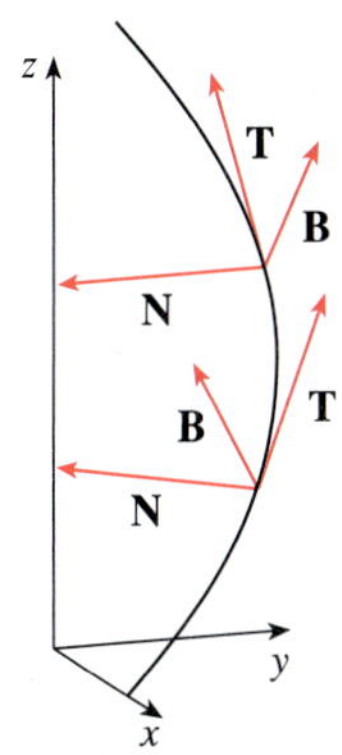

[그림 82]

$$\mathbf{B}(t) = \mathbf{T}(t) \times \mathbf{N}(t) = \frac{1}{\sqrt{2}} \begin{bmatrix} \mathbf{i} & \mathbf{j} & \mathbf{k} \\ -\sin t & \cos t & 1 \\ -\cos t & -\sin t & 0 \end{bmatrix}$$

$$= \frac{1}{\sqrt{2}} \langle \sin t, \; -\cos t, \; 1 \rangle$$

TEC Visual 10.8B는 TNB 체제가 여러 곡선을 따라 어떻게 움직이는지 보여준다.

곡선 C 위의 점 P에서 법선벡터 $\mathbf{N}$과 종법선벡터 $\mathbf{B}$에 의해 결정되는 평면을 P에서 C의 **법평면**normal plane이라 한다. 법평면은 접선벡터 $\mathbf{T}$와 직교하는 모든 직선들로 구성된다. 벡터 $\mathbf{T}$와 $\mathbf{N}$에 의해 결정되는 평면을 P에서 C의 **접촉평면**osculating plane이라 한다. 이 이름은 'kiss'를 뜻하는 라틴어 osculum에서 나온 것이다. 이는 P 부근의 곡선 부분을 포함하는 가장 가까운 위치의 평면이다. (평면곡선의 경우에 접촉평면은 간단히 그 곡선을 포함하는 평면이다.)

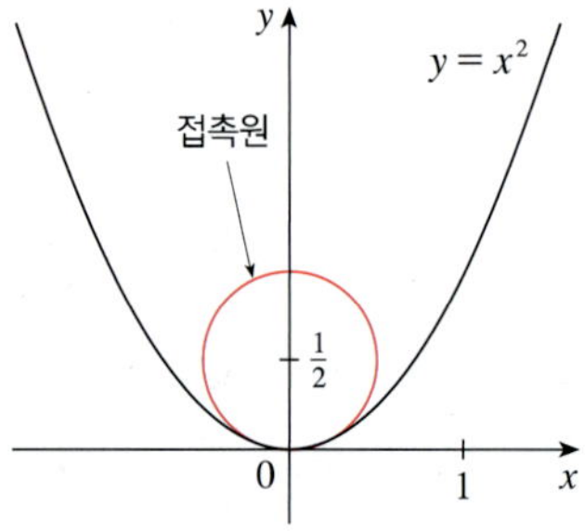

[그림 83]

P에서 C의 접촉평면 안에 놓여있는 원은 P에서 C와 같은 접선을 가지며, C의 오목한 부분($\mathbf{N}$이 향하는 방향)에 놓이며, 반지름이 $\rho = 1/\kappa$(곡률의 역수)을 갖는다. 이와 같은 원을 P에서 C의 **접촉원**osculating circle 또는 **곡률원**circle of curvature이라고 한다. 이는 P 부근에서 C가 어떻게 나타나는지를 가장 잘 설명하는 원으로 P에서 곡선 C와 함께 같은 접선벡터, 법선벡터, 곡률을 공유한다([그림 83] 참조).

TEC Visual 10.8C는 한 점이 곡선을 따라 움직이면 접촉원이 어떻게 변하는지 보여준다.

단위접선벡터, 단위법선벡터, 종법선벡터와 곡률에 대한 식을 요약하면 다음과 같다.

$$\mathbf{T}(t) = \frac{\mathbf{r}'(t)}{|\mathbf{r}'(t)|} \qquad \mathbf{N}(t) = \frac{\mathbf{T}'(t)}{|\mathbf{T}'(t)|} \qquad \mathbf{B}(t) = \mathbf{T}(t) \times \mathbf{N}(t)$$

$$\kappa = \left| \frac{d\mathbf{T}}{ds} \right| = \frac{|\mathbf{T}'(t)|}{|\mathbf{r}'(t)|} = \frac{|\mathbf{r}'(t) \times \mathbf{r}''(t)|}{|\mathbf{r}'(t)|^3}$$

■ www.stewartcalculus.com (Additional Examples A, B를 보라.)

10.8 연습문제

01~02 다음 곡선의 길이를 구하라.

01 $\mathbf{r}(t) = \langle t, \; 3\cos t, \; 3\sin t \rangle, \quad -5 \le t \le 5$

02 $\mathbf{r}(t) = \mathbf{i} + t^2\mathbf{j} + t^3\mathbf{k}, \quad 0 \le t \le 1$

03 다음 곡선의 길이를 소수점 아래 넷째 자리까지 정확하게 구하라. (계산기를 이용하여 적분을 근사하라.)

$$\mathbf{r}(t) = \langle t^2, \; t^3, \; t^4 \rangle, \quad 0 \le t \le 2$$

04 C를 포물기둥면 $x^2 = 2y$와 곡면 $3z = xy$의 교선이라 하자. 원점에서 점 $(6, 18, 36)$까지 C의 정확한 길이를 구하라.

05 $t = 0$인 점으로부터 t가 증가하는 방향으로 측정된 호의 길이에 대해서 곡선을 다시 매개변수화하라.

$$\mathbf{r}(t) = 2t\,\mathbf{i} + (1 - 3t)\,\mathbf{j} + (5 + 4t)\,\mathbf{k}$$

06 점 $(0, 0, 3)$에서 시작하여 t가 증가하는 방향으로 곡선 $x = 3\sin t, \; y = 4t, \; z = 3\cos t$를 따라 5단위만큼 움직였다고 하자. 현재 위치는 어디인가?

07~08 (a) 단위접선벡터 $\mathbf{T}(t)$와 단위법선벡터 $\mathbf{N}(t)$를 구하라.

(b) 식 9를 이용하여 곡률을 구하라.

07 $\mathbf{r}(t) = \langle t,\ 3\cos t,\ 3\sin t \rangle$

08 $\mathbf{r}(t) = \langle \sqrt{2}t,\ e^t,\ e^{-t} \rangle$

09~10 정리 10을 이용하여 곡률을 구하라.

09 $\mathbf{r}(t) = t^3\mathbf{j} + t^2\mathbf{k}$

10 $\mathbf{r}(t) = 3t\,\mathbf{i} + 4\sin t\,\mathbf{j} + 4\cos t\,\mathbf{k}$

---

11 점 $(1, 1, 1)$에서 $\mathbf{r}(t) = \langle t,\ t^2,\ t^3 \rangle$의 곡률을 구하라.

12~13 식 11을 이용하여 곡률을 구하라.

12 $y = x^4$　　　　**13** $y = xe^x$

---

14 곡선 $y = e^x$에서 곡률이 최대인 곳은 어디인가? $x \to \infty$이면 곡률은 어떻게 되는가?

15 (a) 그림에 보인 곡선 C에 대해 P와 Q 중에서 곡률이 더 큰 곳은 어디인가? 설명하라.

(b) P와 Q에서 접촉원을 그리고 그 점들에서 곡률을 추정하라.

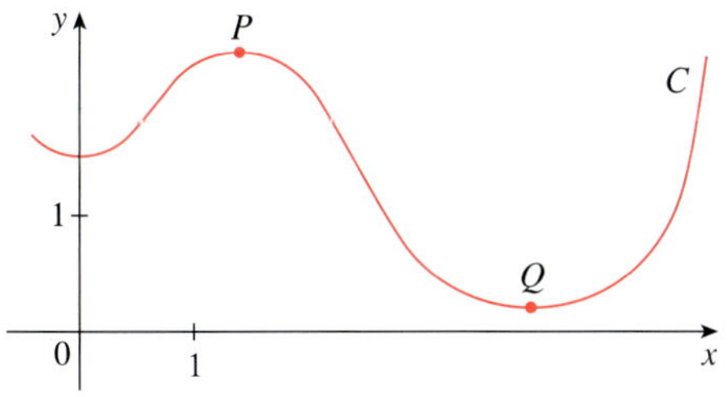

16 계산기와 컴퓨터를 이용하여 곡선 $y = x^{-2}$과 곡률함수 $\kappa(x)$를 동일한 보기화면에 그려라. κ의 그래프가 기대한 것과 같은가?

17 CAS 공간곡선과 곡률함수 $\kappa(x)$를 그려라. 곡률이 곡선의 모양에 어떤 영향을 미치는지 설명하라.

$$\mathbf{r}(t) = \langle te^t,\ e^{-t},\ \sqrt{2}t \rangle, \quad -5 \le t \le 5$$

18 그림에 두 그래프 a와 b가 보인다. 하나는 곡선 $y = f(x)$, 다른 하나는 이 함수의 곡률함수 $y = \kappa(x)$의 그래프이다. 각 곡선을 찾고, 선택한 이유를 설명하라.

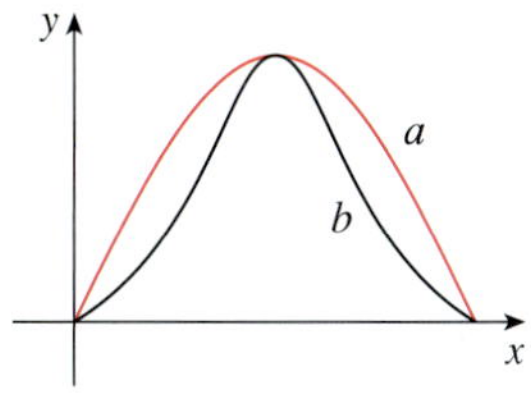

19 정리 10을 이용하여 매개변수 방정식 $x = f(t)$, $y = g(t)$로 표현되는 평면곡선의 곡률이 다음과 같음을 보여라. 여기서 점은 t에 관한 도함수들을 나타낸다.

$$\kappa = \frac{|\dot{x}\ddot{y} - \dot{y}\ddot{x}|}{[\dot{x}^2 + \dot{y}^2]^{3/2}}$$

20~21 [연습문제 19]에 있는 식을 이용하여 다음 곡률을 구하라.

20 $x = e^t \cos t,\ y = e^t \sin t$　　**21** $x = 1 + t^3,\ y = t + t^2$

---

22 주어진 점에서 벡터 $\mathbf{T}$, $\mathbf{N}$, $\mathbf{B}$를 구하라.

$$\mathbf{r}(t) = \left\langle t^2,\ \frac{2}{3}t^3,\ t \right\rangle, \quad \left(1,\ \frac{2}{3},\ 1\right)$$

23 주어진 점에서 곡선의 법평면과 접촉평면의 방정식을 구하라.

$$x = 2\sin 3t,\ y = t,\ z = 2\cos 3t; \quad (0,\ \pi,\ -2)$$

24 점 $(2, 0)$과 $(0, 3)$에서 타원 $9x^2 + 4y^2 = 36$의 접촉원들의 방정식을 구하라. 그래픽 계산기 또는 컴퓨터를 이용해서 타원과 접촉원들을 동일한 보기화면에 그려라.

25 곡선 $x = t^3$, $y = 3t$, $z = t^4$ 위의 어떤 점에서 법평면이 평면 $6x + 6y - 8z = 1$과 평행한가?

26 다음 방정식에 의해 곡률 κ가 접선벡터 및 법선벡터와 관련되는 것을 보여라.

$$\frac{d\mathbf{T}}{ds} = \kappa\mathbf{N}$$

27 (a) $d\mathbf{B}/ds$가 $\mathbf{B}$와 직교함을 보여라.

(b) $d\mathbf{B}/ds$가 $\mathbf{T}$와 직교함을 보여라.

(c) (a)와 (b)로부터 $d\mathbf{B}/ds = -\tau(s)\mathbf{N}$을 유도하라. $\tau(s)$는 곡선의 **비틀림률**torsion이라 한다. (비틀림률은 곡선의 비틀린 정도를 나타낸다.)

(d) 평면곡선에 대해 $\tau(s) = 0$임을 보여라.

28 프레네-세레의 공식을 이용하여 다음을 증명하라. (프라임 기호는 t에 대한 도함수들이다. 정리 10에서와 같은 방법으로 시작

하라.)

(a) $\mathbf{r}'' = s''\mathbf{T} + \kappa(s')^2\,\mathbf{N}$

(b) $\mathbf{r}' \times \mathbf{r}'' = \kappa(s')^3\,\mathbf{B}$

(c) $\mathbf{r}''' = [s''' - \kappa^2(s')^3]\,\mathbf{T} + [3\kappa s's'' + \kappa'(s')^2]\,\mathbf{N} + \kappa\tau(s')^3\mathbf{B}$

(d) $\tau = \dfrac{(\mathbf{r}' \times \mathbf{r}'') \cdot \mathbf{r}'''}{|\mathbf{r}' \times \mathbf{r}''|^2}$

29 DNA 분자는 이중나선 구조이다(10.7절의 [그림 66] 참조). 각 나선의 반지름은 약 10Å ($1\text{Å} = 10^{-8}$ cm)이다. 각 나선은 한 번 완전히 선회하는 동안에 약 34Å 상승하고 약 2.9×10^8번 선회한다. 각 나선의 길이를 추정하라.

10.9 공간에서의 운동 : 속도와 가속도

이 절에서는 접선벡터, 법선벡터, 곡률의 개념이 물리학에서 공간곡선을 따라 움직이는 물체의 운동과 이 물체의 속도와 가속도를 연구하는 데 어떻게 사용되는지 살펴본다. 특히 이런 방법을 이용하여 케플러의 행성 운동 제1법칙을 유도하기 위해 뉴턴의 발자취를 따라가본다.

공간에서 한 입자가 시각 t에서 위치벡터 $\mathbf{r}(t)$로 움직인다고 하자. [그림 84]로부터 h의 작은 값에 대해 다음 벡터는 곡선 $\mathbf{r}(t)$를 따라 움직이는 입자의 방향에 접근한다는 것에 유의하자.

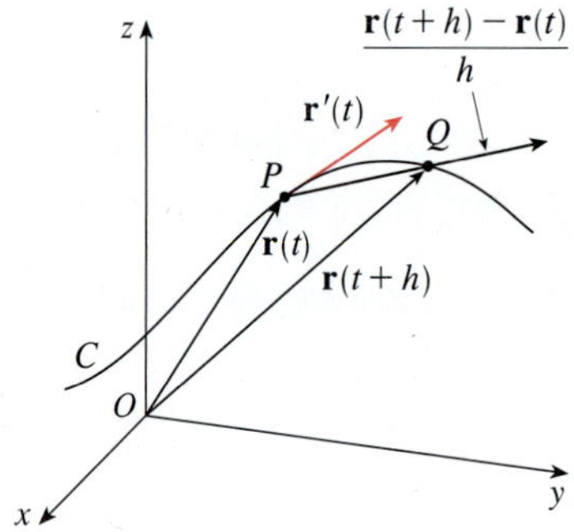

[그림 84]

1 $$\frac{\mathbf{r}(t+h) - \mathbf{r}(t)}{h}$$

이때 그 크기는 단위시간당 변위벡터의 크기로 측정한다. 벡터 1은 길이 h인 시간 구간에서의 평균속도이고 이것의 극한은 다음과 같이 시각 t에서의 **속도벡터**velocity vector $\mathbf{v}(t)$이다.

2 $$\mathbf{v}(t) = \lim_{h \to 0} \frac{\mathbf{r}(t+h) - \mathbf{r}(t)}{h} = \mathbf{r}'(t)$$

따라서 속도벡터는 접선벡터이고 접선 방향을 향한다.

시각 t에서 입자의 **속력**speed은 속도벡터의 크기, 즉 $|\mathbf{v}(t)|$이다. 이것은 식 2와 10.8절 식 7로부터 다음이 성립하므로 적절하다고 판단할 수 있다.

$$|\mathbf{v}(t)| = |\mathbf{r}'(t)| = \frac{ds}{dt} = \text{시간에 대한 거리의 변화율}$$

1차원 운동의 경우에서와 같이 입자의 **가속도**acceleration는 다음과 같이 속도의 도함수로 정의된다.

$$\mathbf{a}(t) = \mathbf{v}'(t) = \mathbf{r}''(t)$$

예제 1 **평면에서 움직이는 물체의 위치벡터가 $\mathbf{r}(t) = t^3\mathbf{i} + t^2\mathbf{j}$ 로 주어진다. $t = 1$일 때 속도, 속력, 가속도를 구하고 기하학적으로 설명하라.**

풀이

시각 t에서 속도와 가속도는 다음과 같다.

$$\mathbf{v}(t) = \mathbf{r}'(t) = 3t^2\mathbf{i} + 2t\mathbf{j}$$

$$\mathbf{a}(t) = \mathbf{r}''(t) = 6t\mathbf{i} + 2\mathbf{j}$$

그리고 속력은 다음과 같다.

$$|\mathbf{v}(t)| = \sqrt{(3t^2)^2 + (2t)^2} = \sqrt{9t^4 + 4t^2}$$

따라서 $t = 1$일 때 다음을 얻는다.

$$\mathbf{v}(1) = 3\mathbf{i} + 2\mathbf{j}, \quad \mathbf{a}(1) = 6\mathbf{i} + 2\mathbf{j}, \quad |\mathbf{v}(1)| = \sqrt{13}$$

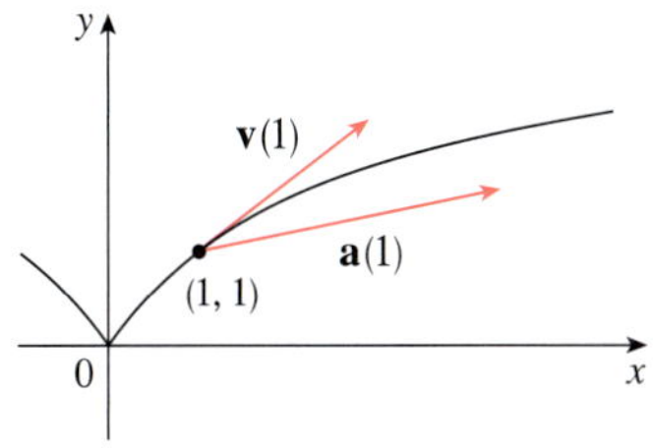

[그림 85]

이들 속도벡터와 가속도벡터는 [그림 85]와 같다.

TEC Visual 10.9는 다양한 곡선을 따라 움직이는 물체에 대해 속도벡터와 가속도벡터에 대한 애니메이션을 보여준다.

예제 2 **위치벡터가 $\mathbf{r}(t) = \langle t^2, e^t, te^t \rangle$인 입자의 속도, 가속도, 속력을 구하라.**

풀이

입자의 속도, 가속도, 속력은 각각 다음과 같다.

$$\mathbf{v}(t) = \mathbf{r}'(t) = \langle 2t, e^t, (1+t)e^t \rangle$$

$$\mathbf{a}(t) = \mathbf{v}'(t) = \langle 2, e^t, (2+t)e^t \rangle$$

$$|\mathbf{v}(t)| = \sqrt{4t^2 + e^{2t} + (1+t)^2 e^{2t}}$$

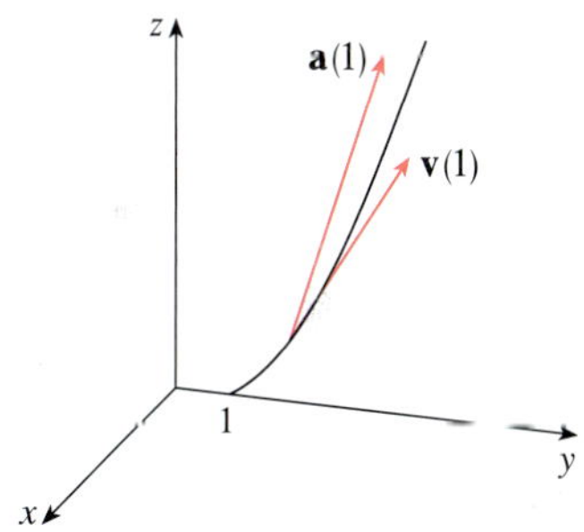

[그림 86]

[그림 86]은 $t = 1$일 때 속도벡터와 가속도벡터를 갖는 [예제 2]의 입자의 경로를 보여준다.

10.7절에서 소개한 벡터의 적분을 이용하면 다음 예제에서처럼 속도벡터와 가속도벡터를 알 때 위치벡터를 구할 수 있다.

예제 3 **움직이는 입자가 초기 위치 $\mathbf{r}(0) = \langle 1, 0, 0 \rangle$에서 초기 속도 $\mathbf{v}(0) = \mathbf{i} - \mathbf{j} + \mathbf{k}$로 출발한다. 그 가속도가 $\mathbf{a}(t) = 4t\mathbf{i} + 6t\mathbf{j} + \mathbf{k}$일 때 시각 t에서 속도와 위치를 구하라.**

풀이

$\mathbf{a}(t) = \mathbf{v}'(t)$이므로 다음을 얻는다.

$$\mathbf{v}(t) = \int \mathbf{a}(t)\,dt = \int (4t\mathbf{i} + 6t\mathbf{j} + \mathbf{k})\,dt$$

$$= 2t^2\mathbf{i} + 3t^2\mathbf{j} + t\mathbf{k} + \mathbf{C}$$

상수벡터 $\mathbf{C}$의 값을 결정하기 위해 $\mathbf{v}(0) = \mathbf{i} - \mathbf{j} + \mathbf{k}$를 이용한다. 위의 식에서 $\mathbf{v}(0) = \mathbf{C}$ 이므로 $\mathbf{C} = \mathbf{i} - \mathbf{j} + \mathbf{k}$ 이고 다음을 얻는다.

$$\begin{aligned}\mathbf{v}(t) &= 2t^2\mathbf{i} + 3t^2\mathbf{j} + t\mathbf{k} + \mathbf{i} - \mathbf{j} + \mathbf{k} \\ &= (2t^2+1)\mathbf{i} + (3t^2-1)\mathbf{j} + (t+1)\mathbf{k}\end{aligned}$$

$\mathbf{v}(t) = \mathbf{r}'(t)$ 이므로 다음을 얻는다.

$$\begin{aligned}\mathbf{r}(t) &= \int \mathbf{v}(t)\,dt \\ &= \int \left[(2t^2+1)\mathbf{i} + (3t^2-1)\mathbf{j} + (t+1)\mathbf{k}\right] dt \\ &= \left(\frac{2}{3}t^3 + t\right)\mathbf{i} + (t^3 - t)\mathbf{j} + \left(\frac{1}{2}t^2 + t\right)\mathbf{k} + \mathbf{D}\end{aligned}$$

$t = 0$이라 놓으면 $\mathbf{D} = \mathbf{r}(0) = \mathbf{i}$ 이므로 t에서의 위치는 다음과 같다.

$$\mathbf{r}(t) = \left(\frac{2}{3}t^3 + t + 1\right)\mathbf{i} + (t^3 - t)\mathbf{j} + \left(\frac{1}{2}t^2 + t\right)\mathbf{k}$$

[예제 3]에서 얻은 $\mathbf{r}(t)$의 식은 $0 \le t \le 3$에 대해 [그림 87]과 같이 입자의 경로를 그리는 데 사용된다.

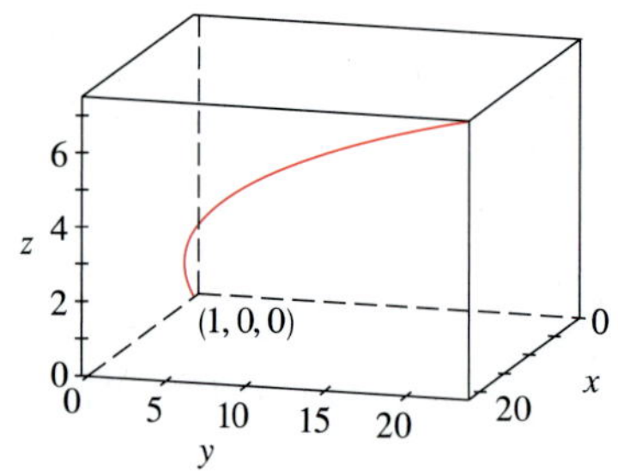

[그림 87]

일반적으로 벡터 적분을 이용하여 다음과 같이 가속도를 알면 속도를 알 수 있고, 속도를 알면 위치를 구할 수 있다.

$$\mathbf{v}(t) = \mathbf{v}(t_0) + \int_{t_0}^{t} \mathbf{a}(u)\,du, \qquad \mathbf{r}(t) = \mathbf{r}(t_0) + \int_{t_0}^{t} \mathbf{v}(u)\,du$$

한 입자에 작용하는 힘을 알면 뉴턴의 운동 제2법칙Newton's Second Law of Motion으로부터 가속도를 알 수 있다. 이 법칙을 벡터의 관점에서 기술하면 임의의 시각 t에서 힘 $\mathbf{F}(t)$가 질량 m인 물체에 작용하여 가속도 $\mathbf{a}(t)$가 생긴다면 다음이 성립한다.

$$\mathbf{F}(t) = m\mathbf{a}(t)$$

예제 4 **등각속도 ω로 원형 경로를 따라 움직이는 질량 m인 물체의 위치벡터는 $\mathbf{r}(t) = a\cos\omega t\mathbf{i} + a\sin\omega t\mathbf{j}$ 이다. 물체에 작용한 힘을 구하고 그 힘이 원점을 향하고 있음을 보여라.**

풀이

우선 속도와 가속도는 다음과 같다.

$$\begin{aligned}\mathbf{v}(t) &= \mathbf{r}'(t) = -a\omega\sin\omega t\mathbf{i} + a\omega\cos\omega t\mathbf{j} \\ \mathbf{a}(t) &= \mathbf{v}'(t) = -a\omega^2\cos\omega t\mathbf{i} - a\omega^2\sin\omega t\mathbf{j}\end{aligned}$$

그러므로 뉴턴의 제2법칙으로부터 구하고자 하는 힘은 다음과 같다.

$$\mathbf{F}(t) = m\mathbf{a}(t) = -m\omega^2(a\cos\omega t\mathbf{i} + a\sin\omega t\mathbf{j})$$

따라서 $\mathbf{F}(t) = -m\omega^2\mathbf{r}(t)$이고, 이는 힘이 동경벡터 $\mathbf{r}(t)$의 반대 방향으로 작용하는 것을 뜻한다. 즉 원점으로 향한다는 의미이다([그림 88] 참조). 이와 같은 힘을 구심력이라 한다.

위치 P를 따라 움직이는 입자의 각속도는 $\omega = d\theta/dt$이다. 여기서 θ는 [그림 88]에 보인 각이다.

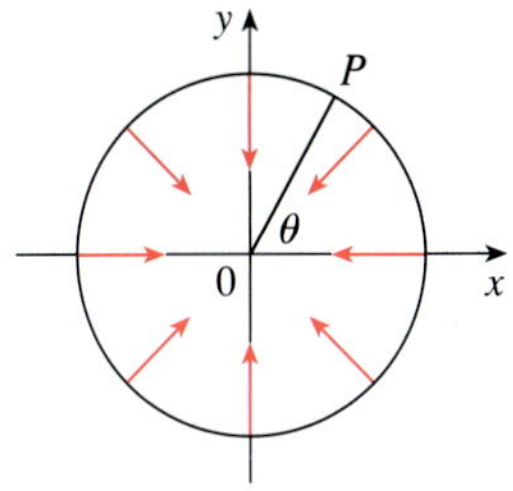

[그림 88]

예제 5 **발사체가 앙각(올려본 각) α와 초기 속도 $\mathbf{v}_0$로 발사됐다([그림 89] 참조). 공기 저항을 무시하고 유일하게 외부에서 작용하는 힘은 중력뿐이라고 할 때 발사체의 위치함수 $\mathbf{r}(t)$를 구하라. 착탄거리(이동한 수평거리)가 최대가 되는 α는 얼마인가?**

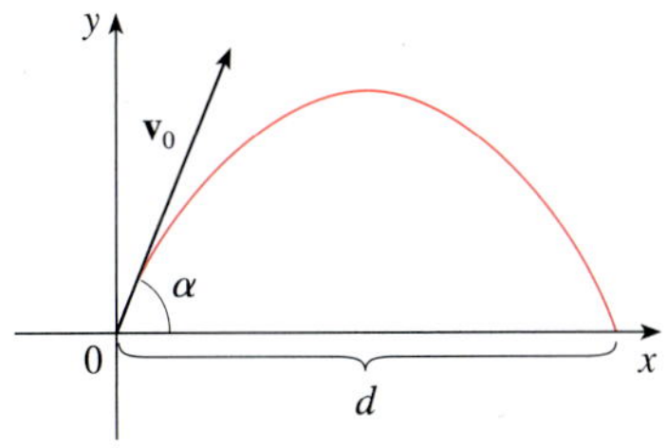

[그림 89]

풀이

발사체가 원점에서 출발하도록 좌표축을 정한다. 중력에 의한 힘은 아래로 작용하므로 다음을 얻는다.

$$\mathbf{F} = m\mathbf{a} = -mg\mathbf{j}$$

여기서 $g = |\mathbf{a}| \approx 9.8\,\mathrm{m/s^2}$이므로 다음과 같다.

$$\mathbf{a} = -g\mathbf{j}$$

$\mathbf{v}'(t) = \mathbf{a}$이므로 다음과 같다.

$$\mathbf{v}(t) = -gt\mathbf{j} + \mathbf{C}$$

여기서 $\mathbf{C} = \mathbf{v}(0) = \mathbf{v}_0$이므로 다음을 얻는다.

$$\mathbf{r}'(t) = \mathbf{v}(t) = -gt\mathbf{j} + \mathbf{v}_0$$

이 식을 다시 적분하면 다음과 같다.

$$\mathbf{r}(t) = -\frac{1}{2}gt^2\mathbf{j} + t\mathbf{v}_0 + \mathbf{D}$$

한편 $\mathbf{D} = \mathbf{r}(0) = \mathbf{0}$이므로 발사체의 위치벡터는 다음과 같다.

3 $$\mathbf{r}(t) = -\frac{1}{2}gt^2\mathbf{j} + t\mathbf{v}_0$$

$|\mathbf{v}_0| = v_0$ (발사체의 초기 속력)라 하면 다음이 성립한다.

$$\mathbf{v}_0 = v_0\cos\alpha\mathbf{i} + v_0\sin\alpha\mathbf{j}$$

그리고 식 3으로부터 다음을 얻는다.

$$\mathbf{r}(t) = (v_0 \cos\alpha)t\,\mathbf{i} + \left[(v_0 \sin\alpha)t - \frac{1}{2}gt^2\right]\mathbf{j}$$

그러므로 궤도의 매개변수 방정식은 다음과 같다.

4 $$x = (v_0 \cos\alpha)t, \quad y = (v_0 \sin\alpha)t - \frac{1}{2}gt^2$$

식 4에서 t를 소거하면 y가 x에 대한 이차함수임을 알 수 있다. 따라서 발사체의 경로는 포물선의 일부이다.

수평거리 d는 $y=0$일 때 x의 값이다. $y=0$이라 놓으면 $t=0$ 또는 $t=(2v_0 \sin\alpha)/g$를 얻는다. t의 후자의 값으로부터 다음을 얻는다.

$$d = x = (v_0 \cos\alpha)\frac{2v_0 \sin\alpha}{g} = \frac{v_0^2(2\sin\alpha\cos\alpha)}{g} = \frac{v_0^2 \sin 2\alpha}{g}$$

따라서 $\sin 2\alpha = 1$, 즉 $a = \pi/4$일 때 d는 최댓값을 갖는다.

예제 6 어떤 발사체가 지상 10m 위치에서 총구 속력 150m/s와 앙각 45°로 발사되었다. 이 발사체가 떨어지는 지점과 그때의 속력은 얼마인가?

풀이

지표면을 원점으로 생각하면 발사체의 초기 위치가 $(0, 10)$이므로 식 4에서 y에 대한 표현식에 10을 더해서 방정식을 조정할 필요가 있다. $v_0 = 150\,\text{m/s}$, $\alpha = 45°$, $g = 9.8\,\text{m/s}^2$이므로 다음을 얻는다.

$$x = 150\cos(\pi/4)t = 75\sqrt{2}\,t$$

$$y = 10 + 150\sin(\pi/4)t - \frac{1}{2}(9.8)t^2 = 10 + 75\sqrt{2}\,t - 4.9t^2$$

$y=0$일 때, 즉 $4.9t^2 - 75\sqrt{2}\,t - 10 = 0$일 때 땅에 떨어진다. 이 이차방정식의 해를 구하면(양의 실근 t만 선택) 다음과 같다.

$$t = \frac{75\sqrt{2} + \sqrt{11250 + 196}}{9.8} \approx 21.74$$

그러므로 $x \approx 75\sqrt{2}(21.74) \approx 2306$, 즉 2306m 떨어진 지점에 발사체가 떨어지게 된다. 발사체의 속도는 다음과 같다.

$$\mathbf{v}(t) = \mathbf{r}'(t) = 75\sqrt{2}\,\mathbf{i} + (75\sqrt{2} - 9.8t)\mathbf{j}$$

따라서 땅에 떨어질 때의 속력은 다음과 같다.

$$|\mathbf{v}(21.74)| = \sqrt{(75\sqrt{2})^2 + (75\sqrt{2} - 9.8 \cdot 21.74)^2} \approx 151\,\text{m/s}$$

가속도의 접선성분과 법선성분

입자의 운동을 연구할 때 흔히 가속도를 두 개의 성분, 즉 하나는 접선방향으로 다른 하나는 법선방향으로 분해하는 것이 유용하다. 입자의 속력을 $v = |\mathbf{v}|$로 나타내면 다음과 같다.

$$\mathbf{T}(t) = \frac{\mathbf{r}'(t)}{|\mathbf{r}'(t)|} = \frac{\mathbf{v}(t)}{|\mathbf{v}(t)|} = \frac{\mathbf{v}}{v}$$

따라서 다음을 얻는다.

$$\mathbf{v} = v\mathbf{T}$$

이 방정식의 양변을 t에 대해 미분하면 다음을 얻는다.

5 $$\mathbf{a} = \mathbf{v}' = v'\mathbf{T} + v\mathbf{T}'$$

10.8절의 방정식 9에 주어진 곡률에 관한 식을 이용하면 다음을 얻는다.

6 $$\kappa = \frac{|\mathbf{T}'|}{|\mathbf{r}'|} = \frac{|\mathbf{T}'|}{v} \text{ 이므로 } |\mathbf{T}'| = \kappa v \text{이다.}$$

앞 절에서 정의한 단위법선벡터 $\mathbf{N} = \mathbf{T}'/|\mathbf{T}'|$과 식 6에 의해 다음을 얻는다.

$$\mathbf{T}' = |\mathbf{T}'|\mathbf{N} = \kappa v\mathbf{N}$$

따라서 방정식 5는 다음과 같다.

7 $$\mathbf{a} = v'\mathbf{T} + \kappa v^2\mathbf{N}$$

가속도의 접선성분과 법선성분을 각각 a_T와 a_N으로 나타내면 다음을 얻는다.

$$\mathbf{a} = a_T\mathbf{T} + a_N\mathbf{N}$$

여기서 a_T와 a_N은 다음과 같다.

8 $$a_T = v', \quad a_N = \kappa v^2$$

[그림 90]은 이와 같은 분해를 설명한다.

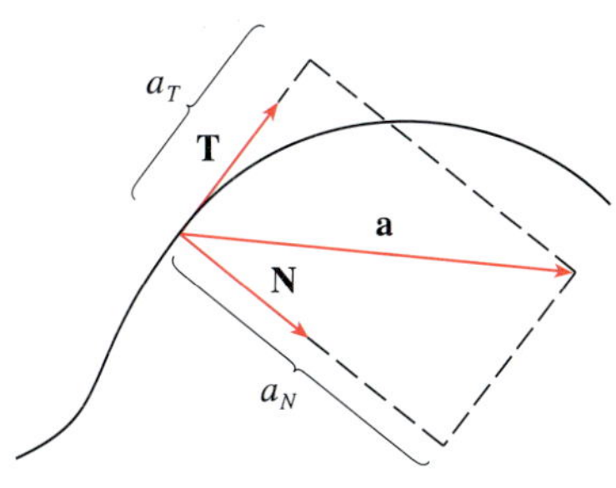

[그림 90]

식 7의 의미를 알아보자. 먼저 주목할 수 있는 것은 종법선벡터 $\mathbf{B}$가 없다는 것이다. 즉 물체가 공간에서 어떻게 움직이든 관계없이 가속도는 항상 $\mathbf{T}$와 $\mathbf{N}$이 만드는 평면(접촉평면)에 놓여있다는 것이다. ($\mathbf{T}$는 운동의 방향을, $\mathbf{N}$은 곡선이 구부러지는 방향을 향한다.) 다음으로 주목할 것은 가속도의 접선성분은 속력의 변화율인 v'

이고 법선성분은 속력의 제곱과 곡률의 곱인 κv^2 이라는 점이다. 이것은 차 안에 타고 있는 승객들을 생각하면 이해가 될 것이다. 즉 급격하게 구부러진 길은 곡률 κ 의 값이 큰 것을 의미한다. 따라서 운동의 방향에 직교하는 가속도 성분도 크고, 승객은 차 문 쪽으로 쏠리게 된다. 큰 속력으로 회전하면 같은 효과가 나타난다. 사실상 속력을 2배로 하면 a_N 은 4배만큼 증가한다.

식 8에서 가속도의 접선성분과 법선성분에 대한 식을 얻었지만 $\mathbf{r}$, $\mathbf{r}'$, $\mathbf{r}''$ 으로만 나타낸 식을 얻는 것이 바람직하다. 이를 위해 식 7에 주어진 $\mathbf{a}$ 와 $\mathbf{v} = v\mathbf{T}$ 의 내적을 구하면 다음과 같다.

$$\begin{aligned}\mathbf{v}\cdot\mathbf{a} &= v\mathbf{T}\cdot(v'\mathbf{T}+\kappa v^2\mathbf{N})\\ &= vv'\,\mathbf{T}\cdot\mathbf{T}+\kappa v^3\mathbf{T}\cdot\mathbf{N}\\ &= vv' \quad (\mathbf{T}\cdot\mathbf{T}=1\text{이고 } \mathbf{T}\cdot\mathbf{N}=0\text{이므로})\end{aligned}$$

따라서 다음을 얻는다.

9
$$a_T = v' = \frac{\mathbf{v}\cdot\mathbf{a}}{v} = \frac{\mathbf{r}'(t)\cdot\mathbf{r}''(t)}{|\mathbf{r}'(t)|}$$

10.8절의 정리 10에서 주어진 곡률 공식을 이용하면 다음을 얻는다.

10
$$a_N = \kappa v^2 = \frac{|\mathbf{r}'(t)\times\mathbf{r}''(t)|}{|\mathbf{r}'(t)|^3}\,|\mathbf{r}'(t)|^2 = \frac{|\mathbf{r}'(t)\times\mathbf{r}''(t)|}{|\mathbf{r}'(t)|}$$

예제 7 입자가 위치함수 $\mathbf{r}(t) = \langle t^2, t^2, t^3\rangle$ 으로 움직인다. 가속도의 접선성분과 법선성분을 구하라.

풀이

두 성분을 구하기 위해 필요한 $\mathbf{r}(t)$, $\mathbf{r}'(t)$, $\mathbf{r}''(t)$, $|\mathbf{r}'(t)|$를 구하면 각각 다음과 같다.

$$\mathbf{r}(t) = t^2\mathbf{i} + t^2\mathbf{j} + t^3\mathbf{k}$$

$$\mathbf{r}'(t) = 2t\mathbf{i} + 2t\mathbf{j} + 3t^2\mathbf{k}$$

$$\mathbf{r}''(t) = 2\mathbf{i} + 2\mathbf{j} + 6t\mathbf{k}$$

$$|\mathbf{r}'(t)| = \sqrt{8t^2+9t^4}$$

그러므로 식 9에 의해 접선성분은 다음과 같다.

$$a_T = \frac{\mathbf{r}'(t)\cdot\mathbf{r}''(t)}{|\mathbf{r}'(t)|} = \frac{8t+18t^3}{\sqrt{8t^2+9t^4}}$$

그리고 $\mathbf{r}'(t)\times\mathbf{r}''(t)$ 은 다음과 같다.

$$\mathbf{r}'(t) \times \mathbf{r}''(t) = \begin{vmatrix} \mathbf{i} & \mathbf{j} & \mathbf{k} \\ 2t & 2t & 3t^2 \\ 2 & 2 & 6t \end{vmatrix} = 6t^2\mathbf{i} - 6t^2\mathbf{j}$$

따라서 식 10에 의해 법선성분은 다음과 같다.

$$a_N = \frac{|\mathbf{r}'(t) \times \mathbf{r}''(t)|}{|\mathbf{r}'(t)|} = \frac{6\sqrt{2}\,t^2}{\sqrt{8t^2 + 9t^4}}$$

케플러의 행성 운동법칙

이제 이 장의 내용이 케플러의 행성 운동법칙을 증명하는 데 어떻게 이용되는지 보임으로써 미적분학의 커다란 업적 중 하나를 설명한다. 덴마크의 천문학자 브라헤Tycho Brahe가 천체관측을 연구한 지 20년이 지난 후, 독일의 수학자이자 천문학자인 케플러Johannes Kepler, 1571~1630는 다음의 세 가지 법칙을 공식화했다.

케플러의 법칙

(1) 행성은 태양을 한 초점으로 하는 타원궤도를 따라 태양 둘레를 공전한다.

(2) 행성과 태양을 잇는 선분이 동일한 시간 동안 휩쓸고 지나가는 면적은 항상 일정하다.

(3) 행성의 공전주기의 제곱은 행성궤도의 장축 길이의 세제곱에 비례한다.

뉴턴은 1687년에 출간한 '자연 철학의 수학적 원리'에서 이 세 가지 법칙은 자신이 발견한 두 가지 법칙인 운동의 제2법칙과 만유인력의 법칙의 결과임을 보였다. 아래에서 케플러의 첫 번째 법칙을 증명한다. 나머지 법칙은 웹 프로젝트에서 (힌트와 더불어) 증명할 것이다.

행성에 대한 태양의 중력은 다른 천체가 미치는 힘보다 훨씬 크기 때문에 태양과 그 주위를 공전하는 행성을 제외한 우주에 있는 모든 물체를 무시할 수 있다. 태양을 원점으로 하는 좌표계를 이용하고 행성의 위치벡터를 $\mathbf{r} = \mathbf{r}(t)$라 하자. (마찬가지로 $\mathbf{r}$은 지구 주위를 움직이는 달이나 위성 또는 별 주위를 움직이는 혜성의 위치벡터가 될 수도 있다.) 속도벡터는 $\mathbf{v} = \mathbf{r}'$이고 가속도벡터는 $\mathbf{a} = \mathbf{r}''$이다. 다음의 뉴턴의 법칙을 사용한다.

$$\text{운동의 제2법칙}: \mathbf{F} = m\mathbf{a}$$

$$\text{중력의 법칙}: \mathbf{F} = -\frac{GMm}{r^3}\mathbf{r} = -\frac{GMm}{r^2}\mathbf{u}$$

여기서 $\mathbf{F}$는 행성에 작용하는 중력, m과 M은 각각 행성과 태양의 질량, G는 중력상수, $r = |\mathbf{r}|$, $\mathbf{u} = (1/r)\mathbf{r}$은 $\mathbf{r}$ 방향의 단위벡터이다.

먼저 행성이 한 평면에서 움직이는 것을 보인다. 뉴턴의 두 법칙에서 $\mathbf{F}$ 에 관한 식을 같다고 놓으면 다음을 얻는다.

$$\mathbf{a} = -\frac{GM}{r^3}\mathbf{r}$$

따라서 $\mathbf{a}$ 는 $\mathbf{r}$ 과 평행이고 $\mathbf{r} \times \mathbf{a} = \mathbf{0}$ 이다. 10.7절 정리 5의 식 (5)를 이용하면 다음과 같다.

$$\begin{aligned}\frac{d}{dt}(\mathbf{r} \times \mathbf{v}) &= \mathbf{r}' \times \mathbf{v} + \mathbf{r} \times \mathbf{v}' \\ &= \mathbf{v} \times \mathbf{v} + \mathbf{r} \times \mathbf{a} = \mathbf{0} + \mathbf{0} = \mathbf{0}\end{aligned}$$

따라서 상수벡터 $\mathbf{h}$ 에 대해 다음이 성립한다.

$$\mathbf{r} \times \mathbf{v} = \mathbf{h}$$

($\mathbf{h} \neq \mathbf{0}$, 즉 $\mathbf{r}$ 과 $\mathbf{v}$ 가 평행이 아니라고 가정할 수도 있다.) 이것은 벡터 $\mathbf{r} = \mathbf{r}(t)$ 가 모든 t 의 값에 대해 $\mathbf{h}$ 와 수직임을 의미한다. 따라서 행성은 항상 $\mathbf{h}$ 와 수직이고 원점을 지나는 평면 위에 놓여있다. 따라서 행성의 궤도는 평면곡선이다.

케플러의 제1법칙을 증명하기 위해 벡터 $\mathbf{h}$ 를 다음과 같이 나타낸다.

$$\begin{aligned}\mathbf{h} &= \mathbf{r} \times \mathbf{v} = \mathbf{r} \times \mathbf{r}' = r\mathbf{u} \times (r\mathbf{u})' \\ &= r\mathbf{u} \times (r\mathbf{u}' + r'\mathbf{u}) = r^2(\mathbf{u} \times \mathbf{u}') + rr'(\mathbf{u} \times \mathbf{u}) \\ &= r^2(\mathbf{u} \times \mathbf{u}')\end{aligned}$$

그러면 다음을 얻는다.

$$\begin{aligned}\mathbf{a} \times \mathbf{h} &= \frac{-GM}{r^2}\mathbf{u} \times (r^2\mathbf{u} \times \mathbf{u}') = -GM\mathbf{u} \times (\mathbf{u} \times \mathbf{u}') \\ &= -GM[(\mathbf{u} \cdot \mathbf{u}')\mathbf{u} - (\mathbf{u} \cdot \mathbf{u})\mathbf{u}'] \quad \text{(10.4절 정리 8의 성질 (6)에 의해)}\end{aligned}$$

이때 $\mathbf{u} \cdot \mathbf{u} = |\mathbf{u}|^2 = 1$, $|\mathbf{u}(t)| = 1$이므로 10.7절의 [예제 11]로부터 $\mathbf{u} \cdot \mathbf{u}' = 0$이다. 따라서 다음을 얻는다.

$$\mathbf{a} \times \mathbf{h} = GM\mathbf{u}'$$

$$(\mathbf{v} \times \mathbf{h})' = \mathbf{v}' \times \mathbf{h} = \mathbf{a} \times \mathbf{h} = GM\mathbf{u}'$$

이 식의 양변을 적분하면 상수벡터 $\mathbf{c}$ 에 대해 다음을 얻는다.

11 $$\mathbf{v} \times \mathbf{h} = GM\mathbf{u} + \mathbf{c}$$

이 시점에서 표준기저벡터 $\mathbf{k}$가 벡터 $\mathbf{h}$의 방향을 가리키도록 좌표축을 선택하는 것이 편리하다는 것을 알 수 있다. 그러면 행성은 xy평면에서 움직인다. $\mathbf{v}\times\mathbf{h}$와 $\mathbf{u}$가 모두 $\mathbf{h}$와 수직이므로 식 [11]은 $\mathbf{c}$가 xy평면 위에 놓여있음을 보여준다. 이것은 [그림 91]에서 보인 것과 같이 벡터 $\mathbf{i}$가 $\mathbf{c}$의 방향으로 놓이도록 x축과 y축을 선택할 수 있음을 의미한다.

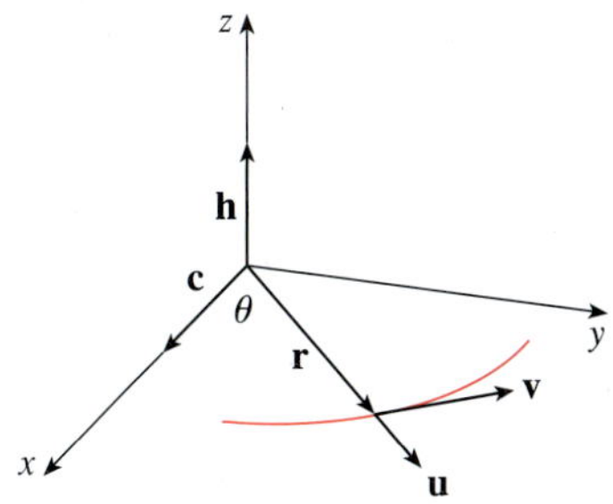

[그림 91]

θ를 $\mathbf{c}$와 $\mathbf{r}$ 사이의 각이라고 하면 (r, θ)는 행성의 극좌표이다. $c=|\mathbf{c}|$라 하면 식 [11]로부터 다음을 얻는다.

$$\begin{aligned}\mathbf{r}\cdot(\mathbf{v}\times\mathbf{h}) &= \mathbf{r}\cdot(GM\mathbf{u}+\mathbf{c}) = GM\mathbf{r}\cdot\mathbf{u}+\mathbf{r}\cdot\mathbf{c}\\ &= GMr\mathbf{u}\cdot\mathbf{u}+|\mathbf{r}||\mathbf{c}|\cos\theta = GMr+rc\cos\theta\end{aligned}$$

따라서 다음을 얻는다.

$$r=\frac{\mathbf{r}\cdot(\mathbf{v}\times\mathbf{h})}{GM+c\cos\theta}=\frac{1}{GM}\frac{\mathbf{r}\cdot(\mathbf{v}\times\mathbf{h})}{1+e\cos\theta}$$

여기서 $e=c/(GM)$이다. 이때 $h=|\mathbf{h}|$라 하면 다음을 얻는다.

$$\mathbf{r}\cdot(\mathbf{v}\times\mathbf{h})=(\mathbf{r}\times\mathbf{v})\cdot\mathbf{h}=\mathbf{h}\cdot\mathbf{h}=|\mathbf{h}|^2=h^2$$

그러므로 다음이 성립한다.

$$r=\frac{h^2/(GM)}{1+e\cos\theta}=\frac{eh^2/c}{1+e\cos\theta}$$

이제 $d=h^2/c$이라 놓으면 다음 식을 얻는다.

[12] $$r=\frac{ed}{1+e\cos\theta}$$

9.5절 정리 [8]과 비교해보면 방정식 [12]는 초점이 원점, 이심률이 e인 원뿔곡선의 극방정식임을 알 수 있다. 행성의 궤도는 폐곡선이므로 원뿔곡선은 타원이 되어야 한다.

이것으로 케플러의 제1법칙이 완성된다. 제2법칙과 제3법칙은 웹 프로젝트에서 유도할 것이다. 이런 세 가지 법칙의 증명은 10장에서 다룬 여러 가지 기법들이 어떤 자연법칙을 설명하는 데 강력한 도구를 제공한다는 사실을 보여준다.

■ www.stewartcalculus.com 'Projects'를 클릭한 후 'Applied Project : Kepler's Laws'를 클릭하라.

10.9 연습문제

01~03 다음과 같은 위치함수를 갖는 입자의 속도, 가속도, 속력을 구하라. 입자의 경로를 그리고 지정된 t의 값에서 속도벡터와 가속도벡터를 그려라.

01 $\mathbf{r}(t) = \left\langle -\frac{1}{2}t^2,\ t \right\rangle, \quad t = 2$

02 $\mathbf{r}(t) = 3\cos t\,\mathbf{i} + 2\sin t\,\mathbf{j}, \quad t = \pi/3$

03 $\mathbf{r}(t) = t\,\mathbf{i} + t^2\mathbf{j} + 2\mathbf{k}, \quad t = 1$

04~05 다음과 같은 위치함수를 갖는 입자의 속도, 가속도, 속력을 구하라.

04 $\mathbf{r}(t) = \langle t^2+1,\ t^3,\ t^2-1 \rangle$

05 $\mathbf{r}(t) = \sqrt{2}\,t\,\mathbf{i} + e^t\,\mathbf{j} + e^{-t}\,\mathbf{k}$

---

06 다음과 같은 가속도, 초기 속도, 위치를 갖는 입자의 속도벡터와 위치벡터를 구하라.

$$\mathbf{a}(t) = \mathbf{i} + 2\mathbf{j},\ \mathbf{v}(0) = \mathbf{k},\ \mathbf{r}(0) = \mathbf{i}$$

07 (a) 다음과 같은 가속도, 초기 속도, 위치를 갖는 입자의 위치벡터를 구하라.

$$\mathbf{a}(t) = 2t\,\mathbf{i} + \sin t\,\mathbf{j} + \cos 2t\,\mathbf{k},\ \mathbf{v}(0) = \mathbf{i},\ \mathbf{r}(0) = \mathbf{j}$$

(b) 컴퓨터를 이용하여 입자의 경로를 그래프로 그려라.

08 입자의 위치함수가 $\mathbf{r}(t) = \langle t^2,\ 5t,\ t^2 - 16t \rangle$로 주어진다. 속력이 최대가 되는 때는 언제인가?

09 크기가 20N인 힘이 질량 4kg인 물체에 xy평면에서 수직 상방으로 작용한다. 이 물체가 원점에서 초속 $\mathbf{v}(0) = \mathbf{i} - \mathbf{j}$로 출발할 때 시각 t에서 물체의 위치함수와 속력을 구하라.

10 발사체가 초기 속도 500m/s와 앙각(올려본 각) 30°로 발사되었다. 다음을 구하라.

(a) 발사체의 도달거리

(b) 도달한 최고 높이

(c) 탄착지점에서의 속력

11 발사체가 지상에서 200m 높이인 위치에서 발사되었을 때 [연습문제 10]을 다시 풀어라.

12 공을 지면과 45° 각도로 던졌다. 공이 90m 밖에 떨어졌다면 이 공의 초속은 얼마인가?

13 어떤 권총의 총구 속도가 150m/s이다. 800m 떨어진 표적을 맞히기 위해 이용될 수 있는 두 앙각을 구하라.

14 길이 500m, 높이 15m인 성곽으로 둘러싸인 정사각형 모양의 중세도시가 있다. 당신이 공격군의 지휘관이고 성곽에는 100m까지만 접근할 수 있다고 하자. 당신은 성곽 너머로 불붙은 돌을 (초기 속력 80m/s로) 발사해서 도시를 불태우려고 한다. 투석기를 설치하려면 각도를 얼마로 조정하라고 명령해야 하는가? (돌의 경로는 성곽에 수직이라고 가정한다.)

15 원점에서 동쪽 상공(양의 x축 방향)으로 공을 던졌다. 초속(ft/s)은 $50\mathbf{i} + 80\mathbf{k}$이다. 공은 회전하면서 4ft/s^{2}의 가속도로 남쪽을 향하며 가속도벡터는 $\mathbf{a} = -4\mathbf{j} - 32\mathbf{k}$이다. 공이 떨어지는 위치와 속력을 구하라.

16 강의 직선 부분을 따라 흐르는 물은 보통 중간 부분에서 제일 빠르게 흐르며, 점점 느려져 둑에서의 속력은 거의 0이 된다. 이제 둑으로부터 40m 떨어져 둑과 평행하게 북쪽으로 흐르는 직선 모양의 곧게 뻗은 강을 생각하자. 강물의 최대속력이 3m/s일 때 서쪽 둑으로부터 수류속도 x에 대한 기본 모형으로 다음과 같은 이차방정식을 이용할 수 있다.

$$f(x) = \frac{3}{400}x(40 - x)$$

(a) 보트가 서쪽 둑의 지점 A에서 둑에 직교하는 방향으로 5m/s의 일정한 속력으로 나아가고 있다. 보트가 도착하는 곳은 반대편 둑의 몇 m 아래인가? 보트의 경로를 그려라.

(b) 지점 A의 반대쪽인 동쪽 둑의 지점 B로 보트를 도착하게 하고 싶다고 하자. 일정한 속력 5m/s와 방향을 유지할 때 보트가 나아가야 하는 각을 구하라. 보트가 진행하는 실제 경로를 그려라. 현실적으로 보이는가?

17~18 다음 가속도벡터의 접선성분과 법선성분을 구하라.

17 $\mathbf{r}(t) = \cos t\,\mathbf{i} + \sin t\,\mathbf{j} + t\,\mathbf{k}$

18 $\mathbf{r}(t) = (3t - t^3)\,\mathbf{i} + 3t^2\,\mathbf{j}$

19 우주선의 위치함수가 다음과 같으며 우주정거장의 좌표는 $(6, 4, 9)$이다. 선장은 우주선을 우주정거장에 정박시키고자 한다. 언제 엔진을 중지시켜야 하는가?

$$\mathbf{r}(t) = (3+t)\,\mathbf{i} + (2+\ln t)\,\mathbf{j} + \left(7 - \frac{4}{t^2+1}\right)\mathbf{k}$$

10장 복습문제

개념 확인

01 벡터와 스칼라 사이의 차이점은 무엇인가?

02 두 벡터를 기하학적으로 어떻게 더하는가? 대수적으로는 어떻게 더하는가?

03 $\mathbf{a}$가 벡터, c가 스칼라이면 $c\mathbf{a}$는 $\mathbf{a}$와 기하학적으로 어떻게 연관되는가? 대수적으로 $c\mathbf{a}$를 어떻게 구하는가?

04 한 점으로부터 다른 점까지의 벡터를 어떻게 구하는가?

05 두 벡터 $\mathbf{a}$와 $\mathbf{b}$의 길이와 사잇각을 알 때 내적 $\mathbf{a} \cdot \mathbf{b}$를 어떻게 구하는가? 그것들의 성분을 알 때는 $\mathbf{a} \cdot \mathbf{b}$를 어떻게 구하는가?

06 내적의 유용한 점은 무엇인가?

07 $\mathbf{a}$ 위로 $\mathbf{b}$의 스칼라 사영과 벡터 사영에 대한 식을 쓰고 그림을 그려 설명하라.

08 두 벡터 $\mathbf{a}$와 $\mathbf{b}$의 길이와 사잇각을 알 때 외적 $\mathbf{a} \times \mathbf{b}$를 어떻게 구하는가? 그것들의 성분을 알 때는 $\mathbf{a} \times \mathbf{b}$를 어떻게 구하는가?

09 외적의 유용한 점은 무엇인가?

10 (a) $\mathbf{a}$와 $\mathbf{b}$에 의해서 결정되는 평행사변형의 넓이를 어떻게 구하는가?

(b) $\mathbf{a}$, $\mathbf{b}$, $\mathbf{c}$에 의해서 결정되는 평행육면체의 부피를 어떻게 구하는가?

11 평면에 수직인 벡터를 어떻게 구하는가?

12 교차하는 두 평면 사이의 각을 어떻게 구하는가?

13 직선에 대한 벡터 방정식, 매개변수 방정식, 대칭 방정식을 쓰라.

14 평면에 대한 벡터 방정식과 스칼라 방정식을 쓰라.

15 (a) 평행한 두 벡터에 대해 어떻게 말할 수 있는가?

(b) 수직인 두 벡터에 대해 어떻게 말할 수 있는가?

(c) 평행한 두 평면에 대해 어떻게 말할 수 있는가?

16 (a) 세 점 P, Q, R이 동일한 직선 위에 있는지 결정하는 방법을 설명하라.

(b) 네 점 P, Q, R, S가 동일한 평면 위에 있는지 결정하는 방법을 설명하라.

17 (a) 점과 직선 사이의 거리는 어떻게 구하는가?

(b) 점과 평면 사이의 거리는 어떻게 구하는가?

18 곡면의 자취란 무엇인가? 이것을 어떻게 구할 수 있는가?

19 이차곡면의 6가지 유형을 표준형으로 쓰라.

20 벡터함수란 무엇인가? 이 함수의 도함수와 적분을 어떻게 구하는가?

21 벡터함수와 공간곡선 사이의 관계는 무엇인가?

22 한 점에서 매끄러운 곡선에 대한 접선벡터는 어떻게 구하는가? 접선은 어떻게 구하는가? 단위접선벡터는 어떻게 구하는가?

23 $\mathbf{u}$와 $\mathbf{v}$가 미분 가능한 벡터함수, c는 스칼라, $f(x)$는 실숫값 함수라 할 때 다음 벡터함수에 대한 미분 법칙을 쓰라.

(a) $\mathbf{u}(t)+\mathbf{v}(t)$ (b) $c\mathbf{u}(t)$

(c) $f(t)\mathbf{u}(t)$ (d) $\mathbf{u}(t)\cdot\mathbf{v}(t)$

(e) $\mathbf{u}(t)\times\mathbf{v}(t)$ (f) $\mathbf{u}(f(t))$

24 벡터함수 $\mathbf{r}(t)$로 주어진 공간곡선의 길이는 어떻게 구하는가?

25 (a) 곡률의 정의는 무엇인가?

(b) $\mathbf{r}'(t)$와 $\mathbf{T}'(t)$를 이용한 곡률 공식을 쓰라.

(c) $\mathbf{r}'(t)$와 $\mathbf{r}''(t)$를 이용한 곡률 공식을 쓰라.

(d) 방정식 $y=f(x)$인 평면곡선의 곡률 공식을 쓰라.

26 매끄러운 공간곡선 $\mathbf{r}(t)$의 단위접선벡터와 종법선벡터에 대한 식을 쓰라.

27 (a) 공간곡선을 따라 움직이는 입자의 속도, 속력, 가속도를 어떻게 구하는가?

(b) 가속도를 접선성분과 법선성분으로 쓰라.

28 케플러의 법칙을 기술하라.

참/거짓 질문

다음 명제가 참인지 아니면 거짓인지 판별하라. 참이면 이유를 설명하고, 거짓이면 이유를 설명하거나 반례를 들라.

01 $\mathbf{u}=\langle u_1, u_2\rangle$, $\mathbf{v}=\langle v_1, v_2\rangle$이면 $\mathbf{u}\cdot\mathbf{v}=\langle u_1v_1, u_2v_2\rangle$이다.

02 V_3 안의 임의의 벡터 $\mathbf{u}$, $\mathbf{v}$에 대해 $|\mathbf{u}\cdot\mathbf{v}|=|\mathbf{u}||\mathbf{v}|$이다.

03 V_3 안의 임의의 벡터 $\mathbf{u}$, $\mathbf{v}$에 대해 $\mathbf{u}\cdot\mathbf{v}=\mathbf{v}\cdot\mathbf{u}$이다.

04 V_3 안의 임의의 벡터 $\mathbf{u}$, $\mathbf{v}$에 대해 $|\mathbf{u}\times\mathbf{v}|=|\mathbf{v}\times\mathbf{u}|$이다.

05 V_3 안의 임의의 벡터 $\mathbf{u}$, $\mathbf{v}$와 임의의 스칼라 k에 대해 $k(\mathbf{u}\times\mathbf{v})=(k\mathbf{u})\times\mathbf{v}$이다.

06 V_3 안의 임의의 벡터 $\mathbf{u}$, $\mathbf{v}$, $\mathbf{w}$에 대해 $\mathbf{u}\cdot(\mathbf{v}\times\mathbf{w})=(\mathbf{u}\times\mathbf{v})\cdot\mathbf{w}$이다.

07 V_3 안의 임의의 벡터 $\mathbf{u}$, $\mathbf{v}$에 대해 $(\mathbf{u}\times\mathbf{v})\cdot\mathbf{u}=0$이다.

08 벡터 $\langle 3, -1, 2\rangle$는 평면 $6x-2y+4z=1$에 평행하다.

09 점들의 집합 $\{(x, y, z)\mid x^2+y^2=1\}$은 원이다.

10 $\mathbf{u}\cdot\mathbf{v}=0$이면 $\mathbf{u}=\mathbf{0}$ 또는 $\mathbf{v}=\mathbf{0}$이다.

11 $\mathbf{u}\cdot\mathbf{v}=0$이고 $\mathbf{u}\times\mathbf{v}=\mathbf{0}$이면 $\mathbf{u}=\mathbf{0}$ 또는 $\mathbf{v}=\mathbf{0}$이다.

12 벡터 방정식이 $\mathbf{r}(t)=t^3\mathbf{i}+2t^3\mathbf{j}+3t^3\mathbf{k}$인 곡선은 직선이다.

13 곡선 $\mathbf{r}(t)=\langle 2t, 3-t, 0\rangle$은 원점을 지나는 직선이다.

14 $\mathbf{u}(t)$와 $\mathbf{v}(t)$가 미분 가능한 벡터함수이면 다음이 성립한다.

$$\frac{d}{dt}[\mathbf{u}(t)\times\mathbf{v}(t)]=\mathbf{u}'(t)\times\mathbf{v}'(t)$$

15 $\mathbf{T}(t)$가 매끄러운 곡선의 단위접선벡터이면 곡률은 $\kappa=|d\mathbf{T}/dt|$이다.

16 함수 f가 두 번 연속하여 미분 가능하다고 하자. 곡선 $y=f(x)$의 변곡점에서 곡률은 0이다.

17 모든 t에 대해 $|\mathbf{r}(t)|=1$이면 $|\mathbf{r}'(t)|$는 상수이다.

연습문제

01 (a) 중심이 $(-1, 2, 1)$이고 점 $(6, -2, 3)$을 지나는 구면의 방정식을 구하라.

(b) (a)의 구면과 yz평면과의 교선을 구하라.

(c) 구면 $x^2+y^2+z^2-8x+2y+6z+1=0$의 중심과 반지름을 구하라.

02 벡터 $\mathbf{u}$, $\mathbf{v}$가 그림과 같을 때 $\mathbf{u}\cdot\mathbf{v}$와 $|\mathbf{u}\times\mathbf{v}|$를 구하라. $\mathbf{u}\times\mathbf{v}$는 평면 안으로 들어가는가? 평면 밖으로 나오는가?

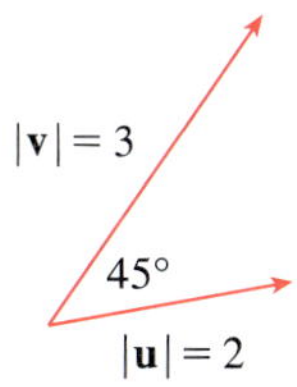

03 벡터 $\langle 3, 2, x\rangle$와 $\langle 2x, 4, x\rangle$가 직교하는 x의 값을 구하라.

04 $\mathbf{u}\cdot(\mathbf{v}\times\mathbf{w})=2$일 때 다음을 구하라.

(a) $(\mathbf{u}\times\mathbf{v})\cdot\mathbf{w}$ (b) $\mathbf{u}\cdot(\mathbf{w}\times\mathbf{v})$

(c) $\mathbf{v}\cdot(\mathbf{u}\times\mathbf{w})$ (d) $(\mathbf{u}\times\mathbf{v})\cdot\mathbf{v}$

05 정육면체의 두 대각선 사이의 예각을 구하라.

06 (a) 점 $A(1, 0, 0)$, $B(2, 0, -1)$, $C(1, 4, 3)$을 지나는 평면에 수직인 벡터를 구하라.

(b) 삼각형 ABC의 넓이를 구하라.

07 그림과 같이 두 개의 밧줄을 이용하여 보트를 해변으로 끌어올린다고 한다. 이때 $255\,\mathrm{N}$의 힘이 필요하다면 각 밧줄에 걸리는 힘의 크기를 구하라.

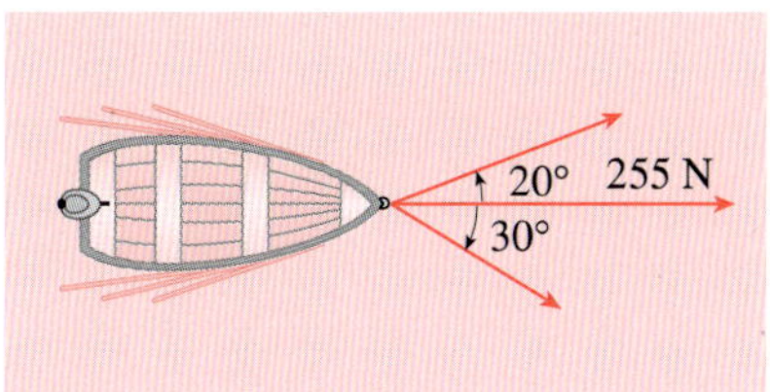

08~09 직선에 대한 매개변수 방정식을 구하라.

08 $(4, -1, 2)$와 $(1, 1, 5)$를 지나는 직선

09 $(-2, 2, 4)$를 지나고 평면 $2x-y+5z=12$와 수직인 직선

10 $(3, -1, 1)$, $(4, 0, 2)$, $(6, 3, 1)$을 지나는 평면의 방정식을 구하라.

11 매개변수 방정식이 $x=2-t$, $y=1+3t$, $z=4t$인 직선과 평면 $2x-y+z=2$의 교점을 구하라.

12 다음 대칭 방정식으로 주어진 직선들이 평행한지 꼬임인지 또는 만나는지 결정하라.

$$\frac{x-1}{2}=\frac{y-2}{3}=\frac{z-3}{4}, \quad \frac{x+1}{6}=\frac{y-3}{-1}=\frac{z+5}{2}$$

13 두 평면 $x-z=1$과 $y+2z=3$의 교선을 지나고 평면 $x+y-2z=1$과 수직인 평면의 방정식을 구하라.

14 평면 $3x+y-4z=2$와 $3x+y-4z=24$ 사이의 거리를 구하라.

15~18 다음 곡면을 확인하고 그래프를 그려라.

15 $x-z$

16 $x^2=y^2+4z^2$

17 $-4x^2+y^2-4z^2=4$

18 $4x^2+4y^2-8y+z^2=0$

19 타원 $4x^2+y^2=16$을 x축을 중심으로 회전시키면 타원면이 만들어진다. 이 타원면의 방정식을 구하라.

20 (a) 다음 벡터 방정식을 갖는 곡선을 그려라.

$$\mathbf{r}(t)=t\,\mathbf{i}+\cos\pi t\,\mathbf{j}+\sin\pi t\,\mathbf{k}, \quad t\ge 0$$

(b) $\mathbf{r}'(t)$와 $\mathbf{r}''(t)$를 구하라.

21 원기둥 $x^2+y^2=16$과 평면 $x+z=5$의 교선을 나타내는 벡터함수를 구하라.

22 $\mathbf{r}(t)=t^2\,\mathbf{i}+t\cos\pi t\,\mathbf{j}+\sin\pi t\,\mathbf{k}$일 때 $\int_0^1 \mathbf{r}(t)\,dt$를 계산하라.

23 $n=6$인 심프슨의 공식을 이용하여 매개변수 방정식이 $x=t^2$, $y=t^3$, $z=t^4$, $0 \le t \le 3$인 곡선의 호의 길이를 추정하라.

24 나선 $\mathbf{r}_1(t)=\cos t\,\mathbf{i}+\sin t\,\mathbf{j}+t\,\mathbf{k}$는 곡선 $\mathbf{r}_2(t)=(1+t)\mathbf{i}+t^2\mathbf{j}+t^3\mathbf{k}$와 점 $(1, 0, 0)$에서 만난다. 이들 곡선들의 교각을 구하라.

25 $\mathbf{r}(t)=\left\langle \frac{1}{3}t^3, \frac{1}{2}t^2, t \right\rangle$로 주어진 곡선에 대해 다음을 구하라.

(a) 단위접선벡터 (b) 단위법선벡터 (c) 곡률

26 점 $(1, 1)$에서 곡선 $y=x^4$의 곡률을 구하라.

27 입자가 위치함수 $\mathbf{r}(t)=t\ln t\,\mathbf{i}+t\,\mathbf{j}+e^{-t}\mathbf{k}$에 따라 움직인다. 이 입자의 속도, 속력, 가속도를 구하라.

28 한 육상선수가 초기 속력 13m/s, 수평각 $45°$로 포환을 던졌으며 이 선수의 손은 지면으로부터 2m 위에 있다.

(a) 2초 후에 포환은 어디에 있는가?

(b) 포환은 얼마나 높이 올라가는가?

(c) 포환이 지면에 떨어지는 곳은 어디인가?

29 다음 매개변수 방정식을 갖는 곡선의 곡률을 구하라.

$$x=\int_0^t \sin\left(\frac{1}{2}\pi\theta^2\right)d\theta, \quad y=\int_0^t \cos\left(\frac{1}{2}\pi\theta^2\right)d\theta$$

11장 편도함수

PARTIAL DERIVATIVES

지금까지는 일변수함수의 미적분학만 다루었지만 실세계에서의 물리량은 종종 두 개 이상의 변수에 의해 좌우된다. 그러므로 이 장에서는 다변수함수로 관심을 돌려 미분학의 기본적인 개념을 다변수함수로 확장해본다.

11.1 다변수함수

주어진 시각에 지표면 위의 한 점에서의 온도 T는 그 점의 경도 x와 위도 y에 의해 좌우된다. T는 두 변수 x와 y의 함수 또는 순서쌍 (x, y)의 함수로 생각할 수 있다. 이러한 함수 관계를 $T=f(x, y)$로 나타낸다.

원기둥의 부피 V는 반지름 r과 높이 h에 의해 결정된다. 실제로 $V=\pi r^2 h$임을 알고 있다. 그러므로 V는 r과 h의 함수이고 $V(r, h)=\pi r^2 h$로 쓴다.

> **정의 이변수함수**function of two variables f는 집합 D에 속하는 각 실수의 순서쌍 (x, y)에 대해 $f(x, y)$로 표시되는 유일한 실수를 대응시키는 규칙이다. 이때 집합 D는 f의 정의역이고 f의 치역은 f가 취하는 값들의 집합, 즉 $\{f(x, y) \mid (x, y) \in D\}$이다.

임의의 점 (x, y)에서 f가 취하는 값을 명확하게 표시하기 위해 흔히 $z=f(x, y)$로 쓴다. 이때 변수 x와 y는 **독립변수**이고 z는 **종속변수**이다. [일변수함수에 대한 기호 $y=f(x)$와 비교해보자.]

이변수함수는 정의역이 $\mathbb{R}^2$의 부분집합이고 치역이 $\mathbb{R}$의 부분집합인 함수이다. 이와 같은 함수를 시각적으로 나타내는 방법 중의 하나는 [그림 1]과 같이 화살표를 이용하는 것이다. 이때 정의역 D는 xy평면의 부분집합이고 치역은 z축으로 표시된 실직선 위의 수들의 집합이다. 예를 들어 $f(x, y)$가 D 모양의 평평한 금속판의 점 (x, y)에서 온도를 나타낸다면 z축은 온도를 보여주는 온도계로 생각할 수 있다.

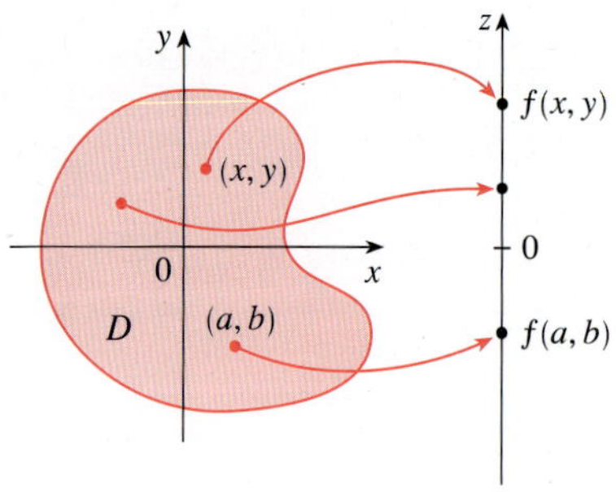

[그림 1]

함수 f가 정의역이 특별히 지정되지 않은 식으로 주어지면 f의 정의역은 주어진 식이 실수로 잘 정의되는 순서쌍 (x, y) 전체의 집합으로 이해한다.

예제 1 다음 함수의 정의역을 구하고 $f(3, 2)$를 계산하라.

(a) $f(x, y)=\dfrac{\sqrt{x+y+1}}{x-1}$ **(b)** $f(x, y)=x\ln(y^2-x)$

풀이

(a) $f(3, 2)=\dfrac{\sqrt{3+2+1}}{3-1}=\dfrac{\sqrt{6}}{2}$

f에 대한 식은 분모가 0이 아니고 제곱근 부호가 음이 아닐 때 정의된다. 따라서 f의 정의역은 다음과 같다.

$$D=\{(x, y) \mid x+y+1 \geq 0,\ x \neq 1\}$$

부등식 $x+y+1 \geq 0$ 또는 $y \geq -x-1$은 직선 $y=-x-1$이거나 그 위에 있는 점들을 나타낸다. 반면에 $x \neq 1$은 직선 $x=1$에 있는 점들을 정의역에서 제외해야 함을 의미한다([그림 2] 참조).

(b) $f(3, 2) = 3\ln(2^2 - 3) = 3\ln 1 = 0$

$\ln(y^2 - x)$는 $y^2 - x > 0$, 즉 $x < y^2$일 때 정의되므로 f의 정의역은 다음과 같다.

$$D = \{(x, y) \mid x < y^2\}$$

이것은 포물선 $x = y^2$의 왼쪽에 있는 점들의 집합이다([그림 3] 참조).

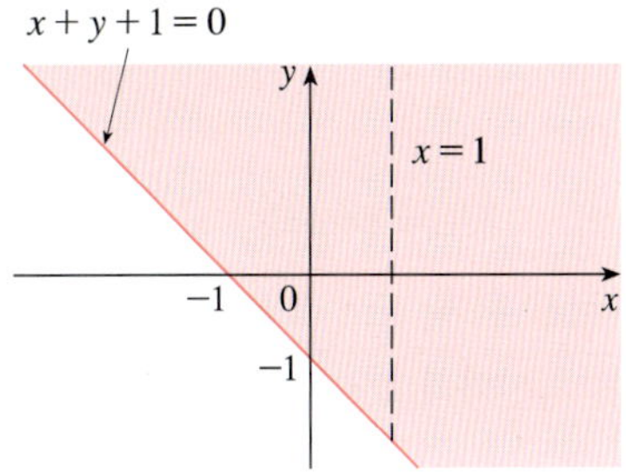

[그림 2] $f(x, y) = \dfrac{\sqrt{x+y+1}}{x-1}$의 정의역

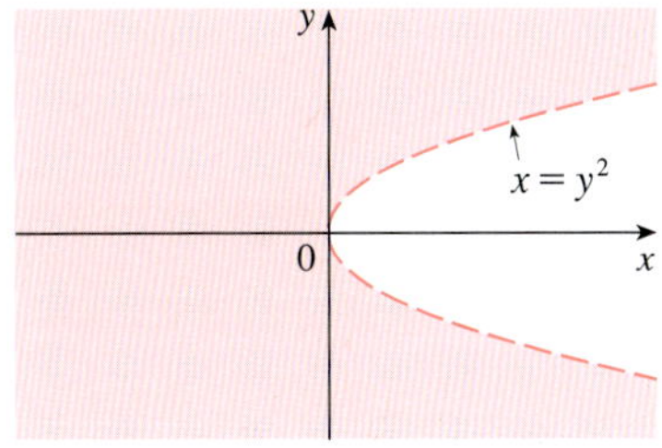

[그림 3] $f(x, y) = x\ln(y^2 - x)$의 정의역

예제 2 $g(x, y) = \sqrt{9 - x^2 - y^2}$ **의 정의역과 치역을 구하라.**

풀이

g의 정의역은 다음과 같다.

$$D = \{(x, y) \mid 9 - x^2 - y^2 \geq 0\} = \{(x, y) \mid x^2 + y^2 \leq 9\}$$

이것은 중심이 $(0, 0)$, 반지름이 3인 원판이다([그림 4] 참조). g의 치역은 다음과 같다.

$$\{z \mid z = \sqrt{9 - x^2 - y^2},\ (x, y) \in D\}$$

z는 양의 제곱근이기 때문에 $z \geq 0$이다. 또한 다음을 얻는다.

$$9 - x^2 - y^2 \leq 9 \quad \Rightarrow \quad \sqrt{9 - x^2 - y^2} \leq 3$$

따라서 치역은 다음과 같다.

$$\{z \mid 0 \leq z \leq 3\} = [0, 3]$$

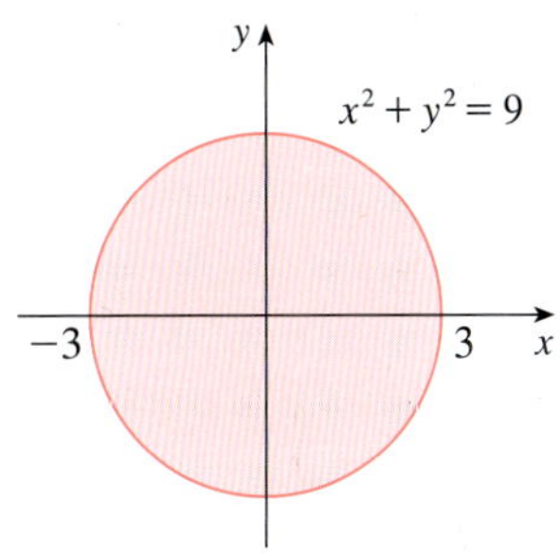

[그림 4] $g(x, y) = \sqrt{9 - x^2 - y^2}$의 정의역

그래프

이변수함수의 자취를 시각화하는 또 다른 방법으로 그래프를 생각해보자.

> **정의** f를 정의역이 D인 이변수함수라 하면 f의 **그래프**graph는 (x, y)가 D에 속하고 $z = f(x, y)$인 $\mathbb{R}^3$ 안의 점 (x, y, z) 전체의 집합이다.

일변수함수 f의 그래프가 방정식이 $y = f(x)$인 곡선 C인 것과 마찬가지로 이변수함수 f의 그래프는 방정식이 $z = f(x, y)$인 곡면 S이다. f의 그래프 S는 xy 평면에 있는 정의역 D의 바로 위 또는 아래에 놓음으로써 시각적으로 보여줄 수 있다([그림 5] 참조).

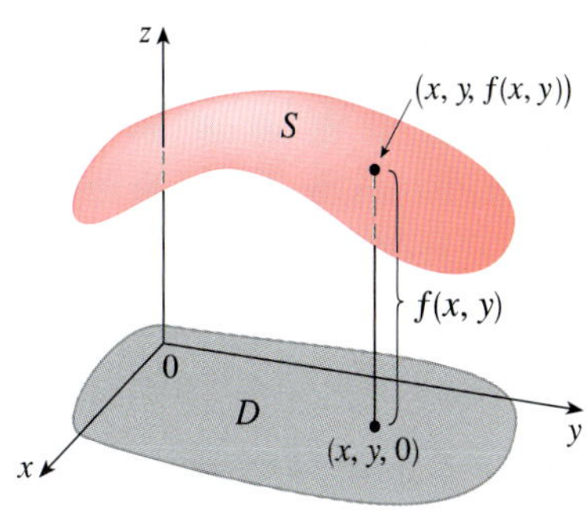

[그림 5]

예제 3 **함수 $f(x, y) = 6 - 3x - 2y$의 그래프를 그려라.**

풀이

f의 그래프는 방정식이 $z = 6 - 3x - 2y$ 또는 $3x + 2y + z = 6$인 평면이다. 평면을 그리기 위해 먼저 절편을 구한다. 방정식에서 $y = z = 0$으로 놓으면 x절편 2를 얻는다. 마찬가지로 y절편은 3이고 z절편은 6이다. 이로부터 제1팔분공간에 놓이는 그래프의 일부를 그릴 수 있다([그림 6] 참조).

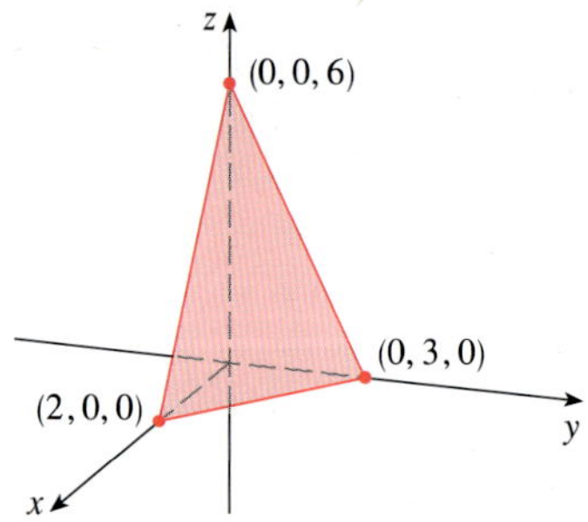

[그림 6] $f(x, y) = 6 - 3x - 2y$의 그래프

[예제 3]에 있는 함수는 다음과 같은 함수의 특별한 형태로서 선형함수linear function라 한다.

$$f(x, y) = ax + by + c$$

이와 같은 함수의 그래프는 $z = ax + by + c$ 또는 $ax + by - z + c = 0$과 같은 방정식을 갖는 평면이다. 일변수함수의 선형함수가 일변수의 미적분학에서 중요한 것처럼 이변수함수의 선형함수는 다변수함수의 미적분학에서 중심적인 역할을 한다는 사실을 알게 될 것이다.

예제 4 **$g(x, y) = \sqrt{9 - x^2 - y^2}$ 의 그래프를 그려라.**

풀이

그래프의 방정식은 $z = \sqrt{9 - x^2 - y^2}$ 이다. 이 방정식의 양변을 제곱하여 $z^2 = 9 - x^2 - y^2$ 또는 $x^2 + y^2 + z^2 = 9$를 얻는다. 이것은 중심이 원점이고 반지름이 3인 구의 방정식이다. 그러나 $z \geq 0$이므로 g의 그래프는 이 구의 위쪽 절반이 된다([그림 7] 참조).

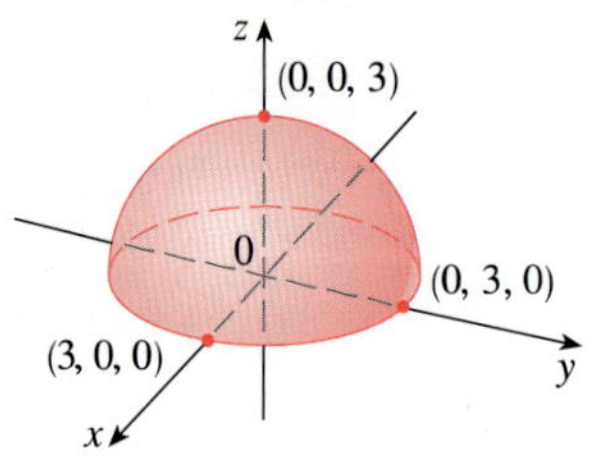

[그림 7] $g(x, y) = \sqrt{9 - x^2 - y^2}$ 의 그래프

예제 5 **$h(x, y) = 4x^2 + y^2$의 정의역과 치역을 구하고 그래프를 그려라.**

풀이

$h(x, y)$는 두 실수의 가능한 모든 순서쌍 (x, y)에 대해 정의되므로 정의역은 xy평면 전체인 $\mathbb{R}^2$이다. h의 치역은 음이 아닌 모든 실수의 집합 $[0, \infty)$이다. [$x^2 \geq 0$이고 $y^2 \geq 0$이므로 모든 x, y에 대해 $h(x, y) \geq 0$임에 주목하자.]

h의 그래프의 방정식은 $z = 4x^2 + y^2$이며 이것은 10.6절의 [예제 4]에서 그렸던 타원포물면이다. 수평 자취는 타원이고 수직 자취는 포물선이다([그림 8] 참조).

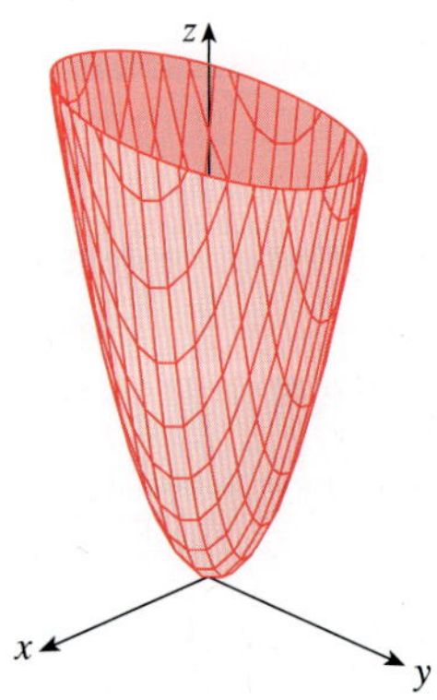

[그림 8] $h(x, y) = 4x^2 + y^2$의 그래프

컴퓨터 프로그램을 이용하면 이변수함수의 그래프를 손쉽게 그릴 수 있다. 그와 같은 프로그램 대부분은 수직평면 $x = k$와 $y = k$에서 k값에 대해 등간격으로 자취를 그리고 숨겨진 선을 제거하여 그래프의 일부를 그린다.

[그림 9]는 몇몇 함수의 그래프를 컴퓨터로 생성한 것이다. 특히 그래프를 회전시켜 관찰하면 함수의 특성이 잘 드러나는 그래프를 얻을 수 있다. 그림 (a)와 (b)에서 f의

그래프는 원점 부근을 제외하고는 매우 평평하고 xy평면에 가깝다. x 또는 y가 커질수록 $e^{-x^2-y^2}$은 매우 작아지기 때문이다.

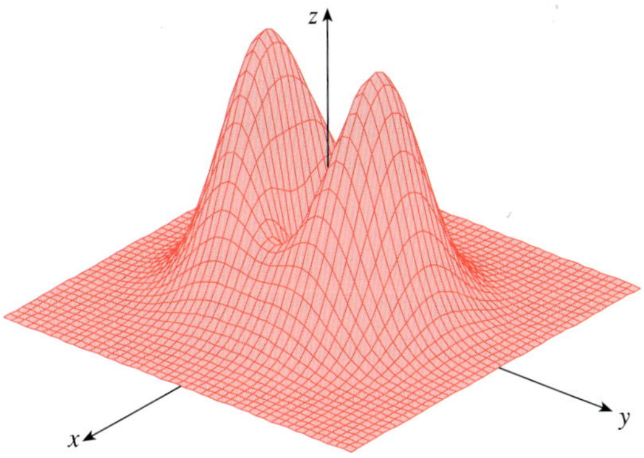

(a) $f(x, y) = (x^2 + 3y^2)e^{-x^2-y^2}$

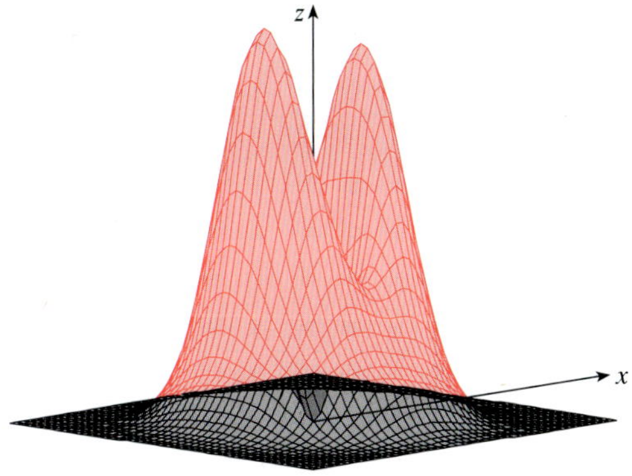

(b) $f(x, y) = (x^2 + 3y^2)e^{-x^2-y^2}$

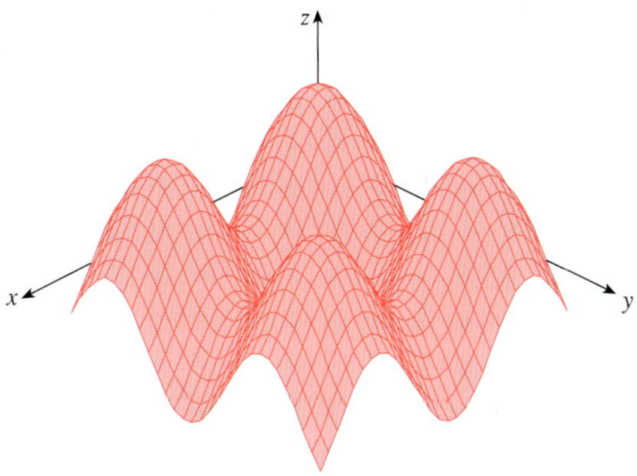

(c) $f(x, y) = \sin x + \sin y$

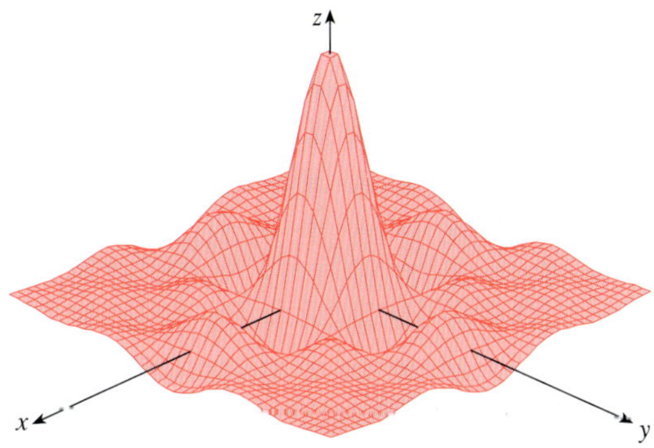

(d) $f(x, y) = \dfrac{\sin x \sin y}{xy}$

[그림 9]

등위곡선

지금까지 함수를 보여주기 위한 두 가지 방법, 즉 화살표 그림과 그래프를 살펴보았다. 세 번째 방법은 지도 제작자들이 이용하는 것으로 일정한 고도의 점들을 연결하여 등고선 또는 등위곡선을 형성하는 등고선 그림이다.

> **정의** 이변수함수 f의 **등위곡선**level curves은 방정식이 $f(x, y) = k$인 곡선이다. 여기서 k는 (f의 치역에 속한) 상수이다.

등위곡선 $f(x, y) = k$는 f가 주어진 값 k를 취하는 곳에서 f의 정의역에 속한 모든 점들의 집합이다. 다시 말해서 이는 높이가 k인 f의 그래프를 보여준다.

[그림 10]을 보면 등위곡선과 수평 자취 사이의 관계를 알 수 있다. 등위곡선 $f(x, y) = k$는 수평평면 $z = k$에서 f에 대한 그래프의 자취를 xy평면으로 투영한 것이다. 따라서 함수의 등위곡선을 그리고 지시된 높이만큼 곡면을 끌어올려서 시각화하면 마음

속으로 그래프의 조각들을 서로 이어서 완전한 그래프를 그릴 수 있다. 등위곡선이 서로 가까운 곳에서는 곡면이 가파르고 멀리 떨어진 곳에서는 다소 평평하다.

TEC Visual 11.1A는 [그림 10]의 등위곡선들을 함수의 그래프까지 들어 올려서 보여줌으로써 [그림 10]을 애니메이션으로 보여준다.

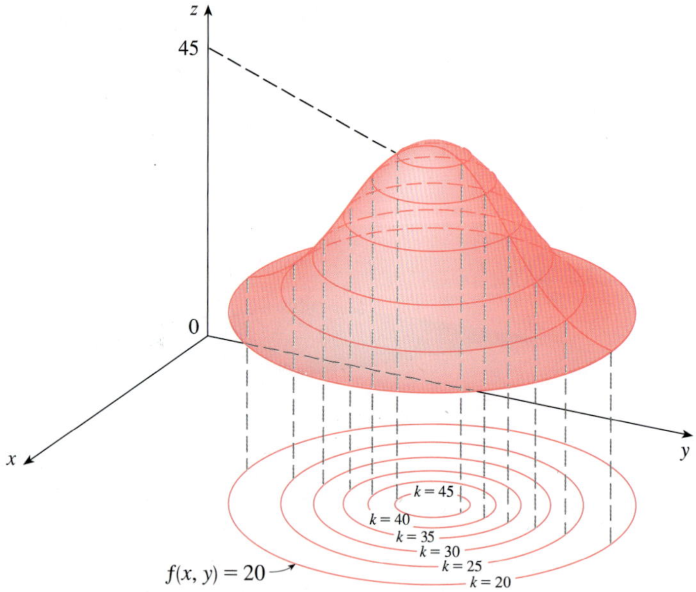

[그림 10]

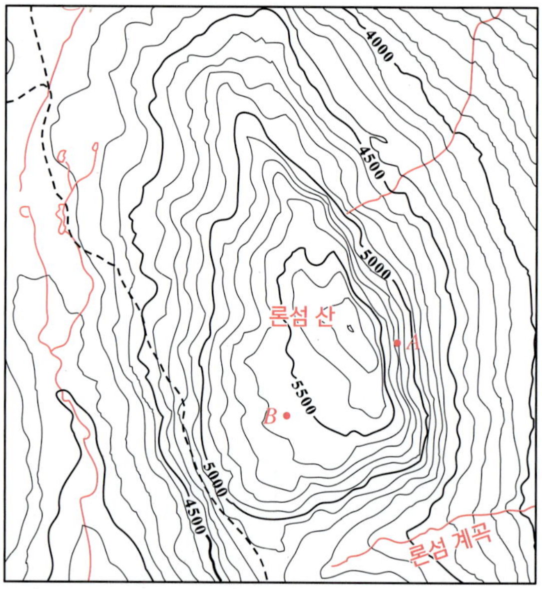

[그림 11]

등위곡선의 흔한 예로는 [그림 11]의 지도와 같이 산악지대의 지형도를 생각할 수 있다. 등위곡선은 해수면을 기준으로 고도가 일정한 곡선이다. 이러한 등고선 중 하나를 따라 걸으면 오르내리지 않아도 된다. 또 다른 흔한 예는 이 절의 도입부에서 소개한 온도함수이다. 이 경우의 등위곡선을 **등온선**isothermal이라 하는데 이 곡선은 온도가 같은 위치를 연결한 것이다. [그림 12]는 1월의 평균온도를 나타내는 전 세계의 일기도이다. 등온선은 음영 띠로 분리된 곡선이다.

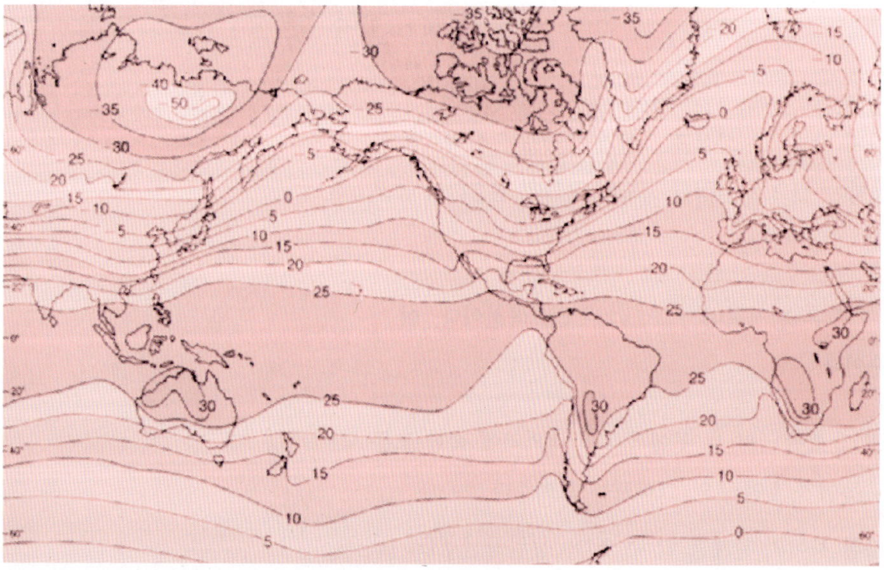

[그림 12] 섭씨로 측정한 1월의 전 세계 해수면의 평균 온도

LUTGENS, FREDERICK K.; TARBUCK, EDWARD J.; TASA, DENNIS, *ATMOSPHERE, THE: AN INTRODUCTION TO METEOROLOGY,* 11th ed., © 2010. Printed and electronically reproduced by permission of Pearson Education, Inc., Upper Saddle River, NJ

예제 6 **함수 f의 등고선 그림이 [그림 13]과 같다. 이를 이용하여 $f(1, 3)$과 $f(4, 5)$의 값을 추정하라.**

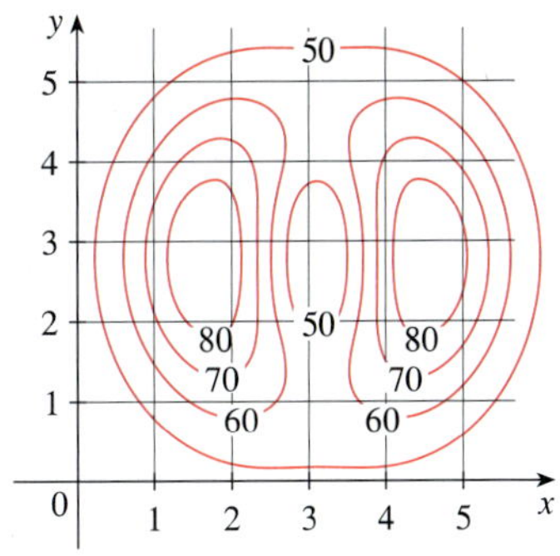

[그림 13]

풀이

점 $(1, 3)$은 z값이 70과 80인 등위곡선 사이에 있으므로 $f(1, 3) \approx 73$이다. 같은 방법으로 $f(4, 5) \approx 56$이다.

예제 7 **$k = -6, 0, 6, 12$에 대한 함수 $f(x, y) = 6 - 3x - 2y$의 등위곡선을 그려라.**

풀이

등위곡선은 다음과 같다.

$$6 - 3x - 2y = k, \text{ 즉 } 3x + 2y + (k - 6) = 0$$

이것은 기울기가 $-\dfrac{3}{2}$인 직선족을 나타낸다. $k = -6, 0, 6, 12$인 특별한 등위곡선은 다음과 같다.

$$3x + 2y - 12 = 0, \ 3x + 2y - 6 = 0, \ 3x + 2y = 0, \ 3x + 2y + 6 = 0$$

그리고 등위곡선들의 그래프는 [그림 14]와 같다. f의 그래프가 평면이므로 이 등위곡선들은 등간격의 평행선이 된다([그림 6] 참조).

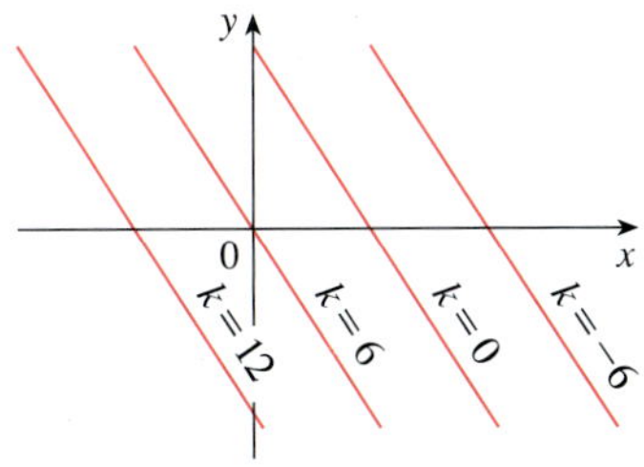

[그림 14] $f(x, y) = 6 - 3x - 2y$의 등위곡선

예제 8 **$k = 0, 1, 2, 3$에 대한 함수 $g(x, y) = \sqrt{9 - x^2 - y^2}$의 등위곡선을 그려라.**

풀이

등위곡선은 다음과 같다.

$$\sqrt{9 - x^2 - y^2} = k, \quad \text{즉} \quad x^2 + y^2 = 9 - k^2$$

이것은 중심이 $(0, 0)$, 반지름이 $\sqrt{9 - k^2}$인 동심원족이다. $k = 0, 1, 2, 3$인 경우의 등위곡선은 [그림 15]와 같다. 이런 등위곡선들을 들어 올려서 곡면을 만들어보고 [그림 7]과 같은 g의 그래프인 반구와 비교해보자(TEC Visual 11.1A 참조).

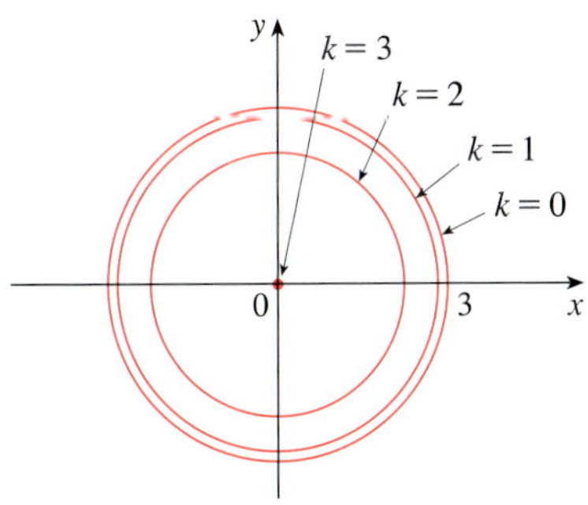

[그림 15] $g(x, y) = \sqrt{9 - x^2 - y^2}$의 등위곡선

예제 9 **함수 $h(x, y) = 4x^2 + y^2 + 1$의 등위곡선을 몇 개만 그려라.**

풀이

등위곡선은 다음과 같다.

$$4x^2 + y^2 + 1 = k \quad \text{또는} \quad \frac{x^2}{\frac{1}{4}(k-1)} + \frac{y^2}{k-1} = 1$$

이는 $k > 1$일 때 반축이 $\dfrac{1}{2}\sqrt{k-1}$과 $\sqrt{k-1}$인 타원족을 나타낸다. [그림 16(a)]

는 컴퓨터로 그린 h의 등고선 그림이다. [그림 16(b)]는 수평 자취가 되는 곳까지 등위곡선을 끌어올린 h의 그래프(타원포물면)이다. [그림 16]은 h의 그래프가 등위곡선에 의해 어떻게 그려지는지 보여준다.

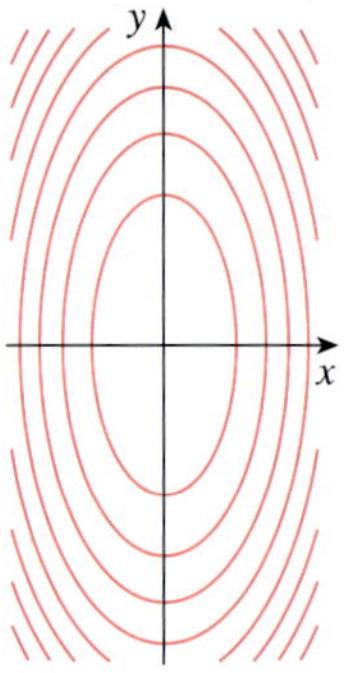

(a) 등고선 그림

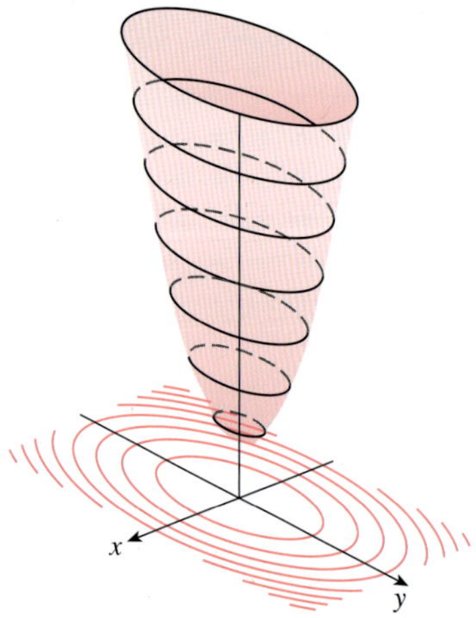

(b) 수평 자취는 등위곡선을 들어 올린 것이다.

[그림 16] $h(x, y) = 4x^2 + y^2 + 1$의 그래프는 등위곡선을 끌어 올려서 만든다.

TEC Visual 11.1B는 곡면과 등위곡선 사이의 관계를 설명한다.

[그림 17]은 컴퓨터로 생성한 그래프와 그 그래프의 등위곡선을 보여준다. 그림 (c)에

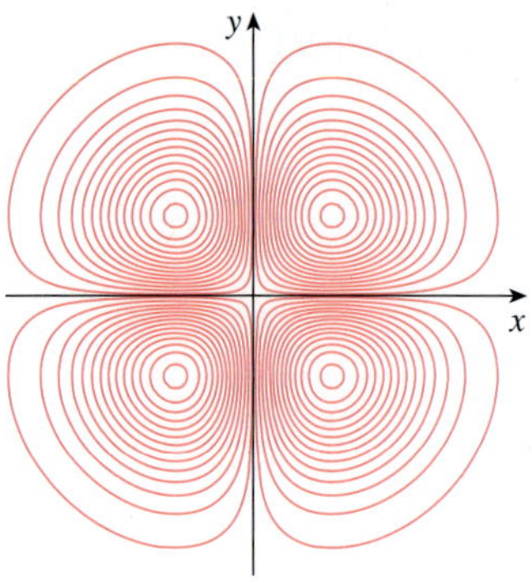

(a) $f(x, y) = -xye^{-x^2-y^2}$의 등위곡선

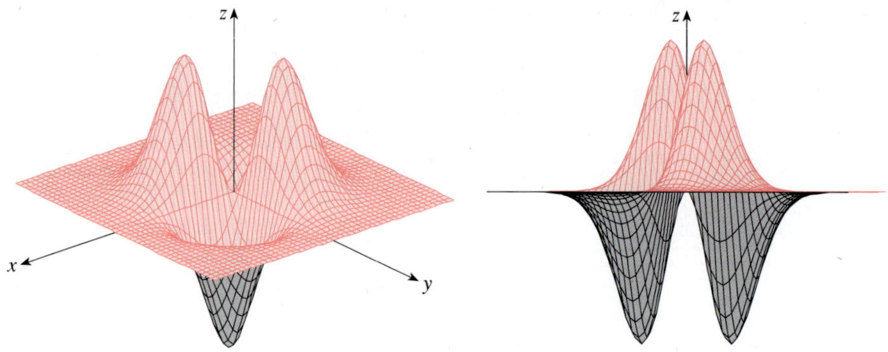

(b) $f(x, y) = -xye^{-x^2-y^2}$의 두 관점에서 본 그래프

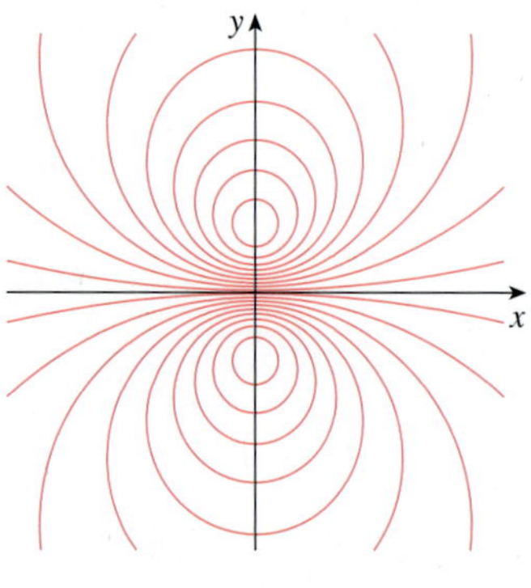

(c) $f(x, y) = \dfrac{-3y}{x^2 + y^2 + 1}$의 등위곡선

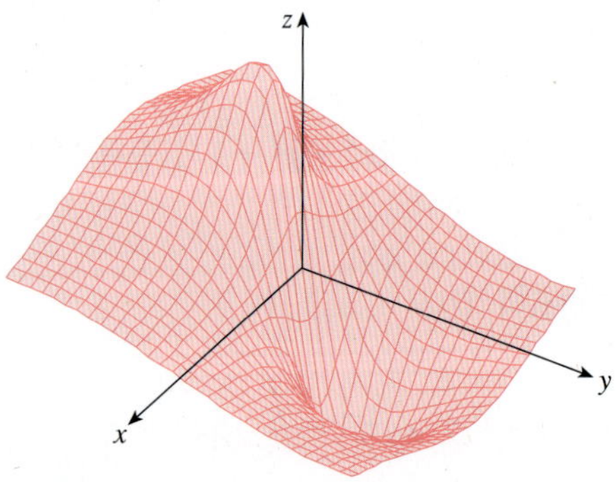

(d) $f(x, y) = \dfrac{-3y}{x^2 + y^2 + 1}$의 그래프

[그림 17]

서 등위곡선이 원점 부근에 많이 모여 있음에 주목하자. 이것은 그림 (d)에 있는 그래프가 원점 부근에서 매우 가파르다는 사실과 일치한다.

삼변수 이상의 함수

삼변수함수function of three variables f는 정의역 $D \subset \mathbb{R}^3$에 속하는 세 실수의 순서쌍 (x, y, z)에 대해 $f(x, y, z)$로 표시되는 유일한 실수를 대응시키는 규칙이다.

예를 들어 지표면 위의 한 지점에서의 온도 T는 경도 x, 위도 y, 시각 t에 좌우된다. 따라서 이를 $T = f(x, y, t)$로 쓸 수 있다.

예제 10 $f(x, y, z) = \ln(z-y) + xy\sin z$의 정의역을 구하라.

풀이

$f(x, y, z)$에 대한 식은 $z - y > 0$일 때 정의된다. 따라서 f의 정의역은 다음과 같다.

$$D = \{(x, y, z) \in \mathbb{R}^3 \mid z > y\}$$

이것은 평면 $z = y$ 위에 놓이는 모든 점들로 구성된 **반공간**half-space이다.

삼변수함수 f는 4차원 공간 안에 놓이므로 이 함수를 그래프로 그리기는 매우 어렵다. 그러나 상수 k에 대해 곡면의 방정식이 $f(x, y, z) = k$인 **등위곡면**level surface을 조사해서 f를 파악할 수는 있다. 점 (x, y, z)가 등위곡면을 따라 움직일 때 $f(x, y, z)$의 값은 고정되어 있기 때문이다.

예제 11 함수 $f(x, y, z) = x^2 + y^2 + z^2$의 등위곡면을 구하라.

풀이

등위곡면은 $k \geq 0$에 대해 $x^2 + y^2 + z^2 = k$이다. 이것은 반지름이 $\sqrt{k}$인 동심구면족을 이룬다([그림 18] 참조). 따라서 점 (x, y, z)가 중심이 O인 임의의 구면에서 변할 때 $f(x, y, z)$의 값은 고정되어 있다.

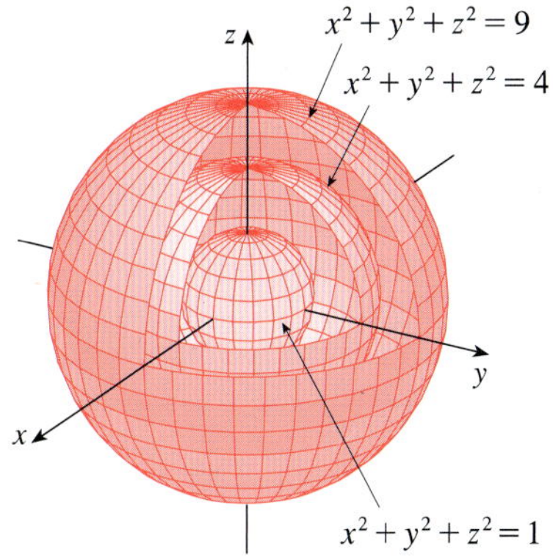

[그림 18]

변수가 임의의 개수인 함수도 생각할 수 있다. **n변수함수**function of n variables는 실수의 n순서쌍 $(x_1, x_2, \cdots, x_n)$에 실수 $z = f(x_1, x_2, \cdots, x_n)$을 대응시키는 규칙이다. 이와 같은 n순서쌍 전체의 집합을 $\mathbb{R}^n$으로 나타낸다. 예를 들어 어떤 회사가 음식을 만드는 데 n개의 서로 다른 재료를 쓴다고 하자. 이때 c_i를 i번째 재료의 단위당 가격, x_i를 사용한 i번째 재료의 단위라 하자. 그러면 총 재료 구입비용 C는 다음과 같이 n변수 $x_1, x_2, \cdots, x_n$의 함수가 된다.

$$\boxed{1} \qquad C = f(x_1, x_2, \cdots, x_n) = c_1 x_1 + c_2 x_2 + \cdots + c_n x_n$$

함수 f는 정의역이 $\mathbb{R}^n$의 부분집합인 실숫값 함수이다. 때로는 이와 같은 함수를 좀 더 간단히 나타내기 위해 벡터 기호를 이용한다. $\mathbf{x} = \langle x_1, x_2, \cdots, x_n \rangle$이라 하면 $f(x_1, x_2, \cdots, x_n)$을 $f(\mathbf{x})$으로 자주 쓴다. 이 기호를 이용하면 식 $\boxed{1}$로 정의된 함수를 다음과 같이 쓸 수 있다.

$$f(\mathbf{x}) = \mathbf{c} \cdot \mathbf{x}$$

여기서 $\mathbf{c} = \langle c_1, c_2, \cdots, c_n \rangle$이고 $\mathbf{c} \cdot \mathbf{x}$는 V_n 안의 벡터 $\mathbf{c}$와 $\mathbf{x}$의 내적을 나타낸다. $\mathbb{R}^n$ 안의 점 $(x_1, x_2, \cdots, x_n)$과 V_n 안의 위치벡터 $\mathbf{x} = \langle x_1, x_2, \cdots, x_n \rangle$ 사이의 일대일 대응이 이루어진다는 점에서 $\mathbb{R}^n$의 부분집합에서 정의되는 함수 f를 다음과 같이 세 가지 관점에서 생각할 수 있다.

(1) n개의 실변수 $x_1, x_2, \cdots, x_n$의 함수로서

(2) 단일점 변수 $(x_1, x_2, \cdots, x_n)$의 함수로서

(3) 단일 벡터변수 $\mathbf{x} = \langle x_1, x_2, \cdots, x_n \rangle$의 함수로서

다변수함수에 대한 이와 같은 세 가지 관점 모두가 유용하다는 것을 알게 될 것이다.

11.1 연습문제

01 $g(x, y) = \cos(x + 2y)$라 하자.

(a) $g(2, -1)$을 계산하라.

(b) g의 정의역을 구하라.

(c) g의 치역을 구하라.

02 $f(x, y, z) = \sqrt{x} + \sqrt{y} + \sqrt{z} + \ln(4 - x^2 - y^2 - z^2)$이라 하자.

(a) $f(1, 1, 1)$을 계산하라.

(b) f의 정의역을 구하고 그림을 그려라.

03~06 다음 함수의 정의역을 구하고 그림을 그려라.

03 $f(x, y) = \sqrt{2x - y}$

04 $f(x, y) = \ln(9 - x^2 - 9y^2)$

05 $f(x, y) = \dfrac{\sqrt{y - x^2}}{1 - x^2}$

06 $f(x, y, z) = \sqrt{1 - x^2 - y^2 - z^2}$

07~10 다음 함수의 그래프를 그려라.

07 $f(x, y) = 10 - 4x - 5y$

08 $f(x, y) = y^2 + 1$

09 $f(x, y) = 9 - x^2 - 9y^2$

10 $f(x, y) = \sqrt{4 - 4x^2 - y^2}$

11 함수 f의 등고선 그림이 다음과 같다. 이를 이용하여 $f(-3, 3)$과 $f(3, -2)$의 값을 추정하라. 그래프의 모양에 대해 어떻게 말할 수 있는가?

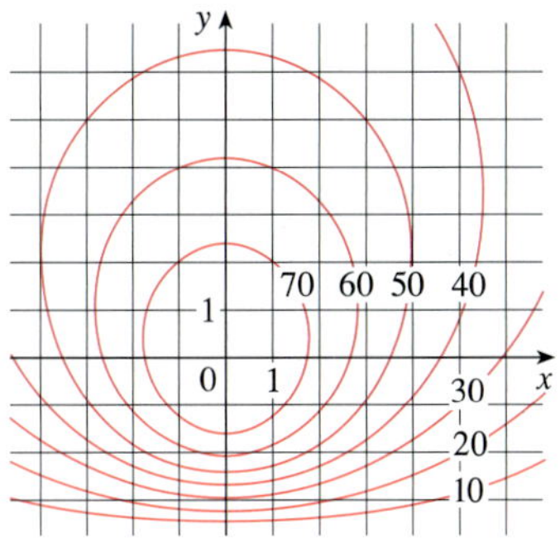

12 [그림 11]의 론섬 산의 지도 위에 있는 두 점 A와 B의 위치를 찾아라. A와 B 부근의 지형에 대해 어떻게 말할 수 있는가?

13~16 여러 개의 등위곡선을 그려서 다음 함수의 등고선 지도를 그려라.

13 $f(x, y) = (y - 2x)^2$

14 $f(x, y) = \sqrt{x} + y$

15 $f(x, y) = ye^x$

16 $f(x, y) = \sqrt{y^2 - x^2}$

17 함수 $f(x, y) = x^2 + 9y^2$의 등고선 지도와 그래프를 모두 그리고 서로 비교하라.

18 xy평면 위에 놓여있는 얇은 금속판 안의 점 (x, y)에서의 온도를 $T(x, y)$라 한다. T의 등위곡선 위의 모든 점에서 온도가 같기 때문에 이 곡선을 등온선이라 한다. 온도함수가 다음과 같은 등온선의 그래프를 그려라.

$$T(x, y) = \frac{100}{1 + x^2 + 2y^2}$$

19~20 컴퓨터를 이용하여 다양한 정의역과 방향에서 다음 함수의 그래프를 그려라. 그중 좋은 견해를 제공하는 것을 인쇄하라. 소프트웨어가 등위곡선을 그릴 수 있다면 동일한 함수의 등위곡선을 그리고 함수의 그래프와 비교하라.

19 $f(x, y) = xy^2 - x^3$ (원숭이 안장)

20 $f(x, y) = e^{-(x^2+y^2)/3}(\sin(x^2) + \cos(y^2))$

21~26 이 절의 끝장에서 각 함수와 맞는 (a) 그래프 A~F를 찾고 (b) 등고선 그림 I~VI을 선택하라. 그리고 그 이유를 설명하라.

21 $z = \sin(xy)$

22 $z = e^x \cos y$

23 $z = \sin(x - y)$

24 $z = \sin x - \sin y$

25 $z = (1 - x^2)(1 - y^2)$

26 $z = \dfrac{x - y}{1 + x^2 + y^2}$

27~28 다음 함수의 등위곡면을 설명하라.

27 $f(x, y, z) = x + 3y + 5z$

28 $f(x, y, z) = y^2 + z^2$

29 g의 그래프가 f의 그래프로부터 어떻게 만들어지는지 설명하라.

(a) $g(x, y) = f(x, y) + 2$ (b) $g(x, y) = 2f(x, y)$

(c) $g(x, y) = -f(x, y)$ (d) $g(x, y) = 2 - f(x, y)$

30 컴퓨터를 이용하여 다양한 정의역과 관찰 방향을 기준으로 함수 $f(x, y) = \dfrac{x + y}{x^2 + y^2}$의 그래프를 그려라. 극한 자취에 대해 설명하라. x와 y가 커질수록 어떻게 되는가? (x, y)가 원점에 가까워지면 어떻게 되는가?

31 컴퓨터를 이용하여 함수족 $f(x, y) = e^{cx^2 + y^2}$을 조사하라. c의 값에 따라 그래프의 모양이 어떻게 되는가?

연습문제 21~26에 대한 그래프와 등고선 그림

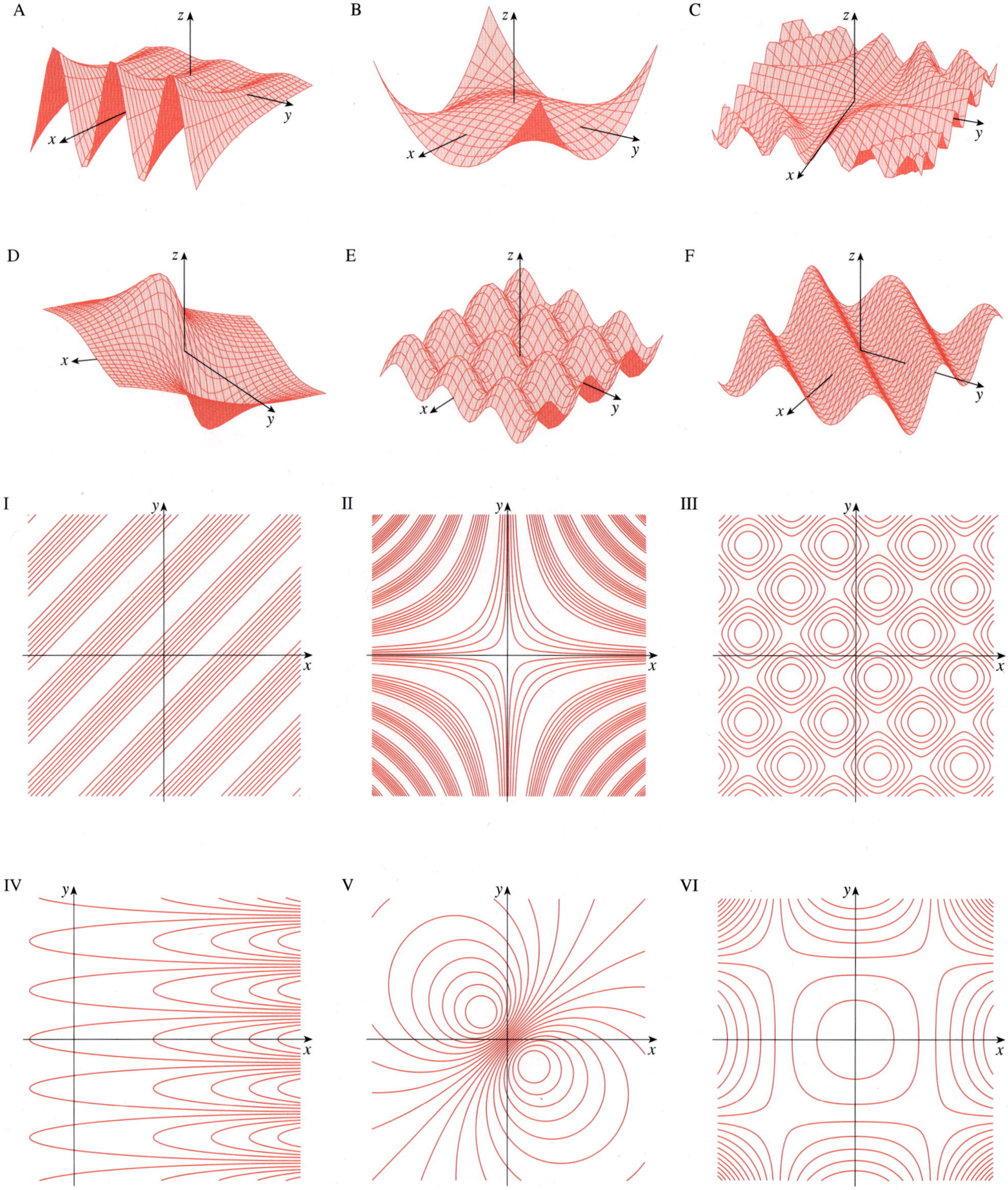

11.2 극한과 연속성

다변수함수의 극한은 일변수함수의 극한과 유사하다. 점 $(x,\ y)$가 f의 정의역 안에 있는 임의의 경로를 따라서 점 $(a,\ b)$에 가까워질 때 $f(x,\ y)$의 값이 수 L에 가까워진다면 다음 기호로 나타낸다.

$$\lim_{(x,\ y)\to(a,\ b)} f(x,\ y) = L$$

다시 말해서 점 $(x,\ y)$를 점 $(a,\ b)$와 같지는 않지만 충분히 가깝게 택할수록 $f(x,\ y)$의 값을 L에 원하는 만큼 가깝게 할 수 있다. 좀 더 명확한 정의는 다음과 같다.

1 정의 f를 점 $(a,\ b)$에 임의로 가까운 점들을 포함하는 집합 D를 정의역으로 갖는 이변수함수라 하자. 임의의 $\varepsilon > 0$에 대해 $(x,\ y) \in D$이고 $0 < \sqrt{(x-a)^2+(y-b)^2} < \delta$일 때 $|f(x,\ y)-L| < \varepsilon$을 만족하는 $\delta > 0$이 존재하면, **$(x,\ y)$가 $(a,\ b)$에 가까워질 때 $f(x,\ y)$의 극한**[limit]은 L이라 하고 다음과 같이 나타낸다.

$$\lim_{(x,\ y)\to(a,\ b)} f(x,\ y) = L$$

정의 1의 극한을 다음과 같이 표기한다.

$$\lim_{\substack{x\to a\\ y\to b}} f(x,\ y) = L \quad \text{또는} \quad (x,\ y)\to(a,\ b)\text{일 때 } f(x,\ y)\to L$$

이때 $|f(x,\ y)-L|$은 수 $f(x,\ y)$와 L 사이의 거리이고, $\sqrt{(x-a)^2+(y-b)^2}$ 은 점 $(x,\ y)$와 $(a,\ b)$ 사이의 거리임에 주목한다. 따라서 정의 1은 $(x,\ y)$에서 $(a,\ b)$까지의 거리를 (0은 아니고) 충분히 작게 만들면 $f(x,\ y)$와 L 사이의 거리를 충분히 작게 할 수 있음을 의미한다. [그림 19]는 화살표 그림을 이용하여 정의 1을 설명한 것이다. L 부근에서 임의로 작은 구간 $(L-\varepsilon,\ L+\varepsilon)$이 주어지면, f는 중심이 $(a,\ b)$이고 반지름이 $\delta > 0$인 원판 D_δ가 존재하여, 이 원판에 속한 모든 점[$(a,\ b)$는 제외 가능]을 구간 $(L-\varepsilon,\ L+\varepsilon)$ 안으로 사상시킨다.

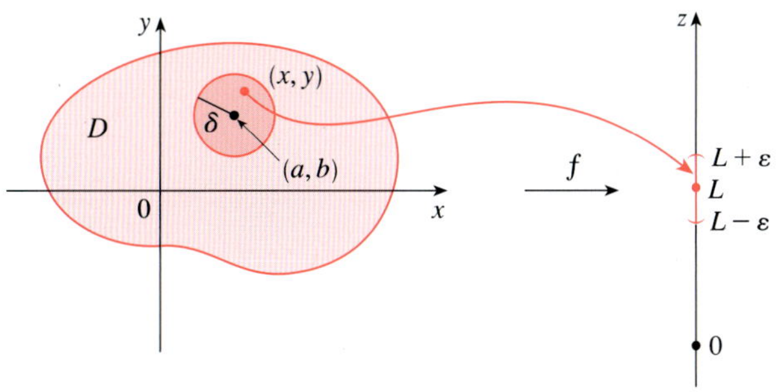

[그림 19]

정의 1을 [그림 20]과 같이 f의 그래프인 곡면 S를 이용하여 설명할 수 있다. 정의 1은 $\varepsilon > 0$이 주어질 때 $(x, y) \neq (a, b)$이고 원판 D_δ 안의 점으로 제한된 (x, y)에 대해, S의 대응하는 부분이 수평평면 $z = L - \varepsilon$과 $z = L + \varepsilon$ 사이에 놓이도록 하는 $\delta > 0$을 구할 수 있음을 뜻한다.

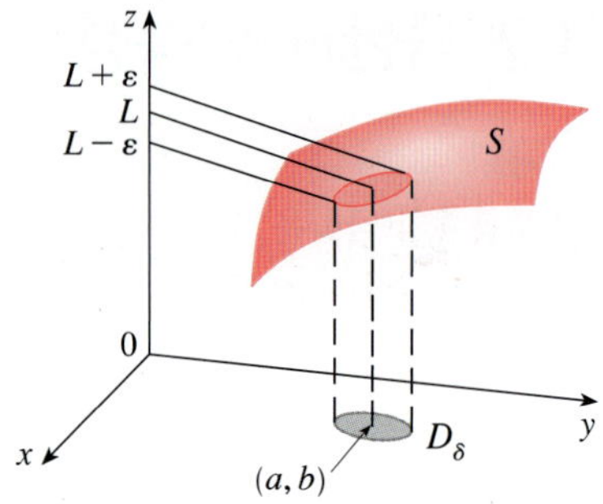

[그림 20]

일변수함수에서 x가 a에 접근할 때 오로지 두 가지 접근 방법, 즉 왼쪽 또는 오른쪽에서 접근하는 방법만 존재한다. 1장에서 $\lim_{x \to a^-} f(x) \neq \lim_{x \to a^+} f(x)$이면 $\lim_{x \to a} f(x)$는 존재하지 않는다는 사실을 배웠다.

이변수함수에서는 일변수함수와 달리 상황이 간단하지 않다. 왜냐하면 (x, y)가 f의 정의역에 있는 한 무수히 많은 방향과 방법으로 (a, b)에 접근할 수 있기 때문이다([그림 21] 참조).

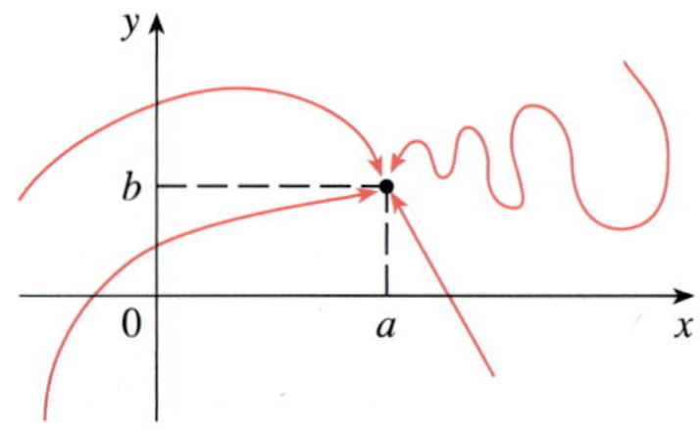

[그림 21]

정의 1은 (x, y)에서 (a, b)까지의 거리를(0은 아니고) 충분히 작게 만들어 $f(x, y)$와 L 사이의 거리를 임의로 작게 할 수 있음을 말한다. 정의 1은 단지 (x, y)와 (a, b) 사이의 거리만을 언급한 것이고 접근하는 방향은 언급하지 않았다. 그러므로 극한이 존재하면 (x, y)가 (a, b)에 접근하는 방법과 무관하게 $f(x, y)$는 같은 극한으로 접근해야 한다. 따라서 $f(x, y)$가 다른 극한을 갖는 두 개의 서로 다른 접근 경로를 찾을 수 있다면 $\lim_{(x, y) \to (a, b)} f(x, y)$는 존재하지 않는다.

> 경로 C_1을 따라 $(x, y) \to (a, b)$일 때 $f(x, y) \to L_1$이고, 경로 C_2를 따라 $(x, y) \to (a, b)$일 때 $f(x, y) \to L_2$이다. $L_1 \neq L_2$이면 $\lim_{(x, y) \to (a, b)} f(x, y)$는 존재하지 않는다.

예제 1 $\displaystyle \lim_{(x, y) \to (0, 0)} \frac{x^2 - y^2}{x^2 + y^2}$**이 존재하지 않음을 보여라.**

풀이

$f(x, y) = (x^2 - y^2)/(x^2 + y^2)$이라 하자. 먼저 x축을 따라 $(0, 0)$에 접근시켜보자. 그러면 $y = 0$이므로 모든 $x \neq 0$에 대해 $f(x, 0) = x^2/x^2 = 1$이다. 따라서 다음을 얻는다.

$$x\text{축을 따라 } (x, y) \to (0, 0)\text{이면 } f(x, y) \to 1\text{이다.}$$

이제 $x = 0$으로 놓고 y축을 따라 접근한다. 그러면 모든 $y \neq 0$에 대해 $f(0, y) = \dfrac{-y^2}{y^2} = -1$이다. 따라서 다음을 얻는다([그림 22] 참조).

$$y\text{축을 따라 } (x, y) \to (0, 0)\text{이면 } f(x, y) \to -1\text{이다.}$$

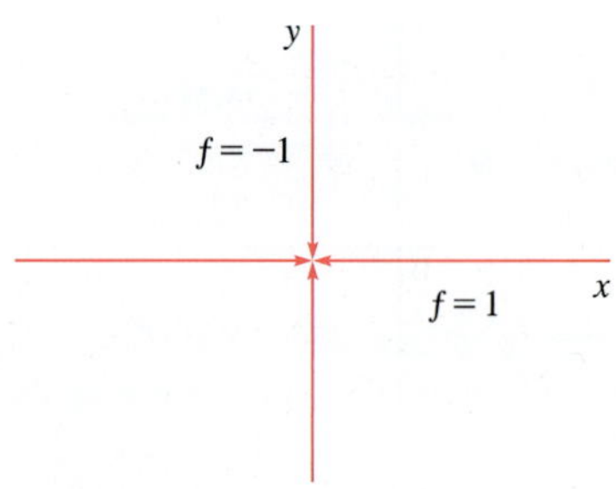

[그림 22]

f는 서로 다른 두 직선을 따라 다른 두 극한을 가지므로 주어진 극한은 존재하지 않는다.

예제 2 $f(x, y) = xy/(x^2 + y^2)$일 때 $\lim_{(x, y) \to (0, 0)} f(x, y)$는 존재하는가?

풀이

$y = 0$이면 $f(x, 0) = 0/x^2 = 0$이므로 다음을 얻는다.

$$x\text{축을 따라 } (x, y) \to (0, 0)\text{이면 } f(x, y) \to 0\text{이다.}$$

$x = 0$이면 $f(0, y) = 0/y^2 = 0$이므로 다음을 얻는다.

$$y\text{축을 따라 } (x, y) \to (0, 0)\text{이면 } f(x, y) \to 0\text{이다.}$$

두 좌표축을 따라 동일한 극한을 얻지만 주어진 극한이 0인 것은 아니다. 또 다른 직선인 $y = x$를 따라 $(0, 0)$으로 접근해보자. 모든 $x \neq 0$에 대해 다음을 얻는다.

$$f(x, x) = \frac{x^2}{x^2 + x^2} = \frac{1}{2}$$

그러므로 다음을 얻는다([그림 23] 참조).

$$\text{직선 } y = x\text{를 따라 } (x, y) \to (0, 0)\text{이면 } f(x, y) \to \frac{1}{2}\text{이다.}$$

다른 경로에 따라 다른 극한을 가지므로 주어진 극한은 존재하지 않는다.

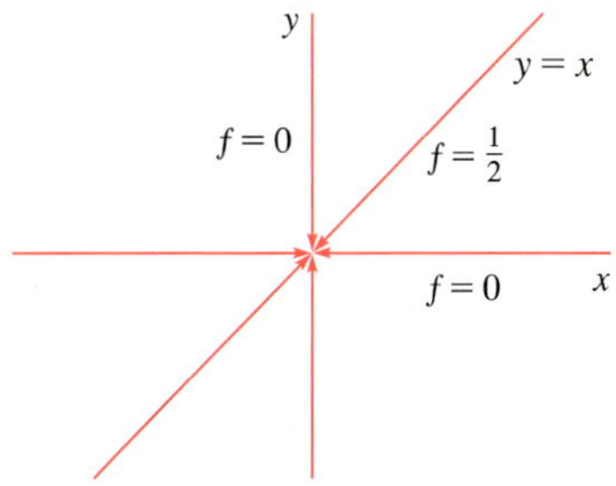

[그림 23]

TEC Visual 11.2에서 [그림 24]에 있는 곡면을 회전시키면 다른 방향에서 원점에 접근할 때 다른 극한이 나오는 것을 보여준다.

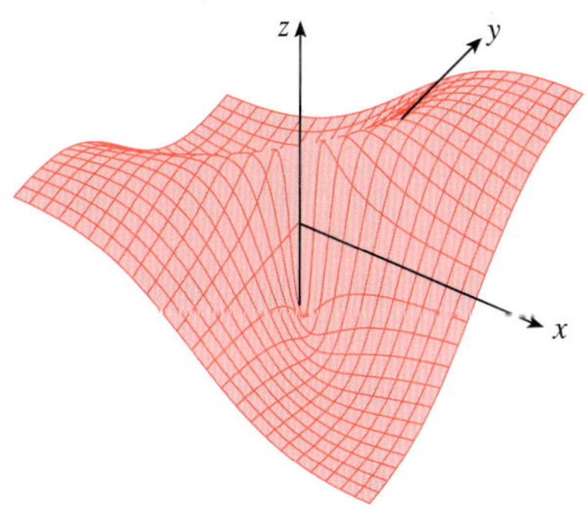

[그림 24] $f(x, y) = \dfrac{xy}{x^2 + y^2}$

[그림 24]는 [예제 2]에 대한 실마리를 제공한다. 직선 $y = x$ 위에 나타나는 능선은 원점을 제외한 그 직선에 있는 모든 점 (x, y)에서 $f(x, y) = \frac{1}{2}$이라는 사실과 일치한다.

예제 3 $f(x, y) = \dfrac{xy^2}{x^2 + y^4}$일 때 $\lim_{(x, y) \to (0, 0)} f(x, y)$는 존재하는가?

풀이

[예제 2]의 풀이를 참조해서 원점을 지나는 임의의 직선을 따라 $(x, y) \to (0, 0)$이라 하자. 그러면 $y = mx$(m은 기울기)이고 주어진 함수는 다음과 같다.

$$f(x, y) = f(x, mx) = \frac{x(mx)^2}{x^2 + (mx)^4} = \frac{m^2 x^3}{x^2 + m^4 x^4} = \frac{m^2 x}{1 + m^4 x^2}$$

따라서 다음을 얻는다.

$$y = mx \text{를 따라 } (x, y) \to (0, 0)\text{이면 } f(x, y) \to 0\text{이다.}$$

그러므로 f는 원점을 지나는 임의의 직선을 따라 동일한 극한을 갖는다. 그러나 이것만으로는 주어진 극한이 0임을 확신할 수 없다. 포물선 $x = y^2$을 따라 $(x, y) \to (0, 0)$이라 하면 다음과 같다.

$$f(x, y) = f(y^2, y) = \frac{y^2 \cdot y^2}{(y^2)^2 + y^4} = \frac{y^4}{2y^4} = \frac{1}{2}$$

따라서 다음을 얻는다.

$$x = y^2 \text{을 따라 } (x, y) \to (0, 0)\text{이면 } f(x, y) \to \frac{1}{2}\text{이다.}$$

다른 경로를 따라서 접근하면 다른 극한을 가지므로 주어진 극한은 존재하지 않는다.

[그림 25]는 [예제 3]의 함수의 그래프를 나타낸다. 포물선 $x = y^2$ 위로 능선을 이루고 있음에 유의하자.

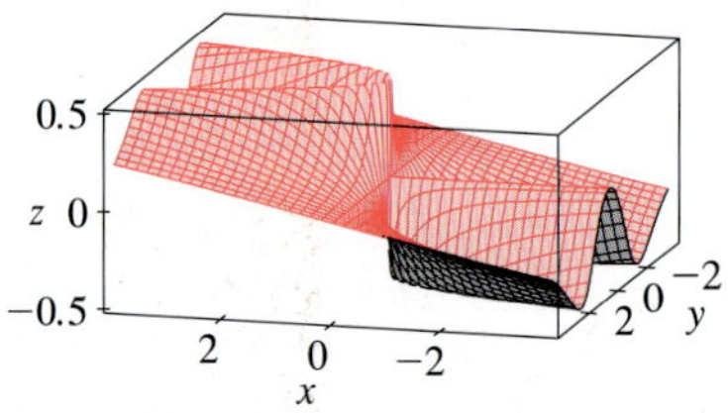

[그림 25]

이제 극한이 존재하는 경우를 살펴보자. 일변수함수의 경우와 마찬가지로 이변수함수의 극한은 극한의 성질을 이용하여 간단하게 계산할 수 있다. 1.4절에서 나열한 극한 법칙을 이변수함수로 확장할 수 있다. 즉 합의 극한은 극한의 합과 같고, 곱의 극한은 극한의 곱과 같다. 특히 다음 식이 성립한다.

2 $$\lim_{(x, y) \to (a, b)} x = a, \qquad \lim_{(x, y) \to (a, b)} y = b, \qquad \lim_{(x, y) \to (a, b)} c = c$$

또한 압축 정리도 성립한다.

예제 4 $\displaystyle\lim_{(x, y) \to (0, 0)} \frac{3x^2 y}{x^2 + y^2}$**가 존재하면 그 값을 구하라.**

풀이

[예제 3]과 같이 원점을 지나는 임의의 직선에 따른 극한이 0임을 보일 수 있다. 이것이 주어진 극한이 0임을 증명하는 것은 아니다. 그러나 포물선 $y = x^2$과 $x = y^2$에 따른 극한 역시 0이므로 극한은 존재하고 극한값이 0일 것으로 추측하면서 시작한다.

임의의 $\varepsilon > 0$에 대해 다음을 만족하는 $\delta > 0$을 구하고자 한다.

$$0 < \sqrt{x^2 + y^2} < \delta \text{ 이면 } \left| \frac{3x^2 y}{x^2 + y^2} - 0 \right| < \varepsilon\text{이다.}$$

즉 $$0 < \sqrt{x^2 + y^2} < \delta \text{ 이면 } \frac{3x^2 |y|}{x^2 + y^2} < \varepsilon\text{이다.}$$

그러나 $y^2 \geq 0$이므로 $x^2 \leq x^2 + y^2$이고, $x^2/(x^2 + y^2) \leq 1$이다. 그러므로 다음을

얻는다.

$$\boxed{3} \qquad \frac{3x^2|y|}{x^2+y^2} \le 3|y| = 3\sqrt{y^2} \le 3\sqrt{x^2+y^2}$$

$\delta = \varepsilon/3$으로 택하고 $0 < \sqrt{x^2+y^2} < \delta$라 하면 다음과 같다.

$$\left|\frac{3x^2y}{x^2+y^2} - 0\right| \le 3\sqrt{x^2+y^2} < 3\delta = 3\left(\frac{\varepsilon}{3}\right) = \varepsilon$$

그러므로 정의 $\boxed{1}$에 의해 다음을 얻는다.

$$\lim_{(x,y)\to(0,0)} \frac{3x^2y}{x^2+y^2} = 0$$

[예제 4]를 풀기 위한 다른 방법으로 정의 $\boxed{1}$ 대신에 압축 정리가 있다. $\boxed{2}$로부터 다음을 얻는다.

$$\lim_{(x,y)\to(0,0)} 3|y| = 0$$

따라서 $\boxed{3}$의 첫 번째 부등식에서 주어진 극한이 0임을 알 수 있다.

연속성

일변수 연속함수의 극한은 계산하기 쉽다는 것을 기억하자. 연속함수를 지배하는 성질은 $\lim_{x\to a} f(x) = f(a)$이므로 이는 값을 직접 대입하여 계산할 수 있음을 의미한다.

이변수함수의 연속성도 역시 직접 값을 대입하는 성질에 의해 정의된다.

> $\boxed{4}$ **정의** 다음을 만족하는 이변수함수 f는 (a, b)에서 **연속**continuous이라고 한다.
>
> $$\lim_{(x,y)\to(a,b)} f(x, y) = f(a, b)$$
>
> D에 속하는 모든 점 (a, b)에서 f가 연속이면 f는 영역 D에서 연속이라고 한다.

연속성에 대한 직관적인 의미는 점 (x, y)가 조금 변하면 $f(x, y)$의 값도 조금 변한다는 것이다. 이것은 연속함수의 그래프인 곡면이 구멍이나 갈라진 틈을 갖지 않는다는 것을 뜻한다.

극한의 성질을 이용하여 연속함수의 합, 차, 곱, 몫은 그들의 정의역에서 연속함수임을 알 수 있다. 이와 같은 사실을 연속함수의 예제에 적용시켜보자.

이변수 **다항함수**polynomial function(간단히 다항식)는 $cx^m y^n$ 형태의 항들의 합이다. 여기서 c는 상수, m과 n은 음이 아닌 정수이다. **유리함수**rational function는 다항함수의 비이다. 예를 들어 다음은 다항함수이다.

$$f(x, y) = x^4 + 5x^3y^2 + 6xy^4 - 7y + 6$$

반면에 다음은 유리함수이다.

$$g(x, y) = \frac{2xy+1}{x^2+y^2}$$

2의 극한에서 함수 $f(x, y) = x$, $g(x, y) = y$, $h(x, y) = c$가 모두 연속임을 알 수 있다. 임의의 다항함수는 단항함수 f, g, h를 곱하고 더해서 만들 수 있으므로 모든 다항함수는 $\mathbb{R}^2$에서 연속이다. 마찬가지로 모든 유리함수도 연속함수의 몫이므로 정의역에서 연속이다.

예제 5 $\lim_{(x, y) \to (1, 2)} (x^2 y^3 - x^3 y^2 + 3x + 2y)$를 계산하라.

풀이

$f(x, y) = x^2 y^3 - x^3 y^2 + 3x + 2y$는 다항함수이므로 이것은 모든 점에서 연속이다. 따라서 직접 대입하여 다음과 같이 극한을 구할 수 있다.

$$\lim_{(x, y) \to (1, 2)} (x^2 y^3 - x^3 y^2 + 3x + 2y) = 1^2 \cdot 2^3 - 1^3 \cdot 2^2 + 3 \cdot 1 + 2 \cdot 2 = 11$$

예제 6 함수 $f(x, y) = \dfrac{x^2 - y^2}{x^2 + y^2}$은 어디에서 연속인가?

풀이

함수 f는 $(0, 0)$에서 정의되지 않으므로 이 점에서 불연속이다. f가 유리함수이므로 정의역 $D = \{(x, y) \mid (x, y) \neq (0, 0)\}$에서 연속이다.

예제 7 다음 함수 g는 $(0, 0)$에서 정의되지만 $\lim_{(x, y) \to (0, 0)} g(x, y)$가 존재하지 않으므로 역시 $(0, 0)$에서 불연속이다([예제 1] 참조).

$$g(x, y) = \begin{cases} \dfrac{x^2 - y^2}{x^2 + y^2}, & (x, y) \neq (0, 0) \\ 0, & (x, y) = (0, 0) \end{cases}$$

예제 8 다음 함수 f는 $(x, y) \neq (0, 0)$일 때 유리함수이므로 원점을 제외한 곳에서 연속임을 알고 있다.

$$f(x, y) = \begin{cases} \dfrac{3x^2 y}{x^2 + y^2}, & (x, y) \neq (0, 0) \\ 0, & (x, y) = (0, 0) \end{cases}$$

또한 [예제 4]로부터 다음을 얻었다.

$$\lim_{(x, y) \to (0, 0)} f(x, y) = \lim_{(x, y) \to (0, 0)} \frac{3x^2 y}{x^2 + y^2} = 0 = f(0, 0)$$

그러므로 f는 $(0, 0)$에서 연속이므로 $\mathbb{R}^2$에서 연속이다.

[그림 26]은 [예제 8]에서 다룬 연속함수의 그래프를 보여준다.

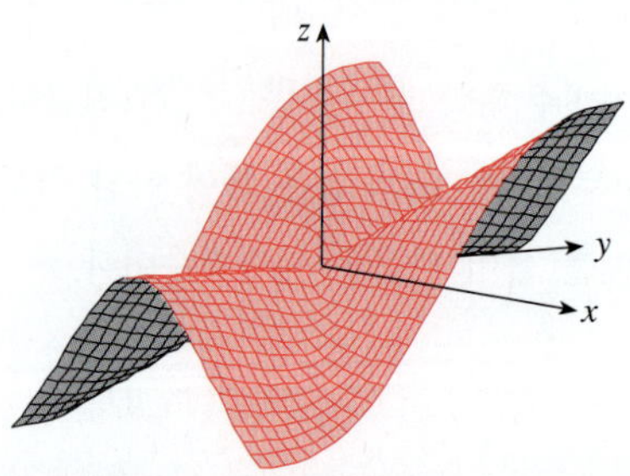

[그림 26]

일변수함수와 같이 합성은 두 연속함수를 결합하여 새로운 함수를 얻는 또 다른 방법이다. 사실상 f가 연속인 이변수함수이고 g를 f의 치역에서 정의되는 연속인 일변수함수라 하면, $h(x, y) = g(f(x, y))$로 정의되는 합성함수 $h = g \circ f$도 역시 연속이다.

예제 9 **함수 $h(x, y) = \arctan(y/x)$는 어디에서 연속인가?**

풀이

함수 $f(x, y) = y/x$는 유리함수이므로 직선 $x = 0$을 제외한 곳에서 연속이다. 또한 함수 $g(t) = \arctan t$는 모든 점에서 연속이다. 따라서 다음과 같은 합성함수는 $x = 0$을 제외하고 연속이다.

$$g(f(x, y)) = \arctan(y/x) = h(x, y)$$

[그림 27]은 h의 그래프가 y축 위의 부분에서 갈라진 틈을 보여준다.

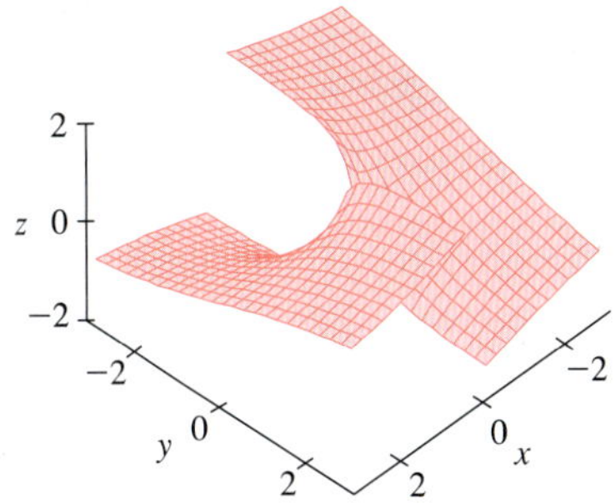

[그림 27] 함수 $h(x, y) = \arctan \frac{y}{x}$는 $x = 0$에서 불연속이다.

삼변수 이상의 함수

이 절에서 살펴본 모든 것을 삼변수 이상의 함수로 확장할 수 있다. 다음 기호는 점 (x, y, z)가 f의 정의역에 있는 임의의 경로를 따라 점 (a, b, c)에 가까워질 때, $f(x, y, z)$의 값이 실수 L에 가까워지는 것을 의미한다.

$$\lim_{(x, y, z) \to (a, b, c)} f(x, y, z) = L$$

두 점 (x, y, z)와 (a, b, c) 사이의 거리가 $\sqrt{(x-a)^2 + (y-b)^2 + (z-c)^2}$ 이므로 이에 대한 명확한 정의는 다음과 같다.

임의의 $\varepsilon > 0$에 대해 $0 < \sqrt{(x-a)^2 + (y-b)^2 + (z-c)^2} < \delta$이고, (x, y, z)가 f의 정의역에 있으면 $|f(x, y, z) - L| < \varepsilon$을 만족하는 $\delta > 0$이 존재한다.

다음을 만족하면 함수 f는 (a, b, c)에서 **연속**이다.

$$\lim_{(x, y, z) \to (a, b, c)} f(x, y, z) = f(a, b, c)$$

예를 들어 다음 함수는 삼변수 유리함수이다. 따라서 $x^2 + y^2 + z^2 = 1$을 제외한 $\mathbb{R}^3$의 모든 점에서 연속이다.

$$f(x, y, z) = \frac{1}{x^2 + y^2 + z^2 - 1}$$

다시 말해서 이 함수는 중심이 원점이고 반지름이 1인 구면에서 불연속이다.

11.1절 끝부분에서 소개한 벡터 기호를 이용하면 이변수 이상의 함수에 대한 극한의 정의를 단일변수의 간단한 형태로 정의할 수 있다.

5 f가 $\mathbb{R}^n$의 부분집합 D에서 정의될 때 $\lim_{\mathbf{x}\to\mathbf{a}} f(\mathbf{x}) = L$은 다음을 의미한다. 임의의 $\varepsilon > 0$에 대해 다음을 만족하는 $\delta > 0$이 존재한다.

$$\mathbf{x} \in D \text{이고 } 0 < |\mathbf{x} - \mathbf{a}| < \delta \text{이면 } |f(\mathbf{x}) - L| < \varepsilon \text{이다.}$$

$n = 1$이면 $\mathbf{x} = x$, $\mathbf{a} = a$이다. 이때 5는 일변수함수에 대한 극한의 정의와 일치하는 것에 주목하자. $n = 2$인 경우에 $\mathbf{x} = \langle x, y\rangle$, $\mathbf{a} = \langle a, b\rangle$, $|\mathbf{x} - \mathbf{a}| = \sqrt{(x-a)^2 + (y-b)^2}$이므로 5는 정의 1이 된다. $n = 3$이면 $\mathbf{x} = \langle x, y, z\rangle$, $\mathbf{a} = \langle a, b, c\rangle$이고 5는 삼변수함수의 극한의 정의가 된다. 각 경우에서 연속의 정의는 다음과 같이 쓸 수 있다.

$$\lim_{\mathbf{x}\to\mathbf{a}} f(\mathbf{x}) = f(\mathbf{a})$$

11.2 연습문제

01 $\lim_{(x,y)\to(3,1)} f(x, y) = 6$이라 할 때 $f(3, 1)$의 값에 대해 어떻게 말할 수 있는가? f는 연속인가?

02~08 극한이 존재하는 경우에 그 극한을 구하거나 존재하지 않음을 보여라.

02 $\lim_{(x,y)\to(1,2)} (5x^3 - x^2y^2)$

03 $\lim_{(x,y)\to(0,0)} \dfrac{x^4 - 4y^2}{x^2 + 2y^2}$

04 $\lim_{(x,y)\to(0,0)} \dfrac{y^2 \sin^2 x}{x^4 + y^4}$

05 $\lim_{(x,y)\to(0,0)} \dfrac{xy}{\sqrt{x^2 + y^2}}$

06 $\lim_{(x,y)\to(0,0)} \dfrac{x^2 y e^y}{x^4 + 4y^2}$

07 $\lim_{(x,y)\to(0,0)} \dfrac{x^2 + y^2}{\sqrt{x^2 + y^2 + 1} - 1}$

08 $\lim_{(x,y,z)\to(0,0,0)} \dfrac{xy + yz^2 + xz^2}{x^2 + y^2 + z^4}$

09 컴퓨터를 이용하여 $\lim_{(x,y)\to(0,0)} \dfrac{2x^2 + 3xy + 4y^2}{3x^2 + 5y^2}$의 그래프를 그려서 극한이 존재하지 않는 이유를 설명하라.

10 $h(x, y) = g(f(x, y))$와 h가 연속인 집합을 구하라.

$$g(t) = t^2 + \sqrt{t}, \quad f(x, y) = 2x + 3y - 6$$

11~14 다음 함수가 연속이 되는 점들의 집합을 결정하라.

11 $F(x, y) = \dfrac{1 + x^2 + y^2}{1 - x^2 - y^2}$

12 $G(x, y) = \ln(x^2 + y^2 - 4)$

13 $f(x, y, z) = \arcsin(x^2 + y^2 + z^2)$

14 $f(x, y) = \begin{cases} \dfrac{x^2y^3}{2x^2 + y^2}, & (x, y) \neq (0, 0) \\ 1, & (x, y) = (0, 0) \end{cases}$

15~16 극좌표를 이용하여 다음 극한을 구하라. [힌트: (r, θ)가 점 (x, y)의 극좌표이고, $r \geq 0$이면 $(x, y) \to (0, 0)$일 때 $r \to 0^+$이다.]

15 $\lim_{(x,y)\to(0,0)} \dfrac{x^3 + y^3}{x^2 + y^2}$

16 $\lim_{(x,y)\to(0,0)} \dfrac{e^{-x^2-y^2} - 1}{x^2 + y^2}$

17 $f(\mathbf{x}) = |\mathbf{x}|$로 주어진 함수 f는 $\mathbb{R}^n$에서 연속임을 보여라. [힌트: $|\mathbf{x} - \mathbf{a}|^2 = (\mathbf{x} - \mathbf{a}) \cdot (\mathbf{x} - \mathbf{a})$를 생각하라.]

11.3 편도함수

f가 두 변수 x와 y의 함수이고 y는 고정되며(즉, $y=b$, b는 상수) 오직 x만 변한다고 하자. 그러면 실제로 단일변수 x의 함수, 즉 $g(x)=f(x,b)$를 생각할 수 있다. g가 a에서 미분계수를 가지면 이 미분계수를 **(a, b)에서 x에 대한 f의 편미분계수**partial derivative라 하고 $f_x(a,b)$로 나타낸다. 그러므로 다음과 같다.

1 $$g(x)=f(x,b)\text{일 때 } f_x(a,b)=g'(a)$$

미분계수의 정의에 의해 다음을 얻는다.

$$g'(a)=\lim_{h\to 0}\frac{g(a+h)-g(a)}{h}$$

따라서 식 1은 다음과 같다.

2 $$f_x(a,b)=\lim_{h\to 0}\frac{f(a+h,b)-f(a,b)}{h}$$

같은 방법으로 **(a, b)에서 y에 대한 f의 편미분계수**는 $f_y(a,b)$로 나타낸다. 이는 x를 $x=a$로 고정시키고 b에서 함수 $G(y)=f(a,y)$의 일반적인 미분계수를 다음과 같이 구하여 얻을 수 있다.

3 $$f_y(a,b)=\lim_{h\to 0}\frac{f(a,b+h)-f(a,b)}{h}$$

이제 식 2와 3에서 점 (a,b)가 변하면 f_x와 f_y는 이변수함수가 된다.

4 **f가 이변수함수이면 편도함수**partial derivative **f_x와 f_y는 다음과 같이 정의된다.**

$$f_x(x,y)=\lim_{h\to 0}\frac{f(x+h,y)-f(x,y)}{h}$$

$$f_y(x,y)=\lim_{h\to 0}\frac{f(x,y+h)-f(x,y)}{h}$$

편도함수를 나타내는 기호는 많이 있다. 예를 들어 f_x 대신 f_1 또는 D_1f(첫 번째 변수에 대한 도함수) 또는 $\partial f/\partial x$로 쓸 수 있다. 이때 $\partial f/\partial x$는 미분의 몫으로 해석할 수 없다.

편도함수의 기호 $z=f(x, y)$일 때 다음과 같이 쓴다.

$$f_x(x, y)=f_x=\frac{\partial f}{\partial x}=\frac{\partial}{\partial x}f(x, y)=\frac{\partial z}{\partial x}=f_1=D_1f=D_xf$$

$$f_y(x, y)=f_y=\frac{\partial f}{\partial y}=\frac{\partial}{\partial y}f(x, y)=\frac{\partial z}{\partial y}=f_2=D_2f=D_yf$$

편도함수를 계산하기 위해 식 1로부터 x에 대한 편도함수는 y를 고정하여 얻어지는 일변수함수 g의 일반 도함수라는 사실을 기억해야 한다. 따라서 다음과 같은 규칙을 얻는다.

$z=f(x, y)$의 편도함수를 구하는 규칙

1. f_x를 구하기 위해 y를 상수로 간주하고 x에 대해 $f(x, y)$를 미분한다.
2. f_y를 구하기 위해 x를 상수로 간주하고 y에 대해 $f(x, y)$를 미분한다.

예제 1 $f(x, y)=x^3+x^2y^3-2y^2$일 때 $f_x(2, 1)$, $f_y(2, 1)$을 구하라.

풀이

y를 상수로 놓고 x에 대해 미분하면 다음을 얻는다.

$$f_x(x, y)=3x^2+2xy^3$$

그러므로 다음과 같다.

$$f_x(2, 1)=3\cdot 2^2+2\cdot 2\cdot 1^3=16$$

x를 상수로 놓고 y에 대해 미분하면 다음을 얻는다.

$$f_y(x, y)=3x^2y^2-4y$$
$$f_y(2, 1)=3\cdot 2^2\cdot 1^2-4\cdot 1=8$$

편미분계수의 해석

편도함수를 기하학적으로 해석하기 위해 방정식 $z=f(x, y)$는 곡면 S(f의 그래프)를 나타낸다는 것을 상기하자. $f(a, b)=c$이면 점 $P(a, b, c)$는 S에 놓여있다. $y=b$를 고정하여 수직평면 $y=b$가 S와 만나는 곡선 C_1을 생각해보자. (C_1은 평면 $y=b$에서 S의 자취이다.) 마찬가지로 수직평면 $x=a$는 곡선 C_2에서 S와 만난다. 그리고 두 곡선 C_1과 C_2는 점 P를 지난다([그림 28] 참조).

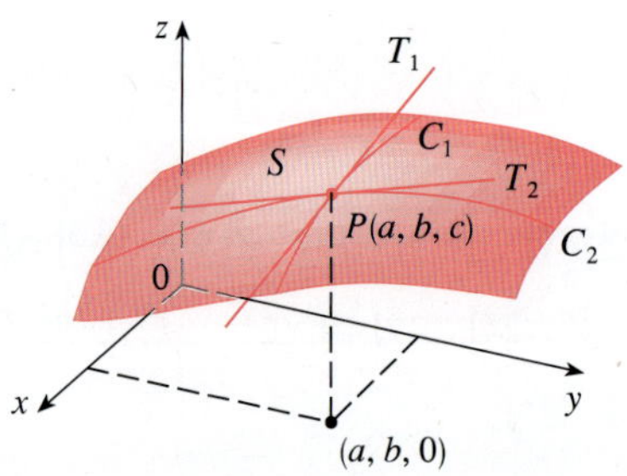

[그림 28] (a, b)에서 f의 편도함수는 C_1과 C_2에 대한 접선의 기울기이다.

곡선 C_1이 함수 $g(x)=f(x, b)$의 그래프임에 주목하면 P에서 접선 T_1의 기울기는 $g'(a)=f_x(a, b)$이다. 곡선 C_2는 함수 $G(y)=f(a, y)$의 그래프이고, P에서 접선 T_2의 기울기는 $G'(b)=f_y(a, b)$이다.

따라서 편미분계수 $f_x(a, b)$와 $f_y(a, b)$는 기하학적으로 평면 $y=b$와 $x=a$에서의 S의 자취 C_1, C_2에 대한 $P(a, b, c)$에서의 접선의 기울기로 해석할 수 있다.

또한 편미분계수는 변화율로 해석할 수도 있다. $z=f(x, y)$이면 $\partial z/\partial x$는 y를 고정할 때 x에 대한 z의 변화율을 나타낸다. 마찬가지로 $\partial z/\partial y$는 x를 고정할 때 y에 대한 z의 변화율을 나타낸다.

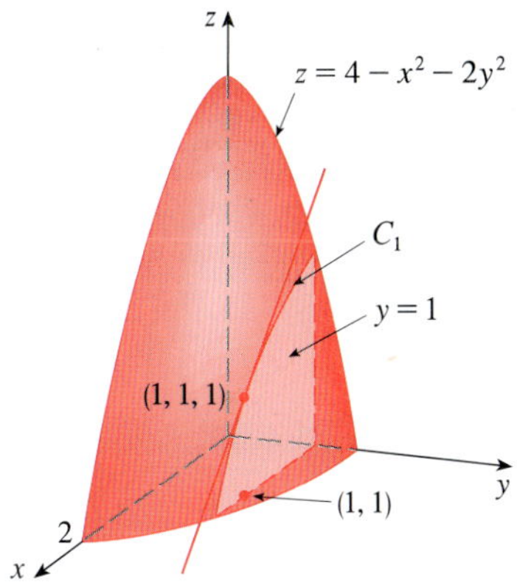

[그림 29]

예제 2 $f(x, y)=4-x^2-2y^2$**일 때** $f_x(1, 1)$**과** $f_y(1, 1)$**을 구하고, 이것을 기울기로 해석하라.**

풀이

다음을 얻는다.

$$f_x(x, y)=-2x, \quad f_y(x, y)=-4y$$

$$f_x(1, 1)=-2, \qquad f_y(1, 1)=-4$$

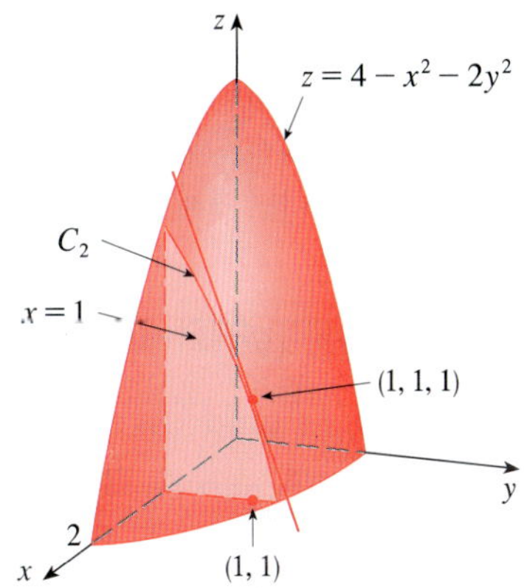

[그림 30]

f의 그래프는 포물면 $z=4-x^2-2y^2$이고, 수직평면 $y=1$은 포물선 $z=2-x^2$, $y=1$에서 포물면과 만난다. (앞의 논의에 따라 이 곡선을 [그림 29]에서 C_1로 표기한다.) 점 $(1, 1, 1)$에서 이 포물선에 대한 접선의 기울기는 $f_x(1, 1)=-2$이다. 같은 방법으로 평면 $x=1$이 포물면과 만나는 곡선 C_2는 포물선 $z=3-2y^2$, $x=1$이다. 그리고 $(1, 1, 1)$에서 접선의 기울기는 $f_y(1, 1)=-4$이다([그림 30] 참조).

예제 3 $f(x, y)=\sin\left(\dfrac{x}{1+y}\right)$**일 때** $\dfrac{\partial f}{\partial x}$**와** $\dfrac{\partial f}{\partial y}$**를 계산하라.**

풀이

일변수함수에 대한 연쇄법칙을 이용하여 다음을 얻는다.

$$\frac{\partial f}{\partial x}=\cos\left(\frac{x}{1+y}\right)\cdot\frac{\partial}{\partial x}\left(\frac{x}{1+y}\right)=\cos\left(\frac{x}{1+y}\right)\cdot\frac{1}{1+y}$$

$$\frac{\partial f}{\partial y}=\cos\left(\frac{x}{1+y}\right)\cdot\frac{\partial}{\partial y}\left(\frac{x}{1+y}\right)=-\cos\left(\frac{x}{1+y}\right)\cdot\frac{x}{(1+y)^2}$$

예제 4 **방정식** $x^3+y^3+z^3+6xyz=1$**에 의해** z**가** x**와** y**에 대해 음함수로 정의될 때** $\partial z/\partial x$**와** $\partial z/\partial y$**를 구하라.**

풀이

$\partial z/\partial x$를 구하기 위해 y를 상수로 취급하고 다음과 같이 x에 대해 음함수적으로 미분한다.

일부 컴퓨터 대수체계는 삼변수에 대한 음함수 방정식으로 정의된 곡면을 그릴 수 있다. [그림 31]은 [예제 4]의 방정식으로 정의된 곡면의 그림을 보여준다.

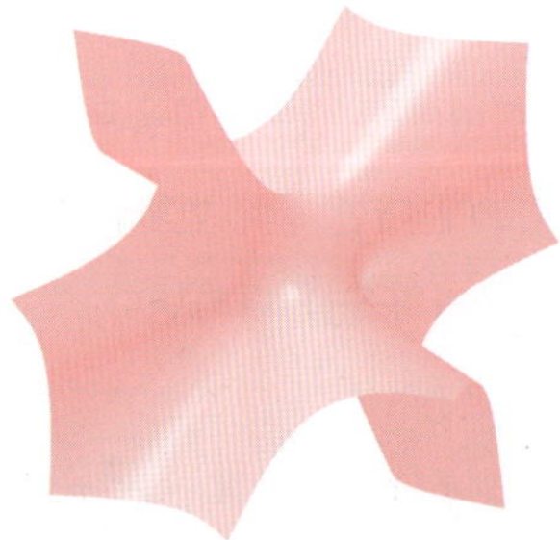

[그림 31]

$$3x^2 + 3z^2 \frac{\partial z}{\partial x} + 6yz + 6xy\frac{\partial z}{\partial x} = 0$$

이 식을 $\partial z/\partial x$에 대해 풀면 다음을 얻는다.

$$\frac{\partial z}{\partial x} = -\frac{x^2 + 2yz}{z^2 + 2xy}$$

같은 방법을 사용하여 y에 대해 음함수 미분을 하면 다음을 얻는다.

$$\frac{\partial z}{\partial y} = -\frac{y^2 + 2xz}{z^2 + 2xy}$$

삼변수 이상의 함수

편도함수는 삼변수 이상의 함수에 대해서도 정의할 수 있다. 예를 들어 f가 x, y, z의 삼변수함수이면 x에 대한 편도함수는 다음과 같이 정의된다.

$$f_x(x, y, z) = \lim_{h \to 0} \frac{f(x+h, y, z) - f(x, y, z)}{h}$$

이것은 y와 z를 상수로 간주하고 $f(x, y, z)$를 x에 대해 미분하여 구한다. $w = f(x, y, z)$라 하면 $f_x = \partial w/\partial x$는 y와 z가 고정되어 있을 때 x에 대한 w의 변화율로 설명할 수 있다. 그러나 f의 그래프는 4차원 공간에 놓여있기 때문에 이것을 기하학적으로 설명할 수는 없다.

일반적으로 u가 n변수함수 $u = f(x_1, x_2, \cdots, x_n)$이면 이 함수의 i번째 변수 x_i에 대한 편도함수는 다음과 같다.

$$\frac{\partial u}{\partial x_i} = \lim_{h \to 0} \frac{f(x_1, \cdots, x_{i-1}, x_i + h, x_{i+1}, \cdots, x_n) - f(x_1, \cdots, x_i, \cdots, x_n)}{h}$$

또한 다음과 같이 나타낸다.

$$\frac{\partial u}{\partial x_i} = \frac{\partial f}{\partial x_i} = f_{x_i} = f_i = D_i f$$

예제 5 $f(x, y, z) = e^{xy}\ln z$일 때 f_x, f_y, f_z를 구하라.

풀이

y와 z를 상수로 취급하고 x에 대해 미분하면 다음을 얻는다.

$$f_x = ye^{xy}\ln z$$

같은 방법으로 다음을 얻는다.

$$f_y = xe^{xy}\ln z, \quad f_z = \frac{e^{xy}}{z}$$

고계 도함수

f가 이변수함수이면 편도함수 f_x와 f_y도 이변수함수이다. 따라서 편도함수들의 편도함수 $(f_x)_x$, $(f_x)_y$, $(f_y)_x$, $(f_y)_y$를 생각할 수 있으며 이것을 f의 2계 편도함수second partial derivative라 한다. $z = f(x, y)$이면 2계 편도함수에 대해 다음 기호를 사용한다.

$$(f_x)_x = f_{xx} = f_{11} = \frac{\partial}{\partial x}\left(\frac{\partial f}{\partial x}\right) = \frac{\partial^2 f}{\partial x^2} = \frac{\partial^2 z}{\partial x^2}$$

$$(f_x)_y = f_{xy} = f_{12} = \frac{\partial}{\partial y}\left(\frac{\partial f}{\partial x}\right) = \frac{\partial^2 f}{\partial y\,\partial x} = \frac{\partial^2 z}{\partial y\,\partial x}$$

$$(f_y)_x = f_{yx} = f_{21} = \frac{\partial}{\partial x}\left(\frac{\partial f}{\partial y}\right) = \frac{\partial^2 f}{\partial x\,\partial y} = \frac{\partial^2 z}{\partial x\,\partial y}$$

$$(f_y)_y = f_{yy} = f_{22} = \frac{\partial}{\partial y}\left(\frac{\partial f}{\partial y}\right) = \frac{\partial^2 f}{\partial y^2} = \frac{\partial^2 z}{\partial y^2}$$

따라서 기호 f_{xy} (또는 $\partial^2 f/\partial y\,\partial x$)는 먼저 x에 대해 미분한 다음에 y에 대해 미분하는 것이고 반면 f_{yx}는 반대인 순서로 미분하는 것이다.

예제 6 $f(x, y) = x^3 + x^2y^3 - 2y^2$의 2계 편도함수를 구하라.

풀이

[예제 1]에서 다음을 구했다.

$$f_x(x, y) = 3x^2 + 2xy^3, \quad f_y(x, y) = 3x^2y^2 - 4y$$

그러므로 다음을 얻는다.

$$f_{xx} = \frac{\partial}{\partial x}(3x^2 + 2xy^3) = 6x + 2y^3 \qquad f_{xy} = \frac{\partial}{\partial y}(3x^2 + 2xy^3) = 6xy^2$$

$$f_{yx} = \frac{\partial}{\partial x}(3x^2y^2 - 4y) = 6xy^2 \qquad f_{yy} = \frac{\partial}{\partial y}(3x^2y^2 - 4y) = 6x^2y - 4$$

[예제 6]에서 $f_{xy} = f_{yx}$에 주목하자. 이것은 항상 일치하는 것은 아니다. 실제로 접하는 대부분의 함수에서 편도함수 f_{xy}와 f_{yx}가 일치함을 알 수 있다. 프랑스의 수학자 알렉시스 클레로1713-1765가 발견한 다음 정리는 $f_{xy} = f_{yx}$라고 주장할 수 있는 조건을 제시한다. 증명은 '부록 C'에서 제시한다.

클레로의 정리 f가 점 (a, b)를 포함하는 원판 D에서 정의되는 함수라 하자. 함수 f_{xy}와 f_{yx}가 D에서 모두 연속이면 다음이 성립한다.

$$f_{xy}(a, b) = f_{yx}(a, b)$$

클레로Alexis Clairaut

알렉시스 클레로는 수학 영재였다. 그는 열 살 때 미적분학에 대한 로피탈의 책을 읽었으며, 열세 살 때는 프랑스 과학원에 기하학 논문을 제출했다. 열여덟 살 때 클레로는 공간곡선의 미적분을 포함하고 3차원 해석기하학에 관한 최초의 체계적인 논문인 "공간곡선의 곡률에 관한 연구"를 발표했다.

3계 이상의 편도함수도 정의할 수 있다. 예를 들어 다음과 같다.

$$f_{xyy} = (f_{xy})_y = \frac{\partial}{\partial y}\left(\frac{\partial^2 f}{\partial y\,\partial x}\right) = \frac{\partial^3 f}{\partial y^2\,\partial x}$$

클레로의 정리를 이용하여 f_{xyy}, f_{yxy}, f_{yyx}가 연속이면 $f_{xyy} = f_{yxy} = f_{yyx}$임을 밝힐 수 있다.

예제 7 $f(x, y, z) = \sin(3x + yz)$일 때 f_{xxyz}를 계산하라.

풀이

$$f_x = 3\cos(3x + yz)$$

$$f_{xx} = -9\sin(3x + yz)$$

$$f_{xxy} = -9z\cos(3x + yz)$$

$$f_{xxyz} = -9\cos(3x + yz) + 9yz\sin(3x + yz)$$

편미분방정식

편도함수들은 어떤 물리 법칙을 나타내는 편미분방정식에서 나타난다. 예를 들어 다음 편미분방정식을 라플라스Pierre Laplace, 1749-1827의 이름을 따서 **라플라스 방정식**Laplace's equation이라 한다.

$$\frac{\partial^2 u}{\partial x^2} + \frac{\partial^2 u}{\partial y^2} = 0$$

이 방정식의 해를 **조화함수**harmonic function라 하는데 열전도, 유체 흐름, 전위 등의 문제에서 중요한 역할을 한다.

예제 8 함수 $u(x, y) = e^x \sin y$가 라플라스 방정식의 해임을 보여라.

풀이

$$u_x = e^x \sin y \qquad u_y = e^x \cos y$$

$$u_{xx} = e^x \sin y \qquad u_{yy} = -e^x \sin y$$

$$u_{xx} + u_{yy} = e^x \sin y - e^x \sin y = 0$$

그러므로 u는 라플라스 방정식을 만족한다.

다음과 같은 파동방정식 wave equation 은 바다의 파도, 소리의 파동, 빛의 파장, 흔들리는 현의 진동과 같은 파동의 운동을 설명한다.

$$\frac{\partial^2 u}{\partial t^2} = a^2 \frac{\partial^2 u}{\partial x^2}$$

예를 들어 현의 한쪽 끝으로부터 거리 x에서 진동하는 바이올린 현의 시각 t에서의 변위([그림 32] 참조)를 $u(x, t)$로 나타낸다면 $u(x, t)$는 파동방정식을 만족한다. 이때 상수 a는 현의 밀도와 장력에 좌우된다.

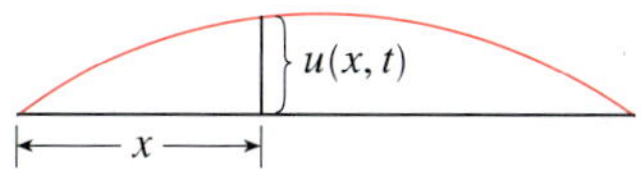

[그림 32]

예제 9 함수 $u(x, t) = \sin(x - at)$는 파동방정식을 만족함을 보여라.

풀이

$$u_x = \cos(x - at) \qquad u_{xx} = -\sin(x - at)$$

$$u_t = -a\cos(x - at) \qquad u_{tt} = -a^2 \sin(x - at) = a^2 u_{xx}$$

따라서 u는 파동방정식을 만족한다.

11.3 연습문제

01 북반구에 있는 한 지점의 온도 T는 경도 x, 위도 y, 시각 t에 좌우되며 $T = f(x, y, t)$로 쓸 수 있다. 측정 시각은 1월 초부터 시간 단위로 잰다고 하자.

(a) 편도함수 $\partial T/\partial x$, $\partial T/\partial y$, $\partial T/\partial t$의 의미는 무엇인가?

(b) 호놀룰루의 경도는 158°W, 위도는 21°N이다. 1월 1일 아침 9시에 북동쪽으로 따뜻한 바람이 분다고 하자. 따라서 서쪽과 남쪽으로 부는 바람은 따뜻하고 북쪽과 동쪽으로 부는 바람은 차갑다. $f_x(158, 21, 9)$, $f_y(158, 21, 9)$, $f_t(158, 21, 9)$는 양수가 될 것으로 기대하는가? 아니면 음수가 될 것으로 기대하는가? 이유를 설명하라.

02 그래프가 다음과 같은 함수 f에 대한 편미분계수의 부호를 결정하라.

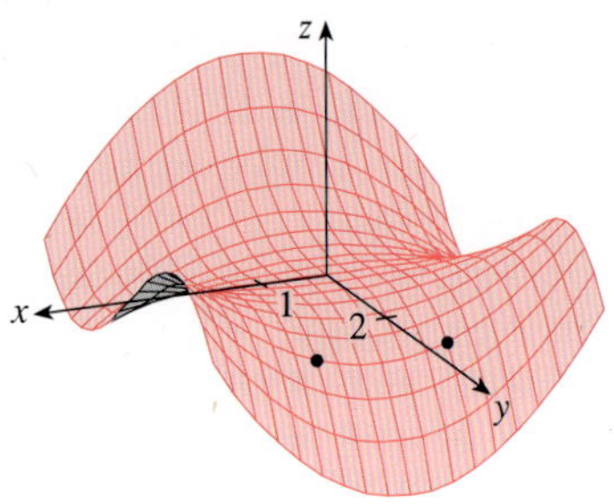

(a) $f_x(1, 2)$ (b) $f_y(1, 2)$

03 $f(x, y) = 16 - 4x^2 - y^2$일 때 $f_x(1, 2)$와 $f_y(1, 2)$를 구하고, 이것을 기울기로 해석하라. 직접 그림을 그리거나 컴퓨터로 그래프를 그려서 설명하라.

04~15 다음 함수의 1계 편도함수를 구하라.

04 $f(x, y) = y^5 - 3xy$

05 $f(x, t) = e^{-t}\cos \pi x$

06 $f(x, y) = \dfrac{x}{y}$

07 $f(x, y) = \dfrac{ax+by}{cx+dy}$

08 $g(u, v) = (u^2 v - v^3)^5$

09 $R(p, q) = \tan^{-1}(pq^2)$

10 $F(x, y) = \displaystyle\int_y^x \cos(e^t)\,dt$

11 $f(x, y, z) = xz - 5x^2y^3z^4$

12 $w = \ln(x+2y+3z)$

13 $u = xy\sin^{-1}(yz)$

14 $h(x, y, z, t) = x^2 y\cos(z/t)$

15 $u = \sqrt{x_1^2 + x_2^2 + \cdots + x_n^2}$

16~17 지정된 편미분계수를 구하라.

16 $f(x, y) = \ln\left(x + \sqrt{x^2+y^2}\right);\quad f_x(3, 4)$

17 $f(x, y, z) = \dfrac{y}{x+y+z};\quad f_y(2, 1, -1)$

---

18 극한 4와 같은 편도함수의 정의를 이용하여 $f(x, y) = xy^2 - x^3y$일 때 $f_x(x, y)$와 $f_y(x, y)$를 구하라.

19 $f(x, y) = x^2y^3$일 때 f_x와 f_y를 구하고, f, f_x, f_y 사이의 관계를 알 수 있도록 정의역과 관찰 방향을 설정하여 그래프를 그려라.

20~21 음함수의 미분법을 이용하여 $\partial z/\partial x$와 $\partial z/\partial y$를 구하라.

20 $x^2 + 2y^2 + 3z^2 = 1$

21 $e^z = xyz$

---

22 $\partial z/\partial x$와 $\partial z/\partial y$를 구하라.

(a) $z = f(x) + g(y)$ (b) $z = f(x+y)$

23~25 2계 편도함수들을 구하라.

23 $f(x, y) = x^3y^5 + 2x^4y$

24 $w = \sqrt{u^2+v^2}$

25 $z = \arctan\dfrac{x+y}{1-xy}$

---

26 $u = x^4y^3 - y^4$에 대해 클레로의 정리인 $u_{xy} = u_{yx}$가 성립하는지 확인하라.

27~29 지정된 편도함수를 구하라.

27 $f(x, y) = x^4y^2 - x^3y;\quad f_{xxx},\ f_{xyx}$

28 $f(x, y, z) = e^{xyz^2};\quad f_{xyz}$

29 $u = e^{r\theta}\sin\theta;\quad \dfrac{\partial^3 u}{\partial r^2\,\partial\theta}$

---

30 $f(x, y, z) = xy^2z^3 + \arcsin(x\sqrt{z})$일 때 f_{xzy}를 구하라. [힌트: 미분 순서가 가장 쉬운 것을 찾아라.]

31 함수 $u = e^{-\alpha^2k^2t}\sin kx$가 열전도방정식 $u_t = \alpha^2 u_{xx}$의 해임을 확인하라.

32 함수 $u = 1/\sqrt{x^2+y^2+z^2}$이 3차원 라플라스 방정식 $u_{xx} + u_{yy} + u_{zz} = 0$의 해임을 확인하라.

33 다음 함수가 파동방정식 $u_{tt} = a^2 u_{xx}$의 해임을 보여라.

(a) $u = \sin(kx)\sin(akt)$ (b) $u = t/(a^2t^2 - x^2)$

(c) $u = (x-at)^6 + (x+at)^6$ (d) $u = \sin(x-at) + \ln(x+at)$

34 f와 g가 두 번 미분 가능한 일변수함수일 때 함수 $u(x, t) = f(x+at) + g(x-at)$가 [연습문제 33]에 주어진 파동방정식의 해임을 보여라.

35 함수 $z = xe^y + ye^x$이 다음 방정식의 해임을 보여라.

$$\frac{\partial^3 z}{\partial x^3} + \frac{\partial^3 z}{\partial y^3} = x\frac{\partial^3 z}{\partial x \partial y^2} + y\frac{\partial^3 z}{\partial x^2 \partial y}$$

36 병렬 전기회로에 연결된 저항 R_1, R_2, R_3에 의해 생성되는 전체 저항 R은 다음 식으로 주어진다. $\partial R/\partial R_1$을 구하라.

$$\frac{1}{R} = \frac{1}{R_1} + \frac{1}{R_2} + \frac{1}{R_3}$$

37 기체 $n$mol에 대한 반데르발스 방정식[van der Waals equation]은 다음과 같다.

$$\left(P + \frac{n^2 a}{V^2}\right)(V - nb) = nRT$$

여기서 P는 압력, V는 부피, T는 기체의 온도이다. 상수 R은 보편 기체상수이고, a와 b는 양수인 특정 기체의 특성 상수이다. $\partial T/\partial P$와 $\partial P/\partial V$를 구하라.

38 질량이 m, 속도가 v인 물체의 운동에너지는 $K = \frac{1}{2}mv^2$이다. $\frac{\partial K}{\partial m}\frac{\partial^2 K}{\partial v^2} = K$임을 보여라.

39 편도함수가 $f_x(x, y) = x + 4y$, $f_y(x, y) = 3x - y$인 함수 f의 존재 여부를 말하라.

40 타원면 $4x^2 + 2y^2 + z^2 = 16$이 타원 모양으로 평면 $y = 2$와 만난다. 점 $(1, 2, 2)$에서 이 타원에 대한 접선의 매개변수방정식을 구하라.

41 클레로의 정리를 이용하여 f의 3계 편도함수들이 연속이면 $f_{xyy} = f_{yxy} = f_{yyx}$임을 보여라.

42 $f(x, y) = x(x^2 + y^2)^{-3/2} e^{\sin(x^2 y)}$일 때 $f_x(1, 0)$을 구하라. [힌트: $f_x(x, y)$를 구하는 대신에 식 1 또는 식 2를 이용하는 것이 더 쉽다.]

43 다음 함수를 생각하자.

$$f(x, y) = \begin{cases} \dfrac{x^3 y - xy^3}{x^2 + y^2}, & (x, y) \neq (0, 0) \\ 0, & (x, y) = (0, 0) \end{cases}$$

(a) 컴퓨터를 이용하여 f의 그래프를 그려라.

(b) $(x, y) \neq (0, 0)$일 때 $f_x(x, y)$와 $f_y(x, y)$를 구하라.

(c) 식 2와 3을 이용하여 $f_x(0, 0)$과 $f_y(0, 0)$을 구하라.

(d) $f_{xy}(0, 0) = -1$와 $f_{yx}(0, 0) = 1$임을 보여라.

(e) CAS (d)의 결과는 클레로의 정리에 모순이 되는가? f_{xy}와 f_{yx}의 그래프를 그려서 설명하라.

11.4 접평면과 선형 근사

일변수함수의 미적분에서 가장 중요한 개념 중 하나는 미분 가능한 함수의 그래프 위에 있는 한 점을 향해 확대해 들어가면 그래프는 접선과 거의 구별하기 어려워지므로 그 함수를 선형함수로 근사시킬 수 있다는 것이다(2.8절 참조). 여기서는 이와 유사한 개념을 3차원으로 발전시킨다. 미분 가능한 이변수함수의 그래프인 곡면 위의 한 점을 향해 확대해 들어갈수록 곡면은 점점 더 평면(접평면)처럼 보인다. 따라서 이 함수를 이변수의 선형함수로 근사시킬 수 있다. 또한 미분의 개념을 이변수 이상의 함수로 확장할 수 있다.

접평면

곡면 S의 방정식이 $z = f(x, y)$이고 f는 연속인 1계 편도함수를 갖는다고 하자. 그리고 $P(x_0, y_0, z_0)$은 S 위의 점이라 하자. 앞 절에서와 같이 C_1과 C_2를 수직

평면 $x=x_0$와 $y=y_0$가 각각 곡면 S와 교차하여 얻어지는 곡선이라 하자. 그러면 점 P는 두 곡선 C_1과 C_2 위에 놓인다. T_1과 T_2를 점 P에서 C_1과 C_2에 대한 접선이라 하자. 그러면 점 P에서 곡면 S에 대한 **접평면**tangent plane은 접선 T_1과 T_2를 모두 포함하는 평면으로 정의한다([그림 33] 참조).

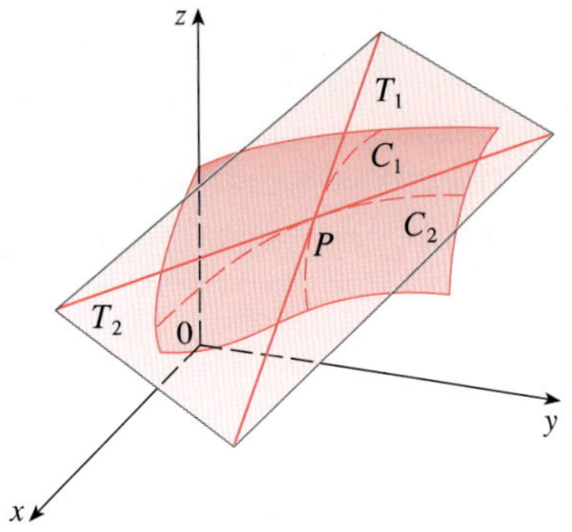

[그림 33] 접평면은 접선 T_1과 T_2를 포함한다.

C가 점 P를 지나고 곡면 S 위에 놓여있는 또 다른 곡선이라 할 때, P에서 C에 대한 접선 역시 접평면에 놓인다는 사실을 11.6절에서 보일 것이다. 그러므로 P에서 S에 대한 접평면은 P를 지나고 S 위에 놓여있는 곡선들에 대한 P에서의 가능한 모든 접선들로 이루어지는 것으로 생각할 수 있다. P에서의 접평면은 점 P 부근에서 곡면 S에 가장 가깝게 근접해 있는 평면이다.

10.5절의 식 7로부터 점 $P(x_0, y_0, z_0)$을 지나는 임의의 평면의 방정식은 다음과 같다.

$$A(x-x_0)+B(y-y_0)+C(z-z_0)=0$$

이 식을 C로 나눠 $a=-A/C$, $b=-B/C$라고 놓으면, 다음과 같은 형태로 쓸 수 있다.

$$\boxed{1} \qquad z-z_0=a(x-x_0)+b(y-y_0)$$

식 1이 P에서의 접평면을 나타내면 평면 $y=y_0$과의 교선은 접선 T_1이 되어야 한다. 식 1에서 $y=y_0$로 놓으면 다음을 얻는다.

$$z-z_0=a(x-x_0), \quad y=y_0$$

이것은 기울기가 a인 (점-기울기형) 직선의 방정식이다. 한편 11.3절로부터 접선 T_1의 기울기는 $f_x(x_0, y_0)$임을 알고 있으므로 $a=f_x(x_0, y_0)$이다.

이와 마찬가지로 식 1에서 $x=x_0$로 놓으면 $z-z_0=b(y-y_0)$을 얻는다. 이는 접선 T_2를 나타낸다. 따라서 $b=f_y(x_0, y_0)$이다.

> 2 f가 연속인 편도함수를 갖는다고 가정하자. 점 $P(x_0, y_0, z_0)$에서 곡면 $z=f(x, y)$에 대한 접평면의 방정식은 다음과 같다.
>
> $$z-z_0=f_x(x_0, y_0)(x-x_0)+f_y(x_0, y_0)(y-y_0)$$

접평면의 방정식이 접선의 방정식 $y-y_0=f'(x_0)(x-x_0)$과 비슷하다는 사실에 주의하자.

예제 1 점 $(1, 1, 3)$에서 타원포물면 $z=2x^2+y^2$에 대한 접평면을 구하라.

풀이

$f(x, y)=2x^2+y^2$이라 하면 다음을 얻는다.

$$f_x(x, y) = 4x, \quad f_y(x, y) = 2y$$

$$f_x(1, 1) = 4, \quad f_y(1, 1) = 2$$

그러면 식 2에 의해 $(1, 1, 3)$에서 접평면의 방정식은 다음과 같다.

$$z - 3 = 4(x - 1) + 2(y - 1)$$

$$z = 4x + 2y - 3$$

[그림 34(a)]는 [예제 1]에서 구한 타원포물면과 $(1, 1, 3)$에서의 접평면을 보여준다. [그림 34(b)]와 [그림 34(c)]는 $f(x, y) = 2x^2 + y^2$의 정의역을 축소하여 점 $(1, 1, 3)$을 향해 확대한 것이다. 이를 더욱 더 확대할수록 곡면의 그래프는 점점 더 평평해지고 더욱 더 접평면과 비슷해지는 것에 주목하자.

TEC Visual 11.4는 [그림 34]의 움직임을 보여준다.

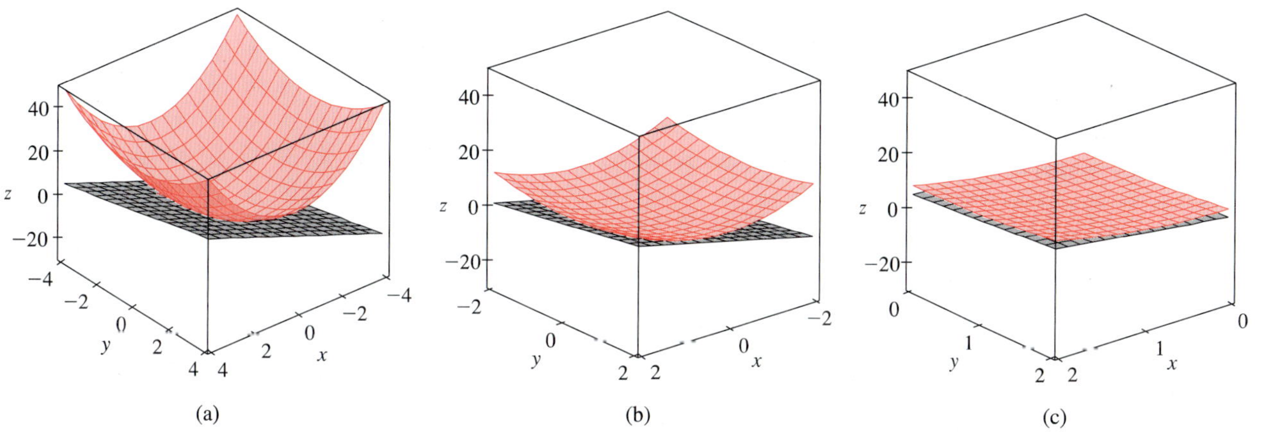

[그림 34] 타원포물면 $z = 2x^2 + y^2$은 점 $(1, 1, 3)$ 방향으로 확대할수록 접평면과 일치하는 것으로 보인다.

[그림 35]에서 함수 $f(x, y) = 2x^2 + y^2$의 등고선 지도 위의 점 $(1, 1)$을 향해 확대함으로써 이런 효과를 확인할 수 있다. 계속 확대할수록 등위곡선은 점점 더 등간격의 평행선처럼 보이는데 이것이 바로 평면의 특성이다.

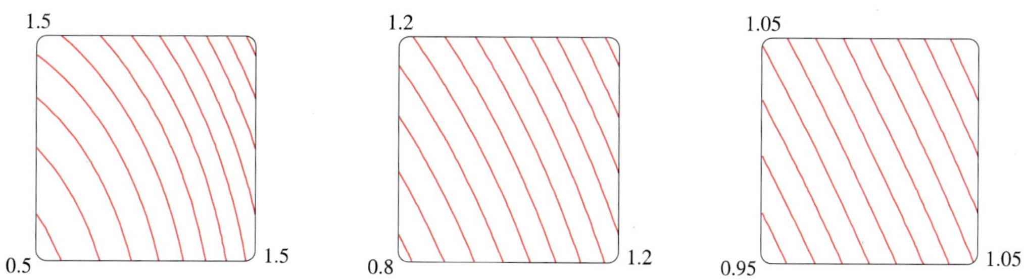

[그림 35] $f(x, y) = 2x^2 + y^2$의 등고선 그림에서 $(1, 1)$ 방향으로 확대해가는 그림

선형 근사

[예제 1]에서 점 $(1, 1, 3)$에서 함수 $f(x, y) = 2x^2 + y^2$의 그래프에 대한 접평면의 방정식이 $z = 4x + 2y - 3$임을 알았다. 그러므로 [그림 34]와 [그림 35]를 보면 알 수 있듯이 다음과 같은 이변수 선형함수는 (x, y)가 $(1, 1)$ 부근에 있을 때 $f(x, y)$의 좋은 근사식이다.

$$L(x, y) = 4x + 2y - 3$$

함수 L을 $(1, 1)$에서 f의 선형화라고 하고 다음과 같은 근사를 $(1, 1)$에서 f의 선형 근사 또는 접평면 근사라고 한다.

$$f(x, y) \approx 4x + 2y - 3$$

예를 들어 점 $(1.1, 0.95)$에서 선형 근사는 다음과 같다.

$$f(1.1, 0.95) \approx 4(1.1) + 2(0.95) - 3 = 3.3$$

이것은 $f(1.1, 0.95) = 2(1.1)^2 + (0.95)^2 = 3.3225$인 참값에 아주 가깝다. 그러나 $(2, 3)$과 같이 $(1, 1)$로부터 멀리 떨어진 점을 택한다면 더 이상 좋은 근삿값을 얻을 수 없다. 실제로 $L(2, 3) = 11$인 반면에 $f(2, 3) = 17$이다.

일반적으로 2로부터 점 $(a, b, f(a, b))$에서 이변수함수 f의 그래프에 대한 접평면의 방정식은 다음과 같다.

$$z = f(a, b) + f_x(a, b)(x - a) + f_y(a, b)(y - b)$$

여기서 f_x와 f_y는 연속이다. 이와 같은 접평면을 그래프로 가지는 선형함수, 즉 다음과 같은 선형함수를 (a, b)에서 f의 **선형화**linearization라 한다.

3 $$L(x, y) = f(a, b) + f_x(a, b)(x - a) + f_y(a, b)(y - b)$$

또한 다음과 같은 근사식을 (a, b)에서 f의 **선형 근사**linear approximation 또는 **접평면 근사**tangent plane approximation라고 한다.

4 $$f(x, y) \approx f(a, b) + f_x(a, b)(x - a) + f_y(a, b)(y - b)$$

함수 f가 연속인 1계 편도함수를 갖는 곳에서 곡면 $z = f(x, y)$에 대한 접평면을 정의해왔다. f_x와 f_y가 연속이 아니면 어떻게 될까? [그림 36]은 그와 같은 함수, 즉 다음 함수의 그래프를 나타낸다.

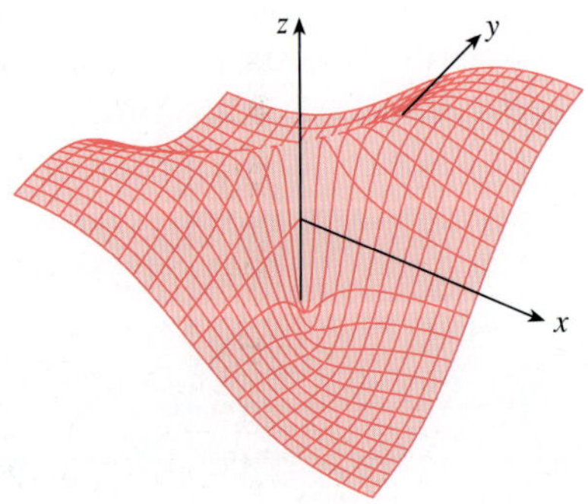

[그림 36] $(x, y) \neq (0, 0)$이면 $f(x,y) = \dfrac{xy}{x^2 + y^2}$이고 $f(0, 0) = 0$인 함수

$$f(x,y)=\begin{cases}\dfrac{xy}{x^2+y^2}, & (x,\ y)\neq(0,\ 0)\\[2ex] 0, & (x,\ y)=(0,\ 0)\end{cases}$$

이 함수의 편도함수 f_x, f_y는 원점에서 존재하고 $f_x(0,\ 0)=0$, $f_y(0,\ 0)=0$이지만 f_x와 f_y는 연속이 아니다([연습문제 20] 참조). 선형 근사식은 $f(x,\ y)\approx 0$일 것 같지만 실제로 직선 $y=x$ 위에 있는 모든 점(원점이 아닌)에서 $f(x,\ y)=\dfrac{1}{2}$이다. 따라서 이변수함수의 편도함수가 모두 존재하더라도 이 함수의 자취가 매우 나쁠 수 있다. 이러한 작용을 피하기 위해 미분 가능한 이변수함수의 개념을 공식화할 필요가 있다.

일변수함수 $y=f(x)$에 대해 x가 a에서 $a+\Delta x$로 변하면 y의 증분을 다음과 같이 정의한 것을 기억하자.

$$\Delta y=f(a+\Delta x)-f(a)$$

f가 a에서 미분 가능하면 다음이 성립함을 2장에서 보였다.

5 $\quad \Delta y=f'(a)\Delta x+\varepsilon\Delta x$, $\Delta x\to 0$일 때 $\varepsilon\to 0$이다. 이 식은 2.5절 식 5이다.

이제 이변수함수 $z=f(x,\ y)$를 생각해보자. x가 a에서 $a+\Delta x$로 변하고 y가 b에서 $b+\Delta y$로 변한다고 하자. 그러면 이에 대응하는 z의 **증분**increment은 다음과 같다.

6 $$\Delta z=f(a+\Delta x,\ b+\Delta y)-f(a,\ b)$$

따라서 증분 Δz는 $(x,\ y)$가 $(a,\ b)$에서 $(a+\Delta x,\ b+\Delta y)$로 변할 때 f의 값에 대한 변화를 나타낸다. 5와 유사하게 이변수함수의 미분 가능성을 다음과 같이 정의한다.

7 **정의** $z=f(x,\ y)$일 때 Δz가 다음과 같이 표현되면 f는 $(a,\ b)$에서 **미분 가능**differentiable하다고 한다.

$$\Delta z=f_x(a,\ b)\Delta x+f_y(a,\ b)\Delta y+\varepsilon_1\Delta x+\varepsilon_2\Delta y$$

여기서 $(\Delta x,\ \Delta y)\to(0,\ 0)$일 때 $\varepsilon_1\to 0$, $\varepsilon_2\to 0$이다.

정의 7은 미분 가능한 함수는 $(x,\ y)$가 $(a,\ b)$ 부근에 있을 때 선형 근사식 4가 좋은 근사가 됨을 의미한다. 다시 말해서 접평면은 접촉점 부근에서 f의 그래프를 근사시킨다.

때때로 함수의 미분 가능성을 확인하기 위해 정의 7을 직접 이용하는 것이 곤란한 경우가 있다. 다음 정리는 미분 가능성을 판단하는 데 편리한 충분조건을 제공한다.

8 **정리** 편도함수 f_x와 f_y가 (a, b) 부근에서 존재하고 (a, b)에서 연속이면 f는 (a, b)에서 미분 가능하다.

'부록 C'에서 정리 8을 증명한다.

예제 2 $f(x, y) = xe^{xy}$이 $(1, 0)$에서 미분 가능함을 보이고, 이 점에서 선형화를 구하라. 이것을 이용하여 $f(1.1, -0.1)$의 근삿값을 구하라.

풀이

편도함수가 다음과 같이 주어진다.

$$f_x(x, y) = e^{xy} + xye^{xy}, \qquad f_y(x, y) = x^2 e^{xy}$$

$$f_x(1, 0) = 1, \qquad f_y(1, 0) = 1$$

f_x와 f_y가 연속이므로 정리 8에 의해 f는 미분 가능하다. 그리고 $(1, 0)$에서 선형화는 다음과 같다.

$$L(x, y) = f(1, 0) + f_x(1, 0)(x-1) + f_y(1, 0)(y-0)$$
$$= 1 + 1(x-1) + 1 \cdot y = x + y$$

그러므로 대응하는 선형 근사식은 다음과 같다.

$$xe^{xy} \approx x + y$$

따라서 다음을 얻는다.

$$f(1.1, -0.1) \approx 1.1 - 0.1 = 1$$

이것을 참값 $f(1.1, -0.1) = 1.1e^{-0.11} \approx 0.98542$와 비교해보자.

[그림 37]은 함수 f와 [예제 2]에서의 선형화 L의 그래프를 보여준다.

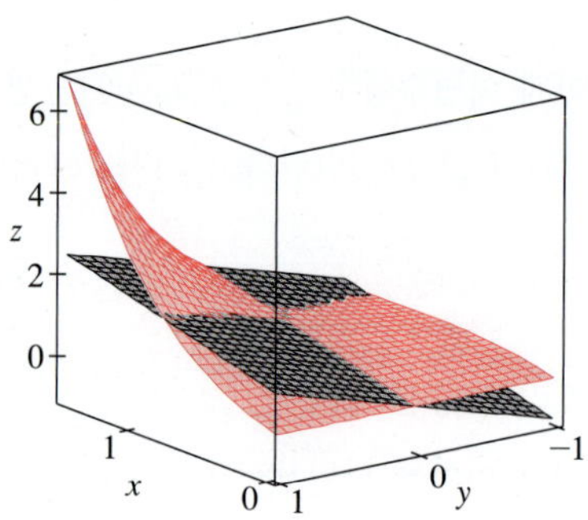

[그림 37]

미분

미분 가능한 일변수함수 $y = f(x)$에 대해 미분 dx를 독립변수로 정의한다. 즉 dx는 임의의 실수로 주어질 수 있다. 그러면 y의 미분을 다음과 같이 정의한다(2.8절 참조).

9 $$dy = f'(x)\,dx$$

[그림 38]은 증분 Δy와 미분 dy 사이의 관계를 보여준다. 즉 x가 $dx = \Delta x$만큼 변할 때 Δy는 곡선 $y = f(x)$의 높이에 대한 변화를 나타내고, dy는 접선의 높이에 대한 변화를 나타낸다.

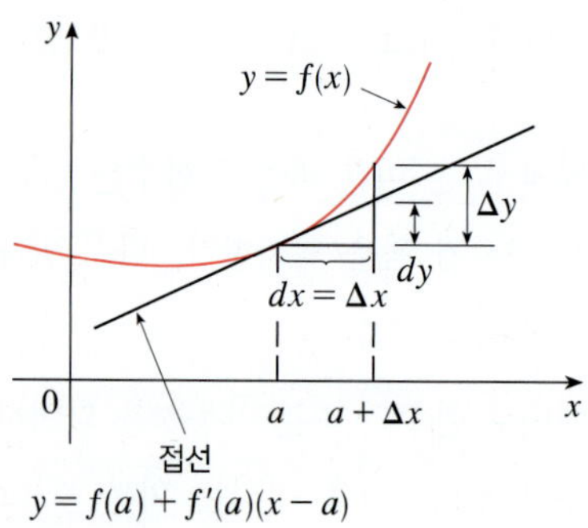

[그림 38]

미분 가능한 이변수함수 $z = f(x, y)$에 대해 **미분** dx와 dy를 독립변수로 정의한다. 즉 dx와 dy는 임의의 값으로 주어질 수 있다. 그러면 **미분** dz는 다음과 같이 정의되며 이것을 **전미분**total differential이라 한다(식 9와 비교).

10 $$dz = f_x(x, y)\,dx + f_y(x, y)\,dy = \frac{\partial z}{\partial x}dx + \frac{\partial z}{\partial y}dy$$

때때로 기호 dz 대신 df를 이용한다.

식 10에서 $dx = \Delta x = x - a$, $dy = \Delta y = y - b$로 택하면 z의 미분은 다음과 같다.

$$dz = f_x(a, b)(x-a) + f_y(a, b)(y-b)$$

따라서 미분 기호를 이용하면 선형 근사식 4는 다음과 같이 쓸 수 있다.

$$f(x, y) \approx f(a, b) + dz$$

[그림 39]는 [그림 38]에 상응하는 3차원의 그림이고, 미분 dz와 증분 Δz에 대한 기하학적 해석을 보여준다. 즉 (x, y)가 (a, b)에서 $(a+\Delta x, b+\Delta y)$까지 변할 때 dz는 접평면의 높이에 대한 변화를 나타내고, Δz는 곡면 $z = f(x, y)$의 높이에 대한 변화를 나타낸다.

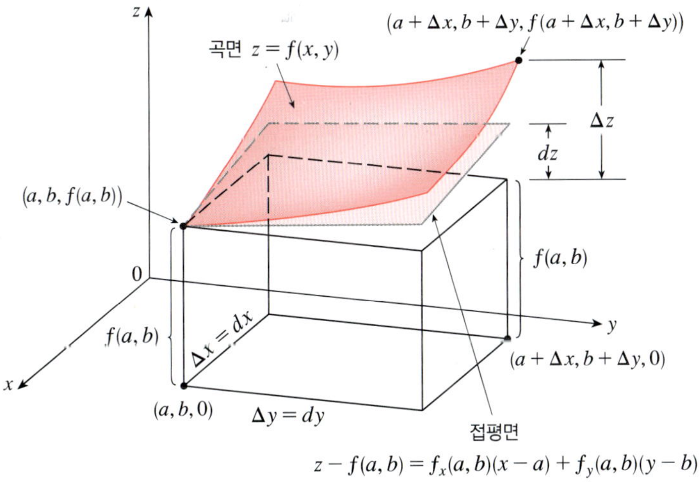

[그림 39]

예제 3 **(a)** $z = f(x, y) = x^2 + 3xy - y^2$**일 때 미분** dz**를 구하라.**

(b) x**가 2에서 2.05로 변하고** y**가 3에서 2.96까지 변할 때** Δz**와** dz**의 값을 비교하라.**

풀이

(a) 정의 10으로부터 다음을 얻는다.

$$dz = \frac{\partial z}{\partial x}dx + \frac{\partial z}{\partial y}dy = (2x+3y)\,dx + (3x-2y)\,dy$$

(b) $x=2$, $dx=\Delta x=0.05$, $y=3$, $dy=\Delta y=-0.04$로 놓으면 다음을 얻는다.

$$dz=[2(2)+3(3)]0.05+[3(2)-2(3)](-0.04)$$
$$=0.65$$

z의 증분은 다음과 같다.

$$\Delta z=f(2.05,\ 2.96)-f(2,\ 3)$$
$$=[(2.05)^2+3(2.05)(2.96)-(2.96)^2]-[2^2+3(2)(3)-3^2]$$
$$=0.6449$$

$\Delta z\approx dz$이지만 dz가 계산하기 쉽다.

[예제 3]에서 dz는 Δz에 가깝다. 왜냐하면 $(2, 3, 13)$ 부근에서 접평면이 곡면 $z=x^2+3xy-y^2$에 대한 좋은 근사이기 때문이다([그림 40] 참조).

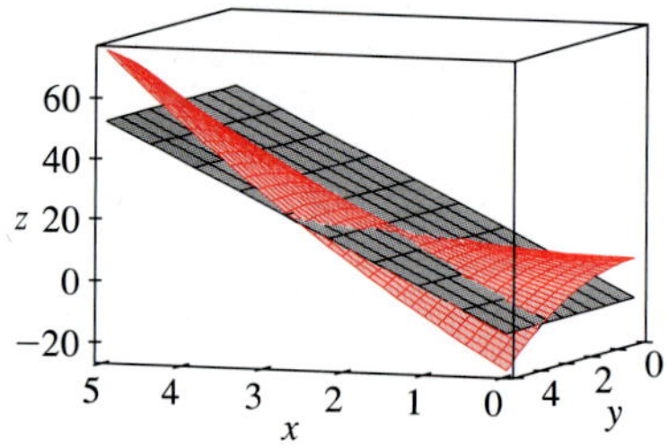

[그림 40]

예제 4 직원뿔의 밑면의 반지름과 높이가 각각 10 cm와 25 cm로 측정되었으며, 가능한 측정오차는 각각 0.1 cm 이내이다. 미분을 이용하여 원뿔의 부피를 계산할 때 최대 오차를 추정하라.

풀이

밑면의 반지름이 r, 높이가 h인 원뿔의 부피는 $V=\pi r^2 h/3$이다. 따라서 V의 미분은 다음과 같다.

$$dV=\frac{\partial V}{\partial r}dr+\frac{\partial V}{\partial h}dh=\frac{2\pi rh}{3}dr+\frac{\pi r^2}{3}dh$$

측정오차가 최대 0.1 cm이므로 $|\Delta r|\le 0.1$, $|\Delta h|\le 0.1$이다. 부피의 최대 오차를 추정하기 위해 r과 h의 최대 오차를 택한다. 그러므로 $dr=0.1$, $dh=0.1$, $r=10$, $h=25$이다. 이것으로부터 다음을 얻는다.

$$dV=\frac{500\pi}{3}(0.1)+\frac{100\pi}{3}(0.1)=20\pi$$

따라서 부피를 계산할 때 최대 오차는 약 $20\pi\,\text{cm}^3\approx 63\,\text{cm}^3$이다.

삼변수 이상의 함수

선형 근사, 미분 가능성, 미분은 삼변수 이상의 함수에서도 비슷한 방법으로 정의할 수 있다. 미분 가능한 함수는 정의 7에 있는 것과 비슷한 식으로 정의된다. 그와 같은 함수들에 대한 선형 근사는 다음과 같다.

$$f(x,\ y,\ z)\approx f(a,\ b,\ c)+f_x(a,\ b,\ c)(x-a)+f_y(a,\ b,\ c)(y-b)+f_z(a,\ b,\ c)(z-c)$$

그리고 선형화 $L(x, y, z)$는 위 식의 우변이다.

$w = f(x, y, z)$이면 w의 증분은 다음과 같다.

$$\Delta w = f(x + \Delta x, y + \Delta y, z + \Delta z) - f(x, y, z)$$

미분 dw는 독립변수들의 미분들 dx, dy, dz를 이용하여 다음과 같이 정의된다.

$$dw = \frac{\partial w}{\partial x} dx + \frac{\partial w}{\partial y} dy + \frac{\partial w}{\partial z} dz$$

예제 5 **직육면체 상자의 치수가 0.2 cm 이내의 측정오차로 각각 75 cm, 60 cm, 40 cm로 정확하게 측정되었다. 측정값을 사용해 상자의 부피를 계산할 때 미분을 이용하여 최대로 가능한 오차를 계산하라.**

풀이

직육면체의 치수를 x, y, z라 하면 부피가 $V = xyz$이므로 다음이 성립한다.

$$dV = \frac{\partial V}{\partial x} dx + \frac{\partial V}{\partial y} dy + \frac{\partial V}{\partial z} dz = yz\,dx + xz\,dy + xy\,dz$$

한편 $|\Delta x| \le 0.2$, $|\Delta y| \le 0.2$, $|\Delta z| \le 0.2$이므로 $dx = 0.2$, $dy = 0.2$, $dz = 0.2$, $x = 75$, $y = 60$, $z = 40$을 이용하여 부피에 대한 최대 오차를 추정하면 다음을 얻는다.

$$\Delta V \approx dV = (60)(40)(0.2) + (75)(40)(0.2) + (75)(60)(0.2) = 1980$$

따라서 각 치수를 측정할 때 단지 0.2 cm만의 오차로 인해 부피의 계산에서 근사적으로 $1980\,\text{cm}^3$에 이를 수 있다. 오차가 커 보이지만 상자 부피의 약 1%에 불과하다.

11.4 연습문제

01~03 지정된 점에서 주어진 곡면에 대한 접평면의 방정식을 구하라.

01 $z = 3y^2 - 2x^2 + x$, $(2, -1, -3)$

02 $z = \sqrt{xy}$, $(1, 1, 1)$

03 $z = x\sin(x+y)$, $(-1, 1, 0)$

04 [그래프] $z = x^2 + xy + 3y^2$, $(1, 1, 5)$에서 접평면의 그래프를 그려라. (곡면과 접평면을 모두 잘 볼 수 있도록 정의역과 방향을 선택한다.) 그리고 곡면과 접평면을 구분할 수 없을 때까지 확대하라.

05 CAS $f(x, y) = \dfrac{xy\sin(x-y)}{1+x^2+y^2}$, $(1, 1, 0)$에서 접평면을 그려라. (컴퓨터 대수체계를 이용하여 편도함수를 계산하고 곡면과

접평면의 그래프를 그려라.) 그리고 곡면과 접평면을 구분할 수 없을 때까지 확대하라.

06~07 다음 함수가 주어진 점에서 미분 가능한 이유를 설명하라. 그 점에서 함수의 선형화 $L(x, y)$를 구하라.

06 $f(x, y) = 1 + x\ln(xy-5)$, $(2, 3)$

07 $f(x, y) = e^{-xy}\cos y$, $(\pi, 0)$

---

08 $(0, 0)$에서 $\dfrac{2x+3}{4y+1} \approx 3 + 2x - 12y$의 선형 근사식을 확인하라.

09 f가 미분 가능하고 $f(2, 5) = 6$, $f_x(2, 5) = 1$, $f_y(2, 5) = -1$일 때, 선형 근사를 이용하여 $f(2.2, 4.9)$를 추정하라.

10 $(3, 2, 6)$에서 함수 $f(x, y, z) = \sqrt{x^2+y^2+z^2}$의 선형 근사식을 구하라. 이것을 이용하여 $\sqrt{(3.02)^2+(1.97)^2+(5.99)^2}$의 근삿값을 구하라.

11~12 다음 함수의 미분을 구하라.

11 $m = p^5 q^3$

12 $R = \alpha\beta^2\cos\gamma$

---

13 $z = 5x^2 + y^2$이고 (x, y)가 $(1, 2)$에서 $(1.05, 2.1)$로 변할 때, Δz와 dz의 값을 비교하라.

14 직사각형의 가로와 세로의 길이가 측정오차 $0.1\,\mathrm{cm}$ 이내로 정확하게 각각 $30\,\mathrm{cm}$, $24\,\mathrm{cm}$로 측정되었다. 미분을 이용하여 직사각형의 넓이를 계산할 때 최대 오차를 추정하라.

15 미분을 이용하여 지름 $8\,\mathrm{cm}$, 높이 $12\,\mathrm{cm}$, 두께 $0.04\,\mathrm{cm}$인 뚜껑이 닫힌 주석 캔 안에 들어 있는 주석의 양을 추정하라.

16 인체의 곡면 넓이에 대한 모형이 $S = 72.09\,w^{0.425}h^{0.725}$로 주어진다. 여기서 w는 몸무게(kg), h는 키(cm), S의 단위는 cm^2이다. w와 h의 측정오차가 최대 2%일 때 미분을 이용하여 곡면 넓이의 계산에서 최대 백분율 오차를 추정하라.

17 병렬회로에 연결된 저항이 R_1, R_2, R_3인 세 저항기의 전체 저항을 R이라 하면 다음이 성립한다.

$$\frac{1}{R} = \frac{1}{R_1} + \frac{1}{R_2} + \frac{1}{R_3}$$

측정된 각 저항이 $R_1 = 25\Omega$, $R_2 = 40\Omega$, $R_3 = 50\Omega$이고 각 경우에 가능 오차는 0.5%이다. R의 값을 계산할 때 최대 오차를 추정하라.

18 정의 [7]을 만족하는 ε_1과 ε_2의 값을 구하여 함수 $f(x, y) = x^2 + y^2$이 미분 가능함을 보여라.

19 f가 (a, b)에서 미분 가능한 이변수함수일 때, f가 (a, b)에서 연속임을 보여라.

[힌트: $\displaystyle\lim_{(\Delta x, \Delta y)\to(0,0)} f(a+\Delta x, b+\Delta y) = f(a, b)$임을 보인다.]

20 (a) 다음 함수의 그래프는 [그림 36]에 그려져 있다. $f_x(0, 0)$과 $f_y(0, 0)$이 모두 존재하지만 $(0, 0)$에서 f가 미분 가능하지 않음을 보여라. [힌트: [연습문제 19]의 결과를 이용하라.]

$$f(x, y) = \begin{cases} \dfrac{xy}{x^2+y^2}, & (x, y) \neq (0, 0) \\ 0, & (x, y) = (0, 0) \end{cases}$$

(b) f_x와 f_y가 $(0, 0)$에서 연속이 아닌 이유를 설명하라.

11.5 연쇄법칙

일변수함수에 대한 연쇄법칙은 합성함수의 미분에 대한 법칙을 제공한다는 것을 상기하자. $y = f(x)$, $x = g(t)$이고 f와 g가 미분 가능한 함수이면, y는 간접적으로 t에 대해 미분 가능한 함수이고 다음이 성립한다.

[1]
$$\frac{dy}{dt} = \frac{dy}{dx}\frac{dx}{dt}$$

이변수 이상의 함수에 대해 여러 가지 형태의 연쇄법칙이 있으며, 각각은 합성함수를 미분하기 위한 법칙을 제공한다. 첫 번째 유형(정리 2)은 $z = f(x, y)$인 경우를 다루고 변수 x, y는 각각 변수 t의 함수이다. 이것은 z가 간접적으로 t의 함수, 즉 $z = f(g(t), h(t))$인 것을 의미하고, 연쇄법칙은 t의 함수로서 z를 미분하는 공식을 제공한다. f가 미분 가능하다고 하자(11.4절 정의 7). 이것은 f_x와 f_y가 연속인 경우에 성립함을 상기하자(11.4절 정리 8).

2 연쇄법칙(유형 1) $z = f(x, y)$가 x와 y에 대해 미분 가능한 함수이고, $x = g(t)$와 $y = h(t)$가 모두 t에 대해 미분 가능한 함수라 하자. 그러면 z는 t에 대해 미분 가능한 함수이고 다음이 성립한다.

$$\frac{dz}{dt} = \frac{\partial f}{\partial x}\frac{dx}{dt} + \frac{\partial f}{\partial y}\frac{dy}{dt}$$

증명

t가 Δt만큼 변하면 x와 y는 각각 Δx와 Δy만큼 변한다. 그러면 z는 Δz만큼 변하고 11.4절의 정의 7에 의해 다음을 얻는다.

$$\Delta z = \frac{\partial f}{\partial x}\Delta x + \frac{\partial f}{\partial y}\Delta y + \varepsilon_1 \Delta x + \varepsilon_2 \Delta y$$

여기서 $(\Delta x, \Delta y) \to (0, 0)$일 때 $\varepsilon_1 \to 0$이고 $\varepsilon_2 \to 0$이다.[함수 ε_1과 ε_2가 $(0, 0)$에서 정의되지 않으면 $(0, 0)$에서 ε_1과 ε_2를 0으로 정의할 수 있다.] 이 식의 양변을 Δt로 나누면 다음을 얻는다.

$$\frac{\Delta z}{\Delta t} = \frac{\partial f}{\partial x}\frac{\Delta x}{\Delta t} + \frac{\partial f}{\partial y}\frac{\Delta y}{\Delta t} + \varepsilon_1 \frac{\Delta x}{\Delta t} + \varepsilon_2 \frac{\Delta y}{\Delta t}$$

이제 $\Delta t \to 0$이라 하면 g가 미분 가능하고 연속이므로 $\Delta x = g(t + \Delta t) - g(t) \to 0$이다. 마찬가지로 $\Delta y \to 0$이다. 이것은 $\varepsilon_1 \to 0$이고 $\varepsilon_2 \to 0$임을 의미하므로 다음이 성립한다.

$$\begin{aligned}
\frac{dz}{dt} &= \lim_{\Delta t \to 0} \frac{\Delta z}{\Delta t} \\
&= \frac{\partial f}{\partial x} \lim_{\Delta t \to 0} \frac{\Delta x}{\Delta t} + \frac{\partial f}{\partial y} \lim_{\Delta t \to 0} \frac{\Delta y}{\Delta t} + \lim_{\Delta t \to 0} \varepsilon_1 \lim_{\Delta t \to 0} \frac{\Delta x}{\Delta t} + \lim_{\Delta t \to 0} \varepsilon_2 \lim_{\Delta t \to 0} \frac{\Delta y}{\Delta t} \\
&= \frac{\partial f}{\partial x}\frac{dx}{dt} + \frac{\partial f}{\partial y}\frac{dy}{dt} + 0 \cdot \frac{dx}{dt} + 0 \cdot \frac{dy}{dt} \\
&= \frac{\partial f}{\partial x}\frac{dx}{dt} + \frac{\partial f}{\partial y}\frac{dy}{dt}
\end{aligned}$$

종종 $\partial f/\partial x$ 대신 $\partial z/\partial x$로 쓰기도 하므로 연쇄법칙을 다음과 같은 형태로 다시 쓸 수 있다.

$$\frac{dz}{dt}=\frac{\partial z}{\partial x}\frac{dx}{dt}+\frac{\partial z}{\partial y}\frac{dy}{dt}$$

미분의 정의 $dz=\frac{\partial z}{\partial x}dx+\frac{\partial z}{\partial y}dy$와 유사한 것에 주목한다.

예제 1 $z=x^2y+3xy^4$, $x=\sin 2t$, $y=\cos t$일 때, $t=0$에서 dz/dt를 구하라.

풀이

연쇄법칙에 따라 다음을 얻는다.

$$\frac{dz}{dt}=\frac{\partial z}{\partial x}\frac{dx}{dt}+\frac{\partial z}{\partial y}\frac{dy}{dt}$$

$$=(2xy+3y^4)(2\cos 2t)+(x^2+12xy^3)(-\sin t)$$

x와 y를 다시 t의 식으로 쓸 필요가 없다. $t=0$일 때 간단히 $x=\sin 0=0$, $y=\cos 0=1$이므로 다음과 같다.

$$\left.\frac{dz}{dt}\right|_{t=0}=(0+3)(2\cos 0)+(0+0)(-\sin 0)=6$$

[예제 1]의 도함수는 점 (x, y)가 매개변수방정식이 $x=\sin 2t$, $y=\cos t$인 곡선 C를 따라 움직일 때, t에 대한 z의 변화율로 해석할 수 있다([그림 41] 참조). 특히 $t=0$일 때 점 (x, y)는 $(0, 1)$이고, $dz/dt=6$은 $(0, 1)$을 지나는 곡선 C를 따라 움직일 때의 증가율이다. 예를 들어 $z=T(x, y)=x^2y+3xy^4$이 점 (x, y)에서 온도를 나타낸다면 합성함수 $z=T(\sin 2t, \cos t)$는 곡선 C 위에 있는 점의 온도를 나타낸다. dz/dt는 C에 따른 온도의 변화율을 나타낸다.

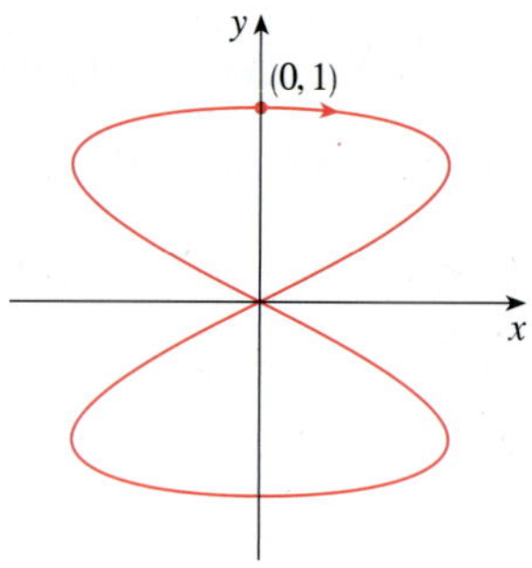

[그림 41] 곡선 $x=\sin 2t$, $y=\cos t$

예제 2 이상기체 1 mol에 대한 압력 P(kPa), 부피 V(L), 온도 T(K)의 관계는 방정식 $PV=8.31T$로 표현된다. 온도가 300 K이고 0.1 K/s의 비율로 증가하고, 부피가 100 L이고 0.2 L/s의 비율로 증가할 때, 압력의 변화율을 구하라.

풀이

t가 경과된 시간(초)을 나타내면 주어진 순간에 $T=300$, $dT/dt=0.1$, $V=100$, $dV/dt=0.2$이다. 주어진 관계식으로부터 다음을 얻는다.

$$P=8.31\frac{T}{V}$$

그러므로 연쇄법칙에 따라 다음을 얻는다.

$$\frac{dP}{dt} = \frac{\partial P}{\partial T}\frac{dT}{dt} + \frac{\partial P}{\partial V}\frac{dV}{dt} = \frac{8.31}{V}\frac{dT}{dt} - \frac{8.31T}{V^2}\frac{dV}{dt}$$

$$= \frac{8.31}{100}(0.1) - \frac{8.31(300)}{100^2}(0.2) = -0.04155$$

압력은 약 0.042 kPa/s 의 비율로 감소한다.

이제 $z = f(x, y)$이고 x와 y가 각각 s와 t 의 이변수함수 $x = g(s, t)$, $y = h(s, t)$인 경우를 생각하자. 그러면 z는 간접적으로 s와 t 의 함수이므로 $\partial z/\partial s$와 $\partial z/\partial t$ 를 구해야 한다. $\partial z/\partial t$ 를 계산할 때 s를 고정하고 t 에 대해 z의 통상적인 도함수를 계산하는 것을 상기하자. 그러므로 정리 2를 적용해서 다음을 얻을 수 있다.

$$\frac{\partial z}{\partial t} = \frac{\partial z}{\partial x}\frac{\partial x}{\partial t} + \frac{\partial z}{\partial y}\frac{\partial y}{\partial t}$$

유사한 방법이 $\partial z/\partial s$에 대해서도 성립하므로 다음 유형의 연쇄법칙이 증명된다.

3 연쇄법칙(유형 2) $z = f(x, y)$가 x와 y에 대해 미분 가능한 함수이고, $x = g(s, t)$와 $y = h(s, t)$가 모두 s와 t 에 대해 미분 가능한 함수라 하자. 그러면 다음이 성립한다.

$$\frac{\partial z}{\partial s} = \frac{\partial z}{\partial x}\frac{\partial x}{\partial s} + \frac{\partial z}{\partial y}\frac{\partial y}{\partial s}, \quad \frac{\partial z}{\partial t} = \frac{\partial z}{\partial x}\frac{\partial x}{\partial t} + \frac{\partial z}{\partial y}\frac{\partial y}{\partial t}$$

예제 3 **$z = e^x \sin y$이고 $x = st^2$, $y = s^2 t$ 일 때 $\partial z/\partial s$와 $\partial z/\partial t$ 를 구하라.**

풀이

유형 2인 연쇄법칙을 적용하여 다음을 얻는다.

$$\frac{\partial z}{\partial s} = \frac{\partial z}{\partial x}\frac{\partial x}{\partial s} + \frac{\partial z}{\partial y}\frac{\partial y}{\partial s} = (e^x \sin y)(t^2) + (e^x \cos y)(2st)$$

$$= t^2 e^{st^2} \sin(s^2 t) + 2st e^{st^2} \cos(s^2 t)$$

$$\frac{\partial z}{\partial t} = \frac{\partial z}{\partial x}\frac{\partial x}{\partial t} + \frac{\partial z}{\partial y}\frac{\partial y}{\partial t} = (e^x \sin y)(2st) + (e^x \cos y)(s^2)$$

$$= 2st e^{st^2} \sin(s^2 t) + s^2 e^{st^2} \cos(s^2 t)$$

유형 2의 연쇄법칙은 세 가지 형태의 변수를 갖는다. 즉 s와 t 는 독립변수 independent variable, x와 y는 중간변수 intermediate variable, z는 종속변수 dependent variable 이다. 정리 3은 각 중간변수의 항을 하나씩 갖고 있으며 이런 각 항은 식 1의 1차원 연쇄법칙과 유사하다.

연쇄법칙을 기억하기 위해 [그림 42]와 같은 수형도tree diagram를 그리는 것이 도움이 된다.

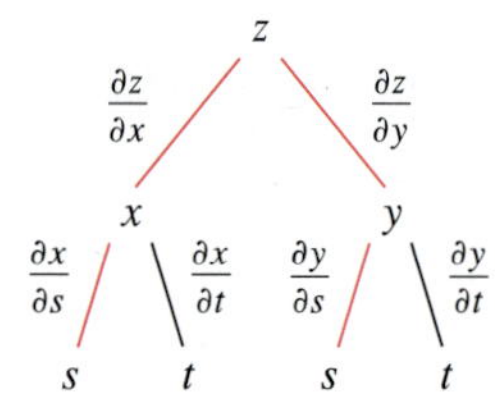

[그림 42]

종속변수 z로부터 중간변수 x와 y까지 나뭇가지를 그려서 z가 x와 y의 함수임을 나타낸다. 그 다음 x와 y로부터 독립변수 s와 t까지 나뭇가지를 그린다. 끝으로 각 나뭇가지에 대응하는 편도함수를 쓴다. 그러면 $\partial z/\partial s$를 구하기 위해 z부터 s까지 각 경로를 따라 편도함수를 곱하고, 이를 다음과 같이 더한다.

$$\frac{\partial z}{\partial s} = \frac{\partial z}{\partial x}\frac{\partial x}{\partial s} + \frac{\partial z}{\partial y}\frac{\partial y}{\partial s}$$

유사하게 z부터 t까지 경로를 이용하여 $\partial z/\partial t$를 구할 수 있다.

이제 종속변수 u가 n개의 중간변수 x_1, x_2, $\cdots$, x_n의 함수이고, 이들이 각각 m개의 독립변수 t_1, $\cdots$, t_m의 함수인 일반적인 상황을 생각한다. 각각의 중간변수에 대한 나뭇가지가 하나씩 모두 n개의 항이 있음에 주목하자. 이 증명은 유형 1과 비슷하다.

4 연쇄법칙(일반적인 유형) u가 n개의 변수 x_1, x_2, $\cdots$, x_n에 대해 미분 가능한 함수이고, 각 x_j는 m개의 변수 t_1, t_2, $\cdots$, t_m에 대해 미분 가능한 함수라 하자. 그러면 u는 $t_1, t_2, \cdots, t_m$의 함수이고, $i = 1, 2, \ldots, m$에 대해 다음이 성립한다.

$$\frac{\partial u}{\partial t_i} = \frac{\partial u}{\partial x_1}\frac{\partial x_1}{\partial t_i} + \frac{\partial u}{\partial x_2}\frac{\partial x_2}{\partial t_i} + \cdots + \frac{\partial u}{\partial x_n}\frac{\partial x_n}{\partial t_i}$$

예제 4 $w = f(x, y, z, t)$이고 $x = x(u, v)$, $y = y(u, v)$, $z = z(u, v)$, $t = t(u, v)$인 경우에 대한 연쇄법칙을 쓰라.

풀이

$n = 4$, $m = 2$인 정리 4를 적용한다. [그림 43]은 이에 대한 수형도이다. 나뭇가지 위에 편도함수를 명시하지 않더라도 나뭇가지가 y에서 u로 이어지면 그 가지에 대한 편도함수는 $\partial y/\partial u$로 이해한다. 그러면 수형도를 이용하여 요구되는 표현을 다음과 같이 쓸 수 있다.

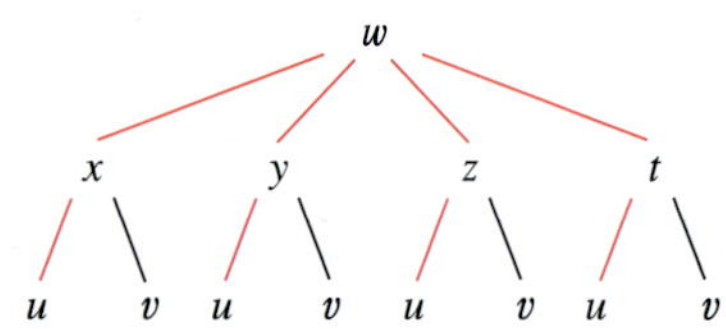

[그림 43]

$$\frac{\partial w}{\partial u} = \frac{\partial w}{\partial x}\frac{\partial x}{\partial u} + \frac{\partial w}{\partial y}\frac{\partial y}{\partial u} + \frac{\partial w}{\partial z}\frac{\partial z}{\partial u} + \frac{\partial w}{\partial t}\frac{\partial t}{\partial u}$$

$$\frac{\partial w}{\partial v} = \frac{\partial w}{\partial x}\frac{\partial x}{\partial v} + \frac{\partial w}{\partial y}\frac{\partial y}{\partial v} + \frac{\partial w}{\partial z}\frac{\partial z}{\partial v} + \frac{\partial w}{\partial t}\frac{\partial t}{\partial v}$$

예제 5 $u = x^4y + y^2z^3$이고 $x = rse^t$, $y = rs^2e^{-t}$, $z = r^2s\sin t$이면 $r = 2$, $s = 1$, $t = 0$일 때 $\partial u/\partial s$의 값을 구하라.

풀이

[그림 44]의 수형도의 도움을 받아 다음을 얻는다.

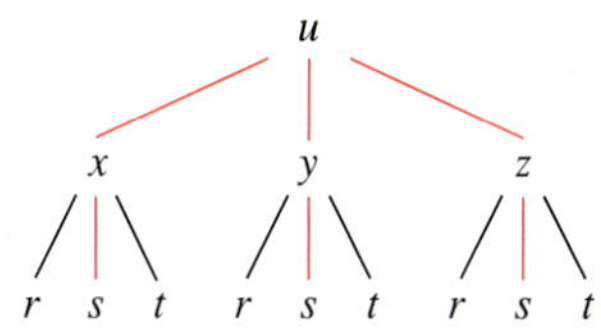

[그림 44]

$$\frac{\partial u}{\partial s} = \frac{\partial u}{\partial x}\frac{\partial x}{\partial s} + \frac{\partial u}{\partial y}\frac{\partial y}{\partial s} + \frac{\partial u}{\partial z}\frac{\partial z}{\partial s}$$

$$= (4x^3y)(re^t) + (x^4 + 2yz^3)(2rse^{-t}) + (3y^2z^2)(r^2\sin t)$$

한편 $r = 2$, $s = 1$, $t = 0$일 때 $x = 2$, $y = 2$, $z = 0$이므로 다음을 얻는다.

$$\frac{\partial u}{\partial s} = (64)(2) + (16)(4) + (0)(0) = 192$$

예제 6 $g(s, t) = f(s^2 - t^2, t^2 - s^2)$**이고** f**가 미분 가능할 때,** g**가 다음 방정식을 만족함을 보여라.**

$$t\frac{\partial g}{\partial s} + s\frac{\partial g}{\partial t} = 0$$

풀이

$x = s^2 - t^2$, $y = t^2 - s^2$이라 하자. 그러면 $g(s, t) = f(x, y)$이고 연쇄법칙에 따라 다음을 얻는다.

$$\frac{\partial g}{\partial s} = \frac{\partial f}{\partial x}\frac{\partial x}{\partial s} + \frac{\partial f}{\partial y}\frac{\partial y}{\partial s} = \frac{\partial f}{\partial x}(2s) + \frac{\partial f}{\partial y}(-2s)$$

$$\frac{\partial g}{\partial t} = \frac{\partial f}{\partial x}\frac{\partial x}{\partial t} + \frac{\partial f}{\partial y}\frac{\partial y}{\partial t} = \frac{\partial f}{\partial x}(-2t) + \frac{\partial f}{\partial y}(2t)$$

그러므로 다음이 성립한다.

$$t\frac{\partial g}{\partial s} + s\frac{\partial g}{\partial t} = \left(2st\frac{\partial f}{\partial x} - 2st\frac{\partial f}{\partial y}\right) + \left(-2st\frac{\partial f}{\partial x} + 2st\frac{\partial f}{\partial y}\right) = 0$$

예제 7 $z = f(x, y)$**가 연속인 2계 편도함수를 가지고** $x = r^2 + s^2$, $y = 2rs$**일 때, (a)** $\partial z/\partial r$**와 (b)** $\partial^2 z/\partial r^2$**를 구하라.**

풀이

(a) 연쇄법칙에 따라 다음을 얻는다.

$$\frac{\partial z}{\partial r} = \frac{\partial z}{\partial x}\frac{\partial x}{\partial r} + \frac{\partial z}{\partial y}\frac{\partial y}{\partial r} = \frac{\partial z}{\partial x}(2r) + \frac{\partial z}{\partial y}(2s)$$

(b) (a)의 결과에 미분에 관한 곱의 법칙을 적용하면 다음을 얻는다.

$$\boxed{5}\quad \begin{aligned}\frac{\partial^2 z}{\partial r^2} &= \frac{\partial}{\partial r}\left(2r\frac{\partial z}{\partial x}+2s\frac{\partial z}{\partial y}\right)\\ &= 2\frac{\partial z}{\partial x}+2r\frac{\partial}{\partial r}\left(\frac{\partial z}{\partial x}\right)+2s\frac{\partial}{\partial r}\left(\frac{\partial z}{\partial y}\right)\end{aligned}$$

연쇄법칙을 다시 이용하여([그림 45] 참조) 다음을 얻는다.

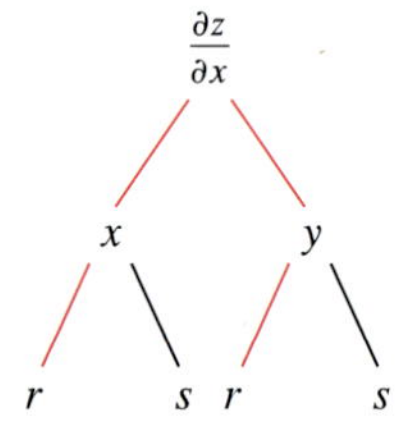

[그림 45]

$$\frac{\partial}{\partial r}\left(\frac{\partial z}{\partial x}\right)=\frac{\partial}{\partial x}\left(\frac{\partial z}{\partial x}\right)\frac{\partial x}{\partial r}+\frac{\partial}{\partial y}\left(\frac{\partial z}{\partial x}\right)\frac{\partial y}{\partial r}=\frac{\partial^2 z}{\partial x^2}(2r)+\frac{\partial^2 z}{\partial y\,\partial x}(2s)$$

$$\frac{\partial}{\partial r}\left(\frac{\partial z}{\partial y}\right)=\frac{\partial}{\partial x}\left(\frac{\partial z}{\partial y}\right)\frac{\partial x}{\partial r}+\frac{\partial}{\partial y}\left(\frac{\partial z}{\partial y}\right)\frac{\partial y}{\partial r}=\frac{\partial^2 z}{\partial x\,\partial y}(2r)+\frac{\partial^2 z}{\partial y^2}(2s)$$

이 식들을 식 5에 대입하고 혼합 2계 편도함수들에 대한 상등을 이용하면 다음을 얻는다.

$$\begin{aligned}\frac{\partial^2 z}{\partial r^2} &= 2\frac{\partial z}{\partial x}+2r\left(2r\frac{\partial^2 z}{\partial x^2}+2s\frac{\partial^2 z}{\partial y\,\partial x}\right)+2s\left(2r\frac{\partial^2 z}{\partial x\,\partial y}+2s\frac{\partial^2 z}{\partial y^2}\right)\\ &= 2\frac{\partial z}{\partial x}+4r^2\frac{\partial^2 z}{\partial x^2}+8rs\frac{\partial^2 z}{\partial x\,\partial y}+4s^2\frac{\partial^2 z}{\partial y^2}\end{aligned}$$

음함수의 미분법

2.6절과 11.3절 [예제 4]에서 소개한 음함수의 미분 과정을 좀 더 완벽하게 설명하는 데 연쇄법칙을 이용할 수 있다. $F(x, y)=0$ 형태의 방정식이 y를 x의 미분 가능한 음함수, 즉 $y=f(x)$로 정의한다고 가정하자. 그러면 f의 정의역에 있는 모든 x에 대해 $F(x, f(x))=0$이 성립한다. F가 미분 가능하면 연쇄법칙의 유형 1을 적용하여 방정식 $F(x, y)=0$의 양변을 x에 대해 미분할 수 있다. x와 y가 모두 x의 함수이므로 다음을 얻는다.

$$\frac{\partial F}{\partial x}\frac{dx}{dx}+\frac{\partial F}{\partial y}\frac{dy}{dx}=0$$

이때 $dx/dx=1$이므로 $\partial F/\partial y\neq 0$일 때 dy/dx에 대해 풀면 다음을 얻는다.

$$\boxed{6}\quad \frac{dy}{dx}=-\frac{\dfrac{\partial F}{\partial x}}{\dfrac{\partial F}{\partial y}}=-\frac{F_x}{F_y}$$

이 방정식을 유도하기 위해 $F(x, y)=0$이 y를 x의 음함수로 정의한다고 가정했다. 고등 미적분학에서 증명하는 음함수 정리[Implicit Function Theorem]는 이런 가정이 타당하도록 조건을 제시한다. 즉 F가 (a, b)를 포함하는 원판에서 정의되고, $F(a, b)=0$, $F_y(a, b) \neq 0$이며 F_x와 F_y가 원판에서 연속이면 방정식 $F(x, y)=0$은 점 (a, b) 부근에서 y를 x의 함수로 정의한다. 그리고 이 함수의 도함수는 식 6으로 주어진다.

예제 8 $x^3+y^3=6xy$일 때 y'을 구하라.

풀이

주어진 식은 다음과 같이 쓸 수 있다.

$$F(x, y)=x^3+y^3-6xy=0$$

따라서 식 6에 의해 다음을 얻는다.

$$\frac{dy}{dx}=-\frac{F_x}{F_y}=-\frac{3x^2-6y}{3y^2-6x}=-\frac{x^2-2y}{y^2-2x}$$

[예제 8]의 해는 2.6절의 [예제 2]와 비교된다.

이제 z가 $F(x, y, z)=0$ 형태의 방정식에 의해 함수 $z=f(x, y)$와 같이 음함수로 주어진다고 하자. 이것은 f의 정의역 안에 있는 모든 (x, y)에 대해 $F(x, y, f(x, y))=0$임을 의미한다. F와 f가 미분 가능하면 방정식 $F(x, y, z)=0$에 연쇄법칙을 적용하여 다음과 같이 미분할 수 있다.

$$\frac{\partial F}{\partial x}\frac{\partial x}{\partial x}+\frac{\partial F}{\partial y}\frac{\partial y}{\partial x}+\frac{\partial F}{\partial z}\frac{\partial z}{\partial x}=0$$

그러나 $\frac{\partial}{\partial x}(x)=1$, $\frac{\partial}{\partial x}(y)=0$이므로 위 식은 다음과 같다.

$$\frac{\partial F}{\partial x}+\frac{\partial F}{\partial z}\frac{\partial z}{\partial x}=0$$

$\partial F/\partial z \neq 0$이면 $\partial z/\partial x$에 대해 풀어서 식 7에 있는 첫 번째 공식을 얻는다. $\partial z/\partial y$에 대한 공식도 비슷한 방법으로 얻는다.

7 $$\frac{\partial z}{\partial x}=-\frac{\dfrac{\partial F}{\partial x}}{\dfrac{\partial F}{\partial z}}, \qquad \frac{\partial z}{\partial y}=-\frac{\dfrac{\partial F}{\partial y}}{\dfrac{\partial F}{\partial z}}$$

한편 음함수 정리 버전은 다음 가정이 타당한 조건을 제시한다. F가 (a, b, c)를 포함하는 구 안에서 정의되고, $F(a, b, c)=0$, $F_z(a, b, c)\neq 0$이며 구의 내부에서 F_x, F_y, F_z가 연속이면 점 (a, b, c)의 부근에서 방정식 $F(x, y, z)=0$은 z를 x와 y의 함수로 정의한다. 그리고 이 함수는 미분 가능하며 7에서 주어진 편도함수를 갖는다.

예제 9 $x^3+y^3+z^3+6xyz=1$일 때 $\dfrac{\partial z}{\partial x}$와 $\dfrac{\partial z}{\partial y}$를 구하라.

풀이

$F(x, y, z)=x^3+y^3+z^3+6xyz-1$이라 하자. 식 7로부터 다음을 얻는다.

[예제 9]의 해는 11.3절의 [예제 4]와 비교된다.

$$\frac{\partial z}{\partial x}=-\frac{F_x}{F_z}=-\frac{3x^2+6yz}{3z^2+6xy}=-\frac{x^2+2yz}{z^2+2xy}$$

$$\frac{\partial z}{\partial y}=-\frac{F_y}{F_z}=-\frac{3y^2+6xz}{3z^2+6xy}=-\frac{y^2+2xz}{z^2+2xy}$$

11.5 연습문제

01~02 연쇄법칙을 이용하여 dz/dt 또는 dw/dt를 구하라.

01 $z=x^2+y^2+xy,\ x=\sin t,\ y=e^t$

02 $w=xe^{y/z},\ x=t^2,\ y=1-t,\ z=1+2t$

03~04 연쇄법칙을 이용하여 $\partial z/\partial s$와 $\partial z/\partial t$를 구하라.

03 $z=x^2y^3,\ x=s\cos t,\ y=s\sin t$

04 $z=e^r\cos\theta,\ r=st,\ \theta=\sqrt{s^2+t^2}$

05 $z=f(x, y)$가 미분 가능하고 다음이 성립한다. $t=3$일 때 dz/dt를 구하라.

$$x=g(t),\qquad y=h(t)$$
$$g(3)=2,\qquad h(3)=7$$
$$g'(3)=5,\qquad h'(3)=-4$$
$$f_x(2, 7)=6\qquad f_y(2, 7)=-8$$

06 f가 x와 y에 대해 미분 가능한 함수이고 $g(u, v)=f(e^u+\sin v,\ e^u+\cos v)$이다. 다음 표를 이용하여 $g_u(0, 0)$과 $g_v(0, 0)$을 계산하라.

	f	g	f_x	f_y
(0, 0)	3	6	4	8
(1, 2)	6	3	2	5

07~08 수형도를 이용하여 다음에 주어진 각 경우에 대한 연쇄법칙을 유도하라. 모든 함수는 미분 가능하다고 가정한다.

07 $u=f(x, y),\ x=x(r, s, t),\ y=y(r, s, t)$

08 $w=f(r, s, t),\ r=r(x, y),\ s=s(x, y),\ t=t(x, y)$

09~11 연쇄법칙을 이용하여 제시된 편미분계수를 구하라.

09 $z=x^4+x^2y,\ x=s+2t-u,\ y=stu^2;\ s=4,\ t=2,\ u=1$에서 $\dfrac{\partial z}{\partial s},\ \dfrac{\partial z}{\partial t},\ \dfrac{\partial z}{\partial u}$

10 $w=xy+yz+zx,\ x=r\cos\theta,\ y=r\sin\theta,\ z=r\theta;\ r=2,\ \theta=\pi/2$에서 $\dfrac{\partial w}{\partial r},\ \dfrac{\partial w}{\partial \theta}$

11 $N=\dfrac{p+q}{p+r},\ p=u+vw,\ q=v+uw,\ r=w+uv;\ u=2, v=3, w=4$에서 $\dfrac{\partial N}{\partial u},\ \dfrac{\partial N}{\partial v},\ \dfrac{\partial N}{\partial w}$

12 식 6을 이용하여 $\tan^{-1}(x^2y)=x+xy^2$의 dy/dx를 구하라.

13~14 식 7을 이용하여 $\partial z/\partial x$와 $\partial z/\partial y$를 구하라.

13 $x^2+2y^2+3z^2=1$

14 $e^z=xyz$

15 $T(x, y)$는 점 (x, y)에서 측정된 섭씨 온도이다. t초 후에 벌레는 $x=\sqrt{1+t}$, $y=2+\frac{1}{3}t$인 위치로 기어가며, x와 y의 단위는 cm이다. 온도함수가 $T_x(2, 3)=4$, $T_y(2, 3)=3$을 만족한다. 3초 후에 벌레가 기어간 경로에서 온도는 얼마나 빠르게 올라가는가?

16 염도가 35/1000인 바닷물 속을 지나는 음속은 다음 방정식으로 모형화된다.

$$C=1449.2+4.6T-0.055T^2+0.00029T^3+0.016D$$

여기서 C는 음속(m/s), T는 섭씨온도, D는 해수면 아래의 깊이(m)이다. 스쿠버 다이버가 여유롭게 바다 속으로 잠수를 시작한다. 다이버의 깊이와 주위의 물 온도를 시간에 따라 기록한 그래프가 그림과 같다. 다이버가 잠수한 지 20분이 지났을 때 바닷물 속에서 시간에 대한 소리의 속력 변화율을 추정하라. 단위는 무엇인가?

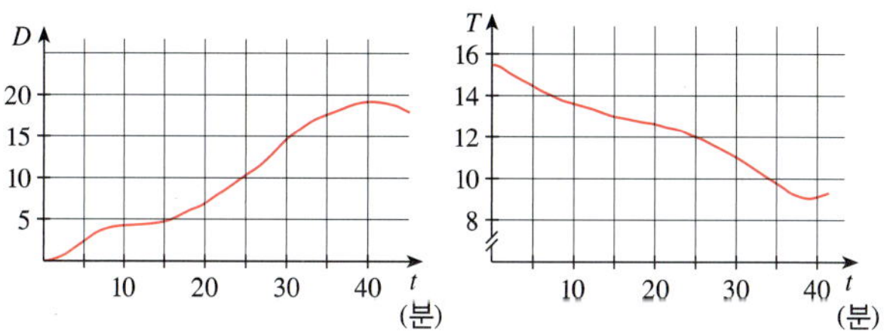

17 길이 l, 너비 w, 높이 h인 상자가 시간에 따라 그 모양이 변한다. 어느 순간에 치수가 $l=1\text{m}$, $w=h=2\text{m}$이고 l과 w는 2m/s의 비율로 증가하며 h는 3m/s의 비율로 감소한다. 그 순간에 다음 양이 변하는 비율을 구하라.

(a) 부피 (b) 곡면의 넓이 (c) 대각선의 길이

18 이상기체 1mol의 압력은 0.05kPa/s의 비율로 증가하고 온도는 0.15K/s의 비율로 증가한다. [예제 2]의 방정식을 이용하여 압력이 20kPa, 온도가 320K일 때, 부피의 변화율을 구하라.

19~20 주어진 함수가 모두 미분 가능하다고 가정한다.

19 $z=f(x, y)$, $x=r\cos\theta$, $y=r\sin\theta$일 때 (a) $\partial z/\partial r$와 $\partial z/\partial\theta$를 구하고 (b) 다음을 보여라.

$$\left(\frac{\partial z}{\partial x}\right)^2+\left(\frac{\partial z}{\partial y}\right)^2=\left(\frac{\partial z}{\partial r}\right)^2+\frac{1}{r^2}\left(\frac{\partial z}{\partial\theta}\right)^2$$

20 $z=f(x-y)$일 때 $\frac{\partial z}{\partial x}+\frac{\partial z}{\partial y}=0$임을 보여라.

21~23 다음 함수들이 모두 연속인 2계 편도함수를 갖는다고 가정한다.

21 $z=f(x+at)+g(x-at)$ 형태인 임의의 함수가 파동방정식 $\frac{\partial^2 z}{\partial t^2}=a^2\frac{\partial^2 z}{\partial x^2}$를 만족함을 보여라. [힌트: $u=x+at$와 $v=x-at$로 놓는다.]

22 $z=f(x, y)$, $x=r^2+s^2$, $y=2rs$일 때 $\partial^2 z/\partial r\partial s$를 구하라([예제 7]과 비교).

23 $z=f(x, y)$, $x=r\cos\theta$, $y=r\sin\theta$일 때 다음을 보여라.

$$\frac{\partial^2 z}{\partial x^2}+\frac{\partial^2 z}{\partial y^2}=\frac{\partial^2 z}{\partial r^2}+\frac{1}{r^2}\frac{\partial^2 z}{\partial\theta^2}+\frac{1}{r}\frac{\partial z}{\partial r}$$

24 방정식 $F(x, y, z)=0$은 세 변수 x, y, z 각각을 다른 두 변수에 대해 음함수적으로 정의한다. 즉 이 변수들은 각각 $z=f(x, y)$, $y=g(x, z)$, $x=h(y, z)$이다. F가 미분 가능하고 F_x, F_y, F_z가 모두 0이 아닐 때, 다음을 보여라.

$$\frac{\partial z}{\partial x}\frac{\partial x}{\partial y}\frac{\partial y}{\partial z}=-1$$

11.6 방향도함수와 기울기 벡터

$z=f(x, y)$이면 편미분계수 f_x와 f_y는 다음과 같이 정의되는 것을 기억하자.

1

$$f_x(x_0, y_0) = \lim_{h \to 0} \frac{f(x_0 + h, y_0) - f(x_0, y_0)}{h}$$

$$f_y(x_0, y_0) = \lim_{h \to 0} \frac{f(x_0, y_0 + h) - f(x_0, y_0)}{h}$$

그리고 이것은 x방향과 y방향, 즉 단위벡터 **i** 와 **j** 방향으로의 z의 변화율을 나타낸다. 이제 (x_0, y_0)에서 임의의 단위벡터 $\mathbf{u} = \langle a, b \rangle$ 방향으로의 z의 변화율을 구하고자 한다([그림 46] 참조).

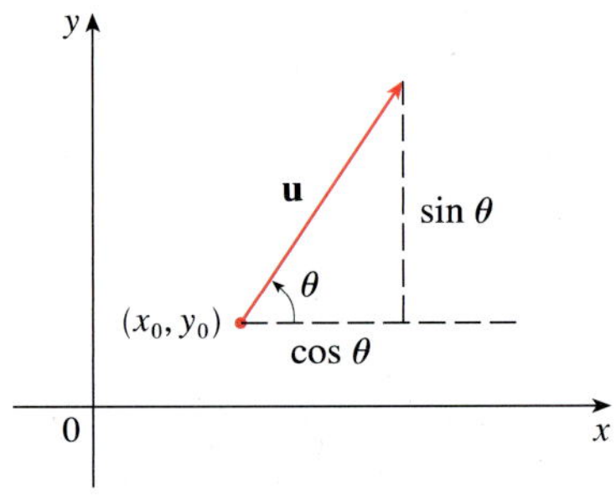

[그림 46] 단위벡터
$\mathbf{u} = \langle a, b \rangle = \langle \cos\theta, \sin\theta \rangle$

이를 위해 방정식 $z = f(x, y)$를 갖는 곡면 S, 즉 f의 그래프를 생각한다. 그리고 $z_0 = f(x_0, y_0)$이라 하면 점 $P(x_0, y_0, z_0)$는 S에 놓인다. 이때 C는 **u** 방향으로 점 P를 지나는 수직평면과 곡면 S가 만나는 곡선이다([그림 47] 참조). 점 P에서 C에 대한 접선 T의 기울기는 **u** 방향에서 z의 변화율이다.

TEC Visual 11.6A는 [그림 2]의 **u**, 즉 T가 회전하는 모습을 보여준다.

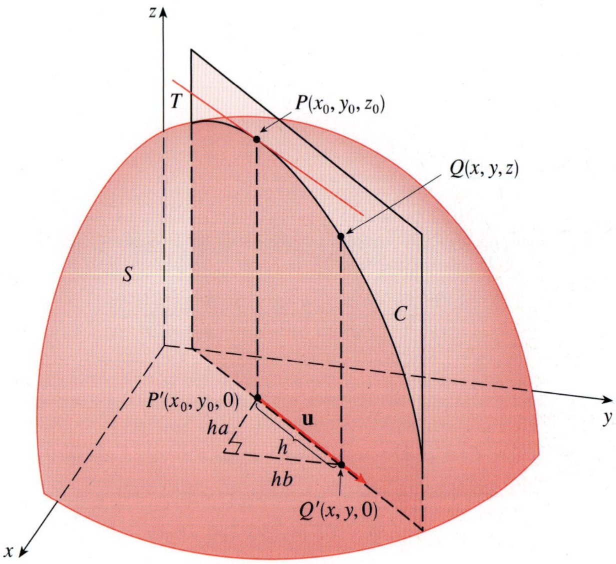

[그림 47]

$Q(x, y, z)$가 C 위의 또 다른 점이고 P', Q'을 xy평면 위의 P, Q의 사영이라 하면 벡터 $\overrightarrow{P'Q'}$은 **u**에 평행한다. 따라서 어떤 스칼라 h에 대해 다음이 성립한다.

$$\overrightarrow{P'Q'} = h\mathbf{u} = \langle ha, hb \rangle$$

그러므로 $x - x_0 = ha$, $y - y_0 = hb$, 즉 $x = x_0 + ha$, $y = y_0 + hb$이고 다음이 성립한다.

$$\frac{\Delta z}{h} = \frac{z - z_0}{h} = \frac{f(x_0 + ha, y_0 + hb) - f(x_0, y_0)}{h}$$

이제 이 식에 $h \to 0$인 극한을 취하면 **u** 방향으로 (거리에 관한) z의 변화율을 얻으며 이것을 **u** 방향으로 f의 방향도함수라고 한다.

2 정의 (x_0, y_0)에서 단위벡터 $\mathbf{u} = \langle a, b\rangle$ 방향으로 f의 **방향도함수**directional derivative는 (이 극한이 존재할 때) 다음과 같이 정의한다.

$$D_{\mathbf{u}} f(x_0, y_0) = \lim_{h \to 0} \frac{f(x_0 + ha, y_0 + hb) - f(x_0, y_0)}{h}$$

정의 2를 식 1과 비교하면 $\mathbf{u} = \mathbf{i} = \langle 1, 0\rangle$일 때 $D_{\mathbf{i}} f = f_x$이고, $\mathbf{u} = \mathbf{j} = \langle 0, 1\rangle$일 때 $D_{\mathbf{j}} f = f_y$임을 알 수 있다. 다시 말해서 x와 y에 대한 f의 편도함수들은 방향도함수의 특별한 경우이다.

공식으로 정의된 함수의 방향도함수를 계산할 때 일반적으로 다음 정리를 이용한다.

3 정리 f가 x와 y의 미분 가능한 함수이면 f는 임의의 단위벡터 $\mathbf{u} = \langle a, b\rangle$ 방향으로 방향도함수를 갖는다.

$$D_{\mathbf{u}} f(x, y) = f_x(x, y)a + f_y(x, y)b$$

증명

일변수 h의 함수 g를 다음과 같이 정의하자.

$$g(h) = f(x_0 + ha, y_0 + hb)$$

그러면 도함수의 정의에 의해 다음을 얻는다.

4 $$g'(0) = \lim_{h \to 0} \frac{g(h) - g(0)}{h} = \lim_{h \to 0} \frac{f(x_0 + ha, y_0 + hb) - f(x_0, y_0)}{h} = D_{\mathbf{u}} f(x_0, y_0)$$

한편 $x = x_0 + ha$, $y = y_0 + hb$라 두면 $g(h) = f(x, y)$로 쓸 수 있고, 연쇄법칙(11.5절 정리 2)에 의해 다음을 얻는다.

$$g'(h) = \frac{\partial f}{\partial x}\frac{dx}{dh} + \frac{\partial f}{\partial y}\frac{dy}{dh} = f_x(x, y)a + f_y(x, y)b$$

이제 $h = 0$이라 놓으면 $x = x_0$, $y = y_0$이고 다음과 같다.

5 $$g'(0) = f_x(x_0, y_0)a + f_y(x_0, y_0)b$$

식 4와 5를 비교하면 다음을 알 수 있다.

$$D_{\mathbf{u}} f(x_0, y_0) = f_x(x_0, y_0)a + f_y(x_0, y_0)b$$

[그림 46]과 같이 단위벡터 $\mathbf{u}$가 양의 x축과 각 θ를 이루면 $\mathbf{u} = \langle \cos\theta, \sin\theta\rangle$로 쓸 수 있다. 정리 3의 식은 다음과 같다.

6 $$D_{\mathbf{u}} f(x, y) = f_x(x, y)\cos\theta + f_y(x, y)\sin\theta$$

[예제 1]에서의 방향도함수 $D_{\mathbf{u}} f(1, 2)$는 $\mathbf{u}$ 방향에서 z의 변화율을 나타낸다. 이것은 곡면 $z = x^3 - 3xy + 4y^2$과 [그림 48]에서 보인 $\mathbf{u}$ 방향으로 $(1, 2, 0)$을 지나는 수직 평면이 만나서 이루는 곡선에 대한 접선의 기울기이다.

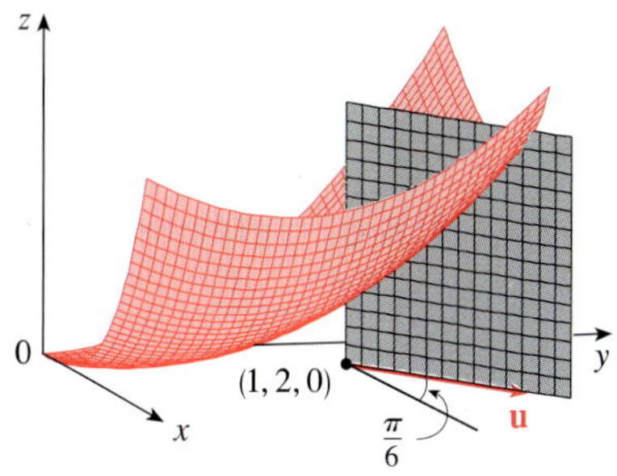

[그림 48]

예제 1 $f(x, y) = x^3 - 3xy + 4y^2$이고 단위벡터 u가 $\theta = \pi/6$로 주어질 때, 방향도함수 $D_{\mathbf{u}} f(x, y)$를 구하라. $D_{\mathbf{u}} f(1, 2)$는 얼마인가?

풀이

식 6에 따라 다음을 얻는다.

$$D_{\mathbf{u}} f(x, y) = f_x(x, y)\cos\frac{\pi}{6} + f_y(x, y)\sin\frac{\pi}{6} = (3x^2 - 3y)\frac{\sqrt{3}}{2} + (-3x + 8y)\frac{1}{2}$$

$$= \frac{1}{2}[3\sqrt{3}\,x^2 - 3x + (8 - 3\sqrt{3})y]$$

그러므로 다음을 얻는다.

$$D_{\mathbf{u}} f(1, 2) = \frac{1}{2}[3\sqrt{3}(1)^2 - 3(1) + (8 - 3\sqrt{3})(2)] = \frac{13 - 3\sqrt{3}}{2}$$

기울기 벡터

정리 3으로부터 방향도함수는 다음과 같이 두 벡터의 내적으로 쓸 수 있다.

7
$$\begin{aligned} D_{\mathbf{u}} f(x, y) &= f_x(x, y)a + f_y(x, y)b \\ &= \langle f_x(x, y), f_y(x, y)\rangle \cdot \langle a, b\rangle \\ &= \langle f_x(x, y), f_y(x, y)\rangle \cdot \mathbf{u} \end{aligned}$$

이 내적에서 첫 번째 벡터는 방향도함수를 계산할 때뿐만 아니라 다른 상황에서도 많이 나타난다. 따라서 f의 기울기라는 특별한 명칭과 더불어 기호 **grad** f 또는 ∇f ('델 f'라고 읽는다.)로 나타낸다.

8 **정의** f가 두 변수 x와 y의 함수이면 f의 **기울기**gradient는 다음과 같이 정의되는 벡터함수 ∇f이다.

$$\nabla f(x, y) = \langle f_x(x, y), f_y(x, y)\rangle = \frac{\partial f}{\partial x}\mathbf{i} + \frac{\partial f}{\partial y}\mathbf{j}$$

예제 2 $f(x, y) = \sin x + e^{xy}$이면 다음과 같다.

$$\nabla f(x, y) = \langle f_x, f_y\rangle = \langle \cos x + y e^{xy}, x e^{xy}\rangle$$
$$\nabla f(0, 1) = \langle 2, 0\rangle$$

기울기 벡터 기호를 이용하여 방향도함수에 대한 식 7을 다음과 같이 다시 쓸 수 있다.

[9] $$D_{\mathbf{u}} f(x, y) = \nabla f(x, y) \cdot \mathbf{u}$$

이것은 단위벡터 $\mathbf{u}$ 방향의 방향도함수를 $\mathbf{u}$ 위에 기울기 벡터의 스칼라 사영으로 나타낸 것이다.

예제 3 **벡터 $\mathbf{v} = 2\mathbf{i} + 5\mathbf{j}$ 방향으로 점 $(2, -1)$에서의 함수 $f(x, y) = x^2y^3 - 4y$의 방향도함수를 구하라.**

풀이

먼저 $(2, -1)$에서 기울기 벡터를 다음과 같이 계산한다.

$$\nabla f(x, y) = 2xy^3\mathbf{i} + (3x^2y^2 - 4)\mathbf{j}$$
$$\nabla f(2, -1) = -4\mathbf{i} + 8\mathbf{j}$$

$\mathbf{v}$는 단위벡터가 아님에 주목하자. 이때 $|\mathbf{v}| = \sqrt{29}$이므로 $\mathbf{v}$ 방향의 단위벡터는 다음과 같다.

$$\mathbf{u} = \frac{\mathbf{v}}{|\mathbf{v}|} = \frac{2}{\sqrt{29}}\mathbf{i} + \frac{5}{\sqrt{29}}\mathbf{j}$$

그러므로 식 [9]에 의해 다음을 얻는다.

$$D_{\mathbf{u}} f(2, -1) = \nabla f(2, -1) \cdot \mathbf{u} = (-4\mathbf{i} + 8\mathbf{j}) \cdot \left(\frac{2}{\sqrt{29}}\mathbf{i} + \frac{5}{\sqrt{29}}\mathbf{j}\right)$$
$$= \frac{-4 \cdot 2 + 8 \cdot 5}{\sqrt{29}} = \frac{32}{\sqrt{29}}$$

[그림 49]는 시점이 $(2, -1)$인 [예제 3]의 기울기 벡터 $\nabla f(2, -1)$을 보여준다. 또한 이 그림에서 벡터 $\mathbf{v}$는 방향도함수의 방향을 준다. 이 두 벡터를 f의 그래프의 등고선 그림 위에 겹쳐놓았다.

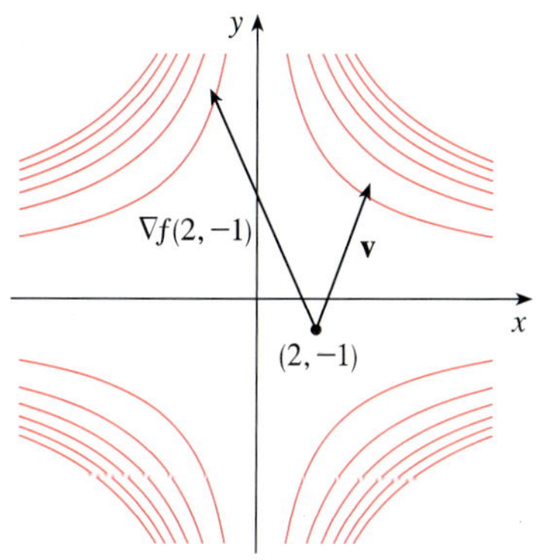

[그림 49]

삼변수함수

비슷한 방법으로 삼변수함수에 대해 방향도함수를 정의할 수 있다. 즉 $D_{\mathbf{u}} f(x, y, z)$는 단위벡터 $\mathbf{u}$의 방향 내에서 함수의 변화율로 해석할 수 있다.

[10] **정의** (x_0, y_0, z_0)에서 단위벡터 $\mathbf{u} = \langle a, b, c \rangle$ 방향으로 f의 방향도함수는 (이 극한이 존재할 때) 다음과 같이 정의한다.

$$D_{\mathbf{u}} f(x_0, y_0, z_0) = \lim_{h \to 0} \frac{f(x_0 + ha, y_0 + hb, z_0 + hc) - f(x_0, y_0, z_0)}{h}$$

벡터 기호를 이용하면 방향도함수에 대한 두 정의 [2]와 [10]을 다음과 같이 간결한 형태로 쓸 수 있다.

11 $$D_{\mathbf{u}} f(\mathbf{x}_0) = \lim_{h \to 0} \frac{f(\mathbf{x}_0 + h\mathbf{u}) - f(\mathbf{x}_0)}{h}$$

여기서 $n = 2$이면 $\mathbf{x}_0 = \langle x_0, y_0 \rangle$이고, $n = 3$이면 $\mathbf{x}_0 = \langle x_0, y_0, z_0 \rangle$이다. 벡터 $\mathbf{u}$ 방향으로 $\mathbf{x}_0$를 지나는 직선의 벡터방정식은 $\mathbf{x} = \mathbf{x}_0 + t\mathbf{u}$ (10.5절의 1)이다. 따라서 $f(\mathbf{x}_0 + h\mathbf{u})$는 이 직선 위에 있는 한 점에서 f의 값을 나타내기 때문에 식 11은 타당하다.

$f(x, y, z)$가 미분 가능하고 $\mathbf{u} = \langle a, b, c \rangle$이면 정리 3을 증명하기 위해 사용한 방법을 이용하여 다음을 증명할 수 있다.

12 $$D_{\mathbf{u}} f(x, y, z) = f_x(x, y, z)a + f_y(x, y, z)b + f_z(x, y, z)c$$

삼변수함수 f에 대한 **기울기 벡터**gradient vector는 기호 $\mathbf{grad}\, f$ 또는 ∇f로 표시하며 다음과 같이 정의한다.

$$\nabla f(x, y, z) = \langle f_x(x, y, z), f_y(x, y, z), f_z(x, y, z) \rangle$$

또는 다음과 같이 간단히 나타낸다.

13 $$\nabla f = \langle f_x, f_y, f_z \rangle = \frac{\partial f}{\partial x}\mathbf{i} + \frac{\partial f}{\partial y}\mathbf{j} + \frac{\partial f}{\partial z}\mathbf{k}$$

그러면 이변수함수와 동일하게 방향도함수에 대한 식 12는 다음과 같이 쓸 수 있다.

14 $$D_{\mathbf{u}} f(x, y, z) = \nabla f(x, y, z) \cdot \mathbf{u}$$

예제 4 **$f(x, y, z) = x \sin yz$일 때 (a) f의 기울기 벡터 (b) $(1, 3, 0)$에서 $\mathbf{v} = \mathbf{i} + 2\mathbf{j} - \mathbf{k}$ 방향으로 f의 방향도함수를 구하라.**

풀이

(a) f의 기울기 벡터는 다음과 같다.

$$\begin{aligned}\nabla f(x, y, z) &= \langle f_x(x, y, z), f_y(x, y, z), f_z(x, y, z) \rangle \\ &= \langle \sin yz, xz\cos yz, xy\cos yz \rangle\end{aligned}$$

(b) $(1, 3, 0)$에서 $\nabla f(1, 3, 0) = \langle 0, 0, 3 \rangle$이다. $\mathbf{v} = \mathbf{i} + 2\mathbf{j} - \mathbf{k}$ 방향의 단위벡터는 다음과 같다.

$$\mathbf{u} = \frac{1}{\sqrt{6}}\mathbf{i} + \frac{2}{\sqrt{6}}\mathbf{j} - \frac{1}{\sqrt{6}}\mathbf{k}$$

그러므로 식 [14]에 의해 다음을 얻는다.

$$\begin{aligned} D_{\mathbf{u}} f(1, 3, 0) &= \nabla f(1, 3, 0) \cdot \mathbf{u} \\ &= 3\mathbf{k} \cdot \left(\frac{1}{\sqrt{6}}\mathbf{i} + \frac{2}{\sqrt{6}}\mathbf{j} - \frac{1}{\sqrt{6}}\mathbf{k} \right) \\ &= 3\left(-\frac{1}{\sqrt{6}} \right) = -\sqrt{\frac{3}{2}} \end{aligned}$$

방향도함수의 최대화

이변수 또는 삼변수함수 f에 대해 주어진 점에서 f의 모든 가능한 방향도함수를 생각하자. 이것은 모든 가능한 방향에서 f의 변화율을 제공한다. 그러면 다음과 같은 질문을 해볼 수 있다. 이러한 방향 중에서 f가 가장 빠르게 변하는 방향은 어느 방향인가? 변화율의 최댓값은 얼마인가? 질문에 대한 답은 다음 정리로 주어진다.

[15] **정리** f가 미분 가능한 이변수 또는 삼변수함수라고 가정하자. 방향도함수 $D_{\mathbf{u}} f(\mathbf{x})$의 최댓값은 $|\nabla f(\mathbf{x})|$이고, 이것은 벡터 $\mathbf{u}$가 기울기 벡터 $\nabla f(\mathbf{x})$와 같은 방향일 때 나타난다.

TEC Visual 11.6B는 정리 [15]의 시각적인 확인을 제공한다.

증명

식 [9] 또는 [14]로부터 다음을 얻는다.

$$D_{\mathbf{u}} f = \nabla f \cdot \mathbf{u} = |\nabla f||\mathbf{u}|\cos\theta = |\nabla f|\cos\theta$$

여기서 θ는 ∇f와 $\mathbf{u}$ 사이의 각이다. $\cos\theta$의 최댓값은 1이고 $\theta = 0$일 때 나타난다. 그러므로 $D_{\mathbf{u}} f$의 최댓값은 $|\nabla f|$이고 $\theta = 0$에서 나타난다. 즉 $\mathbf{u}$가 ∇f와 같은 방향일 때이다.

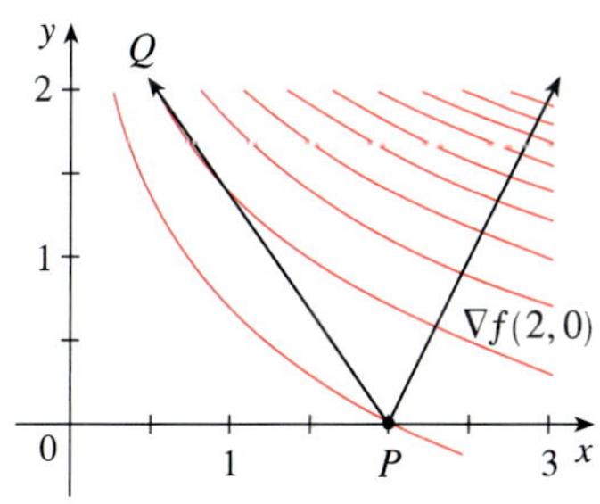

[그림 50]

예제 5 **(a) $f(x, y) = xe^y$일 때 점 $P(2, 0)$에서 $Q\left(\frac{1}{2}, 2\right)$ 방향으로 점 P에서 f의 변화율을 구하라.**

(b) 어느 방향에서 f가 최대 변화율을 갖는가? 이 최대 변화율은 얼마인가?

풀이

(a) 먼저 기울기 벡터를 계산하면 다음과 같다.

$$\nabla f(x, y) = \langle f_x, f_y \rangle = \langle e^y, xe^y \rangle$$

$$\nabla f(2, 0) = \langle 1, 2 \rangle$$

$\overrightarrow{PQ} = \langle -1.5, 2 \rangle$ 방향의 단위벡터는 $\mathbf{u} = \left\langle -\frac{3}{5}, \frac{4}{5} \right\rangle$이다. 따라서 P에서 Q 방향으로 f의 변화율은 다음과 같다.

$$D_{\mathbf{u}} f(2, 0) = \nabla f(2, 0) \cdot \mathbf{u} = \langle 1, 2 \rangle \cdot \left\langle -\frac{3}{5}, \frac{4}{5} \right\rangle$$

$$= 1\left(-\frac{3}{5}\right) + 2\left(\frac{4}{5}\right) = 1$$

(b) 정리 15에 따라 기울기 벡터 $\nabla f(2, 0) = \langle 1, 2 \rangle$의 방향에서 f가 가장 빨리 증가하며 최대 변화율은 다음과 같다.

$$|\nabla f(2, 0)| = |\langle 1, 2 \rangle| = \sqrt{5}$$

$(2, 0)$에서 [예제 5]에 주어진 함수는 기울기 벡터 $\nabla f(2, 0) = \langle 1, 2 \rangle$ 방향에서 가장 빠르게 증가한다. [그림 50]으로부터 이 벡터가 $(2, 0)$을 지나는 등위곡선에 수직임에 주목한다. [그림 51]은 f의 그래프와 기울기 벡터를 보여준다.

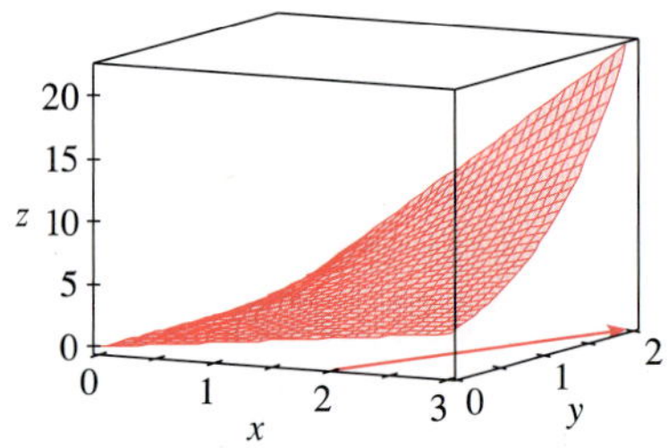

[그림 51]

예제 6 **공간 안의 점 (x, y, z)에서 온도가 $T(x, y, z) = 80/(1 + x^2 + 2y^2 + 3z^2)$으로 주어진다고 하자. 여기서 T의 단위는 섭씨온도이고, x, y, z의 단위는 m이다. 점 $(1, 1, -2)$에서 온도가 가장 빠르게 증가하는 방향은 어디인가? 그리고 최대 증가율은 얼마인가?**

풀이

T의 기울기 벡터는 다음과 같다.

$$\nabla T = \frac{\partial T}{\partial x}\mathbf{i} + \frac{\partial T}{\partial y}\mathbf{j} + \frac{\partial T}{\partial z}\mathbf{k}$$

$$= -\frac{160x}{(1 + x^2 + 2y^2 + 3z^2)^2}\mathbf{i} - \frac{320y}{(1 + x^2 + 2y^2 + 3z^2)^2}\mathbf{j} - \frac{480z}{(1 + x^2 + 2y^2 + 3z^2)^2}\mathbf{k}$$

$$= \frac{160}{(1 + x^2 + 2y^2 + 3z^2)^2}(-x\mathbf{i} - 2y\mathbf{j} - 3z\mathbf{k})$$

따라서 점 $(1, 1, -2)$에서 기울기 벡터는 다음과 같다.

$$\nabla T(1, 1, -2) = \frac{160}{256}(-\mathbf{i} - 2\mathbf{j} + 6\mathbf{k}) = \frac{5}{8}(-\mathbf{i} - 2\mathbf{j} + 6\mathbf{k})$$

정리 15에 의해 온도는 기울기 벡터 $\nabla T(1, 1, -2) = \frac{5}{8}(-\mathbf{i} - 2\mathbf{j} + 6\mathbf{k})$ 방향, 즉 $-\mathbf{i} - 2\mathbf{j} + 6\mathbf{k}$ 방향 또는 단위벡터 $(-\mathbf{i} - 2\mathbf{j} + 6\mathbf{k})/\sqrt{41}$ 방향에서 가장 빠르게 증가한다. 최대 증가율은 다음과 같이 기울기 벡터의 길이이다.

$$|\nabla T(1, 1, -2)| = \frac{5}{8}|-\mathbf{i} - 2\mathbf{j} + 6\mathbf{k}| = \frac{5\sqrt{41}}{8}$$

그러므로 온도의 최대 증가율은 $5\sqrt{41}/8 \approx 4°\mathrm{C/m}$이다.

등위곡면에 대한 접평면

방정식 $F(x, y, z)=k$인 곡면을 S라 하자. 즉 S는 삼변수함수 F의 등위곡면이다. $P(x_0, y_0, z_0)$를 S에 있는 점이라 하고, C는 점 P를 지나고 곡면 S에 놓이는 임의의 곡선이라 하자. 10.7절에서 곡선 C는 연속인 벡터함수 $\mathbf{r}(t)=\langle x(t), y(t), z(t)\rangle$로 나타낼 수 있다. t_0를 점 P에 대응하는 매개변숫값이라 하자. 즉 $\mathbf{r}(t_0)=\langle x_0, y_0, z_0\rangle$이다. C가 S 위에 놓여있으므로 임의의 점 $(x(t), y(t), z(t))$는 S의 방정식을 반드시 만족한다. 즉 다음과 같다.

16 $$F(x(t), y(t), z(t))=k$$

x, y, z가 t의 미분 가능한 함수이고 F도 미분 가능하다면, 연쇄법칙을 이용해서 식 16의 양변을 미분하여 다음을 얻는다.

17 $$\frac{\partial F}{\partial x}\frac{dx}{dt}+\frac{\partial F}{\partial y}\frac{dy}{dt}+\frac{\partial F}{\partial z}\frac{dz}{dt}=0$$

그러나 $\nabla F=\langle F_x, F_y, F_z\rangle$이고 $\mathbf{r}'(t)=\langle x'(t), y'(t), z'(t)\rangle$이므로 식 17은 내적을 이용해서 다음과 같이 쓸 수 있다.

$$\nabla F\cdot\mathbf{r}'(t)=0$$

특히 $t=t_0$일 때 $\mathbf{r}(t_0)=\langle x_0, y_0, z_0\rangle$이므로 다음과 같다.

18 $$\nabla F(x_0, y_0, z_0)\cdot\mathbf{r}'(t_0)=0$$

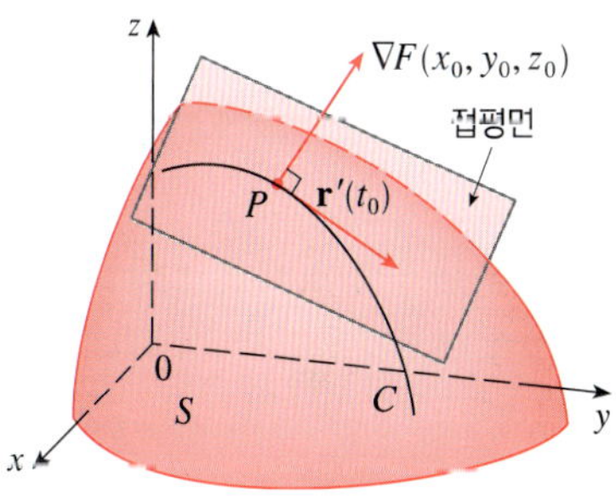

[그림 52]

식 18은 P에서의 기울기 벡터 $\nabla F(x_0, y_0, z_0)$는 P를 지나는 S 위의 임의의 곡선 C에 대한 접선벡터 $\mathbf{r}'(t_0)$에 수직임을 의미한다([그림 52] 참조). 그러므로 $\nabla F(x_0, y_0, z_0)\neq\mathbf{0}$이면 $\boldsymbol{P(x_0, y_0, z_0)}$**에서 등위곡면** $\boldsymbol{F(x, y, z)=k}$**에 대한 접평면**을 P를 지나고 법선벡터가 $\nabla F(x_0, y_0, z_0)$인 평면으로 정의한다. 평면의 표준방정식(10.5절의 7)을 이용하여 이 접평면의 방정식을 다음과 같이 쓸 수 있다.

19 $$F_x(x_0, y_0, z_0)(x-x_0)+F_y(x_0, y_0, z_0)(y-y_0)+F_z(x_0, y_0, z_0)(z-z_0)=0$$

P에서 S에 대한 **법선**normal line은 P를 지나고 접평면에 수직인 직선이다. 그러므로 법선의 방향은 기울기 벡터 $\nabla F(x_0, y_0, z_0)$에 의해 주어진다. 따라서 10.5절 식 3에 의해 법선의 대칭방정식은 다음과 같다.

20 $$\frac{x-x_0}{F_x(x_0, y_0, z_0)}=\frac{y-y_0}{F_y(x_0, y_0, z_0)}=\frac{z-z_0}{F_z(x_0, y_0, z_0)}$$

곡면 S의 방정식이 $z=f(x, y)$ (즉 S가 이변수함수 f의 그래프) 형태인 특별한 경우에 이 방정식을 다음과 같이 쓸 수 있다.

$$F(x, y, z)=f(x, y)-z=0$$

그리고 S를 $k=0$인 F의 등위곡면으로 생각할 수 있다. 따라서 다음을 얻는다.

$$F_x(x_0, y_0, z_0)=f_x(x_0, y_0)$$

$$F_y(x_0, y_0, z_0)=f_y(x_0, y_0)$$

$$F_z(x_0, y_0, z_0)=-1$$

따라서 식 19는 다음과 같이 된다.

$$f_x(x_0, y_0)(x-x_0)+f_y(x_0, y_0)(y-y_0)-(z-z_0)=0$$

이것은 11.4절 식 2와 동치이다. 그러므로 좀 더 일반적인 접평면에 대한 새로운 정의는 11.4절의 특별한 경우에 대한 정의와 일치한다.

예제 7 점 $(-2, 1, -3)$에서 다음 타원면에 대한 접평면과 법선의 방정식을 구하라.

$$\frac{x^2}{4}+y^2+\frac{z^2}{9}=3$$

풀이

타원면은 $k=3$인 다음 함수의 등위곡면이다.

$$F(x, y, z)=\frac{x^2}{4}+y^2+\frac{z^2}{9}$$

따라서 다음을 얻는다.

$$F_x(x, y, z)=\frac{x}{2}, \qquad F_y(x, y, z)=2y, \qquad F_z(x, y, z)=\frac{2z}{9}$$

$$F_x(-2, 1, -3)=-1, \qquad F_y(-2, 1, -3)=2, \qquad F_z(-2, 1, -3)=-\frac{2}{3}$$

식 19로부터 점$(-2, 1, -3)$에서 접평면의 방정식은 다음과 같다.

$$-1(x+2)+2(y-1)-\frac{2}{3}(z+3)=0$$

$$3x-6y+2z+18=0$$

식 20에 의해 법선의 대칭방정식은 다음과 같다.

[그림 53]은 [예제 7]의 타원면과 접평면 및 법선을 보여준다.

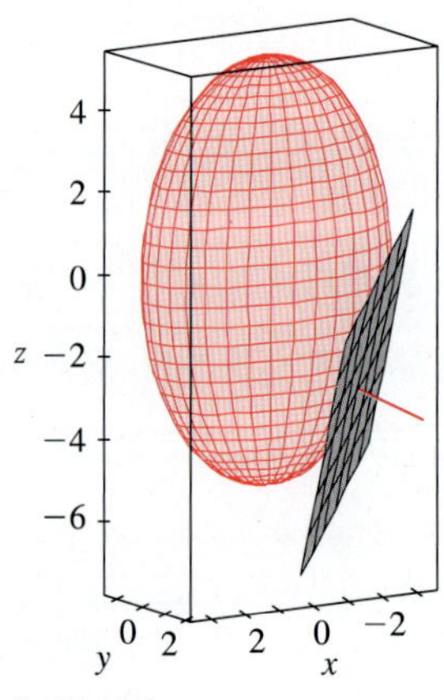

[그림 53]

$$\frac{x+2}{-1}=\frac{y-1}{2}=\frac{z+3}{-\frac{2}{3}}$$

기울기 벡터의 의미

이제 기울기 벡터의 중요성을 요약한다. 먼저 삼변수함수 f와 그 정의역 안의 점 $P(x_0,\, y_0,\, z_0)$를 생각한다. 우선 정리 15로부터 기울기 벡터 $\nabla f(x_0,\, y_0,\, z_0)$는 f가 가장 빠르게 증가하는 방향을 알려주는 것을 알고 있다. 한편 $\nabla f(x_0,\, y_0,\, z_0)$는 P를 지나는 f의 등위곡면 S에 수직임을 알고 있다([그림 52] 참조). 이 두 가지 성질은 등위곡면 S 위의 임의의 점 P로부터 움직이더라도 f의 값은 전혀 변하지 않기 때문에 직관적으로 양립할 수 있다. 따라서 수직 방향으로 움직이면 최대로 증가하는 것이 타당해 보인다.

마찬가지 방법으로 이변수함수 f와 그 정의역 안의 한 점 $P(x_0,\, y_0)$를 생각해본다. 이때도 기울기 벡터 $\nabla f(x_0,\, y_0)$는 f가 가장 빠르게 증가하는 방향을 제공한다. 또한 접평면에 대한 논의와 유사하게 생각하면 $\nabla f(x_0,\, y_0)$는 P를 지나는 등위곡선 $f(x,\, y)=k$에 수직임을 알 수 있다. 곡선을 따라 움직일 때 f의 값이 일정하므로 이것도 역시 직관적으로 그럴 듯해 보인다([그림 54] 참조).

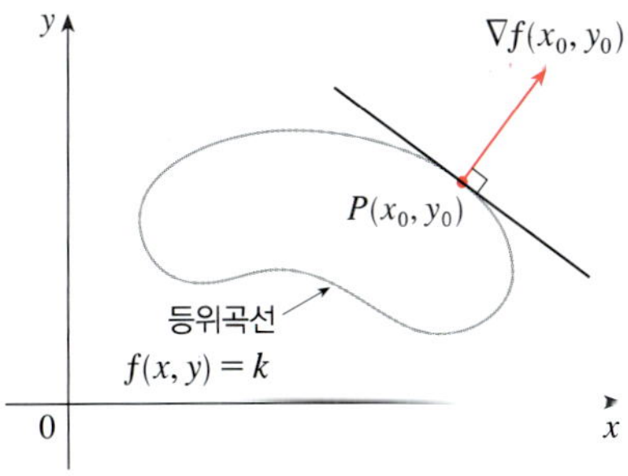

[그림 54]

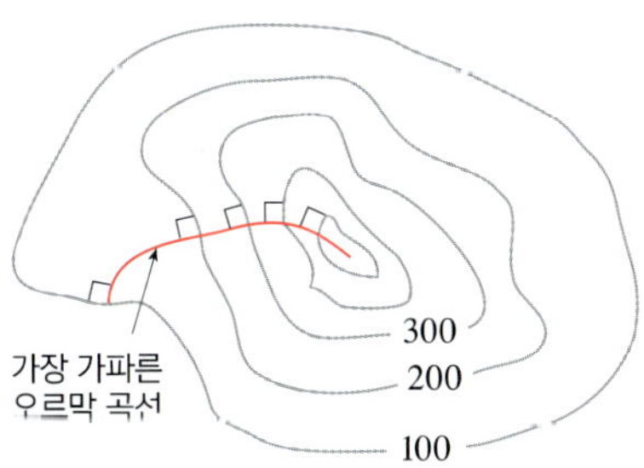

[그림 55]

언덕의 지형도를 생각하고 $f(x,\, y)$가 좌표 $(x,\, y)$인 점에서 해발고도를 나타낸다고 하자. 그러면 가장 가파른 오르막 곡선은 모든 등위곡선에 직교하도록 하여 [그림 55]와 같이 그릴 수 있다. 이 현상은 론섬 계곡이 가장 가파른 내리막을 따라가는 11.1절의 [그림 11]에서도 볼 수 있다.

11.6 연습문제

01 $f(x, y) = ye^{-x}$, $(0, 4)$, $\theta = 2\pi/3$에서 각 θ가 가리키는 방향으로 f의 방향도함수를 구하라.

02~03 (a) f의 기울기 벡터를 구하라.

(b) 점 P에서 기울기 벡터를 구하라.

(c) 벡터 $\mathbf{u}$ 방향으로 P에서 f의 변화율을 구하라.

02 $f(x, y) = \sin(2x + 3y)$, $P(-6, 4)$, $\mathbf{u} = \frac{1}{2}(\sqrt{3}\,\mathbf{i} - \mathbf{j})$

03 $f(x, y, z) = x^2yz - xyz^3$, $P(2, -1, 1)$, $\mathbf{u} = \left\langle 0, \frac{4}{5}, -\frac{3}{5} \right\rangle$

04~06 벡터 $\mathbf{v}$ 방향으로 주어진 점에서 함수의 방향도함수를 구하라.

04 $f(x, y) = e^x \sin y$, $(0, \pi/3)$, $\mathbf{v} = \langle -6, 8 \rangle$

05 $g(p, q) = p^4 - p^2q^3$, $(2, 1)$, $\mathbf{v} = \mathbf{i} + 3\mathbf{j}$

06 $f(x, y, z) = xe^y + ye^z + ze^x$, $(0, 0, 0)$, $\mathbf{v} = \langle 5, 1, -2 \rangle$

07 점 $P(2, 8)$에서 $Q(5, 4)$ 방향으로 $f(x, y) = \sqrt{xy}$의 방향도함수를 구하라.

08~09 주어진 점과 최대 변화율이 발생하는 방향에서 f의 최대 변화율을 구하라.

08 $f(x, y) = \sin(xy)$, $(1, 0)$

09 $f(x, y, z) = \sqrt{x^2 + y^2 + z^2}$, $(3, 6, -2)$

10 (a) 미분 가능한 함수 f가 $\mathbf{x}$에서 기울기 벡터의 반대 방향, 즉 $-\nabla f(\mathbf{x})$ 방향으로 가장 빠르게 감소하는 것을 보여라.

(b) (a)의 결과를 이용하여 점 $(2, -3)$에서 함수 $f(x, y) = x^4y - x^2y^3$이 가장 빠르게 감소하는 방향을 구하라.

11 함수 $f(x, y) = x^2 + y^2 - 2x - 4y$가 가장 빠르게 변하는 방향이 $\mathbf{i} + \mathbf{j}$인 모든 점을 구하라.

12 금속 공 안의 온도 T는 금속 원점인 공의 중심으로부터 거리에 반비례한다. 점 $(1, 2, 2)$에서 온도는 $120°$이다.

(a) 점 $(2, 1, 3)$ 방향으로 $(1, 2, 2)$에서 T의 변화율을 구하라.

(b) 공 안의 임의의 점에서 온도가 가장 크게 증가하는 방향은 그 점에서 원점으로 향하는 벡터의 방향임을 보여라.

13 공간 안의 어떤 영역에서 전위 V는 $V(x, y, z) = 5x^2 - 3xy + xyz$로 주어진다.

(a) $P(3, 4, 5)$에서 벡터 $\mathbf{v} = \mathbf{i} + \mathbf{j} - \mathbf{k}$ 방향으로 전위의 변화율을 구하라.

(b) P에서 V가 가장 빠르게 변하는 방향은 어디인가?

(c) P에서 최대 변화율은 얼마인가?

14 연속인 편도함수들을 갖는 이변수함수 f와 점 $A(1, 3)$, $B(3, 3)$, $C(1, 7)$, $D(6, 15)$를 생각하자. A에서 벡터 $\overrightarrow{AB}$ 방향의 f의 방향도함수가 3, A에서 벡터 $\overrightarrow{AC}$ 방향의 f의 방향도함수가 26이다. A에서 벡터 $\overrightarrow{AD}$ 방향의 f의 방향도함수를 구하라.

15 함수의 기울기 벡터에 대한 연산(∇)은 다음과 같은 성질을 가지는 것을 보여라. u와 v는 x와 y의 미분 가능한 함수이고 a, b는 상수라고 가정한다.

(a) $\nabla(au + bv) = a\nabla u + b\nabla v$

(b) $\nabla(uv) = u\nabla v + v\nabla u$

(c) $\nabla\left(\frac{u}{v}\right) = \frac{v\nabla u - u\nabla v}{v^2}$

(d) $\nabla u^n = nu^{n-1}\nabla u$

16~18 지정된 점에서 주어진 곡면에 대한 (a) 접평면 (b) 법선의 방정식을 구하라.

16 $2(x-2)^2 + (y-1)^2 + (z-3)^2 = 10$, $(3, 3, 5)$

17 $xyz^2 = 6$, $(3, 2, 1)$

18 $x + y + z = e^{xyz}$, $(0, 0, 1)$

19 컴퓨터를 이용하여 동일한 보기화면에 $xy + yz + zx = 3$, $(1, 1, 1)$에 대한 곡면의 그래프, 접평면 및 법선을 그려라. 관련이 없는 수직평면을 피하도록 정의역을 주의 깊게 선정하라. 세

개의 대상을 보기 좋도록 그림 방향을 선정하라.

20 $f(x, y) = xy$일 때 기울기 벡터 $\nabla f(3, 2)$를 구하고, 이것을 이용하여 점 $(3, 2)$에서 등위곡선 $f(x, y) = 6$에 대한 접선을 구하라. 등위곡선, 접선, 기울기 벡터를 그려라.

21 점 (x_0, y_0, z_0)에서 타원면 $x^2/a^2 + y^2/b^2 + z^2/c^2 = 1$에 대한 접평면의 방정식이 다음과 같음을 보여라.

$$\frac{xx_0}{a^2} + \frac{yy_0}{b^2} + \frac{zz_0}{c^2} = 1$$

22 접평면이 평면 $z = x + y$와 평행이 되는 쌍곡면 $x^2 - y^2 - z^2 = 1$ 위의 점을 구하라.

23 점 $(1, 1, 2)$에서 포물면 $z = x^2 + y^2$에 대한 법선이 포물면과 두 번 만나는 것을 보여라.

24 곡면 $\sqrt{x} + \sqrt{y} + \sqrt{z} = \sqrt{c}$에 대한 임의의 접평면의 x축, y축, z축 절편의 합이 일정함을 보여라.

25 점 $(-1, 1, 2)$에서 포물면 $z = x^2 + y^2$과 타원면 $4x^2 + y^2 + z^2 = 9$의 교선에 대한 접선의 매개변수방정식을 구하라.

26 (a) 법선이 교점에서 평행한 두 곡면은 교점에서 **직교**orthogonal 한다고 한다. 방정식 $F(x, y, z) = 0$과 $G(x, y, z) = 0$인 두 곡면이 점 P에서 직교하기 위한 필요충분조건은 점 P에서 다음이 성립하는 것임을 보여라. 여기서 $\nabla F \neq \mathbf{0}$이고 $\nabla G \neq \mathbf{0}$이다.

$$F_x G_x + F_y G_y + F_z G_z = 0$$

(b) (a)를 이용하여 두 곡면 $z^2 = x^2 + y^2$과 $x^2 + y^2 + z^2 = r^2$이 모든 교점에서 직교임을 보여라. 미적분학을 이용하지 않고 이것이 참인 이유를 알 수 있는가?

27 평행하지 않은 두 단위벡터 $\mathbf{u}$와 $\mathbf{v}$ 방향으로 주어진 점에서 $f(x, y)$의 방향도함수를 알고 있다고 하자. 이 점에서 ∇f를 구할 수 있는가? 만일 그렇다면 이것은 어떻게 되는가?

11.7 최댓값과 최솟값

3장에서 살펴본 바와 같이 일반적인 도함수의 주된 용도 중 하나는 최댓값과 최솟값을 구하는 것이다. 이 절에서는 편도함수를 이용하여 이변수함수의 최댓값과 최솟값의 위치를 구하는 방법을 알아본다. 특히 [예제 5]에서 뚜껑이 없는 상자를 만드는 작업을 할 마분지의 크기가 한정될 때 상자의 부피를 최대로 하는 방법을 알게 될 것이다.

[그림 56]과 같은 f의 그래프에서 언덕과 계곡을 살펴보자. f가 극댓값을 갖는 점 (a, b)가 2개 있다. 다시 말해서 $f(a, b)$가 $f(x, y)$ 부근의 값보다 큰 점 (a, b)가 2개 있다. 그 두 값 중에서 큰 값이 최댓값이다. 마찬가지로 $f(a, b)$가 주위의 값보다 작은 극솟값 2개를 갖는다. 그 두 값 중에서 작은 값이 최솟값이다.

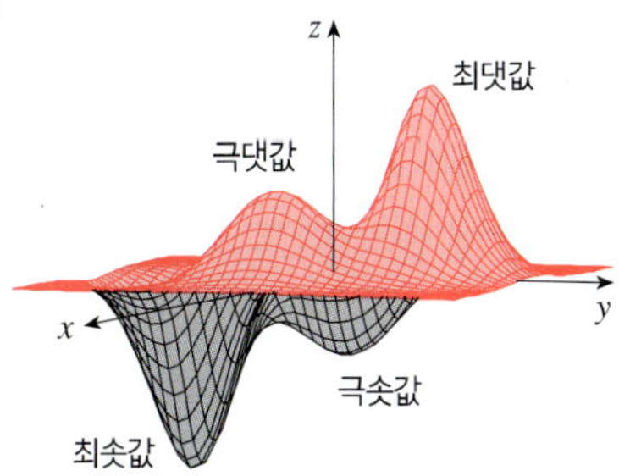

[그림 56]

1 정의 (x, y)가 (a, b) 부근에 있을 때 $f(x, y) \le f(a, b)$이면 이변수함수는 (a, b)에서 **극대**local maximum를 갖는다.[중심이 (a, b)인 어떤 원판에 속하는 모든 점 (x, y)에 대해 $f(x, y) \le f(a, b)$임을 의미한다.] 수 $f(a, b)$는 **극댓값**local maximum value이다. (x, y)가 (a, b) 부근에 있을 때 $f(x, y) \ge f(a, b)$이면 $f(a, b)$는 **극솟값**local minimum value이다.

f의 정의역에 속한 모든 점 (x, y)에 대해 정의 1의 부등식이 성립할 때 f는 (a, b)에서 **최대**absolute maximum [또는 **최소**absolute minimum]를 갖는다.

> 2 **정리** f가 (a, b)에서 극대 또는 극소를 갖고, f의 1계 편도함수가 (a, b)에서 존재하면 $f_x(a, b) = 0$이고 $f_y(a, b) = 0$이다.

정리 2의 결론은 기울기 벡터의 기호법에 따라 $\nabla f(a, b) = 0$으로 기술할 수 있음에 유의하라.

증명

$g(x) = f(x, b)$라 하자. f가 (a, b)에서 극대 또는 극소를 가지면 g는 a에서 극대 또는 극소를 갖는다. 따라서 페르마 정리에 의해 $g'(a) = 0$이다(3.1절 정리 4 참조). 그러나 11.3절의 식 1에 의해 $g'(a) = f_x(a, b)$이므로 $f_x(a,b) = 0$이다. 유사하게 페르마 정리를 함수 $G(y) = f(a, y)$에 적용하면 $f_y(a, b) = 0$을 얻는다.

접평면의 방정식(11.4절 식 2)에서 $f_x(a, b) = 0$, $f_y(a, b) = 0$이라 놓으면 $z = z_0$를 얻는다. 따라서 정리 2를 기하학적으로 해석하면 f의 그래프가 극대 또는 극소인 곳에서 접평면을 가질 때 그 접평면은 수평이 되는 것을 의미한다.

점 (a, b)에서 $f_x(a, b) = 0$, $f_y(a, b) = 0$이거나 이들 편도함수 중 어느 하나가 존재하지 않을 때, 점 (a, b)를 f의 **임계점**critical point (또는 **정상점**stationary point)이라 한다. 정리 2는 f가 (a, b)에서 극대 또는 극소를 가지면 (a, b)는 f의 임계점임을 의미한다. 그러나 일변수 미적분에서와 같이 모든 임계점에서 극대 또는 극소가 나타나는 것은 아니다. 임계점에서 함수는 극대 또는 극소를 가질 수도 있고, 그렇지 않을 수도 있다.

예제 1 $f(x, y) = x^2 + y^2 - 2x - 6y + 14$라 하면 다음과 같다.

$$f_x(x, y) = 2x - 2, \quad f_y(x, y) = 2y - 6$$

이 편도함수들은 $x = 1$과 $y = 3$에서 0이다. 따라서 유일한 임계점은 $(1, 3)$이다. 이 함수를 완전제곱으로 변형하면 다음과 같다.

$$f(x, y) = 4 + (x-1)^2 + (y-3)^2$$

이때 $(x-1)^2 \ge 0$이고 $(y-3)^2 \ge 0$이므로 모든 x와 y의 값에 대해 $f(x, y) \ge 4$를 얻는다. 그러므로 $f(1, 3) = 4$는 극솟값이자 사실상 f의 최솟값이다. f의 그래프로부터 이런 사실을 기하학적으로 확인할 수 있다. 즉 f의 그래프는 [그림 57]에서 보는 바와 같이 꼭짓점이 $(1, 3, 4)$인 타원포물면이다.

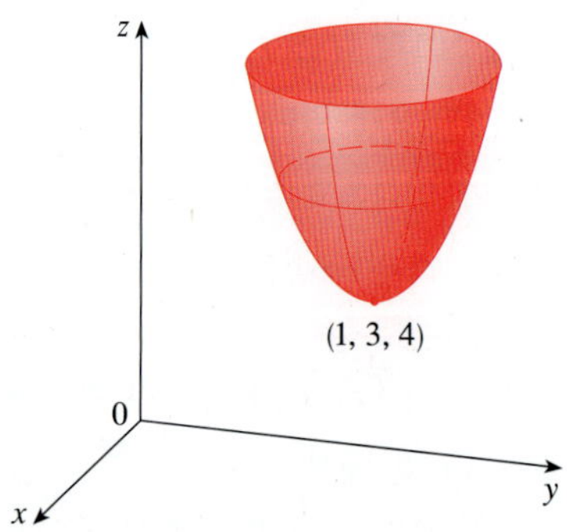

[그림 57] $z = x^2 + y^2 - 2x - 6y + 14$

예제 2 $f(x, y) = y^2 - x^2$의 극값을 구하라.

풀이

$f_x = -2x$, $f_y = 2y$이므로 유일한 임계점은 $(0, 0)$이다. $y = 0$인 x축 위의 점에

대해 $f(x, y) = -x^2 < 0(x \neq 0$이면)이다. 그러나 $x=0$인 y축 위의 점에 대해 $f(x, y) = y^2 > 0(y \neq 0$이면)이다. 그러므로 중심이 $(0, 0)$인 모든 원판은 f가 양의 값뿐만 아니라 음의 값을 갖는 점들을 포함한다. 따라서 $f(0, 0) = 0$은 f에 대한 극값이 될 수 없으므로 f는 극값을 갖지 않는다.

[예제 2]는 임계점에서 함수가 반드시 극대 또는 극소를 가질 필요가 없다는 사실을 설명한다. [그림 58]은 이것이 어떻게 가능한지 보여준다. f의 그래프는 쌍곡포물면 $z = y^2 - x^2$이고 원점에서 수평인 접평면($z=0$)을 갖는다. $f(0, 0) = 0$은 x축 방향에서 최대이지만 y축 방향에서 최소인 것을 알 수 있다. 그래프가 원점 부근에서 말안장 모양으로 나타나므로 $(0, 0)$을 f의 안장점이라 한다.

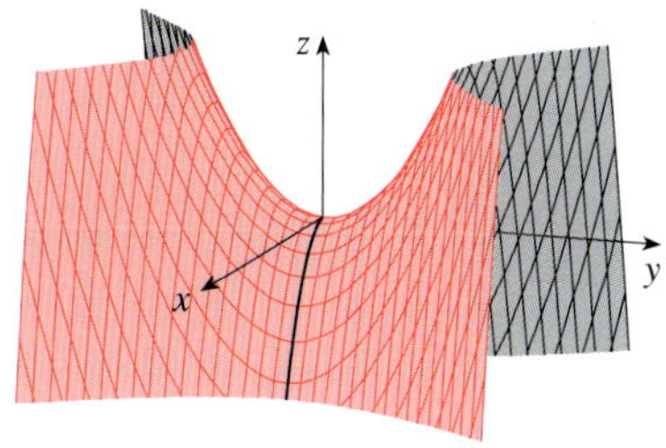

[그림 58] $z = y^2 - x^2$

임계점에서 함수의 극값에 대한 존재 여부를 판정하는 방법이 필요하다. 다음 판정법은 일변수함수에 대한 2계 도함수 판정법과 유사하며 증명 과정은 '부록 C'에 수록했다.

> **3 2계 도함수 판정법** 중심이 (a, b)인 원판에서 f의 2계 편도함수들이 연속이고 $f_x(a, b) = 0$, $f_y(a, b) = 0$이라 하자. [즉 (a, b)는 f의 임계점이다.] D를 다음과 같이 놓자.
>
> $$D = D(a, b) = f_{xx}(a, b) f_{yy}(a, b) - [f_{xy}(a, b)]^2$$
>
> 그러면 다음이 성립한다.
>
> (a) $D > 0$, $f_{xx}(a, b) > 0$이면 $f(a, b)$는 극솟값이다.
>
> (b) $D > 0$, $f_{xx}(a, b) < 0$이면 $f(a, b)$는 극댓값이다.
>
> (c) $D < 0$이면 $f(a, b)$는 극솟값도 극댓값도 아니다.

NOTE 1 _ (c)의 경우에 (a, b)는 f의 **안장점**saddle point이라 하며 f의 그래프는 (a, b)에서 접평면과 교차한다.

NOTE 2 _ $D=0$이면 판정할 수 없다. 즉 f는 (a, b)에서 극댓값 또는 극솟값을 갖거나 아니면 (a, b)가 f의 안장점이 될 수 있다.

NOTE 3 _ D에 대한 식을 기억하기 위해 다음과 같이 행렬식으로 쓰면 도움이 된다.

$$D = \begin{vmatrix} f_{xx} & f_{xy} \\ f_{yx} & f_{yy} \end{vmatrix} = f_{xx} f_{yy} - (f_{xy})^2$$

예제 3 $f(x, y) = x^4 + y^4 - 4xy + 1$의 극댓값, 극솟값, 안장점을 구하라.

풀이

먼저 임계점을 구하기 위해 다음과 같이 1계 편도함수를 얻는다.

$$f_x = 4x^3 - 4y, \quad f_y = 4y^3 - 4x$$

이 편도함수들을 0으로 놓으면 다음 식을 얻는다.

$$x^3 - y = 0, \quad y^3 - x = 0$$

이 식을 풀기 위해 첫 번째 방정식으로부터 $y = x^3$을 두 번째 방정식에 대입한다.

$$0 = x^9 - x = x(x^8 - 1) = x(x^4 - 1)(x^4 + 1) = x(x^2 - 1)(x^2 + 1)(x^4 + 1)$$

따라서 3개의 실근 $x = 0, 1, -1$을 얻는다. 세 임계점은 $(0, 0)$, $(1, 1)$, $(-1, -1)$이다.

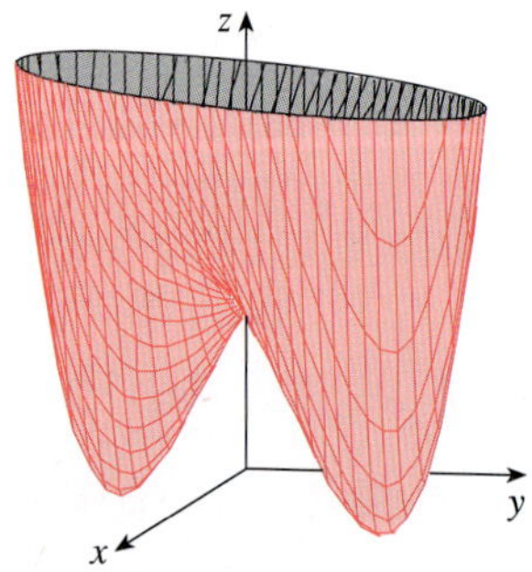

[그림 59] $z = x^4 + y^4 - 4xy + 1$

다음으로 2계 편도함수와 $D(x, y)$를 계산한다.

$$f_{xx} = 12x^2, \qquad f_{xy} = -4, \qquad f_{yy} = 12y^2$$
$$D(x, y) = f_{xx}f_{yy} - (f_{xy})^2 = 144x^2y^2 - 16$$

$D(0, 0) = -16 < 0$이므로 2계 도함수 판정법의 (c)로부터 원점은 안장점이다. 즉 $(0, 0)$에서 f는 극대 또는 극소를 갖지 않는다. $D(1, 1) = 128 > 0$이고 $f_{xx}(1, 1) = 12 > 0$이므로 (a)로부터 $f(1, 1) = -1$은 극솟값이다. 마찬가지로 $D(-1, -1) = 128 > 0$이고 $f_{xx}(-1, -1) = 12 > 0$이므로 $f(-1, -1) = -1$은 극솟값이다. f의 그래프는 [그림 59]와 같다.

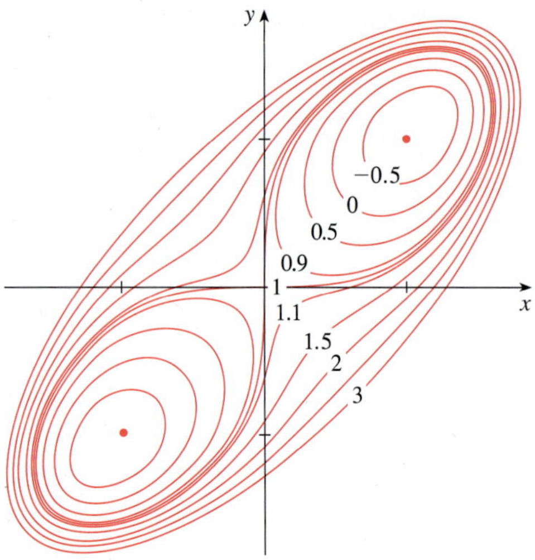

[그림 60]

[그림 60]은 [예제 3]에 있는 함수 f의 등고선 그림을 보여준다. $(1, 1)$과 $(-1, -1)$ 부근에서 등위곡선은 계란 모양이고 $(1, 1)$과 $(-1, -1)$에서 f의 값이 증가하는 임의의 방향으로 움직이는 것을 나타낸다. 한편 $(0, 0)$ 부근에서 등위곡선은 쌍곡선과 닮은 모양이다. 등위곡선이 원점(f의 값이 1인 점)에서 멀어질수록 어떤 방향에서는 f의 값이 감소하지만 다른 방향에서는 증가하는 것을 보여준다. 따라서 등고선 그림은 [예제 3]에서 구한 극솟값과 안장점이 존재함을 보여준다.

예제 4 **점 $(1, 0, -2)$에서 평면 $x + 2y + z = 4$까지의 최단거리를 구하라.**

풀이

임의의 점 (x, y, z)에서 점 $(1, 0, -2)$까지 거리는 다음과 같다.

$$d = \sqrt{(x-1)^2 + y^2 + (z+2)^2}$$

TEC Module 11.7에서 임계점의 위치를 추정하기 위해 등고선 그림을 이용할 수 있다.

그러나 (x, y, z)가 평면 $x + 2y + z = 4$ 위에 놓여 있으면 $z = 4 - x - 2y$이므로 다

음을 얻는다.

$$d = \sqrt{(x-1)^2 + y^2 + (6-x-2y)^2}$$

다음과 같이 좀 더 간단한 식으로 최소화함으로써 d를 최소화할 수 있다.

$$d^2 = f(x, y) = (x-1)^2 + y^2 + (6-x-2y)^2$$

■ www.stewartcalculus.com (Additional Example A를 보라.)

이제 다음 방정식을 푼다.

$$f_x = 2(x-1) - 2(6-x-2y) = 4x + 4y - 14 = 0$$

$$f_y = 2y - 4(6-x-2y) = 4x + 10y - 24 = 0$$

그러면 유일한 임계점은 $\left(\frac{11}{6}, \frac{5}{3}\right)$이다. 또한 $f_{xx} = 4$, $f_{xy} = 4$, $f_{yy} = 10$이므로 다음을 얻는다.

[예제 4]는 벡터를 이용하여 풀 수 있다. 10.5절의 방법과 비교하라.

$$D(x, y) = f_{xx}f_{yy} - (f_{xy})^2 = 24 > 0, \quad f_{xx} > 0$$

따라서 2계 도함수 판정법에 의해 f는 $\left(\frac{11}{6}, \frac{5}{3}\right)$에서 극솟값을 갖는다. 직관적으로 이 극솟값이 최솟값이라는 것을 알 수 있다. 왜냐하면 $(1, 0, -2)$에서 가장 가까운 점이 평면 위에 있어야 하기 때문이다. $x = \frac{11}{6}$이고 $y = \frac{5}{3}$이면 다음과 같다.

$$d = \sqrt{(x-1)^2 + y^2 + (6-x-2y)^2} = \sqrt{\left(\frac{5}{6}\right)^2 + \left(\frac{5}{3}\right)^2 + \left(\frac{5}{6}\right)^2} = \frac{5\sqrt{6}}{6}$$

따라서 $(1, 0, -2)$에서 평면 $x + 2y + z = 4$까지의 최단거리는 $\frac{5}{6}\sqrt{6}$이다.

예제 5 마분지 $12\,\mathrm{m}^2$를 이용하여 뚜껑이 없는 직육면체 상자를 만든다. 이 상자의 최대 부피를 구하라.

풀이

상자의 길이, 너비, 높이를 [그림 61]과 같이 x, y, z라 하자. 여기서 단위는 m이다. 그러면 상자의 부피는 다음과 같다.

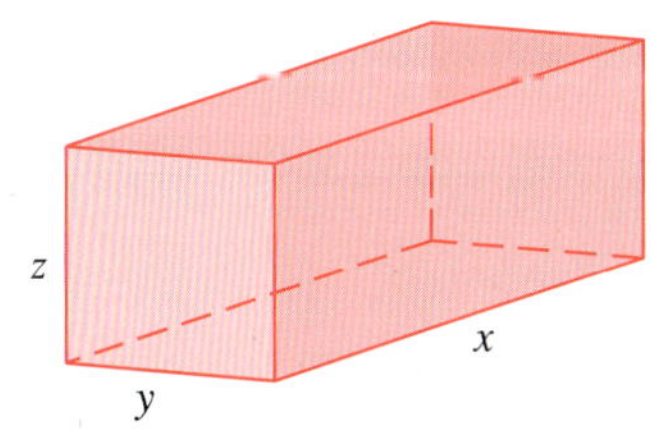

[그림 61]

$$V = xyz$$

상자의 네 옆면과 밑면의 넓이가 다음과 같다는 사실을 이용하여 V를 두 변수 x와 y의 함수로 표현할 수 있다.

$$2xz + 2yz + xy = 12$$

이 식을 z에 대해 풀면 $z = (12 - xy)/[2(x+y)]$를 얻는다. V에 대한 식은 다음과 같다.

$$V = xy\frac{12-xy}{2(x+y)} = \frac{12xy - x^2y^2}{2(x+y)}$$

편도함수를 계산하면 다음과 같다.

$$\frac{\partial V}{\partial x} = \frac{y^2(12-2xy-x^2)}{2(x+y)^2}, \qquad \frac{\partial V}{\partial y} = \frac{x^2(12-2xy-y^2)}{2(x+y)^2}$$

V가 최대이면 $\partial V/\partial x = \partial V/\partial y = 0$이다. 그러나 $x=0$ 또는 $y=0$이면 $V=0$이기 때문에 다음 방정식을 풀어야 한다.

$$12-2xy-x^2=0, \qquad 12-2xy-y^2=0$$

이 방정식으로부터 $x^2=y^2$을 얻으므로 $x=y$이다. (x와 y는 모두 양수여야 함에 주의하자.) 두 식 가운데 어느 하나에 $x=y$로 놓으면 $12-3x^2=0$을 얻으므로 이로부터 $x=2$, $y=2$, $z=(12-2\cdot 2)/[2(2+2)]=1$을 얻는다.

2계 도함수 판정법을 이용하여 이것이 V의 극대임을 보일 수 있다. 또는 이 문제의 물리적 성질로부터 최대 부피가 존재한다. 이는 V의 임계점에서 나타난다. 따라서 $x=2$, $y=2$, $z=1$임을 추론할 수 있다. $V=2\cdot 2\cdot 1=4$이므로 상자의 최대 부피는 $4\,\text{m}^3$이다.

최댓값과 최솟값

일변수함수 f에 대한 극값 정리는 f가 폐구간 $[a, b]$에서 연속이면 f는 최댓값과 최솟값을 갖는다는 것을 말한다. 3.1절의 폐구간 방법에 따르면 임계수뿐만 아니라 양 끝점 a와 b에서 f를 계산하여 최댓값과 최솟값을 구할 수 있었다.

이변수함수에 대해서도 비슷한 방법이 있다. 폐구간이 그 끝점들을 포함하는 것과 같이 $\mathbb{R}^2$에서 **폐집합**closed set은 모든 경계점을 포함하는 집합이다. [중심이 (a, b)인 모든 원판이 D 안의 점뿐만 아니라 D 안에 없는 점을 포함할 때, 점 (a, b)를 D의 경계점이라 한다.] 예를 들어 원 $x^2+y^2=1$ 위와 내부의 모든 점으로 구성된 다음 원판은 폐집합이다.

$$D = \{(x, y) \mid x^2+y^2 \le 1\}$$

왜냐하면 이 집합은 모든 경계점(즉 원 $x^2+y^2=1$ 위의 모든 점)을 모두 포함하고 있기 때문이다. 그러나 경계곡선 위의 점이 하나라도 빠지면 그 집합은 폐집합이 아니다([그림 62] 참조).

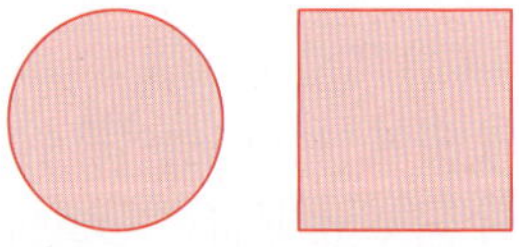

(a) 폐집합

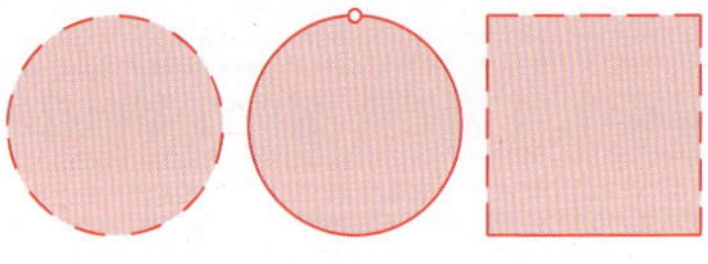

(b) 폐집합이 아닌 집합

[그림 62]

$\mathbb{R}^2$에서 **유계집합**bounded set은 어떤 원판 내부에 포함되는 집합이다. 다시 말해서 크기

가 유한한 집합이다. 그러면 유계인 폐집합을 이용하여 2차원의 극값 정리를 다음과 같이 말할 수 있다.

> 4 **이변수함수에 대한 극값 정리** f가 $\mathbb{R}^2$ 안의 유계인 폐집합 D에서 연속이면, f는 D에 속한 어떤 점 (x_1, y_1)과 (x_2, y_2)에서 최댓값 $f(x_1, y_1)$과 최솟값 $f(x_2, y_2)$를 갖는다.

정리 4가 보장하는 극값을 구하기 위해 정리 2에 따라 f가 (x_1, y_1)에서 극값을 가지면 (x_1, y_1)은 f의 임계점이거나 D의 경계점인 것에 주목한다. 따라서 폐구간 방법을 다음과 같이 확장한다.

> 5 유계인 폐집합 D에서 연속인 함수 f의 최댓값과 최솟값을 다음과 같이 구한다.
> 1. D의 내부에 속한 f의 임계점에서 f의 값을 구한다.
> 2. D의 경계에서 f의 최댓값과 최솟값을 구한다.
> 3. 1, 2단계로부터 얻은 값 중에서 가장 큰 값이 최댓값이고, 가장 작은 값이 최솟값이다.

예제 6 **직사각형 $D = \{(x, y) \mid 0 \le x \le 3, 0 \le y \le 2\}$에서 함수 $f(x, y) = x^2 - 2xy + 2y$의 최댓값과 최솟값을 구하라.**

풀이

f가 다항함수이므로 유계인 폐사각형 D에서 연속이다. 따라서 정리 4로부터 최댓값과 최솟값이 모두 존재한다. 5의 1단계에 따라 먼저 임계점을 구한다. 임계점은 다음과 같을 때 나타난다. 유일한 임계점은 $(1, 1)$이고, 이 점에서 f의 값은 $f(1, 1) = 1$이다.

$$f_x = 2x - 2y = 0, \quad f_y = -2x + 2 = 0$$

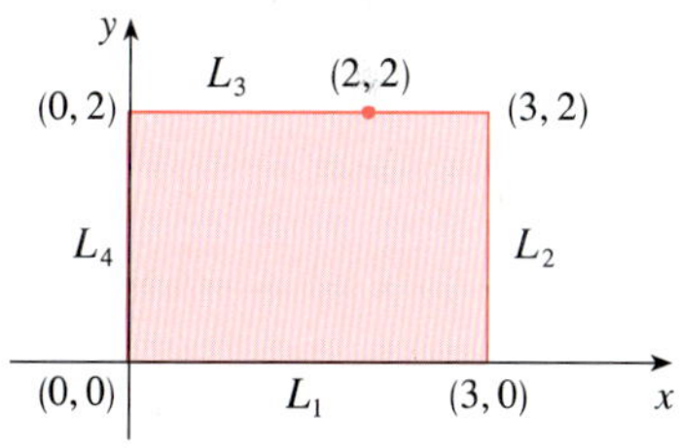

[그림 63]

2단계로 [그림 63]과 같이 4개의 선분 L_1, L_2, L_3, L_4로 구성된 D의 경계 위에서 f의 값을 살펴본다.

L_1에서 $y = 0$이고 다음을 얻는다.

$$f(x, 0) = x^2, \quad 0 \le x \le 3$$

이것은 x의 증가함수이므로 $f(0, 0) = 0$이고 최댓값은 $f(3, 0) = 9$이다.

L_2에서 $x = 3$이고 다음을 얻는다.

$$f(3, y) = 9 - 4y, \quad 0 \le y \le 2$$

이것은 y의 감소함수이므로 최댓값은 $f(3, 0) = 9$이고 최솟값은 $f(3, 2) = 1$이다.

L_3에서 $y = 2$이고 다음을 얻는다.

$$f(x, 2) = x^2 - 4x + 4, \quad 0 \le x \le 3$$

3장의 방법을 이용하거나 단순히 $f(x, 2) = (x-2)^2$을 관찰하면 이 함수의 최솟값은 $f(2, 2) = 0$이고 최댓값은 $f(0, 2) = 4$임을 알 수 있다.

마지막으로 L_4에서 $x = 0$이고 다음을 얻는다.

$$f(0, y) = 2y, \quad 0 \le y \le 2$$

그러므로 최댓값은 $f(0, 2) = 4$이고 최솟값은 $f(0, 0) = 0$이다. 따라서 경계에서 f의 최솟값은 0이고 최댓값은 9이다.

3단계로 경계에서 f의 최솟값과 최댓값을 임계점에서의 값 $f(1, 1) = 1$과 비교한다. 그러면 D에서 최댓값은 $f(3, 0) = 9$이고, 최솟값은 $f(0, 0) = f(2, 2) = 0$임을 결론짓는다. [그림 64]는 f의 그래프이다.

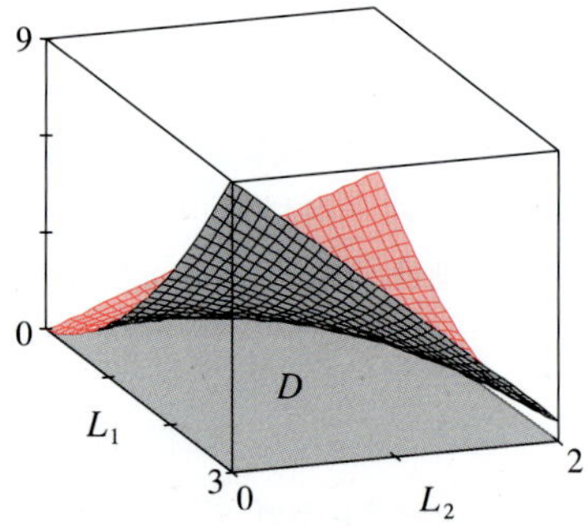

[그림 64] $f(x, y) = x^2 - 2xy + 2xy$

11.7 연습문제

01 연속인 2계 도함수를 갖는 f의 임계점을 $(1, 1)$이라 하자. 각 경우에 f에 대해 어떻게 말할 수 있는가?

(a) $f_{xx}(1, 1) = 4,\ f_{xy}(1, 1) = 1,\ f_{yy}(1, 1) = 2$

(b) $f_{xx}(1, 1) = 4,\ f_{xy}(1, 1) = 3,\ f_{yy}(1, 1) = 2$

02~07 다음 함수의 극댓값, 극솟값, 안장점을 구하라. 3차원 그래픽 소프트웨어가 있다면 함수의 중요한 형태를 보여주는 정의역과 방향을 설정하여 함수의 그래프를 그려라.

02 $f(x, y) = x^2 + xy + y^2 + y$

03 $f(x, y) = y^3 + 3x^2y - 6x^2 - 6y^2 + 2$

04 $f(x, y) = x^3 - 12xy + 8y^3$

05 $f(x, y) = e^x \cos y$

06 $f(x, y) = (x^2 + y^2)e^{y^2 - x^2}$

07 $f(x, y) = y^2 - 2y\cos x, \quad -1 \le x \le 7$

08~09 그래프나 등위곡선 또는 모두를 이용하여 다음 함수의 극댓값, 극솟값, 안장점을 추정하라. 그 다음으로 이 값들을 명확하게 계산하라.

08 $f(x, y) = 3x^2y + y^3 - 3x^2 - 3y^2 + 2$

09 $f(x, y) = \sin x + \sin y + \sin(x+y), \ 0 \le x \le 2\pi, \ 0 \le y \le 2\pi$

10~11 그래픽 도구(또는 뉴턴의 방법이나 근을 찾는 기능)를 이용하여 소수점 아래 셋째 자리까지 정확하게 f의 임계점을 구하라. 임계점을 분류하고 그래프 위에 가장 높거나 가장 낮은 점이 있다면 그 점을 구하라.

10 $f(x, y) = x^4 + y^4 - 4x^2y + 2y$

11 $f(x, y) = x^4 + y^3 - 3x^2 + y^2 + x - 2y + 1$

12~14 집합 D에서 f의 최댓값과 최솟값을 구하라.

12 $f(x, y)=x^2+y^2-2x$, D는 꼭짓점이 $(2, 0)$, $(0, 2)$, $(0, -2)$인 폐삼각형

13 $f(x, y)=x^2+y^2+x^2y+4$, $D=\{(x, y) \mid |x| \le 1, |y| \le 1\}$

14 $f(x, y)=x^4+y^4-4xy+2$,
$D=\{(x, y) \mid 0 \le x \le 3, 0 \le y \le 2\}$

---

15 연속인 일변수함수가 극솟값을 갖지 않고 극댓값만 두 개 갖는 것은 불가능하다. 그러나 이변수함수인 경우에는 이러한 함수가 존재한다. 다음 함수는 임계점을 두 개 갖지만 이 점들에서 극댓값을 갖지 않음을 보여라.

$$f(x, y)=-(x^2-1)^2-(x^2y-x-1)^2$$

다음으로 컴퓨터를 이용하여 어떻게 이런 경우가 가능한지 알 수 있도록 정의역과 방향을 주의깊게 선정하여 그래프를 그려라.

16 점 $(2, 0, -3)$에서 평면 $x+y+z=1$까지의 최단거리를 구하라.

17 점 $(4, 2, 0)$에 가장 가까운 원뿔 $z^2=x^2+y^2$ 위의 점을 구하라.

18 합이 100이고 곱이 최대인 세 양수를 구하라.

19 반지름 r인 구 안에 내접하는 직육면체의 최대 부피를 구하라.

20 제1팔분공간에서 좌표평면을 세 면으로 갖고 한 꼭짓점이 평면 $x+2y+3z=6$에 있는 가장 큰 직육면체의 부피를 구하라.

21 12개의 변의 길이의 합이 상수 c이고 부피가 최대인 직육면체의 치수를 구하라.

22 뚜껑이 없는 마분지 상자의 부피는 $32000\,\text{cm}^3$이어야 한다. 사용되는 마분지의 크기를 최소로 하는 치수를 구하라.

23 직육면체 상자의 대각선의 길이가 L이어야 한다면 가능한 최대 부피는 얼마인가?

24 한 과학자가 두 양 x, y가 선형적인 관계, 즉 어떤 m과 b에 대해 적어도 근사적으로 $y=mx+b$인 관계가 있음을 보여주는 믿을 만한 근거를 갖고 있다고 하자. 과학자가 실험을 수행하여 점 (x_1, y_1), (x_2, y_2), $\cdots$, (x_n, y_n)의 형태로 자료를 모은 다음에 이 점들의 위치를 좌표로 결정한다. 이 점들은 직선 위에 정확히 놓여있지 않다. 그러므로 과학자는 직선 $y=mx+b$가 가능한 한 이 점들에 맞춰지도록 상수 m과 b를 구하고자 한다(그림 참조). $d_i=y_i-(mx_i+b)$를 직선으로부터 점 (x_i, y_i)의 수직편차라 하자. **최소제곱법**method of least squares은 이 편차들의 제곱의 합인 $\sum_{i=1}^{n} d_i^2$을 최소화하는 m과 b를 결정한다. 이 방법에 따라 최적의 적합선은 다음과 같을 때 얻어짐을 보여라.

$$m\sum_{i=1}^{n} x_i + bn = \sum_{i=1}^{n} y_i$$

$$m\sum_{i=1}^{n} x_i^2 + b\sum_{i=1}^{n} x_i = \sum_{i=1}^{n} x_i y_i$$

따라서 이 직선은 두 미지수 m과 b에 관한 두 방정식을 풀어서 얻을 수 있다.

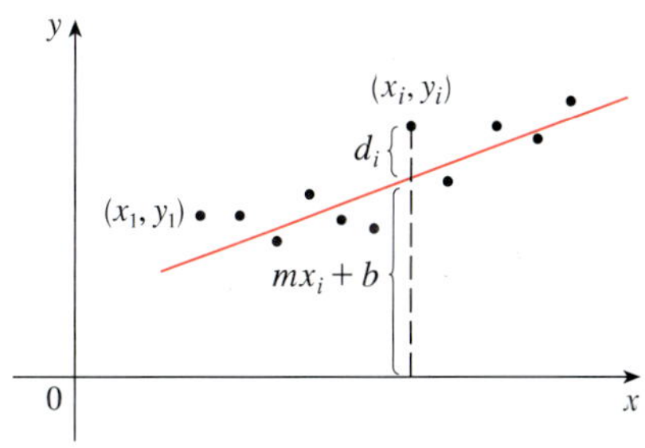

11.8 라그랑주 승수

11.7절의 [예제 5]에서 곡면 넓이가 $12\,\text{m}^2$라는 부가조건 하에서 $2xz+2yz+xy=12$를 제약조건으로 갖는 부피 함수 $V=xyz$를 최대화했다. 이 절에서는 $g(x, y, z)=k$ 형태의 제약(또는 부가조건)과 관련하여 일반적인 함수 $f(x, y, z)$를 최대화 또는 최소화하는 라그랑주의 방법을 소개한다.

라그랑주의 방법에 대한 기하학적인 기초는 이변수함수로 설명하는 것이 더 쉽다. 따라서 $g(x, y)=k$ 형태의 제약과 관련한 $f(x, y)$의 극값을 구하는 것으로 시작한다. 다시 말해서 점 (x, y)가 등위곡선 $g(x, y)=k$에 놓여있다고 제약했을 때 $f(x, y)$의 극값을 구해본다. [그림 65]는 이 곡선 $g(x, y)=k$와 더불어 f에 대한 여러 등위곡선을 함께 보여준다. 이 등위곡선들은 $c=7, 8, 9, 10, 11$일 때 방정식 $f(x, y)=c$를 나타낸다. $g(x, y)=k$와 관련하여 $f(x, y)$의 최댓값은 등위곡선 $f(x, y)=c$, $g(x, y)=k$가 교차할 때의 가장 큰 c의 값을 구하는 것이다. [그림 65]로부터 이런 경우는 곡선들이 서로 접할 때, 즉 공통접선을 가질 때 나타남을 알 수 있다. (그렇지 않으면 c의 값은 더욱 커질 수 있다.) 이것은 곡선들이 접하는 점 (x_0, y_0)에서 법선들이 일치함을 의미한다. 그러므로 기울기 벡터들은 평행하다. 즉 $\nabla f(x_0, y_0)=\lambda\nabla g(x_0, y_0)$를 만족하는 스칼라 λ가 존재한다.

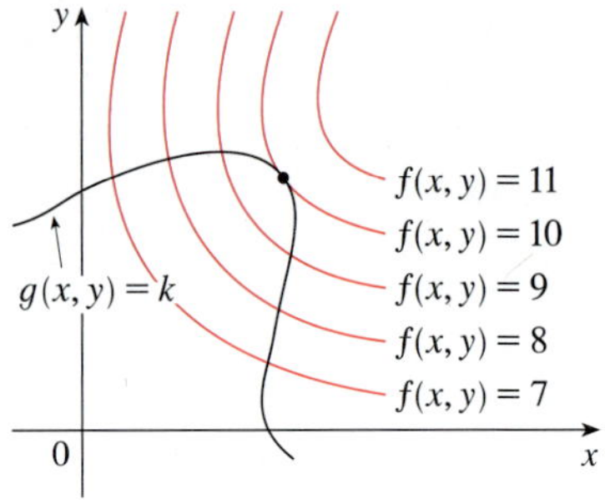

[그림 65]

이와 같은 논법은 제약조건 $g(x, y, z)=k$와 관련한 $f(x, y, z)$의 극값을 구하는 문제로 응용할 수 있다. 따라서 점 (x, y, z)는 방정식이 $g(x, y, z)=k$인 등위곡면 S 위에 놓여있는 것으로 제약을 받는다. [그림 65]에서 등위곡선 대신 등위곡면 $f(x, y, z)=c$를 생각한다. 그리고 f의 최댓값이 $f(x_0, y_0, z_0)=c$이면 등위곡면 $f(x, y, z)=c$가 등위곡면 $g(x, y, z)=k$에 접하게 된다. 따라서 대응되는 기울기 벡터들은 서로 평행하다.

TEC Visual 11.8은 등위곡선과 등위곡면 모두에 대해 [그림 65]의 움직임을 보여준다.

이런 직관적인 논법을 다음과 같이 명확하게 표현할 수 있다. 함수 f가 곡면 S 위의 점 $P(x_0, y_0, z_0)$에서 극값을 갖는다고 가정하고, P를 지나며 S 위에 놓이는 곡선 C의 벡터방정식을 $\mathbf{r}(t)=\langle x(t), y(t), z(t)\rangle$라 하자. t_0가 점 P에 대응하는 매개변숫값이면 $\mathbf{r}(t_0)=\langle x_0, y_0, z_0\rangle$이다. 합성함수 $h(t)=f(x(t), y(t), z(t))$는 f가 곡선 C 위에서 취하는 값을 나타낸다. f가 (x_0, y_0, z_0)에서 극값을 가지므로 h는 t_0에서 극값을 갖는다. 따라서 $h'(t_0)=0$이다. 그러나 f가 미분 가능하면 연쇄법칙을 이용하여 다음과 같이 쓸 수 있다.

$$\begin{aligned}0&=h'(t_0)\\&=f_x(x_0, y_0, z_0)x'(t_0)+f_y(x_0, y_0, z_0)y'(t_0)+f_z(x_0, y_0, z_0)z'(t_0)\\&=\nabla f(x_0, y_0, z_0)\cdot\mathbf{r}'(t_0)\end{aligned}$$

이것은 기울기 벡터 $\nabla f(x_0, y_0, z_0)$가 이와 같은 모든 곡선 C에 대해 접선벡터 $\mathbf{r}'(t_0)$에 수직임을 보여준다. 한편 11.6절로부터 g의 기울기 벡터 $\nabla g(x_0, y_0, z_0)$ 또한 그런 곡선에 대해 $\mathbf{r}'(t_0)$에 수직임을 이미 알고 있다(11.6절의 식 18 참조). 이것은 기울기 벡터 $\nabla f(x_0, y_0, z_0)$와 $\nabla g(x_0, y_0, z_0)$가 서로 평행함을 뜻한다. 그러므로 $\nabla g(x_0, y_0, z_0)\neq\mathbf{0}$이면 다음 조건을 만족하는 수 λ가 존재한다.

1 $$\nabla f(x_0, y_0, z_0) = \lambda \nabla g(x_0, y_0, z_0)$$

식 1에서 수 λ를 **라그랑주 승수**Lagrange multiplier라 한다. 식 1에 기초한 과정은 다음과 같다.

라그랑주 승수는 이탈리아계 프랑스 수학자 라그랑주(Joseph-Louis Lagrange, 1736~1813)의 이름을 따서 붙인 명칭이다. 라그랑주의 약력에 대해서는 3.2절을 참조하기 바란다.

라그랑주 승수법 제약조건 $g(x, y, z) = k$와 관련한 $f(x, y, z)$의 최댓값과 최솟값을 구하기 위해 다음 방법을 따른다. [이러한 극값이 존재하고, 곡면 $g(x, y, z) = k$에서 $\nabla g \neq \mathbf{0}$라고 가정한다].

(a) 다음을 만족하는 x, y, z, λ의 값을 모두 구한다.

$$\nabla f(x, y, z) = \lambda \nabla g(x, y, z), \quad g(x, y, z) = k$$

(b) (a)에서 구한 모든 점 (x, y, z)에서 f를 계산한다. 이 값들 중 가장 큰 것이 f의 최댓값이고 가장 작은 것이 f의 최솟값이다.

라그랑주의 방법을 유도할 때 $\nabla g \neq \mathbf{0}$이라고 가정한다. 각 예제에서 $g(x, y, z) = k$가 되는 모든 점에서 $\nabla g \neq \mathbf{0}$임을 확인할 수 있다. [연습문제 12]에서 $\nabla g = \mathbf{0}$일 때 오류가 발생할 수 있음을 볼 수 있다.

벡터방정식 $\nabla f = \lambda \nabla g$를 성분으로 나타내면 (a) 단계의 식은 다음과 같다.

$$f_x = \lambda g_x, \quad f_y = \lambda g_y, \quad f_z = \lambda g_z, \quad g(x, y, z) = k$$

이것은 네 미지수 x, y, z, λ에 대한 연립방정식이다. 그러나 정확한 λ 값을 구할 필요는 없다.

이변수함수에 대한 라그랑주 승수법은 앞에서 설명한 방법과 비슷하다. 제약 $g(x, y) = k$와 관련한 $f(x, y)$의 극값을 구하기 위해 다음을 만족하는 x, y, λ를 구해야 한다.

$$\nabla f(x, y) = \lambda \nabla g(x, y), \quad g(x, y) = k$$

이는 다음과 같은 세 개의 미지수를 갖는 연립방정식을 푸는 것에 해당한다.

$$f_x = \lambda g_x, \quad f_y = \lambda g_y, \quad g(x, y) = k$$

라그랑주 방법의 첫 번째 설명으로 11.7절의 [예제 5]에서 주어진 문제를 다시 생각해 본다.

예제 1 마분지 $12\,\mathrm{m}^2$로 뚜껑이 없는 직육면체 상자를 만든다. 이 상자의 최대 부피를 구하라.

풀이

11.7절의 [예제 5]에서와 같이 x, y, z를 각각 상자의 길이, 너비, 높이라 하자. 여기서 단위는 m이다. 다음과 같은 제약조건에 대해 $V = xyz$를 최대화하고자 한다.

$$g(x, y, z) = 2xz + 2yz + xy = 12$$

라그랑주 승수법을 이용하여 $\nabla V = \lambda \nabla g$이고 $g(x, y, z) = 12$를 만족하는 x, y, z, λ를 구한다. 이것으로부터 다음 식을 얻는다.

$$V_x = \lambda g_x, \quad V_y = \lambda g_y, \quad V_z = \lambda g_z, \quad 2xz + 2yz + xy = 12$$

따라서 다음을 얻는다.

$$yz = \lambda(2z + y) \tag{2}$$

$$xz = \lambda(2z + x) \tag{3}$$

$$xy = \lambda(2x + 2y) \tag{4}$$

$$2xz + 2yz + xy = 12 \tag{5}$$

이 방정식계를 풀기 위한 일반적인 규칙은 없지만 때때로 특정한 기교가 필요한 경우가 있다. 이 예제에서 2에 x, 3에 y, 4에 z를 곱하면 좌변이 일치할 것이다. 그러면 다음을 얻는다.

$$xyz = \lambda(2xz + xy) \tag{6}$$

$$xyz = \lambda(2yz + xy) \tag{7}$$

$$xyz = \lambda(2xz + 2yz) \tag{8}$$

방정식계 (2~5)를 푸는 다른 방법은 방정식 2, 3, 4를 λ에 대해 푼 후 결과로 얻은 식을 같게 놓는 것이다.

그런데 $\lambda \neq 0$이다. 왜냐하면 $\lambda = 0$이면 2, 3, 4로부터 $yz = xz = xy = 0$이 되므로 이것은 5에 모순이다. 그러므로 6과 7로부터 다음을 얻는다.

$$2xz + xy = 2yz + xy$$

이것으로부터 $xz = yz$를 얻는다. 이때 $z \neq 0$($z = 0$이면 $V = 0$이기 때문에)이므로 $x = y$이다. 7과 8로부터 다음을 얻는다.

$$2yz + xy = 2xz + 2yz$$

이것으로부터 $2xz = xy$를 얻으므로 $y = 2z$($x \neq 0$이므로)를 얻는다. 이제 $x = y = 2z$를 5에 대입하여 다음을 얻는다.

$$4z^2 + 4z^2 + 4z^2 = 12$$

x, y, z가 모두 양수이므로 앞에서와 같이 $z = 1$, $x = 2$, $y = 2$를 얻는다.

예제 2 **원 $x^2 + y^2 = 1$에서 함수 $f(x, y) = x^2 + 2y^2$의 최댓값과 최솟값을 구하라.**

풀이

제약조건 $g(x, y) = x^2 + y^2 = 1$을 만족하는 f의 최댓값과 최솟값을 구하는 문제이다. 라그랑주 승수법을 이용하여 방정식 $\nabla f = \lambda \nabla g$, $g(x, y) = 1$을 푼다. 이를 위해 다음과 같이 쓸 수 있다.

$$f_x = \lambda g_x, \quad f_y = \lambda g_y, \quad g(x, y) = 1$$

또는 다음과 같이 쓸 수 있다.

[9] $$2x = 2x\lambda$$

[10] $$4y = 2y\lambda$$

[11] $$x^2 + y^2 = 1$$

[9]로부터 $x = 0$ 또는 $\lambda = 1$을 얻는다. $x = 0$이면 [11]에서 $y = \pm 1$이다. $\lambda = 1$이면 [10]으로부터 $y = 0$이므로 [11]에 의해 $x = \pm 1$이다. 그러므로 f는 네 점 $(0, 1)$, $(0, -1)$, $(1, 0)$, $(-1, 0)$에서 최댓값과 최솟값을 가질 수 있다. 이 네 점에서 f의 값을 구하면 다음과 같다.

$$f(0, 1) = 2, \quad f(0, -1) = 2, \quad f(1, 0) = 1, \quad f(-1, 0) = 1$$

그러므로 원 $x^2 + y^2 = 1$에서 f의 최댓값은 $f(0, \pm 1) = 2$, 최솟값은 $f(\pm 1, 0) = 1$이다. [그림 66]에서 이 값들이 타당함을 확인할 수 있다.

기하학적인 용어로 [예제 2]의 최댓값과 최솟값은 [그림 66]에 있는 곡선 C에서 최고점과 최저점이다. 이때 C는 제약이 되는 원 $x^2 + y^2 = 1$ 바로 위에 있고 포물면 $z = x^2 + 2y^2$에 놓인 곡선이다.

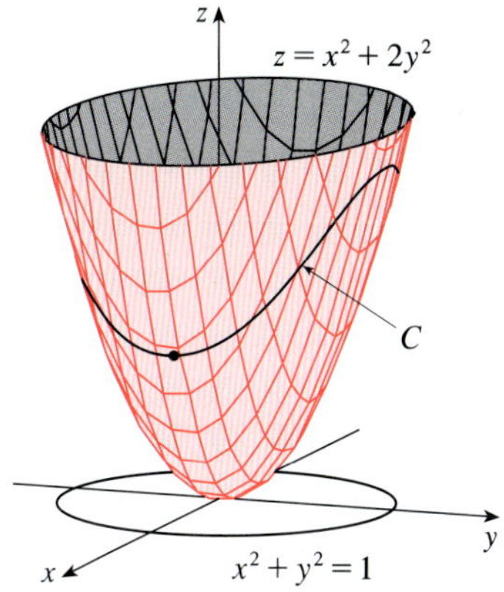

[그림 66]

[그림 67]은 [예제 2]에서 라그랑주 승수법을 이용하는 기하학적인 배경을 제시한다. $f(x, y) = x^2 + 2y^2$의 극값은 원 $x^2 + y^2 = 1$과 접하는 등위곡선에 대응한다.

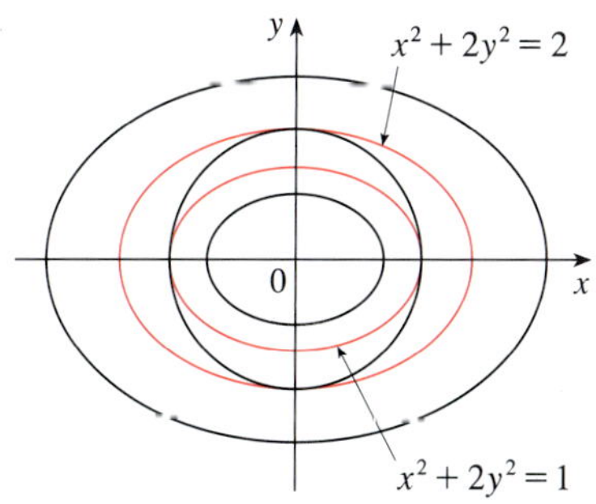

[그림 67]

예제 3 **원판 $x^2 + y^2 \le 1$에서 $f(x, y) = x^2 + 2y^2$의 최댓값과 최솟값을 구하라.**

풀이

11.7절 [5]의 절차에 따라 임계점에서의 f의 값과 경계점에서의 값을 비교한다. $f_x = 2x$, $f_y = 4y$이므로 유일한 임계점은 $(0, 0)$이다. 임계점에서 f의 값과 [예제 2]에서 구한 경계 위에서의 최댓값과 최솟값을 다음과 같이 비교한다.

$$f(0, 0) = 0, \quad f(\pm 1, 0) = 1, \quad f(0, \pm 1) = 2$$

따라서 원판 $x^2 + y^2 \le 1$에서 f의 최댓값은 $f(0, \pm 1) = 2$, 최솟값은 $f(0, 0) = 0$이다.

예제 4 **점 $(3, 1, -1)$로부터 구면 $x^2 + y^2 + z^2 = 4$까지 가장 가까운 구면 위의 점과 가장 먼 구면 위의 점을 구하라.**

풀이

점 (x, y, z)로부터 $(3, 1, -1)$까지의 거리는 다음과 같다.

$$d = \sqrt{(x-3)^2 + (y-1)^2 + (z+1)^2}$$

그러나 다음과 같이 거리의 제곱을 사용하면 최대화와 최소화하는 계산이 더 쉬워진다.

$$d^2 = f(x, y, z) = (x-3)^2 + (y-1)^2 + (z+1)^2$$

제약조건은 점 (x, y, z)가 구면에 있다는 것, 즉 다음과 같다.

$$g(x, y, z) = x^2 + y^2 + z^2 = 4$$

라그랑주 승수법에 따라 방정식 $\nabla f = \lambda \nabla g$, $g = 4$를 푼다. 즉 다음과 같다.

12 $$2(x-3) = 2x\lambda$$

13 $$2(y-1) = 2y\lambda$$

14 $$2(z+1) = 2z\lambda$$

15 $$x^2 + y^2 + z^2 = 4$$

이 방정식을 푸는 가장 간단한 방법은 12, 13, 14로부터 x, y, z를 λ에 대해 풀고, 이 값들을 15에 대입하는 것이다. 그러면 12로부터 다음을 얻는다.

$$x - 3 = x\lambda \quad \text{또는} \quad x(1-\lambda) = 3 \quad \text{또는} \quad x = \frac{3}{1-\lambda}$$

$(1-\lambda \neq 0$임에 주의한다. 왜냐하면 $\lambda = 1$은 12로부터 불가능하기 때문이다.) 비슷한 방법으로 13과 14에서 다음을 얻는다.

$$y = \frac{1}{1-\lambda}, \quad z = -\frac{1}{1-\lambda}$$

그러므로 15에 대입하면 다음을 얻는다.

$$\frac{3^2}{(1-\lambda)^2} + \frac{1^2}{(1-\lambda)^2} + \frac{(-1)^2}{(1-\lambda)^2} = 4$$

따라서 $(1-\lambda)^2 = \frac{11}{4}$, $1-\lambda = \pm\sqrt{11}/2$이므로 다음을 얻는다.

$$\lambda = 1 \pm \frac{\sqrt{11}}{2}$$

이와 같은 λ의 값에 대응되는 점 (x, y, z)는 다음과 같다.

$$\left(\frac{6}{\sqrt{11}}, \frac{2}{\sqrt{11}}, -\frac{2}{\sqrt{11}}\right), \quad \left(-\frac{6}{\sqrt{11}}, -\frac{2}{\sqrt{11}}, \frac{2}{\sqrt{11}}\right)$$

f는 이들 점 가운데 첫 번째 점에서 더 작은 값을 갖는 것을 쉽게 알 수 있으므로 가장 가까운 점은 $(6/\sqrt{11}, 2/\sqrt{11}, -2/\sqrt{11})$이고, 가장 먼 점은 $(-6/\sqrt{11},$

[그림 68]은 [예제 4]에서 구면과 가장 가까운 점 P를 보여준다. 미분을 이용하지 않고 점 P의 좌표를 구할 수 있는가?

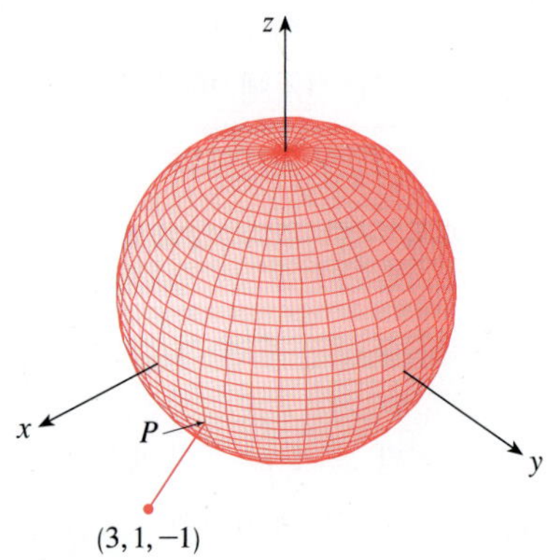

[그림 68]

$-2/\sqrt{11},\ 2/\sqrt{11})$이다.

두 가지 제약조건

$g(x, y, z)=k$와 $h(x, y, z)=c$ 형태의 두 가지 제약(부가조건)에 대해 $f(x, y, z)$의 극값을 구한다고 가정하자. 이것은 기하학적으로 점 (x, y, z)가 등위곡면 $g(x, y, z)=k$와 $h(x, y, z)=c$의 교차곡선 C 위에 놓이는 것으로 제약할 때, f의 최댓값과 최솟값을 찾는 것을 의미한다([그림 69] 참조).

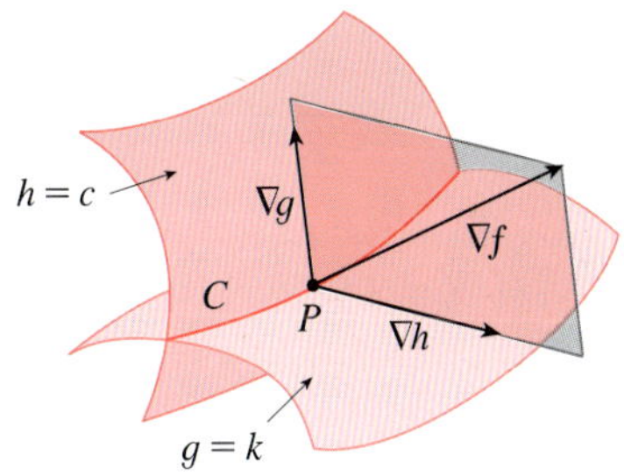

[그림 69]

f가 점 $P(x_0, y_0, z_0)$에서 극값을 갖는다고 하자. 이 절의 도입부로부터 ∇f는 P에서 곡선 C에 수직이다. 또한 ∇g는 $g(x, y, z)=k$에 수직이고 ∇h는 $h(x, y, z)=c$에 수직이다. 따라서 ∇g와 ∇h는 모두 C에 수직이다. 이것은 기울기 벡터 $\nabla f(x_0, y_0, z_0)$가 $\nabla g(x_0, y_0, z_0)$와 $\nabla h(x_0, y_0, z_0)$로 결정되는 평면에 놓여있음을 의미한다. (기울기 벡터들은 0이 아니고 평행하지도 않다고 가정한다.) 따라서 다음 방정식을 만족하는 수 λ와 μ(라그랑주 승수)가 존재한다.

16 $$\nabla f(x_0, y_0, z_0)=\lambda \nabla g(x_0, y_0, z_0)+\mu \nabla h(x_0, y_0, z_0)$$

이 경우에 라그랑주의 방법은 5개의 미지수 x, y, z, λ, μ에 관한 다음 5개의 방정식을 풀어서 극값을 찾는 것이다. 이런 방정식들은 식 16을 성분으로 표현하고 제약조건 방정식을 이용하여 다음과 같이 얻는다.

$$f_x=\lambda g_x+\mu h_x$$

$$f_y=\lambda g_y+\mu h_y$$

$$f_z=\lambda g_z+\mu h_z$$

$$g(x, y, z)=k$$

$$h(x, y, z)=c$$

예제 5 평면 $x-y+z=1$과 원기둥 $x^2+y^2=1$이 만나는 교차곡선에서 함수 $f(x, y, z)=x+2y+3z$의 최댓값을 구하라.

풀이

두 제약조건 $g(x, y, z)=x-y+z=1$과 $h(x, y, z)=x^2+y^2=1$에 관련한 함수 $f(x, y, z)=x+2y+3z$를 최대화한다. 라그랑주 조건은 $\nabla f=\lambda \nabla g+\mu \nabla h$이고 다음 방정식을 푼다.

[17] $$1 = \lambda + 2x\mu$$

[18] $$2 = -\lambda + 2y\mu$$

[19] $$3 = \lambda$$

[20] $$x - y + z = 1$$

[21] $$x^2 + y^2 = 1$$

[19]에서 $\lambda = 3$을 [17]에 대입하면 $2x\mu = -2$이므로 $x = -1/\mu$이다. 같은 방법으로 [18]로부터 $y = 5/(2\mu)$를 얻는다. 이것을 [21]에 대입하면 다음을 얻는다.

$$\frac{1}{\mu^2} + \frac{25}{4\mu^2} = 1$$

그러므로 $\mu^2 = \frac{29}{4}$, $\mu = \pm\frac{\sqrt{29}}{2}$이다. 그러면 $x = \mp\frac{2}{\sqrt{29}}$, $y = \pm\frac{5}{\sqrt{29}}$이고 [20]으로부터 $z = 1 - x + y = 1 \pm \frac{7}{\sqrt{29}}$이다. 이에 대응되는 f의 값은 다음과 같다.

$$\mp\frac{2}{\sqrt{29}} + 2\left(\pm\frac{5}{\sqrt{29}}\right) + 3\left(1 \pm \frac{7}{\sqrt{29}}\right) = 3 \pm \sqrt{29}$$

따라서 주어진 곡선에서 f의 최댓값은 $3 + \sqrt{29}$이다.

원기둥 $x^2 + y^2 = 1$은 평면 $x - y + z = 1$과 타원으로 만난다([그림 70] 참조). [예제 5]는 (x, y, z)가 이 타원 위에 놓인다고 제한했을 때 f의 최댓값을 묻는 것이다.

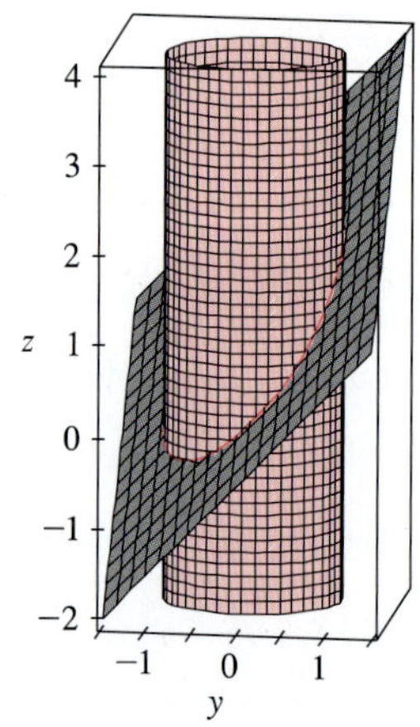

[그림 70]

11.8 연습문제

01~06 라그랑주 승수를 이용하여 주어진 제약에 대하여 함수의 최댓값과 최솟값을 구하라.

01 $f(x, y) = x^2 + y^2$; $xy = 1$

02 $f(x, y) = x^2 y$; $x^2 + 2y^2 = 6$

03 $f(x, y, z) = 2x + 6y + 10z$; $x^2 + y^2 + z^2 = 35$

04 $f(x, y, z) = xyz$; $x^2 + 2y^2 + 3z^2 = 6$

05 $f(x, y, z) = x^2 + y^2 + z^2$; $x^4 + y^4 + z^4 = 1$

06 $f(x, y, z, t) = x + y + z + t$; $x^2 + y^2 + z^2 + t^2 = 1$

07~08 두 제약조건에 대하여 f의 극값을 구하라.

07 $f(x, y, z) = x + 2y$; $x + y + z = 1$, $y^2 + z^2 = 4$

08 $f(x, y, z) = yz + xy$; $xy = 1$, $y^2 + z^2 = 1$

09~10 부등식으로 설명된 영역에서 f의 극값을 구하라.

09 $f(x, y) = x^2 + y^2 + 4x - 4y$; $x^2 + y^2 \le 9$

10 $f(x, y) = e^{-xy}$; $x^2 + 4y^2 \le 1$

11 다음 그림은 f의 등고선도와 방정식 $g(x, y) = 8$의 곡선이다. 제약조건 $g(x, y) = 8$에 대하여 f의 최댓값과 최솟값을 추정하라. 그렇게 추정한 이유를 설명하라.

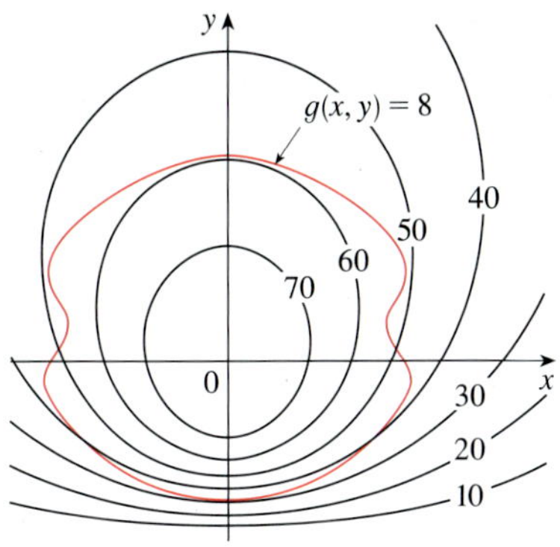

12 곡선 $y^2+x^4-x^3=0$(조롱박 모양)에서 함수 $f(x, y)=x$를 최소화하는 문제를 생각하자.

(a) 라그랑주 승수법을 이용하여 이 문제를 풀도록 시도하라.

(b) 최솟값은 $f(0, 0)=0$이지만 라그랑주 조건 $\nabla f(0, 0)=\lambda \nabla g(0, 0)$이 임의의 λ 값에 대해 만족되지 않음을 보여라.

(c) 이 경우에 최솟값을 구하는 데 라그랑주 승수법이 적용되지 않는 이유를 설명하라.

13 어떤 생산물의 총 생산량 P는 노동량 L과 투자금 K에 따라 결정된다. 생산함수에 대한 콥-더글러스 모형은 $P=bL^{\alpha}K^{1-\alpha}$이다. 여기서 b와 α는 양의 상수이고 $\alpha<1$이다. 노동력 1단위의 비용은 m, 자본금 1단위의 비용은 n, 회사가 사용할 수 있는 총 비용은 p달러일 때, 최대화해야 할 생산량 P는 조건 $mL+nK=p$에 제약을 받는다. 최대 생산량 P는 다음과 같은 조건에서 발생함을 보여라.

$$L=\frac{\alpha p}{m}, \qquad K=\frac{(1-\alpha)p}{n}$$

14 라그랑주 승수법을 이용하여 주어진 둘레가 p인 최대 넓이를 가지는 사각형이 정사각형임을 보여라.

15~21 라그랑주 승수법을 이용하여 11.7절 연습문제에서 제시한 다음 문제의 해를 구하라.

15 [연습문제 16]

16 [연습문제 17]

17 [연습문제 18]

18 [연습문제 19]

19 [연습문제 20]

20 [연습문제 21]

21 [연습문제 23]

22 평면 $x+y+2z=2$는 포물면 $z=x^2+y^2$과 타원 모양으로 만난다. 원점에서 타원까지 가장 가까운 타원 위의 점과 가장 먼 타원 위의 점을 구하라.

23 CAS 제약조건 $9x^2+4y^2+36z^2=36$, $xy+yz=1$에 대한 $f(x, y, z)=ye^{x-z}$의 최댓값과 최솟값을 구하라. 컴퓨터 대수체계를 이용하여 라그랑주 승수법을 이용할 때 나타나는 방정식계를 풀어라. (CAS가 유일한 해를 찾는다면 명령어를 추가로 사용해야 할 것이다.)

24 (a) $x_1, x_2, \cdots, x_n$이 양수이고 $x_1+x_2+\cdots+x_n=c$가 주어질 때, 다음 함수의 최댓값을 구하라. 여기서 c는 상수이다.

$$f(x_1, x_2, \cdots, x_n)=\sqrt[n]{x_1x_2\cdots x_n}$$

(b) (a)로부터 $x_1, x_2, \cdots, x_n$이 양수이면 다음이 성립함을 유추하라.

$$\sqrt[n]{x_1x_2\cdots x_n} \le \frac{x_1+x_2+\cdots+x_n}{n}$$

이 부등식은 n개의 양수의 기하평균이 산술평균보다 크지 않음을 말한다. 두 평균값이 같을 때는 언제인가?

11장 복습문제

개념 확인

01 (a) 이변수함수란 무엇인가?

(b) 이변수함수를 시각화하는 세 가지 방법을 설명하라.

02 (a) 삼변수함수란 무엇인가?

(b) 삼변수함수를 어떻게 시각화할 수 있는가?

03 다음 극한의 의미는 무엇인가? 이와 같은 극한이 존재하지 않음을 어떻게 보일 수 있는가?

$$\lim_{(x,y)\to(a,b)} f(x, y) = L$$

04 (a) f가 (a, b)에서 연속이라는 것은 무엇을 의미하는가?

(b) f가 $\mathbb{R}^2$에서 연속이면 이 함수의 그래프에 대해 어떻게 말할 수 있는가?

05 (a) 편도함수 $f_x(a, b)$와 $f_y(a, b)$에 대한 식을 극한으로 표현하라.

(b) $f_x(a, b)$와 $f_y(a, b)$를 기하학적으로 어떻게 해석하는가? 이것을 변화율로는 어떻게 해석하는가?

(c) $f(x, y)$가 식으로 주어질 때 f_x와 f_y를 어떻게 계산하는가?

06 클레로의 정리는 무엇을 말하는가?

07 다음과 같은 형태의 곡면에 대한 접평면을 어떻게 구하는가?

(a) 이변수함수 $z = f(x, y)$의 그래프

(b) 삼변수함수 $F(x, y, z) = k$의 등위곡면

08 (a, b)에서 f의 선형화를 정의하라. 이에 대응하는 선형 근사는 무엇인가? 선형 근사에 대한 기하학적 설명은 무엇인가?

09 (a) f가 (a, b)에서 미분 가능하다는 의미는 무엇인가?

(b) f가 미분 가능하다는 것을 보통 어떻게 보일 수 있는가?

10 $z = f(x, y)$일 때 미분 dx, dy, dz는 무엇인가?

11 x와 y가 일변수함수일 때 $z = f(x, y)$인 경우에 대한 연쇄법칙을 쓰라. x와 y가 이변수함수일 때의 연쇄법칙을 쓰라.

12 z가 $F(x, y, z) = 0$ 형태의 방정식으로 주어진 x와 y의 음함수로 정의된다. $\partial z/\partial x$와 $\partial z/\partial y$를 어떻게 구하는가?

13 (a) (x_0, y_0)에서 단위벡터 $\mathbf{u} = \langle a, b\rangle$ 방향으로 f의 방향도함수를 극한으로 표현하라. 이것을 비율로써 어떻게 해석하는가? 이것을 기하학적으로 어떻게 해석하는가?

(b) f가 미분 가능할 때 $D_{\mathbf{u}}f(x_0, y_0)$를 f_x와 f_y로 표현하라.

14 (a) 이변수 또는 삼변수함수 f에 대한 기울기 벡터 ∇f를 정의하라.

(b) $D_{\mathbf{u}}f$를 ∇f를 이용하여 표현하라.

(c) 기울기의 기하학적 의미를 설명하라.

15 다음 명제가 의미하는 바는 무엇인가?

(a) f가 (a, b)에서 극대이다.

(b) f가 (a, b)에서 최대이다.

(c) f가 (a, b)에서 극소이다.

(d) f가 (a, b)에서 최소이다.

(e) f가 (a, b)에서 안장점이다.

16 (a) f가 (a, b)에서 극댓값을 갖는다면 (a, b)에서 이 함수의 편도함수에 대해 어떻게 말할 수 있는가?

(b) f의 임계점은 무엇인가?

17 2계 도함수 판정법을 쓰라.

18 (a) $\mathbb{R}^2$에서 폐집합은 무엇인가? 유계집합은 무엇인가?

(b) 이변수함수에 대한 극값 정리를 설명하라.

(c) 극값 정리가 보증하는 값을 어떻게 구하는가?

19 제약조건 $g(x, y, z) = k$에 대해 $f(x, y, z)$의 극값을 구할 때, 라그랑주 승수법의 역할을 설명하라. 또 다른 제약조건 $h(x, y, z) = c$가 있으면 어떻게 되는가?

참/거짓 질문

다음 명제가 참인지 아니면 거짓인지 판별하라. 참이면 이유를 설명하고, 거짓이면 이유를 설명하거나 반례를 들어라.

01 $f_y(a, b) = \lim_{y \to b} \dfrac{f(a, y) - f(a, b)}{y - b}$

02 $f_{xy} = \dfrac{\partial^2 f}{\partial x\, \partial y}$

03 (a, b)를 지나는 모든 직선을 따라 $(x, y) \to (a, b)$일 때 $f(x, y) \to L$이면 $\lim_{(x, y) \to (a, b)} f(x, y) = L$이다.

04 f가 (a, b)에서 극소를 갖고 그 점에서 미분 가능하면 $\nabla f(a, b) = \mathbf{0}$이다.

05 $f(x, y) = \ln y$이면 $\nabla f(x, y) = 1/y$이다.

06 $f(x, y) = \sin x + \sin y$이면 $-\sqrt{2} \le D_{\mathbf{u}} f(x, y) \le \sqrt{2}$이다.

연습문제

01 $f(x, y) = \ln(x + y + 1)$의 정의역을 구하고 그래프를 그려라.

02 $f(x, y) = 1 - y^2$의 그래프를 그려라.

03 $f(x, y) = \sqrt{4x^2 + y^2}$의 등위곡선을 몇 개만 그려라.

04 그래프가 다음과 같은 함수의 등고선 그림을 대략적으로 그려라.

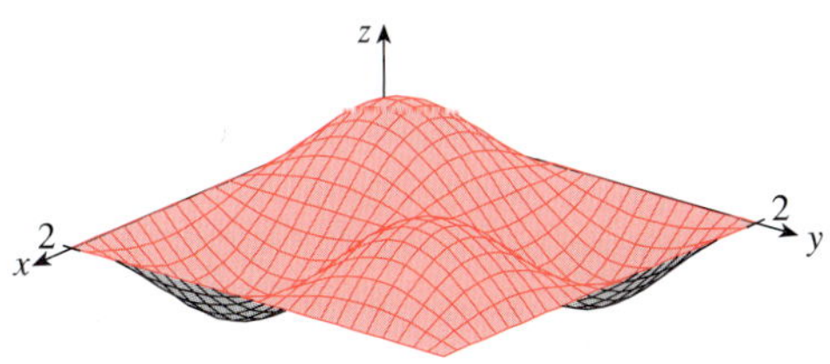

05 극한 $\lim_{(x, y) \to (1, 1)} \dfrac{2xy}{x^2 + 2y^2}$을 구하거나 존재하지 않음을 보여라.

06~08 1계 편도함수를 구하라.

06 $f(x, y) = (5y^3 + 2x^2 y)^8$

07 $F(\alpha, \beta) = \alpha^2 \ln(\alpha^2 + \beta^2)$

08 $S(u, v, w) = u \arctan(v\sqrt{w})$

09~10 f의 2계 편도함수들을 구하라.

09 $f(x, y) = 4x^3 - xy^2$

10 $f(x, y, z) = x^k y^l z^m$

11 $z = xy + xe^{y/x}$일 때 $x\dfrac{\partial z}{\partial x} + y\dfrac{\partial z}{\partial y} = xy + z$임을 보여라.

12~14 지정된 점에서 주어진 곡면에 대한 (a) 접평면 (b) 법선의 방정식을 구하라.

12 $z = 3x^2 - y^2 + 2x, \quad (1, -2, 1)$

13 $x^2 + 2y^2 - 3z^2 = 3, \quad (2, -1, 1)$

14 $\sin(xyz) = x + 2y + 3z, \quad (2, -1, 0)$

15 접평면이 평면 $2x + 2y + z = 5$와 평행한 쌍곡면 $x^2 + 4y^2 - z^2 = 4$ 위의 점을 구하라.

16 점 $(2, 3, 4)$에서 함수 $f(x, y, z) = x^3\sqrt{y^2 + z^2}$의 선형 근사를 구하라. 이것을 이용하여 수 $(1.98)^3\sqrt{(3.01)^2 + (3.97)^2}$을 추정하라.

17 $u = x^2 y^3 + z^4$이고 $x = p + 3p^2$, $y = pe^p$, $z = p\sin p$일 때, 연쇄법칙을 이용하여 du/dp를 구하라.

18 $z = f(x, y)$일 때 $x = g(s, t)$, $y = h(s, t)$, $g(1, 2) = 3$, $g_s(1, 2) = -1$, $g_t(1, 2) = 4$, $h(1, 2) = 6$, $h_s(1, 2) = -5$, $h_t(1, 2) = 10$, $f_x(3, 6) = 7$, $f_y(3, 6) = 8$이라 하자. $s = 1$, $t = 2$일 때 $\partial z/\partial s$와 $\partial z/\partial t$를 구하라.

19 f가 미분 가능하고 $z = y + f(x^2 - y^2)$일 때 다음이 성립함을 보여라.

$$y\frac{\partial z}{\partial x} + x\frac{\partial z}{\partial y} = x$$

20 $z = f(u, v)$인 경우 $u = xy$, $v = y/x$이고 f는 연속인 2계 편도함수들을 갖는다고 할 때 다음이 성립함을 보여라.

$$x^2\frac{\partial^2 z}{\partial x^2}-y^2\frac{\partial^2 z}{\partial y^2}=-4uv\frac{\partial^2 z}{\partial u\,\partial v}+2v\frac{\partial z}{\partial v}$$

21 함수 $f(x, y, z)=x^2e^{yz^2}$의 기울기를 구하라.

22 점 $(2, -3)$의 방향으로 f의 방향도함수를 구하라.

$$f(x, y)=x^2e^{-y},\ (-2, 0)$$

23 점 $(2, 1)$에서 $f(x, y)=x^2y+\sqrt{y}$의 최대 변화율을 구하라. 그것은 어느 방향에서 일어나는가?

24~25 다음 함수의 극댓값, 극솟값, 안장점을 구하라. 3차원 그래픽 소프트웨어가 있다면 함수의 중요한 속성을 모두 보여주는 정의역과 방향을 선정하여 그래프를 그려라.

24 $f(x, y)=x^2-xy+y^2+9x-6y+10$

25 $f(x, y)=3xy-x^2y-xy^2$

---

26 집합 D에서 f의 최댓값과 최솟값을 구하라.

$f(x, y)=4xy^2-x^2y^2-xy^3$; D는 꼭짓점이 $(0, 0)$, $(0, 6)$, $(6, 0)$인 xy평면 안의 폐삼각형 영역이다.

27 그래프나 등위곡선 또는 모두 이용하여 $f(x, y)=x^3-3x+y^4-2y^2$의 극댓값, 극솟값, 안장점을 추정하라. 미적분학을 이용하여 그 값들을 명확하게 계산하라.

28~29 라그랑주 승수법을 이용하여 주어진 제약조건에 대하여 f의 최댓값과 최솟값을 구하라.

28 $f(x, y)=x^2y$; $x^2+y^2=1$

29 $f(x, y, z)=xyz$; $x^2+y^2+z^2=3$

---

30 원점에 가장 가까운 곡면 $xy^2z^3=2$ 위의 점을 구하라.

31 그림과 같이 직사각형 위에 이등변삼각형을 놓아 오각형을 만들고자 한다. 오각형의 둘레가 P로 고정될 때 오각형의 넓이를 최대로 하는 각 변의 길이를 구하라.

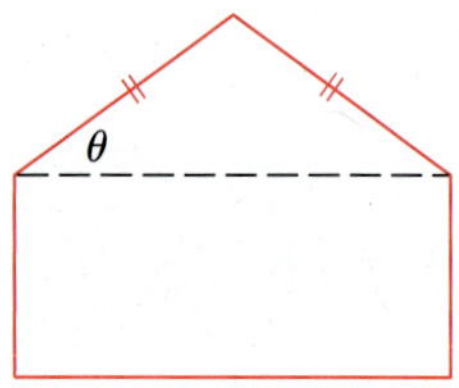

12장 중적분

MULTIPLE INTEGRALS

이 장에서는 정적분의 개념을 이변수함수 또는 삼변수함수의 이중적분과 삼중적분으로 확장한다. 이 개념들을 7장에서 생각했던 것보다 더 일반적인 영역에 대한 부피, 질량, 무게중심을 계산하는 데 이용할 수 있다. 이중적분을 계산할 때 어떤 영역은 극좌표를 이용하는 것이 더 유용하다. 마찬가지로 3차원 공간에서 새로운 두 좌표계, 즉 원기둥좌표와 구면좌표를 소개할 것이다. 어떤 입체 영역의 공통부분에서 삼중적분을 구할 때 이 두 좌표계를 이용하면 계산을 매우 간단히 할 수 있다.

12.1 직사각형 영역에서 이중적분

정적분의 정의를 유도하는 과정에서 넓이 문제를 해결하기 위해 시도했던 것과 동일한 방법으로 이제 입체의 부피를 구하고 그 과정에서 이중적분의 정의를 내린다.

정적분 복습

먼저 일변수함수의 정적분에 관한 기본 사실을 기억하자. $a \le x \le b$에서 $f(x)$가 정의될 때 구간 $[a, b]$를 길이가 $\Delta x_i = x_i - x_{i-1}$인 n개의 부분 구간 $[x_{i-1}, x_i]$로 나누고, [그림 1]과 같이 부분 구간 안에서 표본점 x_i^*를 선택한다. 그러면 리만 합은 다음과 같이 만들어진다.

1
$$\sum_{i=1}^{n} f(x_i^*)\,\Delta x_i$$

그리고 가장 큰 길이가 0에 가까워질 때 리만 합의 극한을 취하면 다음과 같이 a에서 b까지 f의 정적분을 얻는다.

2
$$\int_a^b f(x)\,dx = \lim_{\max \Delta x_i \to 0} \sum_{i=1}^{n} f(x_i^*)\,\Delta x_i$$

특히 $f(x) \ge 0$인 경우 리만 합은 [그림 1]에서 근사 직사각형의 넓이의 합으로 해석할 수 있다. 그리고 $\int_a^b f(x)\,dx$는 a에서 b까지 곡선 $y = f(x)$ 아래의 넓이를 나타낸다.

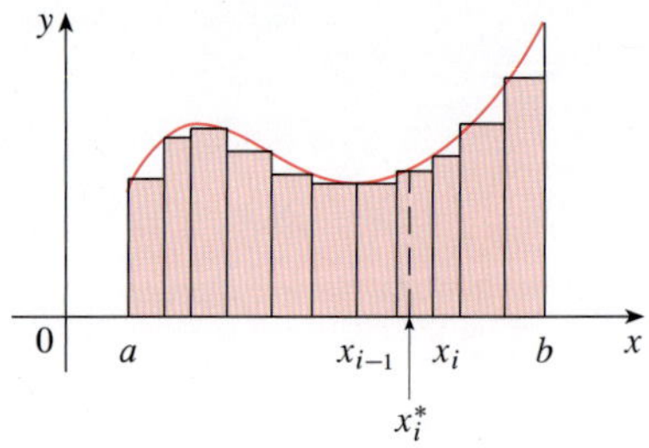

[그림 1]

부피와 이중적분

비슷한 방법으로 다음과 같은 폐직사각형에서 정의되는 이변수함수 f를 생각하자. 이때 $f(x, y) \ge 0$이라 가정한다.

$$R = [a, b] \times [c, d] = \{(x, y) \in \mathbb{R}^2 \mid a \le x \le b,\ c \le y \le d\}$$

f의 그래프는 방정식 $z = f(x, y)$를 갖는 곡면이다. S를 R의 위와 f의 그래프 아래에 놓이는 입체, 즉 다음과 같다고 하자([그림 2] 참조).

$$S = \{(x, y, z) \in \mathbb{R}^3 \mid 0 \le z \le f(x, y),\ (x, y) \in R\}$$

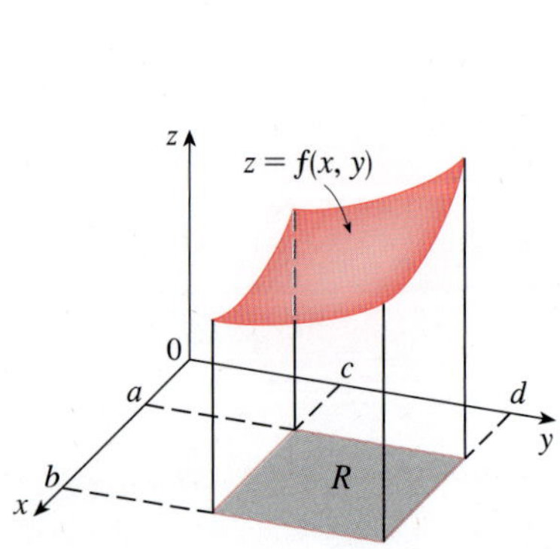

[그림 2]

S의 부피를 구하는 것이 목표이다.

첫 번째 단계는 R의 분할 P를 부분 직사각형으로 택하는 것이다. 구간 $[a, b]$와

$[c, d]$를 다음과 같이 분할하여 얻을 수 있다.

$$a = x_0 < x_1 < \cdots < x_{i-1} < x_i < \cdots < x_m = b$$

$$c = y_0 < y_1 < \cdots < y_{j-1} < y_j < \cdots < y_n = d$$

[그림 3]과 같이 이러한 분할점들을 지나고 좌표축에 평행한 직선을 그리면 $i = 1, \cdots, m$과 $j = 1, \cdots, n$에 대해 다음과 같은 부분 직사각형이 만들어진다.

$$R_{ij} = [x_{i-1}, x_i] \times [y_{j-1}, y_j] = \{(x, y) \mid x_{i-1} \le x \le x_i,\ y_{j-1} \le y \le y_j\}$$

그러면 R은 mn개의 부분 직사각형으로 분할된다. $\Delta x_i = x_i - x_{i-1}$, $\Delta y_j = y_j - y_{j-1}$이라 하면 R_{ij}의 넓이는 다음과 같다.

$$\Delta A_{ij} = \Delta x_i \Delta y_j$$

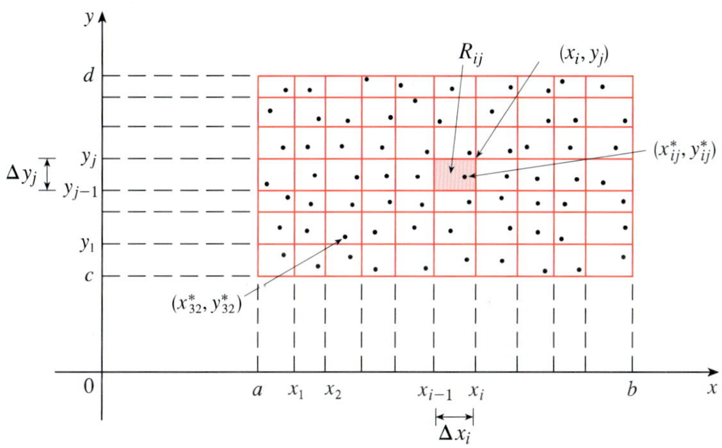

[그림 3] 직사각형의 분할

각각의 R_{ij}에서 표본점sample point (x_{ij}^*, y_{ij}^*)를 택하면 R_{ij} 위에 놓이는 S의 부분을 [그림 4]와 같이 밑면이 R_{ij}이고 높이가 $f(x_{ij}^*, y_{ij}^*)$인 가느다란 직육면체(또는 기둥)로 근사시킬 수 있다([그림 1]과 비교). 이 직육면체의 부피는 다음과 같이 직사각형인 밑면의 넓이와 직육면체 높이를 곱한 것이다.

$$f(x_{ij}^*, y_{ij}^*)\,\Delta A_{ij}$$

이런 과정을 모든 직사각형에 대해 수행하고 대응하는 직육면체의 부피를 모두 더하면 다음과 같이 S의 전체 부피에 대한 근삿값을 얻는다([그림 5] 참조).

3
$$V \approx \sum_{i=1}^{m} \sum_{j=1}^{n} f(x_{ij}^*, y_{ij}^*)\,\Delta A_{ij}$$

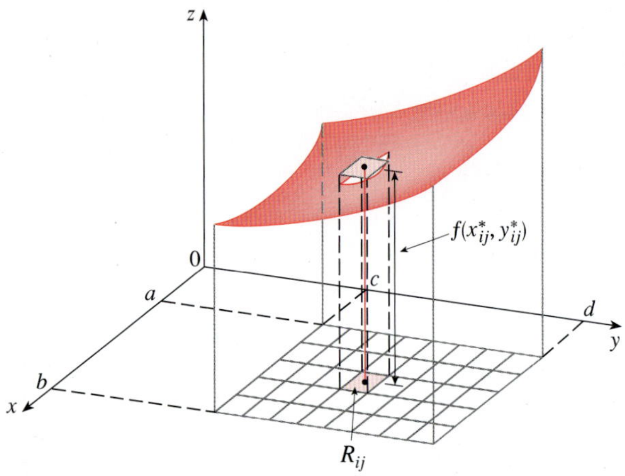

[그림 4]

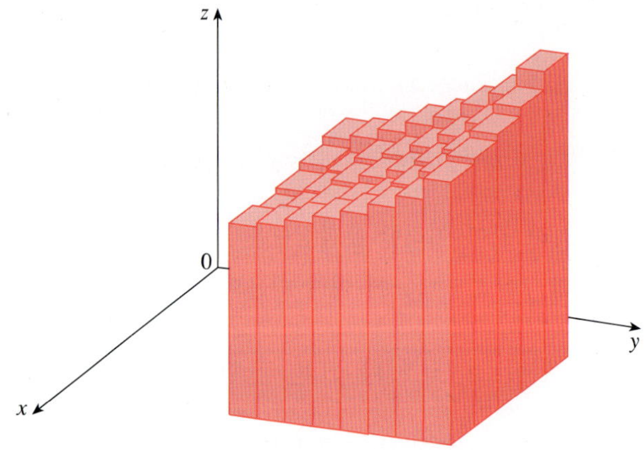

[그림 5]

이러한 이중 리만 합은 각 부분 직사각형에 대해 선택한 점에서 f의 함숫값을 계산하고 여기에 부분 직사각형의 넓이를 곱한 다음에 그 결과를 모두 더한 것을 의미한다. 직관적으로 부분 직사각형의 크기가 작을수록 3에 주어진 근삿값이 더욱 정확해질 것을 알고 있다. 모든 부분 구간들의 가장 큰 길이를 $\max \Delta x_i,\ \Delta y_j$라 하면 다음 식이 성립함을 알 수 있다.

4
$$V = \lim_{\max \Delta x_i,\ \Delta y_j \to 0} \sum_{i=1}^{m} \sum_{j=1}^{n} f(x^*_{ij},\ y^*_{ij})\,\Delta A_{ij}$$

식 4에서 이중극한은 부분 직사각형을 충분히 작게 만들면 [R_{ij}에서 $(x^*_{ij},\ y^*_{ij})$의 선택에 관계없이] 이중 합을 수 V에 원하는 만큼 가깝게 할 수 있음을 의미한다.

f의 그래프 아래와 직사각형 영역 R 위에 놓인 입체 S의 **부피**volume를 정의하기 위해 식 4의 표현을 이용한다. (이 정의는 7.2절에서 부피에 대한 공식과 일치함을 보일 수 있다.)

식 4에서 나타나는 유형의 극한은 부피를 구할 때뿐만 아니라 12.4절에서 보게 될 다양한 상황에서 종종 나타난다. 심지어 f가 양수가 아닌 함수일 때에도 나타난다. 따라서 다음 정의를 만든다.

> 5 **정의** 직사각형 R 위에서 f의 **이중적분**double integral을 (극한이 존재한다면) 다음과 같이 정의한다.
>
> $$\iint_R f(x,\ y)\,dA = \lim_{\max \Delta x_i,\ \Delta y_j \to 0} \sum_{i=1}^{m} \sum_{j=1}^{n} f(x^*_{ij},\ y^*_{ij})\,\Delta A_{ij}$$

정의 5와 식 2의 단일적분의 정의 사이에 유사성이 있음에 주목하자.

정의 5에 있는 극한의 엄밀한 의미는 임의의 수 $\varepsilon > 0$에 대해 R_{ij}에 속하는 표본점 $(x^*_{ij},\ y^*_{ij})$의 선택에 관계없이 부분 구간의 길이들이 δ보다 작은 R의 모든 분할 P에 대해 다음이 성립하도록 하는 수 δ가 존재하는 것이다.

$$\left| \iint_R f(x,\ y)\,dA - \sum_{i=1}^{m} \sum_{j=1}^{n} f(x^*_{ij},\ y^*_{ij})\,\Delta A_{ij} \right| < \varepsilon$$

정의 5의 극한이 존재하면 함수 f는 **적분 가능**integrable하다고 한다. 고등 미적분학 과정에서 모든 연속함수는 적분 가능하다는 것을 보일 수 있다. 사실상 f가 크게 불연속이 아니면 이중적분이 존재한다. 특히 f가 유계하고 [즉 R 안의 모든 (x, y)에 대해 $|f(x, y)| \le M$인 상수 M이 존재한다.] f가 유한개의 매끄러운 곡선을 제외한 곳에서 연속이면 f는 R에서 적분 가능하다.

f가 적분 가능하다는 것을 안다면 분할 P를 **정칙**regular이라 한다. 즉 모든 부분 직사각형 R_{ij}의 치수가 동일하므로 동일한 넓이 $\Delta A = \Delta x \Delta y$를 갖는다. 이 경우 단순하게 $m \to \infty$, $n \to \infty$로 놓을 수 있다. 추가적으로 표본점 (x_{ij}^*, y_{ij}^*)는 부분 직사각형 R_{ij}에 속하는 임의의 점을 택할 수 있지만 R_{ij}의 오른쪽 위의 모서리 점[즉 (x_i, y_j), [그림 3] 참조]을 택하면 이중적분에 대한 식은 다음과 같이 더욱 간단해진다.

6
$$\iint_R f(x, y)\,dA = \lim_{m,n\to\infty} \sum_{i=1}^{m} \sum_{j=1}^{n} f(x_i, y_j)\,\Delta A$$

정의 4와 5를 비교하면 부피를 다음과 같이 이중적분으로 쓸 수 있음을 알 수 있다.

$f(x, y) \ge 0$이면 직사각형 R의 위와 곡면 $z = f(x, y)$ 아래에 놓인 입체의 부피 V는 다음과 같다.

$$V = \iint_R f(x, y)\,dA$$

정의 5의 다음 합을 **이중 리만 합**double Riemann sum이라 한다.

$$\sum_{i=1}^{m} \sum_{j=1}^{n} f(x_{ij}^*, y_{ij}^*)\,\Delta A_{ij}$$

이는 이중적분의 값에 대한 근삿값으로 이용된다. (일변수함수에 대한 식 1의 리만 합과 어떤 점에서 유사한지 주목하라.) f가 양의 함수이면 이중 리만 합은 [그림 5]와 같이 기둥들의 부피의 합을 나타내며 이는 f의 그래프 아래의 부피에 대한 근삿값이다.

예제 1 **정사각형 $R = [0, 2] \times [0, 2]$ 위와 타원포물면 $z = 16 - x^2 - 2y^2$ 아래에 놓인 입체의 부피를 추정하라. R을 네 개의 동일한 정사각형으로 나누고 정사각형 R_{ij}의 오른쪽 위의 모서리를 표본점으로 선택한다. 입체와 근사 직육면체를 그려라.**

풀이

정사각형들은 [그림 6]과 같다. 포물면은 $f(x, y) = 16 - x^2 - 2y^2$의 그래프이고 각 정사각형의 넓이는 1이다. $m = n = 2$인 리만 합에 의해 부피를 근사시키면 다음을 얻는다.

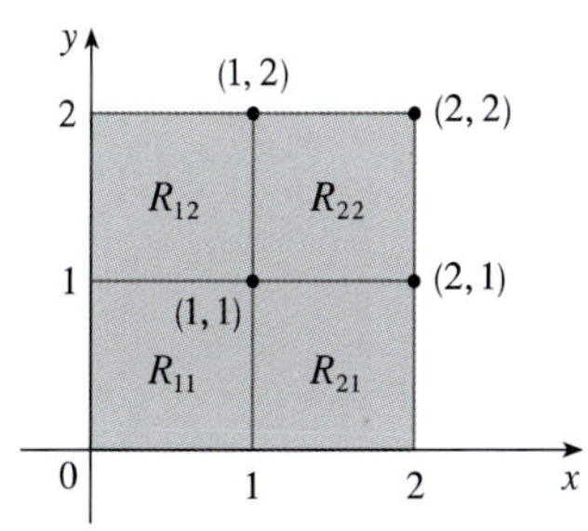

[그림 6]

$$V \approx \sum_{i=1}^{2}\sum_{j=1}^{2} f(x_i, y_j)\,\Delta A$$

$$= f(1, 1)\,\Delta A + f(1, 2)\,\Delta A + f(2, 1)\,\Delta A + f(2, 2)\,\Delta A$$

$$= 13(1) + 7(1) + 10(1) + 4(1) = 34$$

이것은 [그림 7]에 표시된 근사 직육면체의 부피이다.

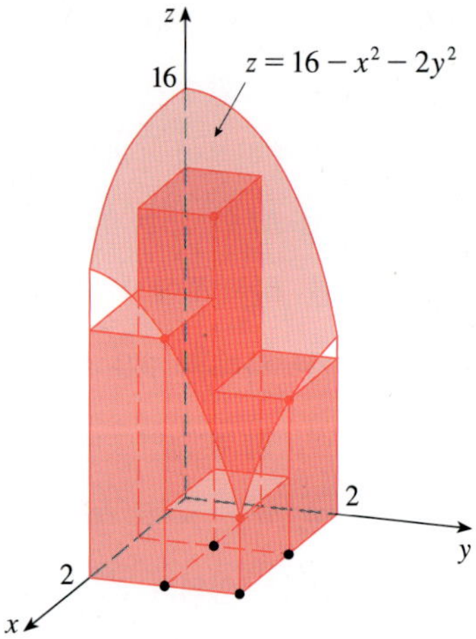

[그림 7]

[예제 1]에서 정사각형의 수를 늘리면 좀 더 정확한 부피값으로 근사할 수 있다. [그림 8]에서 16, 64, 256개로 정사각형의 수를 늘릴수록 직육면체들이 실제 입체와 더욱 비슷해 보이므로 대응하는 근삿값이 더욱 정확해지는 것을 알 수 있다. [예제 7]에서 정확한 부피가 48임을 보일 것이다.

(a) $m = n = 4,\ V \approx 41.5$ (b) $m = n = 8,\ V \approx 44.875$ (c) $m = n = 16,\ V \approx 46.46875$

[그림 8] m과 n이 커질수록 $z = 16 - x^2 - 2y^2$ 아래의 부피에 대한 리만 합 근사는 더욱 정확해진다.

예제 2 $R = \{(x, y) \mid -1 \le x \le 1,\ -2 \le y \le 2\}$**일 때 다음 적분을 계산하라.**

$$\iint_R \sqrt{1 - x^2}\, dA$$

풀이

정의 [5]를 이용하여 이 적분을 직접 계산하는 것은 매우 어려울 것이다. 그러나 $\sqrt{1-x^2} \ge 0$이므로 이것을 부피로 해석하여 적분을 계산할 수 있다. $z = \sqrt{1-x^2}$이라 하면 $x^2 + z^2 = 1$이고 $z \ge 0$이다. 따라서 주어진 이중적분은 원기둥 $x^2 + z^2 = 1$의 아래와 직사각형 R 위에 놓이는 입체 S의 부피를 나타낸다([그림 9] 참조). S의 부피는 다음과 같이 반지름 1인 반원의 넓이와 원기둥의 길이를 곱하여 얻는다.

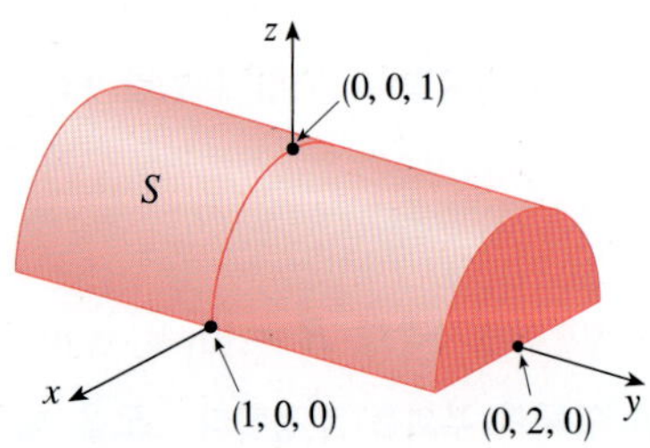

[그림 9]

$$\iint_R \sqrt{1 - x^2}\, dA = \frac{1}{2}\pi(1)^2 \times 4 = 2\pi$$

중점 법칙

단일적분을 근사시키기 위해 사용한 방법들(중점 법칙, 사다리꼴 공식, 심프슨의 공식)은 모두 이중적분에 대해서도 사용할 수 있다. 여기서는 이중적분에 대한 중점 법칙만 생각하기로 한다. 이것은 이중적분을 근사하기 위해 정칙분할에 의한 이중 리만 합을 이용하는 것을 의미한다. 이때 모든 부분 직사각형 R_{ij}의 넓이는 ΔA이며, R_{ij} 안의 표본점 (x_{ij}^*, y_{ij}^*)는 R_{ij}의 중점 $(\bar{x}_i, \bar{y}_j)$로 택한다. 다시 말해서 $\bar{x}_i$는 $[x_{i-1}, x_i]$의 중점, $\bar{y}_j$는 $[y_{i-1}, y_i]$의 중점이다.

이중적분에 대한 중점 법칙 $\bar{x}_i$가 $[x_{i-1}, x_i]$의 중점, $\bar{y}_j$가 $[y_{i-1}, y_i]$의 중점일 때 다음이 성립한다.

$$\iint_R f(x, y)\,dA \approx \sum_{i=1}^{m}\sum_{j=1}^{n} f(\bar{x}_i, \bar{y}_j)\,\Delta A$$

■ www.stewartcalculus.com (Additional Example A를 보라.)

예제 3 **$m = n = 2$인 중점 법칙을 이용하여 $R = \{(x, y) \mid 0 \le x \le 2,\ 1 \le y \le 2\}$에서 적분 $\iint_R (x - 3y^2)\,dA$의 값을 추정하라.**

풀이

$m = n = 2$인 중점 법칙을 이용할 때 [그림 10]에 보인 4개의 부분 직사각형의 중심에서 $f(x, y) = x - 3y^2$을 계산한다. 그러므로 $\bar{x}_1 = \frac{1}{2}$, $\bar{x}_2 = \frac{3}{2}$, $\bar{y}_1 = \frac{5}{4}$, $\bar{y}_2 = \frac{7}{4}$이고, 각 부분 직사각형의 넓이는 $\Delta A = \frac{1}{2}$이다. 따라서 다음을 얻는다.

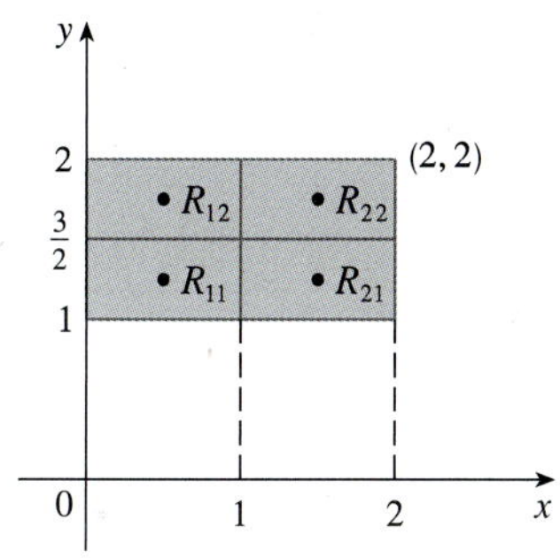

[그림 10]

$$\begin{aligned}
\iint_R (x - 3y^2)\,dA &\approx \sum_{i=1}^{2}\sum_{j=1}^{2} f(\bar{x}_i, \bar{y}_j)\,\Delta A \\
&= f(\bar{x}_1, \bar{y}_1)\,\Delta A + f(\bar{x}_1, \bar{y}_2)\,\Delta A + f(\bar{x}_2, \bar{y}_1)\,\Delta A + f(\bar{x}_2, \bar{y}_2)\,\Delta A \\
&= f\left(\frac{1}{2}, \frac{5}{4}\right)\Delta A + f\left(\frac{1}{2}, \frac{7}{4}\right)\Delta A + f\left(\frac{3}{2}, \frac{5}{4}\right)\Delta A + f\left(\frac{3}{2}, \frac{7}{4}\right)\Delta A \\
&= \left(-\frac{67}{16}\right)\frac{1}{2} + \left(-\frac{139}{16}\right)\frac{1}{2} + \left(-\frac{51}{16}\right)\frac{1}{2} + (-123 \\
&= -\frac{95}{8} = -11.875
\end{aligned}$$

따라서 $\iint_R (x - 3y^2)\,dA \approx -11.875$이다.

[표 1]

부분 직사각형의 수	중점 법칙의 근삿값
1	−11.5000
4	−11.8750
16	−11.9687
64	−11.9922
256	−11.9980
1024	−11.9995

NOTE _ [예제 3]의 이중적분에 대한 정확한 값이 −12인 것을 [예제 5]에서 보일 것이다. (피적분함수 f가 양의 함수일 때에만 이중적분을 부피로 해석할 수 있음을 기억하자. [예제 3]에 있는 피적분함수는 양의 함수

가 아니므로 이 적분 결과는 부피가 아니다. [예제 5]와 [예제 6]에서 부피를 이용하여 양수가 아닌 함수의 적분을 어떻게 해석할 것인지 논의할 것이다.) [그림 10]에 있는 각 부분 직사각형을 유사한 모양의 더 작은 4개의 부분 직사각형으로 나누면 [표 1]과 같은 중점 법칙의 근삿값을 얻는다. 근삿값이 이중적분의 정확한 값 -12로 어떻게 접근하는지에 주목하자.

반복적분

일반적으로 적분의 정의로부터 단일적분을 직접 계산하는 것은 어렵지만 기본 정리(미적분학의 기본정리 (2))를 이용하면 매우 쉽게 풀린다. 미적분학의 첫 번째 원리로부터 이중적분의 값을 구하는 것은 좀 더 어렵지만 여기서는 이중적분을 반복적분으로 표현하는 방법을 알게 될 것이다. 그러면 두 개의 단일적분을 계산하여 이중적분의 값을 구할 수 있다.

f를 직사각형 $R=[a, b]\times[c, d]$에서 연속인 이변수함수라고 하자. x를 고정하고 $f(x, y)$를 $y=c$에서 $y=d$까지 y에 대해 적분한 것을 나타내기 위해 기호 $\int_c^d f(x, y)\,dy$를 사용한다. 이 결과를 y에 대한 편적분이라 한다.(편미분과 유사함에 주목하자.) 이제 $\int_c^d f(x, y)\,dy$는 x의 값에 의존하는 수이므로 이 값을 다음과 같이 x의 함수로 정의한다.

$$A(x)=\int_c^d f(x, y)\,dy$$

이제 함수 A를 $x=a$에서 $x=b$까지 x에 대해 적분하면 다음을 얻는다.

$$\boxed{7}\qquad \int_a^b A(x)\,dx=\int_a^b\left[\int_c^d f(x, y)\,dy\right]dx$$

식 $\boxed{7}$의 우변에 있는 적분을 **반복적분**(iterated integral)이라 한다. 보통은 괄호를 생략한다. 그러므로 다음과 같이 쓴다.

$$\boxed{8}\qquad \int_a^b\int_c^d f(x, y)\,dy\,dx=\int_a^b\left[\int_c^d f(x, y)\,dy\right]dx$$

이것은 먼저 c에서 d까지 y에 대해 적분하고, 다음으로 그 결과를 a에서 b까지 x에 대해 적분하는 것을 의미한다.

마찬가지로 다음 반복적분은 먼저 (y를 고정시키고) $x=a$에서 $x=b$까지 x에 대해 적분한 다음에, 그 결과인 y의 함수를 $y=c$에서 $y=d$까지 y에 대해 적분하는 것을 의미한다.

$$\boxed{9}\qquad \int_c^d\int_a^b f(x, y)\,dx\,dy=\int_c^d\left[\int_a^b f(x, y)\,dx\right]dy$$

식 [8]과 [9]에서 안쪽에서 바깥쪽으로 적분하는 것에 주의하자.

예제 4 **다음 반복적분을 계산하라.**

(a) $\displaystyle\int_0^3\int_1^2 x^2 y\,dy\,dx$ **(b)** $\displaystyle\int_1^2\int_0^3 x^2 y\,dx\,dy$

풀이

(a) x를 상수로 생각하면 다음을 얻는다.

$$\int_1^2 x^2 y\,dy = \left[x^2\frac{y^2}{2}\right]_{y=1}^{y=2} = x^2\left(\frac{2^2}{2}\right) - x^2\left(\frac{1^2}{2}\right) = \frac{3}{2}x^2$$

따라서 이 예제에서 앞의 논의에 대한 함수 A는 $A(x)=\frac{3}{2}x^2$이다. 이제 x에 대한 이 함수를 0에서 3까지 적분하여 다음을 얻는다.

$$\int_0^3\int_1^2 x^2 y\,dy\,dx = \int_0^3\left[\int_1^2 x^2 y\,dy\right]dx$$
$$= \int_0^3 \frac{3}{2}x^2\,dx = \frac{x^3}{2}\Big]_0^3 = \frac{27}{2}$$

(b) 여기서는 x에 대해 다음과 같이 먼저 적분한다.

$$\int_1^2\int_0^3 x^2 y\,dx\,dy = \int_1^2\left[\int_0^3 x^2 y\,dx\right]dy = \int_1^2\left[\frac{x^3}{3}y\right]_{x=0}^{x=3}dy$$
$$= \int_1^2 9y\,dy = 9\frac{y^2}{2}\Big]_1^2 = \frac{27}{2}$$

[예제 4]에서 x 또는 y 중에서 어느 것에 대하여 먼저 적분하더라도 동일한 결과를 얻는 것에 주목한다. 일반적으로 식 [8]과 [9]의 두 반복적분은 항상 같다(정리 [10] 참조). 즉 적분순서는 아무 상관이 없다. (이것은 혼합 편미분의 상등에 대한 클레로의 정리와 유사하다.)

다음 정리는 이중적분을 반복적분으로 표시함으로써 (순서에 관계없이) 이중적분을 계산하는 실질적인 방법을 제공한다.

10 푸비니 정리 f가 직사각형 $R = \{(x, y) \mid a \le x \le b,\ c \le y \le d\}$에서 연속이면 다음이 성립한다.

$$\iint_R f(x, y)\,dA = \int_a^b \int_c^d f(x, y)\,dy\,dx = \int_c^d \int_a^b f(x, y)\,dx\,dy$$

좀 더 일반적으로 f가 R에서 유계이고, f가 단지 유한개의 매끄러운 곡선 위에서만 불연속이고 반복적분이 존재하면 위 식은 참이다.

정리 10은 1907년에 이 정리에 대한 가장 일반적인 형태를 증명한 이탈리아의 수학자 푸비니(Guido Fubini, 1879~1943)의 이름을 딴 것이다. 그러나 연속함수에 대한 이 정리는 프랑스의 수학자 코시(Augustin Louis Cauchy)에 의해 거의 1세기 앞서 알려졌다.

푸비니 정리의 증명은 이 책에서 다루기에는 너무 어렵지만 $f(x, y) \ge 0$인 경우에 적어도 이 정리가 참이 되는 이유를 직관적으로 알 수 있다. f가 양수이면 이중적분 $\iint_R f(x, y)\,dA$를 R 위와 곡면 $z = f(x, y)$ 아래에 놓이는 입체 S의 부피 V로 해석할 수 있다. 한편 7장에서 부피에 대해 사용한 다음과 같은 또 다른 공식을 알고 있다.

$$V = \int_a^b A(x)\,dx$$

여기서 $A(x)$는 x를 지나고 x축에 수직인 평면으로서 S의 절단면의 넓이이다. [그림 11]로부터 $A(x)$는 상수로 고정된 x와 $c \le y \le d$에 대해 방정식이 $z = f(x, y)$인 곡선 C 아래의 넓이이다. 그러므로 다음과 같다.

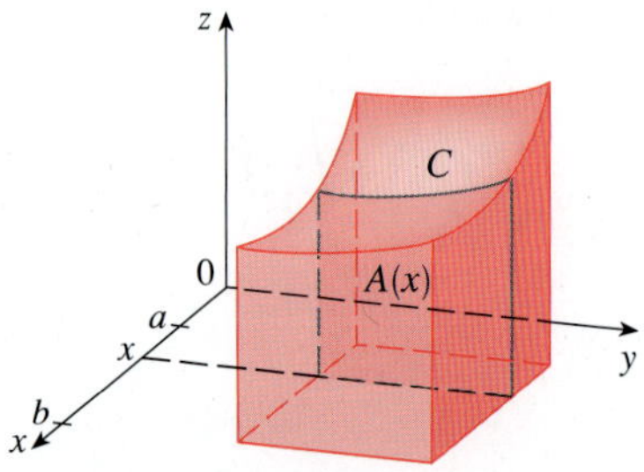

[그림 11]

TEC Visual 12.1은 [그림 11]과 [그림 12]에 대한 애니메이션을 보여줌으로써 푸비니 정리를 설명한다.

$$A(x) = \int_c^d f(x, y)\,dy$$

따라서 다음을 얻는다.

$$\iint_R f(x, y)\,dA = V = \int_a^b A(x)\,dx = \int_a^b \int_c^d f(x, y)\,dy\,dx$$

유사한 논의로 [그림 12]와 같이 y축에 수직인 단면을 이용하여 다음을 보일 수 있다.

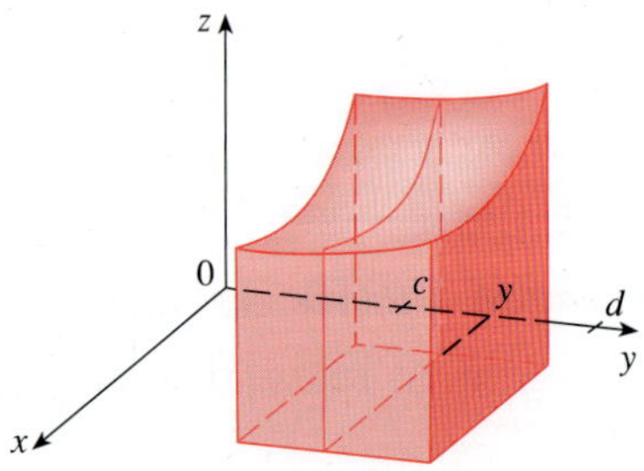

[그림 12]

$$\iint_R f(x, y)\,dA = \int_c^d \int_a^b f(x, y)\,dx\,dy$$

예제 5 $R = (x, y) \mid 0 \le x \le 2,\ 1 \le y \le 2\}$일 때 이중적분 $\iint_R (x - 3y^2)\,dA$를 계산하라([예제 3]과 비교).

[예제 5]의 답이 음수이고, 이 답에는 아무 문제가 없다. 이 예제에서 함수 f가 양의 함수가 아니므로 적분 결과는 부피를 나타내지 않는다. [그림 13]에서 f는 R에서 항상 음의 값을 갖는다. 따라서 적분값은 f의 그래프 위와 R 아래에 놓이는 부피에 음의 부호를 붙인 것이다.

풀이 1

푸비니 정리에 따라 다음을 얻는다.

$$\iint_R (x-3y^2)\,dA = \int_0^2\int_1^2 (x-3y^2)\,dy\,dx = \int_0^2 \left[xy - y^3\right]_{y=1}^{y=2} dx$$

$$= \int_0^2 (x-7)\,dx = \frac{x^2}{2} - 7x\Big]_0^2 = -12$$

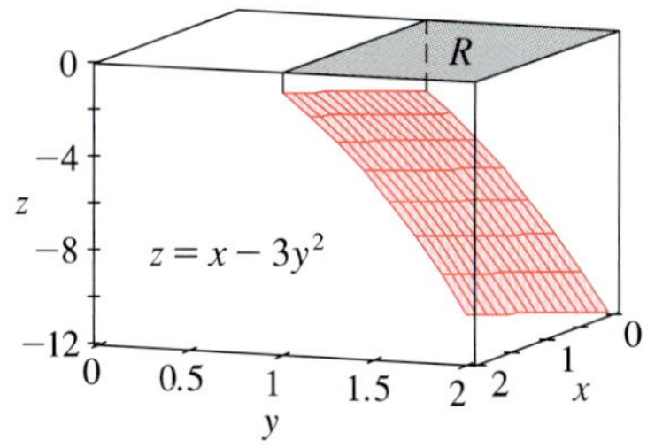

[그림 13]

풀이 2

푸비니 정리를 다시 적용하되 이번에는 먼저 x에 대해 적분하여 다음을 얻는다.

$$\iint_R (x-3y^2)\,dA = \int_1^2\int_0^2 (x-3y^2)\,dx\,dy = \int_1^2 \left[\frac{x^2}{2} - 3xy^2\right]_{x=0}^{x=2} dy$$

$$= \int_1^2 (2-6y^2)\,dy = 2y - 2y^3\Big]_1^2 = -12$$

예제 6 **$R=[1, 2]\times[0, \pi]$에서 $\iint_R y\sin(xy)\,dA$를 계산하라.**

풀이

x에 대해 먼저 적분하면 다음을 얻는다.

$$\iint_R y\sin(xy)\,dA = \int_0^\pi\int_1^2 y\sin(xy)\,dx\,dy = \int_0^\pi \left[-\cos(xy)\right]_{x=1}^{x=2} dy$$

$$= \int_0^\pi (-\cos 2y + \cos y)\,dy = -\frac{1}{2}\sin 2y + \sin y\Big]_0^\pi = 0$$

양과 음의 값을 모두 갖는 함수 f에 대해 R 위와 f의 그래프 아래에 놓이는 부분의 부피를 V_1, R 아래와 f의 그래프 위에 놓이는 부분의 부피를 V_2라 할 때, 적분 $\iint_R f(x, y)\,dA$는 두 부피의 차인 $V_1 - V_2$이다. [예제 6]에서 적분값이 0이라는 사실은 두 부피 V_1과 V_2가 같음을 의미한다([그림 14] 참조).

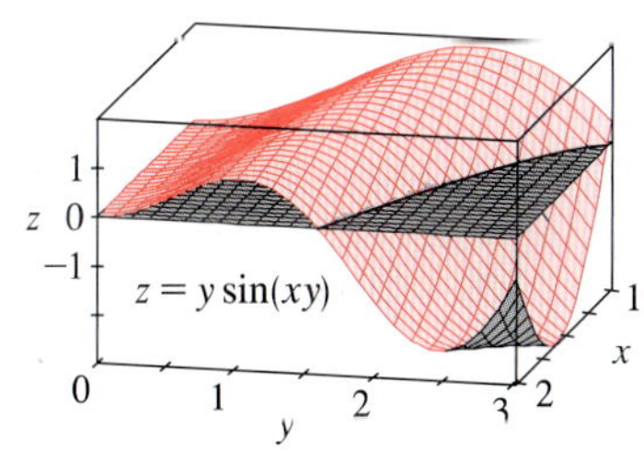

[그림 14]

NOTE _ [예제 6]에서 y에 대해 먼저 적분하면 다음을 얻는다.

$$\iint_R y\sin(xy)\,dA = \int_1^2\int_0^\pi y\sin(xy)\,dy\,dx$$

그러나 이 적분 순서는 부분적분을 두 번 적용하여 적분을 계산해야 하므로 예제에서 주어진 방법보다 많이 어렵다. 그러므로 이중적분을 계산할 때 간단히 적분을 구하는 적분순서를 선택하는 것이 바람직하다.

예제 7 **타원포물면 $x^2+2y^2+z=16$, 평면 $x=2$, 평면 $y=2$와 세 좌표평면으로 둘러싸인 입체 S의 부피를 구하라.**

풀이

먼저 S는 곡면 $z=16-x^2-2y^2$ 아래와 정사각형 $R=[0, 2]\times[0, 2]$ 위에 놓이는 입체임을 관찰한다([그림 15] 참조). 이 입체는 [예제 1]에서 다루었으나 이제 푸비니 정리를 이용하여 이중적분을 계산할 수 있다. 그러므로 다음을 얻는다.

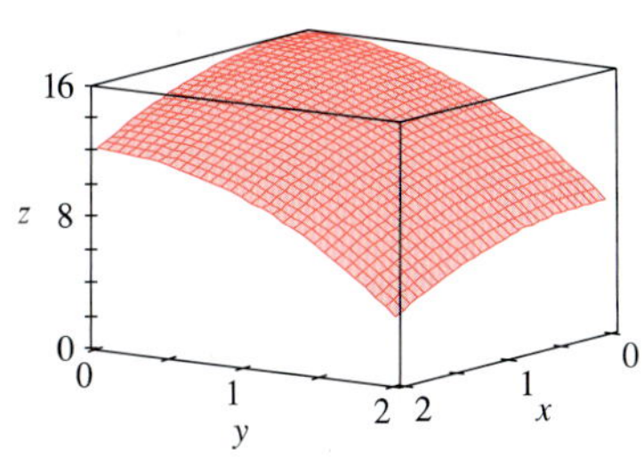

[그림 15]

$$V = \iint_R (16-x^2-2y^2)\,dA = \int_0^2\int_0^2 (16-x^2-2y^2)\,dx\,dy$$

$$= \int_0^2 \left[16x - \frac{1}{3}x^3 - 2y^2x\right]_{x=0}^{x=2} dy = \int_0^2 \left(\frac{88}{3} - 4y^2\right) dy$$

$$= \left[\frac{88}{3}y - \frac{4}{3}y^3 \right]_0^2 = 48$$

특별한 경우로 $f(x, y)$가 x만의 함수와 y만의 함수의 곱으로 인수분해되면 f의 이중적분은 더욱 간단한 형태로 쓸 수 있다. 이 경우를 알아보기 위해 $f(x, y) = g(x)h(y)$이고 $R = [a, b] \times [c, d]$라 하자. 그러면 푸비니 정리로부터 다음을 얻는다.

$$\iint_R f(x, y)\,dA = \int_c^d \int_a^b g(x)h(y)\,dx\,dy = \int_c^d \left[\int_a^b g(x)h(y)\,dx \right] dy$$

안쪽 적분에서 y가 상수이므로 $h(y)$도 상수이다. 또한 $\int_a^b g(x)\,dx$가 상수이므로 다음과 같이 쓸 수 있다.

$$\int_c^d \left[\int_a^b g(x)h(y)dx \right] dy = \int_c^d \left[h(y) \left(\int_a^b g(x)dx \right) \right] dy = \int_a^b g(x)\,dx \int_c^d h(y)\,dy$$

그러므로 이 경우에 f의 이중적분은 다음과 같이 두 개의 단일적분의 곱으로 쓸 수 있다.

11 $R = [a, b] \times [c, d]$에 대해 다음이 성립한다.

$$\iint_R g(x)h(y)\,dA = \int_a^b g(x)\,dx \int_c^d h(y)\,dy$$

예제 8 $R = [0, \pi/2] \times [0, \pi/2]$이면 식 11에 의해 다음을 얻는다.

$$\iint_R \sin x \cos y\,dA = \int_0^{\pi/2} \sin x\,dx \int_0^{\pi/2} \cos y\,dy$$

$$= \left[-\cos x \right]_0^{\pi/2} \left[\sin y \right]_0^{\pi/2} = 1 \cdot 1 = 1$$

[예제 8]에서 함수 $f(x, y) = \sin x \cos y$는 R에서 양수이다. 따라서 적분은 [그림 16]과 같이 R 위와 f의 그래프 아래에 놓이는 입체의 부피를 나타낸다.

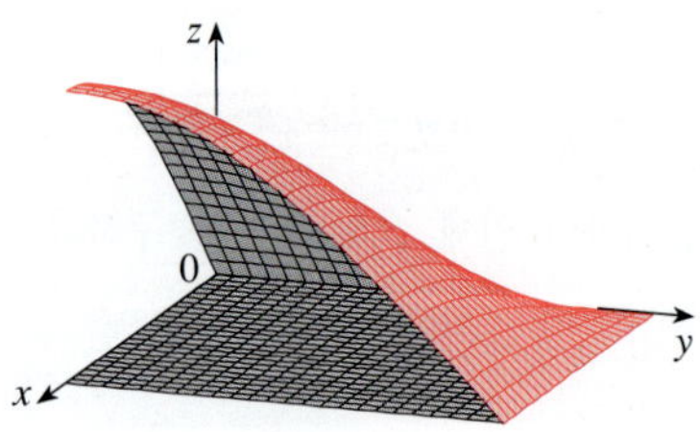

[그림 16]

이중적분의 성질

여기에 나열한 이중적분에 대한 세 가지 성질은 4.2절에서와 같은 방법으로 증명할 수 있다. 모든 적분이 존재한다고 가정한다. 성질 12와 13을 이중적분의 선형성이라고 한다.

적분을 정의하는 이중 합이 이와 같은 성질을 가지므로 이중적분도 같은 성질을 갖는다.

12 $$\iint_R [f(x, y) + g(x, y)]\,dA = \iint_R f(x, y)\,dA + \iint_R g(x, y)\,dA$$

13 $$\iint_R c f(x, y)\,dA = c \iint_R f(x, y)\,dA \quad (c\text{는 상수})$$

R 안의 모든 (x, y)에 대해 $f(x, y) \geq g(x, y)$이면 다음이 성립한다.

$$\iint_R f(x, y)\, dA \geq \iint_R g(x, y)\, dA \tag{14}$$

12.1 연습문제

01 (a) 곡면 $z = xy$ 아래와 직사각형 $R = \{(x, y) \mid 0 \leq x \leq 6, 0 \leq y \leq 4\}$ 위에 놓이는 입체의 부피를 추정하라. $m = 3$, $n = 2$인 리만 합과 규칙적인 분할을 이용하고 각 정사각형의 오른쪽 위 모서리를 표본점으로 택한다.

(b) 중점 법칙을 이용하여 (a)의 입체에 대한 부피를 추정하라.

02 (a) $m = n = 2$인 리만 합을 이용하여 $R = [0, 2] \times [0, 1]$에서 $\iint_R x e^{-xy}\, dA$의 값을 추정하라. 오른쪽 위 모서리를 표본점으로 택한다.

(b) 중점 법칙을 이용하여 (a)의 적분을 추정하라.

03 정사각형 $R = [0, 4] \times [0, 4]$에서 f에 대한 등고선 지도는 다음과 같다. $m = n = 2$인 중점 법칙을 이용하여 $\iint_R f(x, y)\, dA$의 값을 추정하라.

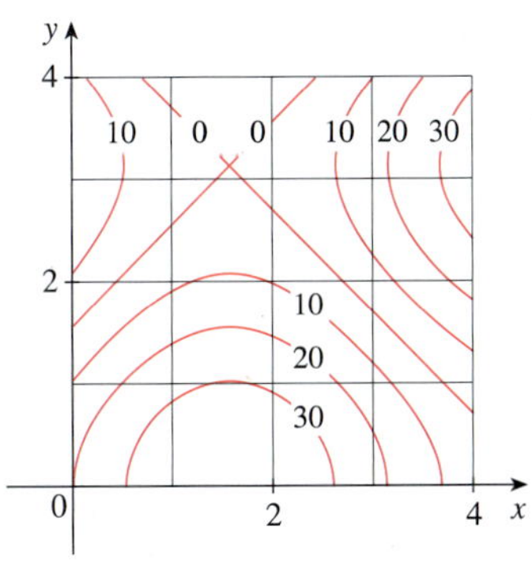

04~05 이중적분을 입체의 부피로 생각하여 다음 이중적분을 계산하라.

04 $\iint_R 3\, dA$, $R = \{(x, y) \mid -2 \leq x \leq 2, 1 \leq y \leq 6\}$

05 $\iint_R (4 - 2y)\, dA$, $R = [0, 1] \times [0, 1]$

06~10 다음 반복적분을 계산하라.

06 $\int_1^4 \int_0^2 (6x^2 y - 2x)\, dy\, dx$ **07** $\int_0^2 \int_0^4 y^3 e^{2x}\, dy\, dx$

08 $\int_{-3}^3 \int_0^{\pi/2} (y + y^2 \cos x)\, dx\, dy$

09 $\int_1^4 \int_1^2 \left(\frac{x}{y} + \frac{y}{x}\right) dy\, dx$

10 $\int_0^1 \int_0^1 v(u + v^2)^4\, du\, dv$

11~13 다음 이중적분을 계산하라.

11 $\iint_R \frac{xy^2}{x^2 + 1}\, dA$, $R = \{(x, y) \mid 0 \leq x \leq 1, -3 \leq y \leq 3\}$

12 $\iint_R x \sin(x + y)\, dA$, $R = [0, \pi/6] \times [0, \pi/3]$

13 $\iint_R y e^{-xy}\, dA$, $R = [0, 2] \times [0, 3]$

14 부피가 $\int_0^1 \int_0^1 (4 - x - 2y)\, dx\, dy$로 주어지는 입체를 그려라.

15 평면 $4x + 6y - 2z + 15 = 0$ 아래와 직사각형 $R = \{(x, y) \mid -1 \leq x \leq 2, -1 \leq y \leq 1\}$ 위에 놓이는 입체의 부피를 구하라.

16 타원포물면 $x^2/4 + y^2/9 + z = 1$ 아래와 직사각형 $R = [-1, 1] \times [-2, 2]$ 위에 놓이는 입체의 부피를 구하라.

17 곡면 $z = x \sec^2 y$와 평면 $z = 0$, $x = 0$, $x = 2$, $y = 0$, $y = \pi/4$로 둘러싸인 입체의 부피를 구하라.

18 포물면 $z = 2 + x^2 + (y - 2)^2$과 평면 $z = 1$, $x = 1$, $x = -1$, $y = 0$, $y = 4$로 둘러싸인 입체의 부피를 구하라.

19 CAS 컴퓨터 대수체계를 이용하여 $R=[0,1]\times[0,1]$일 때 적분 $\iint_R x^5y^3e^{xy}\,dA$의 정확한 값을 구하라. 그 다음으로 CAS를 이용하여 부피가 적분으로 주어진 입체를 그려라.

20 직사각형 R 위에서 함수 $f(x, y)$의 **평균값**average value을 다음과 같이 정의한다.

$$f_{\text{ave}}=\frac{1}{A(R)}\iint_R f(x, y)\,dA$$

(4.4절에서 일변수함수에 대한 정의와 비교하라.) 주어진 직사각형 위에서 f의 평균값을 구하라.

$f(x, y)=x^2y$, R은 꼭짓점이 $(-1, 0)$, $(-1, 5)$, $(1, 5)$, $(1, 0)$이다.

21 f가 상수함수, 즉 $f(x, y)=k$이고 $R=[a, b]\times[c, d]$일 때 다음을 보여라.

$$\iint_R k\,dA=k(b-a)(d-c)$$

22 $R=\left[0, \frac{1}{4}\right]\times\left[\frac{1}{4}, \frac{1}{2}\right]$일 때 [연습문제 21]의 결과를 이용하여 다음을 보여라.

$$0\le\iint_R \sin\pi x\cos\pi y\,dA\le\frac{1}{32}$$

23 대칭성을 이용하여 다음 이중적분을 계산하라.

$$\iint_R\frac{xy}{1+x^4}\,dA,\quad R=\{(x, y)\mid -1\le x\le 1,\ 0\le y\le 1\}$$

24 CAS CAS를 이용하여 다음 반복적분을 계산하라.

$$\int_0^1\int_0^1\frac{x-y}{(x+y)^3}\,dy\,dx\text{과 }\int_0^1\int_0^1\frac{x-y}{(x+y)^3}\,dx\,dy$$

이 답은 푸비니 정리에 모순이 되는가? 왜 이런 일이 발생하는지 설명하라.

12.2 일반적인 영역에서 이중적분

단일적분에서는 적분 영역이 항상 구간이다. 그러나 이중적분에서는 적분 영역이 직사각형뿐만 아니라 [그림 17]에서 보인 것과 같이 좀 더 일반적인 영역 D에서 함수 f를 적분할 수 있기를 바란다. D를 유계 영역이라 하자. 이것은 D가 [그림 18]과 같이 어떤 직사각형 영역 R 안에 포함된다는 의미이다. 그러면 정의역이 R인 새로운 함수 F를 다음과 같이 정의한다.

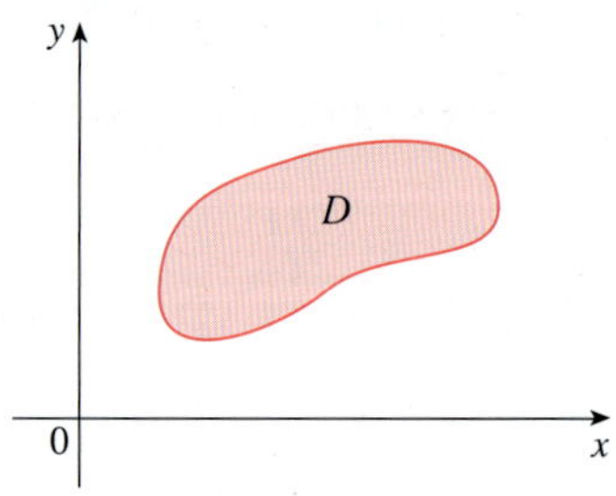

[그림 17]

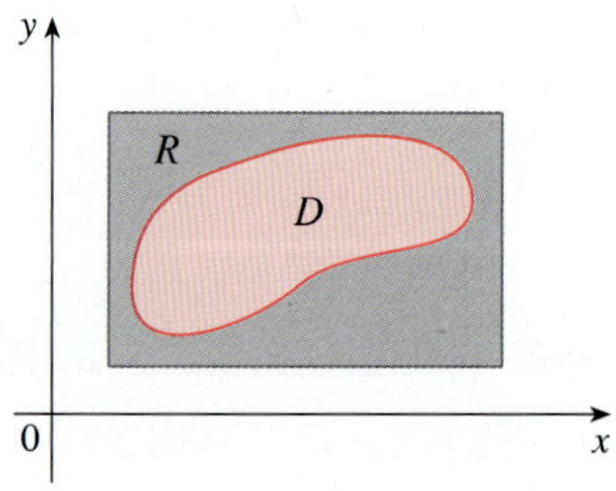

[그림 18]

1
$$F(x, y)=\begin{cases} f(x, y), & (x, y)\in D \\ 0, & (x, y)\in R,\ (x, y)\notin D\end{cases}$$

R에서 F의 중적분이 존재한다면 D에서 f의 중적분을 다음과 같이 정의한다.

2
$$\iint_D f(x, y)\,dA=\iint_R F(x, y)\,dA,\ \text{여기서 } F\text{는 식 } \boxed{1}\text{에서 정의된다.}$$

R이 직사각형이고 $\iint_R F(x, y)\,dA$를 12.1절에서 이미 정의했으므로 정의 2는 의미가 통한다. (x, y)가 D의 외부에 있을 때 $F(x, y)$의 값이 0이다. 따라서 적분에서 아무런 영향을 미치지 않으므로 지금까지 사용해온 절차는 타당하다. 이것은 직사각형 R이 D를 포함하는 한 R이 어떻든지 아무런 상관이 없음을 의미한다.

$f(x, y) \geq 0$인 경우에 $\iint_D f(x, y)\, dA$는 여전히 D 위와 곡면 $z = f(x, y)$ (f의 그래프인) 아래에 놓인 입체의 부피로 해석할 수 있다. [그림 19]와 [그림 20]에서 f와 F의 그래프를 비교하고 $\iint_R F(x, y)\, dA$가 F의 그래프 아래의 부피라는 사실을 기억하면 위의 방법은 타당함을 알 수 있다.

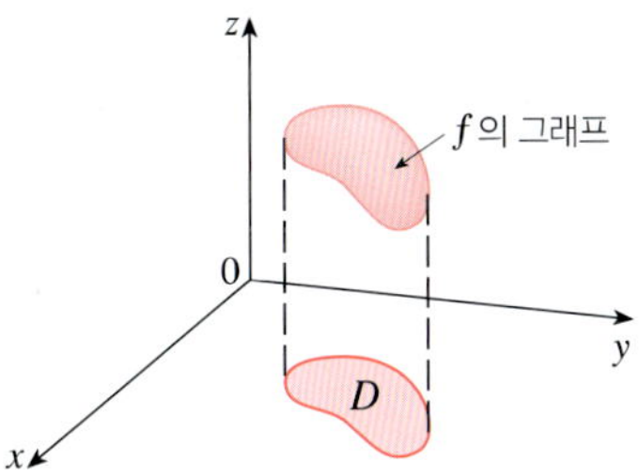

[그림 19]

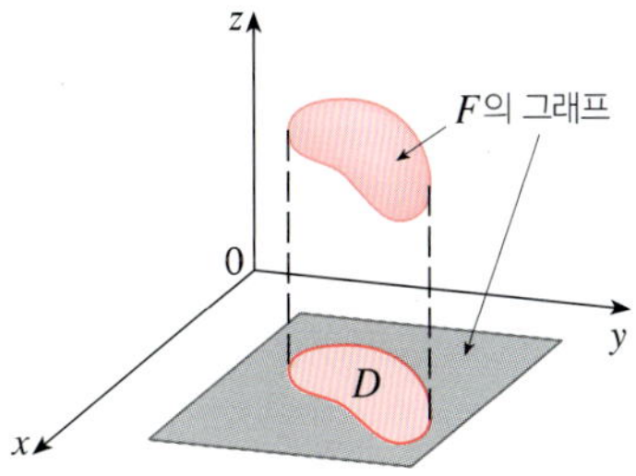

[그림 20]

[그림 20]에서 F가 D의 경계점들에서 불연속인 것처럼 보임에도 불구하고 f가 D에서 연속이고 D의 경계 곡선이 '잘 정의된다'면 $\iint_R F(x, y)\, dA$가 존재한다.(이 책의 범위를 벗어난 개념이다.) 따라서 $\iint_D f(x, y)\, dA$도 존재함을 보일 수 있다. 특히 다음과 같은 두 가지 유형의 영역에 대해 이중적분이 존재한다.

평면 영역 D가 x에 대해 연속인 두 함수의 그래프 사이에 놓이면 즉 $[a, b]$에서 연속인 두 함수 g_1과 g_2에 대해 D가 다음과 같으면 이 영역을 **유형 I** type I 이라 한다.

$$D = \{(x, y) \mid a \leq x \leq b,\ g_1(x) \leq y \leq g_2(x)\}$$

[그림 21]은 유형 I인 영역의 예를 보여준다.

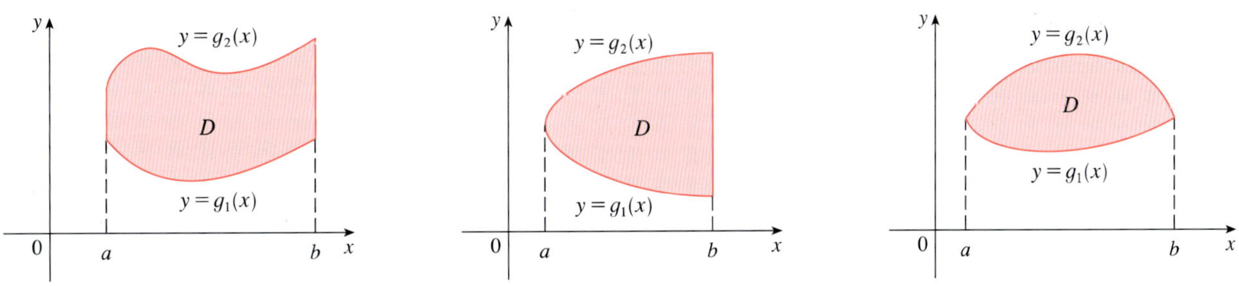

[그림 21] 유형 I인 영역들

D가 유형 I인 영역일 때 $\iint_D f(x, y)\, dA$를 계산하기 위해 [그림 22]와 같이 D를 포함하는 직사각형 $R = [a, b] \times [c, d]$를 선택한다. 그리고 F를 식 1에 주어진 함수라 하자. 즉 F는 D에서 f와 일치하고 D 밖에서 0이다. 그러면 푸비니 정리에 의해 다음이 성립한다.

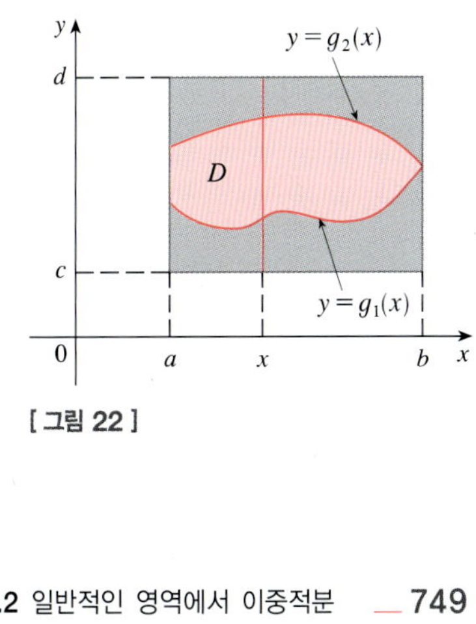

[그림 22]

$$\iint_D f(x, y)\, dA = \iint_R F(x, y)\, dA = \int_a^b \int_c^d F(x, y)\, dy\, dx$$

한편 $y < g_1(x)$ 또는 $y > g_2(x)$이면 (x, y)가 D 밖에 있으므로 $F(x, y) = 0$임을 관찰할 수 있다. 그리고 $g_1(x) \le y \le g_2(x)$이면 $F(x, y) = f(x, y)$이므로 다음을 얻는다.

$$\int_c^d F(x, y)\,dy = \int_{g_1(x)}^{g_2(x)} F(x, y)\,dy = \int_{g_1(x)}^{g_2(x)} f(x, y)\,dy$$

따라서 이중적분을 반복적분으로 계산할 수 있는 다음 공식을 얻는다.

3 f가 다음과 같이 유형 I인 영역 D에서 연속이라 하자.

$$D = \{(x, y) \mid a \le x \le b,\ g_1(x) \le y \le g_2(x)\}$$

그러면 다음이 성립한다.

$$\iint_D f(x, y)\,dA = \int_a^b \int_{g_1(x)}^{g_2(x)} f(x, y)\,dy\,dx$$

3의 우변에 있는 적분은 12.1절에서 다루었던 것과 비슷한 반복적분이다. 차이점은 안쪽 적분에서 $f(x, y)$의 x뿐만 아니라 $g_1(x)$와 $g_2(x)$를 상수로 간주한다는 것이다.

또한 다음과 같이 표현되는 **유형 II** type II의 평면 영역을 생각할 수 있다.

4 $$D = \{(x, y) \mid c \le y \le d,\ h_1(y) \le x \le h_2(y)\}$$

여기서 h_1과 h_2는 연속이다. 이와 같은 두 가지 영역은 [그림 23]과 같다.

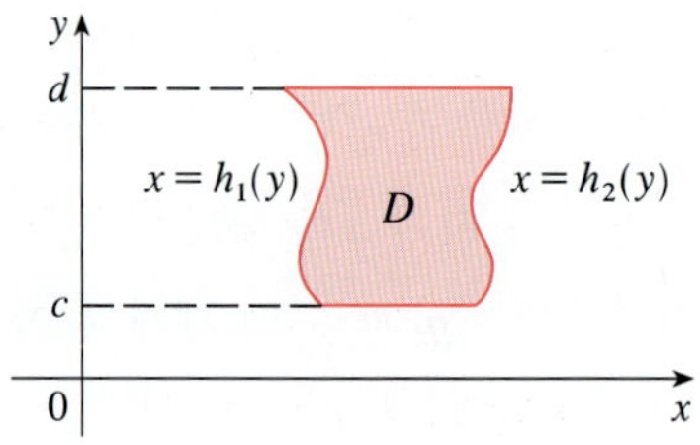

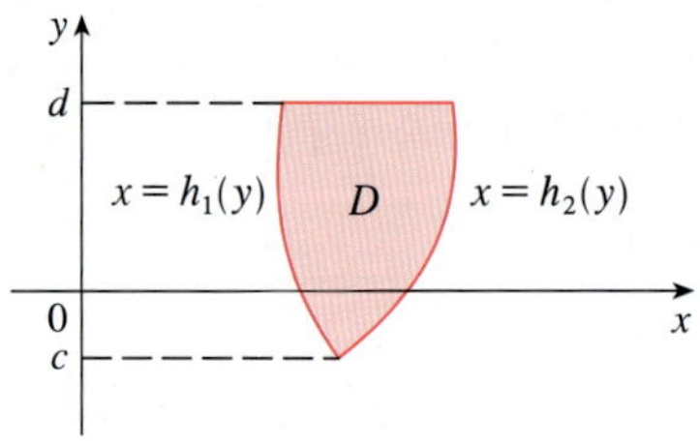

[그림 23] 유형 II 영역들

식 3을 세우기 위해 이용한 방법과 동일하게 다음을 보일 수 있다.

5 D가 식 4에 의해 주어진 유형 II인 영역일 때 다음이 성립한다.

$$\iint_D f(x, y)\,dA = \int_c^d \int_{h_1(y)}^{h_2(y)} f(x, y)\,dx\,dy$$

예제 1 **D가 포물선 $y = 2x^2$과 $y = 1 + x^2$으로 둘러싸인 영역일 때 $\iint_D (x + 2y)\,dA$를 계산하라.**

풀이

$2x^2 = 1 + x^2$, 즉 $x^2 = 1$이므로 $x = \pm 1$일 때 두 포물선은 만난다. 그러면 영역 D는 [그림 24]와 같이 유형 I이고 유형 II는 아니다. 그리고 이 영역을 다음과 같이 쓸 수 있다.

$$D = \{(x, y) \mid -1 \le x \le 1,\ 2x^2 \le y \le 1 + x^2\}$$

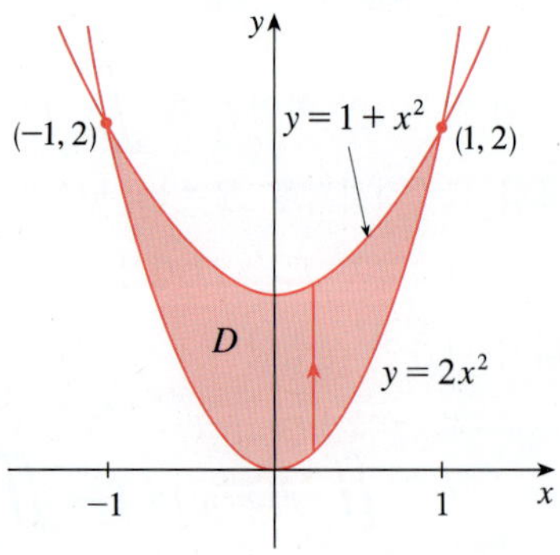

[그림 24]

아래쪽 경계는 $y=2x^2$, 위쪽 경계는 $y=1+x^2$이므로 식 3에 의해 다음을 얻는다.

$$\iint_D (x+2y)\,dA = \int_{-1}^{1}\int_{2x^2}^{1+x^2}(x+2y)\,dy\,dx = \int_{-1}^{1}\Big[xy+y^2\Big]_{y=2x^2}^{y=1+x^2}dx$$

$$= \int_{-1}^{1}\left[x(1+x^2)+(1+x^2)^2-x(2x^2)-(2x^2)^2\right]dx$$

$$= \int_{-1}^{1}(-3x^4-x^3+2x^2+x+1)\,dx$$

$$= -3\frac{x^5}{5}-\frac{x^4}{4}+2\frac{x^3}{3}+\frac{x^2}{2}+x\Big]_{-1}^{1} = \frac{32}{15}$$

NOTE _ [예제 1]과 같이 이중적분을 세울 때는 반드시 그림을 그린다. 때때로 [그림 24]와 같이 수직 화살표를 그리는 것이 도움이 된다. 그러면 안쪽 적분에 대한 적분 한계를 다음과 같이 그림으로부터 알 수 있다. 화살표는 적분 하한이 되는 아래쪽 경계 $y=g_1(x)$에서 시작하여 적분 상한인 위쪽 경계 $y=g_2(x)$에서 끝난다. 유형 II인 영역에 대해서는 화살표를 왼쪽 경계에서 오른쪽 경계까지 수평으로 그린다.

예제 2 포물면 $z=x^2+y^2$ 아래와 직선 $y=2x$, 포물선 $y=x^2$으로 둘러싸인 xy평면 안의 영역 D 위에 놓이는 입체의 부피를 구하라.

풀이 1

[그림 25]로부터 D는 다음과 같은 유형 I인 영역임을 알 수 있다.

$$D=\{(x,y)\mid 0\le x\le 2,\ x^2\le y\le 2x\}$$

따라서 $z=x^2+y^2$ 아래와 D 위의 부피는 다음과 같다.

$$V=\iint_D (x^2+y^2)\,dA = \int_0^2\int_{x^2}^{2x}(x^2+y^2)\,dy\,dx$$

$$= \int_0^2\left[x^2y+\frac{y^3}{3}\right]_{y=x^2}^{y=2x}dx$$

$$= \int_0^2\left[x^2(2x)+\frac{(2x)^3}{3}-x^2x^2-\frac{(x^2)^3}{3}\right]dx$$

$$= \int_0^2\left(-\frac{x^6}{3}-x^4+\frac{14x^3}{3}\right)dx = -\frac{x^7}{21}-\frac{x^5}{5}+\frac{7x^4}{6}\Big]_0^2 = \frac{216}{35}$$

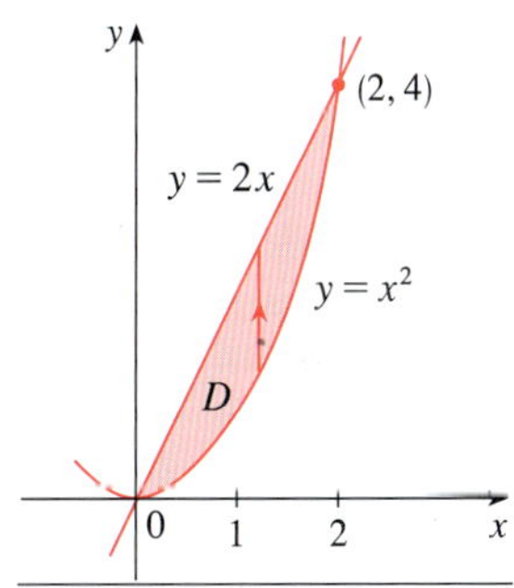

[그림 25] 유형 I 영역인 D

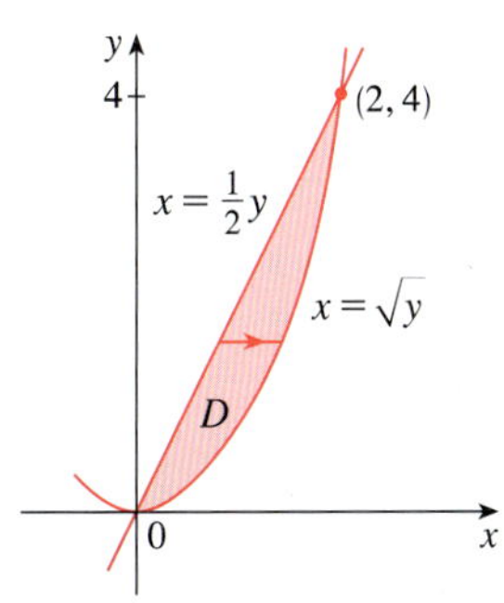

[그림 26] 유형 II 영역인 D

풀이 2

[그림 26]으로부터 D는 다음과 같이 유형 II인 영역으로도 쓸 수 있다.

$$D=\left\{(x,y)\mid 0\le y\le 4,\ \frac{1}{2}y\le x\le \sqrt{y}\right\}$$

따라서 V에 대한 다른 표현은 다음과 같다.

$$V = \iint_D (x^2+y^2)\,dA = \int_0^4 \int_{\frac{1}{2}y}^{\sqrt{y}} (x^2+y^2)\,dx\,dy$$

$$= \int_0^4 \left[\frac{x^3}{3} + y^2 x\right]_{x=\frac{1}{2}y}^{x=\sqrt{y}} dy = \int_0^4 \left(\frac{y^{3/2}}{3} + y^{5/2} - \frac{y^3}{24} - \frac{y^3}{2}\right) dy$$

$$= \frac{2}{15}y^{5/2} + \frac{2}{7}y^{7/2} - \frac{13}{96}y^4 \Big]_0^4 = \frac{216}{35}$$

[그림 27]은 [예제 2]의 결과를 부피로 갖는 입체를 보여준다. 이것은 xy평면 위, 포물면 $z=x^2+y^2$ 아래, 평면 $y=2x$와 포물기둥 $y=x^2$ 사이에 놓인다.

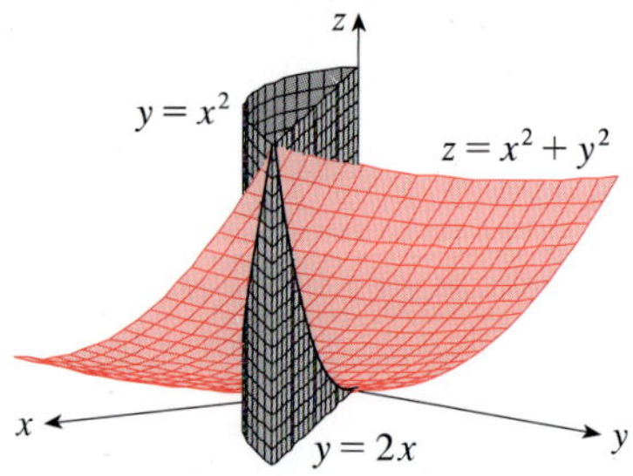

[그림 27]

예제 3 직선 $y=x-1$과 포물선 $y^2=2x+6$으로 둘러싸인 영역 D에서 $\iint_D xy\,dA$를 구하라.

풀이

영역 D는 [그림 28]과 같다. D는 유형 I과 유형 II가 모두 되지만 유형 I인 영역으로 생각하면 D의 아래쪽 경계가 두 부분으로 구성되기 때문에 더 복잡하다. 그러므로 다음과 같이 D를 유형 II인 영역으로 생각하는 것이 편하다.

$$D = \left\{(x,\,y) \mid -2 \le y \le 4,\ \frac{1}{2}y^2 - 3 \le x \le y+1\right\}$$

그러면 식 5로부터 다음을 얻는다.

$$\iint_D xy\,dA = \int_{-2}^4 \int_{\frac{1}{2}y^2-3}^{y+1} xy\,dx\,dy = \int_{-2}^4 \left[\frac{x^2}{2}y\right]_{x=\frac{1}{2}y^2-3}^{x=y+1} dy$$

$$= \frac{1}{2}\int_{-2}^4 y\left[(y+1)^2 - \left(\frac{1}{2}y^2-3\right)^2\right] dy$$

$$= \frac{1}{2}\int_{-2}^4 \left(-\frac{y^5}{4} + 4y^3 + 2y^2 - 8y\right) dy$$

$$= \frac{1}{2}\left[-\frac{y^6}{24} + y^4 + 2\frac{y^3}{3} - 4y^2\right]_{-2}^4 = 36$$

[그림 28(a)]와 같이 D를 유형 I인 영역으로 표현하면 다음을 얻게 될 것이다.

$$\iint_D xy\,dA = \int_{-3}^{-1} \int_{-\sqrt{2x+6}}^{\sqrt{2x+6}} xy\,dy\,dx + \int_{-1}^{5} \int_{x-1}^{\sqrt{2x+6}} xy\,dy\,dx$$

이 적분은 위 방법보다 계산이 훨씬 복잡하다.

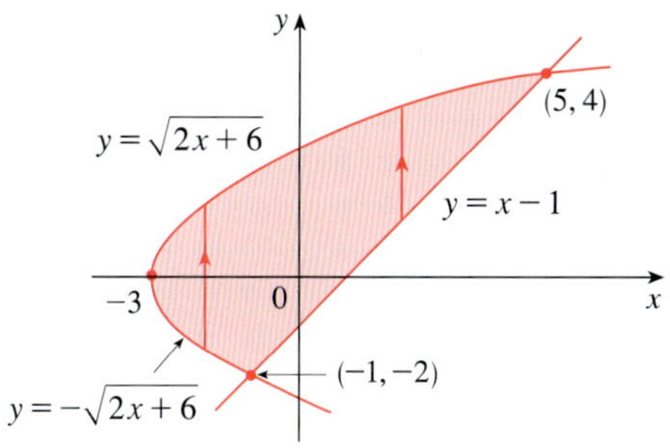

(a) D를 유형 I인 영역으로 생각한 경우

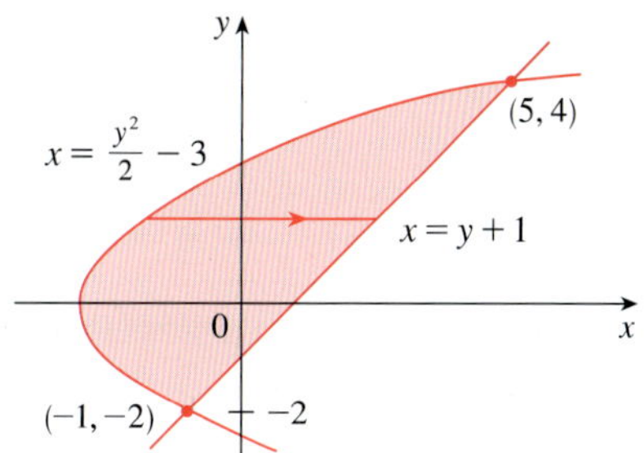

(b) D를 유형 II인 영역으로 생각한 경우

[그림 28]

예제 4 **평면 $x+2y+z=2$, $x=2y$, $x=0$, $z=0$으로 둘러싸인 사면체의 부피를 구하라.**

풀이

이와 같은 문제에 대해 두 개의 그림을 그리는 것이 현명하다. 하나는 3차원 입체이고 다른 하나는 이 입체가 놓이는 평면 영역 D이다. [그림 29]는 좌표평면 $x=0$, $z=0$, 수직평면 $x=2y$, 평면 $x+2y+z=2$로 둘러싸인 사면체 T를 보여준다. 평면 $x+2y+z=2$와 xy평면(이것의 방정식은 $z=0$)의 교선이 직선 $x+2y=2$이므로 T는 xy평면에서 직선 $x=2y$, $x+2y=2$, $x=0$으로 둘러싸인 삼각형 영역 D([그림 30] 참조) 위에 놓이는 것을 알 수 있다.

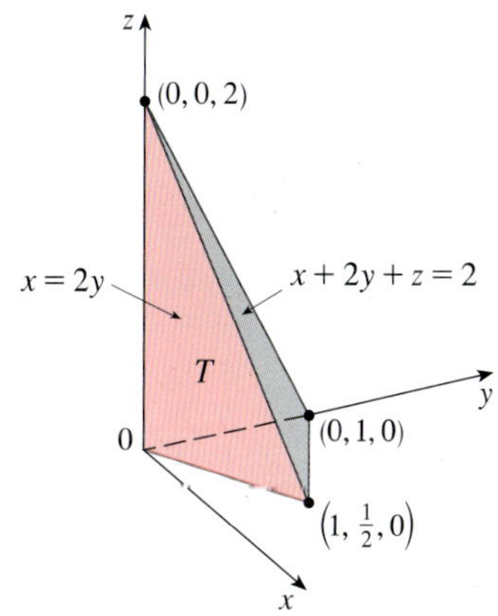

[그림 29]

평면 $x+2y+z=2$는 $z=2-x-2y$로 쓸 수 있다. 따라서 구하고자 하는 부피는 함수 $z=2-x-2y$의 그래프 아래와 다음과 같은 영역 D 위에 놓인다.

$$D=\left\{(x,\,y)\mid 0\le x\le 1,\ \frac{x}{2}\le y\le 1-\frac{x}{2}\right\}$$

따라서 다음을 얻는다.

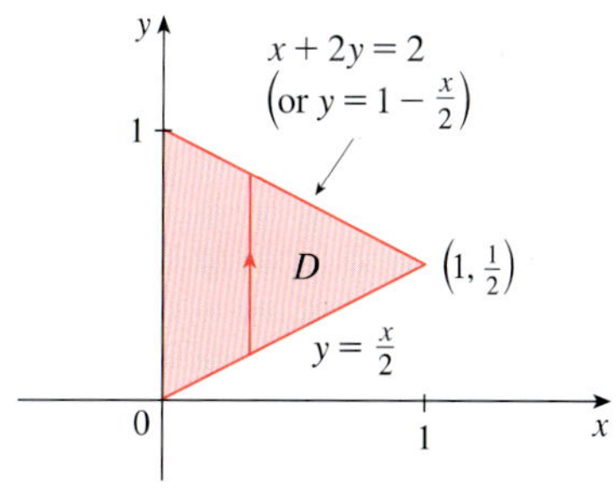

[그림 30]

$$\begin{aligned}
V&=\iint_D (2-x-2y)\,dA=\int_0^1\int_{x/2}^{1-x/2}(2-x-2y)\,dy\,dx\\
&=\int_0^1\left[2y-xy-y^2\right]_{y=x/2}^{y=1-x/2}dx\\
&=\int_0^1\left[2-x-x\left(1-\frac{x}{2}\right)-\left(1-\frac{x}{2}\right)^2-x+\frac{x^2}{2}+\frac{x^2}{4}\right]dx\\
&=\int_0^1(x^2-2x+1)\,dx=\frac{x^3}{3}-x^2+x\Big]_0^1=\frac{1}{3}
\end{aligned}$$

예제 5 반복적분 $\int_0^1 \int_x^1 \sin(y^2)\,dy\,dx$를 계산하라.

풀이

주어진 순서대로 적분하려고 한다면 먼저 $\int \sin(y^2)\,dy$를 계산해야 한다. 그러나 $\int \sin(y^2)\,dy$는 기본함수가 아니므로(6.4절 끝부분 참조) 유한개의 항으로 적분한다는 것은 불가능하다. 따라서 적분 순서를 바꿔야 한다. 즉 주어진 반복적분을 이중적분으로 표현해야 한다. 식 3을 거꾸로 적용하면 다음을 얻는다.

$$\int_0^1 \int_x^1 \sin(y^2)\,dy\,dx = \iint_D \sin(y^2)\,dA$$

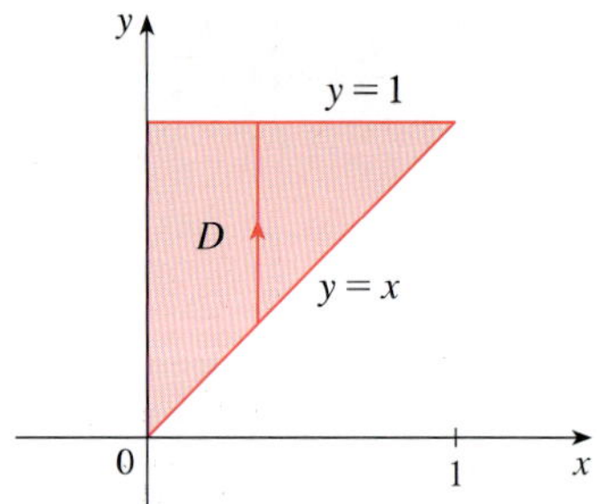

[그림 31] 유형 I 영역의 D

여기서 $D = \{(x, y) \mid 0 \le x \le 1,\ x \le y \le 1\}$이고, 이 영역 D를 [그림 31]과 같이 그린다. 그러면 [그림 32]로부터 D를 다음과 같이 나타낼 수 있음을 알고 있다.

$$D = \{(x, y) \mid 0 \le y \le 1,\ 0 \le x \le y\}$$

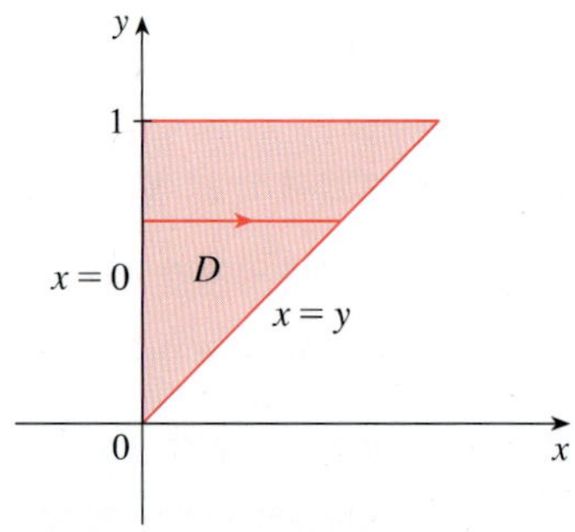

[그림 32] 유형 II 영역의 D

식 5를 이용하여 다음과 같이 이중적분을 역순인 반복적분으로 나타낼 수 있다.

$$\begin{aligned}\int_0^1 \int_x^1 \sin(y^2)\,dy\,dx &= \iint_D \sin(y^2)\,dA \\ &= \int_0^1 \int_0^y \sin(y^2)\,dx\,dy = \int_0^1 \Big[x\sin(y^2)\Big]_{x=0}^{x=y} dy \\ &= \int_0^1 y\sin(y^2)\,dy = -\frac{1}{2}\cos(y^2)\Big]_0^1 \\ &= \frac{1}{2}(1-\cos 1)\end{aligned}$$

이중적분의 성질

다음의 모든 적분이 존재한다고 가정한다. 영역 D에서 이중적분에 대한 처음 세 성질은 정의 2와 12.1절의 성질 12, 13, 14로부터 곧바로 유도된다.

6 $$\iint_D [f(x, y) + g(x, y)]\,dA = \iint_D f(x, y)\,dA + \iint_D g(x, y)\,dA$$

7 $$\iint_D c f(x, y)\,dA = c\iint_D f(x, y)\,dA \quad (c\text{는 상수})$$

D 안의 모든 (x, y)에 대해 $f(x, y) \ge g(x, y)$이면 다음이 성립한다.

8 $$\iint_D f(x, y)\,dA \ge \iint_D g(x, y)\,dA$$

이중적분에 대한 다음 성질은 방정식 $\int_a^b f(x)\,dx = \int_a^c f(x)\,dx + \int_c^b f(x)\,dx$ 로 주어지는 단일적분의 성질과 유사하다.

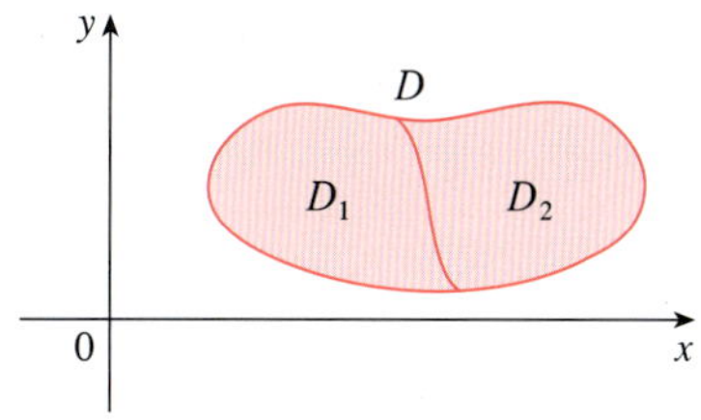

[그림 33]

D_1과 D_2가 이들의 경계를 제외하면 겹치지 않을 때 $D = D_1 \cup D_2$이면 다음이 성립한다([그림 33] 참조).

9
$$\iint_D f(x, y)\,dA = \iint_{D_1} f(x, y)\,dA + \iint_{D_2} f(x, y)\,dA$$

성질 9를 이용하면 유형 I도 아니고 유형 II도 아니지만, 유형 I 또는 유형 II인 영역의 합집합으로 표현되는 영역 D에서 이중적분을 계산할 수 있다. [그림 34]는 이런 과정을 설명한다([연습문제 25~26] 참조).

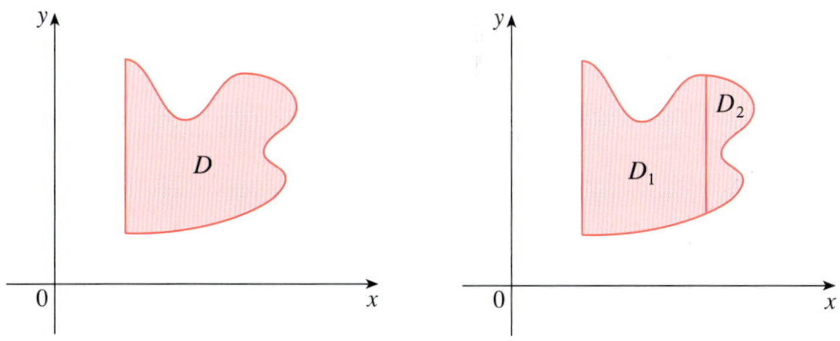

(a) D는 유형 I도 아니고 유형 II도 아니다. (b) $D = D_1 \cup D_2$, 이때 D_1은 유형 I, D_2는 유형 II이다.

[그림 34]

적분에 대한 다음 성질은 영역 D에서 상수함수 $f(x, y) = 1$을 적분하면 다음과 같이 D의 넓이를 얻는다는 사실을 보여준다.

10
$$\iint_D 1\,dA = A(D)$$

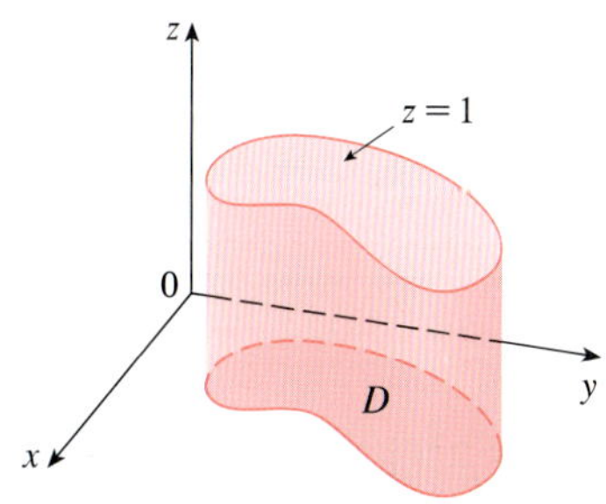

[그림 35] 밑면이 D이고 높이가 1인 입체 기둥

[그림 35]는 식 10이 성립하는 이유를 설명한다. 밑면이 D이고 높이가 1인 입체기둥의 부피는 $A(D) \cdot 1 = A(D)$이다. 그러나 이 부피를 $\iint_D 1\,dA$로 쓸 수 있음을 알고 있다.

마지막으로 성질 7, 8, 10을 결합하면 다음 성질을 증명할 수 있다([연습문제 28] 참조).

11 D 안의 모든 (x, y)에 대해 $m \le f(x, y) \le M$이면 다음이 성립한다.

$$m\,A(D) \le \iint_D f(x, y)\,dA \le M\,A(D)$$

예제 6 **D를 중심이 원점이고 반지름이 2인 원판이라 할 때, 성질 11을 이용하여 적분 $\iint_D e^{\sin x \cos y}\,dA$를 추정하라.**

풀이

$-1 \le \sin x \le 1$, $-1 \le \cos y \le 1$이므로 $-1 \le \sin x \cos y \le 1$이다. 따라서 다음과 같다.

$$e^{-1} \le e^{\sin x \cos y} \le e^1 = e$$

성질 [11]에서 $m = e^{-1} = 1/e$, $M = e$, $A(D) = \pi(2)^2$을 대입하면 다음을 얻는다.

$$\frac{4\pi}{e} \le \iint_D e^{\sin x \cos y}\, dA \le 4\pi e$$

12.2 연습문제

01~03 다음 반복적분을 계산하라.

01 $\int_0^4 \int_0^{\sqrt{y}} xy^2\, dx\, dy$

02 $\int_0^1 \int_{x^2}^{x} (1+2y)\, dy\, dx$

03 $\int_0^1 \int_0^{s^2} \cos(s^3)\, dt\, ds$

04~05 다음 이중적분을 계산하라.

04 $\iint_D y^2\, dA$, $D = \{(x, y) \mid -1 \le y \le 1,\ -y-2 \le x \le y\}$

05 $\iint_D x\, dA$, $D = \{(x, y) \mid 0 \le x \le \pi,\ 0 \le y \le \sin x\}$

06 D를 유형 I 영역과 유형 II 영역으로 표현하라. 그리고 두 가지 방법으로 이중적분을 계산하라.

$\iint_D x\, dA$, D는 직선 $y = x$, $y = 0$, $x = 1$로 둘러싸인 영역이다.

07 두 가지 적분 순서에 대한 반복적분을 세워라. 더 쉬운 순서를 이용하여 이중적분을 계산하고 왜 더 쉬운지 설명하라.

$\iint_D y\, dA$, D는 $y = x-2$, $x = y^2$으로 둘러싸인 영역이다.

08~10 다음 이중적분을 계산하라.

08 $\iint_D x \cos y\, dA$, D는 $y = 0$, $y = x^2$, $x = 1$로 둘러싸인 영역이다.

09 $\iint_D y^2\, dA$, D는 꼭짓점이 $(0, 1)$, $(1, 2)$, $(4, 1)$인 삼각형 영역이다.

10 $\iint_D (2x - y)\, dA$, D는 중심이 원점이고 반지름이 2인 원으로 둘러싸인 영역이다.

11~15 주어진 입체의 부피를 구하라.

11 평면 $x - 2y + z = 1$ 아래와 $x + y = 1$과 $x^2 + y = 1$로 둘러싸인 영역 위

12 곡면 $z = xy$ 아래와 꼭짓점이 $(1, 1)$, $(4, 1)$, $(1, 2)$인 삼각형 위

13 좌표평면과 평면 $3x + 2y + z = 6$으로 둘러싸인 영역

14 원기둥 $z = x^2$, $y = x^2$과 평면 $z = 0$, $y = 4$로 둘러싸인 영역

15 원기둥 $x^2 + y^2 = 1$과 제1팔분공간에서 평면 $y = z$, $x = 0$, $z = 0$으로 둘러싸인 영역

16 두 부피를 빼는 방법으로 포물기둥 $y = 1 - x^2$, $y = x^2 - 1$과 평면 $x + y + z = 2$, $2x + 2y - z + 10 = 0$으로 둘러싸인 입체의 부피를 구하라.

17 부피가 반복적분 $\int_0^1\int_0^{1-x}(1-x-y)\,dy\,dx$로 주어진 입체를 그려라.

18 CAS 컴퓨터 대수체계를 이용하여 $z=1-x^2-y^2$과 $z=0$으로 둘러싸인 입체의 부피를 정확하게 구하라.

19~21 적분 영역을 그리고 적분 순서를 변경하라.

19 $\int_0^1\int_0^y f(x,y)\,dx\,dy$ 20 $\int_0^{\pi/2}\int_0^{\cos x} f(x,y)\,dy\,dx$

21 $\int_1^2\int_0^{\ln x} f(x,y)\,dy\,dx$

22~24 적분 순서를 바꾸어 적분을 계산하라.

22 $\int_0^1\int_{3y}^3 e^{x^2}\,dx\,dy$ 23 $\int_0^4\int_{\sqrt{x}}^2 \frac{1}{y^3+1}\,dy\,dx$

24 $\int_0^1\int_{\arcsin y}^{\pi/2} \cos x\sqrt{1+\cos^2 x}\,dx\,dy$

25~26 D를 유형 I 또는 유형 II인 영역의 합집합으로 표현하고 적분을 계산하라

25 $\iint_D x^2\,dA$ 26 $\iint_D y\,dA$

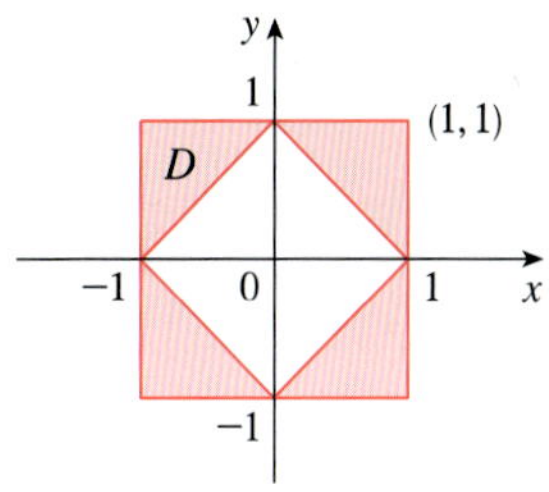

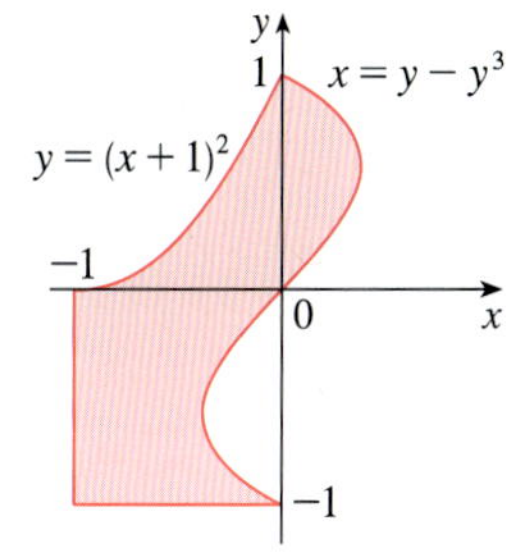

27 성질 11을 이용하여 $\iint_D \sqrt{x^3+y^3}\,dA$, $D=[0,1]\times[0,1]$의 적분값을 추정하라.

28 성질 11을 증명하라.

29~31 기하학적 관점 대칭성 또는 두 가지 모두 사용하여 다음 이중적분을 계산하라.

29 $\iint_D (x+2)\,dA$, $D=\{(x,y)\mid 0\le y\le\sqrt{9-x^2}\}$

30 $\iint_D (2x+3y)\,dA$, D는 $0\le x\le a$, $0\le y\le b$인 직사각형이다.

31 $\iint_D (ax^3+by^3+\sqrt{a^2-x^2})\,dA$, $D=[-a,a]\times[-b,b]$

12.3 극좌표에서 이중적분

R이 [그림 36]의 영역 중 하나일 때 이중적분 $\iint_R f(x,y)\,dA$를 계산한다고 하자. 어느 경우이든 직교좌표를 이용하여 R을 기술하는 것은 복잡하지만 극좌표를 이용하면 R을 쉽게 나타낼 수 있다.

극좌표는 9.3절에서 소개했다.

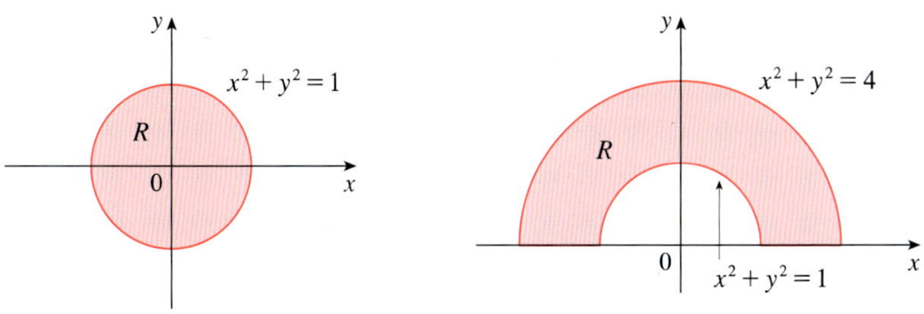

(a) $R=\{(r,\theta)\mid 0\le r\le 1,\ 0\le\theta\le 2\pi\}$ (b) $R=\{(r,\theta)\mid 1\le r\le 2,\ 0\le\theta\le\pi\}$

[그림 36]

[그림 37]로부터 한 점에 대한 극좌표 (r, θ)와 직교좌표 (x, y)의 관계는 다음 방정식과 같다.

$$r^2 = x^2 + y^2, \quad x = r\cos\theta, \quad y = r\sin\theta$$

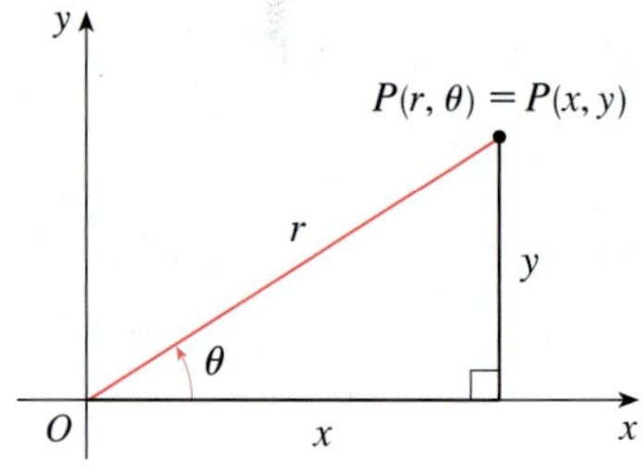

[그림 37]

[그림 36]의 영역들은 [그림 38]에 보인 다음과 같은 **극사각형**polar rectangle의 특별한 경우이다.

$$R = \{(r, \theta) \mid a \le r \le b,\ \alpha \le \theta \le \beta\}$$

R이 극사각형일 때 이중적분 $\iint_R f(x, y)\,dA$를 계산하기 위해 구간 $[a, b]$를 길이가 $\Delta r_i = r_i - r_{i-1}$인 m개의 부분 구간 $[r_{i-1}, r_i]$로 나누고, 구간 $[\alpha, \beta]$를 길이가 $\Delta\theta_j = \theta_j - \theta_{j-1}$인 n개의 부분 구간 $[\theta_{j-1}, \theta_j]$로 나눈다. 그러면 원 $r = r_i$와 반직선 $\theta = \theta_j$는 [그림 39]에서 보인 것과 같이 극사각형 R을 더 작은 극사각형 R_{ij}로 나눈다.

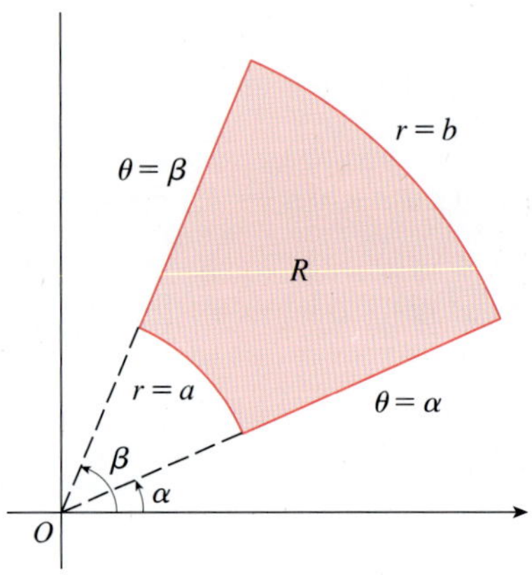

[그림 38] 극사각형

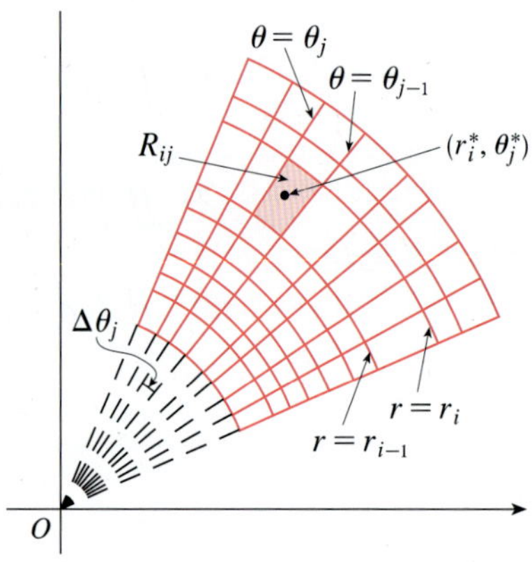

[그림 39] R을 부분 극사각형으로 분할

부분 극사각형 $R_{ij} = \{(r, \theta) \mid r_{i-1} \le r \le r_i,\ \theta_{j-1} \le \theta \le \theta_j\}$의 중심은 다음과 같은 극좌표를 갖는다.

$$r_i^* = \frac{1}{2}(r_{i-1} + r_i), \qquad \theta_j^* = \frac{1}{2}(\theta_{j-1} + \theta_j)$$

반지름이 r, 중심각이 θ인 부채꼴의 넓이가 $\frac{1}{2}r^2\theta$라는 사실을 이용하여 R_{ij}의 넓이를 계산한다. 각각의 중심각이 $\Delta\theta_j$인 두 부채꼴의 넓이를 빼면 R_{ij}의 넓이는 다음과 같음을 알 수 있다.

$$\Delta A_{ij} = \frac{1}{2}r_i^2\,\Delta\theta_j - \frac{1}{2}r_{i-1}^2\,\Delta\theta_j = \frac{1}{2}(r_i^2 - r_{i-1}^2)\,\Delta\theta_j$$

$$= \frac{1}{2}(r_i + r_{i-1})(r_i - r_{i-1})\,\Delta\theta_j = r_i^*\,\Delta r_i\Delta\theta_j$$

일반적인 직사각형을 이용하여 이중적분 $\iint_R f(x, y)\,dA$를 정의했지만 연속함수 f에 대해서는 극사각형을 이용하면 항상 같은 결과를 얻는 것을 보일 수 있다. R_{ij}의 중심에 대한 직교좌표는 $(r_i^* \cos\theta_j^*,\ r_i^* \sin\theta_j^*)$이므로 대표적인 리만 합은 다음과 같다.

$$\boxed{1}\quad \sum_{i=1}^{m}\sum_{j=1}^{n} f(r_i^* \cos\theta_j^*,\ r_i^* \sin\theta_j^*)\Delta A_{ij} = \sum_{i=1}^{m}\sum_{j=1}^{n} f(r_i^* \cos\theta_j^*,\ r_i^* \sin\theta_j^*) r_i^* \Delta r_i \Delta\theta_j$$

한편 $g(r, \theta) = r f(r\cos\theta,\ r\sin\theta)$라고 하면 식 $\boxed{1}$의 리만 합은 다음과 같이 쓸 수 있다.

$$\sum_{i=1}^{m}\sum_{j=1}^{n} g(r_i^*,\ \theta_j^*)\Delta r_i \Delta\theta_j$$

그리고 이것은 다음과 같은 중적분에 대한 리만 합이다.

$$\int_\alpha^\beta \int_a^b g(r, \theta)\,dr\,d\theta$$

따라서 다음을 얻는다.

$$\begin{aligned}
\iint_R f(x, y)\,dA &= \lim_{\max \Delta r_i,\ \Delta\theta_j \to 0} \sum_{i=1}^{m}\sum_{j=1}^{n} f(r_i^* \cos\theta_j^*,\ r_i^* \sin\theta_j^*)\Delta A_{ij} \\
&= \lim_{\max \Delta r_i,\ \Delta\theta_j \to 0} \sum_{i=1}^{m}\sum_{j=1}^{n} g(r_i^*,\ \theta_j^*)\Delta r_i \Delta\theta_j = \int_\alpha^\beta \int_a^b g(r, \theta)\,dr\,d\theta \\
&= \int_\alpha^\beta \int_a^b f(r\cos\theta,\ r\sin\theta)\,r\,dr\,d\theta
\end{aligned}$$

$\boxed{2}$ **이중적분에서 극좌표로 변환** $0 \le a \le r \le b$, $\alpha \le \theta \le \beta$로 주어진 극사각형 R에서 f가 연속이면 다음이 성립한다. 여기서 $0 \le \beta - \alpha \le 2\pi$이다.

$$\iint_R f(x, y)\,dA = \int_\alpha^\beta \int_a^b f(r\cos\theta,\ r\sin\theta)\,r\,dr\,d\theta$$

$\boxed{2}$에 있는 식을 $x = r\cos\theta$와 $y = r\sin\theta$로 바꿔 쓰면 r과 θ에 대한 적절한 적분 한계를 이용하고 dA를 $r\,dr\,d\theta$로 대치하여 직교좌표에서의 이중적분을 극좌표에서의 이중적분으로 변환하는 것을 나타낸다. ⊘ **이때 식 $\boxed{2}$의 우변에서 추가된 인수 r을 잊어서는 안 된다.**

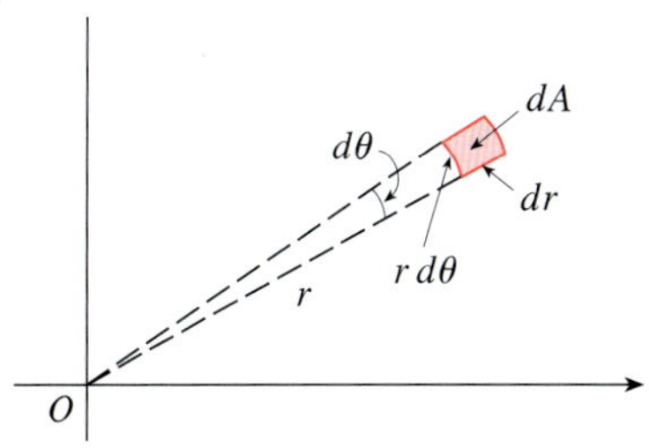

[그림 40]

이러한 사실을 기억하는 전통적인 방법이 [그림 40]에 설명되어 있다. 여기서 '무한소' 극사각형은 치수가 $r\,d\theta$와 dr인 일반적인 직사각형으로 생각할 수 있다. 그러므로 '넓이'는 $dA = r\,dr\,d\theta$가 된다.

예제 1 원 $x^2 + y^2 = 1$과 $x^2 + y^2 = 4$로 둘러싸인 상반 평면에 있는 영역을 R이라 할 때, $\iint_R (3x + 4y^2)\,dA$를 계산하라.

풀이

영역 R은 다음과 같이 나타낼 수 있다.

$$R = \{(x, y) \mid y \ge 0,\ 1 \le x^2 + y^2 \le 4\}$$

이것은 [그림 36(b)]에서 보인 반고리 모양이고 극좌표로 $1 \le r \le 2$, $0 \le \theta \le \pi$이다. 따라서 식 2에 의해 다음을 얻는다.

$$\begin{aligned}\iint_R (3x + 4y^2)\,dA &= \int_0^{\pi}\int_1^2 (3r\cos\theta + 4r^2\sin^2\theta)\,r\,dr\,d\theta \\ &= \int_0^{\pi}\int_1^2 (3r^2\cos\theta + 4r^3\sin^2\theta)\,dr\,d\theta \\ &= \int_0^{\pi} \left[r^3\cos\theta + r^4\sin^2\theta\right]_{r=1}^{r=2} d\theta = \int_0^{\pi} (7\cos\theta + 15\sin^2\theta)\,d\theta \\ &= \int_0^{\pi}\left[7\cos\theta + \frac{15}{2}(1 - \cos 2\theta)\right] d\theta \\ &= 7\sin\theta + \frac{15\theta}{2} - \frac{15}{4}\sin 2\theta\Big]_0^{\pi} = \frac{15\pi}{2}\end{aligned}$$

여기서 6.2절에서 살펴본 삼각항등식 $\sin^2\theta = \frac{1}{2}(1 - \cos 2\theta)$를 사용한다.

예제 2 평면 $z = 0$과 포물면 $z = 1 - x^2 - y^2$으로 둘러싸인 입체의 부피를 구하라.

풀이

포물면의 방정식에서 $z = 0$이면 $x^2 + y^2 = 1$을 얻는다. 이것은 평면이 포물면과 만나는 교선이 원 $x^2 + y^2 = 1$임을 의미한다. 따라서 입체는 포물면 아래와 $x^2 + y^2 \le 1$로 주어지는 원판 D 위에 놓인다([그림 41]과 [그림 36(a)] 참조). 극좌표에서 D는 $0 \le r \le 1$, $0 \le \theta \le 2\pi$로 주어진다. $1 - x^2 - y^2 = 1 - r^2$이므로 구하고자 하는 부피는 다음과 같다.

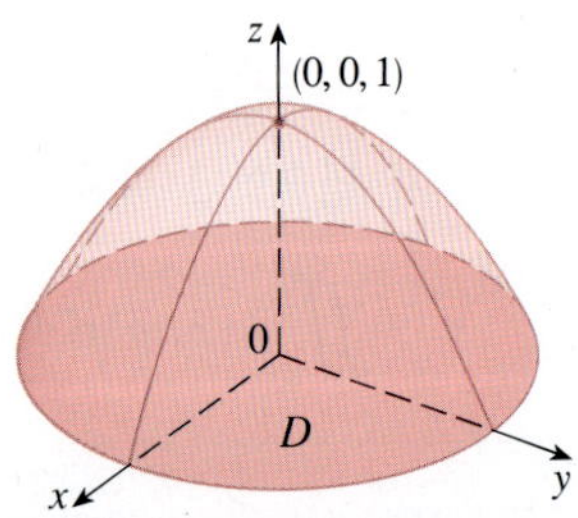

[그림 41]

$$\begin{aligned}V = \iint_D (1 - x^2 - y^2)\,dA &= \int_0^{2\pi}\int_0^1 (1 - r^2)\,r\,dr\,d\theta \\ &= \int_0^{2\pi} d\theta \int_0^1 (r - r^3)\,dr = 2\pi\left[\frac{r^2}{2} - \frac{r^4}{4}\right]_0^1 = \frac{\pi}{2}\end{aligned}$$

극좌표 대신 직교좌표를 이용하면 다음 적분을 얻을 것이다.

$$V=\iint_D (1-x^2-y^2)\,dA=\int_{-1}^{1}\int_{-\sqrt{1-x^2}}^{\sqrt{1-x^2}}(1-x^2-y^2)\,dy\,dx$$

그러나 $\int (1-x^2)^{3/2}\,dx$를 구해야 하므로 계산이 쉽지 않다.

지금까지 사용한 방법을 [그림 42]와 같이 좀 더 복잡한 유형의 영역으로 확장할 수 있다. 이는 12.2절에서 다루었던 유형 II의 직사각형 영역과 유사하다. 사실상 12.2절 식 5를 이 절에 있는 식 2와 결합하면 다음 식을 얻는다.

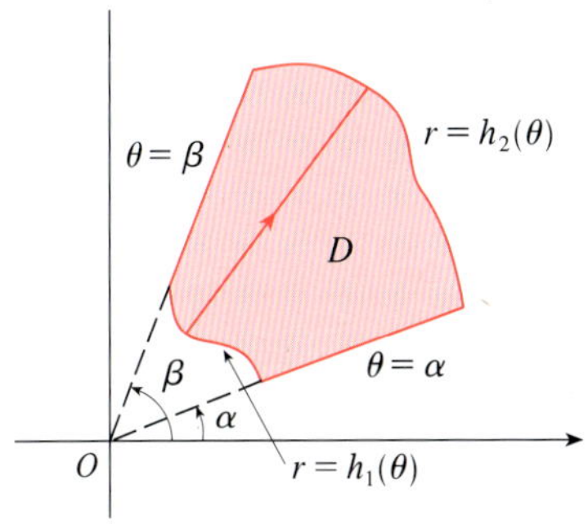

[그림 42] $D=\{(r,\theta)\mid\alpha\le\theta\le\beta,\ h_1(\theta)\le r\le h_2(\theta)\}$

3 f가 다음과 같은 극영역에서 연속이라 하자.

$$D=\{(r,\theta)\mid\alpha\le\theta\le\beta,\ h_1(\theta)\le r\le h_2(\theta)\}$$

그러면 다음이 성립한다.

$$\iint_D f(x,y)\,dA=\int_\alpha^\beta\int_{h_1(\theta)}^{h_2(\theta)} f(r\cos\theta,\ r\sin\theta)\,r\,dr\,d\theta$$

특히 이 식에서 $f(x,y)=1$, $h_1(\theta)=0$, $h_2(\theta)=h(\theta)$를 취하면 $\theta=\alpha$, $\theta=\beta$, $r=h(\theta)$로 둘러싸인 영역 D의 넓이는 다음과 같다. 그리고 이것은 9.4절 식 3과 일치한다.

■ www.stewartcalculus.com (Additional Example A를 보라.)

$$A(D)=\iint_D 1\,dA=\int_\alpha^\beta\int_0^{h(\theta)} r\,dr\,d\theta$$

$$=\int_\alpha^\beta\left[\frac{r^2}{2}\right]_0^{h(\theta)}d\theta=\int_\alpha^\beta\frac{1}{2}[h(\theta)]^2\,d\theta$$

예제 3 포물면 $z=x^2+y^2$ 아래와 xy평면 위, 원주면 $x^2+y^2=2x$의 내부에 놓여있는 입체의 부피를 구하라.

풀이

이 입체는 경계인 원의 방정식이 $x^2+y^2=2x$ 또는 완전제곱인 $(x-1)^2+y^2=1$인 원판 D 위에 놓인다([그림 43]과 [그림 44] 참조). 극좌표에서 $x^2+y^2=r^2$, $x=r\cos\theta$이므로 경계 원은 $r^2=2r\cos\theta$ 또는 $r=2\cos\theta$이다. 따라서 원판 D는 다음과 같다.

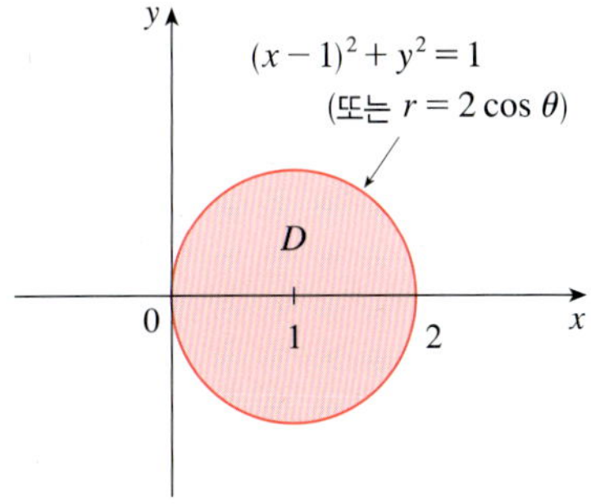

[그림 43]

$$D=\{(r,\theta)\mid-\pi/2\le\theta\le\pi/2,\ 0\le r\le 2\cos\theta\}$$

그러면 식 3에 의해 다음을 얻는다.

$$V=\iint_D (x^2+y^2)\,dA=\int_{-\pi/2}^{\pi/2}\int_0^{2\cos\theta} r^2\,r\,dr\,d\theta=\int_{-\pi/2}^{\pi/2}\left[\frac{r^4}{4}\right]_0^{2\cos\theta} d\theta$$

$$=4\int_{-\pi/2}^{\pi/2}\cos^4\theta\,d\theta=8\int_0^{\pi/2}\cos^4\theta\,d\theta=8\int_0^{\pi/2}\left(\frac{1+\cos 2\theta}{2}\right)^2 d\theta$$

$$=2\int_0^{\pi/2}\left[1+2\cos 2\theta+\frac{1}{2}(1+\cos 4\theta)\right]d\theta$$

$$=2\left[\frac{3}{2}\theta+\sin 2\theta+\frac{1}{8}\sin 4\theta\right]_0^{\pi/2}=2\left(\frac{3}{2}\right)\left(\frac{\pi}{2}\right)=\frac{3\pi}{2}$$

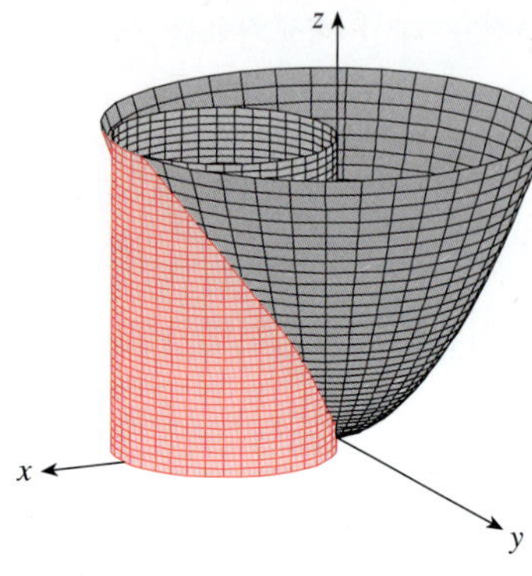

[그림 44]

12.3 연습문제

01~02 영역 R이 다음과 같다. 극좌표와 직교좌표 중 어느 것을 이용할 것인지 결정하라. 그리고 $\iint_R f(x,y)\,dA$를 반복적분으로 나타내라. 여기서 f는 R에서 연속인 임의의 함수이다.

01

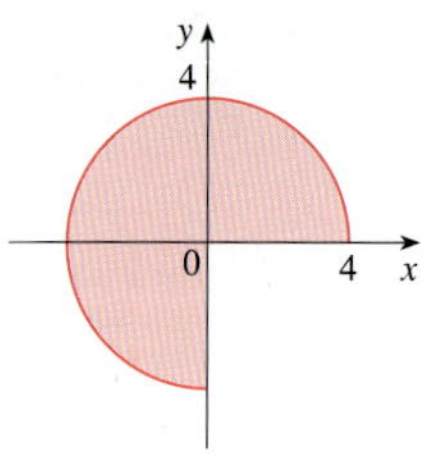

02

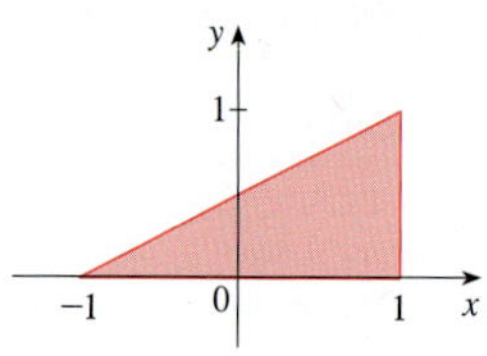

03 넓이가 $\int_{\pi/4}^{3\pi/4}\int_1^2 r\,dr\,d\theta$로 주어지는 영역을 그리고 각 적분을 계산하라.

04~06 주어진 적분을 극좌표로 바꾸어 계산하라.

04 $\iint_D x^2 y\,dA$, D는 중심이 원점이고 반지름이 5인 상반 원판이다.

05 $\iint_R \sin(x^2+y^2)\,dA$, R은 중심이 원점이고 반지름이 1과 3인 원 사이와 제1사분면인 영역이다.

06 $\iint_R \arctan(y/x)\,dA$,

$R=\{(x,y)\,|\,1\le x^2+y^2\le 4,\ 0\le y\le x\}$

07~10 극좌표를 이용하여 주어진 입체의 부피를 구하라.

07 원뿔 $z=\sqrt{x^2+y^2}$ 아래와 원판 $x^2+y^2\le 4$ 위

08 반지름 a인 구

09 원뿔 $z=\sqrt{x^2+y^2}$ 위와 구 $x^2+y^2+z^2=1$ 아래

10 원기둥 $x^2+y^2=4$의 내부와 타원면 $4x^2+4y^2+z^2=64$의 내부

11 중적분을 이용하여 장미선 $r=\cos 3\theta$의 고리 하나의 넓이를 구하라.

12~13 다음 반복적분을 극좌표로 바꾸어 계산하라.

12 $\int_{-3}^{3}\int_0^{\sqrt{9-x^2}} \sin(x^2+y^2)\,dy\,dx$

13 $\int_0^1\int_y^{\sqrt{2-y^2}} (x+y)\,dx\,dy$

14 지름이 $10\mathrm{m}$인 원형 수영장이 있다. 깊이가 동서 방향의 직선을 따라 일정하고 남쪽 끝의 $1\mathrm{m}$에서 북쪽 끝의 $2\mathrm{m}$까지 선형적으로 증가한다. 이 수영장 안에 들어있는 물의 부피를 구하라.

15 극좌표를 이용하여 다음 합을 하나의 이중적분으로 나타내고 그 이중적분을 구하라.

$$\int_{1/\sqrt{2}}^{1}\int_{\sqrt{1-x^2}}^{x} xy\,dy\,dx + \int_{1}^{\sqrt{2}}\int_{0}^{x} xy\,dy\,dx$$

$$+\int_{\sqrt{2}}^{2}\int_{0}^{\sqrt{4-x^2}} xy\,dy\,dx$$

16 (a) 전체 평면 $\mathbb{R}^2$에서 이상적분을 다음과 같이 정의한다.

$$I = \iint_{\mathbb{R}^2} e^{-(x^2+y^2)}\,dA = \int_{-\infty}^{\infty}\int_{-\infty}^{\infty} e^{-(x^2+y^2)}\,dy\,dx$$

$$= \lim_{a\to\infty}\iint_{D_a} e^{-(x^2+y^2)}\,dA$$

여기서 D_a는 중심이 원점이고 반지름이 a인 원판이다. 다음이 성립함을 보여라.

$$\int_{-\infty}^{\infty}\int_{-\infty}^{\infty} e^{-(x^2+y^2)}\,dA = \pi$$

(b) (a)의 이상적분과 동치인 정의로 다음이 있다.

$$\iint_{\mathbb{R}^2} e^{-(x^2+y^2)}\,dA = \lim_{a\to\infty}\iint_{S_a} e^{-(x^2+y^2)}\,dA$$

여기서 S_a는 꼭짓점이 $(\pm a, \pm a)$인 정사각형이다. 이것을 이용하여 다음이 성립함을 보여라.

$$\int_{-\infty}^{\infty} e^{-x^2}dx \int_{-\infty}^{\infty} e^{-y^2}dy = \pi$$

(c) $\int_{-\infty}^{\infty} e^{-x^2}dx = \sqrt{\pi}$ 임을 유추하라.

(d) $t = \sqrt{2}\,x$로 변수를 변환하여 다음이 성립함을 보여라.

$$\int_{-\infty}^{\infty} e^{-x^2/2}\,dx = \sqrt{2\pi}$$

(이는 확률과 통계에서 기본적인 결과이다.)

17 [연습문제 16(c)]의 결과를 이용하여 다음 적분을 계산하라.

(a) $\int_0^{\infty} x^2 e^{-x^2}\,dx$ (b) $\int_0^{\infty} \sqrt{x}\, e^{-x}\,dx$

12.4 이중적분의 응용

이미 이중적분의 응용 중 하나인 부피를 계산해보았다. 또 다른 기하학적 응용은 곡면의 넓이를 구하는 것이고 이것은 다음 장에서 다룰 것이다. 이 절에서는 질량, 전하, 질량중심, 관성모멘트와 같은 물리학적 응용에 대해 알아본다.

밀도와 질량

7장에서 단일적분을 이용하여 밀도가 균일한 얇은 판이나 박막의 모멘트와 질량중심을 계산할 수 있었다. 그러나 이제는 이중적분을 알고 있으므로 가변적인 밀도를 갖는 박막을 생각할 수 있다. 얇은 판이 xy평면의 영역 D를 차지하고 있으며 D에 속하는 점 (x, y)에서 얇은 판의 **밀도**density(즉 단위면적당 질량의 단위)가 $\rho(x, y)$로 주어졌다고 가정하자. 여기서 ρ는 D에서 연속이다. 그러면 밀도는 다음을 의미한다.

$$\rho(x, y) = \lim \frac{\Delta m}{\Delta A}$$

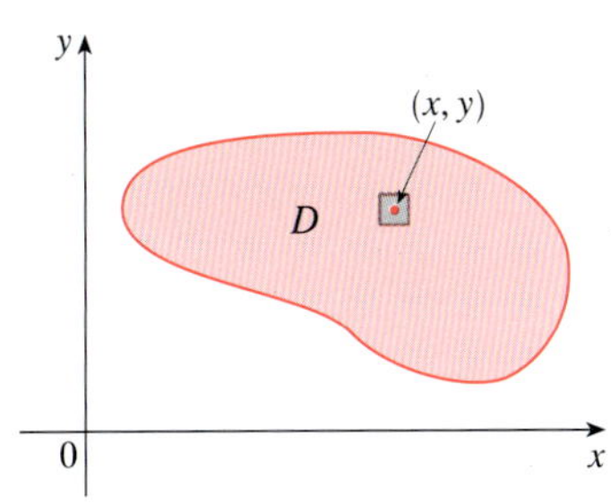

[그림 45]

이때 Δm과 ΔA는 각각 (x, y)를 포함하는 작은 직사각형의 질량과 넓이이고 극한은 직사각형의 변의 길이가 0으로 접근하는 것으로 택한다([그림 45] 참조).

얇은 판의 전체 질량 m을 구하기 위해 D를 포함하는 직사각형 R을 ([그림 46]과 같이) 부분 직사각형 R_{ij}로 나누고, D 외부에서 $\rho(x, y) = 0$이라고 생각한다. R_{ij}에서 점 (x_{ij}^*, y_{ij}^*)를 택하면 R_{ij}를 차지하는 얇은 판의 일부분에 대한 질량은 근사적으로 $\rho(x_{ij}^*, y_{ij}^*)\Delta A_{ij}$이다. 여기서 ΔA_{ij}는 R_{ij}의 넓이이다. 이와 같은 질량들을 모두 더하면 다음과 같은 전체 질량의 근삿값을 얻는다.

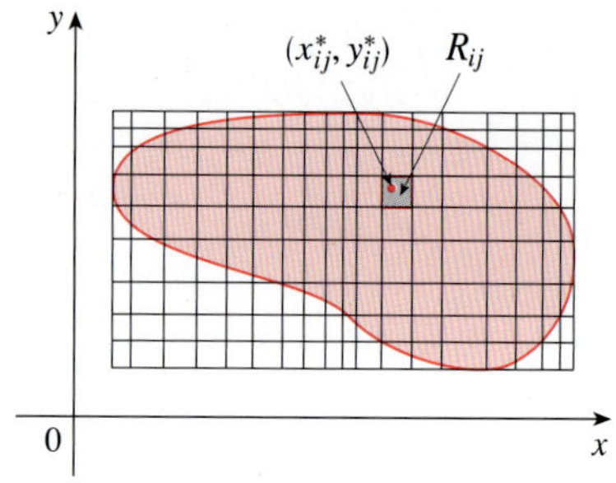

[그림 46]

$$m \approx \sum_{i=1}^{k}\sum_{j=1}^{l} \rho(x_{ij}^*, y_{ij}^*)\Delta A_{ij}$$

부분 직사각형을 더 작게 만들어 가면서 분할한다면 다음과 같이 근삿값들의 극한값으로 얇은 판의 전체 질량 m을 얻는다.

1 $$m = \lim_{\max \Delta x_i,\, \Delta y_j \to 0} \sum_{i=1}^{k}\sum_{j=1}^{l} \rho(x_{ij}^*, y_{ij}^*)\Delta A_{ij} = \iint_D \rho(x, y)\, dA$$

또한 물리학자들은 이와 같은 방법으로 구할 수 있는 다른 형태의 밀도를 생각한다. 예를 들어 전하가 영역 D에서 분포되어 있고 전하밀도(단위면적당 전하)가 D에 속하는 점 (x, y)에서 $\sigma(x, y)$로 주어진다면 전체 전하 Q는 다음과 같다.

2 $$Q = \iint_D \sigma(x, y)\, dA$$

예제 1 **[그림 47]의 삼각형 영역 D에서 전하가 분포되고 (x, y)에서 m^2당 쿨롱(C/m^2)으로 측정되는 전하밀도는 $\sigma(x, y) = xy$이다. 전체 전하를 구하라.**

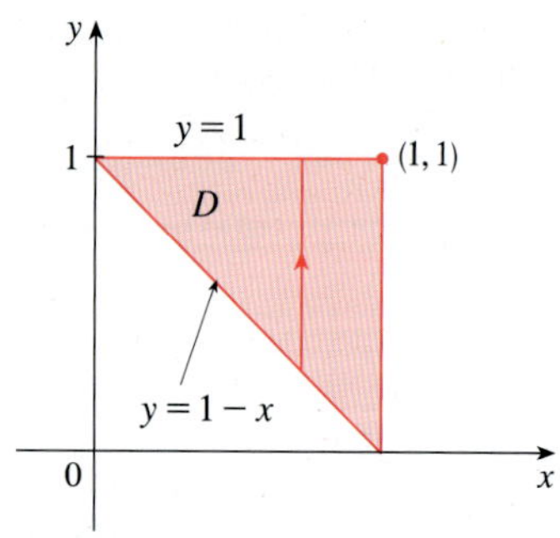

[그림 47]

풀이

식 2와 [그림 47]로부터 다음을 얻는다.

$$Q = \iint_D \sigma(x, y)\, dA = \int_0^1 \int_{1-x}^{1} xy\, dy\, dx$$

$$= \int_0^1 \left[x\frac{y^2}{2} \right]_{y=1-x}^{y=1} dx = \int_0^1 \frac{x}{2}[1^2 - (1-x)^2]\, dx$$

$$= \frac{1}{2}\int_0^1 (2x^2 - x^3)\, dx = \frac{1}{2}\left[\frac{2x^3}{3} - \frac{x^4}{4} \right]_0^1 = \frac{5}{24}$$

그러므로 전체 전하는 $\frac{5}{24}$ C이다.

모멘트와 질량중심

7.6절에서 밀도가 균일한 얇은 판의 질량중심을 구했다. 여기서는 밀도가 가변적인 얇은 판을 생각한다. 얇은 판이 영역 D를 차지하고 밀도함수 $\rho(x, y)$를 갖는다고 하자. 7장으로부터 축에 대한 입자의 모멘트를 입자의 질량과 축으로부터의 직선거리의 곱으로 정의했다. [그림 46]과 같이 D를 작은 직사각형으로 나누면 R_{ij}의 질량은 근사적으로 $\rho(x_{ij}^*, y_{ij}^*)\Delta A_{ij}$이다. 따라서 x축에 대한 R_{ij}의 모멘트는 다음과 같이 근사시킬 수 있다.

$$[\rho(x_{ij}^*, y_{ij}^*)\Delta A_{ij}]\, y_{ij}^*$$

이제 이런 양들을 모두 더하고 부분 직사각형을 더욱 작게 만듦으로써 극한을 택하면 **x축에 대한** 얇은 판 전체의 **모멘트**moment를 다음과 같이 얻는다.

$$\boxed{3} \quad M_x = \lim_{\max \Delta x_i,\, \Delta y_j \to 0} \sum_{i=1}^{m} \sum_{j=1}^{n} y_{ij}^* \rho(x_{ij}^*, y_{ij}^*)\Delta A_{ij} = \iint_D y\rho(x, y)\, dA$$

마찬가지로 **y축에 대한 모멘트**는 다음과 같다.

$$\boxed{4} \quad M_y = \lim_{\max \Delta x_i,\, \Delta y_j \to 0} \sum_{i=1}^{m} \sum_{j=1}^{n} x_{ij}^* \rho(x_{ij}^*, y_{ij}^*)\Delta A_{ij} = \iint_D x\rho(x, y)\, dA$$

앞에서와 같이 질량중심 $(\bar{x}, \bar{y})$를 $m\bar{x} = M_y$, $m\bar{y} = M_x$로 정의한다. 물리학적인 의미는 얇은 판의 전체 질량이 질량중심에 집중되어 있는 것처럼 작용한다는 것이다. 따라서 질량중심에 받침대를 놓으면 얇은 판은 수평으로 균형을 이룬다([그림 48] 참조).

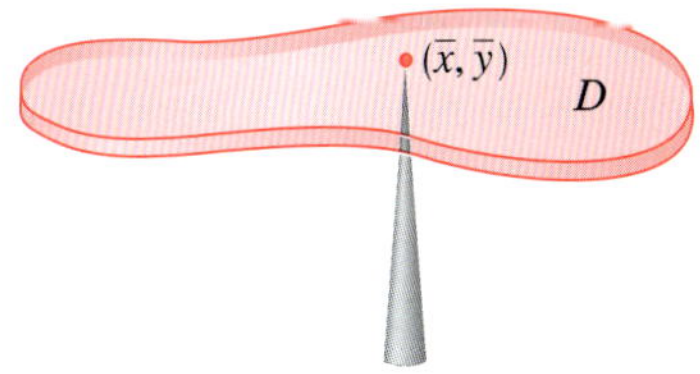

[그림 48]

$\boxed{5}$ 영역 D를 차지하고 밀도함수가 $\rho(x, y)$인 얇은 판의 질량중심의 좌표 $(\bar{x}, \bar{y})$는 다음과 같다.

$$\bar{x} = \frac{M_y}{m} = \frac{1}{m}\iint_D x\rho(x, y)\, dA, \quad \bar{y} = \frac{M_x}{m} = \frac{1}{m}\iint_D y\rho(x, y)\, dA$$

여기서 질량 m은 다음과 같이 주어진다.

$$m = \iint_D \rho(x, y)\, dA$$

예제 2 **밀도함수가 $\rho(x, y) = 1 + 3x + y$일 때 꼭짓점이 $(0, 0)$, $(1, 0)$, $(0, 2)$인 삼각형 박막의 질량과 질량중심을 구하라.**

풀이

삼각형은 [그림 49]와 같다. (위쪽 경계의 빗변의 방정식이 $y = 2 - 2x$임에 주목한

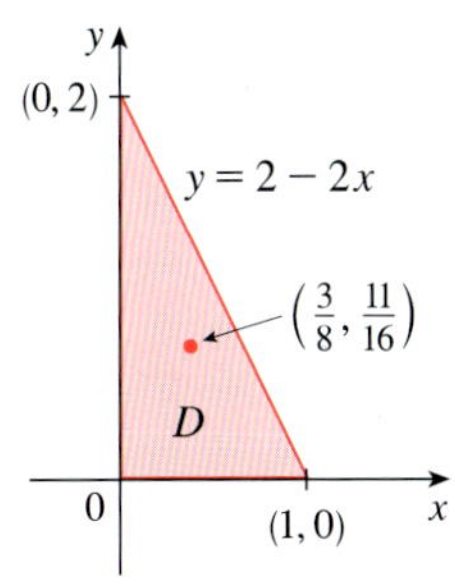

[그림 49]

다.) 박막의 질량은 다음과 같다.

$$m = \iint_D \rho(x,\, y)\, dA = \int_0^1 \int_0^{2-2x} (1+3x+y)\, dy\, dx$$

$$= \int_0^1 \left[y + 3xy + \frac{y^2}{2} \right]_{y=0}^{y=2-2x} dx = 4\int_0^1 (1-x^2)\, dx = 4\left[x - \frac{x^3}{3} \right]_0^1 = \frac{8}{3}$$

그러면 식 5로부터 다음을 얻는다.

$$\bar{x} = \frac{1}{m} \iint_D x\, \rho(x,\, y)\, dA = \frac{3}{8} \int_0^1 \int_0^{2-2x} (x + 3x^2 + xy)\, dy\, dx$$

$$= \frac{3}{8} \int_0^1 \left[xy + 3x^2 y + x\frac{y^2}{2} \right]_{y=0}^{y=2-2x} dx = \frac{3}{2}\int_0^1 (x - x^3)\, dx$$

$$= \frac{3}{2}\left[\frac{x^2}{2} - \frac{x^4}{4} \right]_0^1 = \frac{3}{8}$$

$$\bar{y} = \frac{1}{m} \iint_D y\, \rho(x,\, y)\, dA = \frac{3}{8} \int_0^1 \int_0^{2-2x} (y + 3xy + y^2)\, dy\, dx$$

$$= \frac{3}{8} \int_0^1 \left[\frac{y^2}{2} + 3x\frac{y^2}{2} + \frac{y^3}{3} \right]_{y=0}^{y=2-2x} dx = \frac{1}{4}\int_0^1 (7 - 9x - 3x^2 + 5x^3)\, dx$$

$$= \frac{1}{4}\left[7x - 9\frac{x^2}{2} - x^3 + 5\frac{x^4}{4} \right]_0^1 = \frac{11}{16}$$

따라서 질량중심은 점 $\left(\frac{3}{8},\, \frac{11}{16}\right)$에 있다.

예제 3 반원 모양의 얇은 판 위의 임의의 점에서 밀도가 원의 중심으로부터 거리에 비례한다. 이 얇은 판의 질량중심을 구하라.

풀이

[그림 50]과 같이 이 판을 원 $x^2 + y^2 = a^2$의 상반원에 놓자. 그러면 점 $(x,\, y)$에서 원의 중심(원점)까지의 거리는 $\sqrt{x^2 + y^2}$이다. 따라서 밀도함수는 다음과 같다.

$$\rho(x,\, y) = K\sqrt{x^2 + y^2}$$

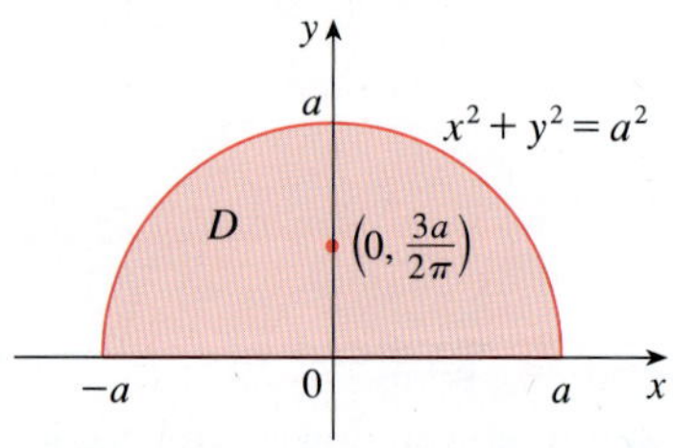

[그림 50]

여기서 K는 상수이다. 밀도함수와 판의 모양을 모두 극좌표로 변환하면 $\sqrt{x^2+y^2} = r$이고 영역 D는 $0 \le r \le a,\ 0 \le \theta \le \pi$로 주어진다. 따라서 판의 질량은 다음과 같다.

$$m = \iint_D \rho(x, y)\,dA = \iint_D K\sqrt{x^2+y^2}\,dA = \int_0^{\pi}\int_0^a (Kr)\,r\,dr\,d\theta$$

$$= K\int_0^{\pi} d\theta \int_0^a r^2\,dr = K\pi \frac{r^3}{3}\Big]_0^a = \frac{K\pi a^3}{3}$$

얇은 판과 밀도함수가 모두 y축에 대해 대칭이므로 질량중심은 반드시 y축 위에 있어야 한다. 즉 $\bar{x}=0$이고 y좌표는 다음과 같다.

$$\bar{y} = \frac{1}{m}\iint_D y\,\rho(x, y)\,dA = \frac{3}{K\pi a^3}\int_0^{\pi}\int_0^a r\sin\theta\,(Kr)\,r\,dr\,d\theta$$

$$= \frac{3}{\pi a^3}\int_0^{\pi}\sin\theta\,d\theta \int_0^a r^3\,dr = \frac{3}{\pi a^3}\Big[-\cos\theta\Big]_0^{\pi}\left[\frac{r^4}{4}\right]_0^a$$

$$= \frac{3}{\pi a^3}\,\frac{2a^4}{4} = \frac{3a}{2\pi}$$

그러므로 질량중심은 점 $(0, 3a/2\pi)$에 위치한다.

[예제 3]의 질량중심의 위치를 7.6절 [예제 8]과 비교해보자. 모양은 같지만 밀도가 균일한 얇은 판의 질량중심의 위치가 $(0, 4a/3\pi)$이었다.

관성모멘트

어떤 축에 대해 질량 m인 입자의 관성모멘트moment of inertia(또는 2차 모멘트second moment)는 mr^2으로 정의된다. 여기서 r은 입자에서 축까지의 거리이다. 일반적인 모멘트에서와 마찬가지로 밀도함수가 $\rho(x, y)$이고 영역 D를 차지하는 얇은 판으로 이 개념을 확장한다. D를 작은 직사각형으로 나누고, x축에 대한 각 부분 직사각형의 관성모멘트를 근사시킨다. 그리고 부분 직사각형을 더욱 작게 만듦으로써 합의 극한을 택한다. 그 결과는 다음과 같이 **x축에 대한** 박막의 **관성모멘트**이다.

$$\boxed{6}\quad I_x = \lim_{\max \Delta x_i,\,\Delta y_j \to 0} \sum_{i=1}^{m}\sum_{j=1}^{n} (y_{ij}^*)^2\,\rho(x_{ij}^*, y_{ij}^*)\,\Delta A_{ij} = \iint_D y^2\,\rho(x, y)\,dA$$

마찬가지로 **y축에 대한 관성모멘트**는 다음과 같다.

$$\boxed{7}\quad I_y = \lim_{\max \Delta x_i,\,\Delta y_j \to 0} \sum_{i=1}^{m}\sum_{j=1}^{n} (x_{ij}^*)^2\,\rho(x_{ij}^*, y_{ij}^*)\,\Delta A_{ij} = \iint_D x^2\,\rho(x, y)\,dA$$

또한 **원점에 대한 관성모멘트** 또는 극관성모멘트polar moment of inertia를 생각해보는 것도 흥미롭다.

$$\boxed{8}\quad I_0 = \lim_{\max \Delta x_i,\, \Delta y_j \to 0} \sum_{i=1}^{m} \sum_{j=1}^{n} \left[(x_{ij}^*)^2 + (y_{ij}^*)^2 \right] \rho(x_{ij}^*,\ y_{ij}^*)\, \Delta A_{ij}$$

$$= \iint_D (x^2 + y^2)\, \rho(x,\ y)\, dA$$

$I_0 = I_x + I_y$ 임에 주목하자.

예제 4 **중심이 원점, 반지름이 a, 밀도함수가 $\rho(x,\,y) = \rho$인 균질 원판 D의 관성모멘트 I_x, I_y, I_0을 구하라.**

풀이

D의 경계는 원 $x^2 + y^2 = a^2$이고 극좌표에 의해 $0 \le \theta \le 2\pi$, $0 \le r \le a$로 표현된다. 먼저 I_0을 계산하면 다음과 같다.

$$I_0 = \iint_D (x^2 + y^2)\, \rho\, dA = \rho \int_0^{2\pi} \int_0^a r^2\, r\, dr\, d\theta$$

$$= \rho \int_0^{2\pi} d\theta \int_0^a r^3\, dr = 2\pi\rho \left[\frac{r^4}{4} \right]_0^a = \frac{\pi \rho a^4}{2}$$

I_x, I_y를 직접 구하는 대신 (문제의 대칭성으로부터) $I_x + I_y = I_0$, $I_x = I_y$인 사실을 이용하면 다음을 얻는다.

$$I_x = I_y = \frac{I_0}{2} = \frac{\pi \rho a^4}{4}$$

[예제 4]에서 원판의 질량이 다음과 같음에 주목한다.

$$m = \text{밀도} \times \text{넓이} = \rho(\pi a^2)$$

그러므로 (차축에 대한 바퀴와 같이) 원점에 대한 원판의 관성모멘트는 다음과 같이 쓸 수 있다.

$$I_0 = \frac{\pi \rho a^4}{2} = \frac{1}{2}(\rho \pi a^2)\, a^2 = \frac{1}{2} m a^2$$

따라서 원판의 질량이나 반지름이 증가하면 관성모멘트도 역시 증가한다. 일반적으로 선형운동에서 질량의 역할을 회전 운동에서 관성모멘트가 그 역할을 담당한다. 자동차의 질량이 자동차의 출발이나 정지를 어렵게 만드는 것과 동일하게 바퀴의 관성모멘트는 바퀴의 회전을 시작하거나 멈추는 것을 어렵게 만든다.

축에 대한 얇은 판의 회전반지름 R은 다음을 만족하는 수이다.

⑨ $$mR^2 = I$$

여기서 m은 판의 질량이고 I는 주어진 축에 대한 관성모멘트이다. 식 ⑨는 얇은 판의 질량이 축으로부터 거리 R에 집중된다면 이 질점의 관성모멘트는 판의 관성모멘트와 같다는 것을 의미한다.

특히 x축에 대한 회전반지름 $\bar{\bar{y}}$와 y축에 대한 회전반지름 $\bar{\bar{x}}$는 다음 식으로 주어진다.

⑩ $$m\bar{\bar{y}}^2 = I_x, \quad m\bar{\bar{x}}^2 = I_y$$

그러므로 $(\bar{\bar{x}}, \bar{\bar{y}})$는 판의 질량이 좌표축에 대한 관성모멘트를 변화시키지 않고 집중될 수 있는 점이다. (질량중심과 유사함에 주의하자.)

예제 5 **[예제 4]에 있는 원판의 x축에 대한 회전반지름을 구하라.**

풀이

언급한 바와 같이 원판의 질량은 $m = \rho\pi a^2$이다. 따라서 식 ⑩으로부터 다음을 얻는다.

$$\bar{\bar{y}}^2 = \frac{I_x}{m} = \frac{\frac{1}{4}\pi\rho a^4}{\rho\pi a^2} = \frac{a^2}{4}$$

그러므로 x축에 대한 회전반지름이 $\bar{\bar{y}} = \frac{1}{2}a$이므로 원판의 반지름의 반이다.

12.4 연습문제

01 전하가 직사각형 $0 \le x \le 5$, $2 \le y \le 5$에서 분포를 이루며 (x, y)에서 전하밀도는 $\sigma(x, y) = 2x + 4y\,(\mathrm{C/m^2})$이다. 직사각형 위에서 전체 전하를 구하라.

02~05 다음과 같이 영역 D를 차지하고 밀도함수 ρ를 갖는 얇은 판의 질량과 질량중심을 구하라.

02 $D = \{(x, y) \mid 1 \le x \le 3,\ 1 \le y \le 4\}$; $\rho(x, y) = ky^2$

03 D는 꼭짓점이 $(0, 0)$, $(2, 1)$, $(0, 3)$인 삼각형 영역이고 $\rho(x, y) = x + y$이다.

04 D는 $y = 1 - x^2$과 $y = 0$으로 둘러싸인 영역이고 $\rho(x, y) = ky$이다.

05 $D = \{(x, y) \mid 0 \le y \le \sin(\pi x/L),\ 0 \le x \le L\}$; $\rho(x, y) = y$

06 얇은 판이 제1사분면에서 원 $x^2 + y^2 \le 1$의 일부를 차지한다. 임의의 점에서 밀도가 x축으로부터의 거리에 비례할 때 질량중심을 구하라.

07 얇은 판의 경계는 반원 $y=\sqrt{1-x^2}$, $y=\sqrt{4-x^2}$과 이들을 연결하는 x축의 일부로 구성된다. 임의의 점에서 밀도가 원점으로부터의 거리에 비례할 때 얇은 판의 질량중심을 구하라.

08 임의의 점에서 밀도가 빗변 반대쪽의 꼭짓점으로부터 거리의 제곱에 비례할 때 같은 변의 길이가 a인 이등변삼각형 모양의 얇은 판의 질량중심을 구하라.

09 [연습문제 4]의 얇은 판에 대해 관성모멘트 I_x, I_y, I_0를 구하라.

10 [연습문제 8]의 얇은 판에 대해 관성모멘트 I_x, I_y, I_0를 구하라.

11 CAS 컴퓨터 대수체계를 이용하여 4엽장미 $r=\cos 2\theta$의 오른쪽 고리로 둘러싸인 영역 D와 밀도함수 $\rho(x, y)=x^2+y^2$를 갖는 얇은 판의 질량, 질량중심, 관성모멘트를 구하라.

12 일정한 밀도 $\rho(x, y)=\rho$를 갖는 얇은 판이 직사각형 $0 \le x \le b$, $0 \le y \le h$ 영역을 차지한다. 관성모멘트 I_x와 I_y, 회전반지름 $\bar{\bar{x}}$와 $\bar{\bar{y}}$를 구하라.

12.5 삼중적분

일변수함수에 대한 단일적분과 이변수함수에 대한 이중적분을 정의한 것과 마찬가지로 삼변수함수에 대한 삼중적분을 정의할 수 있다. 먼저 함수 f가 다음과 같은 직육면체에서 정의되는 가장 간단한 경우를 다룬다.

1 $$B=\{(x, y, z) \mid a \le x \le b,\ c \le y \le d,\ r \le z \le s\}$$

첫 번째 단계는 B를 부분 직육면체로 나누는 것이다. 이를 위해 구간 $[a, b]$를 길이가 $\Delta x_i = x_i - x_{i-1}$인 l개의 부분 구간 $[x_{i-1}, x_i]$로 나누고, $[c, d]$를 길이가 $\Delta y_j = y_j - y_{j-1}$인 m개의 부분 구간 $[y_{j-1}, y_j]$로 나눈다. 마찬가지로 $[r, s]$를 길이가 $\Delta z_k = z_k - z_{k-1}$인 n개의 부분 구간 $[z_{k-1}, z_k]$로 나눈다. 이와 같은 부분 구간의 끝점을 지나며 좌표평면에 평행한 평면은 [그림 51]에 보인 것과 같이 직육면체 B를 다음과 같은 lmn개의 부분 직육면체로 나눈다.

$$B_{ijk}=[x_{i-1}, x_i]\times[y_{j-1}, y_j]\times[z_{k-1}, z_k]$$

각 부분 직육면체 B_{ijk}의 부피는 $\Delta V_{ijk}=\Delta x_i\,\Delta y_j\,\Delta z_k$이다.

그러면 다음과 같은 **삼중 리만 합** triple Riemann sum을 형성한다.

2 $$\sum_{i=1}^{l}\sum_{j=1}^{m}\sum_{k=1}^{n} f(x_{ijk}^*, y_{ijk}^*, z_{ijk}^*)\,\Delta V_{ijk}$$

여기서 표본점 $(x_{ijk}^*, y_{ijk}^*, z_{ijk}^*)$는 B_{ijk} 안에 있다. 12.1절의 이중적분의 정의 5와 마찬가지로 부분 직육면체를 더 작게 만듦으로써 2에 주어진 삼중 리만 합의 극한으로 삼중적분을 정의한다.

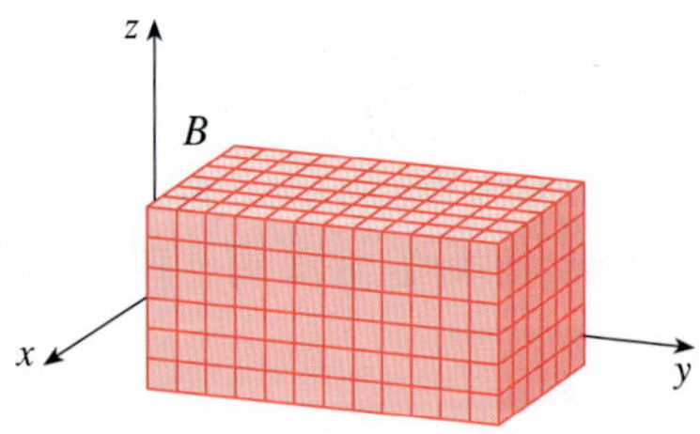

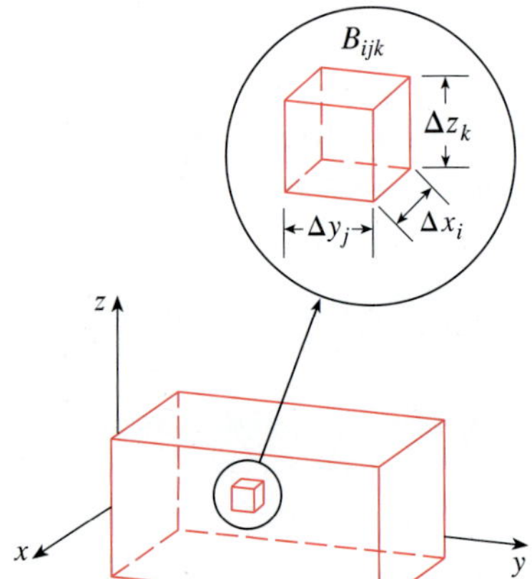

[그림 51]

[3] 정의 직육면체 B 위에서 f의 삼중적분triple integral은 다음과 같이 정의한다.

$$\iiint_B f(x, y, z)\,dV = \lim_{\max \Delta x_i, \Delta y_j, \Delta z_k \to 0} \sum_{i=1}^{l} \sum_{j=1}^{m} \sum_{k=1}^{n} f(x_{ijk}^*, y_{ijk}^*, z_{ijk}^*)\,\Delta V_{ijk}$$

이때 극한이 존재해야 한다.

f가 연속이면 삼중적분은 항상 존재한다. 표본점을 부분 직육면체에 속하는 임의의 점으로 선택할 수 있다. 이때 표본점을 점 (x_i, y_j, z_k)로 택하고 부분 직육면체의 치수를 동일하게 하면 $\Delta V_{ijk} = \Delta V$이다. 따라서 삼중적분에 대해 다음과 같이 간단한 표현을 얻는다.

$$\iiint_B f(x, y, z)\,dV = \lim_{l,m,n \to \infty} \sum_{i=1}^{l} \sum_{j=1}^{m} \sum_{k=1}^{n} f(x_i, y_j, z_k)\,\Delta V$$

이중적분에서와 같이 삼중적분을 계산하는 실질적인 방법은 다음과 같이 삼중적분을 반복적으로 표현하는 것이다.

[4] 삼중적분에 대한 푸비니 정리 f가 직육면체 $B = [a, b] \times [c, d] \times [r, s]$에서 연속이면 다음이 성립한다.

$$\iiint_B f(x, y, z)\,dV = \int_r^s \int_c^d \int_a^b f(x, y, z)\,dx\,dy\,dz$$

푸비니 정리의 우변에 있는 반복적분은 먼저 (y와 z를 고정하고) x에 대해 적분한 다음 (z를 고정하고) y에 대해 적분한 뒤 마지막으로 z에 대해 적분하는 것을 의미한다. 이 순서 이외에 다른 적분 순서는 다섯 가지가 가능하며 적분 결과는 모두 같다. 예를 들어 y, z, x 순으로 적분하면 다음과 같다.

$$\iiint_B f(x, y, z)\,dV = \int_a^b \int_r^s \int_c^d f(x, y, z)\,dy\,dz\,dx$$

예제 1 다음과 같이 주어진 직육면체 B에서 삼중적분 $\iiint_B xyz^2\,dV$를 계산하라.

$$B = \{(x, y, z) \mid 0 \le x \le 1,\ -1 \le y \le 2,\ 0 \le z \le 3\}$$

풀이

여섯 가지 적분 순서 중에서 어느 하나를 임의로 사용할 수 있다. x 다음에 y, z 순으로 적분하면 다음을 얻는다.

$$\iiint_B xyz^2\,dV = \int_0^3\int_{-1}^2\int_0^1 xyz^2\,dx\,dy\,dz = \int_0^3\int_{-1}^2\left[\frac{x^2yz^2}{2}\right]_{x=0}^{x=1}dy\,dz$$

$$= \int_0^3\int_{-1}^2 \frac{yz^2}{2}\,dy\,dz = \int_0^3\left[\frac{y^2z^2}{4}\right]_{y=-1}^{y=2}dz$$

$$= \int_0^3 \frac{3z^2}{4}\,dz = \frac{z^3}{4}\Big]_0^3 = \frac{27}{4}$$

이제 이중적분(12.2절의 2)에서 사용한 것과 동일한 절차에 따라 3차원 공간에 있는 **일반적인 유계 영역 E(입체) 위에서의 삼중적분**을 정의한다. 영역 E를 식 1로 주어진 직육면체 B로 둘러싼다. 다음으로 함수 F를 다음과 같이 정의한다.

$$F(x, y, z) = \begin{cases} f(x, y, z), & (x, y, z) \in E \\ 0 & , (x, y, z) \notin E,\ (x, y, z) \in B \end{cases}$$

그러면 F의 정의에 의해 다음을 얻는다.

$$\iiint_E f(x, y, z)\,dV = \iiint_B F(x, y, z)\,dV$$

f가 연속이고 E의 경계가 '충분히 매끄럽다'면 이 적분은 존재한다. 삼중적분은 이중적분의 성질(12.2절의 성질 6~9)과 근본적으로 동일한 성질을 갖는다.

연속함수 f와 비교적 간단한 형태의 영역으로 관심을 제한한다. 입체 영역 E가 다음과 같이 x와 y에 대한 두 연속함수의 그래프 사이에 놓여있을 때 E를 **유형 1**type 1인 영역이라고 한다.

5 $$E = \{(x, y, z) \mid (x, y) \in D,\ u_1(x, y) \le z \le u_2(x, y)\}$$

여기서 D는 [그림 52]와 같이 xy평면 위로 E의 사영이다. 입체 E의 위쪽 경계는 방정식이 $z = u_2(x, y)$인 곡면이며 아래쪽 경계는 곡면 $z = u_1(x, y)$인 것에 주목한다.

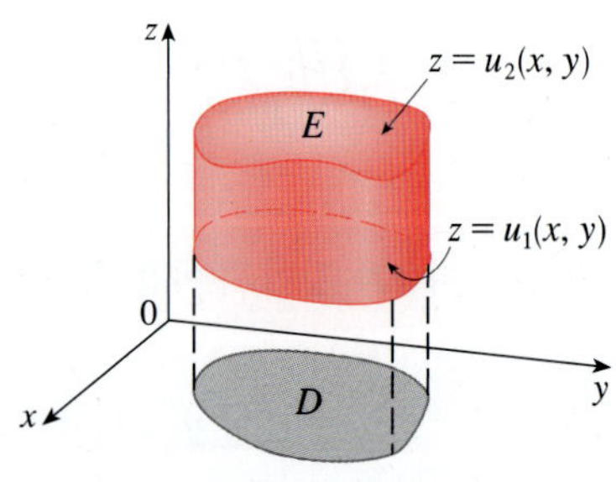

[그림 52] 유형 1인 입체 영역

12.2절의 3과 같은 논법에 의해 E가 식 5로 주어진 유형 1인 영역이면 다음이 성립함을 보일 수 있다.

6 $$\iiint_E f(x, y, z)\,dV = \iint_D\left[\int_{u_1(x, y)}^{u_2(x, y)} f(x, y, z)\,dz\right]dA$$

식 6의 우변에 있는 내부 적분의 의미는 x와 y를 고정하여 $u_1(x, y)$와 $u_2(x, y)$를 상수로 간주하고 $f(x, y, z)$를 z에 대해 적분하는 것을 뜻한다.

특히 xy평면 위로 E의 사영 D가 유형 I인 평면 영역이면([그림 53] 참조) 다음과 같다.

$$E = \{(x, y, z) \mid a \le x \le b,\ g_1(x) \le y \le g_2(x),\ u_1(x, y) \le z \le u_2(x, y)\}$$

그리고 식 6은 다음과 같이 된다.

7 $$\iiint_E f(x, y, z)\, dV = \int_a^b \int_{g_1(x)}^{g_2(x)} \int_{u_1(x, y)}^{u_2(x, y)} f(x, y, z)\, dz\, dy\, dx$$

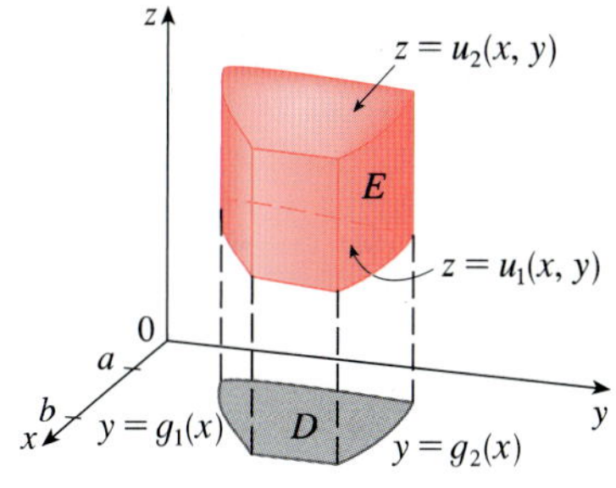

[그림 53] 사영 D가 유형 I의 평면 영역인 유형 1인 입체 영역

한편 D가 [그림 54]와 같이 유형 II인 평면 영역이면 다음과 같다.

$$E = \{(x, y, z) \mid c \le y \le d,\ h_1(y) \le x \le h_2(y),\ u_1(x, y) \le z \le u_2(x, y)\}$$

그리고 식 6은 다음과 같이 된다.

8 $$\iiint_E f(x, y, z)\, dV = \int_c^d \int_{h_1(y)}^{h_2(y)} \int_{u_1(x, y)}^{u_2(x, y)} f(x, y, z)\, dz\, dx\, dy$$

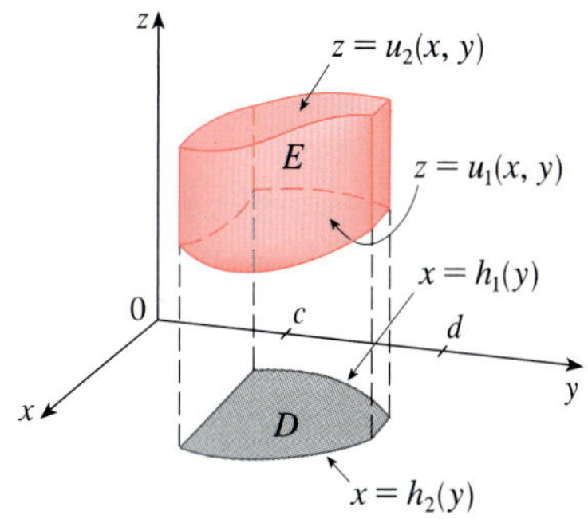

[그림 54] 유형 II인 사영을 갖는 또 다른 유형 1인 입체 영역

예제 2 **E가 네 개의 평면 $x=0$, $y=0$, $z=0$, $x+y+z=1$에 의해 유계된 사면체일 때 $\iiint_E z\, dV$를 계산하라.**

풀이

삼중적분을 설정할 때 그림을 두 개 그리는 것이 현명하다. 하나는 입체 영역 E([그림 55] 참조)이고, 다른 하나는 이것의 xy평면 위로의 사영 D([그림 56] 참조)이다. 사면체의 아래쪽 경계는 평면 $z=0$이고, 위쪽 경계는 평면 $x+y+z=1$(또는 $z=1-x-y$)이다. 따라서 식 7에서 $u_1(x, y)=0$과 $u_2(x, y)=1-x-y$를 사용한다. 평면 $x+y+z=1$과 $z=0$의 교선이 xy평면에서 직선 $x+y=1$(또는 $y=1-x$)인 것에 주의한다. 그러므로 E의 사영은 [그림 56]에 보인 삼각형 영역이고 다음을 얻는다.

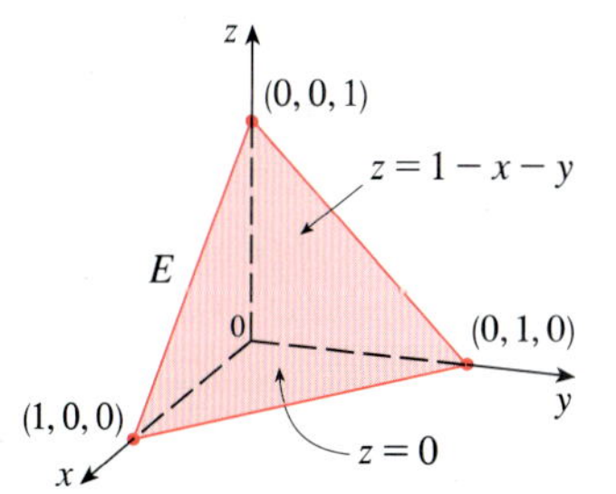

[그림 55]

9 $$E = \{(x, y, z) \mid 0 \le x \le 1,\ 0 \le y \le 1-x,\ 0 \le z \le 1-x-y\}$$

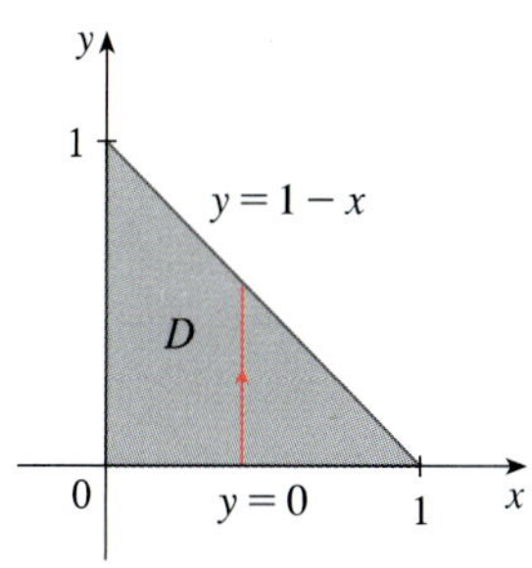

[그림 56]

E가 유형 1의 영역이므로 다음과 같이 적분을 계산할 수 있다.

$$\iiint_E z\, dV = \int_0^1 \int_0^{1-x} \int_0^{1-x-y} z\, dz\, dy\, dx$$

$$= \int_0^1 \int_0^{1-x} \left[\frac{z^2}{2} \right]_{z=0}^{z=1-x-y} dy\, dx$$

$$= \frac{1}{2}\int_0^1 \int_0^{1-x} (1-x-y)^2 \, dy\, dx$$

$$= \frac{1}{2}\int_0^1 \left[-\frac{(1-x-y)^3}{3} \right]_{y=0}^{y=1-x} dx$$

$$= \frac{1}{6}\int_0^1 (1-x)^3 \, dx = \frac{1}{6}\left[-\frac{(1-x)^4}{4} \right]_0^1 = \frac{1}{24}$$

입체 영역 E가 다음과 같은 형태일 때 이 영역을 **유형 2**type 2라 한다.

$$E = \{(x, y, z) \mid (y, z) \in D, \ u_1(y, z) \le x \le u_2(y, z)\}$$

여기서 D는 yz평면 위로의 E의 사영이다([그림 57] 참조). 뒤쪽 곡면은 $x = u_1(y, z)$, 앞쪽 곡면은 $x = u_2(y, z)$이므로 다음을 얻는다.

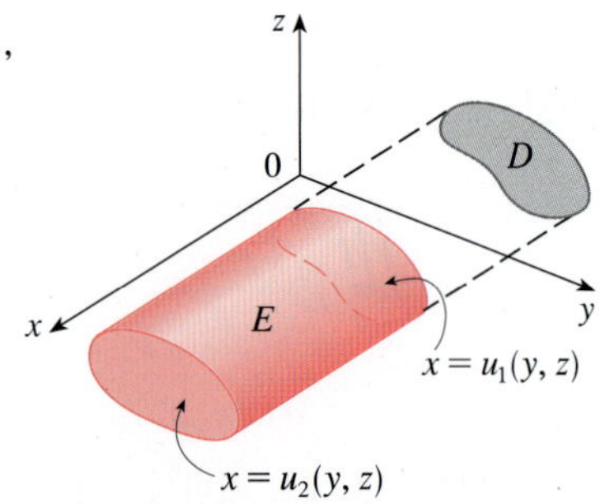

[그림 57] 유형 2인 영역

10 $$\iiint_E f(x, y, z)\, dV = \iint_D \left[\int_{u_1(y, z)}^{u_2(y, z)} f(x, y, z)\, dx \right] dA$$

끝으로 다음과 같은 형태의 입체 영역 E를 **유형 3**type 3이라 한다.

$$E = \{(x, y, z) \mid (x, z) \in D, \ u_1(x, z) \le y \le u_2(x, z)\}$$

여기서 D는 xz평면 위로의 E의 사영이고, 왼쪽 곡면은 $y = u_1(x, z)$이고 오른쪽 곡면은 $y = u_2(x, z)$이다([그림 58] 참조). 이와 같은 유형의 영역에 대해 다음을 얻는다.

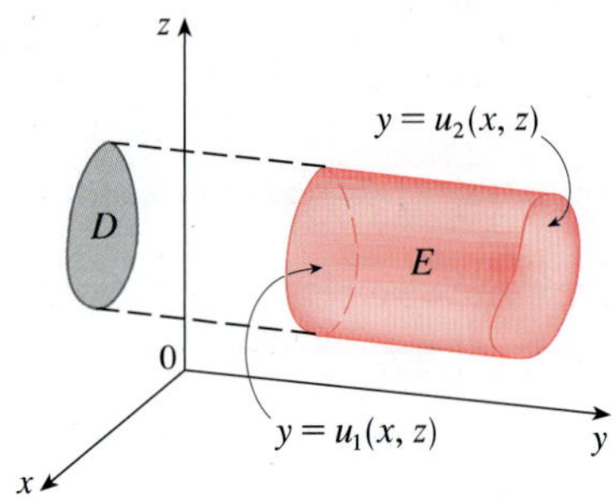

[그림 58] 유형 3인 영역

11 $$\iiint_E f(x, y, z)\, dV = \iint_D \left[\int_{u_1(x, z)}^{u_2(x, z)} f(x, y, z)\, dy \right] dA$$

식 10과 11 각각에서 D가 유형 I 또는 유형 II인 평면 영역인지에 따라 (그리고 식 7과 8에 대응하여) 두 가지의 적분 표현이 가능하다.

예제 3 **E가 포물면 $y = x^2 + z^2$과 평면 $y = 4$로 둘러싸인 영역일 때 $\iiint_E \sqrt{x^2 + z^2}\, dV$를 계산하라.**

풀이

입체 E는 [그림 59]와 같다. 이것을 유형 1 영역으로 생각하면 이 입체의 xy평면 위로의 사영 D_1을 생각해야 한다. 그리고 이 사영은 평면 $z = 0$에서 $y = x^2 + z^2$의 자취가 포물선 $y = x^2$이므로 [그림 60]과 같은 포물 영역이다.

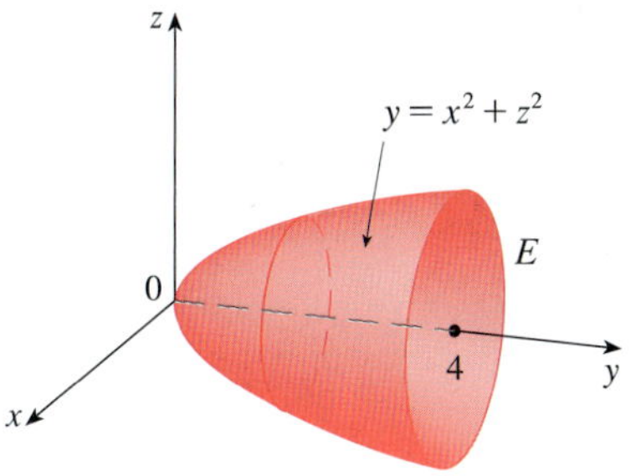

[그림 59] 적분 영역

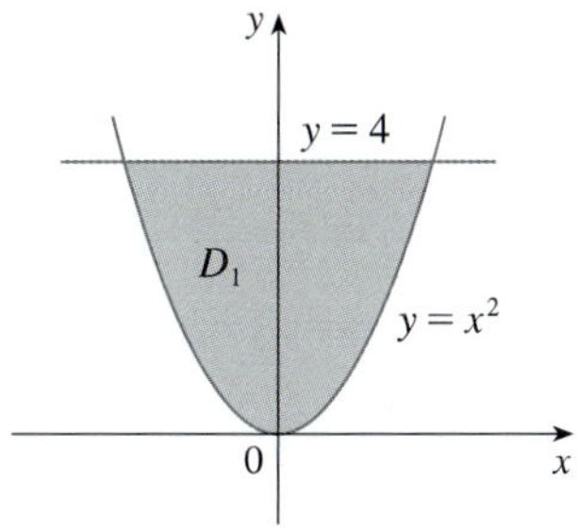

[그림 60] xy평면 위로의 사영

TEC Visual 12.5는 ([그림 59]에 있는 입체를 포함하는) 입체 영역이 좌표평면 위로 어떻게 사영하는지 보여준다.

$y = x^2 + z^2$으로부터 $z = \pm\sqrt{y - x^2}$을 얻으므로 E의 아래쪽 경계곡면은 $z = -\sqrt{y - x^2}$이고 위쪽 경계곡면은 $z = \sqrt{y - x^2}$이다. 그러므로 E는 다음과 같은 유형 1 영역이다.

$$E = \left\{(x,\ y,\ z) \mid -2 \le x \le 2,\ x^2 \le y \le 4,\ -\sqrt{y - x^2} \le z \le \sqrt{y - x^2}\right\}$$

따라서 다음을 얻는다.

$$\iiint_E \sqrt{x^2 + z^2}\, dV = \int_{-2}^{2} \int_{x^2}^{4} \int_{-\sqrt{y - x^2}}^{\sqrt{y - x^2}} \sqrt{x^2 + z^2}\, dz\, dy\, dx$$

이 식은 정확하지만 계산하기가 매우 어렵다. 따라서 E를 유형 3 영역으로 생각해보자. 이 경우에 xz평면 위로의 사영 D_3는 [그림 61]에 보인 원판 $x^2 + z^2 \le 4$이다. 그러면 E의 왼쪽 경계는 포물면 $y = x^2 + z^2$, 오른쪽 경계는 평면 $y = 4$이다. 따라서 식 11에서 $u_1(x,\ z) = x^2 + z^2$, $u_2(x,\ z) = 4$로 택하면 다음을 얻는다.

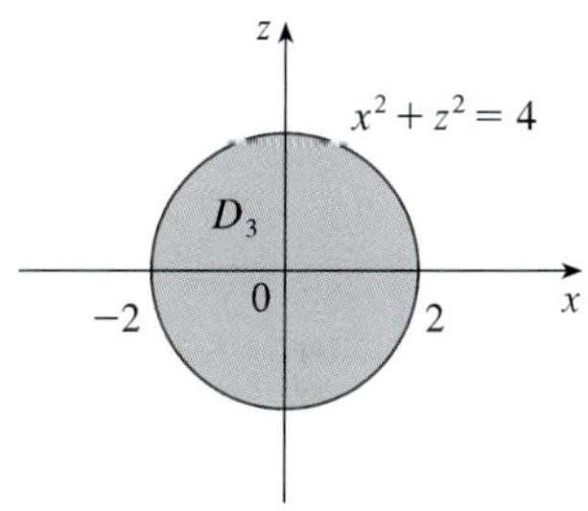

[그림 61] xz평면 위로의 사영

$$\iiint_E \sqrt{x^2 + z^2}\, dV = \iint_{D_3} \left[\int_{x^2 + z^2}^{4} \sqrt{x^2 + z^2}\, dy\right] dA$$
$$= \iint_{D_3} (4 - x^2 - z^2)\sqrt{x^2 + z^2}\, dA$$

이 적분을 다음과 같이 쓸 수 있다.

$$\int_{-2}^{2} \int_{-\sqrt{4 - x^2}}^{\sqrt{4 - x^2}} (4 - x^2 - z^2)\sqrt{x^2 + z^2}\, dz\, dx$$

⊘ 삼중적분을 계산할 때 가장 어려운 과정은 ([예제 2]의 식 9와 같이) 적분 영역을 표현할 때이다. 내부 적분의 적분 한계는 많아야 이변수를 포함하고 중간 적분의 적분 한계는 많아야 일변수를 포함하며 외부 적분의 적분 한계는 상수여야 함을 기억하자.

이때 xz평면에서 극좌표 $x = r\cos\theta$, $z = r\sin\theta$로 변환하는 것이 더 쉽다. 그러면 다음을 얻는다.

$$\iiint_E \sqrt{x^2 + z^2}\, dV = \iint_{D_3} (4 - x^2 - z^2)\sqrt{x^2 + z^2}\, dA = \int_0^{2\pi} \int_0^2 (4 - r^2) r r\, dr\, d\theta$$

$$= \int_0^{2\pi} d\theta \int_0^2 (4r^2 - r^4)\, dr = 2\pi \left[\frac{4r^3}{3} - \frac{r^5}{5} \right]_0^2 = \frac{128\pi}{15}$$

예제 4 **반복적분 $\int_0^1 \int_0^{x^2} \int_0^y f(x, y, z)\, dz\, dy\, dx$를 삼중적분으로 나타내라. 그리고 다른 순서로 반복적분을 다시 쓰라. x 다음에 z, 그 다음에 y에 대해 적분한다.**

풀이

다음과 같이 쓸 수 있다.

$$\int_0^1 \int_0^{x^2} \int_0^y f(x, y, z)\, dz\, dy\, dx = \iiint_E f(x, y, z)\, dV$$

여기서 $E = \{(x, y, z) \mid 0 \le x \le 1,\ 0 \le y \le x^2,\ 0 \le z \le y\}$이다. E를 다음과 같이 세 좌표평면 위로의 사영으로 서술할 수 있다.

xy평면 위로: $D_1 = \{(x, y) \mid 0 \le x \le 1,\ 0 \le y \le x^2\}$

$= \{(x, y) \mid 0 \le y \le 1,\ \sqrt{y} \le x \le 1\}$

yz평면 위로: $D_2 = \{(x, y) \mid 0 \le y \le 1,\ 0 \le z \le y\}$

xz평면 위로: $D_3 = \{(x, y) \mid 0 \le x \le 1,\ 0 \le z \le x^2\}$

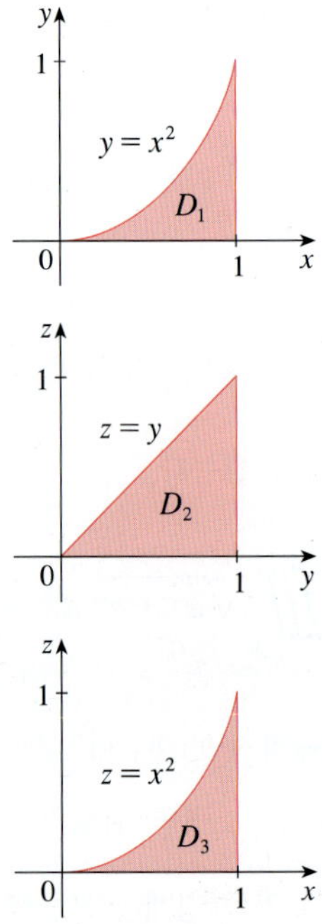

[그림 62] E의 사영들

[그림 62]에 있는 사영에 대한 결과적인 그림으로부터 입체 E를 [그림 63]과 같이 그린다. 이것은 평면 $z = 0$, $x = 1$, $y = z$와 포물기둥 $y = x^2$ (또는 $x = \sqrt{y}$)로 둘러싸인 입체임을 알 수 있다.

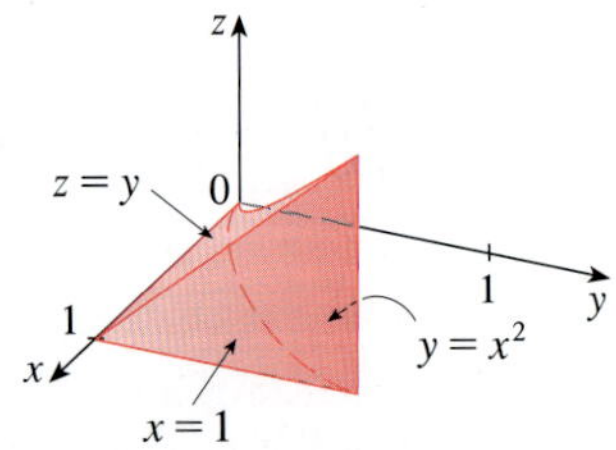

[그림 63] 입체 E

이것을 x 다음에 z, 그 다음에 y에 대해 적분한다면 다음과 같이 E의 영역을 바꿔야 한다.

$$E = \{(x, y, z) \mid 0 \le y \le 1,\ 0 \le z \le y,\ \sqrt{y} \le x \le 1\}$$

따라서 다음을 얻는다.

$$\iiint_E f(x, y, z)\, dV = \int_0^1 \int_0^y \int_{\sqrt{y}}^1 f(x, y, z)\, dx\, dz\, dy$$

삼중적분의 응용

$f(x) \ge 0$이면 단일적분 $\int_a^b f(x)\, dx$는 a에서 b까지 곡선 $y = f(x)$ 아래의 넓이를 나타내고, $f(x, y) \ge 0$이면 이중적분 $\iint_D f(x, y)\, dA$는 곡면 $z = f(x, y)$ 아래와

D 위에 놓이는 부피를 나타내는 것을 기억하자. $f(x, y, z) \ge 0$일 때 이에 대응하는 삼중적분 $\iiint_E f(x, y, z)\, dV$의 해석은 그다지 유용하지 않다. 왜냐하면 그것은 사차원 물체의 '초부피[hypervolume]'이므로 시각화하기가 매우 어렵기 때문이다.(E는 함수 f의 정의역이고 f의 그래프는 사차원 공간에 놓여 있음을 기억하자.) 그럼에도 불구하고 삼중적분 $\iiint_E f(x, y, z)\, dV$는 x, y, z와 $f(x, y, z)$의 물리적인 해석에 의존하며 여러 가지 물리적 상황에서 다른 방법으로 해석할 수 있다.

E에 속하는 모든 점에 대해 $f(x, y, z) = 1$인 특별한 경우를 가지고 시작하자. 그러면 삼중적분은 다음과 같이 E의 부피를 나타낸다.

12
$$V(E) = \iiint_E dV$$

예를 들어 유형 1 영역의 경우에 식 6에서 $f(x, y, z) = 1$이라 놓으면 다음과 같음을 알 수 있다.

$$\iiint_E 1\, dV = \iint_D \left[\int_{u_1(x, y)}^{u_2(x, y)} dz \right] dA = \iint_D [u_2(x, y) - u_1(x, y)]\, dA$$

그리고 12.2절로부터 이것은 곡면 $z = u_1(x, y)$와 $z = u_2(x, y)$ 사이에 놓인 부피를 나타내는 것을 알고 있다.

예제 5 삼중적분을 이용하여 네 개의 평면 $x + 2y + z = 2$, $x = 2y$, $x = 0$, $z = 0$으로 둘러싸인 사면체 T의 부피를 구하라.

풀이

사면체 T와 xy평면 위로의 사영 D는 각각 [그림 64], [그림 65]와 같다. T의 아래쪽 경계는 평면 $z = 0$이고 위쪽 경계는 평면 $x + 2y + z = 2$, 즉 $z = 2 - x - 2y$이다. 따라서 다음을 얻는다.

$$V(T) = \iiint_T dV = \int_0^1 \int_{x/2}^{1 - x/2} \int_0^{2 - x - 2y} dz\, dy\, dx$$

$$= \int_0^1 \int_{x/2}^{1 - x/2} (2 - x - 2y)\, dy\, dx = \frac{1}{3}$$

여기서 마지막 적분은 12.2절의 [예제 4]와 똑같이 계산했다. (부피를 계산하기 위해 반드시 삼중적분을 이용할 필요는 없다. 이는 부피를 구하기 위한 또 다른 방법일 뿐이다.)

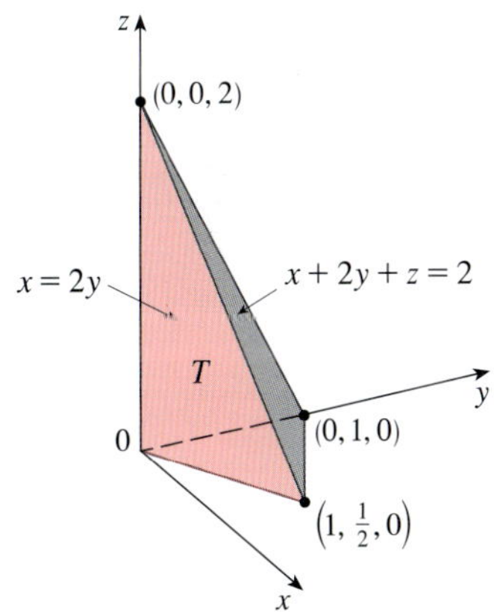

[그림 64]

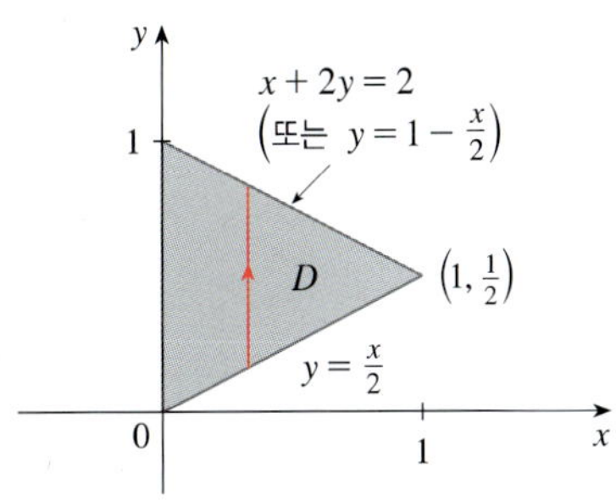

[그림 65]

12.4절에 있는 이중적분의 모든 응용은 삼중적분으로 즉시 확장할 수 있다. 예를 들어 영역 E를 차지하는 입체에 대해 임의의 주어진 점 (x, y, z)에서 단위부피당 질량의 단위인 밀도함수를 $\rho(x, y, z)$라고 할 때 입체의 **질량**mass m은 다음과 같다.

13 $$m = \iiint_E \rho(x, y, z)\,dV$$

그리고 세 좌표평면에 대한 **모멘트**moment는 다음과 같다.

14 $$M_{yz} = \iiint_E x\,\rho(x, y, z)\,dV, \quad M_{xz} = \iiint_E y\,\rho(x, y, z)\,dV$$
$$M_{xy} = \iiint_E z\,\rho(x, y, z)\,dV$$

질량중심center of mass이 점 $(\bar{x}, \bar{y}, \bar{z})$에 위치한다면 다음과 같다.

15 $$\bar{x} = \frac{M_{yz}}{m}, \quad \bar{y} = \frac{M_{xz}}{m}, \quad \bar{z} = \frac{M_{xy}}{m}$$

밀도가 균일하면 입체의 질량중심을 E의 **무게중심**centroid이라고 한다. 세 좌표축에 대한 **관성모멘트**moment of inertia는 다음과 같다.

16 $$I_x = \iiint_E (y^2 + z^2)\,\rho(x, y, z)\,dV, \quad I_y = \iiint_E (x^2 + z^2)\,\rho(x, y, z)\,dV$$
$$I_z = \iiint_E (x^2 + y^2)\,\rho(x, y, z)\,dV$$

12.4절과 같이 영역 E를 차지하고 전하밀도가 $\rho(x, y, z)$인 어떤 물체의 전체 **전하**electric charge는 다음과 같다.

$$Q = \iiint_E \sigma(x, y, z)\,dV$$

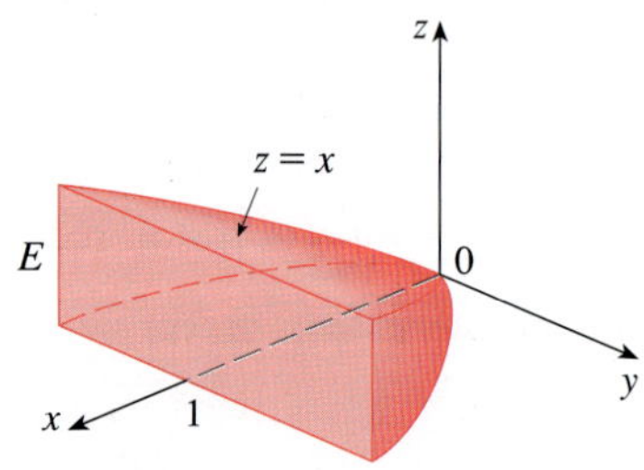

예제 6 포물기둥 $x = y^2$과 세 평면 $x = z$, $z = 0$, $x = 1$에 의해 유계되고 밀도가 균일한 입체의 질량중심을 구하라.

풀이

입체 E와 xy평면 위로의 사영은 [그림 66]과 같다. E의 아래쪽과 위쪽 곡면은 각각 $z = 0$, $z = x$이므로 E는 다음과 같이 유형 1인 영역으로 표현된다.

$$E = \{(x, y, z) \mid -1 \le y \le 1,\ y^2 \le x \le 1,\ 0 \le z \le x\}$$

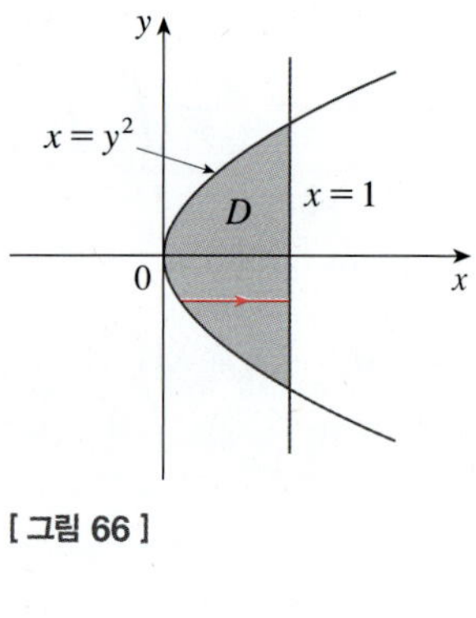

[그림 66]

그러면 밀도가 $\rho(x, y, z) = \rho$일 때 질량은 다음과 같다.

$$m=\iiint_E \rho\, dV=\int_{-1}^{1}\int_{y^2}^{1}\int_0^x \rho\, dz\, dx\, dy=\rho\int_{-1}^{1}\int_{y^2}^{1} x\, dx\, dy$$

$$=\rho\int_{-1}^{1}\left[\frac{x^2}{2}\right]_{x=y^2}^{x=1} dy=\frac{\rho}{2}\int_{-1}^{1}(1-y^4)\, dy$$

$$=\rho\int_0^1(1-y^4)\, dy=\rho\left[y-\frac{y^5}{5}\right]_0^1=\frac{4\rho}{5}$$

E와 ρ가 xz 평면에 대해 대칭이므로 즉시 $M_{xz}=0$이라 할 수 있다. 따라서 $\bar{y}=0$이다. 다른 모멘트는 다음과 같다.

$$M_{yz}=\iiint_E x\rho\, dV=\int_{-1}^{1}\int_{y^2}^{1}\int_0^x x\rho\, dz\, dx\, dy=\rho\int_{-1}^{1}\int_{y^2}^{1} x^2\, dx\, dy$$

$$=\rho\int_{-1}^{1}\left[\frac{x^3}{3}\right]_{x=y^2}^{x=1} dy=\frac{2\rho}{3}\int_0^1(1-y^6)\, dy=\frac{2\rho}{3}\left[y-\frac{y^7}{7}\right]_0^1=\frac{4\rho}{7}$$

$$M_{xy}=\iiint_E z\rho\, dV=\int_{-1}^{1}\int_{y^2}^{1}\int_0^x z\rho\, dz\, dx\, dy=\rho\int_{-1}^{1}\int_{y^2}^{1}\left[\frac{z^2}{2}\right]_{z=0}^{z=x} dx\, dy$$

$$=\frac{\rho}{2}\int_{-1}^{1}\int_{y^2}^{1} x^2\, dx\, dy=\frac{\rho}{3}\int_0^1(1-y^6)\, dy=\frac{2\rho}{7}$$

따라서 질량중심은 다음과 같다.

$$(\bar{x},\ \bar{y},\ \bar{z})=\left(\frac{M_{yz}}{m},\ \frac{M_{xz}}{m},\ \frac{M_{xy}}{m}\right)=\left(\frac{5}{7},\ 0,\ \frac{5}{14}\right)$$

12.5 연습문제

01 [예제 1]의 적분을 z, x, y 순으로 계산하라.

02~03 다음 반복적분을 계산하라.

02 $\int_0^2\int_0^{z^2}\int_0^{y-z}(2x-y)\, dx\, dy\, dz$

03 $\int_0^{\pi/2}\int_0^y\int_0^x \cos(x+y+z)\, dz\, dx\, dy$

04~08 다음 삼중적분을 계산하라.

04 $\iiint_E y\, dV$,

$E=\{(x,\ y,\ z)\,|\,0\le x\le 3,\ 0\le y\le x,\ x-y\le z\le x+y\}$

05 $\iiint_E \frac{z}{x^2+z^2}\, dV$,

$E=\{(x,\ y,\ z)\,|\,1\le y\le 4,\ y\le z\le 4,\ 0\le x\le z\}$

06 $\iiint_E 6xy\, dV$, E는 평면 $z=1+x+y$ 아래와 xy 평면에서 곡선

$y=\sqrt{x}$, $y=0$, $x=1$로 둘러싸인 영역 위에 놓여있다.

07 $\iiint_T x^2\,dV$, T는 꼭짓점이 $(0, 0, 0)$, $(1, 0, 0)$, $(0, 1, 0)$, $(0, 0, 1)$인 사면체이다.

08 $\iiint_E x\,dV$, E는 포물면 $x=4y^2+4z^2$과 평면 $x=4$로 둘러싸인 영역이다.

09~10 삼중적분을 이용하여 주어진 입체의 부피를 구하라.

09 좌표평면과 평면 $2x+y+z=4$로 둘러싸인 사면체

10 포물기둥 $y=x^2$과 평면 $z=0$과 $y+z=1$로 둘러싸인 입체

---

11 (a) 제1팔분공간에서 원기둥 $y^2+z^2=1$을 평면 $y=x$와 $x=1$로 절단한 쐐기의 부피를 삼중적분으로 표현하라.

(b) CAS '부록 D'의 적분표 또는 컴퓨터 대수체계를 이용하여 (a)의 삼중적분에 대한 정확한 값을 구하라.

12 (a) **삼중적분의 중점 법칙**Midpoint Rule for triple integrals에서 삼중 리만 합을 이용하여 직육면체 B 위에서의 삼중적분을 근사시킨다. 여기서 $f(x, y, z)$는 직육면체 B_{ijk}의 중심 $(\bar{x}_i, \bar{y}_j, \bar{z}_k)$에서 계산된다. B가 $0 \le x \le 4$, $0 \le y \le 4$, $0 \le z \le 4$로 정의된 직육면체일 때, 중점 법칙을 이용하여 $\iiint_B \sqrt{x^2+y^2+z^2}\,dV$를 추정하라. B를 동일한 크기인 8개의 부분 정육면체로 나눈다.

(b) CAS 컴퓨터 대수체계를 이용하여 정수인 근삿값으로 (a)의 근사적분을 구하고 (a)의 답과 비교하라.

13 삼중적분의 중점 법칙([연습문제 12])을 이용하여 $\iiint_B \cos(xyz)\,dV$, $B=\{(x, y, z) \mid 0 \le x \le 1,\ 0 \le y \le 1,\ 0 \le z \le 1\}$의 적분값을 추정하라. B를 동일한 크기인 8개의 부분 정육면체로 나눈다.

14 부피가 $\int_0^1 \int_0^{1-x} \int_0^{2-2z} dy\,dz\,dx$로 주어지는 입체를 그려라.

15~16 E가 주어진 곡선에 의해 둘러싸인 입체일 때 적분 $\iiint_E f(x, y, z)\,dV$를 6개의 다른 방법에 의한 반복적분으로 표현하라.

15 $y=4-x^2-4z^2$, $y=0$

16 $y=x^2$, $z=0$, $y+2z=4$

---

17 그림은 다음 적분에 대한 적분 영역을 나타낸다. 이 적분을 5개의 다른 적분 순서를 갖는 동일한 반복적분으로 다시 쓰라.

$$\int_0^1 \int_{\sqrt{x}}^1 \int_0^{1-y} f(x, y, z)\,dz\,dy\,dx$$

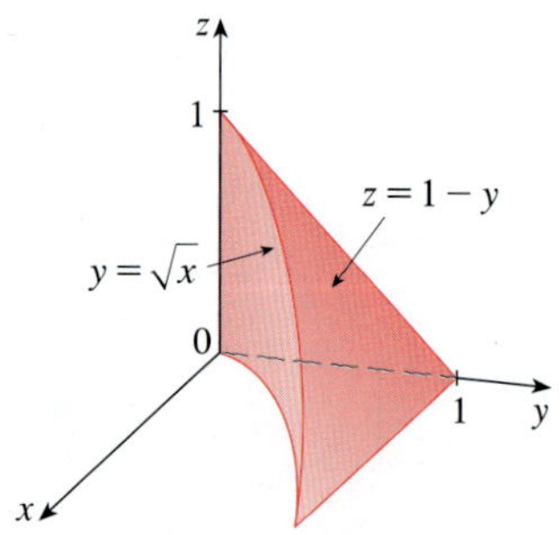

18 $\int_0^1 \int_y^1 \int_0^y f(x, y, z)\,dz\,dx\,dy$와 동일한 값을 갖는 5개의 다른 반복적분을 쓰라.

19 그림을 그리거나 대칭성만을 이용하여 삼중적분 $\iiint_C (4+5x^2yz^2)\,dV$을 계산하라. 여기서 C는 $x^2+y^2 \le 4$, $-2 \le z \le 2$인 원통형 영역이다.

20~21 주어진 밀도함수 ρ를 갖는 입체 E의 질량과 질량중심을 구하라.

20 E는 [연습문제 6]의 입체이고 $\rho(x, y, z)=2$이다.

21 E는 $0 \le x \le a$, $0 \le y \le a$, $0 \le z \le a$인 정육면체이고 $\rho(x, y, z)=x^2+y^2+z^2$이다.

---

22 [연습문제 10]의 입체 $\rho(x, y, z)=\sqrt{x^2+y^2}$에 대해 (a) 질량 (b) 질량중심 (c) z축에 대한 관성모멘트에 대한 식을 세워라. 단, 계산은 하지 않는다.

23 CAS E는 원기둥 $x^2+y^2=1$과 평면 $y=z$, $x=0$, $z=0$으로 둘러싸인 제1팔분공간 안의 입체이고 밀도함수 $\rho(x, y, z)=1+x+y+z$를 갖는다. 컴퓨터 대수체계를 이용하여 E에 대한 다음 양의 정확한 값을 구하라.

(a) 질량

(b) 질량중심

(c) z축에 대한 관성모멘트

24 길이가 L이고 균일한 밀도 k를 갖는 정육면체의 관성모멘트를 구하라. 이때 정육면체의 한 꼭짓점은 원점에 놓이고 세 변은 좌표축을 따라 놓인다.

25 원기둥 $x^2+y^2 \le a^2$, $0 \le z \le h$인 원기둥의 z축에 대한 관성모멘트를 구하라.

26 입체 영역 E 위에서 함수 $f(x, y, z)$의 **평균값**average value은 다음과 같이 정의된다.

$$f_{\text{ave}} = \frac{1}{V(E)} \iiint_E f(x, y, z)\, dV$$

여기서 $V(E)$는 E의 부피이다. 예를 들어 ρ가 밀도함수이면 ρ_{ave}는 E의 평균밀도이다. 한 꼭짓점이 원점에 놓이며 제1팔분공간에서 변들이 좌표축에 평행하며 변들의 길이가 L인 정육면체 위에서 함수 $f(x, y, z) = xyz$의 평균값을 구하라.

27 (a) 다음 삼중적분이 최대가 되는 영역 E를 구하라.

$$\iiint_E (1-x^2-2y^2-3z^2)\, dV$$

(b) CAS 컴퓨터 대수체계를 이용하여 (a)에서 주어진 삼중적분의 정확한 최댓값을 계산하라.

12.6 원기둥좌표에서 삼중적분

평면기하에서 어떤 곡선과 영역을 보다 더 편리하게 설명하기 위해 극좌표계가 이용된다(9.3절 참조). [그림 67]에서 극좌표와 직교좌표 사이의 관계를 떠올려보자. 점 P의 직교좌표가 (x, y)이고 극좌표가 (r, θ)이면 이 그림으로부터 다음이 성립한다.

$$x = r\cos\theta, \qquad y = r\sin\theta$$

$$r^2 = x^2 + y^2, \qquad \tan\theta = \frac{y}{x}$$

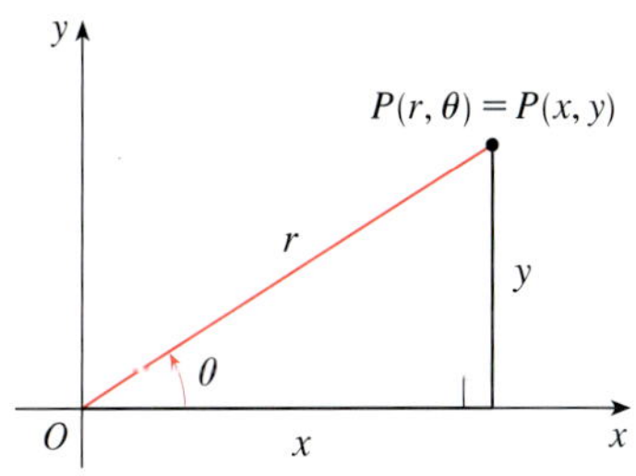

[그림 67]

3차원 공간에서 **원기둥좌표**라 부르는 좌표계가 있다. 원기둥좌표는 극좌표와 유사하며 일반적으로 곡면과 입체를 쉽게 설명해준다. 앞으로 보게 되겠지만 어떤 삼중적분은 원기둥좌표로 계산하는 것이 훨씬 더 쉽다.

원기둥좌표

원기둥좌표계cylindrical coordinate system에서 3차원 공간의 점 P는 세 순서쌍 (r, θ, z)로 표현된다. 여기서 r과 θ는 xy평면 위로의 P의 사영의 극좌표이고, z는 xy평면에서 P까지의 유향 거리이다([그림 68] 참조).

원기둥좌표를 공간좌표로 변환시키기 위해 다음 식을 이용한다.

1
$$x = r\cos\theta, \quad y = r\sin\theta, \quad z = z$$

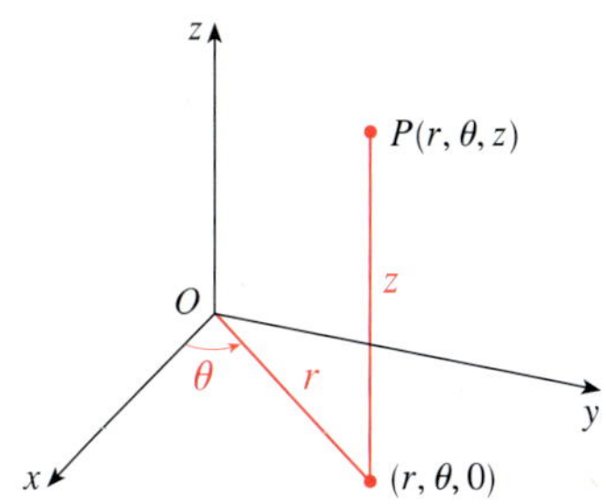

[그림 68] 한 점에 대한 원기둥좌표

반면에 공간좌표를 원기둥좌표로 변환시키려면 다음을 이용한다.

[2] $$r^2 = x^2 + y^2, \quad \tan\theta = \frac{y}{x}, \quad z = z$$

예제 1 **(a) 원기둥좌표가 $(2, 2\pi/3, 1)$인 점의 좌표를 그리고 이 점에 대한 공간좌표를 구하라.**

(b) 공간좌표가 $(3, -3, -7)$인 점의 원기둥좌표를 구하라.

풀이

(a) 원기둥좌표가 $(2, 2\pi/3, 1)$인 점의 좌표는 [그림 69]와 같다. 식 [1]로부터 공간좌표는 다음과 같다.

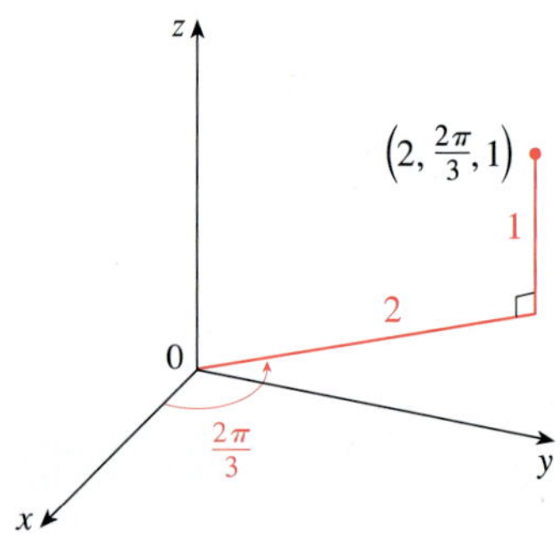

[그림 69]

$$x = 2\cos\frac{2\pi}{3} = 2\left(-\frac{1}{2}\right) = -1$$

$$y = 2\sin\frac{2\pi}{3} = 2\left(\frac{\sqrt{3}}{2}\right) = \sqrt{3}$$

$$z = 1$$

따라서 점의 공간좌표는$(-1, \sqrt{3}, 1)$이다.

(b) 식 [2]로부터 다음을 얻는다.

$$r = \sqrt{3^2 + (-3)^2} = 3\sqrt{2}$$

$$\tan\theta = \frac{-3}{3} = -1\text{이므로 } \theta = \frac{7\pi}{4} + 2n\pi$$

$$z = -7$$

그러므로 원기둥좌표의 하나는 $(3\sqrt{2}, 7\pi/4, -7)$이고 다른 하나는 $(3\sqrt{2}, -\pi/4, -7)$이다. 극좌표와 마찬가지로 원기둥좌표도 무수히 많이 선택할 수 있다.

원기둥좌표는 축에 대해 대칭이고 z축이 이 대칭축과 일치하는 문제에 유용하다. 예를 들어 직교방정식이 $x^2 + y^2 = c^2$인 원기둥의 대칭축은 z축이다. 원기둥좌표에서 이 원기둥은 아주 간단한 방정식 $r = c$이다([그림 70] 참조). 이것이 '원기둥' 좌표라는 이름이 붙은 이유이다.

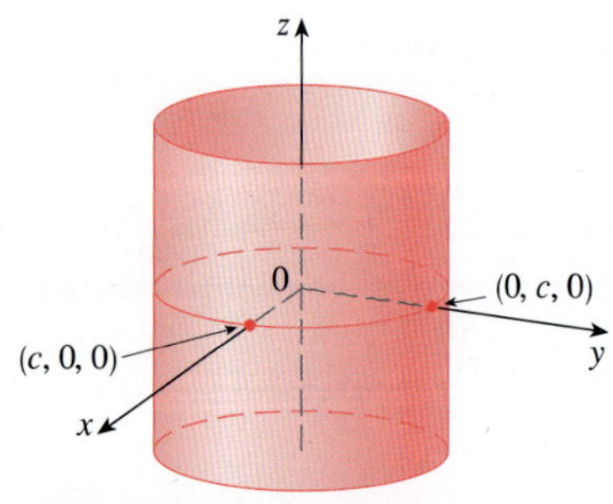

[그림 70] $r = c$인 원기둥

예제 2 **원기둥좌표에서 방정식이 $z = r$인 곡면을 설명하라.**

풀이

방정식 $z = r$은 곡면 위의 각 점에서 z값 또는 높이가 그 점에서 z축까지의 거리 r과 같음을 의미한다. θ가 나타나 있지 않으므로 값은 다양하다. 따라서 평면 $z = k$

$(k > 0)$인 임의의 수평자취는 반지름이 k인 원이다. 이러한 자취들로부터 곡면이 원뿔임을 알 수 있다. 이와 같은 예측은 방정식을 공간좌표로 변환하면 명확해질 수 있다. 2의 첫 번째 식으로부터 다음을 얻는다.

$$z^2 = r^2 = x^2 + y^2$$

(10.6절의 [표 1]과 비교함으로써) 방정식 $z^2 = x^2 + y^2$은 대칭축이 z축인 원뿔임을 알 수 있다([그림 71] 참조).

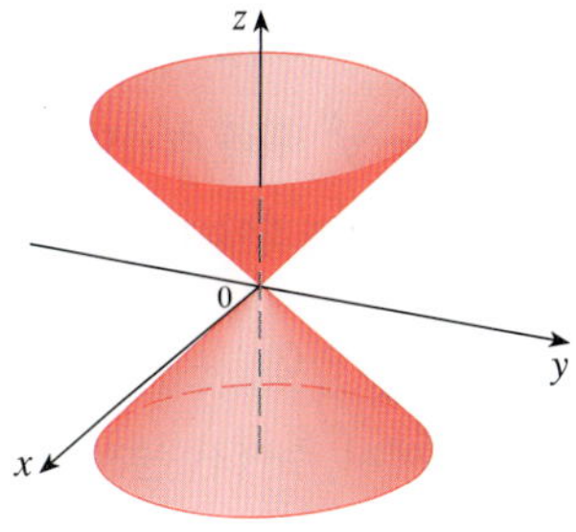

[그림 71] $z = r$, 원뿔

원기둥좌표에서 삼중적분 계산하기

■ www.stewartcalculus.com (Additional Example A를 보라.)

E가 유형 1의 영역이고 xy평면 위로의 사영 D를 극좌표로 쉽게 나타낸다고 하자([그림 72] 참조). 특히 f가 연속이고 다음과 같다고 하자.

$$E = \{(x, y, z) \mid (x, y) \in D,\ u_1(x, y) \le z \le u_2(x, y)\}$$

여기서 D는 다음과 같이 극좌표로 주어진다.

$$D = \{(r, \theta) \mid \alpha \le \theta \le \beta,\ h_1(\theta) \le r \le h_2(\theta)\}$$

12.5절의 식 6으로부터 다음을 알고 있다.

3 $$\iiint_E f(x, y, z)\,dV = \iint_D \left[\int_{u_1(x, y)}^{u_2(x, y)} f(x, y, z)\,dz\right] dA$$

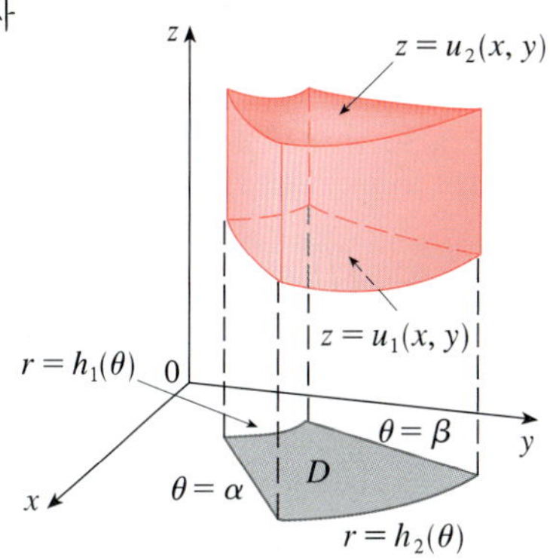

[그림 72]

한편 극좌표에서 이중적분을 계산하는 방법도 알고 있다. 사실상 식 3을 12.3절의 식 3과 결합하면 다음을 얻는다.

4 $$\iiint_E f(x, y, z)\,dV = \int_\alpha^\beta \int_{h_1(\theta)}^{h_2(\theta)} \int_{u_1(r\cos\theta,\, r\sin\theta)}^{u_2(r\cos\theta,\, r\sin\theta)} f(r\cos\theta, r\sin\theta, z)\, r\,dz\,dr\,d\theta$$

식 4는 **원기둥좌표에서 삼중적분에 대한 공식**이다. 이것은 z는 그냥 놔두고 $x = r\cos\theta$, $y = r\sin\theta$로 놓음으로써 삼중적분을 공간좌표에서 원기둥좌표로 변환하는 것을 말한다. 이때 z, r, θ에 대한 적절한 적분한계를 이용하고 dV를 $r\,dz\,dr\,d\theta$로 대치한다.([그림 73]은 이것을 기억하는 방법을 보여준다.) E가 원기둥좌표로 쉽게 표현되는 입체 영역일 때와 함수 $f(x, y, z)$가 식 $x^2 + y^2$을 포함하는 경우에 특히 유용하다.

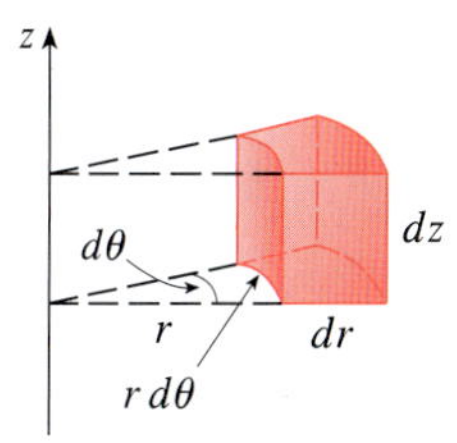

[그림 73] 원기둥좌표에서 부피 성분: $dV = r\,dz\,dr\,d\theta$

예제 3 입체 E는 원기둥 $x^2+y^2=1$의 내부와 평면 $z=4$ 아래 그리고 포물면 $z=1-x^2-y^2$ 위에 놓인다([그림 74] 참조). 임의의 한 점에서의 밀도가 원기둥의 대칭축으로부터의 거리에 비례할 때 E의 질량을 구하라.

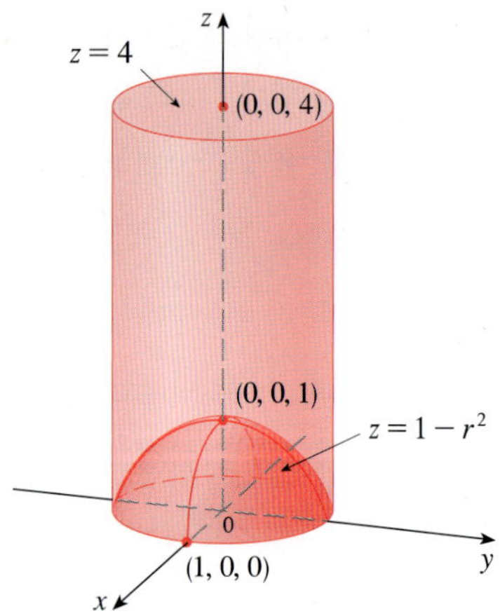

[그림 74]

풀이

원기둥좌표에서 주어진 원기둥은 $r=1$이고 포물면은 $z=1-r^2$이다. 따라서 다음과 같이 쓸 수 있다.

$$E=\{(r,\theta,z)\mid 0\le\theta\le 2\pi,\ 0\le r\le 1,\ 1-r^2\le z\le 4\}$$

점 (x, y, z)에서 밀도는 z축으로부터의 거리에 비례하므로 밀도함수는 다음과 같다.

$$f(x,y,z)=K\sqrt{x^2+y^2}=Kr$$

여기서 K는 비례상수이다. 따라서 12.5절의 식 13으로부터 E의 질량은 다음과 같다.

$$\begin{aligned} m&=\iiint_E K\sqrt{x^2+y^2}\,dV=\int_0^{2\pi}\int_0^1\int_{1-r^2}^4 (Kr)\,r\,dz\,dr\,d\theta \\ &=\int_0^{2\pi}\int_0^1 Kr^2[4-(1-r^2)]\,dr\,d\theta=K\int_0^{2\pi}d\theta\int_0^1(3r^2+r^4)\,dr \\ &=2\pi K\left[r^3+\frac{r^5}{5}\right]_0^1=\frac{12\pi K}{5}\end{aligned}$$

예제 4 $\displaystyle\int_{-2}^{2}\int_{-\sqrt{4-x^2}}^{\sqrt{4-x^2}}\int_{\sqrt{x^2+y^2}}^{2}(x^2+y^2)\,dz\,dy\,dx$를 계산하라.

풀이

이 반복적분은 다음 입체 영역에서의 삼중적분이다.

$$E=\left\{(x,y,z)\mid -2\le x\le 2,\ -\sqrt{4-x^2}\le y\le\sqrt{4-x^2},\ \sqrt{x^2+y^2}\le z\le 2\right\}$$

xy평면 위로의 E의 사영은 원판 $x^2+y^2\le 4$이다. E의 아래쪽 곡면은 원뿔면 $z=\sqrt{x^2+y^2}$이고, 위쪽 곡면은 평면 $z=2$이다([그림 75] 참조). 이 영역은 다음과 같이 원기둥좌표로 훨씬 간단하게 표현할 수 있다.

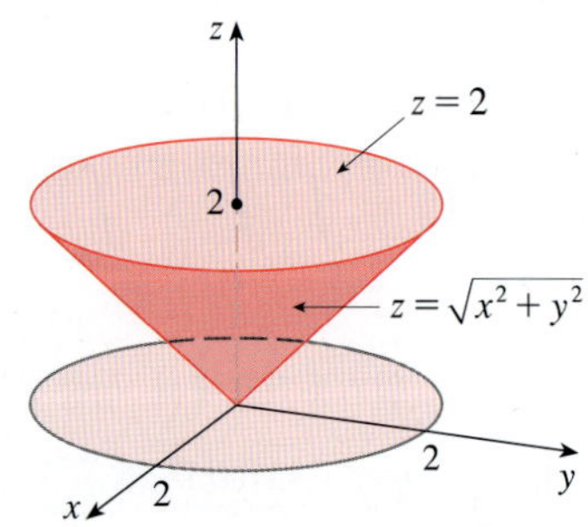

[그림 75]

$$E=\{(r,\theta,z)\mid 0\le\theta\le 2\pi,\ 0\le r\le 2,\ r\le z\le 2\}$$

따라서 다음을 얻는다.

$$\int_{-2}^{2}\int_{-\sqrt{4-x^2}}^{\sqrt{4-x^2}}\int_{\sqrt{x^2+y^2}}^{2}(x^2+y^2)\,dz\,dy\,dx=\iiint_E (x^2+y^2)\,dV$$
$$=\int_0^{2\pi}\int_0^2\int_r^2 r^2\, r\,dz\,dr\,d\theta$$
$$=\int_0^{2\pi}d\theta\int_0^2 r^3(2-r)\,dr$$
$$=2\pi\left[\frac{1}{2}r^4-\frac{1}{5}r^5\right]_0^2=\frac{16}{5}\pi$$

12.6 연습문제

01 주어진 원기둥좌표의 점을 좌표로 그려라. 그 다음에 이 점의 공간좌표를 구하라.

(a) $(4,\ \pi/3,\ -2)$ (b) $(2,\ -\pi/2,\ 1)$

02 공간좌표를 원기둥좌표로 변환하라.

(a) $(-1,\ 1,\ 1)$ (b) $(-2,\ 2\sqrt{3},\ 3)$

03 곡면의 방정식 $\theta=\pi/4$를 말로 설명하라.

04 곡면의 방정식 $z=4-r^2$을 확인하라.

05 다음을 원기둥좌표의 방정식으로 쓰라.

(a) $x^2-x+y^2+z^2-1$ (b) $z=x^2\quad y^2$

06 $0\le r\le 2,\quad -\pi/2\le\theta\le\pi/2,\quad 0\le z\le 1$을 나타내는 입체를 그려라.

07 원통 껍질의 길이는 20cm, 내부 반지름은 6cm, 외부 반지름은 7cm이다. 적당한 좌표계를 이용하여 껍질을 나타내는 부등식을 쓰라. 껍질에 대한 좌표계를 어떻게 정했는지 설명하라.

08 부피가 $\int_{-\pi/2}^{\pi/2}\int_0^2\int_0^{r^2} r\,dz\,dr\,d\theta$로 주어진 입체를 그리고 적분을 계산하라.

09~14 원기둥좌표를 이용하라.

09 E가 원기둥 $x^2+y^2=16$ 내부와 평면 $z=-5$와 $z=4$ 사이에 놓이는 영역일 때 $\iiint_E \sqrt{x^2+y^2}\,dV$를 계산하라.

10 E가 제1팔분공간에서 포물면 $z=4-x^2-y^2$ 아래에 놓이는 입체일 때 $\iiint_E (x+y+z)\,dV$를 계산하라.

11 E가 원기둥 $x^2+y^2=1$의 내부와 평면 $z=0$의 위, 원뿔면 $z^2=4x^2+4y^2$의 아래에 놓이는 입체일 때 $\iiint_E x^2\,dV$를 계산하라.

12 원뿔면 $z=\sqrt{x^2+y^2}$과 구 $x^2+y^2+z^2=2$로 둘러싸인 입체의 부피를 구하라.

13 (a) E가 포물면 $z=x^2+y^2$과 $z=36-3x^2-3y^2$으로 둘러싸인 영역의 부피를 구하라.

(b) E의 무게중심을 구하라(밀도가 일정한 경우의 질량중심).

14 포물면 $z=4x^2+4y^2$과 평면 $z=a\,(a>0)$로 둘러싸인 입체 S의 질량과 질량중심을 구하라. 이때 S의 밀도는 K로 일정하다.

15 원기둥좌표로 변환하여 $\int_{-2}^{2}\int_{-\sqrt{4-y^2}}^{\sqrt{4-y^2}}\int_{\sqrt{x^2+y^2}}^{2} xz\,dz\,dx\,dy$를 계산하라.

16 산맥 형성 과정을 연구할 때 지질학자들은 산맥이 해수면 위로 융기할 때 작용한 일의 양을 추정한다. 근본적으로 직원뿔 모양의 산을 생각하자. 점 P의 부근에 있는 물질의 무게밀도를 $g(P)$, 높이를 $h(P)$라 하자.

(a) 산을 형성하는 데 이루어진 전체 일의 양을 나타내는 정적

분을 구하라.

(b) 일본의 후지산을 반지름이 19000 m, 높이가 3800 m, 밀도가 3200 kg/m^{3}로 일정한 직원뿔 모양이라고 가정하자. 육지가 초기에 해수면에 있었다면 후지산을 형성할 때 이루어진 일은 얼마인가?

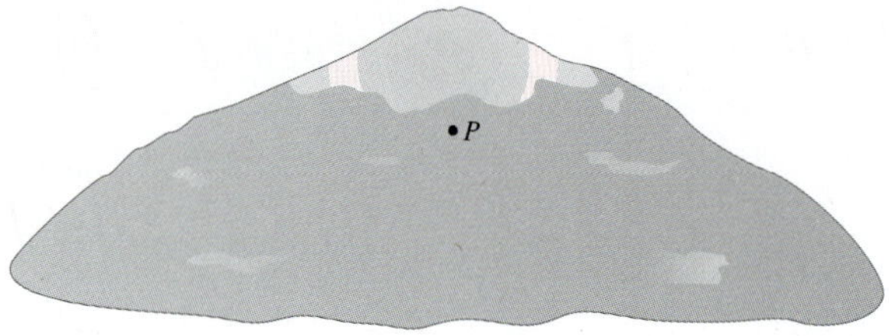

12.7 구면좌표에서 삼중적분

3차원 공간에서 유용한 또 다른 좌표계는 구면좌표계이다. 이 좌표계는 구면 또는 원뿔면으로 둘러싸인 영역에서 삼중적분의 계산을 간단히 한다.

구면좌표

공간에서 점 P의 **구면좌표**spherical coordinate (ρ, θ, ϕ)는 [그림 76]과 같다. 여기서 $\rho = |OP|$는 원점에서 P까지의 거리이고 θ는 원기둥좌표에서의 각과 같고 ϕ는 양의 z축과 선분 OP 사이의 각이다. 또한 다음을 주목한다.

$$\rho \geq 0, \qquad 0 \leq \phi \leq \pi$$

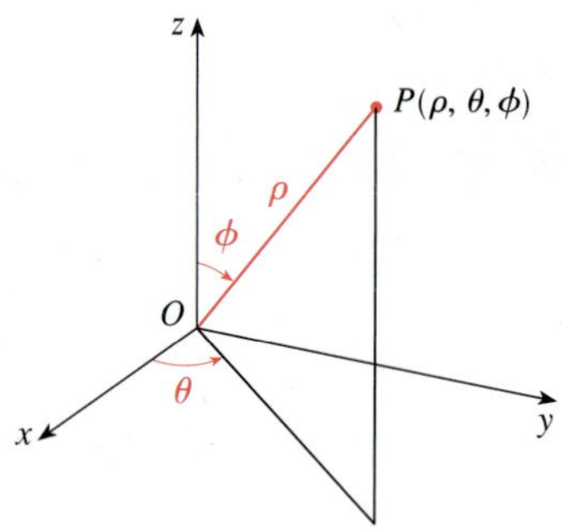

[그림 76] 한 점의 구면좌표

구면좌표계는 한 점에 대해 대칭이고 이 점이 원점인 문제에 특히 유용하다. 예를 들어 중심이 원점이고 반지름이 c인 구면의 방정식은 간단히 $\rho = c$이다([그림 77] 참조). 이것이 구면좌표라는 이름이 붙은 이유이다. 방정식 $\theta = c$의 그래프는 수직인 반평면이고([그림 78] 참조), 방정식 $\phi = c$는 z축이 중심축인 반원뿔면을 나타낸다([그림 79] 참조).

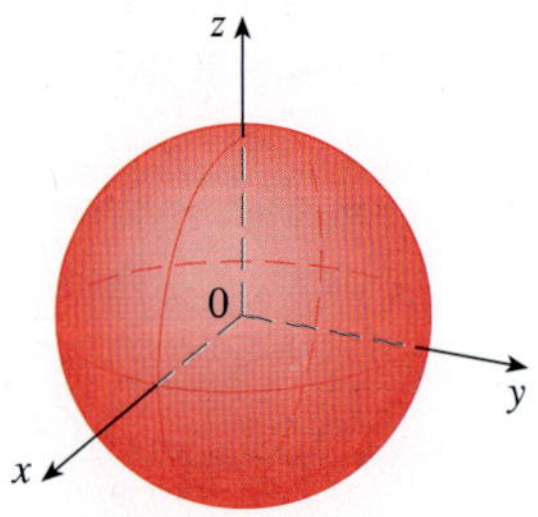

[그림 77] $\rho = c$, 구

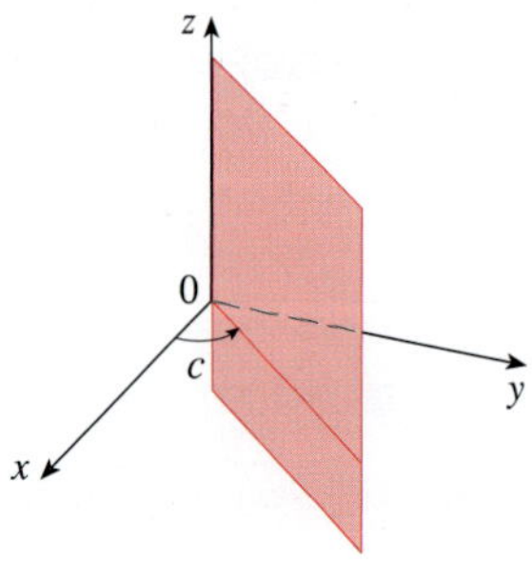

[그림 78] $\theta = c$, 반평면

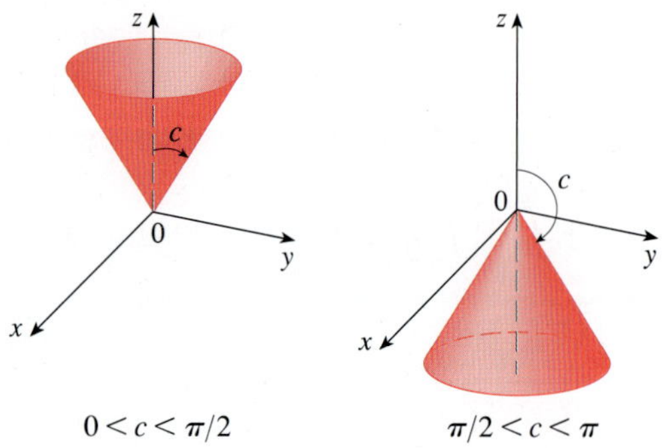

[그림 79] $\phi = c$, 반원뿔

공간좌표와 구면좌표 사이의 관계는 [그림 80]으로부터 알 수 있다. 삼각형 OPQ와 OPP'으로부터 다음을 얻는다.

$$z = \rho \cos \phi, \qquad r = \rho \sin \phi$$

이때 $x = r\cos\theta$, $y = r\sin\theta$이므로 구면좌표를 공간좌표로 변환하기 위해 다음 식을 이용한다.

1 $$x = \rho \sin\phi \cos\theta, \quad y = \rho \sin\phi \sin\theta, \quad z = \rho \cos\phi$$

또한 거리 공식으로부터 다음이 성립한다.

2 $$\rho^2 = x^2 + y^2 + z^2$$

이 식은 공간좌표를 구면좌표로 변환할 때 이용한다.

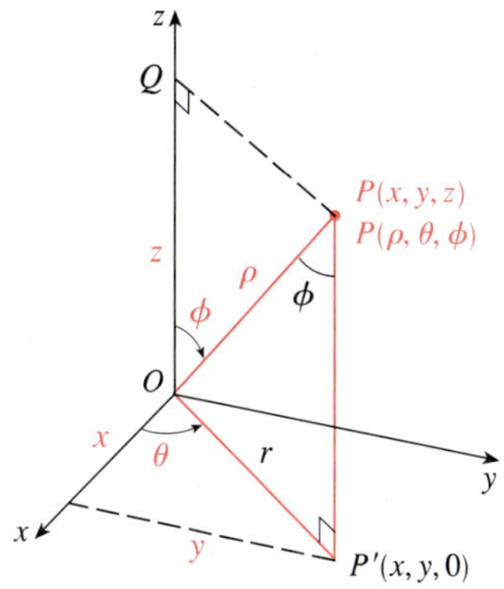

[그림 80]

⊘ 주의 구면좌표에 대한 기호는 일반적으로 일치하지는 않는다. 물리학에 관한 대부분의 책은 θ와 ϕ의 의미를 바꾸어 설명하고 ρ 대신 r을 사용한다.

예제 1 **구면좌표로 점 $(2, \pi/4, \pi/3)$가 주어져 있다. 점을 좌표로 그리고 이 점의 공간좌표를 구하라.**

풀이

이 점을 좌표로 그리면 [그림 81]과 같다. 식 1로부터 다음을 얻는다.

$$x = \rho \sin\phi \cos\theta = 2\sin\frac{\pi}{3}\cos\frac{\pi}{4} = 2\left(\frac{\sqrt{3}}{2}\right)\left(\frac{1}{\sqrt{2}}\right) = \sqrt{\frac{3}{2}}$$

$$y = \rho \sin\phi \sin\theta = 2\sin\frac{\pi}{3}\sin\frac{\pi}{4} = 2\left(\frac{\sqrt{3}}{2}\right)\left(\frac{1}{\sqrt{2}}\right) = \sqrt{\frac{3}{2}}$$

$$z = \rho\cos\phi = 2\cos\frac{\pi}{3} = 2\left(\frac{1}{2}\right) = 1$$

따라서 점 $(2, \pi/4, \pi/3)$의 직교좌표는 $(\sqrt{3/2}, \sqrt{3/2}, 1)$이다.

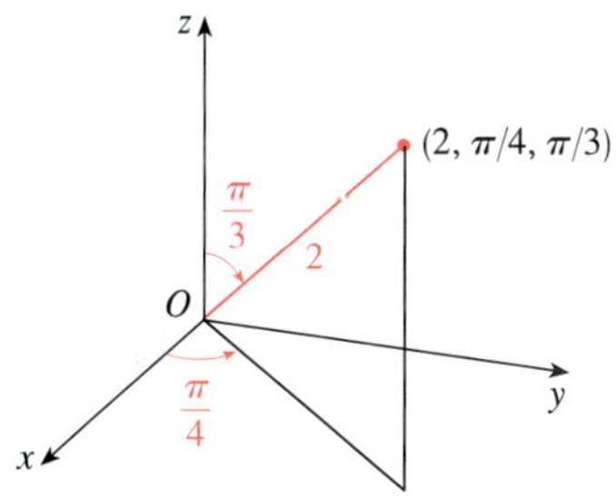

[그림 81]

예제 2 **공간좌표로 점 $(0, 2\sqrt{3}, -2)$가 주어져 있다. 이 점에 대한 구면좌표를 구하라.**

▪ www.stewartcalculus.com (Additional Examples A~C를 보라.)

풀이

식 2로부터 다음을 얻는다.

$$\rho = \sqrt{x^2 + y^2 + z^2} = \sqrt{0 + 12 + 4} = 4$$

따라서 식 1로부터 다음을 얻는다.

$$\cos\phi = \frac{z}{\rho} = \frac{-2}{4} = -\frac{1}{2}, \qquad \phi = \frac{2\pi}{3}$$

$$\cos\theta = \frac{x}{\rho\sin\phi} = 0, \qquad \theta = \frac{\pi}{2}$$

($y = 2\sqrt{3} > 0$이므로 $\theta \neq 3\pi/2$임에 주목한다.) 그러므로 주어진 점의 구면좌표는 $(4, \pi/2, 2\pi/3)$이다.

TEC Module 12.7에서 원기둥좌표와 구면좌표에서의 곡면족을 조사할 수 있다.

구면좌표에서 삼중적분 계산하기

구면좌표계에서 다음과 같은 **구면 쐐기**spherical wedge가 직육면체에 해당한다.

$$E = \{(\rho, \theta, \phi) \mid a \le \rho \le b,\ \alpha \le \theta \le \beta,\ c \le \phi \le d\}$$

여기서 $a \ge 0$, $\beta - \alpha \le 2\pi$, $d - c \le 2\pi$이다. 입체를 작은 직육면체로 나누어 삼중적분을 정의했지만 입체를 작은 구면 쐐기로 나눠도 항상 같은 결과를 얻는 것을 알 수 있다. 따라서 E를 구면 $\rho = \rho_i$, 반평면 $\theta = \theta_j$, 반원뿔면 $\phi = \phi_k$를 이용하여 더 작은 구면 쐐기 E_{ijk}로 나눈다. [그림 82]를 보면 E_{ijk}는 치수가 $\Delta\rho_i$, $\rho_i\Delta\phi_k$(반지름이 ρ_i, 각이 $\Delta\phi_k$인 원호), $\rho_i\sin\phi_k\Delta\theta_j$(반지름이 $\rho_i\sin\phi_k$, 각이 $\Delta\theta_j$인 원호)인 직육면체에 근사한다. 따라서 E_{ijk}의 근사 부피는 다음과 같이 주어진다.

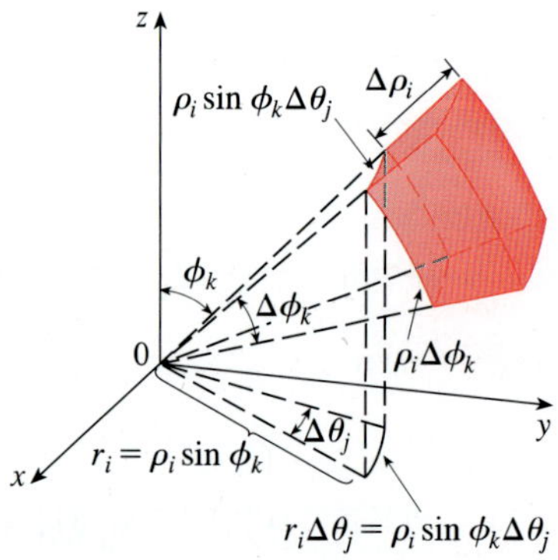

[그림 82]

$$\Delta V_{ijk} \approx (\Delta\rho_i)(\rho_i\Delta\phi_k)(\rho_i\sin\phi_k\Delta\theta_j) = \rho_i^2\sin\phi_k\Delta\rho_i\Delta\theta_j\Delta\phi_k$$

실제로 평균값 정리를 이용하면([연습문제 23] 참조) E_{ijk}의 정확한 부피는 다음과 같음을 보일 수 있다.

$$\Delta V_{ijk} = \tilde{\rho}_i^2\sin\tilde{\phi}_k\Delta\rho_i\Delta\theta_j\Delta\phi_k$$

여기서 $(\tilde{\rho}_i, \tilde{\theta}_j, \tilde{\phi}_k)$은 E_{ijk} 안에 속하는 어떤 점이다. $(x_{ijk}^*, y_{ijk}^*, z_{ijk}^*)$를 이 점의 공간좌표라 하면 다음을 얻는다.

$$\begin{aligned}\iiint_E f(x, y, z)\,dV &= \lim_{\max \Delta\rho_i, \Delta\theta_j, \Delta\phi_k \to 0} \sum_{i=1}^{l}\sum_{j=1}^{m}\sum_{k=1}^{n} f(x_{ijk}^*, y_{ijk}^*, z_{ijk}^*)\,\Delta V_{ijk} \\ &= \lim_{\max \Delta\rho_i, \Delta\theta_j, \Delta\phi_k \to 0} \sum_{i=1}^{l}\sum_{j=1}^{m}\sum_{k=1}^{n} f(\tilde{\rho}_i\sin\tilde{\phi}_k\cos\tilde{\theta}_j, \tilde{\rho}_i\sin\tilde{\phi}_k\sin\tilde{\theta}_j, \tilde{\rho}_i\cos\tilde{\phi}_k) \\ &\qquad \cdot \tilde{\rho}_i^2\sin\tilde{\phi}_k\Delta\rho_i\Delta\theta_j\Delta\phi_k\end{aligned}$$

이 합은 다음 함수의 리만 합이다.

$$F(\rho, \theta, \phi) = \rho^2\sin\phi\, f(\rho\sin\phi\cos\theta, \rho\sin\phi\sin\theta, \rho\cos\phi)$$

결론적으로 다음과 같은 구면좌표에서 삼중적분에 대한 식을 얻는다.

3 E를 다음과 같은 구면 쐐기라고 하자.

$$E=\{(\rho,\theta,\phi)\mid a\le\rho\le b,\ \alpha\le\theta\le\beta,\ c\le\phi\le d\}$$

그러면 다음이 성립한다.

$$\iiint_E f(x,y,z)\,dV$$

$$=\int_c^d\int_\alpha^\beta\int_a^b f(\rho\sin\phi\cos\theta,\ \rho\sin\phi\sin\theta,\ \rho\cos\phi)\,\rho^2\sin\phi\,d\rho\,d\theta\,d\phi$$

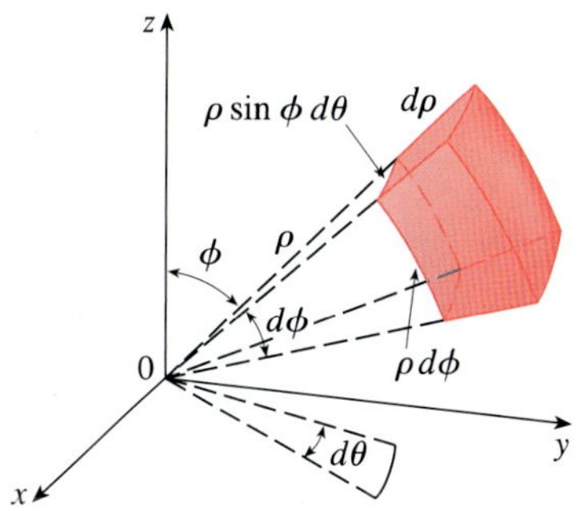

[그림 83] 구면좌표에서 체적소 : $dV=\rho^2\sin\phi d\rho d\theta d\phi$

식 3은 다음과 같이 쓰면 공간좌표에서의 삼중적분을 구면좌표로 변환할 수 있음을 의미한다.

$$x=\rho\sin\phi\cos\theta,\quad y=\rho\sin\phi\sin\theta,\quad z=\rho\cos\phi$$

이때 적절한 적분 한계를 이용하여 dV를 $\rho^2\sin\phi\,d\rho\,d\theta\,d\phi$로 대체한다. 이는 [그림 83]으로 설명된다.

이 식은 다음과 같이 좀 더 일반적인 구면 영역을 포함하도록 확장할 수 있다.

$$E=\{(\rho,\theta,\phi)\mid\alpha\le\theta\le\beta,\ c\le\phi\le d,\ g_1(\theta,\phi)\le\rho\le g_2(\theta,\phi)\}$$

이 경우에 식은 ρ에 대한 적분 한계가 $g_1(\theta,\phi)$와 $g_2(\theta,\phi)$로 바뀌는 것을 제외하고는 식 3과 같다.

보통 적분 영역의 경계가 원뿔면이나 구면과 같은 곡면인 삼중적분에서 구면좌표가 이용된다.

예제 3 단위 구 $B=\{(x,y,z)\mid x^2+y^2+z^2\le1\}$에서 $\iiint_B e^{(x^2+y^2+z^2)^{3/2}}dV$를 계산하라.

풀이

B의 경계가 구면이므로 다음과 같이 구면좌표를 이용한다.

$$B=\{(\rho,\theta,\phi)\mid0\le\rho\le1,\ 0\le\theta\le2\pi,\ 0\le\phi\le\pi\}$$

$x^2+y^2+z^2=\rho^2$이므로 더욱 구면좌표가 적절하다. 따라서 식 3으로부터 다음을 얻는다.

$$\iiint_B e^{(x^2+y^2+z^2)^{3/2}}dV=\int_0^\pi\int_0^{2\pi}\int_0^1 e^{(\rho^2)^{3/2}}\rho^2\sin\phi\,d\rho\,d\theta\,d\phi$$

$$= \int_0^{\pi} \sin\phi\, d\phi \int_0^{2\pi} d\theta \int_0^1 \rho^2 e^{\rho^3} d\rho$$

$$= \left[-\cos\phi\right]_0^{\pi} (2\pi) \left[\frac{1}{3}e^{\rho^3}\right]_0^1 = \frac{4}{3}\pi(e-1)$$

NOTE _ 구면좌표를 이용하지 않으면 [예제 3]에서의 적분을 계산하는 것이 매우 어려운 일임을 알게 될 것이다. 공간좌표에서 반복적분은 다음과 같다.

$$\int_{-1}^{1} \int_{-\sqrt{1-x^2}}^{\sqrt{1-x^2}} \int_{-\sqrt{1-x^2-y^2}}^{\sqrt{1-x^2-y^2}} e^{(x^2+y^2+z^2)^{3/2}} dz\,dy\,dx$$

예제 4 구면좌표를 이용하여 원뿔면 $z = \sqrt{x^2+y^2}$ 위와 구면 $x^2+y^2+z^2 = z$ 아래에 놓이는 입체의 부피를 구하라([그림 84] 참조).

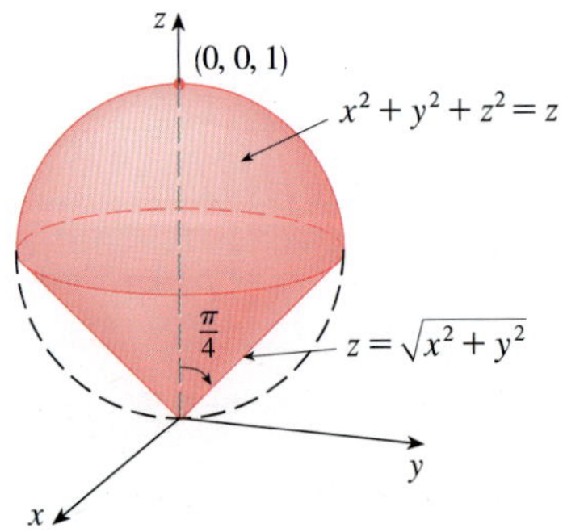

[그림 84]

풀이

구면이 원점을 지나고 중심이 $\left(0, 0, \frac{1}{2}\right)$인 것에 주목하자. 이 구면의 방정식을 다음과 같이 구면좌표로 쓸 수 있다.

$$\rho^2 = \rho\cos\phi \quad \text{또는} \quad \rho = \cos\phi$$

원뿔면의 방정식은 다음과 같이 쓸 수 있다.

$$\rho\cos\phi = \sqrt{\rho^2\sin^2\phi\cos^2\theta + \rho^2\sin^2\phi\sin^2\theta} = \rho\sin\phi$$

이것으로부터 $\sin\phi = \cos\phi$, 즉 $\phi = \pi/4$를 얻는다. 그러므로 구면좌표로 입체 E를 나타내면 다음과 같다.

$$E = \{(\rho, \theta, \phi) \mid 0 \le \theta \le 2\pi,\ 0 \le \phi \le \pi/4,\ 0 \le \rho \le \cos\phi\}$$

[그림 86]을 보면 ρ, ϕ, θ의 순서로 적분하면 E가 어떻게 계산되는지 알 수 있다. E의 부피는 다음과 같다.

$$V(E) = \iiint_E dV = \int_0^{2\pi} \int_0^{\pi/4} \int_0^{\cos\phi} \rho^2 \sin\phi\, d\rho\, d\phi\, d\theta$$

$$= \int_0^{2\pi} d\theta \int_0^{\pi/4} \sin\phi \left[\frac{\rho^3}{3}\right]_{\rho=0}^{\rho=\cos\phi} d\phi$$

$$= \frac{2\pi}{3} \int_0^{\pi/4} \sin\phi\cos^3\phi\, d\phi = \frac{2\pi}{3}\left[-\frac{\cos^4\phi}{4}\right]_0^{\pi/4} = \frac{\pi}{8}$$

[그림 85]는 (Maple을 이용해서 그린) [예제 4]에 있는 입체의 다른 모양을 보여준다.

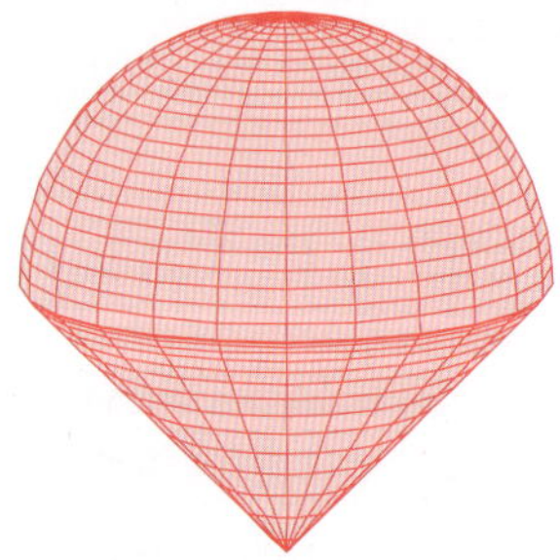
[그림 85]

TEC Visual 12.7은 [그림 86]의 애니메이션을 보여준다.

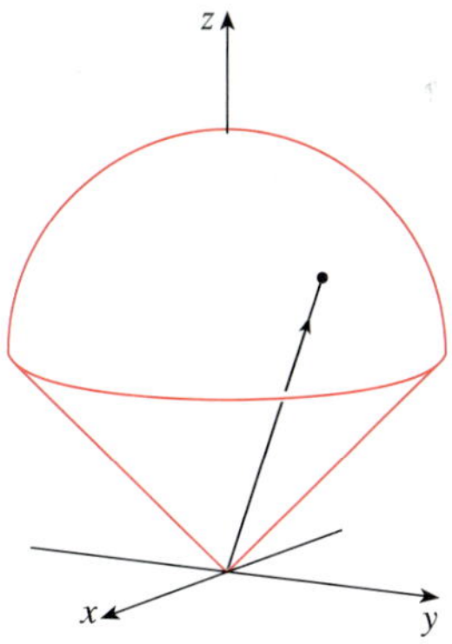

ρ가 0에서 $\cos\phi$까지 변할 때 ϕ와 θ는 상수이다.

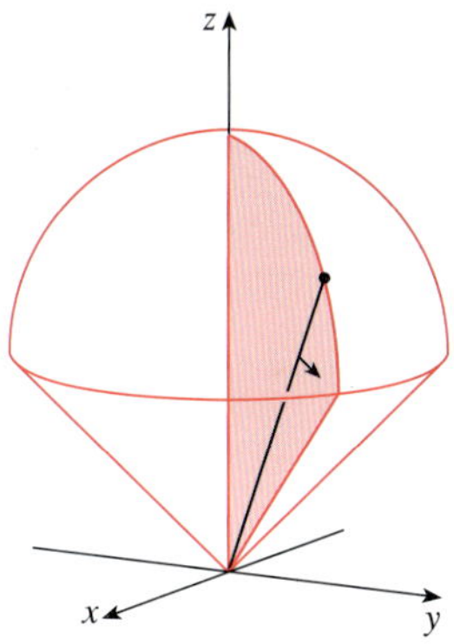

ϕ가 0에서 $\pi/4$까지 변할 때 θ는 상수이다.

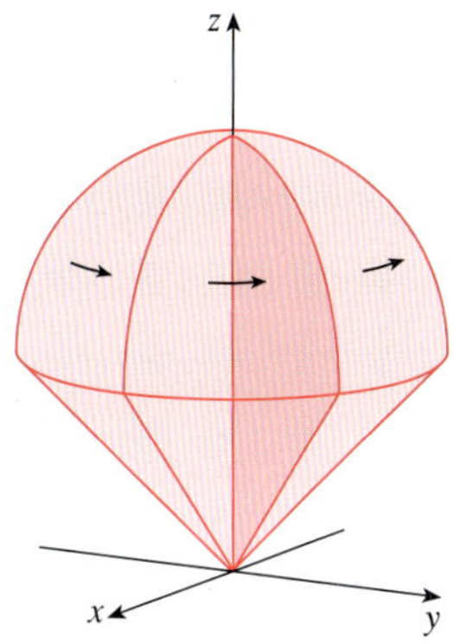

θ가 0에서 2π까지 변한다.

[그림 86]

12.7 연습문제

01 주어진 구면좌표의 점을 좌표로 그려라. 이 점에 대한 공간좌표를 구하라.

(a) $(6, \pi/3, \pi/6)$ (b) $(3, \pi/2, 3\pi/4)$

02 공간좌표를 구면좌표로 변환하라.

(a) $(0, -2, 0)$ (b) $(-1, 1, -\sqrt{2})$

03 곡면의 방정식 $\phi=\pi/3$를 말로 설명하라.

04 곡면의 방정식 $\rho=\sin\theta\sin\phi$를 확인하라.

05 다음 방정식을 구면좌표로 변환하라.

(a) $z^2=x^2+y^2$ (b) $x^2+y^2=9$

06~07 주어진 부등식으로 설명되는 입체를 그려라.

06 $2\le\rho\le4,\quad 0\le\phi\le\pi/3,\quad 0\le\theta\le\pi$

07 $\rho\le1,\quad 3\pi/4\le\phi\le\pi$

08 입체가 원뿔면 $z=\sqrt{x^2+y^2}$ 위와 구면 $x^2+y^2+z^2=z$ 아래에 놓인다. 이 입체를 구면좌표를 포함하는 부등식으로 다시 쓰라.

09 부피가 $\int_0^{\pi/6}\int_0^{\pi/2}\int_0^3 \rho^2\sin\phi\,d\rho\,d\theta\,d\phi$로 주어진 입체를 그리고 적분을 계산하라.

10 원기둥좌표 또는 구면좌표로 그림에 의해 주어진 입체 위에서 임의의 연속함수 $f(x, y, z)$의 삼중적분을 세워라.

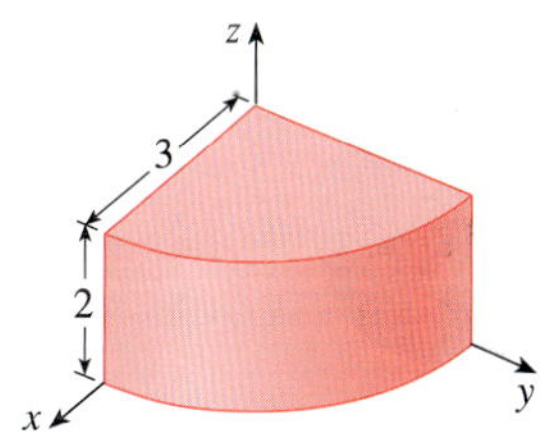

11~16 구면좌표를 이용하라.

11 B가 중심이 원점이고 반지름이 5인 구일 때 $\iiint_B (x^2+y^2+z^2)^2\,dV$를 계산하라.

12 E가 구면 $x^2+y^2+z^2=4$와 $x^2+y^2+z^2=9$ 사이에 놓일 때 $\iiint_E (x^2+y^2)\,dV$를 계산하라.

13 E가 제1팔분공간에 놓이는 단위 구 $x^2+y^2+z^2\le1$일 때 $\iiint_E xe^{x^2+y^2+z^2}\,dV$를 계산하라.

14 (a) 원뿔면 $\phi=\pi/3$ 위와 구면 $\rho=4\cos\phi$ 아래에 놓이는 입체의 부피를 구하라.

(b) (a)의 입체에 대한 무게중심을 구하라.

15 (a) [예제 4]에 주어진 입체의 무게중심을 구하라.

(b) 이 입체에 대해 z축에 대한 관성모멘트를 구하라.

16 (a) 반지름이 a인 정상적인 반구면 입체의 무게중심을 구하라.

(b) (a)에서 밑면의 지름에 대한 입체의 관성모멘트를 구하라.

17~18 원기둥좌표 또는 구면좌표 중 좀 더 편리한 것을 이용하라.

17 원뿔면 $z=\sqrt{x^2+y^2}$ 위와 구면 $x^2+y^2+z^2=1$ 아래에 놓이는 입체 E의 부피와 무게중심을 구하라.

18 CAS E가 포물면 $z=x^2+y^2$ 위와 평면 $z=2y$ 아래에 놓일 때 $\iiint_E z\,dV$를 계산하라. 부록 D의 적분표 또는 컴퓨터 대수체계를 이용하여 이 적분을 계산하라.

19~20 구면좌표로 변환하여 적분을 계산하라.

19 $\int_0^1\int_0^{\sqrt{1-x^2}}\int_{\sqrt{x^2+y^2}}^{\sqrt{2-x^2-y^2}} xy\,dz\,dy\,dx$

20 $\int_{-2}^{2}\int_{-\sqrt{4-x^2}}^{\sqrt{4-x^2}}\int_{2-\sqrt{4-x^2-y^2}}^{2+\sqrt{4-x^2-y^2}} (x^2+y^2+z^2)^{3/2}\,dz\,dy\,dx$

21 그래픽 도구를 이용하여 반지름이 3, 높이가 10인 원기둥 위에 반구면을 얹어놓은 사일로(곡식 등을 저장하는 창고)를 그려라.

22 CAS 곡면 $\rho=1+\frac{1}{5}\sin m\theta\sin n\phi$는 종양의 모형으로 사용되어 왔다. 다음 그림은 $m=6$, $n=5$인 울퉁불퉁한 구면이다. 컴퓨터 대수체계를 이용하여 이 구면으로 둘러싸인 부피를 구하라.

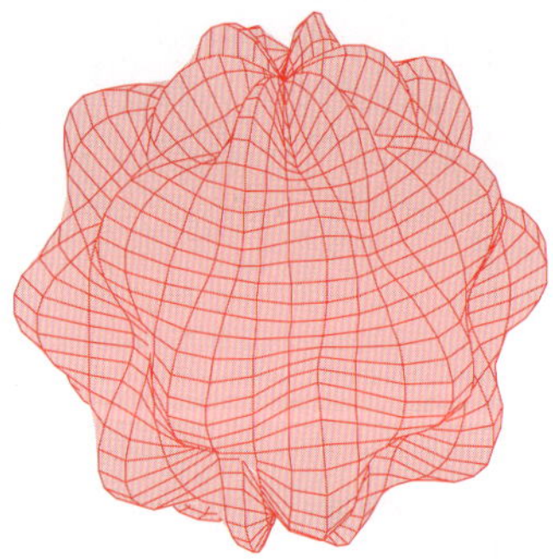

23 (a) 원기둥좌표를 이용하여 구면 $r^2+z^2=a^2$ 위와 원뿔면 $z=r\cot\phi_0$ (또는 $\phi=\phi_0$) 아래로 둘러싸인 입체의 부피가 다음과 같음을 보여라. 여기서 $0<\phi_0<\pi/2$이다.

$$V=\frac{2\pi a^3}{3}(1-\cos\phi_0)$$

(b) $\rho_1\le\rho\le\rho_2$, $\theta_1\le\theta\le\theta_2$, $\phi_1\le\phi\le\phi_2$로 주어진 구면 쐐기의 부피가 다음과 같음을 유추하라.

$$\Delta V=\frac{\rho_2^3-\rho_1^3}{3}(\cos\phi_1-\cos\phi_2)(\theta_2-\theta_1)$$

(c) 평균값 정리를 이용하여 (b)의 부피를 다음과 같이 쓸 수 있음을 보여라.

$$\Delta V=\tilde{\rho}^2\sin\tilde{\phi}\,\Delta\rho\,\Delta\theta\,\Delta\phi$$

여기서 $\tilde{\rho}$는 ρ_1과 ρ_2 사이에 놓이고 $\tilde{\phi}$는 ϕ_1과 ϕ_2 사이에 놓이며 $\Delta\rho=\rho_2-\rho_1$, $\Delta\theta=\theta_2-\theta_1$, $\Delta\phi=\phi_2-\phi_1$이다.

12.8 중적분에서 변수변환

1차원 적분에서 적분을 간단히 하기 위해 종종 변수변환(치환)을 이용했다. x와 u의 역할을 바꿈으로써 4.5절의 치환 법칙 [4]를 다음과 같이 쓸 수 있다.

[1] $$\int_a^b f(x)\,dx=\int_c^d f(g(u))\,g'(u)\,du$$

여기서 $x=g(u)$, $a=g(c)$, $b=g(d)$이다. 식 [1]을 다음과 같이 나타낼 수도 있다.

2 $$\int_a^b f(x)\,dx = \int_c^d f(x(u))\,\frac{dx}{du}\,du$$

변수변환은 이중적분에서도 유용하다. 이에 대한 예로 극좌표로의 변환을 살펴보았다. 이때 새로운 변수 r, θ와 기존 변수 x, y는 다음과 같은 관계가 있다.

$$x = r\cos\theta, \qquad y = r\sin\theta$$

그리고 12.3절의 변수변환 공식 2는 다음과 같이 쓸 수 있다.

$$\iint_R f(x, y)\,dA = \iint_S f(r\cos\theta, r\sin\theta)\,r\,dr\,d\theta$$

여기서 S는 xy평면의 영역 R에 대응하는 $r\theta$평면의 영역이다.

좀 더 일반적으로 다음과 같은 uv평면에서 xy평면으로의 **변환**transformation T로 주어진 변수변환을 생각한다.

$$T(u, v) = (x, y)$$

여기서 x, y와 u, v는 다음과 같은 관계가 있다.

3 $$x = g(u, v), \qquad y = h(u, v)$$

때때로 다음과 같이 쓰기도 한다.

$$x = x(u, v), \qquad y = y(u, v)$$

g와 h가 연속인 1계 편도함수를 갖는다는 의미에서 T를 **C^1 변환**transformation이라 한다. 변환 T는 실제로 정의역과 치역이 모두 $\mathbb{R}^2$의 부분집합인 함수이다. $T(u_1, v_1) = (x_1, y_1)$일 때 점 (x_1, y_1)을 점 (u_1, v_1)의 **상**image이라고 한다. 어떤 두 점도 같은 상을 갖지 않으면 T를 **일대일 변환**one-to-one이라고 한다. [그림 87]은 uv평면 안의 영역 S 위에서 변환 T의 결과를 보여준다. S에서 xy평면 안의 영역 R로의 변환 T를 **S의 상**이라 한다. 여기서 R은 S에 속하는 모든 점들에 대한 상으로 구성된다.

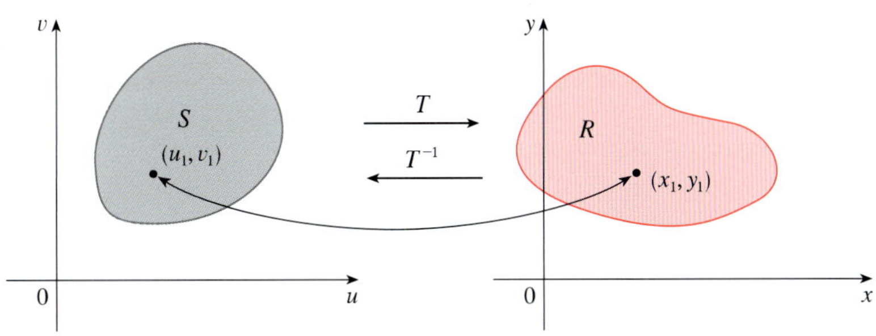

[그림 87]

T가 일대일 변환이면 xy평면에서 uv평면으로의 역변환inverse transformation T^{-1}가 존재한다. 그리고 이 역변환은 식 [3]에서 u, v를 x, y에 대해 다음과 같이 풀 수 있다.

$$u = G(x, y), \quad v = H(x, y)$$

예제 1 변환이 다음 방정식으로 정의된다.

$$x = u^2 - v^2, \quad y = 2uv$$

정사각형 $S = \{(u, v) \mid 0 \le u \le 1, \ 0 \le v \le 1\}$의 상을 구하라.

풀이

변환은 S의 경계를 상의 경계로 사상한다. 따라서 S의 변의 상을 구하는 것으로 시작한다. 첫 번째 변 S_1은 $v = 0$ $(0 \le u \le 1)$로 주어진다([그림 88] 참조). 주어진 식으로부터 $x = u^2$, $y = 0$이므로 $0 \le x \le 1$을 얻는다. 그러므로 S_1은 xy평면에서 $(0, 0)$에서 $(1, 0)$까지 선분으로 사상한다. 두 번째 변 S_2는 $u = 1(0 \le v \le 1)$이고 주어진 방정식에서 $u = 1$이라 놓으면 다음을 얻는다.

$$x = 1 - v^2, \quad y = 2v$$

이제 v를 소거하여 포물선의 일부인 다음을 얻는다.

[4] $$x = 1 - \frac{y^2}{4}, \quad 0 \le x \le 1$$

마찬가지로 S_3는 $v = 1(0 \le u \le 1)$로 주어진다. 이 상은 다음과 같은 포물선 호이다.

[5] $$x = \frac{y^2}{4} - 1, \quad -1 \le x \le 0$$

마지막으로 S_4는 $u = 0(0 \le v \le 1)$으로 주어지고 상은 $x = -v^2$, $y = 0$, 즉 $-1 \le x \le 0$이다. (정사각형 주위를 시계 반대 방향으로 돌면 포물 영역의 주위를 시계 반대 방향으로 움직이는 것에 주목한다.) S의 상은 ([그림 88]에서 보인 것과 같이) x축과 식 [4], [5]로 주어진 포물선으로 둘러싸인 영역 R이다.

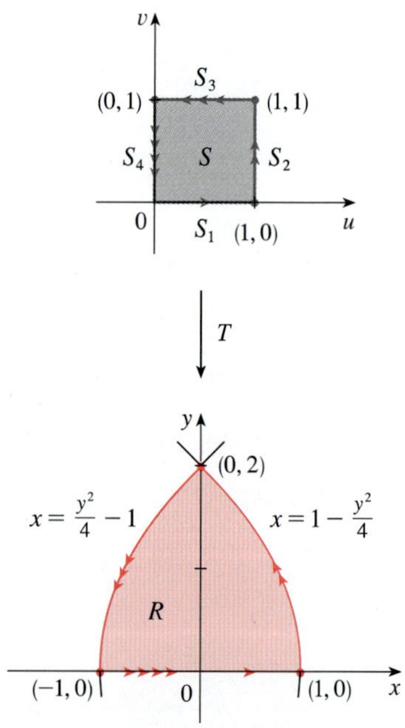

[그림 88]

이제 변수변환이 이중적분에서 어떤 역할을 하는지 알아보자. uv평면에서 왼쪽 아래 모서리가 점 (u_0, v_0)이고 치수가 Δu와 Δv인 작은 직사각형 S를 가지고 시작한다([그림 89] 참조).

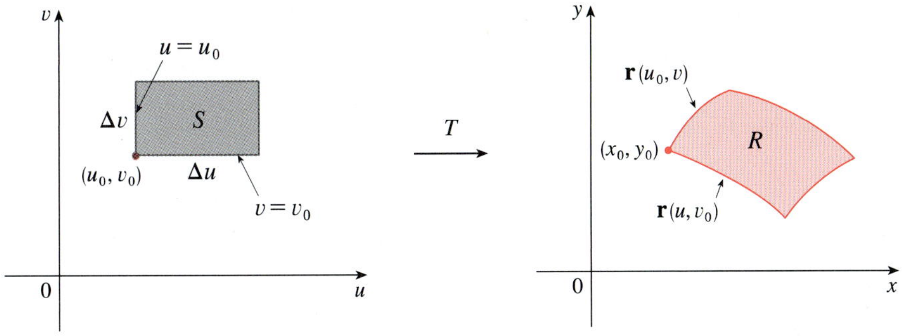

[그림 89]

S의 상은 경계점 중 하나가 $(x_0, y_0) = T(u_0, v_0)$인 xy평면의 영역 R이다. 점 (u, v)의 상에 대한 위치벡터는 다음과 같다.

$$\mathbf{r}(u, v) = g(u, v)\mathbf{i} + h(u, v)\mathbf{j}$$

S의 아래쪽 변의 방정식은 $v = v_0$이고, 이것의 상곡선image curve은 벡터함수 $\mathbf{r}(u, v_0)$로 주어진다. (x_0, y_0)에서 이 상곡선에 대한 접선벡터는 다음과 같다.

$$\mathbf{r}_u = g_u(u_0, v_0)\mathbf{i} + h_u(u_0, v_0)\mathbf{j} = \frac{\partial x}{\partial u}\mathbf{i} + \frac{\partial y}{\partial u}\mathbf{j}$$

마찬가지로 (x_0, y_0)에서 S의 왼쪽 변(즉 $u = u_0$)의 상곡선에 대한 접선벡터는 다음과 같다.

$$\mathbf{r}_v = g_v(u_0, v_0)\mathbf{i} + h_v(u_0, v_0)\mathbf{j} = \frac{\partial x}{\partial v}\mathbf{i} + \frac{\partial y}{\partial v}\mathbf{j}$$

S의 상영역 $R = T(S)$를 [그림 90]과 같이 다음 두 할선 벡터에 의해 결정되는 평행사변형으로 근사시킬 수 있다.

$$\mathbf{a} = \mathbf{r}(u_0 + \Delta u, v_0) - \mathbf{r}(u_0, v_0), \qquad \mathbf{b} = \mathbf{r}(u_0, v_0 + \Delta v) - \mathbf{r}(u_0, v_0)$$

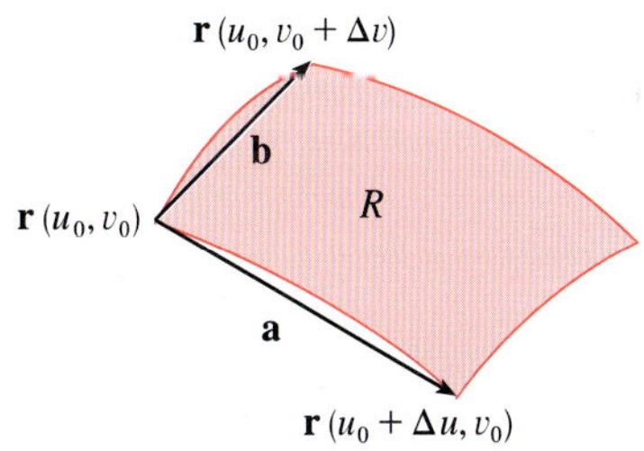

[그림 90]

이때 다음이 성립한다.

$$\mathbf{r}_u = \lim_{\Delta u \to 0} \frac{\mathbf{r}(u_0 + \Delta u, v_0) - \mathbf{r}(u_0, v_0)}{\Delta u}$$

따라서 다음을 얻는다.

$$\mathbf{r}(u_0 + \Delta u, v_0) - \mathbf{r}(u_0, v_0) \approx \Delta u\,\mathbf{r}_u$$

같은 방법으로 다음을 얻는다.

$$\mathbf{r}(u_0, v_0 + \Delta v) - \mathbf{r}(u_0, v_0) \approx \Delta v\,\mathbf{r}_v$$

이것은 두 벡터 $\Delta u\,\mathbf{r}_u$와 $\Delta v\,\mathbf{r}_v$로 결정되는 평행사변형에 의해 R을 근사시킬 수 있음을 뜻한다([그림 91] 참조). 그러므로 R의 넓이는 이 평행사변형의 넓이에 의해 근사시킬 수 있다. 그리고 이 평행사변형의 넓이는 10.4절로부터 다음과 같다.

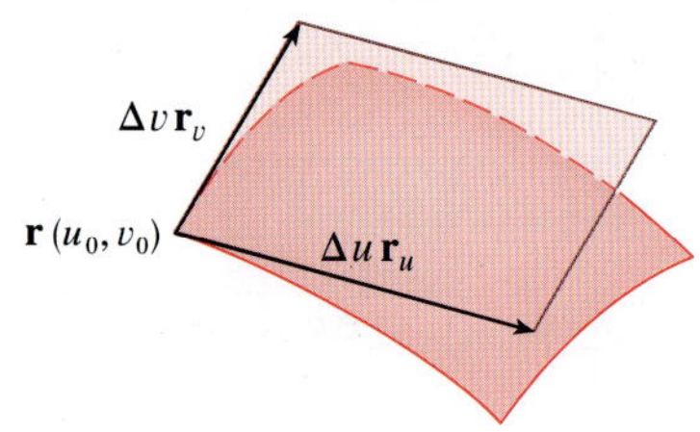

[그림 91]

6 $$|(\Delta u\,\mathbf{r}_u)\times(\Delta v\,\mathbf{r}_v)| = |\mathbf{r}_u \times \mathbf{r}_v|\,\Delta u\,\Delta v$$

외적을 계산하면 다음을 얻는다.

$$\mathbf{r}_u \times \mathbf{r}_v = \begin{vmatrix} \mathbf{i} & \mathbf{j} & \mathbf{k} \\ \dfrac{\partial x}{\partial u} & \dfrac{\partial y}{\partial u} & 0 \\ \dfrac{\partial x}{\partial v} & \dfrac{\partial y}{\partial v} & 0 \end{vmatrix} = \begin{vmatrix} \dfrac{\partial x}{\partial u} & \dfrac{\partial y}{\partial u} \\ \dfrac{\partial x}{\partial v} & \dfrac{\partial y}{\partial v} \end{vmatrix}\mathbf{k} = \begin{vmatrix} \dfrac{\partial x}{\partial u} & \dfrac{\partial x}{\partial v} \\ \dfrac{\partial y}{\partial u} & \dfrac{\partial y}{\partial v} \end{vmatrix}\mathbf{k}$$

이 계산에서의 행렬식을 변환에 대한 야코비안이라 하고 다음과 같은 특별한 기호로 나타낸다.

7 정리 $x = g(u, v)$, $y = h(u, v)$로 주어진 변환 T의 **야코비안**Jacobian은 다음과 같다.

$$\frac{\partial(x, y)}{\partial(u, v)} = \begin{vmatrix} \dfrac{\partial x}{\partial u} & \dfrac{\partial x}{\partial v} \\ \dfrac{\partial y}{\partial u} & \dfrac{\partial y}{\partial v} \end{vmatrix} = \frac{\partial x}{\partial u}\frac{\partial y}{\partial v} - \frac{\partial x}{\partial v}\frac{\partial y}{\partial u}$$

야코비안은 독일의 수학자 야코비(Carl Gustav Jacob Jacobi, 1804~1851)의 이름을 딴 것이다. 프랑스의 수학자 코시가 편도함수를 포함하는 이런 특별한 행렬식을 먼저 이용했지만 야코비가 다중적분을 계산하는 방법으로 이것을 발전시켰다.

이 기호를 가지고 식 6을 이용하여 다음과 같이 R의 넓이 ΔA에 대한 근사식을 얻을 수 있다.

8 $$\Delta A \approx \left|\frac{\partial(x, y)}{\partial(u, v)}\right| \Delta u\,\Delta v$$

여기서 야코비안은 (u_0, v_0)에서 계산된다.

다음으로 uv평면에 있는 영역 S를 부분 직사각형 S_{ij}로 나누고 이들의 상을 xy평면에서의 R_{ij}라 한다([그림 92] 참조).

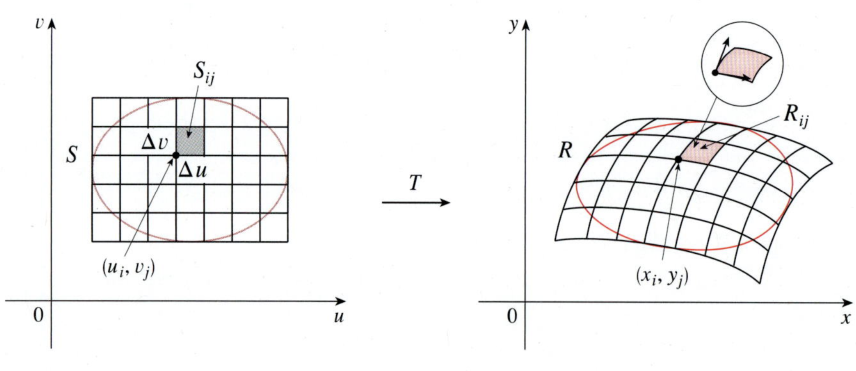

[그림 92]

근사식 [8]을 각각의 R_{ij}에 적용하여 R 위에서 f의 이중적분을 다음과 같이 근사시킨다.

$$\begin{aligned}\iint_R f(x, y)\,dA &\approx \sum_{i=1}^{m}\sum_{j=1}^{n} f(x_i, y_j)\,\Delta A \\ &\approx \sum_{i=1}^{m}\sum_{j=1}^{n} f(g(u_i, v_j), h(u_i, v_j))\left|\frac{\partial(x, y)}{\partial(u, v)}\right|\Delta u\,\Delta v\end{aligned}$$

여기서 야코비안은 (u_i, v_j)에서 계산된다. 이 이중 합은 다음 적분에 대한 리만 합이다.

$$\iint_S f(g(u, v), h(u, v))\left|\frac{\partial(x, y)}{\partial(u, v)}\right|du\,dv$$

이와 같은 논의가 참인 것을 다음 정리에서 보여준다. (완전한 증명은 고등 미적분학 책에서 확인할 수 있다.)

[9] 이중적분에서의 변수변환 T가 C^1 변환으로 야코비안이 0이 아니고, uv평면의 영역 S를 xy평면 안의 영역 R 위로 사상한다고 하자. f가 R에서 연속이고 R과 S가 유형 I 또는 유형 II인 평면 영역이라 하자. 또한 T가 S의 경계를 제외하고 일대일이라 하면 다음이 성립한다.

$$\iint_R f(x, y)\,dA = \iint_S f(x(u, v), y(u, v))\left|\frac{\partial(x, y)}{\partial(u, v)}\right|du\,dv$$

정리 [9]는 x와 y를 u와 v로 나타내고 다음과 같이 씀으로써 x와 y에 대한 적분을 u와 v의 적분으로 변환하는 것을 뜻한다.

$$dA = \left|\frac{\partial(x, y)}{\partial(u, v)}\right|du\,dv$$

정리 [9]와 1차원 공식인 식 [2] 사이에 유사성이 있음에 주목하자. 도함수 dx/du 대신 야코비안의 절댓값인 $|\partial(x, y)/\partial(u, v)|$를 사용했다.

정리 [9]의 첫 번째 예로 극좌표에서의 적분 공식이 바로 이 정리의 특별한 경우이다. 여기서 $r\theta$평면에서 xy평면으로의 변환 T는 다음과 같다.

$$x = g(r, \theta) = r\cos\theta, \qquad y = h(r, \theta) = r\sin\theta$$

그리고 그 변환의 기하학적 구조를 [그림 93]에서 보여준다. T는 $r\theta$평면에서 일반적인 직사각형을 xy평면의 극사각형으로 사상하며 T의 야코비안은 다음과 같다.

$$\frac{\partial(x, y)}{\partial(r, \theta)} = \begin{vmatrix}\dfrac{\partial x}{\partial r} & \dfrac{\partial x}{\partial \theta} \\ \dfrac{\partial y}{\partial r} & \dfrac{\partial y}{\partial \theta}\end{vmatrix} = \begin{vmatrix}\cos\theta & -r\sin\theta \\ \sin\theta & r\cos\theta\end{vmatrix} = r\cos^2\theta + r\sin^2\theta = r > 0$$

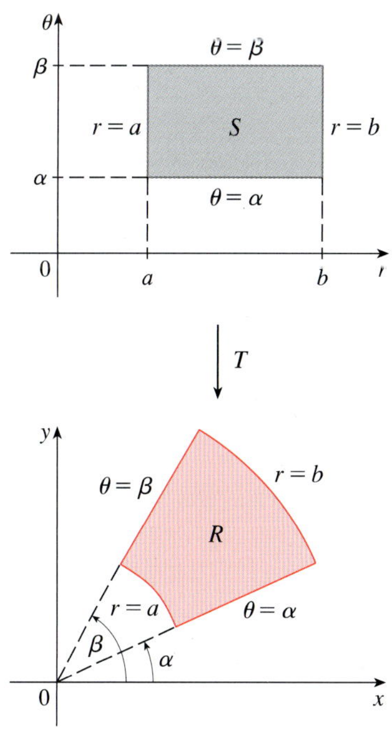

[그림 93] 극좌표 변환

따라서 정리 [9]에 의해 다음을 얻는다.

$$\iint_R f(x, y)\,dx\,dy = \iint_S f(r\cos\theta, r\sin\theta)\left|\frac{\partial(x, y)}{\partial(r, \theta)}\right| dr\,d\theta$$

$$= \int_\alpha^\beta \int_a^b f(r\cos\theta, r\sin\theta)\, r\,dr\,d\theta$$

이것은 12.3절의 식 [2]와 일치한다.

예제 2 **x축과 포물선 $y^2 = 4 - 4x$, $y^2 = 4 + 4x$, $y \ge 0$으로 둘러싸인 영역을 R이라 하자. 변수변환 $x = u^2 - v^2$, $y = 2uv$를 이용하여 적분 $\iint_R y\,dA$를 구하라.**

풀이

영역 R은 [그림 88]에 그려져 있다. S를 정사각형 $[0, 1] \times [0, 1]$이라 하면 $T(S) = R$임을 [예제 1]에서 알았다. 적분을 계산하기 위해 변수변환을 하는 이유는 S가 R보다 훨씬 더 간단한 영역이기 때문이다. 먼저 다음과 같이 야코비안을 계산한다.

$$\frac{\partial(x, y)}{\partial(u, v)} = \begin{vmatrix} \dfrac{\partial x}{\partial u} & \dfrac{\partial x}{\partial v} \\ \dfrac{\partial y}{\partial u} & \dfrac{\partial y}{\partial v} \end{vmatrix} = \begin{vmatrix} 2u & -2v \\ 2v & 2u \end{vmatrix} = 4u^2 + 4v^2 > 0$$

따라서 정리 [9]에 의해 다음을 얻는다.

$$\iint_R y\,dA = \iint_S 2uv\left|\frac{\partial(x, y)}{\partial(u, v)}\right| dA = \int_0^1 \int_0^1 (2uv)\,4(u^2 + v^2)\,du\,dv$$

$$= 8\int_0^1 \int_0^1 (u^3 v + uv^3)\,du\,dv = 8\int_0^1 \left[\frac{1}{4}u^4 v + \frac{1}{2}u^2 v^3\right]_{u=0}^{u=1} dv$$

$$= \int_0^1 (2v + 4v^3)\,dv = \left[v^2 + v^4\right]_0^1 = 2$$

NOTE_ [예제 2]에서는 적절한 변수변환이 주어졌기 때문에 그리 어려운 문제는 아니다. 변환이 주어지지 않으면 첫 번째 단계로 적절한 변수변환을 생각해내야 한다. $f(x, y)$를 적분하기 어렵다면 $f(x, y)$의 형태에서 변환을 유도한다. 적분 영역 R을 다루기 곤란하다면 이에 대응하는 uv평면의 영역 S를 간단하게 표현할 수 있는 변환을 선택해야 한다.

예제 3 **꼭짓점이 $(1, 0)$, $(2, 0)$, $(0, -2)$, $(0, -1)$인 사다리꼴 영역을 R이라 할 때 적분 $\iint_R e^{(x+y)/(x-y)}\,dA$를 계산하라.**

풀이

$e^{(x+y)/(x-y)}$를 적분하는 것이 쉽지 않으므로 이 함수의 형태로부터 다음과 같은 변환을 생각한다.

10 $$u = x + y, \quad v = x - y$$

이 식은 xy평면에서 uv평면으로의 변환 T^{-1}를 정의한다. 정리 9는 uv평면에서 xy평면으로의 변환 T에 대해 언급하고 있다. 식 10을 x와 y에 대하여 풀면 다음을 얻는다.

11 $$x = \frac{1}{2}(u+v), \quad y = \frac{1}{2}(u-v)$$

T의 야코비안은 다음과 같다.

$$\frac{\partial(x, y)}{\partial(u, v)} = \begin{vmatrix} \dfrac{\partial x}{\partial u} & \dfrac{\partial x}{\partial v} \\ \dfrac{\partial y}{\partial u} & \dfrac{\partial y}{\partial v} \end{vmatrix} = \begin{vmatrix} \dfrac{1}{2} & \dfrac{1}{2} \\ \dfrac{1}{2} & -\dfrac{1}{2} \end{vmatrix} = -\frac{1}{2}$$

R에 대응되는 uv평면의 영역 S를 구하기 위해 R의 변들이 다음 직선 위에 놓이는 것에 주의한다.

$$y = 0, \quad x - y = 2, \quad x = 0, \quad x - y = 1$$

그리고 식 10 또는 식 11로부터 uv평면의 상직선은 다음과 같다.

$$u = v, \quad v = 2, \quad u = -v, \quad v = 1$$

따라서 영역 S는 [그림 94]와 같이 꼭짓점이 $(1, 1)$, $(2, 2)$, $(-2, 2)$, $(-1, 1)$인 사다리꼴이다. 따라서 다음과 같다.

$$S = \{(u, v) \mid 1 \le v \le 2, \ -v \le u \le v\}$$

정리 9에 의해 다음을 얻는다.

$$\iint_R e^{(x+y)/(x-y)}\, dA = \iint_S e^{u/v} \left| \frac{\partial(x, y)}{\partial(u, v)} \right| du\, dv$$

$$= \int_1^2 \int_{-v}^{v} e^{u/v} \left(\frac{1}{2}\right) du\, dv = \frac{1}{2} \int_1^2 \left[v e^{u/v} \right]_{u=-v}^{u=v} dv$$

$$= \frac{1}{2} \int_1^2 (e - e^{-1}) v\, dv = \frac{3}{4}(e - e^{-1})$$

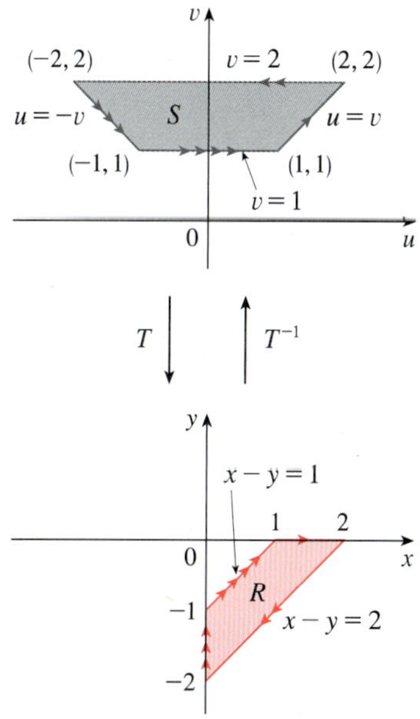

[그림 94]

삼중적분

삼중적분에도 비슷한 변수변환 공식이 있다. T가 uvw공간의 영역 S를 다음 방정식에 의해 xyz공간의 영역 R 위로 사상하는 변환이라 하자.

$$x = g(u, v, w), \quad y = h(u, v, w), \quad z = k(u, v, w)$$

T의 **야코비안**은 다음과 같은 3×3 행렬식이다.

12
$$\frac{\partial(x, y, z)}{\partial(u, v, w)} = \begin{vmatrix} \frac{\partial x}{\partial u} & \frac{\partial x}{\partial v} & \frac{\partial x}{\partial w} \\ \frac{\partial y}{\partial u} & \frac{\partial y}{\partial v} & \frac{\partial y}{\partial w} \\ \frac{\partial z}{\partial u} & \frac{\partial z}{\partial v} & \frac{\partial z}{\partial w} \end{vmatrix}$$

정리 9와 비슷한 가정 아래 삼중적분에 대한 다음 식이 성립한다.

13
$$\iiint_R f(x, y, z)\,dV$$
$$= \iiint_S f(x(u, v, w), y(u, v, w), z(u, v, w)) \left| \frac{\partial(x, y, z)}{\partial(u, v, w)} \right| du\,dv\,dw$$

예제 4 **식 13을 이용해서 구면좌표에서 삼중적분의 식을 유도하라.**

풀이

이 경우에 변수변환은 다음과 같다.

$$x = \rho \sin\phi \cos\theta, \quad y = \rho \sin\phi \sin\theta, \quad z = \rho \cos\phi$$

야코비안을 계산하면 다음과 같다.

$$\frac{\partial(x, y, z)}{\partial(\rho, \theta, \phi)} = \begin{vmatrix} \sin\phi\cos\theta & -\rho\sin\phi\sin\theta & \rho\cos\phi\cos\theta \\ \sin\phi\sin\theta & \rho\sin\phi\cos\theta & \rho\cos\phi\sin\theta \\ \cos\phi & 0 & -\rho\sin\phi \end{vmatrix}$$

$$= \cos\phi \begin{vmatrix} -\rho\sin\phi\sin\theta & \rho\cos\phi\cos\theta \\ \rho\sin\phi\cos\theta & \rho\cos\phi\sin\theta \end{vmatrix} - \rho\sin\phi \begin{vmatrix} \sin\phi\cos\theta & -\rho\sin\phi\sin\theta \\ \sin\phi\sin\theta & \rho\sin\phi\cos\theta \end{vmatrix}$$

$$= \cos\phi\,(-\rho^2 \sin\phi\cos\phi\sin^2\theta - \rho^2\sin\phi\cos\phi\cos^2\theta)$$

$$- \rho\sin\phi\,(\rho\sin^2\phi\cos^2\theta + \rho\sin^2\phi\sin^2\theta)$$

$$= -\rho^2\sin\phi\cos^2\phi - \rho^2\sin\phi\sin^2\phi = -\rho^2\sin\phi$$

$0 \le \phi \le \pi$이므로 $\sin\phi \ge 0$이다. 따라서 다음과 같다.

$$\left|\frac{\partial(x, y, z)}{\partial(\rho, \theta, \phi)}\right| = |-\rho^2 \sin\phi| = \rho^2 \sin\phi$$

식 13에 의해 다음 식을 얻는다.

$$\iiint_R f(x, y, z)\,dV = \iiint_S f(\rho\sin\phi\cos\theta,\ \rho\sin\phi\sin\theta,\ \rho\cos\phi)\rho^2\sin\phi\,d\rho\,d\theta\,d\phi$$

이것은 12.7절의 식 13과 일치한다.

12.8 연습문제

01~03 다음 변환에 대한 야코비안을 구하라.

01 $x = 5u - v,\quad y = u + 3v$

02 $x = e^{-r}\sin\theta,\quad y = e^{r}\cos\theta$

03 $x = u/v,\quad y = v/w,\quad z = w/u$

04~05 주어진 변환에 의한 집합 S의 상을 구하라.

04 $S = \{(u, v)\,|\,0 \le u \le 3,\ 0 \le v \le 2\};\quad x = 2u + 3v,\ y = u - v$

05 S는 꼭짓점이 $(0, 0)$, $(1, 1)$, $(0, 1)$인 삼각형 영역; $x = u^2$, $y = v$

06~07 xy평면 안에 영역 R이 주어져 있다. uv평면 안의 직사각형 영역 S에서 R 위로의 변환 T에 대한 방정식을 구하라. 여기서 S의 변은 u축과 v축에 평행하다.

06 R은 $y = 2x - 1$, $y = 2x + 1$, $y = 1 - x$, $y = 3 - x$로 둘러싸여 있다.

07 R은 제1사분면에서 원 $x^2 + y^2 = 1$과 $x^2 + y^2 = 2$ 사이에 놓인다.

08~10 주어진 변환을 이용하여 적분을 계산하라.

08 R은 꼭짓점이 $(0, 0)$, $(2, 1)$, $(1, 2)$인 삼각형 영역이고, 변환이 $x = 2u + v$, $y = u + 2v$일 때 $\iint_R (x - 3y)\,dA$이다.

09 R은 타원 $9x^2 + 4y^2 = 36$으로 둘러싸인 영역이고, 변환이 $x = 2u$, $y = 3v$일 때 $\iint_R x^2\,dA$이다.

10 R은 제1사분면에서 직선 $y = x$, $y = 3x$와 쌍곡선 $xy = 1$, $xy = 3$으로 둘러싸인 영역이고, 변환이 $x = u/v$, $y = v$일 때 $\iint_R xy\,dA$이다.

11 (a) E가 타원면 $x^2/a^2 + y^2/b^2 + z^2/c^2 = 1$로 둘러싸인 입체일 때 $\iiint_E dV$를 구하라. 이때 변환 $x = au$, $y = bv$, $z = cw$를 이용한다.

(b) 지구는 완전한 구면이 아니다. 자전의 결과로 극에서 평평하다. 따라서 지구의 모양은 $a = b = 6378\,\text{km}$, $c = 6356\,\text{km}$인 타원면에 근사한다고 할 수 있다. (a)를 이용해서 지구의 부피를 추정하라.

(c) (a)의 입체가 균일한 밀도 k를 갖는다고 할 때 z축에 대한 관성모멘트를 구하라.

12~14 변수를 적당히 변환하여 다음 적분을 계산하라.

12 R이 직선 $x - 2y = 0$, $x - 2y = 4$, $3x - y = 1$, $3x - y = 8$로 둘러싸인 평행사변형 영역일 때 $\iint_R \frac{x - 2y}{3x - y}\,dA$를 계산하라.

13 R이 꼭짓점이 $(1, 0)$, $(2, 0)$, $(0, 2)$, $(0, 1)$인 사다리꼴 영역일 때 $\iint_R \cos\left(\frac{y-x}{y+x}\right) dA$를 계산하라.

14 R이 부등식 $|x|+|y| \le 1$로 주어질 때 $\iint_R e^{x+y}\, dA$를 계산하라.

12장 복습문제

개념 확인

01 f는 직사각형 $R=[a, b]\times[c, d]$에서 정의된 연속함수라 하자.

(a) f의 이중 리만 합에 대한 식을 쓰라. $f(x, y) \ge 0$이면 그 합은 무엇을 나타내는가?

(b) $\iint_R f(x, y)\, dA$의 정의를 극한으로 쓰라.

(c) $f(x, y) \ge 0$일 때 $\iint_R f(x, y)\, dA$의 기하학적 의미는 무엇인가? f가 양수와 음수 값을 모두 갖는다면 무엇을 의미하는가?

(d) $\iint_R f(x, y)\, dA$를 어떻게 계산하는가?

(e) 이중적분에 대한 중점 법칙이란 무엇인가?

02 (a) D가 직사각형이 아닌 유계한 영역일 때 $\iint_D f(x, y)\, dA$를 어떻게 정의하는가?

(b) 유형 I 영역이란 무엇인가? D가 유형 I 영역이면 $\iint_D f(x, y)\, dA$를 어떻게 계산하는가?

(c) 유형 II 영역이란 무엇인가? D가 유형 II 영역이면 $\iint_D f(x, y)\, dA$를 어떻게 계산하는가?

(d) 이중적분은 어떤 성질들을 갖는가?

03 이중적분에서 직교좌표를 극좌표로 어떻게 변환하는가? 왜 변환을 하려고 하는가?

04 박막이 평면 영역 D를 차지하고 밀도함수가 $\rho(x, y)$일 때, 이중적분을 이용하여 다음 각각에 대한 식을 쓰라.

(a) 질량 (b) 축에 대한 모멘트

(c) 질량중심 (d) 두 축과 원점에 대한 관성모멘트

05 (a) 직육면체 B에서 f에 대한 삼중적분의 정의를 쓰라.

(b) $\iiint_B f(x, y, z)\, dV$를 어떻게 계산하는가?

(c) E가 육면체가 아닌 유계한 입체 영역일 때 $\iiint_E f(x, y, z)\, dV$를 어떻게 정의하는가?

(d) 유형 1 입체 영역이란 무엇인가? E가 유형 1인 입체 영역일 때 $\iiint_E f(x, y, z)\, dV$를 어떻게 계산하는가?

(e) 유형 2 입체 영역이란 무엇인가? E가 유형 2인 입체 영역일 때 $\iiint_E f(x, y, z)\, dV$를 어떻게 계산하는가?

(f) 유형 3 입체 영역이란 무엇인가? E가 유형 3인 입체 영역일 때 $\iiint_E f(x, y, z)\, dV$를 어떻게 계산하는가?

06 입체 물체가 영역 E를 차지하고 있고 밀도함수를 $\rho(x, y, z)$라 하자. 다음에 대한 식을 쓰라.

(a) 질량

(b) 좌표평면에 대한 모멘트

(c) 질량중심의 좌표

(d) 축들에 대한 관성모멘트

07 (a) 원기둥좌표를 공간좌표로 변환하는 방정식을 쓰라. 어떤 상황에서 원기둥좌표를 사용하는가?

(b) 구면좌표를 공간좌표로 변환하는 방정식을 쓰라. 어떤 상황에서 구면좌표를 사용하는가?

08 (a) 삼중적분에서 공간좌표를 원기둥좌표로 어떻게 바꾸는가?

(b) 삼중적분에서 공간좌표를 구면좌표로 어떻게 바꾸는가?

(c) 어떤 상황에서 원기둥좌표 또는 구면좌표로 바꾸는가?

09 (a) 변환 T가 $x=g(u, v)$, $y=h(u, v)$로 주어진다면 T의 야코비안은 무엇인가?

(b) 이중적분에서 변수를 어떻게 변환하는가?

(c) 삼중적분에서 변수를 어떻게 변환하는가?

참/거짓 질문

다음 명제가 참인지 아니면 거짓인지 판별하라. 참이면 이유를 설명하고, 거짓이면 이유를 설명하거나 반례를 들라.

01 $\int_{-1}^{2}\int_{0}^{6} x^2 \sin(x-y)\,dx\,dy = \int_{0}^{6}\int_{-1}^{2} x^2 \sin(x-y)\,dy\,dx$

02 $\int_{1}^{2}\int_{3}^{4} x^2 e^y\,dy\,dx = \int_{1}^{2} x^2\,dx \int_{3}^{4} e^y\,dy$

03 f가 $[0, 1]$에서 연속이면 $\int_{0}^{1}\int_{0}^{1} f(x)f(y)\,dy\,dx = \left[\int_{0}^{1} f(x)\,dx\right]^2$이다.

04 D가 $x^2+y^2 \le 4$로 주어진 원판일 때 $\iint_D \sqrt{4-x^2-y^2}\,dA = \frac{16}{3}\pi$이다.

05 다음 적분은 원뿔면 $z=\sqrt{x^2+y^2}$과 평면 $z=2$로 둘러싸인 부피를 나타낸다.

$$\int_{0}^{2\pi}\int_{0}^{2}\int_{r}^{2} dz\,dr\,d\theta$$

연습문제

01 다음 그림은 정사각형 $R=[0, 3]\times[0, 3]$에서 함수 f에 대한 등고선 지도이다. 아홉 개의 항을 갖는 리만 합을 이용하여 $\iint_R f(x, y)\,dA$의 값을 추정하라. 정사각형의 오른쪽 위 모서리를 표본점으로 택하라.

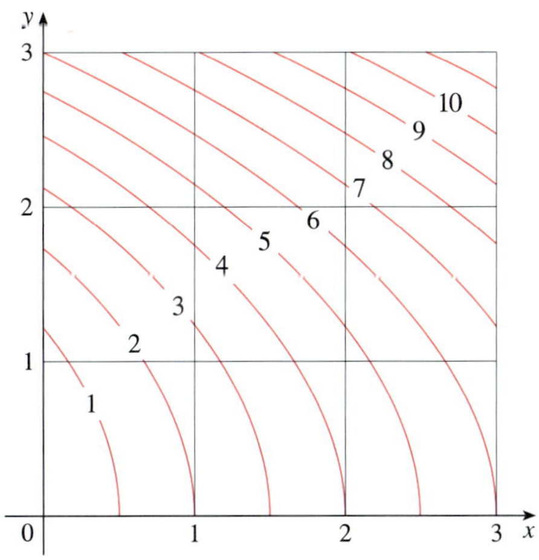

05 $\iint_R f(x, y)\,dA$를 반복적분으로 쓰라. 여기서 R은 그림과 같고 f는 R에서 연속인 임의의 함수이다.

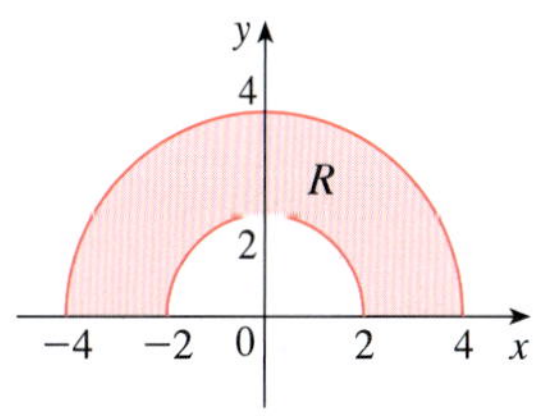

06 넓이가 다음 적분으로 주어지는 영역을 그려라.

$$\int_{0}^{\pi/2}\int_{0}^{\sin 2\theta} r\,dr\,d\theta$$

07 적분 순서를 바꾸어 $\int_{0}^{1}\int_{x}^{1} \cos(y^2)\,dy\,dx$를 계산하라.

02~04 다음 반복적분을 계산하라.

02 $\int_{1}^{2}\int_{0}^{2} (y+2xe^y)\,dx\,dy$

03 $\int_{0}^{1}\int_{0}^{x} \cos(x^2)\,dy\,dx$

04 $\int_{0}^{\pi}\int_{0}^{1}\int_{0}^{\sqrt{1-y^2}} y\sin x\,dz\,dy\,dx$

08~14 다음 다중적분을 계산하라.

08 $\iint_R ye^{xy}\,dA$; $R=\{(x, y)\,|\,0\le x\le 2,\ 0\le y\le 3\}$

09 $\iint_D \frac{y}{1+x^2}\,dA$; D는 $y=\sqrt{x}$, $y=0$, $x=1$로 둘러싸인 영역

10 $\iint_D y\,dA$; D는 제1사분면에서 포물선 $x=y^2$과 $x=8-y^2$으로 둘러싸인 영역

11 $\iint_D (x^2+y^2)^{3/2}\,dA$; D는 제1사분면에서 직선 $y=0$, $y=\sqrt{3}x$와 원 $x^2+y^2=9$로 둘러싸인 영역

12 $\iiint_E xy\,dV$; $E=\{(x, y, z) \mid 0 \le x \le 3,\ 0 \le y \le x,\ 0 \le z \le x+y\}$

13 $\iiint_E y^2 z^2\,dV$; E는 포물면 $x=1-y^2-z^2$과 평면 $x=0$으로 둘러싸인 영역

14 $\iiint_E yz\,dV$; E는 제1팔분공간에서 평면 $z=0$ 위와 평면 $z=y$ 아래, 원기둥 $x^2+y^2=4$의 내부에 놓이는 영역

15~17 주어진 입체의 부피를 구하라.

15 포물면 $z=x^2+4y^2$ 아래와 직사각형 $R=[0, 2]\times[1, 4]$ 위의 입체

16 꼭짓점이 $(0, 0, 0)$, $(0, 0, 1)$, $(0, 2, 0)$, $(2, 2, 0)$인 사면체

17 원기둥 $x^2+9y^2=a^2$을 평면 $z=0$과 $z=mx$로 잘라낸 쐐기 중 하나

---

18 제1사분면에서 포물선 $x=1-y^2$과 좌표축으로 둘러싸인 영역 D를 차지하는 얇은 판을 생각하자. 이때 이 판의 밀도함수는 $\rho(x, y)=y$이다.

(a) 판의 질량을 구하라.

(b) 질량중심을 구하라.

(c) x축과 y축에 대한 관성모멘트와 회전반지름을 구하라.

19 (a) 밑면의 반지름이 a, 높이가 h인 직원뿔의 무게중심을 구하라. (원뿔의 밑면은 xy평면에서 원점이 중심이 되도록 놓고, 중심축은 양의 z축을 따라 놓이도록 한다.)

(b) 중심축(z축)에 대한 원뿔의 관성모멘트를 구하라.

20 한 점의 원기둥좌표가 $(2\sqrt{3}, \pi/3, 2)$이다. 이 점에 대한 공간좌표와 구면좌표를 구하라.

21 한 점의 구면좌표가 $(8, \pi/4, \pi/6)$이다. 이 점에 대한 공간좌표와 원기둥좌표를 구하라.

22 방정식 $x^2+y^2+z^2=4$를 원기둥좌표와 구면좌표로 쓰라.

23 극좌표를 이용하여 다음을 계산하라.

$$\int_0^3 \int_{-\sqrt{9-x^2}}^{\sqrt{9-x^2}} (x^3+xy^2)\,dy\,dx$$

24 다음 적분을 적분 순서가 $dx\,dy\,dz$인 반복적분으로 고쳐 쓰라.

$$\int_{-1}^1 \int_{x^2}^1 \int_0^{1-y} f(x, y, z)\,dz\,dy\,dx$$

25 변환 $u=x-y$, $v=x+y$를 이용하여 $\iint_R (x-y)/(x+y)\,dA$를 계산하라. 여기서 R은 꼭짓점이 $(0, 2)$, $(1, 1)$, $(2, 2)$, $(1, 3)$인 정사각형이다.

26 변수변환에 대한 공식과 적절한 변환을 이용하여 $\iint_R xy\,dA$를 계산하라. 여기서 R은 꼭짓점이 $(0, 0)$, $(1, 1)$, $(2, 0)$, $(1, -1)$인 정사각형이다.

13장 벡터해석

VECTOR CALCULUS

이 장에서는 벡터장의 미적분학을 공부한다. (벡터장은 벡터를 공간 안의 점에 대응시키는 함수이다.) 특히 (곡선을 따라 물체를 움직일 때 힘장에 의해 이루어진 일을 구할 때 쓰일 수 있는) 선적분을 정의한다. 그리고 (곡면을 지나는 유체흐름의 비율을 구하기 위해 이용될 수 있는) 면적분을 정의한다. 이와 같은 새로운 형태의 적분과 이미 접했던 단일적분, 이중적분, 삼중적분과의 연관성은 고차원적인 미적분학의 기본 정리인 그린 정리, 스토크스 정리, 발산 정리로 설명된다.

13.1 벡터장

[그림 1(a)]의 벡터는 2010년 3월 1일 아침 6시에 샌프란시스코 만 지역에서 표면고도 위로 10 m인 각 지점에서 풍속과 풍향을 가리키는 대기 속도벡터이다. 바람이 금문교를 지나 만으로 들어올 때 풍속은 최대가 되며 이를 긴 화살표로 나타낸다. 이는 속도벡터장의 한 예로 대기의 모든 점에서 바람의 속도벡터를 생각할 수 있다. [그림 1(b)]는 속도벡터장의 또 다른 예이다.

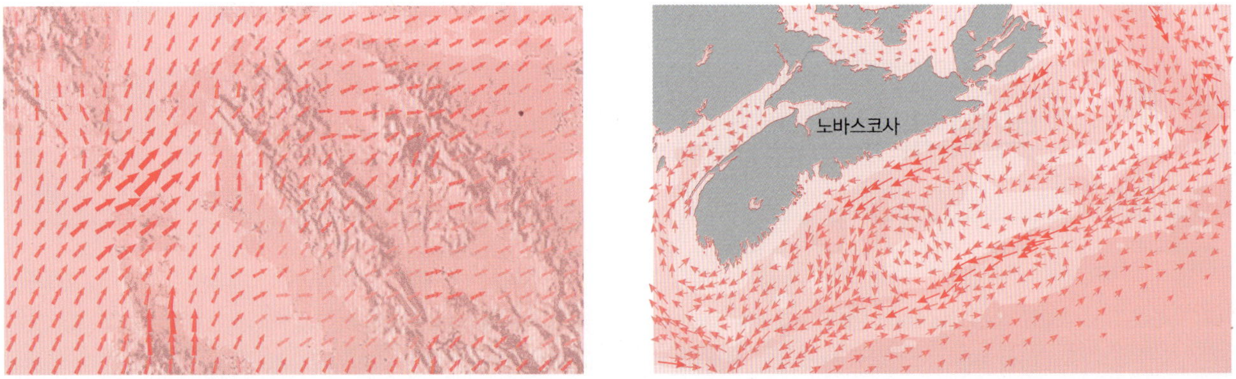

(a) 샌프란시스코 만의 풍향 유형 (b) 노바스코샤의 연안 해류

[그림 1]

힘장은 벡터장의 또 다른 형태로 한 영역에 속하는 각 점에서 힘벡터를 대응시키는 것이다. [예제 4]에서 다룰 중력장은 힘장의 한 예이다.

일반적으로 벡터장은 정의역이 $\mathbb{R}^2$(또는 $\mathbb{R}^3$)에 속하는 점들의 집합이고, 치역이 V_2(또는 V_3)에 속하는 벡터들의 집합인 함수이다.

> **1 정의** D를 $\mathbb{R}^2$의 부분집합(평면 영역)이라 하자. $\mathbb{R}^2$에서의 **벡터장**vector field은 D에 속하는 각 점 (x, y)를 2차원 벡터 $\mathbf{F}(x, y)$에 대응시키는 함수 $\mathbf{F}$이다.

벡터장을 그리는 가장 합리적인 방법은 점 (x, y)에서 시작하여 벡터 $\mathbf{F}(x, y)$를 나타내는 화살표를 그리는 것이다. 물론 모든 점 (x, y)에 대해 화살표를 그릴 수는 없지만 [그림 2]와 같이 D에 속하는 몇 개의 대표적인 점에 대한 화살표를 그려서 $\mathbf{F}$의 합리적인 자취를 얻을 수 있다. $\mathbf{F}(x, y)$가 2차원 벡터이므로 다음과 같이 **성분함수**component function P와 Q를 이용하여 쓸 수 있다.

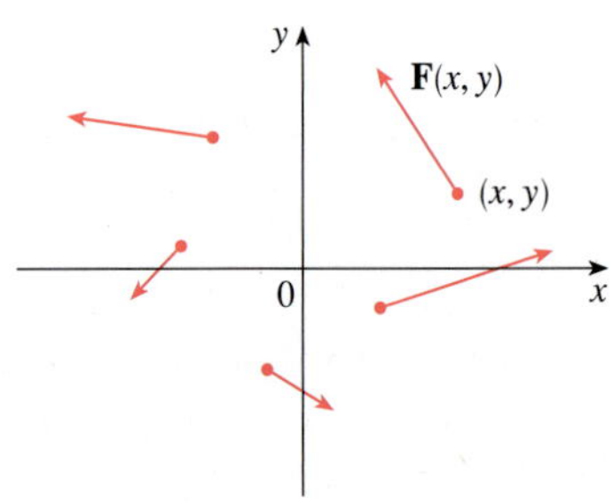

[그림 2] $\mathbb{R}^2$에서의 벡터장

$$\mathbf{F}(x, y) = P(x, y)\mathbf{i} + Q(x, y)\mathbf{j} = \langle P(x, y),\ Q(x, y)\rangle$$

또는 다음과 같이 간단히 나타낼 수 있다.

$$\mathbf{F} = P\mathbf{i} + Q\mathbf{j}$$

이때 P와 Q가 이변수 스칼라 함수임에 주목해야 한다. 이 함수들은 벡터장과 구분하기 위해 **스칼라장**scalar field이라 부르기도 한다.

> **2 정의** E를 $\mathbb{R}^3$의 부분집합이라 하자. $\mathbb{R}^3$에서의 **벡터장**은 E에 속하는 각 점 (x, y, z)를 3차원 벡터 $\mathbf{F}(x, y, z)$에 대응시키는 함수 $\mathbf{F}$이다.

[그림 3]은 $\mathbb{R}^3$에서의 벡터장 $\mathbf{F}$를 나타낸다. 그리고 이것을 성분함수 P, Q, R을 이용하여 다음과 같이 표현할 수 있다.

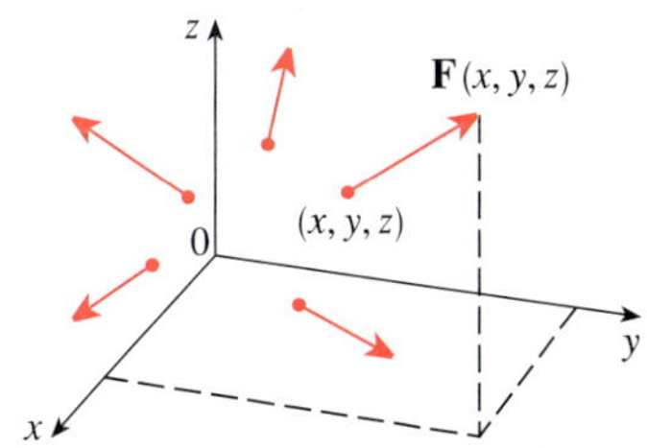

[그림 3] $\mathbb{R}^3$에서의 벡터장

$$\mathbf{F}(x, y, z) = P(x, y, z)\mathbf{i} + Q(x, y, z)\mathbf{j} + R(x, y, z)\mathbf{k}$$

10.7절의 벡터함수와 같이 벡터장의 연속성을 정의할 수 있고, $\mathbf{F}$가 연속이 되기 위한 필요충분조건은 성분함수 P, Q, R이 연속인 것을 보일 수 있다.

종종 점 (x, y, z)를 위치벡터 $\mathbf{x} = \langle x, y, z \rangle$와 동일시하고 $\mathbf{F}(x, y, z)$를 $\mathbf{F}(\mathbf{x})$로 쓴다. 그러면 $\mathbf{F}$는 벡터 $\mathbf{x}$를 벡터 $\mathbf{F}(\mathbf{x})$에 대응시키는 함수가 된다.

예제 1 $\mathbb{R}^2$**에서의 벡터장이** $\mathbf{F}(x, y) = -y\mathbf{i} + x\mathbf{j}$ **로 정의된다. [그림 2]와 같이 몇 개의 벡터** $\mathbf{F}(x, y)$**를 그려서** $\mathbf{F}$**를 설명하라.**

풀이

$\mathbf{F}(1, 0) = \mathbf{j}$ 이므로 [그림 4]와 같이 점 $(1, 0)$에서 시작하는 벡터 $\mathbf{j} = \langle 0, 1 \rangle$을 그린다. $\mathbf{F}(0, 1) = -\mathbf{i}$ 이므로 점 $(0, 1)$에서 시작하는 벡터 $\langle -1, 0 \rangle$을 그린다. 이 방법을 계속하여 몇 개의 대표적인 $\mathbf{F}(x, y)$의 값을 다음 표와 같이 계산한다. 그리고 이에 대응하는 벡터를 그려서 [그림 4]에 있는 벡터장을 나타낸다.

(x, y)	$\mathbf{F}(x, y)$	(x, y)	$\mathbf{F}(x, y)$
$(1, 0)$	$\langle 0, 1 \rangle$	$(-1, 0)$	$\langle 0, -1 \rangle$
$(2, 2)$	$\langle -2, 2 \rangle$	$(-2, -2)$	$\langle 2, -2 \rangle$
$(3, 0)$	$\langle 0, 3 \rangle$	$(-3, 0)$	$\langle 0, -3 \rangle$
$(0, 1)$	$\langle -1, 0 \rangle$	$(0, -1)$	$\langle 1, 0 \rangle$
$(-2, 2)$	$\langle -2, -2 \rangle$	$(2, -2)$	$\langle 2, 2 \rangle$
$(0, 3)$	$\langle -3, 0 \rangle$	$(0, -3)$	$\langle 3, 0 \rangle$

[표 1]

[그림 4]로부터 각 화살표는 중심이 원점인 원에 접하는 것으로 나타난다. 이를 확인하기 위해 다음과 같이 위치벡터 $\mathbf{x} = x\mathbf{i} + y\mathbf{j}$ 와 벡터 $\mathbf{F}(\mathbf{x}) = \mathbf{F}(x, y)$의 내적을 구한다.

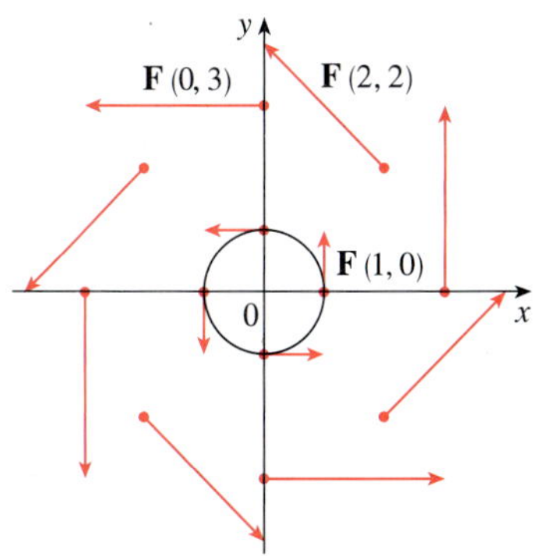

[그림 4] $\mathbf{F}(x, y) = -y\mathbf{i} + x\mathbf{j}$

$$\mathbf{x} \cdot \mathbf{F}(\mathbf{x}) = (x\mathbf{i} + y\mathbf{j}) \cdot (-y\mathbf{i} + x\mathbf{j}) = -xy + yx = 0$$

위 식은 $\mathbf{F}(x, y)$가 위치벡터 $\langle x, y \rangle$에 수직이므로 중심이 원점이고 반지름이 $|\mathbf{x}| = \sqrt{x^2 + y^2}$ 인 원에 접하는 것을 보여준다. 또한 다음 식에 주목한다.

$$|\mathbf{F}(x, y)| = \sqrt{(-y)^2 + x^2} = \sqrt{x^2 + y^2} = |\mathbf{x}|$$

그러므로 벡터 $\mathbf{F}(x, y)$의 크기는 원의 반지름과 같다.

몇몇 컴퓨터 대수체계는 2차원 또는 3차원에서 벡터장을 그릴 수 있다. 이런 대수체계를 이용하면 더 많은 대표 벡터들을 그릴 수 있다. 따라서 손으로 직접 그린 벡터장보다 더 좋은 벡터장의 자취를 얻을 수 있다. [그림 5]는 [예제 1]의 벡터장을 컴퓨터로 그린 것이다. [그림 6]과 [그림 7]은 두 개의 또 다른 벡터장을 나타낸 것이다. 컴퓨터는 벡터의 길이를 실제 길이에 비례하도록 적당한 크기의 화살표로 조절한다는 점에 주목한다.

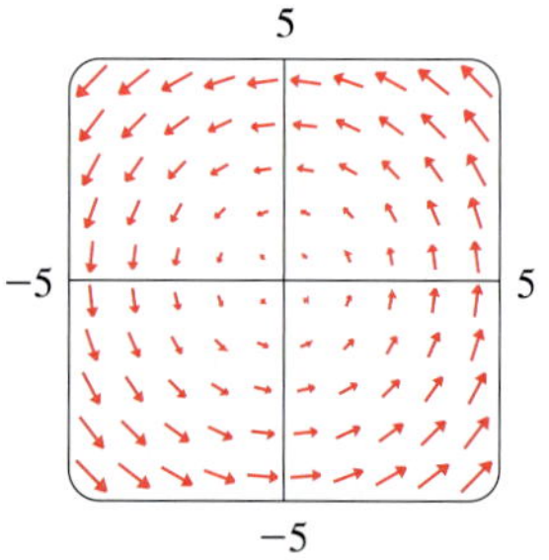

[그림 5]
$\mathbf{F}(x, y) = \langle -y, x \rangle$

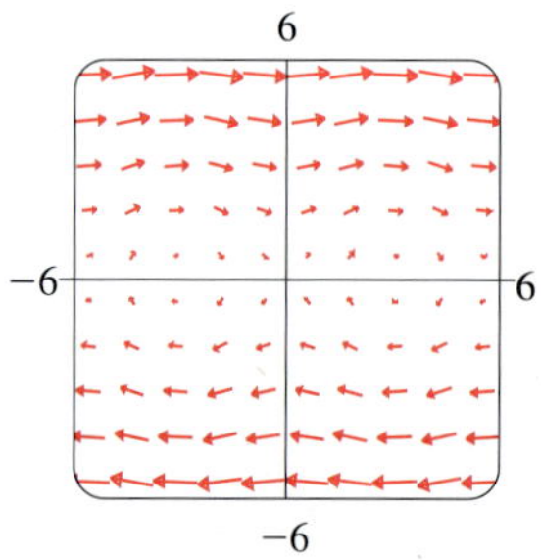

[그림 6]
$\mathbf{F}(x, y) = \langle y, \sin x \rangle$

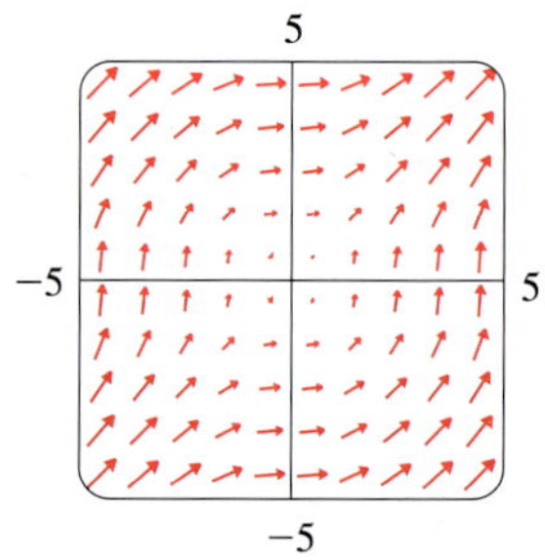

[그림 7]
$\mathbf{F}(x, y) = \langle \ln(1+y^2), \ln(1+x^2) \rangle$

예제 2 $\mathbb{R}^3$에서 $\mathbf{F}(x, y, z) = z\mathbf{k}$로 주어진 벡터장을 그려라.

풀이

그림을 그리면 [그림 8]과 같다. 모든 벡터들은 수직이고 xy평면 위에서는 위쪽으로, xy평면 아래에서는 아래쪽으로 향하는 것에 주목하자. 벡터의 크기는 xy평면에서부터 멀어질수록 증가한다.

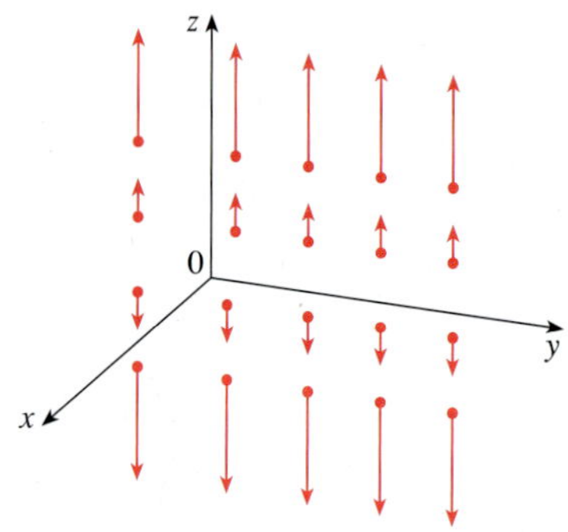

[그림 8] $\mathbf{F}(x, y, z) = z\mathbf{k}$

[예제 2]의 벡터장은 매우 간단한 식이기 때문에 직접 그릴 수 있다. 그러나 대부분의 3차원 벡터장은 손으로 그릴 수 없으므로 컴퓨터의 도움이 필요하다. [그림 9~11]은 이러한 예들을 보여주고 있다. [그림 9]와 [그림 10]의 벡터장은 식이 유사하지만 [그림 10]에 있는 모든 벡터는 자신의 y성분이 모두 -2이기 때문에 일반적으로 음의 y축 방향을 가리키고 있다. [그림 11]에 있는 벡터장이 속도장을 나타낸다면 입자들이 위쪽으로 휩쓸려 올라가게 되고, 위에서 보면 z축 둘레를 시계 방향의 나선 모양으로 움직인다.

TEC Visual 13.1에서 [그림 9~11]에 있는 벡터장뿐만 아니라 또 다른 벡터장을 회전할 수 있다.

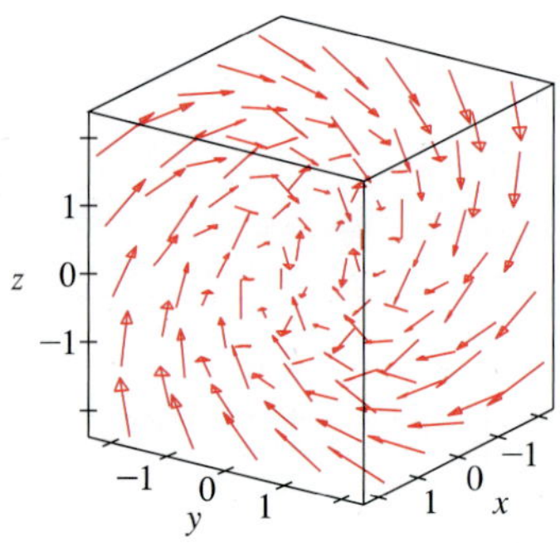

[그림 9]
$\mathbf{F}(x, y, z) = y\mathbf{i} + z\mathbf{j} + x\mathbf{k}$

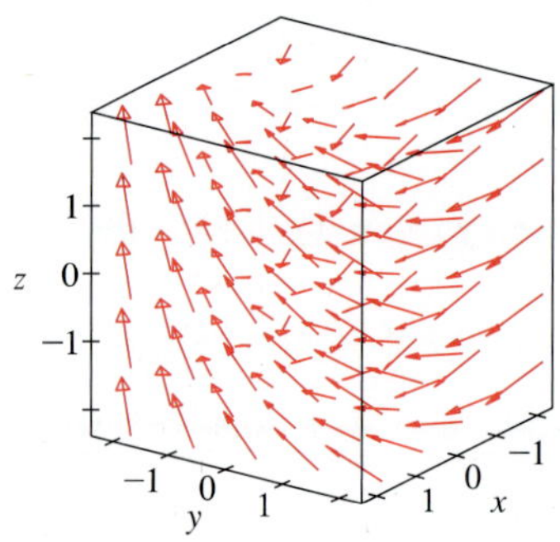

[그림 10]
$\mathbf{F}(x, y, z) = y\mathbf{i} - 2\mathbf{j} + x\mathbf{k}$

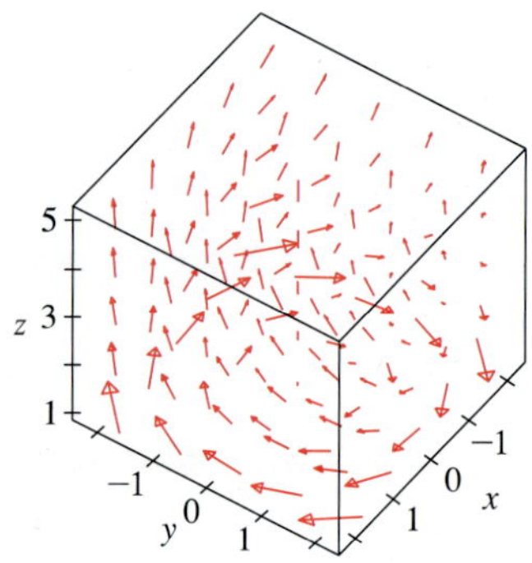

[그림 11]
$\mathbf{F}(x, y, z) = \dfrac{y}{z}\mathbf{i} - \dfrac{x}{z}\mathbf{j} + \dfrac{z}{4}\mathbf{k}$

예제 3 **어떤 관 속을 따라 꾸준히 흐르는 유체를 생각하고 $\mathbf{V}(x, y, z)$를 점 (x, y, z)에서의 속도벡터라 하자.**

$\mathbf{V}$는 어떤 정의역(관의 내부) E에 속하는 각 점 (x, y, z)에 벡터를 대응시킨다. 따라서 $\mathbf{V}$는 $\mathbb{R}^3$에서의 벡터장이고 이를 **속도장**velocity field이라 한다. [그림 12]는 가능한 속도장의 한 예이다. 임의의 주어진 점에서 속력은 화살표의 길이로 표시한다.

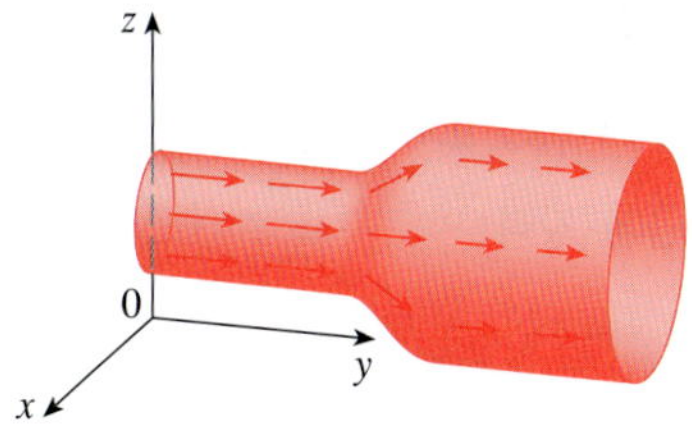

[그림 12] 유체흐름에서의

또한 속도장은 물리학의 다른 영역에서도 나타난다. 예를 들어 [예제 1]의 벡터장은 시계 반대 방향으로 회전하는 바퀴를 설명하는 속도장으로 이용될 수 있다. 또 다른 속도장의 예를 이미 [그림 1]에서 보았다.

예제 4 **뉴턴의 중력 법칙은 질량이 각각 m과 M인 두 물체 사이의 중력의 크기가 다음과 같음을 말한다.**

$$|\mathbf{F}| = \frac{mMG}{r^2}$$

여기서 r은 두 물체 사이의 거리, G는 중력상수이다. (이는 역제곱 법칙의 한 예이다.) 질량이 M인 물체가 $\mathbb{R}^3$의 원점에 놓여있다고 하자. (예를 들어 M은 지구의 질량이고, 지구의 중심을 원점으로 놓을 수 있다.) 질량이 m인 물체의 위치벡터를 $\mathbf{x} = \langle x, y, z \rangle$라 하자. 그러면 $r = |\mathbf{x}|$이므로 $r^2 = |\mathbf{x}|^2$이다. 두 번째 물체에 미치는 중력은 원점을 향해 작용하며 이 방향으로의 단위벡터는 다음과 같다.

$$-\frac{\mathbf{x}}{|\mathbf{x}|}$$

그러므로 $\mathbf{x} = \langle x, y, z \rangle$에서 물체에 작용하는 중력은 다음과 같다.

3 $$\mathbf{F}(\mathbf{x}) = -\frac{mMG}{|\mathbf{x}|^3}\mathbf{x}$$

[물리학자들은 위치벡터에 대해 종종 $\mathbf{x}$ 대신 기호 $\mathbf{r}$을 이용한다. 따라서 식 3이 $\mathbf{F} = -\frac{mMG}{r^3}\mathbf{r}$로 쓰이는 경우를 볼 수 있다.] 식 3에 의해 주어진 함수는 벡터장의 한 예이고 이것을 **중력장** gravitational field이라 부른다. 그 이유는 (원점을 제외한) 공간 안의 모든 점 $\mathbf{x}$에 벡터[힘 $\mathbf{F}(\mathbf{x})$]를 대응시키기 때문이다.

식 3은 중력장을 나타내는 간편한 방법이지만 $\mathbf{x} = x\mathbf{i} + y\mathbf{j} + z\mathbf{k}$와 $|\mathbf{x}| = \sqrt{x^2 + y^2 + z^2}$임을 이용하여 중력장을 다음과 같이 성분함수로 나타낼 수도 있다.

$$\mathbf{F}(x, y, z) = \frac{-mMGx}{(x^2+y^2+z^2)^{3/2}}\mathbf{i} + \frac{-mMGy}{(x^2+y^2+z^2)^{3/2}}\mathbf{j} + \frac{-mMGz}{(x^2+y^2+z^2)^{3/2}}\mathbf{k}$$

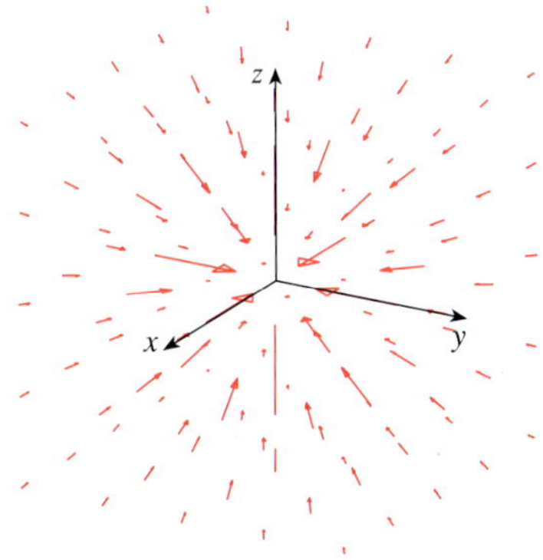

[그림 13] 중력장

[그림 13]은 중력장 $\mathbf{F}$를 그린 것이다.

예제 5 전하 Q가 원점에 위치해 있다고 가정하자. 쿨롱의 법칙에 따라 위치벡터가 $\mathbf{x} = \langle x,\ y,\ z \rangle$인 점 $(x,\ y,\ z)$에 있는 전하 q에 전하 Q가 미치는 전기력 $\mathbf{F}(\mathbf{x})$는 다음과 같다.

$$\mathbf{F}(\mathbf{x}) = \frac{\varepsilon q Q}{|\mathbf{x}|^3}\mathbf{x} \tag{4}$$

여기서 ε은 (단위에 좌우되는) 상수이다. 전하의 극성이 같은 부호일 경우에 $qQ > 0$이고 척력(반발력)이 된다. 그리고 극성이 서로 다른 부호일 경우 $qQ < 0$이고 인력이 된다. 식 [3]과 [4]의 유사성에 주목하자. 이 두 벡터장은 **힘장**force field의 예이다.

물리학자들은 간혹 전기력 $\mathbf{F}$ 대신 다음과 같이 단위전하당 힘을 생각한다.

$$\mathbf{E}(\mathbf{x}) = \frac{1}{q}\mathbf{F}(\mathbf{x}) = \frac{\varepsilon Q}{|\mathbf{x}|^3}\mathbf{x}$$

이때 $\mathbf{E}$는 Q의 **전기장**electric field이라 부르는 $\mathbb{R}^3$에서의 벡터장이다.

기울기 장

f가 이변수 스칼라 함수이면 11.6절로부터 기울기 ∇f(또는 $\operatorname{grad} f$)는 다음과 같이 정의된다.

$$\nabla f(x,\ y) = f_x(x,\ y)\mathbf{i} + f_y(x,\ y)\mathbf{j}$$

그러므로 ∇f는 실제로 $\mathbb{R}^2$에서 벡터장이며 이를 **기울기 벡터장**gradient vector field이라 한다. 마찬가지로 f가 삼변수 스칼라 함수이면 기울기는 다음과 같은 $\mathbb{R}^3$에서의 벡터장이다.

$$\nabla f(x,\ y,\ z) = f_x(x,\ y,\ z)\mathbf{i} + f_y(x,\ y,\ z)\mathbf{j} + f_z(x,\ y,\ z)\mathbf{k}$$

예제 6 $f(x,\ y) = x^2 y - y^3$의 기울기 벡터장을 구하라. f의 등고선 그림과 함께 기울기 벡터장을 그려라. 등고선 그림과 기울기 벡터장은 어떤 관계가 있는가?

풀이

기울기 벡터장은 다음과 같이 주어진다.

$$\nabla f(x,\ y) = \frac{\partial f}{\partial x}\mathbf{i} + \frac{\partial f}{\partial y}\mathbf{j} = 2xy\mathbf{i} + (x^2 - 3y^2)\mathbf{j}$$

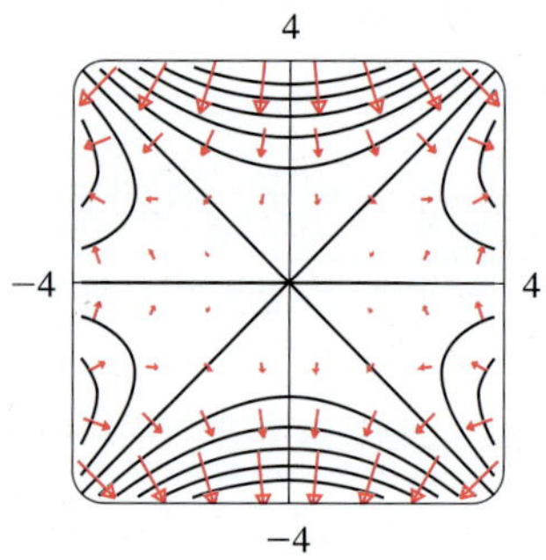

[그림 14]

[그림 14]는 기울기 벡터장과 함께 f의 등고선 그림을 보여준다. 11.6절에서 예상했던 것과 같이 기울기 벡터는 등위곡선과 수직인 것에 주목한다. 또한 등위곡선들이 서로 가까운 곳에서는 기울기 벡터들이 긴 반면 멀리 떨어져 있는 곳에서는 짧다는 것에도

주목하자. 이는 기울기 벡터의 길이가 f의 방향도함수의 값이고 간격이 가까운 등위곡선들은 경사가 가파른 그래프를 나타내기 때문이다.

벡터장 $\mathbf{F}$가 어떤 스칼라 함수의 기울기일 때, 즉 $\mathbf{F} = \nabla f$를 만족하는 함수 f가 존재할 때 이 벡터장 $\mathbf{F}$를 **보존적 벡터장** conservative vector field 이라 한다. 이 경우에 f를 $\mathbf{F}$에 대한 **퍼텐셜 함수** potential function 라 한다.

모든 벡터장이 보존적 벡터장인 것은 아니지만 보존적 벡터장은 물리학에서 자주 나타난다. 예를 들어 [예제 4]의 중력장 $\mathbf{F}$는 보존적이다. 이를 확인하기 위해 함수 f를 다음과 같이 정의하자.

$$f(x, y, z) = \frac{mMG}{\sqrt{x^2 + y^2 + z^2}}$$

그러면 다음이 성립한다.

$$\begin{aligned}\nabla f(x, y, z) &= \frac{\partial f}{\partial x}\mathbf{i} + \frac{\partial f}{\partial y}\mathbf{j} + \frac{\partial f}{\partial z}\mathbf{k} \\ &= \frac{-mMGx}{(x^2+y^2+z^2)^{3/2}}\mathbf{i} + \frac{-mMGy}{(x^2+y^2+z^2)^{3/2}}\mathbf{j} + \frac{-mMGz}{(x^2+y^2+z^2)^{3/2}}\mathbf{k} \\ &= \mathbf{F}(x, y, z)\end{aligned}$$

13.3절과 13.5절에서 주어진 벡터장이 보존적인지를 판별하는 방법을 배울 것이다.

13.1 연습문제

01~05 [그림 4] 또는 [그림 8]과 같이 벡터장 $\mathbf{F}$를 그려라.

01 $\mathbf{F}(x, y) = 0.3\mathbf{i} - 0.4\mathbf{j}$

02 $\mathbf{F}(x, y) = -\frac{1}{2}\mathbf{i} + (y - x)\mathbf{j}$

03 $\mathbf{F}(x, y) = \dfrac{y\mathbf{i} + x\mathbf{j}}{\sqrt{x^2 + y^2}}$

04 $\mathbf{F}(x, y, z) = \mathbf{k}$

05 $\mathbf{F}(x, y, z) = x\mathbf{k}$

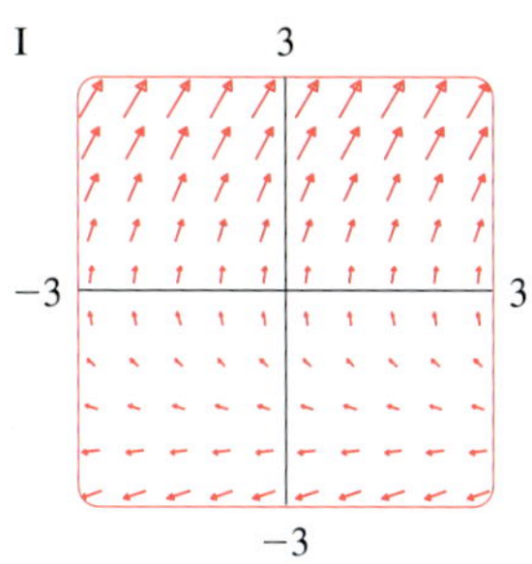

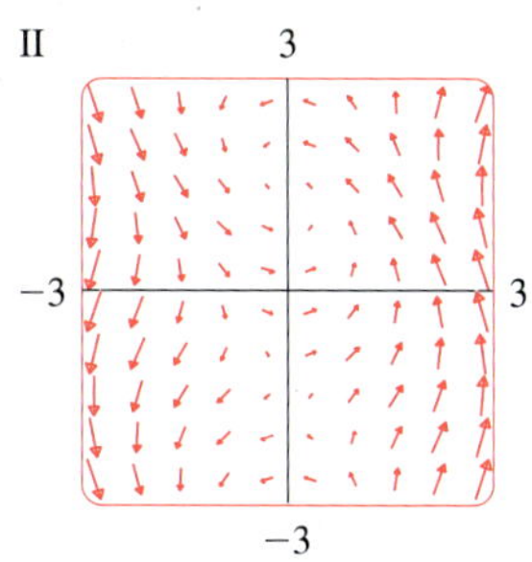

06~09 I ~ IV의 그림과 벡터장 $\mathbf{F}$를 짝짓고 그 이유를 설명하라.

06 $\mathbf{F}(x, y) = \langle x, -y \rangle$

07 $\mathbf{F}(x, y) = \langle y, x - y \rangle$

08 $\mathbf{F}(x, y) = \langle y, y + 2 \rangle$

09 $\mathbf{F}(x, y) = \langle \cos(x + y), x \rangle$

III

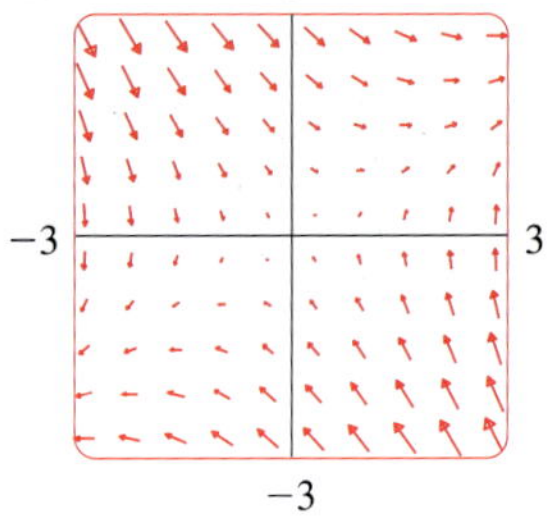

IV

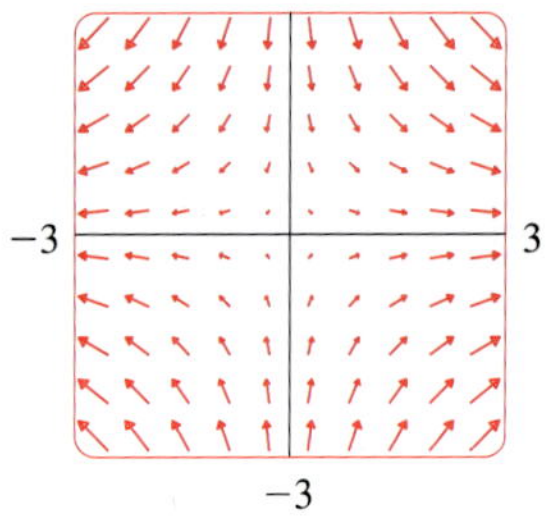

10~13 I ~ IV의 그림과 $\mathbb{R}^3$ 위의 벡터장 $\mathbf{F}$를 짝짓고 그 이유를 설명하라.

10 $\mathbf{F}(x, y, z) = \mathbf{i} + 2\mathbf{j} + 3\mathbf{k}$ **11** $\mathbf{F}(x, y, z) = \mathbf{i} + 2\mathbf{j} + z\mathbf{k}$

12 $\mathbf{F}(x, y, z) = x\mathbf{i} + y\mathbf{j} + 3\mathbf{k}$ **13** $\mathbf{F}(x, y, z) = x\mathbf{i} + y\mathbf{j} + z\mathbf{k}$

I

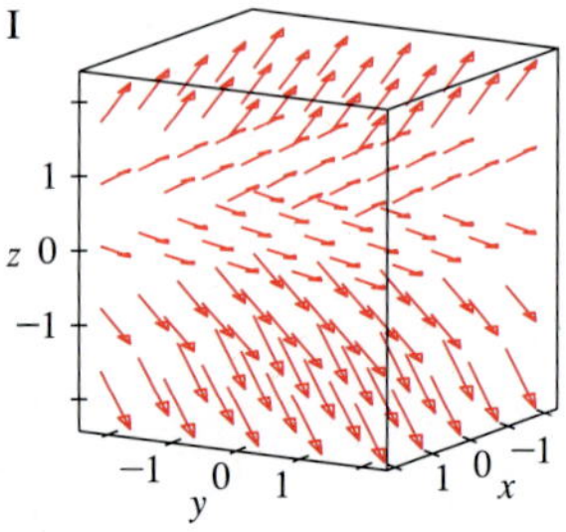

II

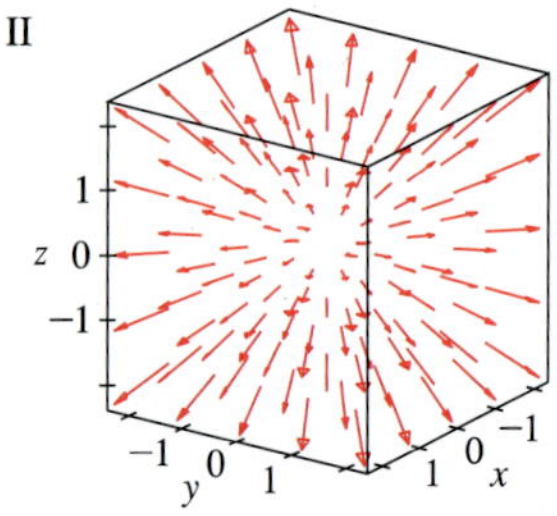

III

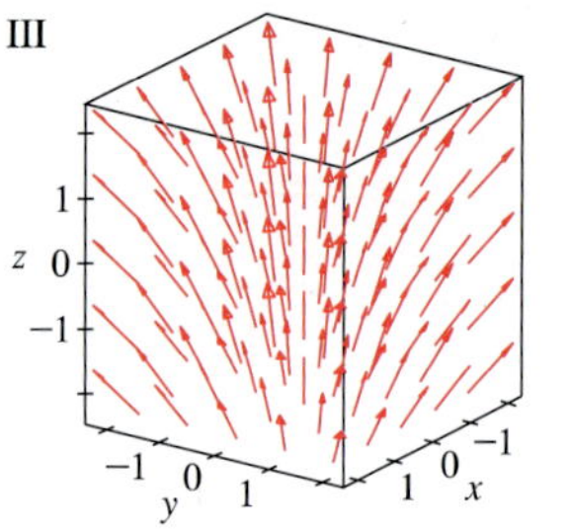

IV

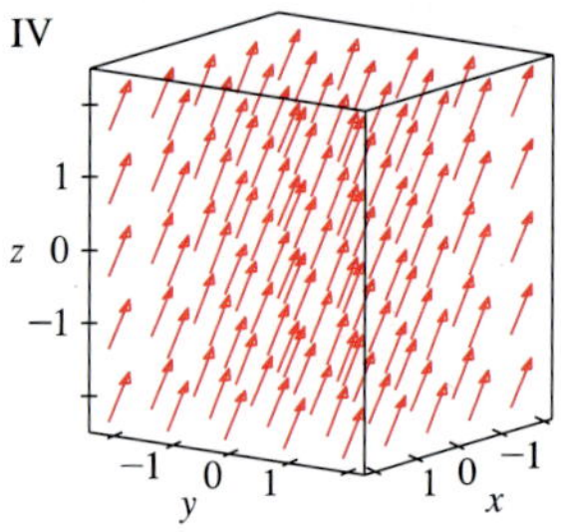

14 CAS 벡터장을 그릴 수 있는 CAS가 있다면(명령어가 Maple에서는 fieldplot이고, Mathematica에서는 PlotVectorField 또는 VectorPlot이다.) 이를 이용하여 다음을 그려라.

$$\mathbf{F}(x, y) = (y^2 - 2xy)\,\mathbf{i} + (3xy - 6x^2)\,\mathbf{j}$$

$\mathbf{F}(x, y) = \mathbf{0}$을 만족하는 점 (x, y)의 집합을 구하여 그림을 설명하라.

15~16 다음 f의 기울기 벡터장을 구하라.

15 $f(x, y) = x e^{xy}$ **16** $f(x, y, z) = \sqrt{x^2 + y^2 + z^2}$

17 $f(x, y) = x^2 - y$의 기울기 벡터장 ∇f를 구하고, 그려라.

18 CAS $f(x, y) = \ln(1 + x^2 + 2y^2)$의 등고선 그림과 함께 기울기 벡터장을 그려라. 두 그림이 어떻게 관련되는지 설명하라.

19 입자가 속도장 $\mathbf{V}(x, y) = \langle x^2, x + y^2 \rangle$에서 움직인다. 시각 $t = 3$에서 입자의 위치가 $(2, 1)$일 때 $t = 3.01$에서 입자의 위치를 추정하라.

20 벡터장의 **유선**[flow line, streamline]은 입자의 속도장이 다음에 주어진 벡터장일 때 입자에 의해 그려지는 경로이다. 따라서 벡터장 안에 있는 벡터들은 유선에 접한다.

(a) 벡터장 $\mathbf{F}(x, y) = x\mathbf{i} - y\mathbf{j}$의 그림을 이용하여 몇 개의 유선을 그려라. 이 그림으로부터 유선의 방정식을 추측할 수 있는가?

(b) 유선의 매개변수 방정식이 $x = x(t)$, $y = y(t)$이면 이 함수들이 미분방정식 $dx/dt = x$와 $dy/dt = -y$를 만족하는 이유를 설명하라. 그 다음으로 이 미분방정식을 풀어서 점 $(1, 1)$을 지나는 유선의 방정식을 구하라.

13.2 선적분

이 절에서는 단일적분과 유사한 적분에 대해 알아본다. 이 적분과 단일적분과의 유일한 차이점은 구간 $[a, b]$ 위가 아닌 곡선 C 위에서 적분한다는 것이다. '곡선적분'이라는 용어가 더 적절해 보이지만 이와 같은 적분을 선적분이라 한다. 선적분은 19세기 초에 유체흐름, 힘, 전기와 자기 등을 포함한 문제를 풀기 위해 창안되었다.

다음과 같은 매개변수 방정식 또는 이와 동치인 벡터방정식 $\mathbf{r}(t) = x(t)\,\mathbf{i} + y(t)\,\mathbf{j}$로 주어진 평면곡선 C를 가지고 시작한다.

$\boxed{1}$ $$x = x(t), \quad y = y(t), \quad a \le t \le b$$

C를 매끄러운 곡선이라 가정하자. [이는 $\mathbf{r}'$이 연속이고 $\mathbf{r}'(t) \neq \mathbf{0}$인 것을 의미한다. 10.8절을 보라.] 매개변수 구간 $[a, b]$를 n개의 부분 구간 $[t_{i-1}, t_i]$로 나누고, $x_i = x(t_i)$, $y_i = y(t_i)$라 하면 대응하는 점 $P_i(x_i, y_i)$에 의해 곡선 C는 길이가 Δs_1, Δs_2, $\cdots$, Δs_n인 n개의 부분 호로 나뉜다([그림 15] 참조). i번째 부분 호에 있는 임의의 점 $P_i^*(x_i^*, y_i^*)$를 택한다. (이는 $[t_{i-1}, t_i]$에 속하는 점 t_i^*에 대응한다.) 정의역이 곡선 C를 포함하는 임의의 이변수함수를 f라 하면, 점 (x_i^*, y_i^*)에서 f 값을 계산하여 부분 호의 길이 Δs_i를 곱하여 다음과 같이 합을 만든다. 이 합은 리만 합과 유사하다.

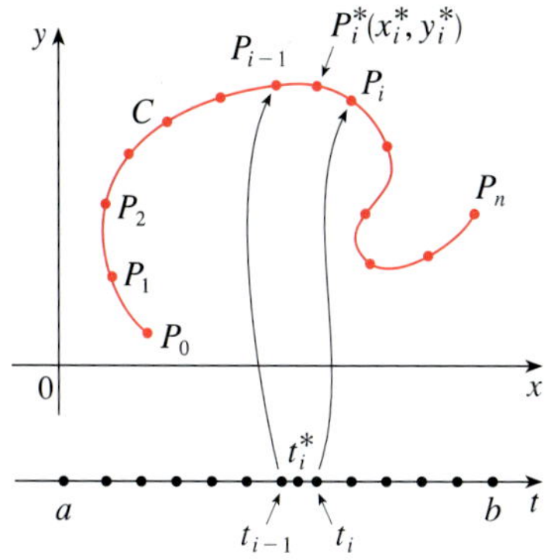

[그림 15]

$$\sum_{i=1}^{n} f(x_i^*, y_i^*)\Delta s_i$$

그 다음으로 이 합의 극한을 취하고 단일적분과 유사하게 다음 정의를 만든다.

$\boxed{2}$ **정의** f가 식 $\boxed{1}$로 주어진 매끄러운 곡선 C에서 정의될 때, 다음 극한이 존재하면 C를 따르는 f의 **선적분**(line integral)을 다음과 같이 정의한다.

$$\int_C f(x, y)\,ds = \lim_{\max \Delta s_i \to 0} \sum_{i=1}^{n} f(x_i^*, y_i^*)\Delta s_i$$

9.2절에서 C의 길이가 다음과 같음을 밝혔다.

$$L = \int_a^b \sqrt{\left(\frac{dx}{dt}\right)^2 + \left(\frac{dy}{dt}\right)^2}\,dt$$

비슷한 방법으로 f가 연속함수이면 정의 $\boxed{2}$의 극한은 항상 존재하고 다음 식을 이용하여 선적분을 구할 수 있음을 보일 수 있다.

$\boxed{3}$ $$\int_C f(x, y)\,ds = \int_a^b f(x(t), y(t))\sqrt{\left(\frac{dx}{dt}\right)^2 + \left(\frac{dy}{dt}\right)^2}\,dt$$

매개변수 t가 a에서 b까지 증가할 때 곡선 C가 꼭 한 번만 그려진다면 선적분의 값은 그 곡선의 매개변수에 좌우되지 않는다.

$s(t)$를 $\mathbf{r}(a)$와 $\mathbf{r}(t)$ 사이에 있는 C의 길이라 하면 다음이 성립한다.

호의 길이함수 s는 10.8절에서 언급했다.

$$\frac{ds}{dt} = \sqrt{\left(\frac{dx}{dt}\right)^2 + \left(\frac{dy}{dt}\right)^2}$$

따라서 식 $\boxed{3}$을 기억하는 방법은 모든 것을 매개변수 t로 표현하는 것이다. 매개변수 방정식을 이용하여 x와 y를 t로 나타내고 ds를 다음과 같이 쓴다.

$$ds = \sqrt{\left(\frac{dx}{dt}\right)^2 + \left(\frac{dy}{dt}\right)^2}\, dt$$

C가 $(a, 0)$과 $(b, 0)$을 연결하는 선분인 것처럼 특별한 경우, x를 매개변수로 이용하여 C의 매개변수 방정식을 $x=x,\ y=0,\ a \le x \le b$로 쓸 수 있다. 그러면 식 3은 다음과 같다.

$$\int_C f(x, y)\, ds = \int_a^b f(x, 0)\, dx$$

따라서 이 경우에 선적분은 일반적인 단일적분으로 바뀐다.

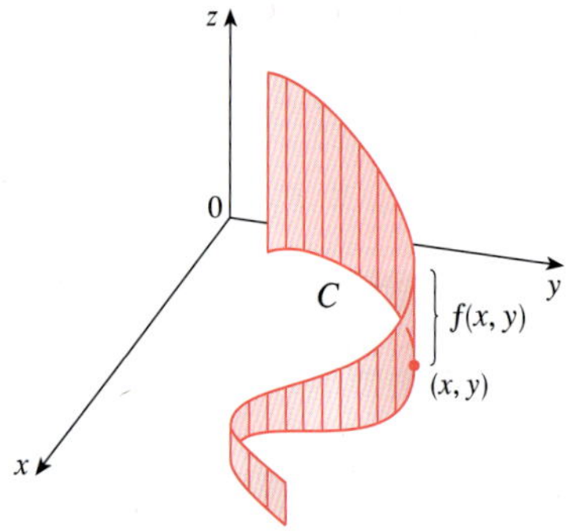

[그림 16]

일반적인 단일적분에서와 같이 함숫값이 양수인 함수의 선적분은 넓이로 해석할 수 있다. 실제로 $f(x, y) \ge 0$이면 $\int_C f(x, y)\, ds$는 [그림 16]과 같은 '울타리 판자' 또는 '커튼 주름'의 한 측면의 넓이를 나타내고, 이것의 밑변은 C이고 점 (x, y) 위의 높이는 $f(x, y)$이다.

예제 1 **C가 단위원 $x^2+y^2=1$의 상반부일 때 $\int_C (2+x^2y)\, ds$를 계산하라.**

풀이

3을 이용하기 위해서는 먼저 C를 매개변수 방정식으로 나타내야 한다. 단위원은 다음 방정식으로 매개변수화할 수 있다.

$$x = \cos t, \quad y = \sin t$$

그리고 이 원의 상반부는 매개변수 구간 $0 \le t \le \pi$에 의해 만들어진다([그림 17] 참조). 그러므로 식 3에 의해 다음을 얻는다.

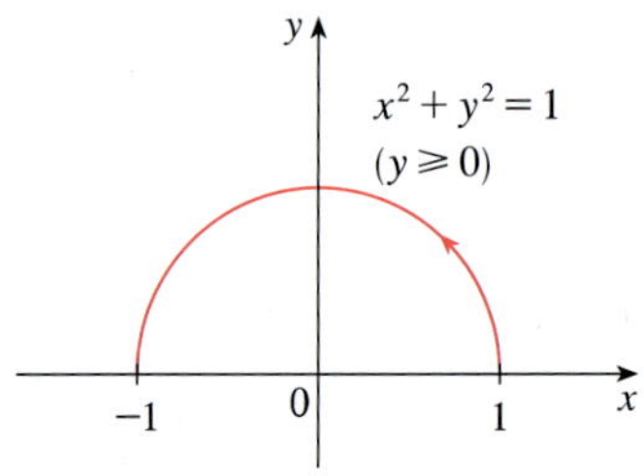

[그림 17]

$$\begin{aligned}\int_C (2+x^2y)\, ds &= \int_0^\pi (2+\cos^2 t \sin t)\sqrt{\left(\frac{dx}{dt}\right)^2 + \left(\frac{dy}{dt}\right)^2}\, dt \\ &= \int_0^\pi (2+\cos^2 t \sin t)\sqrt{\sin^2 t + \cos^2 t}\, dt \\ &= \int_0^\pi (2+\cos^2 t \sin t)\, dt = \left[2t - \frac{\cos^3 t}{3}\right]_0^\pi \\ &= 2\pi + \frac{2}{3}\end{aligned}$$

이제 C가 조각마다 매끄러운 곡선piecewise-smooth curve이라 가정하자. 즉 C가 [그림 18]과 같이 C_{i+1}의 시점이 C_i의 종점이 되는 유한개의 매끄러운 곡선 C_1, C_2, $\cdots$, C_n의 합으로 이루어진다. 그러면 C를 따르는 f의 선적분을 다음과 같이 C의 매끄러운 조각 각각에서 f의 적분의 합으로 정의한다.

$$\int_C f(x, y)\,ds = \int_{C_1} f(x, y)\,ds + \int_{C_2} f(x, y)\,ds + \cdots + \int_{C_n} f(x, y)\,ds$$

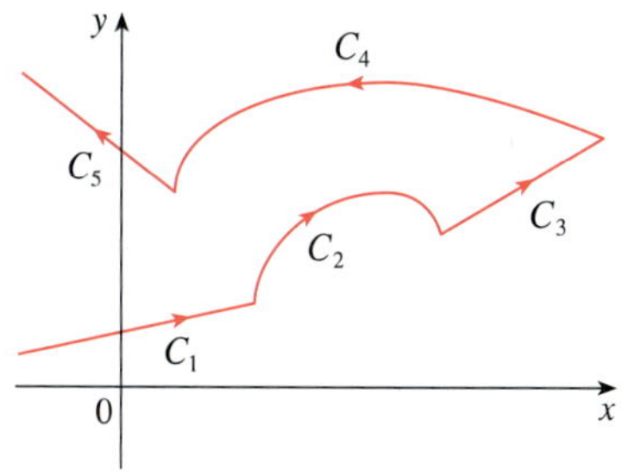

[그림 18] 조각마다 매끄러운 곡선

예제 2 C가 $(0, 0)$에서 $(1, 1)$까지 포물선 $y = x^2$인 호 C_1과 $(1, 1)$에서 $(1, 2)$까지 수직선분 C_2로 구성될 때 $\int_C 2x\,ds$를 구하라.

풀이

이 곡선 C는 [그림 19]와 같다. C_1은 x의 함수에 대한 그래프이므로 x를 매개변수로 택할 수 있다. 그러면 C_1에 대한 매개변수 방정식은 다음과 같다.

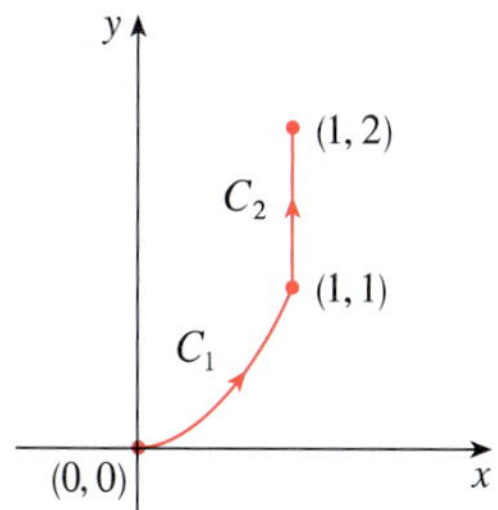

[그림 19] $C = C_1 \cup C_2$

$$x = x, \quad y = x^2, \quad 0 \le x \le 1$$

그러므로 다음을 얻는다.

$$\int_{C_1} 2x\,ds = \int_0^1 2x \sqrt{\left(\frac{dx}{dx}\right)^2 + \left(\frac{dy}{dx}\right)^2}\,dx = \int_0^1 2x\sqrt{1 + 4x^2}\,dx$$

$$= \frac{1}{4} \cdot \frac{2}{3}(1 + 4x^2)^{3/2}\Big]_0^1 = \frac{5\sqrt{5} - 1}{6}$$

C_2에 대해 y를 매개변수로 택하면 C_2에 대한 매개변수 방정식은 다음과 같다.

$$x = 1, \quad y = y, \quad 1 \le y \le 2$$

그리고 다음을 얻는다.

$$\int_{C_2} 2x\,ds = \int_1^2 2(1)\sqrt{\left(\frac{dx}{dy}\right)^2 + \left(\frac{dy}{dy}\right)^2}\,dy = \int_1^2 2\,dy = 2$$

따라서 구하고자 하는 적분은 다음과 같다.

$$\int_C 2x\,ds = \int_{C_1} 2x\,ds + \int_{C_2} 2x\,ds = \frac{5\sqrt{5} - 1}{6} + 2$$

선적분 $\int_C f(x, y)\,ds$의 물리적 해석은 함수 f의 물리적 해석에 좌우된다. $\rho(x, y)$가 곡선 C와 같은 모양인 얇은 철사의 점 (x, y)에서 선밀도를 나타낸다고 하자. 그러면 [그림 15]에서 P_{i-1}에서 P_i까지 철사의 일부분에 대한 질량은 근사적으로 $\rho(x_i^*, y_i^*)\Delta s_i$이고, 철사의 전체 질량은 근사적으로 $\sum\rho(x_i^*, y_i^*)\Delta s_i$이다. 곡선에서 점점 더 많은 점들을 택함으로써 다음과 같이 이 근삿값들의 극한으로 철사의 질량^mass m을 얻는다.

$$m = \lim_{\max \Delta s_i \to 0} \sum_{i=1}^{n} \rho(x_i^*, y_i^*)\Delta s_i = \int_C \rho(x, y)\, ds$$

[예를 들어 $f(x, y) = 2 + x^2 y$가 반원 모양의 철사의 밀도를 나타낸다면 [예제 1]의 적분은 철사의 질량을 나타낸다.] 밀도함수가 ρ인 철사의 질량중심^center of mass은 다음과 같이 정의되는 점 $(\bar{x}, \bar{y})$에 위치한다.

4 $$\bar{x} = \frac{1}{m}\int_C x\,\rho(x, y)\,ds, \qquad \bar{y} = \frac{1}{m}\int_C y\,\rho(x, y)\,ds$$

선적분의 또 다른 물리적 해석은 이 장의 후반부에서 논의한다.

예제 3 **철사가 반원 $x^2 + y^2 = 1$, $y \geq 0$의 형태인데 윗부분보다 아랫부분이 더 두껍다. 임의의 점에서 선밀도가 직선 $y = 1$에서 그 점까지 이르는 거리에 비례할 때 철사의 질량중심을 구하라.**

풀이

[예제 1]에서와 같이 매개변수화 $x = \cos t$, $y = \sin t$, $0 \leq t \leq \pi$를 이용하면 $ds = dt$임을 알 수 있다. 그리고 선밀도는 상수 k에 대해 다음과 같다.

$$\rho(x, y) = k(1 - y)$$

그러므로 철사의 질량은 다음과 같다.

$$m = \int_C k(1-y)\,ds = \int_0^{\pi} k(1 - \sin t)\,dt = k\left[t + \cos t\right]_0^{\pi} = k(\pi - 2)$$

식 4로부터 다음을 얻는다.

$$\bar{y} = \frac{1}{m}\int_C y\,\rho(x, y)\,ds = \frac{1}{k(\pi-2)}\int_C y\,k(1-y)\,ds = \frac{1}{\pi-2}\int_0^{\pi}(\sin t - \sin^2 t)\,d$$

$$= \frac{1}{\pi-2}\left[-\cos t - \frac{1}{2}t + \frac{1}{4}\sin 2t\right]_0^{\pi} = \frac{4-\pi}{2(\pi-2)}$$

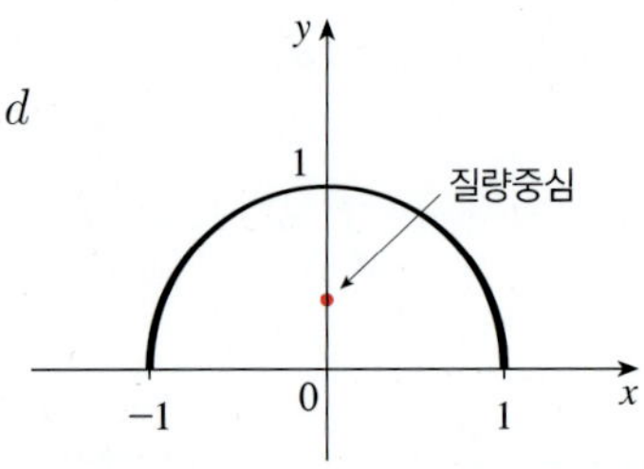

[그림 20]

대칭성에 의해 $\bar{x} = 0$인 것을 알 수 있다. 따라서 질량중심은 다음과 같다([그림 20] 참조).

$$\left(0,\ \frac{4-\pi}{2(\pi-2)}\right) \approx (0,\ 0.38)$$

정의 2에서 Δs_i를 $\Delta x_i = x_i - x_{i-1}$ 또는 $\Delta y_i = y_i - y_{i-1}$로 놓으면 다음과 같은 두 종류의 선적분을 얻는다. 이것을 **x와 y에 대한 C 위에서 f의 선적분**이라 한다.

5
$$\int_C f(x,\ y)\,dx = \lim_{\max \Delta x_i \to 0} \sum_{i=1}^{n} f(x_i^*,\ y_i^*)\,\Delta x_i$$

6
$$\int_C f(x,\ y)\,dy = \lim_{\max \Delta y_i \to 0} \sum_{i=1}^{n} f(x_i^*,\ y_i^*)\,\Delta y_i$$

식 5와 6에 있는 선적분과 원래의 선적분 $\int_C f(x,\ y)\,ds$를 구별하기 위해 원래의 선적분을 **호의 길이에 대한 선적분**이라 한다.

다음 식은 x와 y에 대한 선적분을 $x = x(t)$, $y = y(t)$, $dx = x'(t)\,dt$, $dy = y'(t)\,dt$와 같이 모든 성분을 t로 나타냄으로써 다음과 같이 계산할 수 있음을 뜻한다.

7
$$\int_C f(x,\ y)\,dx = \int_a^b f(x(t),\ y(t))\,x'(t)\,dt$$
$$\int_C f(x,\ y)\,dy = \int_a^b f(x(t),\ y(t))\,y'(t)\,dt$$

흔히 x와 y에 대한 선적분은 하나의 식에 같이 나타난다. 이 경우에는 관례에 따라 다음과 같이 간략하게 쓴다.

$$\int_C P(x,\ y)\,dx + \int_C Q(x,\ y)\,dy = \int_C P(x,\ y)\,dx + Q(x,\ y)\,dy$$

선적분을 설정할 때 기하학적으로 설명된 곡선을 매개변수로 표현하는 것이 때때로 가장 어렵다. 특히 선분을 매개변수로 나타내야 하는 경우가 많으므로 $\mathbf{r}_0$에서 시작해서 $\mathbf{r}_1$에서 끝나는 선분의 벡터식이 다음과 같음을 기억하는 것이 유용하다(10.5절의 방정식 4 참조).

8
$$\mathbf{r}(t) = (1-t)\mathbf{r}_0 + t\mathbf{r}_1, \quad 0 \le t \le 1$$

예제 4 다음에 주어진 호를 따르는 $\int_C y^2\,dx + x\,dy$를 구하라.

(a) $C = C_1$은 $(-5,\ -3)$에서 $(0,\ 2)$까지의 선분

(b) $C = C_2$는 $(-5,\ -3)$에서 $(0,\ 2)$까지의 포물선 $x = 4 - y^2$의 호 ([그림 21] 참조)

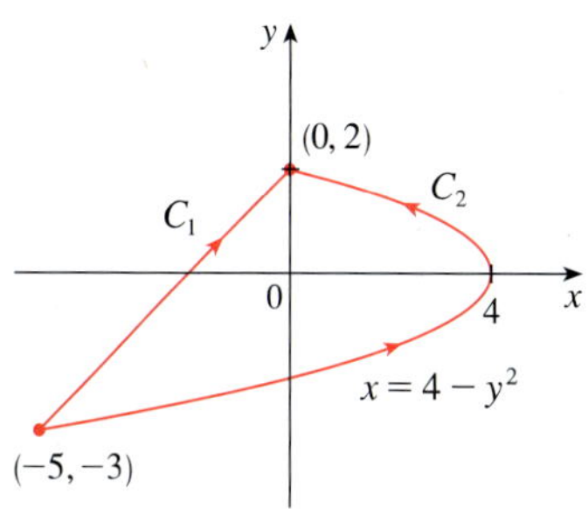

[그림 21]

풀이

(a) 선분에 대한 매개변수 표현은 다음과 같다.

$$x = 5t - 5, \quad y = 5t - 3, \quad 0 \le t \le 1$$

($\mathbf{r}_0 = \langle -5, -3 \rangle$과 $\mathbf{r}_1 = \langle 0, 2 \rangle$인 식 8을 이용하라.) 그러면 $dx = 5\,dt$, $dy = 5\,dt$이고 식 7에 의해 다음을 얻는다.

$$\int_{C_1} y^2\,dx + x\,dy = \int_0^1 (5t-3)^2(5\,dt) + (5t-5)(5\,dt)$$

$$= 5\int_0^1 (25t^2 - 25t + 4)\,dt$$

$$= 5\left[\frac{25t^3}{3} - \frac{25t^2}{2} + 4t\right]_0^1 = -\frac{5}{6}$$

(b) 포물선이 y의 함수로 주어지므로 y를 매개변수로 택하고 C_2를 다음과 같이 쓴다.

$$x = 4 - y^2, \quad y = y, \quad -3 \le y \le 2$$

그러면 $dx = -2y\,dy$이고 식 7에 의해 다음을 얻는다.

$$\int_{C_2} y^2\,dx + x\,dy = \int_{-3}^2 y^2(-2y)\,dy + (4 - y^2)\,dy = \int_{-3}^2 (-2y^3 - y^2 + 4)\,dy$$

$$= \left[-\frac{y^4}{2} - \frac{y^3}{3} + 4y\right]_{-3}^2 = 40\frac{5}{6}$$

두 곡선의 종점이 같더라도 [예제 4]의 (a)와 (b)처럼 서로 다른 결과를 얻을 수 있음에 주목하자. 일반적으로 선적분의 값은 곡선의 종점뿐만 아니라 경로에도 영향을 받는다. (적분이 경로와 독립인 조건에 대해서는 13.3절을 보라.)

또한 [예제 4]의 두 답은 곡선의 방향에 의해 좌우된다는 것에 주목하자. $-C_1$을 $(0, 2)$에서 $(-5, -3)$까지의 선분으로 나타내면 다음과 같이 매개변수화한다.

$$x = -5t, \quad y = 2 - 5t, \quad 0 \le t \le 1$$

그러면 다음 적분을 얻는다.

$$\int_{-C_1} y^2\,dx + x\,dy = \frac{5}{6}$$

일반적으로 주어진 매개변수화 $x = x(t)$, $y = y(t)$, $a \le t \le b$는 매개변수 t의 증

가에 대응하는 양의 방향을 갖는 곡선 C의 **방향**orientation을 결정한다. ([그림 22]를 참조하라. 여기서 시점 A는 매개변숫값 a에 대응하고, 종점 B는 $t=b$에 대응한다.) $-C$는 C와 똑같은 점으로 이루어졌지만 방향이 반대인 곡선([그림 22]에서 시점 B로부터 종점 A까지)이다. 그러므로 다음을 얻는다.

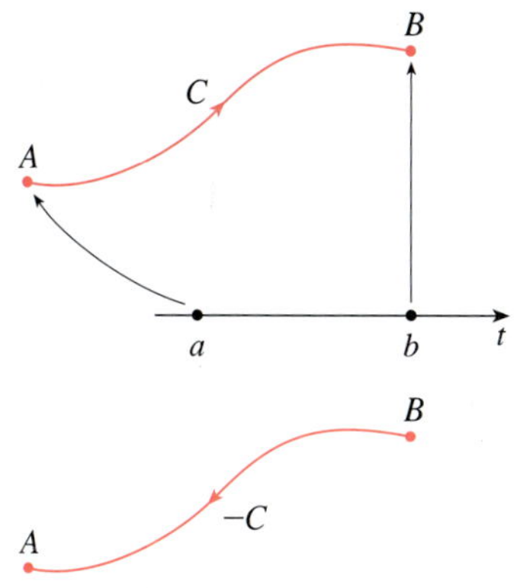

[그림 22]

$$\int_{-C} f(x, y)\,dx = -\int_C f(x, y)\,dx, \qquad \int_{-C} f(x, y)\,dy = -\int_C f(x, y)\,dy$$

그러나 호의 길이에 대해 적분하면 곡선의 방향이 반대일 때도 선적분의 값은 다음과 같이 변하지 않는다.

$$\int_{-C} f(x, y)\,ds = \int_C f(x, y)\,ds$$

그 이유는 Δs_i가 항상 양수이기 때문이다. 반면 C의 방향이 반대가 될 때 Δx_i와 Δy_i의 부호가 변한다.

공간에서의 선적분

이제 C를 다음 매개변수 방정식 또는 벡터방정식 $\mathbf{r}(t) = x(t)\mathbf{i} + y(t)\mathbf{j} + z(t)\mathbf{k}$로 주어진 매끄러운 공간곡선이라 하자.

$$x = x(t), \quad y = y(t), \quad z = z(t), \quad a \le t \le b$$

f가 C를 포함하는 어떤 영역에서 연속인 삼변수함수이면 (호의 길이에 대한) **C 위에서 f의 선적분**을 다음과 같이 평면곡선에서와 유사한 방법으로 정의한다.

$$\int_C f(x, y, z)\,ds = \lim_{\max \Delta s_i \to 0} \sum_{i=1}^{n} f(x_i^*, y_i^*, z_i^*)\Delta s_i$$

식 3과 유사한 식을 이용해서 이 값을 다음과 같이 계산한다.

9 $$\int_C f(x, y, z)\,ds = \int_a^b f(x(t), y(t), z(t))\sqrt{\left(\frac{dx}{dt}\right)^2 + \left(\frac{dy}{dt}\right)^2 + \left(\frac{dz}{dt}\right)^2}\,dt$$

식 3과 9에 있는 적분을 다음과 같이 벡터 기호를 이용하여 좀 더 간결하게 쓸 수 있다.

$$\int_a^b f(\mathbf{r}(t))|\mathbf{r}'(t)|\,dt$$

특히 $f(x, y, z) = 1$인 경우에 다음을 얻는다.

$$\int_C ds = \int_a^b |\mathbf{r}'(t)|\, dt = L$$

여기서 L은 곡선 C의 길이다(10.8절 식 3 참조).

또한 x, y, z에 대한 C 위에서 선적분도 정의할 수 있다. 예를 들어 다음과 같다.

$$\int_C f(x, y, z)\, dz = \lim_{\max \Delta z_i \to 0} \sum_{i=1}^{n} f(x_i^*, y_i^*, z_i^*)\Delta z_i = \int_a^b f(x(t), y(t), z(t))\, z'(t)\, dt$$

그러므로 평면에서의 선적분과 같이 (x, y, z, dx, dy, dz 등) 모든 것을 매개변수 t로 나타냄으로써 다음과 같은 형태의 적분을 계산한다.

10 $$\int_C P(x, y, z)\, dx + Q(x, y, z)\, dy + R(x, y, z)\, dz$$

예제 5 **C가 방정식 $x = \cos t$, $y = \sin t$, $z = t$, $0 \le t \le 2\pi$로 주어진 원형 나선일 때 $\int_C y \sin z\, ds$를 구하라([그림 23] 참조).**

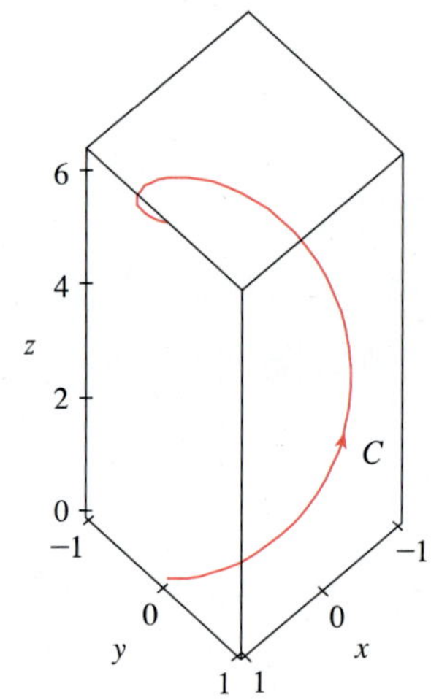

[그림 23]

풀이

식 9에 의해 다음을 얻는다.

$$\int_C y \sin z\, ds = \int_0^{2\pi} (\sin t)\sin t \sqrt{\left(\frac{dx}{dt}\right)^2 + \left(\frac{dy}{dt}\right)^2 + \left(\frac{dz}{dt}\right)^2}\, dt$$

$$= \int_0^{2\pi} \sin^2 t \sqrt{\sin^2 t + \cos^2 t + 1}\, dt = \sqrt{2}\int_0^{2\pi} \frac{1}{2}(1 - \cos 2t)\, dt$$

$$= \frac{\sqrt{2}}{2}\left[t - \frac{1}{2}\sin 2t\right]_0^{2\pi} = \sqrt{2}\,\pi$$

예제 6 **C가 (2, 0, 0)에서 (3, 4, 5)까지의 선분 C_1과 (3, 4, 5)에서 (3, 4, 0)까지의 수직선분 C_2로 구성될 때 $\int_C y\,dx + z\,dy + x\,dz$를 구하라.**

풀이

곡선 C는 [그림 24]와 같다. 식 8을 이용하여 C_1을 다음과 같이 쓸 수 있다.

$$\mathbf{r}(t) = (1 - t)\langle 2, 0, 0\rangle + t\langle 3, 4, 5\rangle = \langle 2 + t, 4t, 5t\rangle$$

또는 매개변수 방정식 형태로 다음과 같이 쓸 수 있다.

$$x = 2 + t, \quad y = 4t, \quad z = 5t, \quad 0 \le t \le 1$$

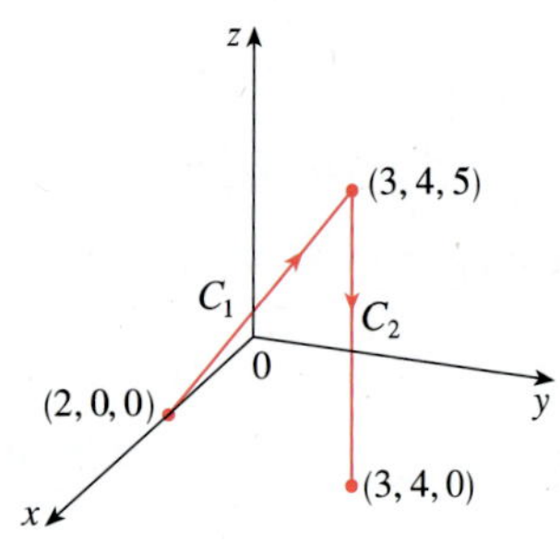

[그림 24]

따라서 다음을 얻는다.

$$\int_{C_1} y\,dx + z\,dy + x\,dz = \int_0^1 (4t)\,dt + (5t)\,4\,dt + (2+t)\,5\,dt$$

$$= \int_0^1 (10+29t)\,dt = 10t + 29\frac{t^2}{2}\Big]_0^1 = 24.5$$

마찬가지로 C_2를 다음과 같이 쓸 수 있다.

$$\mathbf{r}(t) = (1-t)\langle 3,\ 4,\ 5\rangle + t\langle 3,\ 4,\ 0\rangle = \langle 3,\ 4,\ 5-5t\rangle$$

또는 다음과 같이 쓸 수 있다.

$$x=3,\quad y=4,\quad z=5-5t,\quad 0\le t\le 1$$

그러면 $dx = 0 = dy$이므로 다음을 얻는다.

$$\int_{C_2} y\,dx + z\,dy + x\,dz = \int_0^1 3(-5)\,dt = -15$$

이들 적분 값을 모두 더하면 다음 적분을 얻는다.

$$\int_C y\,dx + z\,dy + x\,dz = 24.5 - 15 = 9.5$$

벡터장의 선적분

입자가 x축을 따라 a에서 b까지 움직일 때 변하는 힘 $f(x)$에 의해 이루어진 일은 $W = \int_a^b f(x)\,dx$인을 7.6절에서 다루었다. 다음으로 10.3절에서 일정한 힘 $\mathbf{F}$가 물체를 공간의 한 점 P에서 또 다른 점 Q까지 움직이는 데 한 일은 $W = \mathbf{F}\cdot\mathbf{D}$임을 알았다. 여기서 $\mathbf{D} = \overrightarrow{PQ}$는 변위벡터이다.

이제 $\mathbf{F} = P\mathbf{i} + Q\mathbf{j} + R\mathbf{k}$를 13.1절 [예제 4]의 중력장 또는 13.1절 [예제 5]의 전기장과 같이 $\mathbb{R}^3$에서 연속인 힘장이라 하자. ($\mathbb{R}^2$에서의 힘장은 $R=0$이고 P와 Q는 x와 y에만 좌우되는 특수한 경우로 생각할 수 있다.) 매끄러운 곡선 C를 따라 입자가 움직일 때 이 힘에 의해 이루어진 일을 계산하고자 한다.

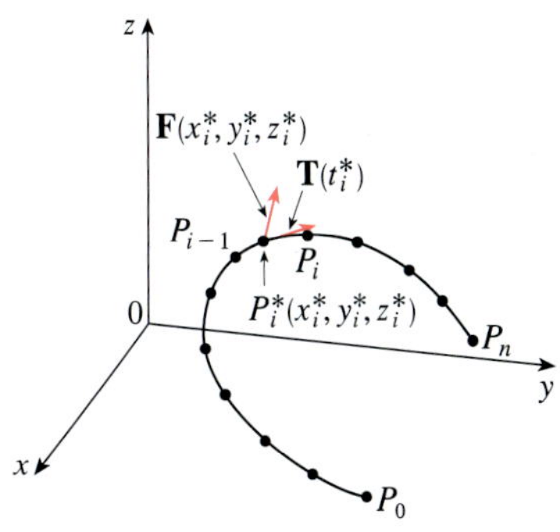

[그림 25]

매개변수 구간 $[a, b]$를 부분 구간으로 나눔으로써 C를 길이가 Δs_i인 부분 호 $P_{i-1}P_i$로 나눈다. (2차원일 때는 [그림 15], 3차원일 때는 [그림 25]를 참조하라.) 매개변숫값 t_i^*에 대응하는 i번째 부분 호 위의 점 $P_i^*(x_i^*,\ y_i^{**},\ z_i^*)$를 택하자. 이때 Δs_i가 작으면 입자가 곡선을 따라서 P_{i-1}에서 P_i까지 움직임에 따라 입자는 근사적으로 점 P_i^* 에서의 단위접선벡터 $\mathbf{T}(t_i^*)$의 방향으로 진행한다. 따라서 이 입자가 P_{i-1}에서 P_i까지 움직일 때 힘 $\mathbf{F}$가 한 일은 근사적으로 다음과 같다.

$$\mathbf{F}(x_i^*, y_i^*, z_i^*) \cdot [\Delta s_i \mathbf{T}(t_i^*)] = [\mathbf{F}(x_i^*, y_i^{**}, z_i^*) \cdot \mathbf{T}(t_i^*)] \Delta s_i$$

그리고 입자가 C를 따라 움직일 때 이루어진 전체 일은 근사적으로 다음과 같다.

11 $$\sum_{i=1}^{n} [\mathbf{F}(x_i^*, y_i^*, z_i^*) \cdot \mathbf{T}(x_i^*, y_i^*, z_i^*)] \Delta s_i$$

여기서 $\mathbf{T}(x, y, z)$는 C 위의 점 (x, y, z)에서의 단위접선벡터이다. 직관적으로 볼 때 부분 호가 더 짧아질수록 이 근삿값은 더 좋은 값이 될 것이다. 그러므로 11에 있는 리만 합의 극한을 이용하여 힘장 $\mathbf{F}$가 한 **일**work W를 다음과 같이 정의한다.

12 $$W = \int_C \mathbf{F}(x, y, z) \cdot \mathbf{T}(x, y, z)\, ds = \int_C \mathbf{F} \cdot \mathbf{T}\, ds$$

식 12에서 일은 힘의 접선 성분의 호의 길이에 대한 선적분임을 의미한다.

곡선 C가 벡터방정식 $\mathbf{r}(t) = x(t)\mathbf{i} + y(t)\mathbf{j} + z(t)\mathbf{k}$로 주어지면 $\mathbf{T}(t) = \dfrac{\mathbf{r}'(t)}{|\mathbf{r}'(t)|}$ 이므로 식 9를 이용하여 식 12를 다음 형태로 다시 쓸 수 있다.

$$W = \int_a^b \left[\mathbf{F}(\mathbf{r}(t)) \cdot \frac{\mathbf{r}'(t)}{|\mathbf{r}'(t)|}\right] |\mathbf{r}'(t)|\, dt = \int_a^b \mathbf{F}(\mathbf{r}(t)) \cdot \mathbf{r}'(t)\, dt$$

이 적분은 종종 $\int_C \mathbf{F} \cdot d\mathbf{r}$로 줄여서 쓰며 물리학의 다른 분야에서도 자주 나타난다. 그러므로 임의의 연속인 벡터장의 선적분에 대해 다음 정의를 만든다.

> 13 **정의** $\mathbf{F}$를 벡터함수 $\mathbf{r}(t)$, $a \le t \le b$로 주어진 매끄러운 곡선 C 위에서 정의된 연속인 벡터장이라 하자. 그러면 **C 위에서 $\mathbf{F}$의 선적분**을 다음과 같이 정의한다.
>
> $$\int_C \mathbf{F} \cdot d\mathbf{r} = \int_a^b \mathbf{F}(\mathbf{r}(t)) \cdot \mathbf{r}'(t)\, dt = \int_C \mathbf{F} \cdot \mathbf{T}\, ds$$

정의 13을 이용할 때 $\mathbf{F}(\mathbf{r}(t))$는 $\mathbf{F}(x(t), y(t), z(t))$를 줄여서 쓴 것임을 기억하자. 따라서 $\mathbf{F}(x, y, z)$인 표현에서 $x = x(t)$, $y = y(t)$, $z = z(t)$로 놓음으로써 $\mathbf{F}(\mathbf{r}(t))$를 쉽게 계산한다. 또한 형식적으로 $d\mathbf{r} = \mathbf{r}'(t)dt$로 쓸 수도 있다.

예제 7 **입자가 사분원 $\mathbf{r}(t) = \cos t\,\mathbf{i} + \sin t\,\mathbf{j}$, $0 \le t \le \pi/2$를 따라 움직일 때 힘장 $\mathbf{F}(x, y) = x^2\mathbf{i} - xy\mathbf{j}$가 한 일을 구하라.**

풀이

$x = \cos t$이고 $y = \sin t$이므로 다음을 얻는다.

$$\mathbf{F}(\mathbf{r}(t)) = \cos^2 t\,\mathbf{i} - \cos t \sin t\,\mathbf{j}$$

$$\mathbf{r}'(t) = -\sin t\,\mathbf{i} + \cos t\,\mathbf{j}$$

그러므로 이루어진 일은 다음과 같다.

$$\int_C \mathbf{F} \cdot d\mathbf{r} = \int_0^{\pi/2} \mathbf{F}(\mathbf{r}(t)) \cdot \mathbf{r}'(t)\,dt = \int_0^{\pi/2} (-2\cos^2 t \sin t)\,dt$$

$$= 2\frac{\cos^3 t}{3}\Big]_0^{\pi/2} = -\frac{2}{3}$$

[그림 26]은 [예제 7]의 힘장과 곡선을 보여준다. 힘장이 곡선에 따르는 운동을 방해하기 때문에 일은 음수로 나타난다.

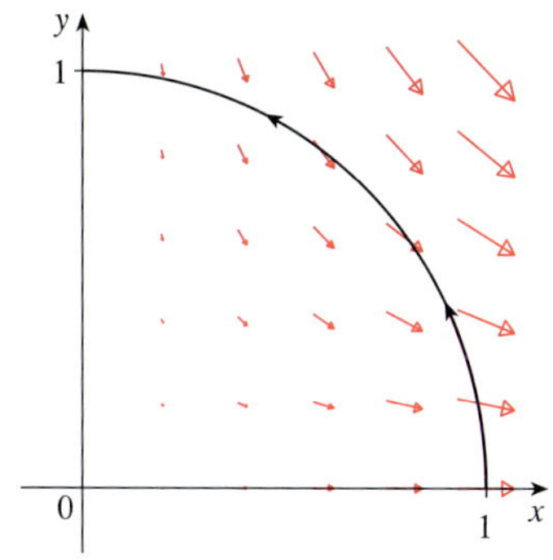

[그림 26]

NOTE _ $\int_C \mathbf{F} \cdot d\mathbf{r} = \int_C \mathbf{F} \cdot \mathbf{T}\,ds$이고 방향이 바뀌더라도 호의 길이에 대한 적분이 변하지 않으므로 계속해서 다음이 성립한다.

$$\int_{-C} \mathbf{F} \cdot d\mathbf{r} = -\int_C \mathbf{F} \cdot d\mathbf{r}$$

그 이유는 C가 $-C$로 바뀔 때 단위접선벡터 $\mathbf{T}$의 부호가 음으로 바뀌기 때문이다.

예제 8 $\mathbf{F}(x, y, z) = xy\,\mathbf{i} + yz\,\mathbf{j} + zx\,\mathbf{k}$**이고,** C**가 비틀린 삼차곡선** $x = t$, $y = t^2$, $z = t^3$, $0 \le t \le 1$**일 때** $\int_C \mathbf{F} \cdot d\mathbf{r}$**을 구하라.**

[그림 27]은 [예제 8]의 비틀린 삼차곡선 C와 이 곡선 위의 세 점에서 작용하는 대표적인 세 벡터를 보여준다.

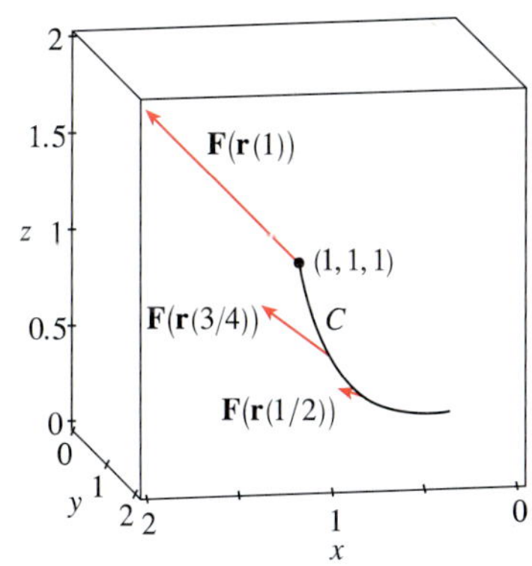

[그림 27]

풀이

먼저 다음을 구한다.

$$\mathbf{r}(t) = t\,\mathbf{i} + t^2\,\mathbf{j} + t^3\,\mathbf{k}$$

$$\mathbf{r}'(t) = \mathbf{i} + 2t\,\mathbf{j} + 3t^2\,\mathbf{k}$$

$$\mathbf{F}(\mathbf{r}(t)) = t^3\,\mathbf{i} + t^5\,\mathbf{j} + t^4\,\mathbf{k}$$

따라서 구하고자 하는 적분은 다음과 같다.

$$\int_C \mathbf{F} \cdot d\mathbf{r} = \int_0^1 \mathbf{F}(\mathbf{r}(t)) \cdot \mathbf{r}'(t)\,dt$$

$$= \int_0^1 (t^3 + 5t^6)\,dt = \frac{t^4}{4} + \frac{5t^7}{7}\Big]_0^1 = \frac{27}{28}$$

마지막으로 벡터장의 선적분과 스칼라장의 선적분 사이의 관계에 대해 알아보자. $\mathbb{R}^3$에서 벡터장 $\mathbf{F}$가 방정식 $\mathbf{F} = P\,\mathbf{i} + Q\,\mathbf{j} + R\,\mathbf{k}$의 성분 형태로 주어진다고 하자. 정의 13을 이용하여 C를 따르는 선적분을 계산하면 다음과 같다.

$$\int_C \mathbf{F}\cdot d\mathbf{r} = \int_a^b \mathbf{F}(\mathbf{r}(t))\cdot\mathbf{r}'(t)\,dt$$

$$= \int_a^b (P\mathbf{i}+Q\mathbf{j}+R\mathbf{k})\cdot(x'(t)\mathbf{i}+y'(t)\mathbf{j}+z'(t)\mathbf{k})\,dt$$

$$= \int_a^b [P(x(t),\,y(t),\,z(t))x'(t)+Q(x(t),\,y(t),\,z(t))y'(t)+R(x(t),\,y(t),\,z(t))z'(t)]\,dt$$

이때 위 식의 마지막 적분은 10에 있는 선적분과 정확히 같다. 그러므로 다음을 얻는다.

> $\mathbf{F} = P\mathbf{i}+Q\mathbf{j}+R\mathbf{k}$일 때 $\int_C \mathbf{F}\cdot d\mathbf{r} = \int_C P\,dx+Q\,dy+R\,dz$가 성립한다.

예를 들어 $\mathbf{F}(x,\,y,\,z) = y\mathbf{i}+z\mathbf{j}+x\mathbf{k}$일 때 [예제 6]의 적분 $\int_C y\,dx+z\,dy+x\,dz$는 $\int_C \mathbf{F}\cdot d\mathbf{r}$로 표현할 수 있다.

13.2 연습문제

01~08 주어진 곡선 C에 대해 다음 선적분을 구하라.

01 $\int_C y^3\,ds,\ C: x=t^3,\ y=t,\ 0\le t\le 2$

02 $\int_C xy^4\,ds$, C는 원 $x^2+y^2=16$의 오른쪽 반원

03 $\int_C (x^2y^3-\sqrt{x})\,dy$, C는 $(1,\,1)$에서 $(4,\,2)$까지 곡선 $y=\sqrt{x}$의 호

04 $\int_C (x+2y)\,dx+x^2\,dy$, C는 $(0,\,0)$에서 $(2,\,1)$까지 선분과 $(2,\,1)$에서 $(3,\,0)$까지의 선분

05 $\int_C xyz\,ds,\ C: x=2\sin t,\ y=t,\ z=-2\cos t,\ 0\le t\le\pi$

06 $\int_C xe^{yz}\,ds$, C는 $(0,\,0,\,0)$에서 $(1,\,2,\,3)$까지의 선분

07 $\int_C xye^{yz}\,dy,\quad C: x=t,\ y=t^2,\ z=t^3,\ 0\le t\le 1$

08 $\int_C z^2\,dx+x^2\,dy+y^2\,dz$, C는 $(1,\,0,\,0)$에서 $(4,\,1,\,2)$까지의 선분

09 $\mathbf{F}$가 다음 그림과 같은 벡터장이라 하자.

(a) C_1이 $(-3,\,-3)$에서 $(-3,\,3)$까지의 수직선일 때 $\int_{C_1} \mathbf{F}\cdot d\mathbf{r}$이 양수인지, 음수인지, 0인지 결정하라.

(b) C_2가 반지름이 3이고 중심이 원점인 시계 반대 방향의 원일 때 $\int_{C_2} \mathbf{F}\cdot d\mathbf{r}$이 양수인지, 음수인지, 0인지 결정하라.

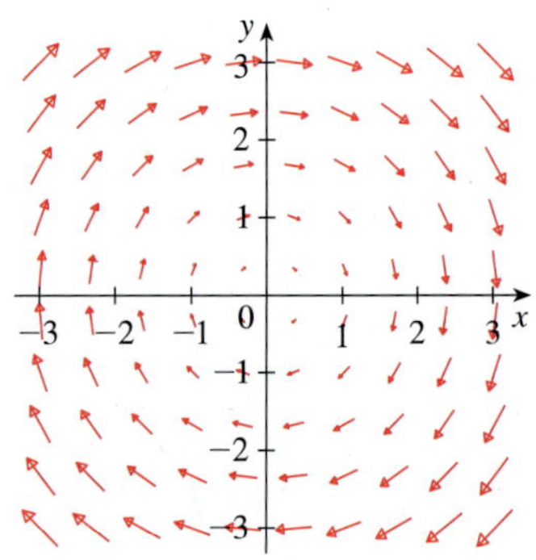

10~11 C가 벡터함수 $\mathbf{r}(t)$로 주어질 때 선적분 $\int_C \mathbf{F}\cdot d\mathbf{r}$을 계산하라.

10 $\mathbf{F}(x, y) = xy\mathbf{i} + 3y^2\mathbf{j}$, $\mathbf{r}(t) = 11t^4\mathbf{i} + t^3\mathbf{j}$, $0 \le t \le 1$

11 $\mathbf{F}(x, y, z) = \sin x\mathbf{i} + \cos y\mathbf{j} + xz\mathbf{k}$, $\mathbf{r}(t) = t^3\mathbf{i} - t^2\mathbf{j} + t\mathbf{k}$, $0 \le t \le 1$

12 계산기나 CAS를 이용하여 주어진 선적분을 소수점 아래 넷째 자리까지 정확하게 구하라.

$\int_C \mathbf{F} \cdot d\mathbf{r}$, 여기서 $\mathbf{F}(x, y) = xy\mathbf{i} + \sin y\mathbf{j}$,

$\mathbf{r}(t) = e^t\mathbf{i} + e^{-t^2}\mathbf{j}$, $1 \le t \le 2$이다.

13 CAS 벡터장 $\mathbf{F}$와 곡선 C의 그래프를 이용하여 주어진 $\mathbf{F}$의 선적분이 C 위에서 양수인지, 음수인지, 0인지 추측하라. 그리고 선적분을 계산하라.

$$\mathbf{F}(x, y) = (x - y)\mathbf{i} + xy\mathbf{j}$$

C는 $(2, 0)$에서 $(0, -2)$까지 시계 반대 방향으로 그려지는 원 $x^2 + y^2 = 4$의 호이다.

14 (a) $\mathbf{F}(x, y) = e^{x-1}\mathbf{i} + xy\mathbf{j}$이고 C는 $\mathbf{r}(t) = t^2\mathbf{i} + t^3\mathbf{j}$, $0 \le t \le 1$로 주어질 때, 선적분 $\int_C \mathbf{F} \cdot d\mathbf{r}$을 구하라.

(b) [그림 27]과 같이 그래픽 계산기 또는 컴퓨터를 이용하여 곡선 C의 그래프와 벡터장에서 $t = 0$, $1/\sqrt{2}$, 1에 대응하는 벡터들을 그려서 (a)를 설명하라.

15 CAS C는 성망형 $x = \cos^3 t$, $y = \sin^3 t$의 제1사분면에 있는 부분일 때 $\int_C x^3 y^5\, ds$의 정확한 값을 구하라.

16 얇은 철사가 반원 $x^2 + y^2 = 4$, $x \ge 0$인 모양으로 구부러져 있다. 선밀도가 상수 k일 때 철사의 질량과 질량중심을 구하라.

17 (a) 밀도함수가 $\rho(x, y, z)$일 때 공간곡선 C의 모양인 얇은 철사의 질량중심 $(\bar{x}, \bar{y}, \bar{z})$에 대한 식 4와 유사한 식을 쓰라.

(b) 밀도가 상수 k일 때 $x = 2\sin t$, $y = 2\cos t$, $z = 3t$, $0 \le t \le 2\pi$인 나선 모양의 철사에 대한 질량중심을 구하라.

18 평면곡선 C를 따라 놓여있는 철사의 선밀도가 $\rho(x, y)$일 때 x축과 y축에 대한 **관성모멘트**moment of inertia를 다음과 같이 정의한다.

$$I_x = \int_C y^2 \rho(x, y)\, ds, \qquad I_y = \int_C x^2 \rho(x, y)\, ds$$

[예제 3]의 철사에 대한 관성모멘트를 구하라.

19 물체가 물결선 $\mathbf{r}(t) = (t - \sin t)\mathbf{i} + (1 - \cos t)\mathbf{j}$, $0 \le t \le 2\pi$인 호를 따라 움직일 때 힘장 $\mathbf{F}(x, y) = x\mathbf{i} + (y+2)\mathbf{j}$가 한 일을 구하라.

20 입자가 $(0, 0, 1)$에서 $(2, 1, 0)$까지 선분을 따라 움직일 때 힘장 $\mathbf{F}(x, y, z) = \langle x - y^2, y - z^2, z - x^2 \rangle$이 한 일을 구하라.

21 시각 t에서 질량이 m인 물체의 위치가 $\mathbf{r}(t) = at^2\mathbf{i} + bt^3\mathbf{j}$, $0 \le t \le 1$이다.

(a) 시각 t에서 물체에 작용한 힘은 얼마인가?

(b) 시간 구간 $0 \le t \le 1$ 동안 이 힘에 의해 이루어진 일은 얼마인가?

22 160 lb인 사람이 반지름 20 ft인 사일로를 에워싼 나선형 계단을 따라 위쪽으로 25 lb의 페인트 통을 들어 옮긴다. 사일로의 높이가 90 ft이고 꼭대기까지 정확히 세 바퀴를 돌아야 한다면 이 사람이 중력과 반대 방향으로 한 일은 얼마인가?

23 C가 벡터함수 $\mathbf{r}(t)$, $a \le t \le b$로 주어진 매끄러운 곡선이고 $\mathbf{v}$가 상수 벡터일 때, 다음이 성립함을 보여라.

$$\int_C \mathbf{v} \cdot d\mathbf{r} = \mathbf{v} \cdot [\mathbf{r}(b) - \mathbf{r}(a)]$$

24 (a) 상수인 힘장이 원 $x^2 + y^2 = 1$의 둘레를 따라 입자를 균일하게 한 바퀴 움직이기 위해 한 일이 0임을 보여라.

(b) k가 상수, $\mathbf{x} = \langle x, y \rangle$일 때, 힘장 $\mathbf{F}(x) = k\mathbf{x}$에 대해서도 역시 참이 되는가?

13.3 선적분의 기본 정리

4.4절로부터 미적분학의 기본 정리 (2)를 다음과 같이 쓸 수 있음을 기억하자.

1 $$\int_a^b F'(x)\, dx = F(b) - F(a)$$

여기서 F'은 $[a, b]$에서 연속이다. 또한 변화율의 적분은 순변화이므로 식 1을 순변화 정리라 했다.

이변수함수 또는 삼변수함수 f의 기울기 벡터 ∇f를 일종의 f의 도함수로 생각하면 다음 정리는 선적분에 대한 기본 정리의 다른 형태로 간주할 수 있다.

2 정리 벡터함수 $\mathbf{r}(t)$, $a \le t \le b$로 주어진 매끄러운 곡선을 C라 하자. f는 미분 가능한 이변수 또는 삼변수함수이고 기울기 벡터 ∇f가 C에서 연속이라 하면 다음이 성립한다.

$$\int_C \nabla f \cdot d\mathbf{r} = f(\mathbf{r}(b)) - f(\mathbf{r}(a))$$

NOTE_ 정리 2는 C의 종점에서 f의 함숫값을 구해 보존적 벡터장(퍼텐셜 함수 f의 기울기 벡터장)의 선적분을 간단히 계산할 수 있음을 의미한다. 사실 정리 2는 ∇f의 선적분이 f에 있어서 순변화임을 말한다. f가 이변수함수이고 [그림 28]과 같이 C를 시점이 $A(x_1, y_1)$, 종점이 $B(x_2, y_2)$인 평면곡선이라 하면 정리 2는 다음과 같이 된다.

$$\int_C \nabla f \cdot d\mathbf{r} = f(x_2, y_2) - f(x_1, y_1)$$

f가 삼변수함수이고 [그림 28]과 같이 C가 시점 $A(x_1, y_1, z_1)$과 종점 $B(x_2, y_2, z_2)$를 연결하는 공간곡선이면 다음이 성립한다.

$$\int_C \nabla f \cdot d\mathbf{r} = f(x_2, y_2, z_2) - f(x_1, y_1, z_1)$$

f가 삼변수함수인 경우에 대해 정리 2를 증명하자.

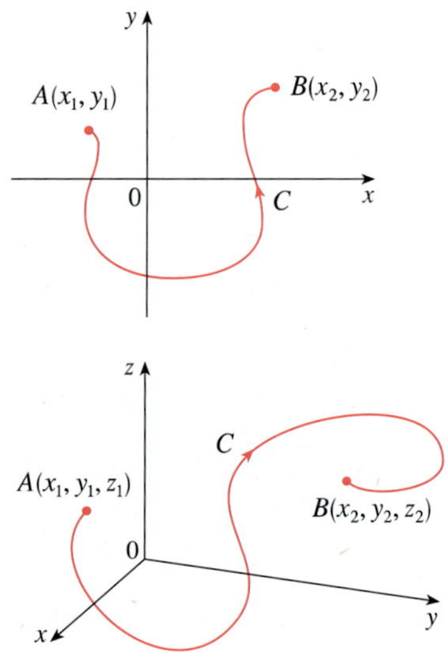

[그림 28]

정리 2의 증명

13.2절의 정의 13을 이용하면 다음을 얻는다.

$$\begin{aligned}\int_C \nabla f \cdot d\mathbf{r} &= \int_a^b \nabla f(\mathbf{r}(t)) \cdot \mathbf{r}'(t)\,dt \\ &= \int_a^b \left(\frac{\partial f}{\partial x}\frac{dx}{dt} + \frac{\partial f}{\partial y}\frac{dy}{dt} + \frac{\partial f}{\partial z}\frac{dz}{dt}\right)dt \\ &= \int_a^b \frac{d}{dt} f(\mathbf{r}(t))\,dt \qquad \text{(연쇄 법칙에 의해)} \\ &= f(\mathbf{r}(b)) - f(\mathbf{r}(a))\end{aligned}$$

마지막 단계는 미적분학의 기본 정리(식 1)로부터 나온다.

매끄러운 곡선에 대해 정리 2를 증명했지만 조각마다 매끄러운 곡선에 대해서도 정리 2는 성립한다. 이것은 C를 유한개의 매끄러운 곡선으로 나누고 각 곡선에 대한 적분을 더함으로써 보일 수 있다.

예제 1 질량이 m인 입자를 조각마다 매끄러운 곡선 C를 따라 점 $(3, 4, 12)$에서 점 $(2, 2, 0)$으로 움직일 때, 다음 중력장이 한 일을 구하라(13.1절 [예제 4] 참조).

$$\mathbf{F}(\mathbf{x}) = -\frac{mMG}{|\mathbf{x}|^3}\mathbf{x}$$

풀이

13.1절로부터 $\mathbf{F}$가 보존적 벡터장임을 알았다. 실제로 f가 다음과 같을 때 $\mathbf{F} = \nabla f$이다.

$$f(x, y, z) = \frac{mMG}{\sqrt{x^2 + y^2 + z^2}}$$

그러므로 정리 2에 의해 한 일은 다음과 같다.

$$\begin{aligned} W &= \int_C \mathbf{F} \cdot d\mathbf{r} = \int_C \nabla f \cdot d\mathbf{r} \\ &= f(2, 2, 0) - f(3, 4, 12) \\ &= \frac{mMG}{\sqrt{2^2 + 2^2}} - \frac{mMG}{\sqrt{3^2 + 4^2 + 12^2}} = mMG\left(\frac{1}{2\sqrt{2}} - \frac{1}{13}\right) \end{aligned}$$

경로와 독립성

C_1과 C_2를 동일한 시점 A와 종점 B를 가지는 두 개의 조각마다 매끄러운 곡선(**경로** path라 부른다)이라고 하자. 그러면 일반적으로 13.2절의 [예제 4]로부터 $\int_{C_1} \mathbf{F} \cdot d\mathbf{r} \neq \int_{C_2} \mathbf{F} \cdot d\mathbf{r}$임을 안다. 그러나 정리 2는 ∇f가 연속이면 다음이 성립하는 것을 암시한다.

$$\int_{C_1} \nabla f \cdot d\mathbf{r} = \int_{C_2} \nabla f \cdot d\mathbf{r}$$

다시 말해서 보존적 벡터장의 선적분은 곡선의 시점과 종점에만 좌우된다. 일반적으로 $\mathbf{F}$가 정의역 D에서 연속인 벡터장이면 시점과 종점이 같은 D 안의 임의의 두 경로 C_1과 C_2에 대해 $\int_{C_1} \mathbf{F} \cdot d\mathbf{r} = \int_{C_2} \mathbf{F} \cdot d\mathbf{r}$일 때 선적분 $\int_C \mathbf{F} \cdot d\mathbf{r}$은 **경로와 독립** independent of path이라 한다. 이 용어를 쓰면 보존적 벡터장의 선적분은 경로와 독립이라고 말할 수 있다.

곡선의 시점과 종점이 같을 때, 즉 $\mathbf{r}(b) = \mathbf{r}(a)$인 곡선을 **닫힌곡선** closed curve이라 한다([그림 29] 참조). $\int_C \mathbf{F} \cdot d\mathbf{r}$이 D 안에서 경로와 독립이고 C가 D 안에 있는 임의의 닫힌 경로이면 C에서 임의의 두 점 A와 B를 택하여 C를 A에서 B까지의

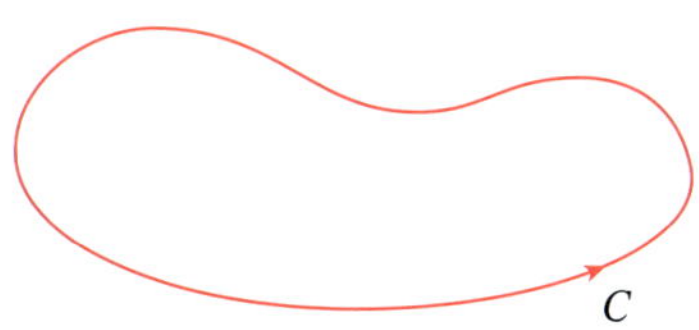

[그림 29] 닫힌곡선

경로 C_1과 B에서 A까지의 경로 C_2로 구성된 것으로 생각할 수 있다([그림 30] 참조). 이때 C_1과 $-C_2$는 시점과 종점이 같으므로 다음을 얻는다.

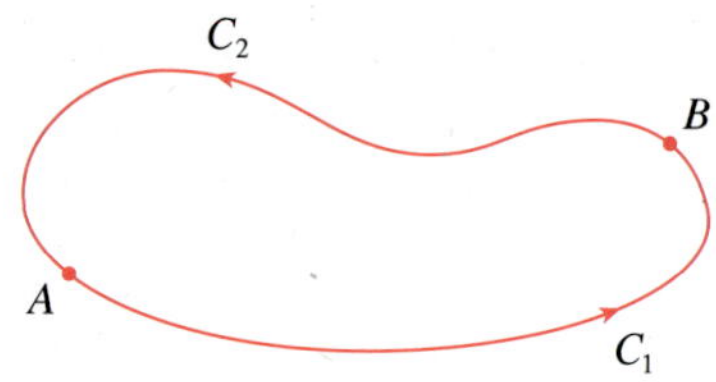

[그림 30]

$$\int_C \mathbf{F}\cdot d\mathbf{r} = \int_{C_1} \mathbf{F}\cdot d\mathbf{r} + \int_{C_2} \mathbf{F}\cdot d\mathbf{r} = \int_{C_1} \mathbf{F}\cdot d\mathbf{r} - \int_{-C_2} \mathbf{F}\cdot d\mathbf{r} = 0$$

역으로 C가 D 안에서 닫힌 경로일 때, $\int_C \mathbf{F}\cdot d\mathbf{r} = 0$이 성립한다면 다음과 같이 경로와 독립임을 보일 수 있다. D에 속하는 A에서 B까지의 임의의 두 경로 C_1과 C_2를 택하고 C를 C_1과 $-C_2$로 구성된 곡선으로 정의한다. 그러면 다음이 성립한다.

$$0 = \int_C \mathbf{F}\cdot d\mathbf{r} = \int_{C_1} \mathbf{F}\cdot d\mathbf{r} + \int_{-C_2} \mathbf{F}\cdot d\mathbf{r} = \int_{C_1} \mathbf{F}\cdot d\mathbf{r} - \int_{C_2} \mathbf{F}\cdot d\mathbf{r}$$

따라서 $\int_{C_1} \mathbf{F}\cdot d\mathbf{r} = \int_{C_2} \mathbf{F}\cdot d\mathbf{r}$ 이 되고 다음 정리가 증명된다.

> **3 정리** $\int_C \mathbf{F}\cdot d\mathbf{r}$이 D 안에서 경로와 독립이기 위한 필요충분조건은 D에 속하는 모든 닫힌 경로 C에 대해 $\int_C \mathbf{F}\cdot d\mathbf{r} = 0$이다.

임의의 보존적 벡터장 $\mathbf{F}$의 선적분은 경로와 독립이므로 임의의 닫힌 경로에 대해 $\int_C \mathbf{F}\cdot d\mathbf{r} = 0$이다. 이것에 대한 물리적 해석은 닫힌 경로를 따라 물체를 움직이는데 (13.1절의 중력장 또는 전기장과 같은) 보존적 힘장이 한 일은 0임을 의미한다.

다음 정리는 유일한 벡터장은 경로와 독립이 보존적임을 뜻한다. 이 정리는 평면곡선에 대해 설명하고 증명했지만 공간곡선에 대해서도 유사한 형태가 있다. D를 **열린 영역** open region이라 하자. 이는 D에 속하는 임의의 점 P에 대해 D에 완전히 포함되는 중심이 P인 원판이 존재한다는 뜻이다.(따라서 D는 그 어떤 경계점도 포함하지 않는다.) 덧붙여 D가 **연결 영역** connected region이라고 하자. 이는 D에 속하는 임의의 두 점이 D 안에 놓이는 경로에 의해 연결될 수 있음을 의미한다.

> **4 정리** $\mathbf{F}$가 열린 연결 영역 D에서 연속인 벡터장이라 하자. $\int_C \mathbf{F}\cdot d\mathbf{r}$이 D 안에서 경로와 독립이면 $\mathbf{F}$는 D에서 보존적 벡터장이다. 즉 $\nabla f = \mathbf{F}$가 되는 함수 f가 존재한다.

증명

$A(a, b)$를 D에 속하는 고정점이라 하자. 원하는 퍼텐셜 함수 f를 D에 속하는 임의의 점 (x, y)에 대해 다음과 같이 정의한다.

$$f(x, y) = \int_{(a,\, b)}^{(x,\, y)} \mathbf{F}\cdot d\mathbf{r}$$

$\int_C \mathbf{F} \cdot d\mathbf{r}$ 은 경로와 독립이므로 (a, b)에서 (x, y)까지의 경로 C에 관계없이 $f(x, y)$를 계산할 수 있다. D가 열린 영역이므로 중심이 (x, y)이고 D에 포함되는 원판이 존재한다. 원판에서 $x_1 < x$인 임의의 점 (x_1, y)를 택하고, C를 (a, b)에서 (x_1, y)까지의 경로 C_1과 (x_1, y)에서 (x, y)까지의 수평선분 C_2로 구성하자([그림 31] 참조). 그러면 다음이 성립한다.

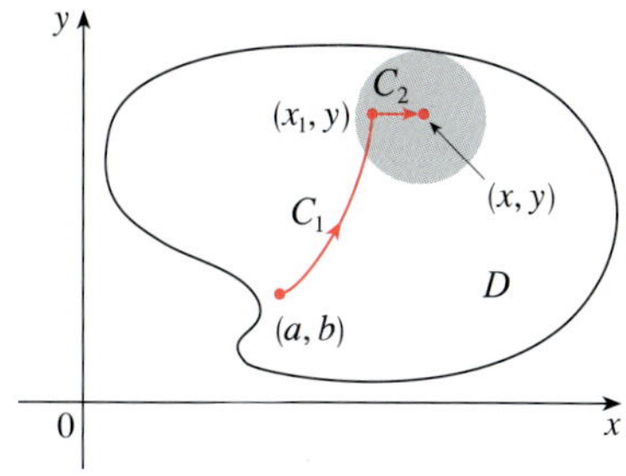

[그림 31]

$$f(x, y) = \int_{C_1} \mathbf{F} \cdot d\mathbf{r} + \int_{C_2} \mathbf{F} \cdot d\mathbf{r} = \int_{(a,\,b)}^{(x_1,\,y)} \mathbf{F} \cdot d\mathbf{r} + \int_{C_2} \mathbf{F} \cdot d\mathbf{r}$$

첫 번째 적분은 x에 좌우되지 않으므로 다음을 얻는다.

$$\frac{\partial}{\partial x} f(x, y) = 0 + \frac{\partial}{\partial x} \int_{C_2} \mathbf{F} \cdot d\mathbf{r}$$

$\mathbf{F} = P\mathbf{i} + Q\mathbf{j}$ 이면 다음과 같다.

$$\int_{C_2} \mathbf{F} \cdot d\mathbf{r} = \int_{C_2} P\,dx + Q\,dy$$

C_2에서 y가 상수이므로 $dy = 0$이다. 매개변수 t, $x_1 \le t \le x$를 이용하면 미적분학의 기본 정리 (1)에 의해 다음을 얻는다(4.4절 참조).

$$\frac{\partial}{\partial x} f(x,y) = \frac{\partial}{\partial x} \int_{C_2} P\,dx + Q\,dy$$

$$= \frac{\partial}{\partial x} \int_{x_1}^{x} P(t, y)\,dt = P(x, y)$$

유사한 방법으로 수직선분을 이용하면 다음을 얻는다([그림 32] 참조).

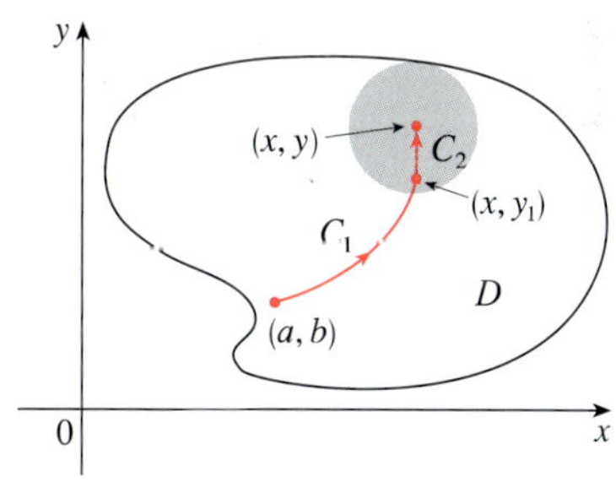

[그림 32]

$$\frac{\partial}{\partial y} f(x, y) = \frac{\partial}{\partial y} \int_{C_2} P\,dx + Q\,dy = \frac{\partial}{\partial y} \int_{y_1}^{y} Q(x, t)\,dt = Q(x, y)$$

따라서 다음 식이 성립하며 이는 $\mathbf{F}$가 보존적임을 보여준다.

$$\mathbf{F} = P\mathbf{i} + Q\mathbf{j} = \frac{\partial f}{\partial x}\mathbf{i} + \frac{\partial f}{\partial y}\mathbf{j} = \nabla f$$

이제 다음과 같은 의문이 남는다. 벡터장 $\mathbf{F}$가 보존적인지 아닌지를 어떻게 결정할 수 있는가? 연속인 1계 편도함수를 갖는 P와 Q에 대해 $\mathbf{F} = P\mathbf{i} + Q\mathbf{j}$가 보존적이라 하자. 그러면 $\mathbf{F} = \nabla f$, 즉 다음을 만족하는 함수 f가 존재한다.

$$P = \frac{\partial f}{\partial x}, \quad Q = \frac{\partial f}{\partial y}$$

그러므로 클레로의 정리에 따라 다음이 성립한다.

$$\frac{\partial P}{\partial y} = \frac{\partial^2 f}{\partial y\, \partial x} = \frac{\partial^2 f}{\partial x\, \partial y} = \frac{\partial Q}{\partial x}$$

5 정리 $\mathbf{F}(x,\,y) = P(x,\,y)\,\mathbf{i} + Q(x,\,y)\,\mathbf{j}$가 보존적 벡터장이고 P와 Q는 정의역 D에서 연속인 1계 편도함수를 갖는다면, D 전체에서 다음이 성립한다.

$$\frac{\partial P}{\partial y} = \frac{\partial Q}{\partial x}$$

정리 5의 역은 특수한 형태의 영역에 대해서만 성립한다. 이것을 설명하기 위해 먼저 **단순곡선**simple curve이라는 개념이 필요하다. 단순곡선은 양 끝점 사이의 어떤 곳에서도 교차하지 않는 곡선이다. ([그림 33]을 보라. 단순 닫힌곡선은 $\mathbf{r}(a) = \mathbf{r}(b)$이지만 $a < t_1 < t_2 < b$일 때 $\mathbf{r}(t_1) \neq \mathbf{r}(t_2)$이다.)

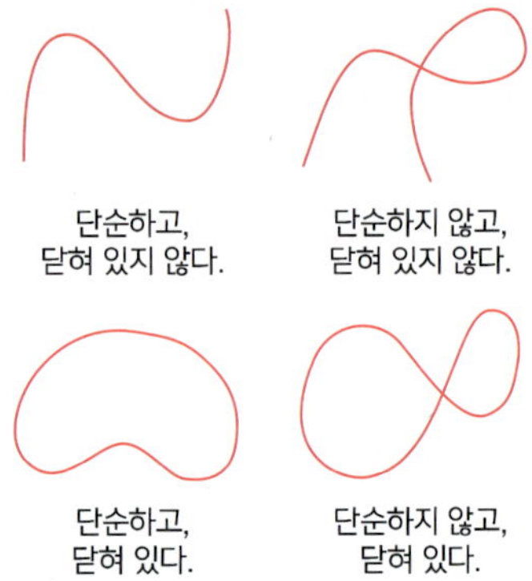

[그림 33] 곡선의 유형

정리 4에서 열린 연결 영역이 필요하다. 다음 정리에는 좀 더 강한 조건이 필요하다. 평면에서 **단순연결 영역**simply-connected region은 D 안에 있는 모든 단순 닫힌곡선이 D 안에 있는 점으로만 둘러싸여 있는 연결 영역 D이다. 직관적으로 말하면 [그림 34]로부터 단순연결 영역은 구멍이 포함되지 않고 두 부분으로 분리되지 않는다는 것이다.

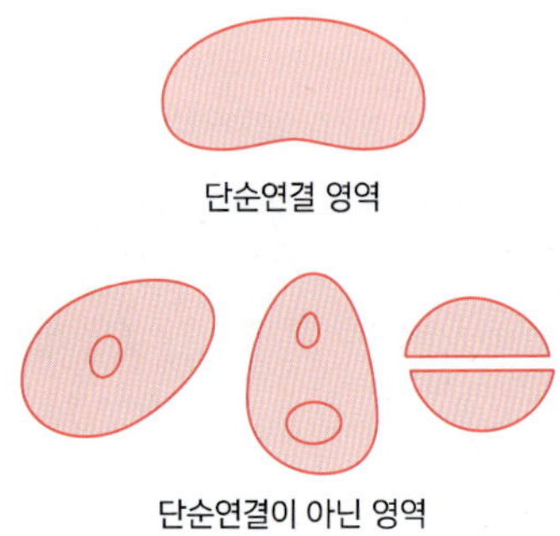

[그림 34]

단순연결 영역을 이용하여 정리 5의 부분적인 역을 설명할 수 있다. 이는 $\mathbb{R}^2$에서의 벡터장이 보존적임을 확인할 때 유용하다. 증명은 그린 정리의 한 결과로서 다음 절에서 다룬다.

6 정리 $\mathbf{F} = P\mathbf{i} + Q\mathbf{j}$는 열린 단순연결 영역 D에서 벡터장이라 하자. P와 Q는 연속인 1계 편도함수를 갖고 D 전체에서 다음이 성립한다고 하자.

$$\frac{\partial P}{\partial y} = \frac{\partial Q}{\partial x}$$

그러면 $\mathbf{F}$는 보존적 벡터장이다.

예제 2 **벡터장 $\mathbf{F}(x,\,y) = (x-y)\,\mathbf{i} + (x-2)\,\mathbf{j}$가 보존적인지 아닌지를 결정하라.**

풀이

$P(x,\,y) = x - y$, $Q(x,\,y) = x - 2$라 하자. 그러면 다음을 얻는다.

$$\frac{\partial P}{\partial y} = -1, \quad \frac{\partial Q}{\partial x} = 1$$

$\dfrac{\partial P}{\partial y} \neq \dfrac{\partial Q}{\partial x}$이므로 정리 5에 의해 $\mathbf{F}$는 보존적 벡터장이 아니다.

[그림 35]는 [예제 2]의 벡터장을 보여준다. 닫힌곡선 C 위에서 출발하는 벡터는 모두 대략적으로 C와 동일한 방향을 가리키는 것으로 나타난다. 따라서 $\int_C \mathbf{F} \cdot d\mathbf{r} > 0$인 것으로 보이므로 $\mathbf{F}$는 보존적이지 않다. [예제 2]의 계산은 이런 결과가 사실임을 보여준다.

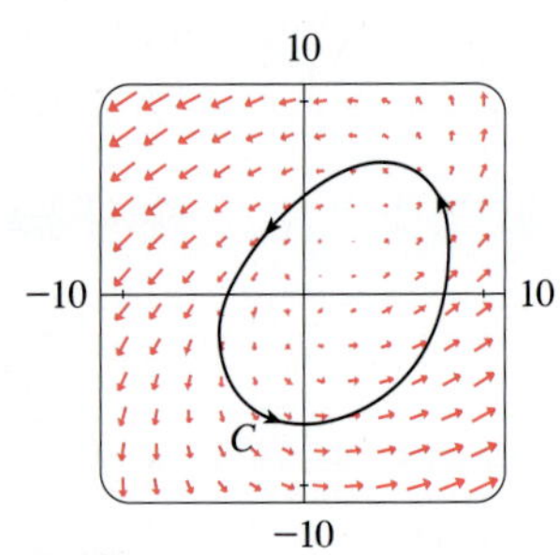

[그림 35]

예제 3 벡터장 $\mathbf{F}(x, y) = (3+2xy)\mathbf{i} + (x^2 - 3y^2)\mathbf{j}$가 보존적인지 아닌지를 결정하라.

풀이

$P(x, y) = 3 + 2xy$, $Q(x, y) = x^2 - 3y^2$이라 하자. 그러면 다음을 얻는다.

$$\frac{\partial P}{\partial y} = 2x = \frac{\partial Q}{\partial x}$$

또한 $\mathbf{F}$의 정의역은 전체 평면($D = \mathbb{R}^2$)이고, 이것은 열린 단순연결 영역이다. 그러므로 정리 6을 적용할 수 있으며 $\mathbf{F}$가 보존적이라는 결론을 얻는다.

[그림 36]은 [예제 3]의 벡터장을 보여준다. 곡선 C_1과 C_2 부근의 몇몇 벡터들은 그 곡선과 거의 동일한 방향을 가리키고 있는 반면 다른 벡터들은 반대 방향을 가리킨다. 따라서 모든 닫힌 경로 주위에서 선적분은 그 값이 0인 것으로 보인다. [예제 3]은 $\mathbf{F}$가 실제로 보존적임을 보여준다.

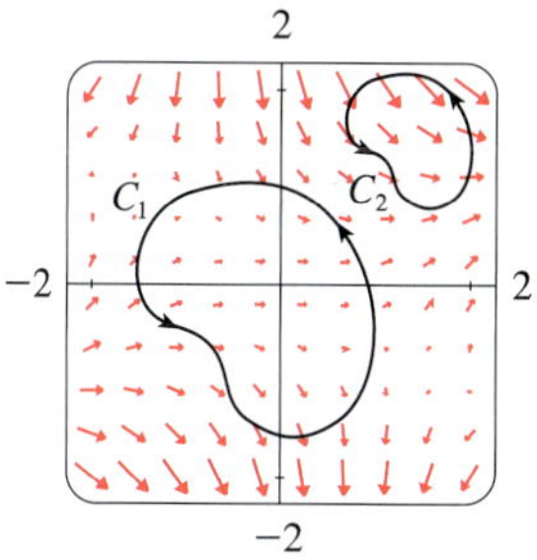

[그림 36]

[예제 3]에서 정리 6에 의해 $\mathbf{F}$가 보존적이라는 것을 보였으나 $\mathbf{F} = \nabla f$가 되는 (퍼텐셜) 함수 f를 구하는 방법은 제시하지 않았다. 정리 4의 증명은 f를 구하기 위한 실마리를 제공한다. f를 구하기 위해 다음 예제와 같이 '편적분'을 이용한다.

예제 4 **(a)** $\mathbf{F}(x, y) = (3+2xy)\mathbf{i} + (x^2 - 3y^2)\mathbf{j}$일 때 $\mathbf{F} = \nabla f$가 되는 함수 f를 구하라.

(b) C가 $\mathbf{r}(t) = e^t \sin t\,\mathbf{i} + e^t \cos t\,\mathbf{j}$, $0 \le t \le \pi$로 주어질 때, 선적분 $\int_C \mathbf{F} \cdot d\mathbf{r}$을 계산하라.

풀이

(a) [예제 3]에서 $\mathbf{F}$가 보존적이므로 $\nabla f = \mathbf{F}$가 되는 함수 f가 존재한다. 즉 다음이 성립한다.

7 $$f_x(x, y) = 3 + 2xy$$

8 $$f_y(x, y) = x^2 - 3y^2$$

식 7을 x에 대해 적분하면 다음을 얻는다.

9 $$f(x, y) = 3x + x^2 y + g(y)$$

적분상수는 x에 대한 상수, 즉 $g(y)$라 정의한 y의 함수임에 주목하자. 다음으로 식 9의 양변을 y에 대해 미분하여 다음을 얻는다.

10 $$f_y(x, y) = x^2 + g'(y)$$

식 8과 10을 비교하면 다음을 알 수 있다.

$$g'(y) = -3y^2$$

따라서 이 식을 y에 대해 적분하면 다음을 얻는다.

$$g(y) = -y^3 + K$$

여기서 K는 상수이다. 이것을 식 [9]에 대입하면 다음과 같이 구하고자 하는 퍼텐셜 함수를 얻는다.

$$f(x, y) = 3x + x^2 y - y^3 + K$$

(b) 정리 [2]를 이용하기 위해 C의 시점과 종점을 알아야 한다. 즉 $\mathbf{r}(0) = (0, 1)$, $\mathbf{r}(\pi) = (0, -e^{\pi})$이다. (a)에서 얻은 $f(x, y)$에 대한 식에서 상수 K의 어떤 값도 가능하므로 $K = 0$을 택하자. 그러면 다음을 얻는다.

$$\int_C \mathbf{F} \cdot d\mathbf{r} = \int_C \nabla f \cdot d\mathbf{r} = f(0, -e^{\pi}) - f(0, 1) = e^{3\pi} - (-1) = e^{3\pi} + 1$$

이 방법은 13.2절에서 배웠던 선적분을 계산하는 직접적인 방법보다 더 간단하다.

$\mathbb{R}^3$에서 벡터장 $\mathbf{F}$가 보존적인지 아닌지 결정하는 기준은 13.5절에서 주어진다. 한편 다음 예제는 퍼텐셜 함수를 구하는 기교가 $\mathbb{R}^2$에서의 벡터장에 대한 퍼텐셜 함수를 구하는 방법과 같다는 것을 보여준다.

예제 5 **$\mathbf{F}(x, y, z) = y^2\mathbf{i} + (2xy + e^{3z})\mathbf{j} + 3ye^{3z}\mathbf{k}$일 때 $\nabla f = \mathbf{F}$인 함수 f를 구하라.**

풀이

함수 f가 존재한다면 다음이 성립한다.

[11] $$f_x(x, y, z) = y^2$$

[12] $$f_y(x, y, z) = 2xy + e^{3z}$$

[13] $$f_z(x, y, z) = 3ye^{3z}$$

식 [11]을 x에 대해 적분하면 다음을 얻는다.

[14] $$f(x, y, z) = xy^2 + g(y, z)$$

여기서 $g(y, z)$는 x에 대한 상수이다. 다음으로 식 [14]를 y에 대해 미분하여 다음을 얻는다.

$$f_y(x, y, z) = 2xy + g_y(y, z)$$

이것을 식 12와 비교하면 다음을 얻는다.

$$g_y(y, z) = e^{3z}$$

따라서 $g(y, z) = ye^{3z} + h(z)$이고 식 14를 다음과 같이 다시 쓸 수 있다.

$$f(x, y, z) = xy^2 + ye^{3z} + h(z)$$

끝으로 이 식을 z에 대해 미분하고 식 13과 비교하면 $h'(z) = 0$을 얻는다. 그러므로 $h(z) = K$인 상수가 된다. 따라서 구하고자 하는 함수는 다음과 같다.

$$f(x, y, z) = xy^2 + ye^{3z} + K$$

또한 $\nabla f = \mathbf{F}$는 쉽게 증명된다.

에너지 보존

이번 장의 개념을 $\mathbf{r}(t)$, $a \le t \le b$로 주어진 경로 C 위에서 물체를 움직이게 하는 연속인 힘장 $\mathbf{F}$에 적용하자. 여기서 $\mathbf{r}(a) = A$는 경로 C의 시점이고 $\mathbf{r}(b) = B$는 종점이다. 뉴턴의 운동 제2법칙(10.9절 참조)에 따르면 C 위의 한 점에서 힘 $\mathbf{F}(\mathbf{r}(t))$는 다음 방정식에 의해 가속도 $\mathbf{a}(t) = \mathbf{r}''(t)$와 관계가 있다.

$$\mathbf{F}(\mathbf{r}(t)) = m\mathbf{r}''(t)$$

따라서 물체에 작용한 힘이 한 일은 다음과 같다.

$$W = \int_C \mathbf{F} \cdot d\mathbf{r} = \int_a^b \mathbf{F}(\mathbf{r}(t)) \cdot \mathbf{r}'(t)\,dt = \int_a^b m\mathbf{r}''(t) \cdot \mathbf{r}'(t)\,dt$$

$$= \frac{m}{2}\int_a^b \frac{d}{dt}[\mathbf{r}'(t) \cdot \mathbf{r}'(t)]\,dt \qquad \text{(10.7절 정리 5의 식 (4))}$$

$$= \frac{m}{2}\int_a^b \frac{d}{dt}|\mathbf{r}'(t)|^2\,dt = \frac{m}{2}\left[|\mathbf{r}'(t)|^2\right]_a^b \qquad \text{(미적분학의 기본정리)}$$

$$= \frac{m}{2}\left(|\mathbf{r}'(b)|^2 - |\mathbf{r}'(a)|^2\right)$$

그러므로 다음을 얻는다.

15 $$W = \frac{1}{2}m|\mathbf{v}(b)|^2 - \frac{1}{2}m|\mathbf{v}(a)|^2$$

여기서 $\mathbf{v} = \mathbf{r}'$은 속도이다.

양 $\frac{1}{2}m|\mathbf{v}(t)|^2$, 즉 질량과 속력의 제곱을 곱한 것의 반이 물체의 **운동에너지**[kinetic energy]

이다. 그러므로 식 15를 다음과 같이 다시 쓸 수 있다.

$$W = K(B) - K(A) \tag{16}$$

이는 C를 따라 힘장이 한 일은 C의 양 끝점에서 운동에너지의 변화와 같음을 말한다.

이제 $\mathbf{F}$가 보존적 힘장이라 하자. 즉 $\mathbf{F} = \nabla f$로 쓸 수 있다. 물리학에서 점 (x, y, z)에서 물체의 **위치에너지**potential energy는 $P(x, y, z) = -f(x, y, z)$로 정의되므로 $\mathbf{F} = -\nabla P$가 된다. 그러면 정리 2에 의해 다음을 얻는다.

$$W = \int_C \mathbf{F} \cdot d\mathbf{r} = -\int_C \nabla P \cdot d\mathbf{r} = -[P(\mathbf{r}(b)) - P(\mathbf{r}(a))] = P(A) - P(B)$$

이 식을 식 16과 비교하면 다음이 성립함을 알 수 있다.

$$P(A) + K(A) = P(B) + K(B)$$

이것은 보존력장의 영향 아래서 한 점 A에서 다른 점 B까지 물체가 움직일 때 위치에너지와 운동에너지의 합이 일정하다는 것을 의미한다. 이를 **에너지 보존 법칙**Law of Conservation of Energy이라 하는데 벡터장을 보존적이라 부르는 이유가 바로 이 때문이다.

13.3 연습문제

01 다음 그림은 곡선 C와 기울기가 연속인 함수 f의 등위곡선도를 보여준다. $\int_C \nabla f \cdot d\mathbf{r}$을 구하라.

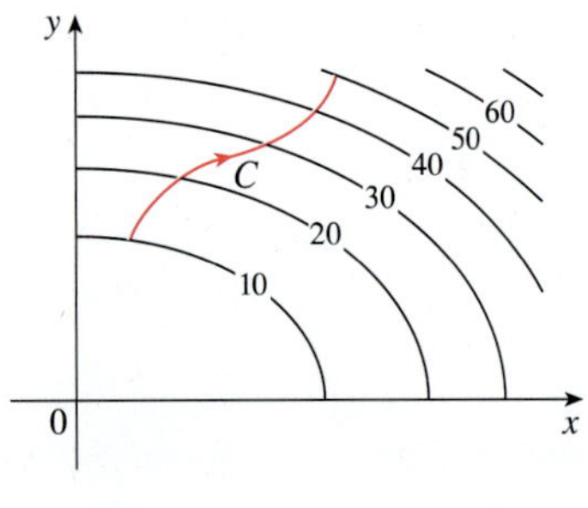

02~05 $\mathbf{F}$가 보존적 벡터장인지 아닌지 결정하라. 보존적이면 $\mathbf{F} = \nabla f$인 함수 f를 구하라.

02 $\mathbf{F}(x, y) = (2x - 3y)\mathbf{i} + (-3x + 4y - 8)\mathbf{j}$

03 $\mathbf{F}(x, y) = e^x \cos y\,\mathbf{i} + e^x \sin y\,\mathbf{j}$

04 $\mathbf{F}(x, y) = (ye^x + \sin y)\mathbf{i} + (e^x + x\cos y)\mathbf{j}$

05 $\mathbf{F}(x, y) = (\ln y + 2xy^3)\mathbf{i} + (3x^2y^2 + x/y)\mathbf{j}$

06~08 (a) $\mathbf{F} = \nabla f$인 함수 f를 구하고 (b) (a)를 이용해서 주어진 곡선 C 위에서 $\int_C \mathbf{F} \cdot d\mathbf{r}$을 구하라.

06 $\mathbf{F}(x, y) = xy^2\mathbf{i} + x^2y\mathbf{j}$,

C: $\mathbf{r}(t) = \left\langle t + \sin\frac{1}{2}\pi t,\ t + \cos\frac{1}{2}\pi t \right\rangle,\ 0 \le t \le 1$

07 $\mathbf{F}(x, y, z) = yz\mathbf{i} + xz\mathbf{j} + (xy + 2z)\mathbf{k}$, C는 $(1, 0, -2)$에서 $(4, 6, 3)$까지 선분

08 $\mathbf{F}(x, y, z) = yze^{xz}\mathbf{i} + e^{xz}\mathbf{j} + xye^{xz}\mathbf{k}$,

C: $\mathbf{r}(t) = (t^2 + 1)\mathbf{i} + (t^2 - 1)\mathbf{j} + (t^2 - 2t)\mathbf{k},\ 0 \le t \le 2$

09 다음 선적분이 경로와 독립임을 보이고 적분을 계산하라.

$\int_C 2xe^{-y}dx+(2y-x^2e^{-y})dy$, C는 $(1,0)$에서 $(2,1)$까지의 임의의 경로

10 힘장 $\mathbf{F}(x,y)=2y^{3/2}\mathbf{i}+3x\sqrt{y}\,\mathbf{j}$가 $P(1,1)$에서 $Q(2,4)$까지 물체를 움직이는 데 한 일

11 다음 그림에서 보여주는 벡터장이 보존적인가? 그것을 설명하라.

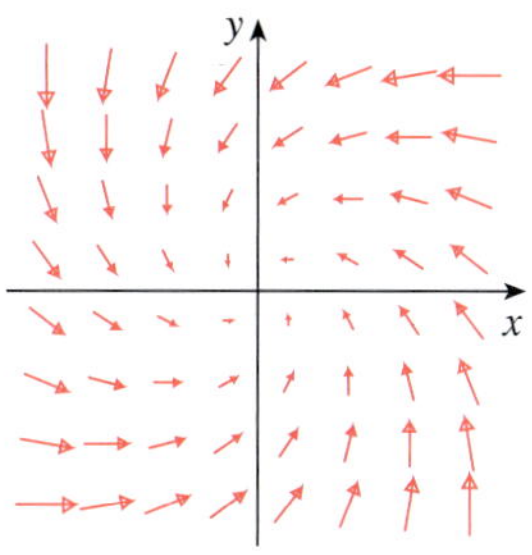

12 CAS $\mathbf{F}(x,y)=\sin y\,\mathbf{i}+(1+x\cos y)\mathbf{j}$일 때 그림을 이용해서 $\mathbf{F}$가 보존적인지 아닌지 추측하라. 그리고 추측이 옳은지를 확인하라.

13 벡터장 $\mathbf{F}=P\mathbf{i}+Q\mathbf{j}+R\mathbf{k}$가 보존적 벡터장이고 P, Q, R이 연속인 1계 편도함수를 가질 때 다음을 보여라.

$$\frac{\partial P}{\partial y}=\frac{\partial Q}{\partial x},\quad \frac{\partial P}{\partial z}=\frac{\partial R}{\partial x},\quad \frac{\partial Q}{\partial z}=\frac{\partial R}{\partial y}$$

14~15 주어진 집합이 다음과 같은 곡선인지 아닌지 결정하라.

(a) 열린 집합 (b) 연결 집합 (c) 단순연결 집합

14 $\{(x,y)\mid 0<y<3\}$

15 $\{(x,y)\mid 1\le x^2+y^2\le 4,\ y\ge 0\}$

16 $\mathbf{F}(x,y)=\dfrac{-y\mathbf{i}+x\mathbf{j}}{x^2+y^2}$라 하자.

(a) $\partial P/\partial y=\partial Q/\partial x$임을 보여라.

(b) $\int_C \mathbf{F}\cdot d\mathbf{r}$이 경로와 독립이 아님을 보여라. [힌트: C_1과 C_2를 각각 $(1,0)$에서 $(-1,0)$까지 원 $x^2+y^2=1$의 상반부와 하반부라 할 때 $\int_{C_1}\mathbf{F}\cdot d\mathbf{r}$과 $\int_{C_2}\mathbf{F}\cdot d\mathbf{r}$을 계산하라.] 이것은 정리 6에 모순인가?

13.4 그린 정리

그린 정리는 단순 닫힌곡선 C 위에서의 선적분과 C로 둘러싸인 평면 영역 D에서의 이중적분 사이의 관계를 알려준다. ([그림 37]을 참조하라. D는 C의 내부에 있는 모든 점뿐만 아니라 C 위의 모든 점으로 구성된다.)

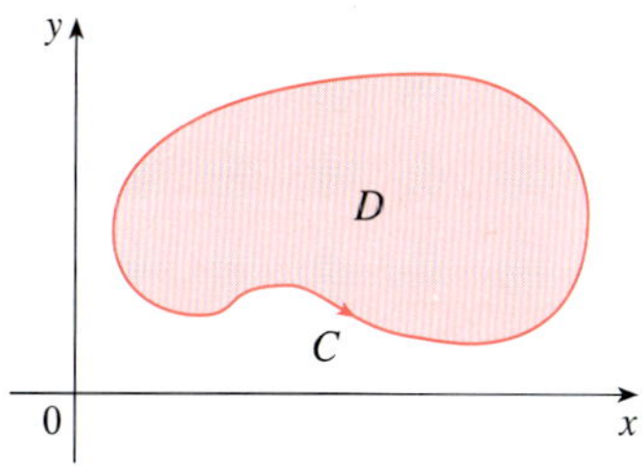

[그림 37]

그린 정리를 말할 때 관례적으로 단순 닫힌곡선 C의 **양의 방향** positive orientation은 C가 시계 반대 방향으로 한 번 선회하는 것을 말한다. 따라서 C가 벡터함수 $\mathbf{r}(t)$, $a\le t\le b$로 주어지면 점 $\mathbf{r}(t)$가 C를 선회할 때 영역 D는 항상 왼쪽에 있다([그림 38] 참조).

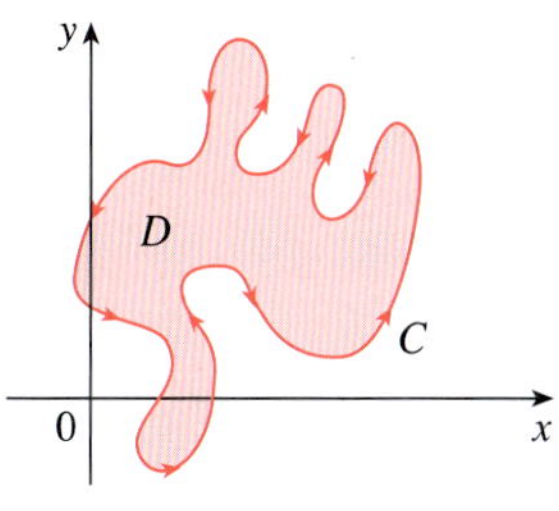

(a) 양의 방향

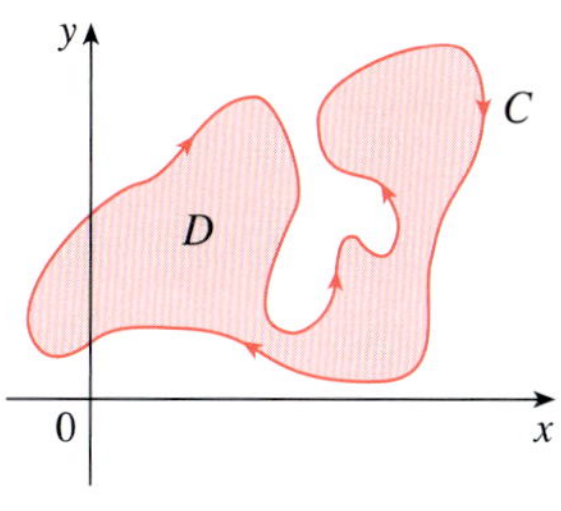

(b) 음의 방향

[그림 38]

> **그린 정리** 평면에서 양의 방향을 갖고 조각마다 매끄러운 단순 닫힌곡선을 C라 하고, D는 C로 둘러싸인 영역이라 하자. D를 포함하는 열린 영역에서 P와 Q의 연속인 편도함수가 존재하면 다음이 성립한다.
>
> $$\int_C P\,dx + Q\,dy = \iint_D \left(\frac{\partial Q}{\partial x} - \frac{\partial P}{\partial y}\right) dA$$

$\mathbf{F} = P\mathbf{i} + Q\mathbf{j}$일 때 이 식의 좌변을 $\int_C \mathbf{F} \cdot d\mathbf{r}$로 표현할 수 있음을 기억하자.

NOTE _ 닫힌곡선 C의 양의 방향을 이용하여 선적분을 계산한다는 사실을 나타내기 위해 때때로 다음과 같은 기호를 사용한다.

$$\oint_C P\,dx + Q\,dy \qquad \text{또는} \qquad \oint_C P\,dx + Q\,dy$$

그리고 D의 양의 방향인 경계곡선을 나타내는 또 다른 기호는 ∂D이다. 따라서 그린 정리의 식을 다음과 같이 쓸 수 있다.

$$\boxed{1} \qquad \iint_D \left(\frac{\partial Q}{\partial x} - \frac{\partial P}{\partial y}\right) dA = \int_{\partial D} P\,dx + Q\,dy$$

그린 정리는 이중적분에 대한 미적분학의 기본 정리에 대응하는 정리로 생각해야 한다. 식 $\boxed{1}$을 다음과 같은 미적분학의 기본 정리 (2)와 비교해보자.

$$\int_a^b F'(x)\,dx = F(b) - F(a)$$

두 경우 모두 식의 좌변에는 도함수 (F', $\partial Q/\partial x$, $\partial P/\partial y$)를 포함하는 적분이 있다. 그리고 두 경우 모두 우변에는 정의역의 경계에서만 정의되는 원래의 함수(F, Q, P)의 값을 포함한다. (1차원의 경우 정의역은 두 점 a, b만으로 경계가 이루어진 구간 $[a, b]$이다).

일반적으로 그린 정리를 증명하는 것이 쉽지는 않지만 영역이 유형 I과 유형 II인 특수한 경우(12.2절 참조)에 대해서는 증명할 수 있다. 이와 같은 영역을 **단순 영역** simple region 이라 하자.

그린 정리는 독학으로 공부한 영국의 과학자인 그린(George Green, 1793~1841)의 이름을 딴 것이다. 그린은 9살 때부터 부친의 빵집에서 직원으로 일하면서 도서관에서 빌린 책으로 수학을 독학했다. 1828년 자비를 들여 "An Essay on the Application of Mathematical Analysis to the Theories of Electricity and Magnetism"이라는 책을 출판했다. 그러나 100부만 인쇄하여 대부분 친구에게 보냈다. 이 소책자에는 우리가 그린 정리로 알고 있는 것과 동일한 내용의 정리가 포함되어 있었으나 그 당시에는 널리 알려지지 않았다. 그는 40세에 마침내 케임브리지 대학교 학부생으로 입학했지만 졸업 후 4년 만에 죽었다. 1846년에 윌리엄 톰슨(켈빈 경)은 그린의 소책자를 찾아냈고, 그 중요성을 깨달아 그것을 다시 인쇄했다. 그린은 전자기학의 수학적 이론을 공식화하려고 시도한 최초의 사람이다. 그의 업적은 톰슨, 스토크스, 레일리, 맥스웰의 전자기학 이론의 기초가 됐다.

D가 단순 영역인 경우에 대한 그린 정리의 증명

다음 식들이 성립함을 보임으로써 그린 정리를 증명할 것이다.

$$\boxed{2} \qquad \int_C P\,dx = -\iint_D \frac{\partial P}{\partial y}\,dA$$

$$\boxed{3} \qquad \int_C Q\,dy = \iint_D \frac{\partial Q}{\partial x}\,dA$$

D를 다음과 같은 유형 I의 영역으로 나타내어 식 $\boxed{2}$를 증명한다.

$$D = \{(x, y) \mid a \le x \le b,\ g_1(x) \le y \le g_2(x)\}$$

여기서 g_1, g_2는 연속함수이다. 식 $\boxed{2}$의 우변에 있는 이중적분을 다음과 같이 계산할 수 있다.

$$\boxed{4} \qquad \iint_D \frac{\partial P}{\partial y}\,dA = \int_a^b \int_{g_1(x)}^{g_2(x)} \frac{\partial P}{\partial y}(x, y)\,dy\,dx = \int_a^b [P(x, g_2(x)) - P(x, g_1(x))]\,dx$$

여기서 마지막 단계는 미적분학의 기본 정리로부터 나온다.

이제 식 2의 좌변을 [그림 39]와 같이 네 곡선 C_1, C_2, C_3, C_4의 합으로 C를 나눠서 계산한다. C_1 위에서 x를 매개변수로 택하고 매개변수 방정식을 $x = x$, $y = g_1(x)$, $a \le x \le b$로 쓰면 다음을 얻는다.

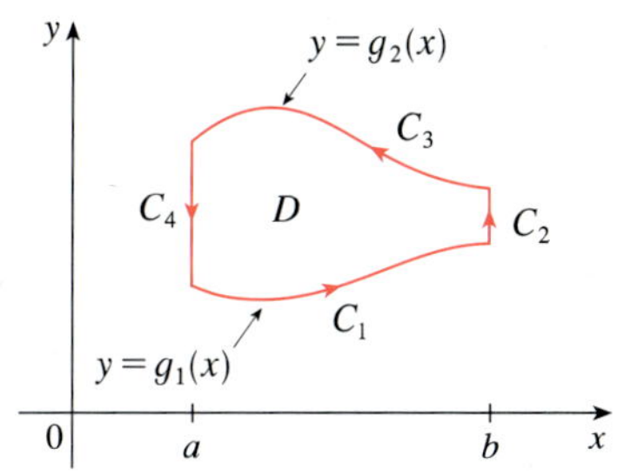

[그림 39]

$$\int_{C_1} P(x, y)\,dx = \int_a^b P(x, g_1(x))\,dx$$

C_3가 오른쪽에서 왼쪽으로 움직이면 $-C_3$는 왼쪽에서 오른쪽으로 움직이는 것을 알 수 있다. 따라서 $-C_3$의 매개변수 방정식을 $x = x$, $y = g_2(x)$, $a \le x \le b$로 쓸 수 있다. 그러므로 다음을 얻는다.

$$\int_{C_3} P(x, y)\,dx = -\int_{-C_3} P(x, y)\,dx = -\int_a^b P(x, g_2(x))\,dx$$

C_2 또는 C_4 위에서(그들 각각은 한 점으로 축소될 수도 있다.) x는 상수이므로 $dx = 0$이고 다음이 성립한다.

$$\int_{C_2} P(x, y)\,dx = 0 = \int_{C_4} P(x, y)\,dx$$

그러므로 다음을 얻는다.

$$\int_C P(x, y)\,dx = \int_{C_1} P(x, y)\,dx + \int_{C_2} P(x, y)\,dx + \int_{C_3} P(x, y)\,dx + \int_{C_4} P(x, y)\,dx$$

$$= \int_a^b P(x, g_1(x))\,dx - \int_a^b P(x, g_2(x))\,dx$$

이 식을 식 4와 비교하면 다음을 알 수 있다.

$$\int_C P(x, y)\,dx = \iint_D \frac{\partial P}{\partial y}\,dA$$

식 3은 D를 유형 II 영역으로 나타내면 똑같은 방법으로 증명할 수 있다([연습문제 17] 참조). 식 2와 3을 더하면 그린 정리를 얻는다.

예제 1 **C가 $(0, 0)$에서 $(1, 0)$까지, $(1, 0)$에서 $(0, 1)$까지, $(0, 1)$에서 $(0, 0)$까지의 선분들로 구성된 삼각형 곡선일 때 $\int_C x^4\,dx + xy\,dy$를 구하라.**

풀이

주어진 선적분은 지금까지 사용한 방법인 삼각형의 세 변을 따르는 세 개의 적분으로 나누어 계산하는 13.2절의 방법으로 구할 수도 있지만 여기서는 그린 정리를 이용하여 구해 보자. C로 둘러싸인 영역 D는 단순하고 C는 양의 방향이라는 것에 주목하자([그림 40] 참조). $P(x, y) = x^4$, $Q(x, y) = xy$라 하면 다음을 얻는다.

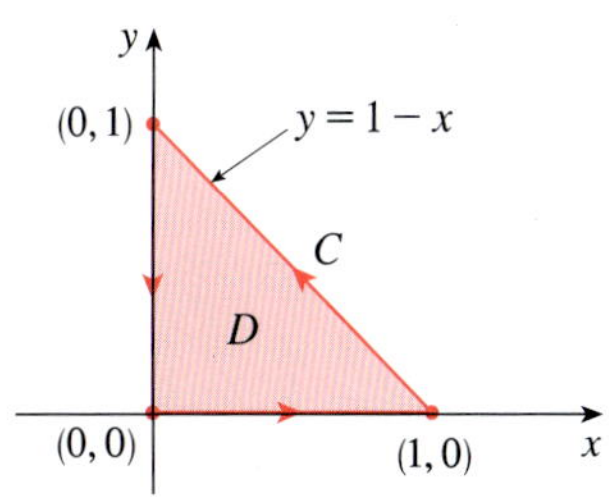

[그림 40]

$$\int_C x^4\,dx + xy\,dy = \iint_D \left(\frac{\partial Q}{\partial x} - \frac{\partial P}{\partial y}\right) dA = \int_0^1 \int_0^{1-x} (y-0)\,dy\,dx$$

$$= \int_0^1 \left[\frac{1}{2}y^2\right]_{y=0}^{y=1-x} dx = \frac{1}{2}\int_0^1 (1-x)^2\,dx$$

$$= -\frac{1}{6}(1-x)^3\Big]_0^1 = \frac{1}{6}$$

예제 2 C가 원 $x^2+y^2=9$일 때 $\oint_C (3y - e^{\sin x})\,dx + (7x + \sqrt{y^4+1}\,)\,dy$를 구하라.

풀이

C로 둘러싸인 영역 D는 원판 $x^2+y^2 \le 9$이다. 따라서 다음과 같이 그린 정리를 적용한 후에 극좌표로 변환하면 다음을 얻는다.

$$\oint_C (3y - e^{\sin x})\,dx + (7x + \sqrt{y^4+1}\,)\,dy$$

$$= \iint_D \left[\frac{\partial}{\partial x}(7x + \sqrt{y^4+1}\,) - \frac{\partial}{\partial y}(3y - e^{\sin x})\right] dA$$

$$= \int_0^{2\pi}\int_0^3 (7-3)\,r\,dr\,d\theta = 4\int_0^{2\pi} d\theta \int_0^3 r\,dr = 36\pi$$

극좌표를 이용하는 대신 간단히 D가 반지름 3인 원판이라는 사실을 이용하여 다음과 같이 쓸 수 있다.

$$\iint_D 4\,dA = 4 \cdot \pi(3)^2 = 36\pi$$

[예제 1]과 [예제 2]에서 이중적분은 선적분보다 더 쉽게 계산할 수 있었다. ([예제 2]에서 선적분으로 구하면 곧바로 확인할 수 있다). 그러나 때때로 선적분을 계산하는 것이 더 쉬울 수 있고 그린 정리가 역방향으로 이용되곤 한다. 예를 들어 곡선 C에서 $P(x, y) = Q(x, y) = 0$이라 하면 영역 D 내부에서 P와 Q가 어떤 값을 취하더라도 그린 정리에 의해 다음을 얻는다.

$$\iint_D \left(\frac{\partial Q}{\partial x} - \frac{\partial P}{\partial y}\right) dA = \int_C P\,dx + Q\,dy = 0$$

그린 정리의 역방향은 넓이를 계산할 때도 응용된다. D의 넓이가 $\iint_D 1\,dA$이므로 다음을 만족하는 P와 Q를 선택하고자 한다.

$$\frac{\partial Q}{\partial x} - \frac{\partial P}{\partial y} = 1$$

이 식에 대해 다음과 같이 여러 가지 가능성이 존재한다.

$$P(x, y) = 0, \qquad P(x, y) = -y, \qquad P(x, y) = -\frac{1}{2}y,$$

$$Q(x, y) = x, \qquad Q(x, y) = 0, \qquad Q(x, y) = \frac{1}{2}x$$

그러면 그린 정리는 D의 넓이에 대해 다음 식을 제공한다.

5 $$A = \oint_C x\,dy = -\oint_C y\,dx = \frac{1}{2}\oint_C x\,dy - y\,dx$$

예제 3 **타원 $\frac{x^2}{a^2} + \frac{y^2}{b^2} = 1$로 둘러싸인 넓이를 구하라.**

풀이

타원의 매개변수 방정식은 $x = a\cos t$, $y = b\sin t$, $0 \le t \le 2\pi$이다. 식 5의 세 번째 공식을 이용하면 다음을 얻는다.

$$A = \frac{1}{2}\int_C x\,dy - y\,dx = \frac{1}{2}\int_0^{2\pi} (a\cos t)(b\cos t)\,dt - (b\sin t)(-a\sin t)\,dt$$

$$= \frac{ab}{2}\int_0^{2\pi} dt = \pi ab$$

D가 단순 영역인 경우에만 그린 정리를 증명했지만 이제 D가 단순 영역의 유한개 합집합인 경우로 이 정리를 확장할 수 있다. 예를 들어 D가 [그림 41]에 보인 영역일 때 $D = D_1 \cup D_2$이며 D_1과 D_2는 모두 단순 영역이다. D_1의 경계는 $C_1 \cup C_3$이고, D_2의 경계는 $C_2 \cup (-C_3)$이다. 따라서 그린 정리를 D_1과 D_2에 분리하여 적용하면 다음을 얻는다.

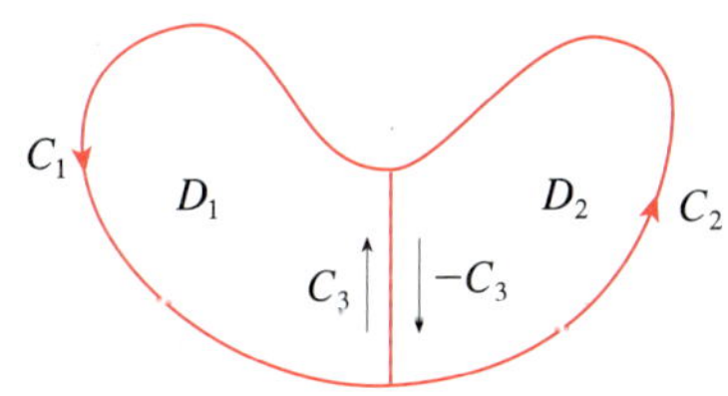

[그림 41]

$$\int_{C_1 \cup C_3} P\,dx + Q\,dy = \iint_{D_1} \left(\frac{\partial Q}{\partial x} - \frac{\partial P}{\partial y}\right) dA$$

$$\int_{C_2 \cup (-C_3)} P\,dx + Q\,dy = \iint_{D_2} \left(\frac{\partial Q}{\partial x} - \frac{\partial P}{\partial y}\right) dA$$

이들 두 방정식을 더하면 C_3과 $-C_3$를 따르는 선적분이 소거되므로 다음을 얻는다.

$$\int_{C_1 \cup C_2} P\,dx + Q\,dy = \iint_D \left(\frac{\partial Q}{\partial x} - \frac{\partial P}{\partial y}\right) dA$$

그리고 이것은 $D = D_1 \cup D_2$에 대한 그린 정리이다. 왜냐하면 이 영역의 경계는 $C = C_1 \cup C_2$이기 때문이다.

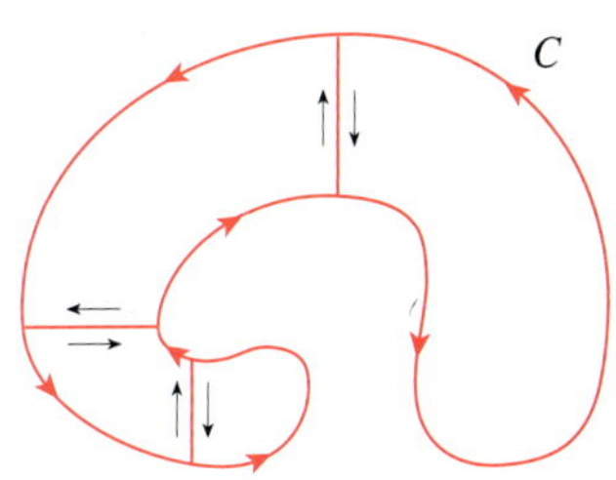

[그림 42]

동일한 논리로 중복되지 않는 임의의 유한개의 단순 영역의 합집합에 대해 그린 정리를 적용할 수 있다([그림 42] 참조).

예제 4 C가 원 $x^2+y^2=1$과 $x^2+y^2=4$ 사이의 상반부 평면에 있는 반고리 모양의 영역 D의 경계일 때 $\oint_C y^2\,dx+3xy\,dy$를 구하라.

풀이

D는 단순 영역이 아니지만 y축에 의해 두 개의 단순 영역으로 나눌 수 있다([그림 43] 참조). 이 영역을 다음과 같이 극좌표로 쓸 수 있다.

$$D=\{(r,\theta)\mid 1\le r\le 2,\ 0\le\theta\le\pi\}$$

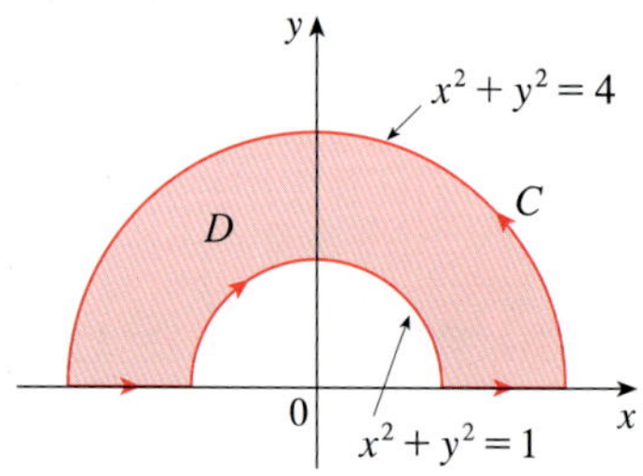

[그림 43]

따라서 그린 정리에 의해 다음을 얻는다.

$$\begin{aligned}\oint_C y^2\,dx+3xy\,dy&=\iint_D\left[\frac{\partial}{\partial x}(3xy)-\frac{\partial}{\partial y}(y^2)\right]dA\\&=\iint_D y\,dA=\int_0^{\pi}\int_1^2(r\sin\theta)\,r\,dr\,d\theta\\&=\int_0^{\pi}\sin\theta\,d\theta\int_1^2 r^2\,dr=\Big[-\cos\theta\Big]_0^{\pi}\left[\frac{1}{3}r^3\right]_1^2=\frac{14}{3}\end{aligned}$$

그린 정리는 구멍이 있는 영역, 즉 단순연결이 아닌 영역으로 확장해서 적용할 수 있다. [그림 44]에 있는 영역 D의 경계 C는 두 개의 단순 닫힌곡선 C_1과 C_2로 구성되는 것을 관찰하자. 이러한 경계곡선들이 영역 D가 곡선 C를 따라 움직일 때 항상 왼쪽에 있도록 방향이 주어진다고 가정하자. 그러면 양의 방향은 바깥의 원 C_1에 대해 시계 반대 방향이지만 안쪽의 원 C_2에 대해서는 시계 방향이다. [그림 45]에 보인 직선에 의해 D를 두 영역 D'과 D''으로 나누고 D'과 D''에 각각 그린 정리를 적용하면 다음을 얻는다.

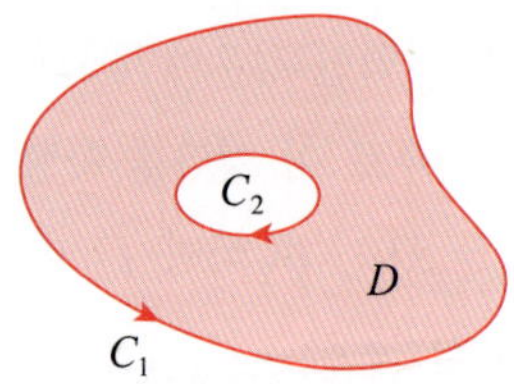

[그림 44]

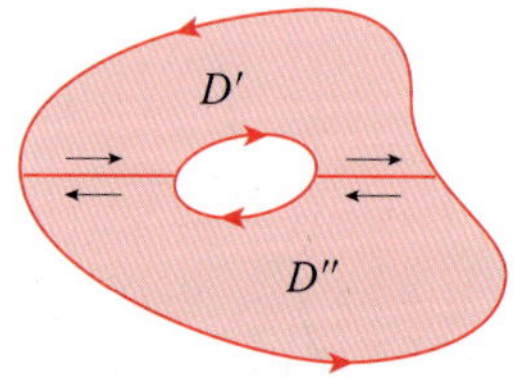

[그림 45]

$$\begin{aligned}\iint_D\left(\frac{\partial Q}{\partial x}-\frac{\partial P}{\partial y}\right)dA&=\iint_{D'}\left(\frac{\partial Q}{\partial x}-\frac{\partial P}{\partial y}\right)dA+\iint_{D''}\left(\frac{\partial Q}{\partial x}-\frac{\partial P}{\partial y}\right)dA\\&=\int_{\partial D'}P\,dx+Q\,dy+\int_{\partial D''}P\,dx+Q\,dy\end{aligned}$$

공통 경계선을 따르는 선적분은 서로 반대 방향이므로 소거된다. 따라서 다음을 얻는다.

$$\iint_D\left(\frac{\partial Q}{\partial x}-\frac{\partial P}{\partial y}\right)dA=\int_{C_1}P\,dx+Q\,dy+\int_{C_2}P\,dx+Q\,dy=\int_C P\,dx+Q\,dy$$

이것은 영역 D에 대한 그린 정리이다.

예제 5 $\mathbf{F}(x, y) = (-y\mathbf{i} + x\mathbf{j})/(x^2 + y^2)$**일 때 원점을 둘러싸는 모든 양의 방향인 단순 닫힌경로에 대해** $\int_C \mathbf{F} \cdot d\mathbf{r} = 2\pi$**임을 보여라.**

풀이

C가 원점을 둘러싸는 임의의 닫힌 경로이므로 주어진 적분을 직접 계산하는 것은 어렵다. 따라서 중심이 원점이고 반지름이 a인 시계 반대 방향인 원 C'을 생각하자. 여기서 a는 C'이 C의 내부에 놓이도록 충분히 작게 택한다([그림 46] 참조). D를 C와 C'으로 둘러싸인 영역이라 하자. 양의 방향인 경계는 $C \cup (-C')$이므로 일반적인 그린 정리에 의해 다음을 얻는다.

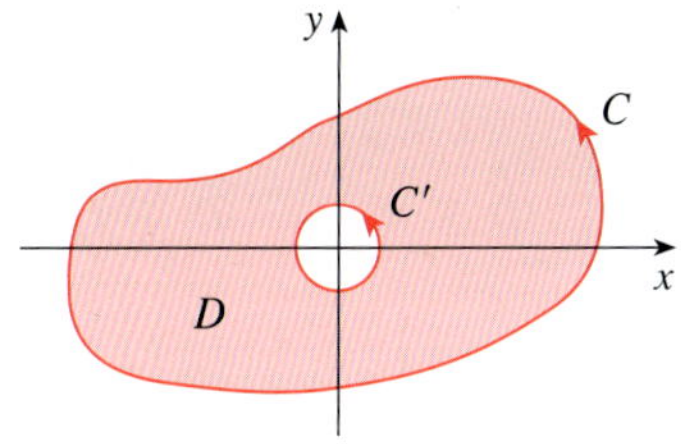

[그림 46]

$$\int_C P\,dx + Q\,dy + \int_{-C'} P\,dx + Q\,dy = \iint_D \left(\frac{\partial Q}{\partial x} - \frac{\partial P}{\partial y}\right) dA$$

$$= \iint_D \left[\frac{y^2 - x^2}{(x^2 + y^2)^2} - \frac{y^2 - x^2}{(x^2 + y^2)^2}\right] dA$$

$$= 0$$

그러므로 다음이 성립한다.

$$\int_C P\,dx + Q\,dy = \int_{C'} P\,dx + Q\,dy$$

즉 다음이 성립한다.

$$\int_C \mathbf{F} \cdot d\mathbf{r} = \int_{C'} \mathbf{F} \cdot d\mathbf{r}$$

이제 마지막 적분은 $\mathbf{r}(t) = a\cos t\,\mathbf{i} + a\sin t\,\mathbf{j}$, $0 \le t \le 2\pi$로 주어진 매개변수화를 이용하면 쉽게 계산된다. 따라서 다음을 얻는다.

$$\int_C \mathbf{F} \cdot d\mathbf{r} = \int_{C'} \mathbf{F} \cdot d\mathbf{r} = \int_0^{2\pi} \mathbf{F}(\mathbf{r}(t)) \cdot \mathbf{r}'(t)\,dt$$

$$= \int_0^{2\pi} \frac{(-a\sin t)(-a\sin t) + (a\cos t)(a\cos t)}{a^2\cos^2 t + a^2\sin^2 t}\,dt$$

$$= \int_0^{2\pi} dt = 2\pi$$

그린 정리를 이용하여 13.3절에서 설명한 결과를 증명하며 이 절을 마친다.

13.3절의 정리 6의 증명 요약

$\mathbf{F} = P\mathbf{i} + Q\mathbf{j}$가 열린 단순연결 영역 D에서 벡터장이고 P와 Q가 연속인 1계 편

도함수를 갖고 D에서 다음을 만족한다고 하자.

$$\frac{\partial P}{\partial y}=\frac{\partial Q}{\partial x}$$

C가 D 안에서 임의의 단순 닫힌 경로이고 R을 C로 둘러싸인 영역이라 하면 그린 정리에 의해 다음을 얻는다.

$$\oint_C \mathbf{F}\cdot d\mathbf{r}=\oint_C P\,dx+Q\,dy=\iint_R\left(\frac{\partial Q}{\partial x}-\frac{\partial P}{\partial y}\right)dA=\iint_R 0\,dA=0$$

13.3절의 [그림 42]와 같이 하나 이상의 점에서 스스로 교차하는 단순이 아닌 곡선은 몇 개의 단순곡선으로 나눌 수 있다. 이러한 단순곡선들을 따르는 $\mathbf{F}$의 선적분은 모두 0임을 보였고 이들 적분을 더하면 임의의 닫힌곡선 C에 대해 $\int_C \mathbf{F}\cdot d\mathbf{r}=0$이다. 그러므로 $\int_C \mathbf{F}\cdot d\mathbf{r}$은 13.3절의 정리 3에 의해 D 안에서 경로와 독립이다. 따라서 $\mathbf{F}$는 보존적 벡터장이다. ∎

13.4 연습문제

01~02 다음 방법으로 주어진 선적분을 구하라.

(a) 직접적인 방법　　(b) 그린 정리를 이용하는 방법

01 $\oint_C (x-y)\,dx+(x+y)\,dy$, C는 중심이 원점, 반지름이 2인 원이다.

02 $\oint_C xy\,dx+x^2y^3\,dy$, C는 꼭짓점이 $(0, 0)$, $(1, 0)$, $(1, 2)$인 삼각형이다.

03~05 그린 정리를 이용하여 주어진 양의 방향을 갖는 곡선을 따르는 선적분을 구하라.

03 $\int_C xy^2\,dx+2x^2y\,dy$, C는 꼭짓점이 $(0, 0)$, $(2, 2)$, $(2, 4)$인 삼각형이다.

04 $\int_C (y+e^{\sqrt{x}})\,dx+(2x+\cos y^2)\,dy$, C는 포물선 $y=x^2$과 $x=y^2$으로 둘러싸인 영역의 경계이다.

05 $\int_C y^3\,dx-x^3\,dy$, C는 원 $x^2+y^2=4$이다.

06~07 그린 정리를 이용하여 $\int_C \mathbf{F}\cdot d\mathbf{r}$을 구하라. (정리를 적용하기 전에 곡선의 방향을 확인하라).

06 $\mathbf{F}(x, y)=\langle y\cos x-xy\sin x,\ xy+x\cos x\rangle$, C는 $(0, 0)$에서 $(0, 4)$, $(2, 0)$, $(0, 0)$으로 주어진 삼각형이다.

07 $\mathbf{F}(x, y)=\langle y-\cos y,\ x\sin y\rangle$, C는 시계 방향으로 움직이는 원 $(x-3)^2+(y+4)^2=4$이다.

08 CAS 컴퓨터 대수체계를 이용하여 선적분과 이중적분을 계산하여 그린 정리가 성립함을 보여라.

$P(x, y)=y^2e^x$, $Q(x, y)=x^2e^y$,
C는 $(-1, 1)$에서 $(1, 1)$까지의 선분과
$(1, 1)$에서 $(-1, 1)$까지 포물선 $y=2-x^2$의 호로 구성된다.

09 그린 정리를 이용하여 입자가 원점에서 x축을 따라 $(1, 0)$까지 움직이고 선분을 따라 $(0, 1)$까지 움직이며 다시 y축을 따라 원점으로 되돌아올 때, 힘 $\mathbf{F}(x, y)=x(x+y)\mathbf{i}+xy^2\mathbf{j}$가 한 일을 구하라.

10 식 [5]를 이용하여 파선 $x=t-\sin t$, $y=1-\cos t$의 아치 하나 아래 영역의 넓이를 구하라.

11 (a) C가 점 (x_1, y_1)과 점 (x_2, y_2)를 연결하는 선분일 때 다음이 성립함을 보여라.

$$\int_C x\,dy - y\,dx = x_1y_2 - x_2y_1$$

(b) 시계 반대 방향인 순서로 다각형의 꼭짓점이 (x_1, y_1), (x_2, y_2), $\cdots$, (x_n, y_n)일 때, 다각형의 넓이가 다음과 같음을 보여라.

$$A=\frac{1}{2}[(x_1y_2-x_2y_1)+(x_2y_3-x_3y_2)+\cdots$$
$$+(x_{n-1}y_n-x_ny_{n-1})+(x_ny_1-x_1y_n)]$$

(c) 꼭짓점이 $(0, 0)$, $(2, 1)$, $(1, 3)$, $(0, 2)$, $(-1, 1)$인 오각형의 넓이를 구하라.

12 D를 xy평면에서 단순 닫힌 경로 C로 둘러싸인 영역이라 하자. 그린 정리를 이용하여 D의 무게중심 $(\bar{x}, \bar{y})$의 좌표가 다음과 같음을 증명하라.

$$\bar{x}=\frac{1}{2A}\oint_C x^2\,dy, \qquad \bar{y}=-\frac{1}{2A}\oint_C y^2\,dx$$

여기서 A는 D의 넓이이다.

13 [연습문제 12]를 이용하여 반지름이 a인 사분원 영역의 무게중심을 구하라.

14 균일한 밀도 $\rho(x, y)=\rho$를 갖는 얇은 평판 조각이 xy평면에서 단순 닫힌 경로 C로 둘러싸인 영역을 차지하고 있다. 각 축에 대한 관성모멘트가 다음과 같음을 보여라.

$$I_x=-\frac{\rho}{3}\oint_C y^3\,dx, \qquad I_y=\frac{\rho}{3}\oint_C x^3\,dy$$

15 [예제 5]의 방법을 이용하여 $\int_C \mathbf{F}\cdot d\mathbf{r}$을 구하라. 여기서 $\mathbf{F}(x, y)=\dfrac{2xy\mathbf{i}+(y^2-x^2)\mathbf{j}}{(x^2+y^2)^2}$이고, C는 원점을 둘러싸는 임의의 양의 방향의 단순 닫힌곡선이다.

16 $\mathbf{F}$가 [예제 5]의 벡터장일 때 원점을 통과하지 않거나 원점을 둘러싸지 않는 임의의 단순 닫힌 경로에 대해 $\int_C \mathbf{F}\cdot d\mathbf{r}=0$임을 보여라.

17 식 [3]을 증명함으로써 그린 정리의 특별한 경우의 증명을 완성하라.

18 그린 정리를 이용하여 $f(x, y)=1$인 경우에 이중적분에 대한 다음 변수변환 공식(12.8절의 식 [9])을 증명하라.

$$\iint_R dx\,dy=\iint_S\left|\frac{\partial(x, y)}{\partial(u, v)}\right|du\,dv$$

여기서 R은 $x=g(u, v)$, $y=h(u, v)$로 주어진 변환에 대해 uv평면 안의 영역 S에 대응되는 xy평면 안의 영역이다. [힌트: 좌변은 $A(R)$임에 주목하고 식 [5]의 셋째 부분을 적용한다. ∂R 위의 선적분을 ∂S 위의 선적분으로 변환하고 uv평면에서 그린 정리를 적용한다.]

13.5 회전과 발산

이 절에서는 벡터장에서 수행할 수 있는 두 가지 연산을 정의한다. 이 연산들은 벡터해석을 유체의 흐름과 전기 및 자기에 적용할 때 기본적인 역할을 한다. 각 연산은 미분과 유사하지만 하나는 벡터장이 되고 다른 하나는 스칼라장이 된다.

회전

$\mathbf{F}=P\mathbf{i}+Q\mathbf{j}+R\mathbf{k}$가 $\mathbb{R}^3$에서 벡터장이고 P, Q, R의 편도함수가 모두 존재할 때, $\mathbf{F}$의 **회전**curl은 다음과 같이 정의되는 $\mathbb{R}^3$에서의 벡터장이다.

$$\boxed{1} \qquad \operatorname{curl}\mathbf{F} = \left(\frac{\partial R}{\partial y} - \frac{\partial Q}{\partial z}\right)\mathbf{i} + \left(\frac{\partial P}{\partial z} - \frac{\partial R}{\partial x}\right)\mathbf{j} + \left(\frac{\partial Q}{\partial x} - \frac{\partial P}{\partial y}\right)\mathbf{k}$$

기억하기 쉽도록 연산자 기호를 이용하여 식 1을 다시 써보자. 다음과 같이 벡터 미분 연산자 ∇(델)을 도입한다.

$$\nabla = \mathbf{i}\,\frac{\partial}{\partial x} + \mathbf{j}\,\frac{\partial}{\partial y} + \mathbf{k}\,\frac{\partial}{\partial z}$$

이는 f의 기울기를 얻기 위해 스칼라 함수에 적용할 때 의미를 갖는다.

$$\nabla f = \mathbf{i}\,\frac{\partial f}{\partial x} + \mathbf{j}\,\frac{\partial f}{\partial y} + \mathbf{k}\,\frac{\partial f}{\partial z} = \frac{\partial f}{\partial x}\mathbf{i} + \frac{\partial f}{\partial y}\mathbf{j} + \frac{\partial f}{\partial z}\mathbf{k}$$

∇을 성분이 $\partial/\partial x$, $\partial/\partial y$, $\partial/\partial z$인 벡터로 생각하면 ∇과 벡터장 $\mathbf{F}$의 형식적인 외적을 다음과 같이 생각할 수 있다.

$$\nabla \times \mathbf{F} = \begin{vmatrix} \mathbf{i} & \mathbf{j} & \mathbf{k} \\ \dfrac{\partial}{\partial x} & \dfrac{\partial}{\partial y} & \dfrac{\partial}{\partial z} \\ P & Q & R \end{vmatrix} = \left(\frac{\partial R}{\partial y} - \frac{\partial Q}{\partial z}\right)\mathbf{i} + \left(\frac{\partial P}{\partial z} - \frac{\partial R}{\partial x}\right)\mathbf{j} + \left(\frac{\partial Q}{\partial x} - \frac{\partial P}{\partial y}\right)\mathbf{k}$$

$$= \operatorname{curl}\mathbf{F}$$

따라서 정의 1을 기억하는 가장 쉬운 방법은 다음과 같이 기호로 나타내는 것이다.

$$\boxed{2} \qquad \operatorname{curl}\mathbf{F} = \nabla \times \mathbf{F}$$

예제 1 $\mathbf{F}(x, y, z) = xz\,\mathbf{i} + xyz\,\mathbf{j} - y^2\mathbf{k}$**일 때** $\operatorname{curl}\mathbf{F}$**를 구하라.**

풀이

식 2를 이용하면 다음을 얻는다.

$$\operatorname{curl}\mathbf{F} = \nabla \times \mathbf{F} = \begin{vmatrix} \mathbf{i} & \mathbf{j} & \mathbf{k} \\ \dfrac{\partial}{\partial x} & \dfrac{\partial}{\partial y} & \dfrac{\partial}{\partial z} \\ xz & xyz & -y^2 \end{vmatrix}$$

$$= \left[\frac{\partial}{\partial y}(-y^2) - \frac{\partial}{\partial z}(xyz)\right]\mathbf{i} - \left[\frac{\partial}{\partial x}(-y^2) - \frac{\partial}{\partial z}(xz)\right]\mathbf{j} + \left[\frac{\partial}{\partial x}(xyz) - \frac{\partial}{\partial y}(xz)\right]\mathbf{k}$$

$$= (-2y - xy)\mathbf{i} - (0 - x)\mathbf{j} + (yz - 0)\mathbf{k} = -y(2 + x)\mathbf{i} + x\mathbf{j} + yz\,\mathbf{k}$$

삼변수함수 f의 기울기는 $\mathbb{R}^3$에서 벡터장임을 배웠다. 따라서 이 경우에 f의 회전을 계산할 수 있다. 다음 정리는 기울기 벡터장의 회전이 $\mathbf{0}$임을 말해준다.

대부분의 컴퓨터 대수체계에는 벡터장의 회전과 발산을 계산하는 명령어가 있다. CAS를 사용할 수 있다면 이들 명령어를 사용하여 이 절의 예제와 연습문제의 답을 확인하라.

3 정리 f가 연속인 2계 편도함수를 갖는 삼변수함수일 때 다음이 성립한다.

$$\operatorname{curl}(\nabla f) = \mathbf{0}$$

증명

클레로 정리에 의해 다음을 얻는다.

$$\operatorname{curl}(\nabla f) = \nabla \times (\nabla f) = \begin{vmatrix} \mathbf{i} & \mathbf{j} & \mathbf{k} \\ \dfrac{\partial}{\partial x} & \dfrac{\partial}{\partial y} & \dfrac{\partial}{\partial z} \\ \dfrac{\partial f}{\partial x} & \dfrac{\partial f}{\partial y} & \dfrac{\partial f}{\partial z} \end{vmatrix}$$

$$= \left(\frac{\partial^2 f}{\partial y\,\partial z} - \frac{\partial^2 f}{\partial z\,\partial y}\right)\mathbf{i} + \left(\frac{\partial^2 f}{\partial z\,\partial x} - \frac{\partial^2 f}{\partial x\,\partial z}\right)\mathbf{j} + \left(\frac{\partial^2 f}{\partial x\,\partial y} - \frac{\partial^2 f}{\partial y\,\partial x}\right)\mathbf{k}$$

$$= 0\mathbf{i} + 0\mathbf{j} + 0\mathbf{k} = \mathbf{0}$$

10.4절에서 다룬 내용과 유사한 것에 주목하자. 모든 3차원 벡터 $\mathbf{a}$에 대해 $\mathbf{a} \times \mathbf{a} = \mathbf{0}$이다.

보존적 벡터장에서 $\mathbf{F} = \nabla f$이므로 정리 3은 다음과 같이 고쳐 말할 수 있다.

$\mathbf{F}$가 보존적이면 $\operatorname{curl}\mathbf{F} = \mathbf{0}$이다.

이것을 13.3절의 [연습문제 13]과 비교하라.

이것은 벡터장이 보존적이 아님을 증명하는 방법을 제시한다.

예제 2 벡터장 $\mathbf{F}(x, y, z) = xz\,\mathbf{i} + xyz\,\mathbf{j} - y^2\mathbf{k}$가 보존적이 아님을 보여라.

풀이

[예제 1]에서 다음을 보였다.

$$\operatorname{curl}\mathbf{F} = -y(2 + x)\mathbf{i} + x\mathbf{j} + yz\mathbf{k}$$

이것은 $\operatorname{curl}\mathbf{F} \neq \mathbf{0}$임을 의미한다. 따라서 정리 3에 의해 $\mathbf{F}$는 보존적이지 않다.

정리 3의 역은 일반적으로 성립하지 않지만 다음 정리는 $\mathbf{F}$가 모든 곳에서 정의되면 역도 성립함을 말한다. (좀 더 일반적으로 정의역이 단순연결, 즉 '구멍이 없으면' 역이 성립한다.) 정리 4는 3차원 공간에서 13.3절의 정리 6에 대응된다. 이를 증명하려면 스토크스 정리가 필요하며 이 증명은 13.8절의 마지막 부분에서 개략적으로 제시한다.

4 정리 $\mathbf{F}$가 모든 $\mathbb{R}^3$에서 정의된 벡터장이고, 이것의 성분함수가 연속인 편도함수를 갖고 $\operatorname{curl}\mathbf{F} = \mathbf{0}$이면 $\mathbf{F}$는 보존적 벡터장이다.

예제 3 (a) $\mathbf{F}(x, y, z) = y^2z^3\mathbf{i} + 2xyz^3\mathbf{j} + 3xy^2z^2\mathbf{k}$가 보존적 벡터장임을 보여라.

(b) $\mathbf{F} = \nabla f$를 만족하는 함수 f를 구하라.

풀이

(a) $\mathbf{F}$의 회전을 계산하면 다음과 같다.

$$\operatorname{curl}\mathbf{F} = \nabla\times\mathbf{F} = \begin{vmatrix} \mathbf{i} & \mathbf{j} & \mathbf{k} \\ \dfrac{\partial}{\partial x} & \dfrac{\partial}{\partial y} & \dfrac{\partial}{\partial z} \\ y^2z^3 & 2xyz^3 & 3xy^2z^2 \end{vmatrix}$$

$$= (6xyz^2 - 6xyz^2)\mathbf{i} - (3y^2z^2 - 3y^2z^2)\mathbf{j} + (2yz^3 - 2yz^3)\mathbf{k} = \mathbf{0}$$

$\operatorname{curl}\mathbf{F} = \mathbf{0}$이고 $\mathbf{F}$의 정의역이 $\mathbb{R}^3$이므로 정리 4에 의해 $\mathbf{F}$는 보존적 벡터장이다.

(b) f를 구하는 방법은 13.3절에서 제시했다. 그러므로 다음을 얻는다.

5 $$f_x(x,\ y,\ z) = y^2z^3$$

6 $$f_y(x,\ y,\ z) = 2xyz^3$$

7 $$f_z(x,\ y,\ z) = 3xy^2z^2$$

식 5를 x에 대해 적분하면 다음을 얻는다.

8 $$f(x,\ y,\ z) = xy^2z^3 + g(y,\ z)$$

식 8을 y에 대해 미분하면 $f_y(x,\ y,\ z) = 2xyz^3 + g_y(y,\ z)$이고 식 6과 비교하면 $g_y(y,\ z) = 0$을 얻는다. 따라서 $g(y,\ z) = h(z)$이고 다음이 성립한다.

$$f_z(x,\ y,\ z) = 3xy^2z^2 + h'(z)$$

그러면 식 7에 의해 $h'(z) = 0$이므로 다음을 얻는다.

$$f(x,\ y,\ z) = xy^2z^3 + K$$

회전이라고 이름이 붙은 이유는 회전벡터가 회전과 관계가 있기 때문이다. 한 가지 연관성은 [연습문제 21]에 설명되어 있다. 또 다른 연관성은 $\mathbf{F}$가 유체흐름에서 속도장을 나타낼 때 일어난다(13.1절 [예제 3] 참조). 유체 속에서 $(x,\ y,\ z)$ 부근의 입자는 $\operatorname{curl}\mathbf{F}(x,\ y,\ z)$의 방향을 가리키는 축에 대해 회전하려는 경향이 있고, 이 회전벡터의 길이는 입자들이 축 주위를 얼마나 빨리 움직이는지를 측정하는 척도이다([그림 47] 참조). 한 점 P에서 $\operatorname{curl}\mathbf{F} = \mathbf{0}$이면 유체는 점 P에서 회전으로부터 자유롭고 $\mathbf{F}$를 점 P에서 **비회전적**irrotational이라 한다. 다시 말해서 점 P에서 소용돌이 또는 회오리가 존재하지 않는다. $\operatorname{curl}\mathbf{F} = \mathbf{0}$이면 아주 작은 외륜이 유체와 함께 움직이지만 그 축에 대해 회전하지 않는다. $\operatorname{curl}\mathbf{F} \neq \mathbf{0}$이면 외륜은 그 축에 대해 회전한다. 좀 더 자세한 설명은 13.8절에서 스토크스 정리로 설명하기로 한다.

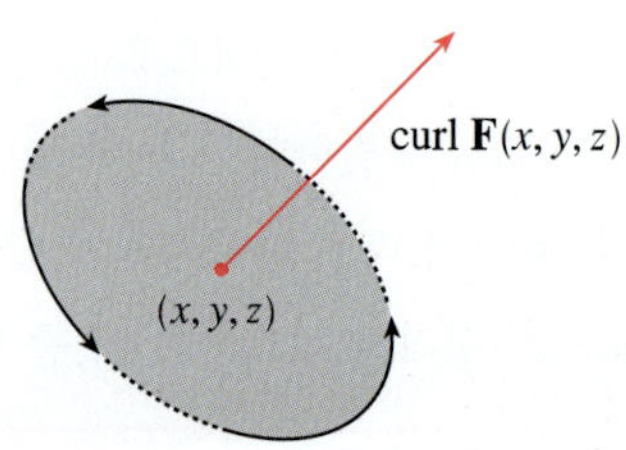

[그림 47]

발산

$\mathbf{F} = P\mathbf{i} + Q\mathbf{j} + R\mathbf{k}$가 $\mathbb{R}^3$에서 벡터장이고 $\partial P/\partial x$, $\partial Q/\partial y$, $\partial R/\partial z$이 존재하면 $\mathbf{F}$의 발산divergence은 다음과 같이 정의되는 삼변수함수이다.

9
$$\operatorname{div}\mathbf{F} = \frac{\partial P}{\partial x} + \frac{\partial Q}{\partial y} + \frac{\partial R}{\partial z}$$

$\operatorname{curl}\mathbf{F}$가 벡터장이지만 $\operatorname{div}\mathbf{F}$는 스칼라장임에 주목하자. 기울기 연산자 $\nabla = (\partial/\partial x)\mathbf{i} + (\partial/\partial y)\mathbf{j} + (\partial/\partial z)\mathbf{k}$에 의해 $\mathbf{F}$의 발산은 다음과 같이 ∇와 $\mathbf{F}$의 내적인 기호로 나타낼 수 있다.

10
$$\operatorname{div}\mathbf{F} = \nabla \cdot \mathbf{F}$$

예제 4 $\mathbf{F}(x, y, z) = xz\,\mathbf{i} + xyz\,\mathbf{j} - y^2\mathbf{k}$일 때 $\operatorname{div}\mathbf{F}$를 구하라.

풀이

발산의 정의(식 9 또는 10)에 의해 다음을 얻는다.

$$\operatorname{div}\mathbf{F} = \nabla \cdot \mathbf{F} = \frac{\partial}{\partial x}(xz) + \frac{\partial}{\partial y}(xyz) + \frac{\partial}{\partial z}(-y^2) = z + xz$$

$\mathbf{F}$가 $\mathbb{R}^3$에서 벡터장이면 $\operatorname{curl}\mathbf{F}$도 $\mathbb{R}^3$에서 벡터장이다. 따라서 회전에 대한 발산도 계산할 수 있다. 다음 정리는 회전에 대한 발산이 0임을 보여준다.

11 **정리** $\mathbf{F} = P\mathbf{i} + Q\mathbf{j} + R\mathbf{k}$가 $\mathbb{R}^3$에서 벡터장이고 P, Q, R이 연속인 2계 편도함수를 가지면 다음이 성립한다.

$$\operatorname{div}\operatorname{curl}\mathbf{F} = 0$$

증명

발산과 회전의 정의를 이용하면 다음을 얻는다.

$$\begin{aligned}\operatorname{div}\operatorname{curl}\mathbf{F} &= \nabla \cdot (\nabla \times \mathbf{F}) \\ &= \frac{\partial}{\partial x}\left(\frac{\partial R}{\partial y} - \frac{\partial Q}{\partial z}\right) + \frac{\partial}{\partial y}\left(\frac{\partial P}{\partial z} - \frac{\partial R}{\partial x}\right) + \frac{\partial}{\partial z}\left(\frac{\partial Q}{\partial x} - \frac{\partial P}{\partial y}\right) \\ &= \frac{\partial^2 R}{\partial x\,\partial y} - \frac{\partial^2 Q}{\partial x\,\partial z} + \frac{\partial^2 P}{\partial y\,\partial z} - \frac{\partial^2 R}{\partial y\,\partial x} + \frac{\partial^2 Q}{\partial z\,\partial x} - \frac{\partial^2 P}{\partial z\,\partial y} \\ &= 0\end{aligned}$$

스칼라 삼중곱 $\mathbf{a} \cdot (\mathbf{a} \times \mathbf{b}) = 0$과 유사함에 주목하자.

왜냐하면 클레로의 정리에 따라 항들을 쌍으로 소거할 수 있기 때문이다.

예제 5 **벡터장 $\mathbf{F}(x, y, z) = xz\mathbf{i} + xyz\mathbf{j} - y^2\mathbf{k}$는 다른 벡터장의 회전으로 쓸 수 없음을 보여라. 즉 $\mathbf{F} \neq \text{curl}\,\mathbf{G}$임을 보여라.**

풀이

[예제 4]에서 $\text{div}\,\mathbf{F} = z + xz$를 보였다. 그러므로 $\text{div}\,\mathbf{F} \neq 0$이다. $\mathbf{F}$를 다른 벡터장 $\mathbf{G}$의 회전으로 쓸 수 있다면 즉 $\mathbf{F} = \text{curl}\,\mathbf{G}$라 하면 정리 11에 의해 다음을 얻는다.

$$\text{div}\,\mathbf{F} = \text{div}\,\text{curl}\,\mathbf{G} = 0$$

이것은 $\text{div}\,\mathbf{F} \neq 0$인 사실에 모순이다. 그러므로 $\mathbf{F}$는 다른 벡터장의 회전이 아니다.

발산이라고 이름을 붙인 이유는 유체흐름의 내용에서 이해할 수 있다. $\mathbf{F}(x, y, z)$가 유체(또는 가스)의 속도일 때 $\text{div}\,\mathbf{F}(x, y, z)$는 단위부피당 점 (x, y, z)로부터 흐르는 유체(또는 가스)의 질량의 (시간에 관한) 순변화율을 나타낸다. 다시 말해서 $\text{div}\,\mathbf{F}(x, y, z)$는 점 (x, y, z)로부터 발산하는 유체의 경향을 측정한다. $\text{div}\,\mathbf{F} = 0$일 때 $\mathbf{F}$는 **비압축적**incompressible이라 한다. 기울기 벡터장 ∇f의 발산을 계산할 때 또 다른 미분연산자가 나타난다. f가 삼변수함수이면 다음을 얻는다.

div $\mathbf{F}$의 이런 설명에 대한 근거는 13.9절의 마지막 부분에서 발산 정리의 결과로 설명할 것이다.

$$\text{div}(\nabla f) = \nabla \cdot (\nabla f) = \frac{\partial^2 f}{\partial x^2} + \frac{\partial^2 f}{\partial y^2} + \frac{\partial^2 f}{\partial z^2}$$

그리고 이 표현을 종종 $\nabla^2 f$로 줄여쓴다. 다음 연산자를 **라플라스 연산자**Laplace operator라 한다.

$$\nabla^2 = \nabla \cdot \nabla$$

그 이유는 이 연산자가 다음과 같은 **라플라스 방정식**Laplace's equation과 관계가 있기 때문이다.

$$\nabla^2 f = \frac{\partial^2 f}{\partial x^2} + \frac{\partial^2 f}{\partial y^2} + \frac{\partial^2 f}{\partial z^2} = 0$$

또한 성분으로 된 벡터장 $\mathbf{F} = P\mathbf{i} + Q\mathbf{j} + R\mathbf{k}$에 라플라스 연산자 ∇^2을 다음과 같이 적용할 수도 있다.

$$\nabla^2 \mathbf{F} = \nabla^2 P\mathbf{i} + \nabla^2 Q\mathbf{j} + \nabla^2 R\mathbf{k}$$

그린 정리의 벡터 형식

회전과 발산 연산자를 이용하면 그린 정리를 나중에 배울 내용에서 더 유용한 형태로 다시 쓸 수 있다. C를 경계곡선으로 갖는 평면 영역 D와 함수 P, Q가 그린 정리의 가정을 만족한다고 가정하고, 벡터장 $\mathbf{F} = P\mathbf{i} + Q\mathbf{j}$를 생각하자. 그러면 이 벡터장의 선적분은 다음과 같다.

$$\oint_C \mathbf{F} \cdot d\mathbf{r} = \oint_C P\,dx + Q\,dy$$

$\mathbf{F}$를 세 번째 성분이 0인 $\mathbb{R}^3$에서 벡터장으로 생각하면 다음을 얻는다.

$$\operatorname{curl} \mathbf{F} = \begin{vmatrix} \mathbf{i} & \mathbf{j} & \mathbf{k} \\ \dfrac{\partial}{\partial x} & \dfrac{\partial}{\partial y} & \dfrac{\partial}{\partial z} \\ P(x, y) & Q(x, y) & 0 \end{vmatrix} = \left(\frac{\partial Q}{\partial x} - \frac{\partial P}{\partial y}\right)\mathbf{k}$$

그러므로 다음과 같다.

$$(\operatorname{curl} \mathbf{F}) \cdot \mathbf{k} = \left(\frac{\partial Q}{\partial x} - \frac{\partial P}{\partial y}\right)\mathbf{k} \cdot \mathbf{k} = \frac{\partial Q}{\partial x} - \frac{\partial P}{\partial y}$$

그리고 그린 정리에 있는 식을 다음과 같이 벡터 형식으로 쓸 수 있다.

12 $$\oint_C \mathbf{F} \cdot d\mathbf{r} = \iint_D (\operatorname{curl} \mathbf{F}) \cdot \mathbf{k}\, dA$$

식 12는 C 위에서 $\mathbf{F}$의 접선성분의 선적분이 C로 둘러싸인 영역 D 위에서 $\operatorname{curl} \mathbf{F}$의 수직성분의 이중적분과 같음을 나타낸다. 이제 $\mathbf{F}$의 법선성분을 포함하는 유사한 식을 유도한다.

C가 다음 벡터방정식으로 주어진다고 하자.

$$\mathbf{r}(t) = x(t)\mathbf{i} + y(t)\mathbf{j}, \quad a \le t \le b$$

그러면 단위접선벡터는 다음과 같다(10.7절 참조).

$$\mathbf{T}(t) = \frac{x'(t)}{|\mathbf{r}'(t)|}\mathbf{i} + \frac{y'(t)}{|\mathbf{r}'(t)|}\mathbf{j}$$

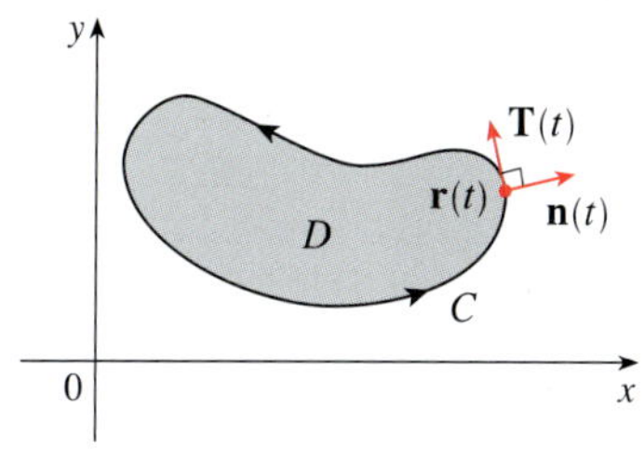

[그림 48]

C에 대해 바깥쪽으로 향하는 단위법선벡터가 다음과 같음을 증명할 수 있다([그림 48] 참조).

$$\mathbf{n}(t) = \frac{y'(t)}{|\mathbf{r}'(t)|}\mathbf{i} - \frac{x'(t)}{|\mathbf{r}'(t)|}\mathbf{j}$$

그러면 13.2절의 식 3으로부터 그린 정리를 이용하여 다음을 얻는다.

$$\oint_C \mathbf{F}\cdot\mathbf{n}\,ds = \int_a^b (\mathbf{F}\cdot\mathbf{n})(t)|\mathbf{r}'(t)|\,dt$$

$$= \int_a^b \left[\frac{P(x(t),\, y(t))\, y'(t)}{|\mathbf{r}'(t)|} - \frac{Q(x(t),\, y(t))\, x'(t)}{|\mathbf{r}'(t)|}\right]|\mathbf{r}'(t)|\,dt$$

$$= \int_a^b P(x(t),\, y(t))\, y'(t)\,dt - Q(x(t),\, y(t))\, x'(t)\,dt$$

$$= \int_C P\,dy - Q\,dx = \iint_D \left(\frac{\partial P}{\partial x} + \frac{\partial Q}{\partial y}\right) dA$$

한편 이 이중적분에서 피적분함수는 $\mathbf{F}$의 발산이다. 따라서 다음과 같은 그린 정리의 두 번째 벡터 형식을 얻는다.

13 $$\oint_C \mathbf{F}\cdot\mathbf{n}\,ds = \iint_D \operatorname{div}\mathbf{F}(x,\, y)\,dA$$

이 식은 C 위에서 $\mathbf{F}$의 법선성분에 대한 선적분이 C에 의해 둘러싸인 영역 D 위에서 $\mathbf{F}$의 발산의 이중적분과 같다는 것을 의미한다.

13.5 연습문제

01~04 다음 벡터장의 (a) 회전 (b) 발산을 구하라.

01 $\mathbf{F}(x, y, z) = (x+yz)\mathbf{i} + (y+xz)\mathbf{j} + (z+xy)\mathbf{k}$

02 $\mathbf{F}(x, y, z) = xye^z\mathbf{i} + yze^x\mathbf{k}$

03 $\mathbf{F}(x, y, z) = \dfrac{1}{\sqrt{x^2+y^2+z^2}}(x\mathbf{i} + y\mathbf{j} + z\mathbf{k})$

04 $\mathbf{F}(x, y, z) = \langle e^x \sin y,\ e^y \sin z,\ e^z \sin x\rangle$

05 xy평면에 다음과 같이 벡터장 $\mathbf{F}$가 나타나 있고 다른 모든 수평 평면에서도 같은 모습이다. (다시 말해서 $\mathbf{F}$는 z와 독립이고 $\mathbf{F}$의 z성분은 0이다.)

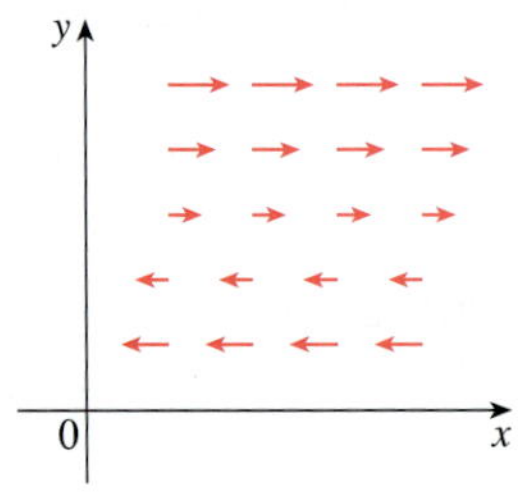

(a) $\operatorname{div}\mathbf{F}$는 양수, 음수, 0인가? 설명하라.

(b) $\operatorname{curl}\mathbf{F} = \mathbf{0}$인가? 아니라면 $\operatorname{curl}\mathbf{F}$는 어느 방향을 가리키는가?

06~08 다음 벡터장이 보존적인지 아닌지 결정하라. 보존적이면 $\mathbf{F} = \nabla f$를 만족하는 함수 f를 구하라.

06 $\mathbf{F}(x, y, z) = y^2z^3\mathbf{i} + 2xyz^3\mathbf{j} + 3xy^2z^2\mathbf{k}$

07 $\mathbf{F}(x, y, z) = 3xy^2z^2\mathbf{i} + 2x^2yz^3\mathbf{j} + 3x^2y^2z^2\mathbf{k}$

08 $\mathbf{F}(x, y, z) = e^{yz}\mathbf{i} + xze^{yz}\mathbf{j} + xye^{yz}\mathbf{k}$

09 $\operatorname{curl}\mathbf{G} = \langle x\sin y,\ \cos y,\ z-xy\rangle$를 만족하는 $\mathbb{R}^3$에서 벡터장

G가 존재하는가? 설명하라.

10 f, g, h가 미분 가능한 함수일 때 다음과 같은 형태의 벡터장이 비회전적임을 보여라.

$$\mathbf{F}(x, y, z) = f(x)\mathbf{i} + g(y)\mathbf{j} + h(z)\mathbf{k}$$

11~17 적절한 편도함수가 존재하고 연속이라고 가정할 때 다음 항등식을 증명하라. f가 스칼라장이고 $\mathbf{F}$, $\mathbf{G}$가 벡터장이면 $f\mathbf{F}$, $\mathbf{F}\cdot\mathbf{G}$, $\mathbf{F}\times\mathbf{G}$를 다음과 같이 정의한다.

$$(f\mathbf{F})(x, y, z) = f(x, y, z)\mathbf{F}(x, y, z)$$
$$(\mathbf{F}\cdot\mathbf{G})(x, y, z) = \mathbf{F}(x, y, z)\cdot\mathbf{G}(x, y, z)$$
$$(\mathbf{F}\times\mathbf{G})(x, y, z) = \mathbf{F}(x, y, z)\times\mathbf{G}(x, y, z)$$

11 $\operatorname{div}(\mathbf{F}+\mathbf{G}) = \operatorname{div}\mathbf{F} + \operatorname{div}\mathbf{G}$

12 $\operatorname{curl}(\mathbf{F}+\mathbf{G}) = \operatorname{curl}\mathbf{F} + \operatorname{curl}\mathbf{G}$

13 $\operatorname{div}(f\mathbf{F}) = f\operatorname{div}\mathbf{F} + \mathbf{F}\cdot\nabla f$

14 $\operatorname{curl}(f\mathbf{F}) = f\operatorname{curl}\mathbf{F} + (\nabla f)\times\mathbf{F}$

15 $\operatorname{div}(\mathbf{F}\times\mathbf{G}) = \mathbf{G}\cdot\operatorname{curl}\mathbf{F} - \mathbf{F}\cdot\operatorname{curl}\mathbf{G}$

16 $\operatorname{div}(\nabla f\times\nabla g) = 0$

17 $\operatorname{curl}(\operatorname{curl}\mathbf{F}) = \operatorname{grad}(\operatorname{div}\mathbf{F}) - \nabla^2\mathbf{F}$

---

18 $\mathbf{r} = x\mathbf{i} + y\mathbf{j} + z\mathbf{k}$, $r = |\mathbf{r}|$일 때 다음 항등식을 증명하라.

(a) $\nabla r = \mathbf{r}/r$　　(b) $\nabla\times\mathbf{r} = \mathbf{0}$

(c) $\nabla(1/r) = -\mathbf{r}/r^3$　　(d) $\nabla\ln r = \mathbf{r}/r^2$

19 식 13의 형태의 그린 정리를 이용하여 다음과 같은 **그린의 제1항등식**Green's first identity을 증명하라.

$$\iint_D f\nabla^2 g\,dA = \oint_C f(\nabla g)\cdot\mathbf{n}\,ds - \iint_D \nabla f\cdot\nabla g\,dA$$

여기서 D와 C는 그린 정리의 가정을 만족하고 f와 g는 적당한 편도함수가 존재하며 연속이다. (양 $\nabla g\cdot\mathbf{n} = D_{\mathbf{n}}g$가 선적분에서 나타난다. 이는 법선벡터 $\mathbf{n}$ 방향으로의 방향도함수이고 g의 **법선도함수**normal derivative라 한다.)

20 11.3절에서 함수 g가 D에서 라플라스 방정식을 만족한다면 즉 D에서 $\nabla^2 g = 0$이면 g는 조화함수인 것을 기억하자. ([연습문제 19]와 같은 가정을 가진) 그린의 제1항등식을 이용하여 g가 D에서 조화함수일 때 $\oint_C D_{\mathbf{n}}g\,ds = 0$임을 보여라. 여기서 $D_{\mathbf{n}}g$는 [연습문제 19]에서 정의된 g의 법선도함수이다.

21 이 문제는 회전벡터와 회전 사이의 관계를 설명한다. B는 z축을 중심으로 회전하는 단단한 물체라 하자. 회전은 벡터 $\mathbf{w} = \omega\mathbf{k}$로 설명될 수 있다. 여기서 ω는 B의 각속력, 즉 B 안의 임의의 점 P의 접선속력을 회전축으로부터의 거리 d로 나눈 것이다. $\mathbf{r} = \langle x, y, z\rangle$를 P의 위치벡터라 하자.

(a) 그림에서 각 θ를 생각하여 B의 속도장이 $\mathbf{v} = \mathbf{w}\times\mathbf{r}$로 주어짐을 보여라.

(b) $\mathbf{v} = -\omega y\mathbf{i} + \omega x\mathbf{j}$임을 보여라.

(c) $\operatorname{curl}\mathbf{v} = 2\mathbf{w}$임을 보여라.

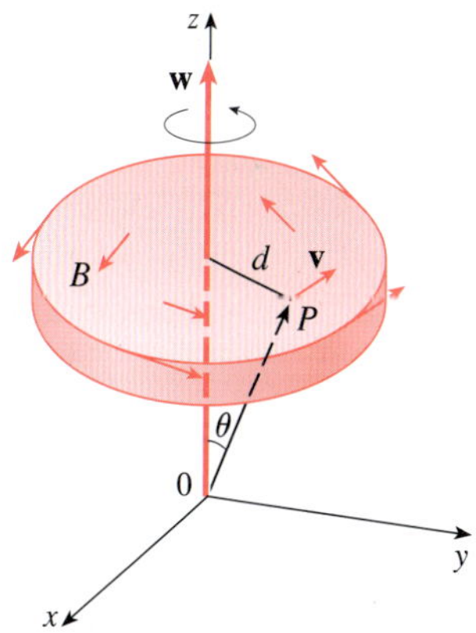

13.6 매개곡면과 그 넓이

지금까지 원기둥, 이차곡면, 이변수함수의 그래프, 삼변수함수의 등위곡면 등과 같은 특별한 형태의 곡면을 살펴봤다. 여기서는 벡터함수를 이용하여 매개곡면이라 하는 일반적인 곡면을 설명하고 그 넓이를 계산한다. 그리고 일반적인 곡면의 넓이 공식을 구하여 그것이 특별한 곡면에 어떻게 응용되는지 알아본다.

매개곡면

단일 매개변수 t의 벡터함수 $\mathbf{r}(t)$로 공간곡선을 설명하는 것과 마찬가지로 두 개의 매개변수 u와 v의 벡터함수 $\mathbf{r}(u, v)$로 곡면을 설명할 수 있다. uv평면 안의 영역 D에서 정의되는 다음 벡터값 함수를 생각하자.

$$\boxed{1} \qquad \mathbf{r}(u, v) = x(u, v)\mathbf{i} + y(u, v)\mathbf{j} + z(u, v)\mathbf{k}$$

따라서 x, y, z는 $\mathbf{r}$의 성분함수이고 정의역이 D인 두 변수 u와 v의 함수이다. (u, v)가 D에서 값을 가지고 다음을 만족하는 $\mathbb{R}^3$의 모든 점 (x, y, z)의 집합을 **매개곡면**parametric surface S라 한다.

$$\boxed{2} \qquad x = x(u, v), \quad y = y(u, v), \quad z = z(u, v)$$

그리고 식 $\boxed{2}$를 S의 **매개변수 방정식**parametric equation이라 한다. u와 v를 각각 선택하면 매개변수 방정식은 S 위의 점을 나타낸다. 즉 모든 선택에 의해 S 위의 모든 점을 얻는다. 다시 말해서 (u, v)가 영역 D에서 움직일 때 위치벡터 $\mathbf{r}(u, v)$의 종점에 의해 곡면 S가 그려진다([그림 49] 참조).

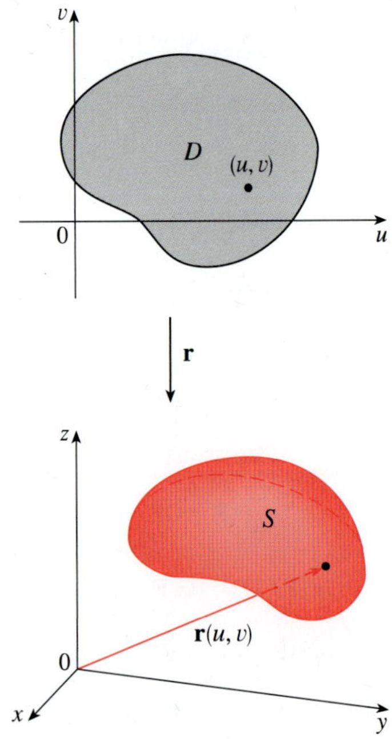

[그림 49] 매개곡면

예제 1 다음 벡터방정식을 갖는 곡면을 확인하고 그림으로 그려라.

$$\mathbf{r}(u, v) = 2\cos u\,\mathbf{i} + v\,\mathbf{j} + 2\sin u\,\mathbf{k}$$

풀이

이 곡면에 대한 매개변수 방정식은 다음과 같다.

$$x = 2\cos u, \quad y = v, \quad z = 2\sin u$$

따라서 곡면 위에 있는 임의의 점 (x, y, z)에 대해 다음을 얻는다.

$$x^2 + z^2 = 4\cos^2 u + 4\sin^2 u = 4$$

이것은 xz평면(즉 y는 상수)에 평행한 수직 단면곡선이 모두 반지름이 2인 원임을 의미한다. $y = v$이고 v에 제약이 없으므로 곡면은 중심축이 y축이고 반지름이 2인 원기둥이다([그림 50] 참조).

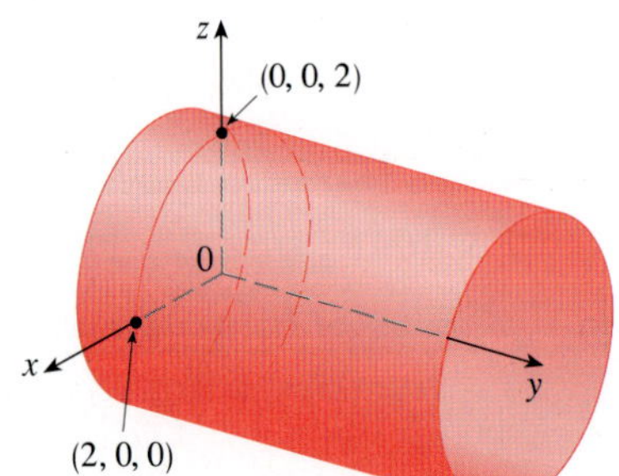

[그림 50]

[예제 1]에서 매개변수 u와 v에 대한 제약이 없으므로 완전한 원기둥을 얻었다. 예를 들어 매개변수 u와 v의 정의역을 $0 \le u \le \pi/2$, $0 \le v \le 3$으로 제한하면 $x \ge 0$, $z \ge 0$, $0 \le y \le 3$이다. 그리고 매개곡면은 [그림 51]과 같이 길이가 3인 사분 원기둥이 된다.

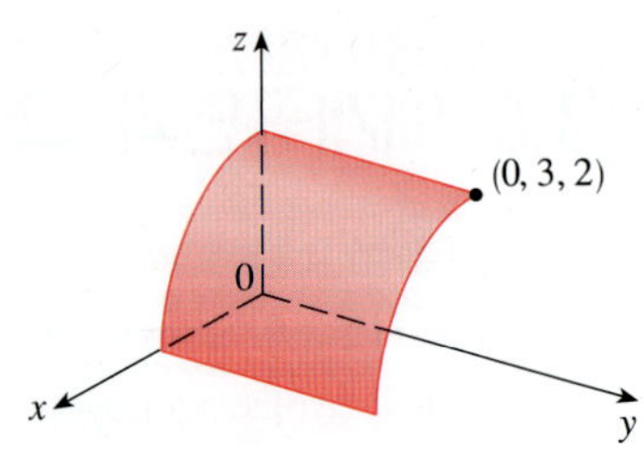

[그림 51]

매개곡면 S가 벡터함수 $\mathbf{r}(u, v)$로 주어진다면 S 위에 놓이는 두 개의 유용한 곡선족이 있다. 하나는 u가 상수, 다른 하나는 v가 상수인 곡선족이다. 이들 곡선족은 uv평면에서 각각 수직선과 수평선에 대응한다. $u = u_0$로 놓아 상수로 고정하면 $\mathbf{r}(u_0, v)$는 단일 매개변수 v의 벡터함수가 되고, S 위에 놓이는 곡선 C_1을 정의한다([그림 52] 참조).

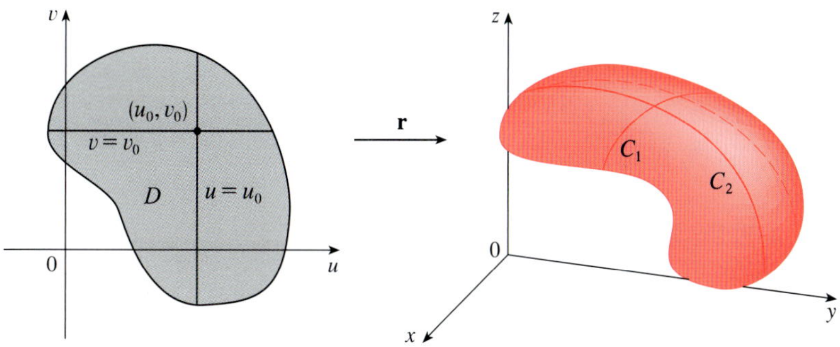

[그림 52]

TEC Visual 13.6은 여러 개의 매개곡면에 대해 격자곡선을 따라 움직이면서 [그림 52]와 [그림 53]의 동영상을 보여준다.

마찬가지로 $v = v_0$로 놓아 상수로 고정하면 S 위에 놓이는 $\mathbf{r}(u, v_0)$으로 주어지는 곡선 C_2를 얻는다. 이런 곡선들을 **격자곡선**grid curve이라 한다. (예를 들어 [예제 1]에서 u를 상수로 놓음으로써 얻은 격자곡선은 수평선이고 반면에 v를 상수로 놓음으로써 얻은 격자곡선은 원이 된다.) 사실 컴퓨터로 매개곡면의 그래프를 그리면 항상 다음 예제에서 보는 것과 같이 이런 격자곡선들을 그려서 곡면을 나타낸다.

예제 2 **컴퓨터 대수체계를 이용하여 다음 곡면의 그래프를 그려라.**

$$\mathbf{r}(u, v) = \langle (2 + \sin v)\cos u,\ (2 + \sin v)\sin u,\ u + \cos v \rangle$$

u가 상수인 격자곡선은 어느 것인가? v가 상수인 격자곡선은 어느 것인가?

풀이

매개변수의 정의역이 $0 \le u \le 4\pi$, $0 \le v \le 2\pi$인 곡면 부분을 그래프로 나타내면 [그림 53]과 같은 나선튜브 모양이 나온다. 격자곡선을 확인하기 위해 다음과 같이 매개변수 방정식으로 나타낸다.

$$x = (2 + \sin v)\cos u, \quad y = (2 + \sin v)\sin u, \quad z = u + \cos v$$

v가 상수이면 $\sin v$와 $\cos v$도 상수이다. 따라서 매개변수 방정식은 10.7절의 [예제 4]에 있는 나선과 닮았다. 따라서 v가 상수인 격자곡선은 [그림 53]에서 나선 곡선이다. u가 상수인 격자곡선은 그림에서 원처럼 보이는 곡선이 되어야 한다고 추론할 수 있다. 이러한 주장에 대한 또 다른 증거는 u가 $u = u_0$인 상수이면 방정식 $z = u_0 + \cos v$에서 z값이 $u_0 - 1$에서 $u_0 + 1$까지 변한다는 것이다.

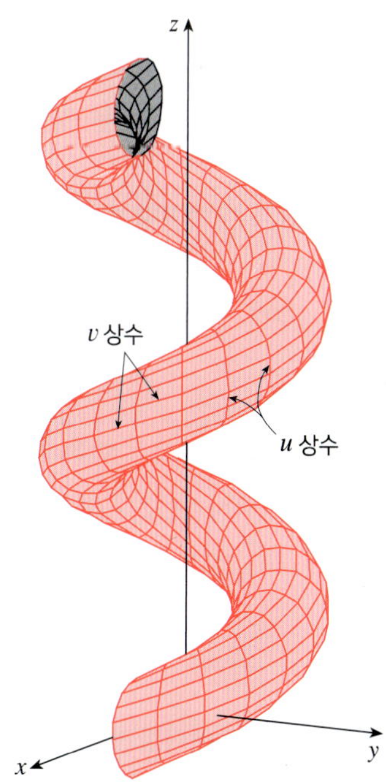

[그림 53]

[예제 1]과 [예제 2]에서는 주어진 벡터방정식에 대응하는 매개곡면의 그래프를 그리도록 했다. 그러나 다음 예제들에서는 주어진 곡면을 나타내는 벡터함수를 구하는 좀 더 도전적인 문제를 제시한다. 이 장의 나머지 부분에서 우리는 바로 그러한 일을 해야 할 것이다.

예제 3 위치벡터가 $\mathbf{r}_0$이고 점 P_0를 지나며 평행하지 않는 두 벡터 $\mathbf{a}$와 $\mathbf{b}$를 포함하는 평면을 나타내는 벡터함수를 구하라.

풀이

P가 평면 안의 임의의 한 점이라면 P_0에서 벡터 $\mathbf{a}$ 방향으로 어떤 거리만큼 움직이고, 벡터 $\mathbf{b}$ 방향으로 또 다른 거리를 움직임으로써 P로 갈 수 있다. 따라서 $\overrightarrow{P_0P} = u\mathbf{a} + v\mathbf{b}$를 만족하는 스칼라 u와 v가 존재한다. ([그림 54]는 u와 v가 양수인 경우에 평행사변형 법칙에 의해 이것이 어떻게 움직이는지 설명한다. 또한 10.2절의 [연습문제 19]를 보라.) $\mathbf{r}$이 P의 위치벡터이면 다음과 같다.

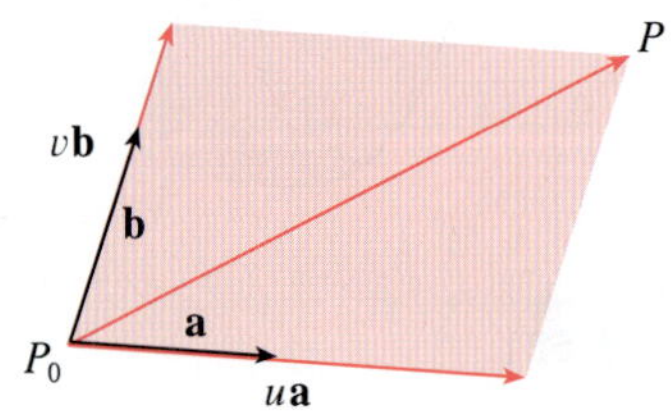

[그림 54]

$$\mathbf{r} = \overrightarrow{OP_0} + \overrightarrow{P_0P} = \mathbf{r}_0 + u\mathbf{a} + v\mathbf{b}$$

따라서 평면의 벡터방정식은 다음과 같이 쓸 수 있다.

$$\mathbf{r}(u, v) = \mathbf{r}_0 + u\mathbf{a} + v\mathbf{b}$$

여기서 u와 v는 실수이다.

$\mathbf{r} = \langle x, y, z \rangle$, $\mathbf{r}_0 = \langle x_0, y_0, z_0 \rangle$, $\mathbf{a} = \langle a_1, a_2, a_3 \rangle$, $\mathbf{b} = \langle b_1, b_2, b_3 \rangle$이면 점 (x_0, y_0, z_0)를 지나는 평면의 매개변수 방정식을 다음과 같이 쓸 수 있다.

$$x = x_0 + ua_1 + vb_1, \quad y = y_0 + ua_2 + vb_2, \quad z = z_0 + ua_3 + vb_3$$

예제 4 구면 $x^2 + y^2 + z^2 = a^2$의 매개변수 표현을 구하라.

풀이

구면은 구면좌표에서 간단하게 $\rho = a$로 표현된다. 따라서 구면좌표에서 각 ϕ와 θ를 매개변수로 택하자(12.7절 참조). 그러면 구면좌표를 공간좌표로 변환하기 위해 방정식에서 $\rho = a$로 놓으면(12.7절의 식 [1]) 구면의 매개변수 방정식으로 다음을 얻는다.

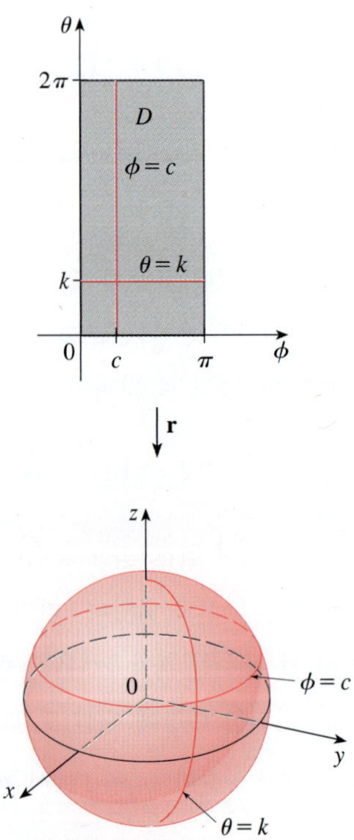

[그림 55]

$$x = a\sin\phi\cos\theta, \quad y = a\sin\phi\sin\theta, \quad z = a\cos\phi$$

이에 대응하는 벡터방정식은 다음과 같다.

$$\mathbf{r}(\phi, \theta) = a\sin\phi\cos\theta\,\mathbf{i} + a\sin\phi\sin\theta\,\mathbf{j} + a\cos\phi\,\mathbf{k}$$

$0 \le \phi \le \pi$, $0 \le \theta \le 2\pi$이므로 매개변수의 정의역은 직사각형 $D = [0, \pi] \times [0,$

$2\pi]$이다. ϕ가 상수인 격자곡선은(적도를 포함해) 일정한 위도에서의 원이 된다. θ가 상수인 격자곡선은 북극과 남극을 연결하는 자오선(반원)이다([그림 55] 참조).

NOTE _ [예제 4]에서 구면에 대한 격자곡선은 위도 및 경도가 일정한 곡선이다. 일반적인 매개곡면을 설명하는 그림을 그린다면 격자곡선은 위선 및 경선과 유사하다. u, v 값을 지정함으로써 ([그림 53]에서와 같은) 매개곡면 위의 한 점을 설명하는 것은 그 점의 위도와 경도를 지정하는 것과 같다.

매개곡면의 용도 중 하나는 컴퓨터 그래픽이다. [그림 56]은 $x^2+y^2+z^2=1$인 구면의 식을 z에 대해 풀고, 상반구와 하반구를 구분하여 구의 그래프를 그린 결과를 보여준다. 컴퓨터는 직사각형인 격자 시스템을 이용하기 때문에 구의 일부분이 빠진 상태로 나타난다. [그림 57]의 더 나은 그림은 [예제 4]의 매개변수 방정식을 이용하여 컴퓨터로 그린 것이다.

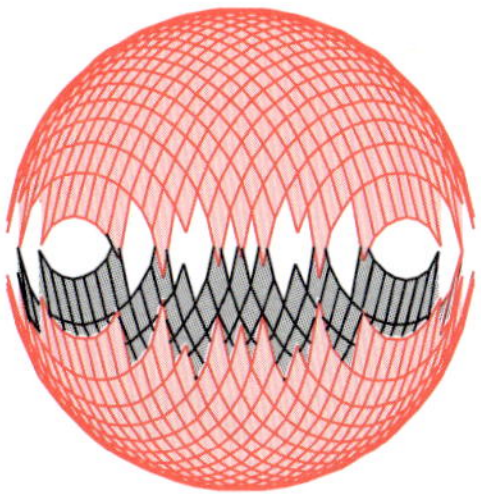

[그림 56]

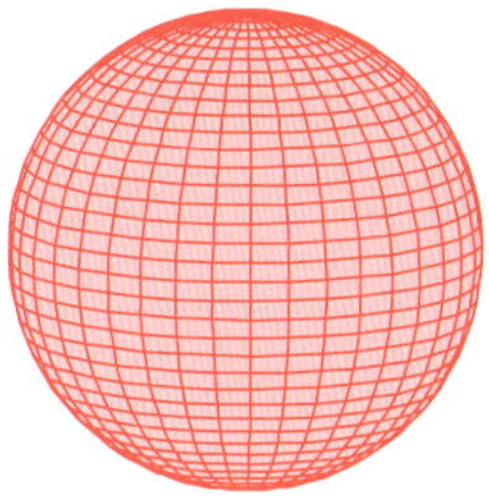

[그림 57]

예제 5 **원기둥 $x^2+y^2=4$, $0 \le z \le 1$에 대한 매개변수 표현을 구하라.**

풀이

원기둥은 원기둥좌표에서 간단하게 $r=2$로 표현된다. 따라서 원기둥좌표에서 매개변수 θ와 z를 선택한다. 그러면 원기둥의 매개변수 방정식은 다음과 같다.

$$x=2\cos\theta, \quad y=2\sin\theta, \quad z=z$$

여기서 $0 \le \theta \le 2\pi$이고 $0 \le z \le 1$이다.

곡면에 대한 매개변수 표현(또는 매개변수화)은 유일하지 않다. 다음 예제는 원뿔면을 매개변수화하는 두 가지 방법을 보여준다.

TEC Module 13.6에서 여러 가지 매개곡면족을 조사할 수 있다.

예제 6 **곡면 $z=2\sqrt{x^2+y^2}$, 즉 원뿔 $z^2=4x^2+4y^2$의 상반부에 대한 매개변수 표현을 구하라.**

풀이 1

x와 y를 매개변수로 생각하면 매개변수 방정식은 다음과 같이 간단하다.

$$x=x, \quad y=y, \quad z=2\sqrt{x^2+y^2}$$

따라서 벡터방정식은 다음과 같다.

$$\mathbf{r}(x,y)=x\,\mathbf{i}+y\,\mathbf{j}+2\sqrt{x^2+y^2}\,\mathbf{k}$$

풀이 2

극좌표 r과 θ를 매개변수로 택하면 다른 매개변수 표현을 얻는다. 원뿔면 위의 점

어떤 경우에는 풀이 1과 2의 매개변수 표현이 똑같이 훌륭하지만 때로는 풀이 2와 같이 나타내는 것이 적절할 때가 있다. 예를 들어 평면 $z=1$ 아래에 놓이는 원뿔면의 부분에만 관심이 있다면 풀이 2에서 매개변수의 정의역을 $0 \le r \le \frac{1}{2}$, $0 \le \theta \le 2\pi$로 바꾸기만 하면 된다.

(x, y, z)는 $x = r\cos\theta$, $y = r\sin\theta$, $z = 2\sqrt{x^2+y^2} = 2r$을 만족한다. 따라서 원뿔면에 대한 벡터방정식은 다음과 같다.

$$\mathbf{r}(r, \theta) = r\cos\theta\,\mathbf{i} + r\sin\theta\,\mathbf{j} + 2r\,\mathbf{k}$$

여기서 $r \geq 0$이고 $0 \leq \theta \leq 2\pi$이다.

[예제 6]의 첫 번째 풀이와 같이 x와 y의 함수, 즉 $z = f(x, y)$ 형태의 방정식을 가진 함수의 그래프로 주어진 일반적인 곡면은 항상 x와 y를 매개변수로 택하고 매개변수 방정식을 다음과 같이 나타냄으로써 매개곡면으로 생각할 수 있다.

$$x = x, \quad y = y, \quad z = f(x, y)$$

회전 곡면

회전 곡면은 매개변수로 표현할 수 있으므로 컴퓨터를 이용하여 그래프를 그릴 수 있다. 예를 들어 $f(x) \geq 0$일 때 곡선 $y = f(x)$를 $a \leq x \leq b$에서 x축에 대해 회전시켜 얻은 곡면 S를 생각하자. θ는 [그림 58]에서 보인 것과 같이 회전각이라 하자. (x, y, z)가 S 위의 점이면 다음과 같다.

$$x = x, \quad y = f(x)\cos\theta, \quad z = f(x)\sin\theta \qquad \boxed{3}$$

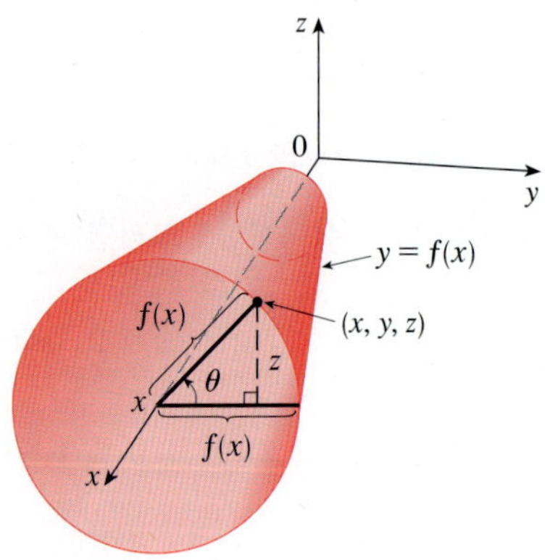

[그림 58]

그러므로 x와 θ를 매개변수로 택하고 식 3을 S의 매개변수 방정식으로 생각한다. 이때 매개변수의 정의역은 $a \leq x \leq b$, $0 \leq \theta \leq 2\pi$로 주어진다.

예제 7 곡선 $y = \sin x$, $0 \leq x \leq 2\pi$를 x축에 대해 회전시켜 얻은 곡면의 매개변수 방정식을 구하라. 이 방정식을 이용하여 회전 곡면의 그래프를 그려라.

풀이

식 3으로부터 매개변수 방정식은 다음과 같다.

$$x = x, \quad y = \sin x\cos\theta, \quad z = \sin x\sin\theta$$

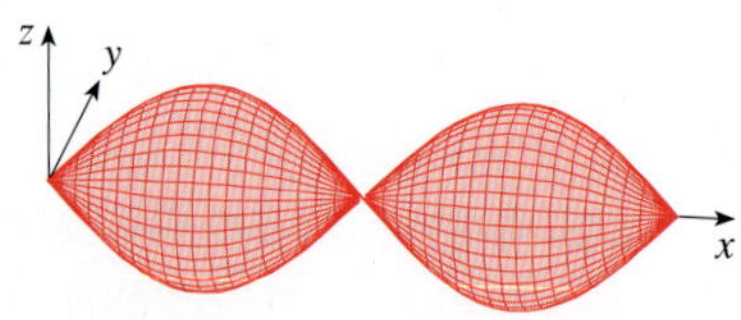

[그림 59]

매개변수의 정의역은 $0 \leq x \leq 2\pi$, $0 \leq \theta \leq 2\pi$이다. 컴퓨터를 이용해서 이 방정식의 그래프를 그리고 회전시키면 [그림 59]의 그래프를 얻는다.

식 3을 수정해서 y축 또는 z축에 대해 회전시켜 얻은 곡면을 나타낼 수도 있다([연습문제 16] 참조).

접평면

이제 위치벡터가 $\mathbf{r}(u_0, v_0)$인 점 P_0에서 다음 벡터함수로 주어진 매개곡면 S에 대한 접평면을 구한다.

$$\mathbf{r}(u, v) = x(u, v)\mathbf{i} + y(u, v)\mathbf{j} + z(u, v)\mathbf{k}$$

$u = u_0$로 놓아 상수로 고정하면 $\mathbf{r}(u_0, v)$는 단일 매개변수 v의 벡터함수가 되고 S 위에 놓이는 격자곡선 C_1을 정의한다([그림 60] 참조). P_0에서 C_1의 접선벡터는 다음과 같이 v에 대한 $\mathbf{r}$의 편도함수를 택하여 얻는다.

4 $$\mathbf{r}_v = \frac{\partial x}{\partial v}(u_0, v_0)\mathbf{i} + \frac{\partial y}{\partial v}(u_0, v_0)\mathbf{j} + \frac{\partial z}{\partial v}(u_0, v_0)\mathbf{k}$$

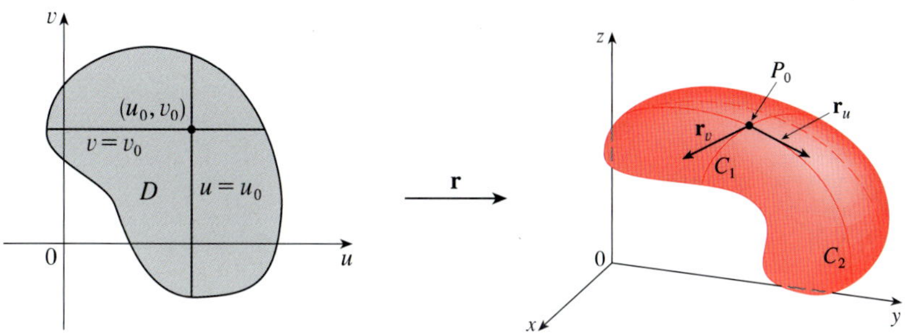

[그림 60]

같은 방법으로 $v = v_0$로 놓아 상수로 고정하면 S 위에 놓이는 $\mathbf{r}(u, v_0)$으로 주어진 격자곡선 C_2를 얻는다. P_0에서 C_2의 접선벡터는 다음과 같다.

5 $$\mathbf{r}_u = \frac{\partial x}{\partial u}(u_0, v_0)\mathbf{i} + \frac{\partial y}{\partial u}(u_0, v_0)\mathbf{j} + \frac{\partial z}{\partial u}(u_0, v_0)\mathbf{k}$$

만일 $\mathbf{r}_u \times \mathbf{r}_v$가 $\mathbf{0}$이 아니면 곡면 S를 **매끄럽다**smooth고 한다.(이 곡면은 '모서리'가 없다.) 매끄러운 곡면에 대해 **접평면**tangent plane은 접선벡터 $\mathbf{r}_u$와 $\mathbf{r}_v$를 포함하는 평면이고, 벡터 $\mathbf{r}_u \times \mathbf{r}_v$는 접평면에 대한 법선벡터이다.

예제 8 점 $(1, 1, 3)$에서 매개변수 방정식이 $x = u^2$, $y = v^2$, $z = u + 2v$인 곡면에 대한 접평면을 구하라.

풀이

먼저 접선벡터를 계산하면 다음과 같다.

$$\mathbf{r}_u = \frac{\partial x}{\partial u}\mathbf{i} + \frac{\partial y}{\partial u}\mathbf{j} + \frac{\partial z}{\partial u}\mathbf{k} = 2u\mathbf{i} + \mathbf{k}$$

$$\mathbf{r}_v = \frac{\partial x}{\partial v}\mathbf{i} + \frac{\partial y}{\partial v}\mathbf{j} + \frac{\partial z}{\partial v}\mathbf{k} = 2v\mathbf{j} + 2\mathbf{k}$$

따라서 다음 법선벡터를 얻는다.

$$\mathbf{r}_u \times \mathbf{r}_v = \begin{vmatrix} \mathbf{i} & \mathbf{j} & \mathbf{k} \\ 2u & 0 & 1 \\ 0 & 2v & 2 \end{vmatrix} = -2v\,\mathbf{i} - 4u\,\mathbf{j} + 4uv\,\mathbf{k}$$

점 $(1, 1, 3)$은 매개변수의 값 $u = 1$과 $v = 1$에 대응함에 주목하자. 따라서 법선벡터는 다음과 같다.

$$-2\mathbf{i} - 4\mathbf{j} + 4\mathbf{k}$$

그러므로 $(1, 1, 3)$에서의 접평면은 다음과 같다.

$$-2(x-1) - 4(y-1) + 4(z-3) = 0$$
$$x + 2y - 2z + 3 = 0$$

[그림 61]은 [예제 8]에 있는 스스로 교차하는 곡면과 점 (1, 1, 3)에서 접평면을 보여준다.

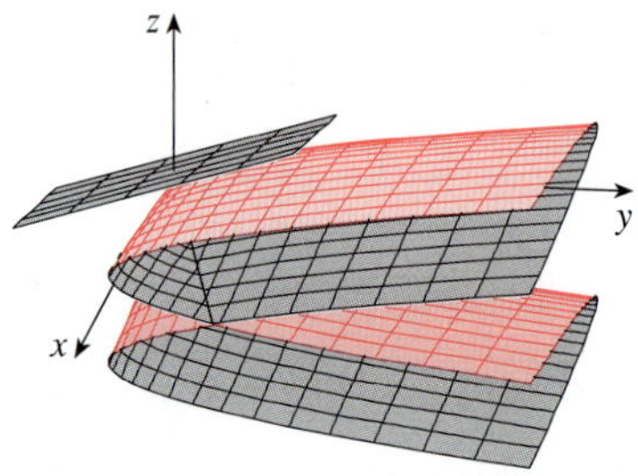

[그림 61]

곡면 넓이

이제 식 ①로 주어진 일반적인 매개곡면의 곡면 넓이를 정의한다. 간단히 하기 위해 매개변수의 정의역 D가 직사각형인 곡면으로 가정하고, 이것을 부분 직사각형 R_{ij}로 나눈다. R_{ij}의 왼쪽 아래 모서리를 (u_i^*, v_j^*)로 택하자([그림 62] 참조).

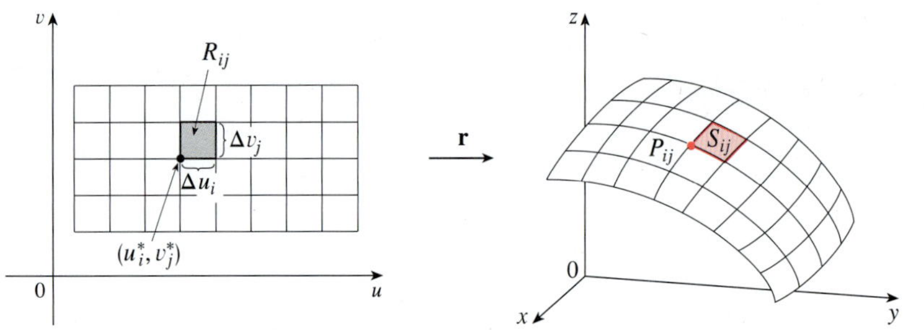

[그림 62] 부분 사각형 R_{ij}의 상은 조각 S_{ij}이다.

R_{ij}에 대응하는 곡면 S의 부분 S_{ij}를 조각이라 부르고 위치벡터가 $\mathbf{r}(u_i^*, v_j^*)$인 점 P_{ij}를 이 조각의 모서리 중 하나로 택한다. 식 ⑤와 ④로 주어진 것과 같이 P_{ij}에서의 접선벡터가 다음과 같다고 하자.

$$\mathbf{r}_u^* = \mathbf{r}_u(u_i^*, v_j^*), \qquad \mathbf{r}_v^* = \mathbf{r}_v(u_i^*, v_j^*)$$

[그림 63(a)]는 P_{ij}에서 만나는 조각의 두 모서리가 벡터에 의해 어떻게 근사되는지를 보여준다. 편도함수가 차분몫에 의해 근사될 수 있기 때문에 이런 벡터들은 결과적으로 $\Delta u_i \mathbf{r}_u^*$와 $\Delta v_j \mathbf{r}_v^*$에 의해 근사될 수 있다. 따라서 S_{ij}를 벡터 $\Delta u_i \mathbf{r}_u^*$와 $\Delta v_j \mathbf{r}_v^*$에 의해 결정되는 평행사변형으로 근사시킨다. 이 평행사변형은 [그림 63(b)]와 같으

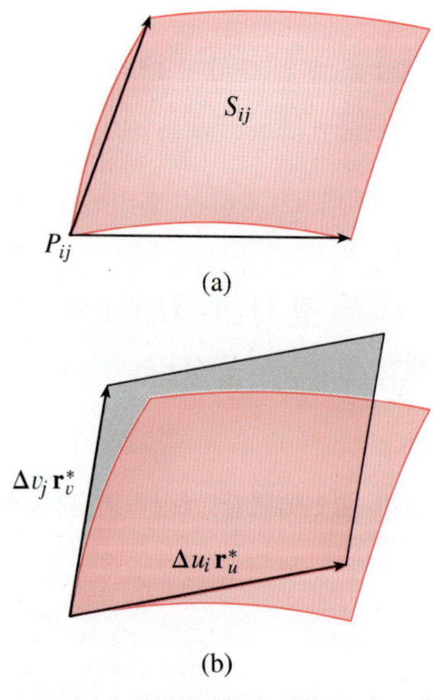

[그림 63] 평행사변형에 의한 근사 조각

며 P_{ij}에서 S에 대한 접평면 안에 놓여있다. 이 평행사변형의 넓이는 다음과 같다.

$$|(\Delta u_i \mathbf{r}_u^*) \times (\Delta v_j \mathbf{r}_v^*)| = |\mathbf{r}_u^* \times \mathbf{r}_v^*| \Delta u_i \Delta v_j$$

따라서 S의 넓이에 대한 근삿값은 다음과 같다.

$$\sum_{i=1}^{m} \sum_{j=1}^{n} |\mathbf{r}_u^* \times \mathbf{r}_v^*| \Delta u_i \Delta v_j$$

직관적으로 부분 직사각형의 수가 늘어나고 직사각형의 가로와 세로의 길이가 작아질수록 이 근삿값은 더욱 정확해진다. 이중 합을 이중적분 $\iint_D |\mathbf{r}_u \times \mathbf{r}_v| \, du\, dv$에 대한 리만 합으로 생각한다. 이것은 다음 정의를 유도한다.

> **6 정의** 매끄러운 매개곡면 S가 다음 방정식으로 주어진다고 하자.
>
> $$\mathbf{r}(u, v) = x(u, v)\mathbf{i} + y(u, v)\mathbf{j} + z(u, v)\mathbf{k}, \quad (u, v) \in D$$
>
> (u, v)가 매개변수의 정의역 D 전체에서 움직일 때 S가 꼭 한 번만 그려진다면 S의 **곡면 넓이**surface area는 다음과 같다.
>
> $$A(S) = \iint_D |\mathbf{r}_u \times \mathbf{r}_v| \, dA$$
>
> 여기서 $\mathbf{r}_u = \frac{\partial x}{\partial u}\mathbf{i} + \frac{\partial y}{\partial u}\mathbf{j} + \frac{\partial z}{\partial u}\mathbf{k}$, $\mathbf{r}_v = \frac{\partial x}{\partial v}\mathbf{i} + \frac{\partial y}{\partial v}\mathbf{j} + \frac{\partial z}{\partial v}\mathbf{k}$이다.

예제 9 **반지름이 a인 구의 곡면 넓이를 구하라.**

풀이

[예제 4]에서 다음 매개변수 표현을 알았다.

$$x = a \sin\phi \cos\theta, \quad y = a \sin\phi \sin\theta, \quad z = a \cos\phi$$

여기서 매개변수의 정의역은 다음과 같다.

$$D = \{(\phi, \theta) \mid 0 \le \phi \le \pi, \ 0 \le \theta \le 2\pi\}$$

먼저 접선벡터의 외적을 계산하면 다음과 같다.

$$\mathbf{r}_\phi \times \mathbf{r}_\theta = \begin{vmatrix} \mathbf{i} & \mathbf{j} & \mathbf{k} \\ \frac{\partial x}{\partial \phi} & \frac{\partial y}{\partial \phi} & \frac{\partial z}{\partial \phi} \\ \frac{\partial x}{\partial \theta} & \frac{\partial y}{\partial \theta} & \frac{\partial z}{\partial \theta} \end{vmatrix}$$

$$= \begin{vmatrix} \mathbf{i} & \mathbf{j} & \mathbf{k} \\ a\cos\phi\cos\theta & a\cos\phi\sin\theta & -a\sin\phi \\ -a\sin\phi\sin\theta & a\sin\phi\cos\theta & 0 \end{vmatrix}$$

$$= a^2 \sin^2\phi \cos\theta\,\mathbf{i} + a^2 \sin^2\phi \sin\theta\,\mathbf{j} + a^2 \sin\phi\cos\phi\,\mathbf{k}$$

$0 \le \phi \le \pi$일 때 $\sin\phi \ge 0$이므로 다음을 얻는다.

$$
\begin{aligned}
|\mathbf{r}_\phi \times \mathbf{r}_\theta| &= \sqrt{a^4 \sin^4\phi \cos^2\theta + a^4 \sin^4\phi \sin^2\theta + a^4 \sin^2\phi \cos^2\phi} \\
&= \sqrt{a^4 \sin^4\phi + a^4 \sin^2\phi \cos^2\phi} = a^2\sqrt{\sin^2\phi} = a^2 \sin\phi
\end{aligned}
$$

그러므로 정의 6에 의해 구면의 넓이는 다음과 같다.

$$
\begin{aligned}
A &= \iint_D |\mathbf{r}_\phi \times \mathbf{r}_\theta| \, dA = \int_0^{2\pi}\int_0^{\pi} a^2 \sin\phi \, d\phi \, d\theta \\
&= a^2 \int_0^{2\pi} d\theta \int_0^{\pi} \sin\phi \, d\phi = a^2(2\pi)2 = 4\pi a^2
\end{aligned}
$$

함수 그래프의 곡면 넓이

(x, y)가 D 안에 놓여있고 f는 연속인 편도함수를 가질 때, 방정식 $z = f(x, y)$로 주어지는 곡면 S의 특수한 경우에 대해 x와 y를 매개변수로 택한다. 매개변수 방정식은 다음과 같다.

$$
x = x, \quad y = y, \quad z = f(x, y)
$$

따라서 다음이 성립한다.

$$
\mathbf{r}_x = \mathbf{i} + \left(\frac{\partial f}{\partial x}\right)\mathbf{k}, \qquad \mathbf{r}_y = \mathbf{j} + \left(\frac{\partial f}{\partial y}\right)\mathbf{k}
$$

그리고

7
$$
\mathbf{r}_x \times \mathbf{r}_y = \begin{vmatrix} \mathbf{i} & \mathbf{j} & \mathbf{k} \\ 1 & 0 & \dfrac{\partial f}{\partial x} \\ 0 & 1 & \dfrac{\partial f}{\partial y} \end{vmatrix} = -\frac{\partial f}{\partial x}\mathbf{i} - \frac{\partial f}{\partial y}\mathbf{j} + \mathbf{k}
$$

그러므로 다음을 얻는다.

8
$$
|\mathbf{r}_x \times \mathbf{r}_y| = \sqrt{\left(\frac{\partial f}{\partial x}\right)^2 + \left(\frac{\partial f}{\partial y}\right)^2 + 1} = \sqrt{1 + \left(\frac{\partial z}{\partial x}\right)^2 + \left(\frac{\partial z}{\partial y}\right)^2}
$$

정의 6에 나오는 곡면의 넓이 공식은 다음과 같다.

9
$$
A(S) = \iint_D \sqrt{1 + \left(\frac{\partial z}{\partial x}\right)^2 + \left(\frac{\partial z}{\partial y}\right)^2} \, dA
$$

식 9에 있는 곡면의 넓이 공식과 7.4절에 있는 다음에 나오는 호의 길이 공식과의 유사성에 주목하자.

$$
L = \int_a^b \sqrt{1 + \left(\frac{dy}{dx}\right)^2} \, dx
$$

예제 10 포물면 $z = x^2 + y^2$에서 평면 $z = 9$의 아래에 있는 넓이를 구하라.

풀이

평면은 포물면과 원 $x^2 + y^2 = 9$, $z = 9$로 교차한다. 그러므로 주어진 곡면은 중심이 원점이고 반지름이 3인 원판 D 위에 놓인다([그림 64] 참조). 식 [9]를 이용하면 다음을 얻는다.

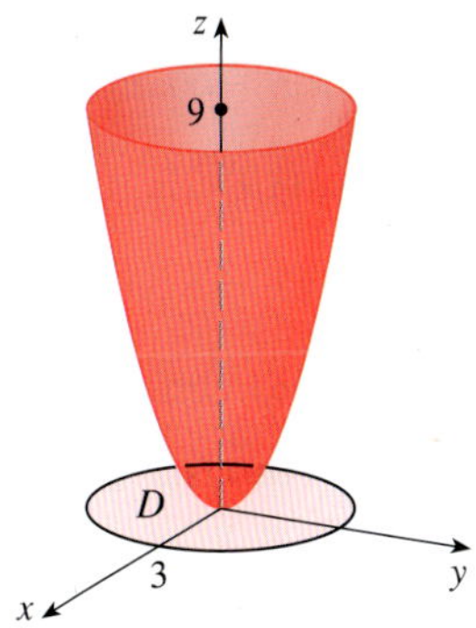

[그림 64]

$$A = \iint_D \sqrt{1 + \left(\frac{\partial z}{\partial x}\right)^2 + \left(\frac{\partial z}{\partial y}\right)^2}\, dA = \iint_D \sqrt{1 + (2x)^2 + (2y)^2}\, dA$$
$$= \iint_D \sqrt{1 + 4(x^2 + y^2)}\, dA$$

극좌표로 변환하면 다음과 같다.

$$A = \int_0^{2\pi} \int_0^3 \sqrt{1 + 4r^2}\, r\, dr\, d\theta = \int_0^{2\pi} d\theta \int_0^3 r\sqrt{1 + 4r^2}\, dr$$
$$= 2\pi\left(\frac{1}{8}\right)\frac{2}{3}(1 + 4r^2)^{3/2}\Big]_0^3 = \frac{\pi}{6}(37\sqrt{37} - 1)$$

[3]에서 주어진 회전체의 곡면 넓이에 대한 다음 공식의 증명은 [연습문제 34]로 남긴다.

[10] $$A = 2\pi \int_a^b f(x)\sqrt{1 + [f'(x)]^2}\, dx$$

이것은 곡면 넓이의 정의 [6]이 단일변수에 대한 미적분학의 곡면 넓이 공식(7.5절 식 [4])과 일치하는 것을 의미한다.

13.6 연습문제

01~02 주어진 벡터방정식을 갖는 곡면을 확인하라.

01 $\mathbf{r}(u, v) = (u+v)\mathbf{i} + (3-v)\mathbf{j} + (1+4u+5v)\mathbf{k}$

02 $\mathbf{r}(s, t) = \langle s, t, t^2 - s^2 \rangle$

03~05 컴퓨터를 이용하여 매개곡면의 그래프를 그려라. 그래프를 출력해서 u가 상수인 격자곡선과 v가 상수인 격자곡선이 어떤 것인지 나타내라.

03 $\mathbf{r}(u, v) = \langle u^2, v^2, u+v \rangle$, $-1 \le u \le 1$, $-1 \le v \le 1$

04 $\mathbf{r}(u, v) = \langle u\cos v, u\sin v, u^5 \rangle$, $-1 \le u \le 1$, $0 \le v \le 2\pi$

05 $x = \sin v$, $y = \cos u \sin 4v$, $z = \sin 2u \sin 4v$, $0 \le u \le 2\pi$, $-\pi/2 \le v \le \pi/2$

06~09 각 방정식과 I~IV의 그래프를 짝짓고, 그 이유를 설명하라. u가 상수인 격자곡선족과 v가 상수인 격자곡선족이 어떤 것인지 결정하라.

06 $\mathbf{r}(u, v) = u\cos v\,\mathbf{i} + u\sin v\,\mathbf{j} + v\mathbf{k}$

07 $\mathbf{r}(u, v) = u\cos v\,\mathbf{i} + u\sin v\,\mathbf{j} + \sin u\,\mathbf{k}, \ -\pi \le u \le \pi$

08 $\mathbf{r}(u, v) = \sin v\,\mathbf{i} + \cos u \sin 2v\,\mathbf{j} + \sin u \sin 2v\,\mathbf{k}$

09 $x = (1-u)(3+\cos v)\cos 4\pi u,$

$y = (1-u)(3+\cos v)\sin 4\pi u,$

$z = 3u + (1-u)\sin v$

I

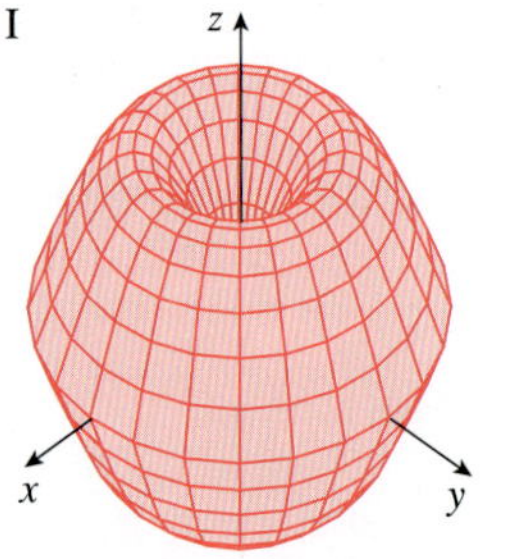

II

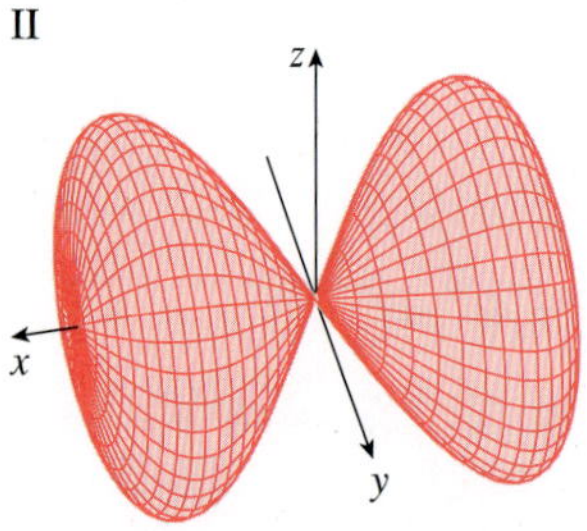

III

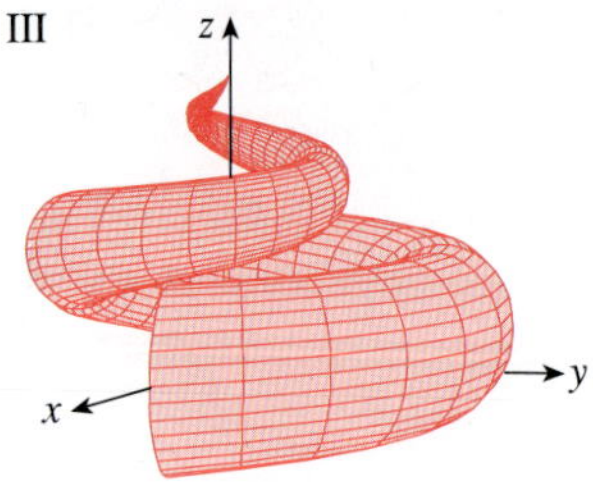

IV

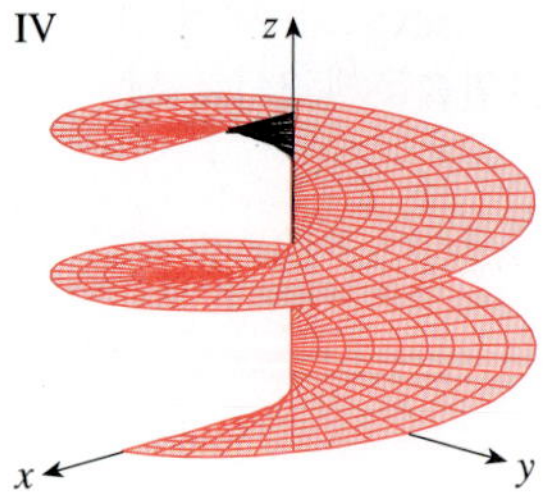

10~13 다음 곡면에 대한 매개변수 표현을 구하라.

10 원점을 지나고 벡터 $\mathbf{i}-\mathbf{j}$와 $\mathbf{j}-\mathbf{k}$를 포함하는 평면

11 yz평면 앞에 놓이는 쌍곡면 $4x^2 - 4y^2 - z^2 = 4$의 부분

12 원뿔면 $z = \sqrt{x^2+y^2}$ 위에 놓이는 구면 $x^2+y^2+z^2 = 4$의 부분

13 평면 $x=0$과 $x=5$ 사이에 놓이는 원기둥 $y^2+z^2=16$의 부분

14 CAS 컴퓨터 대수체계를 이용하여 다음과 같은 그래프를 만들어라.

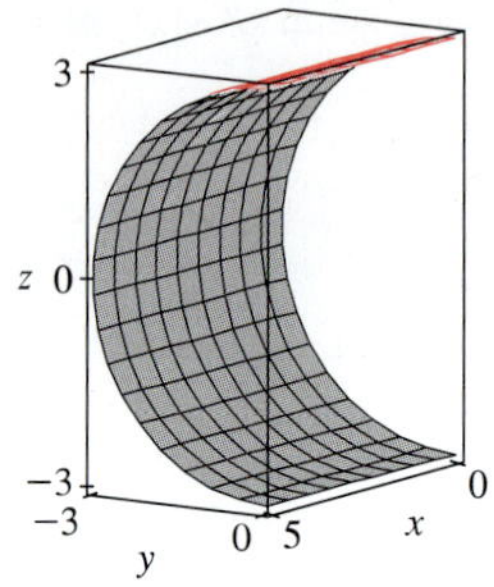

15 곡선 $y = e^{-x}$, $0 \le x \le 3$을 x축에 대해 회전시켜 얻은 곡면의 매개변수 방정식을 구하고 이를 이용하여 곡면의 그래프를 그려라.

16 곡선 $x = 4y^2 - y^4$, $-2 \le y \le 2$를 y축에 대해 회전시켜 얻은 곡면의 매개변수 방정식을 구하고 이를 이용하여 곡면의 그래프를 그려라.

17 (a) [예제 2]에서([그림 53] 참조) $\cos u$를 $\sin u$로, $\sin u$를 $\cos u$로 바꾸면 나선튜브는 어떻게 되는가?

(b) $\cos u$를 $\cos 2u$로, $\sin u$를 $\sin 2u$로 바꾸면 어떻게 되는가?

18 $-\frac{1}{2} \le r \le \frac{1}{2}$, $0 \le \theta \le 2\pi$일 때 다음 매개변수 방정식을 갖는 곡면을 **뫼비우스 띠**Möbius strip라 한다. 여러 개의 관점에서 곡면의 그래프를 그려라. 뫼비우스 띠에 대한 특별한 점은 무엇인가?

$$x = 2\cos\theta + r\cos(\theta/2)$$

$$y = 2\sin\theta + r\cos(\theta/2)$$

$$z = r\sin(\theta/2)$$

19~20 지정된 점에서 주어진 매개곡면에 대한 접평면의 방정식을 구하라. 매개변수 곡면을 그릴 수 있는 소프트웨어가 있다면 컴퓨터를 이용하여 곡면과 접평면을 그려라.

19 $x = u+v, \ y = 3u^2, \ z = u-v; \ (2, 3, 0)$

20 $\mathbf{r}(u, v) = u\cos v\,\mathbf{i} + u\sin v\,\mathbf{j} + v\mathbf{k}; \ u=1, \ v=\pi/3$

21~26 주어진 곡면의 넓이를 구하라.

21 제1팔분공간에 놓여있는 평면 $3x+2y+z=6$의 부분

22 원기둥 $x^2+y^2=3$의 내부에 놓여있는 평면 $x+2y+3z=1$의 부분

23 평면 $y=x$와 원기둥 $y=x^2$ 사이에 놓여있는 원뿔 $z=\sqrt{x^2+y^2}$의 부분

24 곡면 $z=\frac{2}{3}(x^{3/2}+y^{3/2})$, $0 \le x \le 1$, $0 \le y \le 1$

25 원기둥 $x^2+y^2=1$의 내부에 놓여있는 곡면 $z=xy$의 부분

26 평면 $x=0$, $x=1$, $z=0$, $z=1$ 사이에 놓여있는 곡면 $y=4x+z^2$의 부분

27 매개변수 방정식이 $x=uv$, $y=u+v$, $z=u-v$, $u^2+v^2 \le 1$인 곡면

---

28 $x^2+y^2 \le R^2$에서 곡면 S의 방정식이 $z=f(x, y)$이고 $|f_x| \le 1$, $|f_y| \le 1$임을 알고 있을 때, $A(S)$에 대해 어떻게 말할 수 있는가?

29 원판 $x^2+y^2 \le 4$ 위에 놓여있는 곡면 $z=e^{-x^2-y^2}$의 넓이를 단일적분을 이용한 넓이로 표현하여 소수점 아래 넷째 자리까지 정확히 구하라. 계산기를 이용하여 적분을 추정하라.

30 (a) 6개의 정사각형을 갖는 이중적분에 대한 중점 법칙(12.1절 참조)을 이용해서 곡면 $z=1/(1+x^2+y^2)$, $0 \le x \le 6$, $0 \le y \le 4$의 넓이를 추정하라.

(b) CAS 컴퓨터 대수체계를 이용하여 (a)의 곡면 넓이를 소수점 아래 넷째 자리까지 근삿값으로 구하고 (a)의 답과 비교하라.

31 CAS 곡면 $z=1+2x+3y+4y^2$, $1 \le x \le 4$, $0 \le y \le 1$의 정확한 넓이를 구하라.

32 (a) 매개변수 방정식 $x=a\sin u\cos v$, $y=b\sin u\sin v$, $z=c\cos u$, $0 \le u \le \pi$, $0 \le v \le 2\pi$가 타원면을 나타내는 것을 보여라.

(b) (a)의 매개변수 방정식을 이용하여 $a=1$, $b=2$, $c=3$인 경우에 대한 타원면의 그래프를 그려라.

(c) (b)의 타원면의 곡면 넓이에 대한 이중적분을 세워라. 단, 적분은 계산하지 않는다.

33 포물면 $z=x^2+y^2$ 내부에 놓여있는 구 $x^2+y^2+z^2=4z$의 부분의 넓이를 구하라.

34 정의 6과 회전곡면에 대한 매개변수 방정식 3을 이용하여 식 10이 성립함을 보여라.

35 식 10을 이용하여 곡선 $y=\sqrt{x}$, $4 \le x \le 9$를 x축에 대해 회전시켜 얻은 곡면의 넓이를 구하라.

13.7 면적분

면적분과 곡면 넓이 사이의 관계는 선적분과 호의 길이 사이의 관계와 매우 유사하다. f를 정의역이 곡면 S를 포함하는 삼변수함수라 하자. 이제 S 위에서 f의 면적분을 정의한다. $f(x, y, z)=1$인 경우에 면적분의 값이 S의 곡면 넓이와 같다고 정의한다. 매개곡면으로 시작하여 S가 이변수함수의 그래프인 특별한 경우를 다룰 것이다.

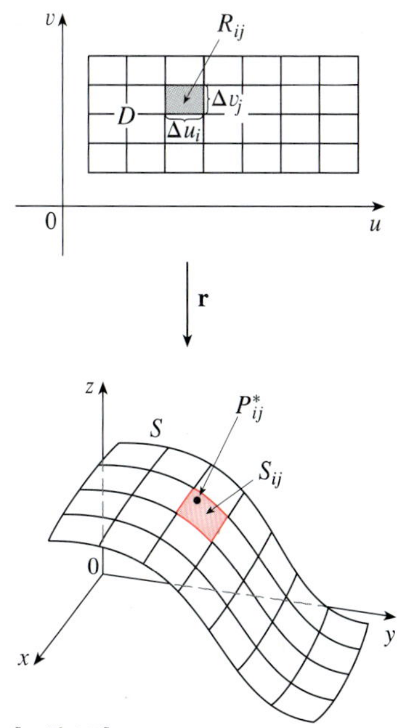

[그림 65]

매개곡면

곡면 S의 벡터방정식이 다음과 같다고 하자.

$$\mathbf{r}(u, v)=x(u, v)\mathbf{i}+y(u, v)\mathbf{j}+z(u, v)\mathbf{k}, \quad (u, v) \in D$$

먼저 매개변수의 정의역 D를 직사각형이라 하고 치수가 Δu_i와 Δv_j인 부분 사각형 R_{ij}로 나눈다. 그러면 곡면 S는 [그림 65]와 같이 이에 대응하는 조각 S_{ij}들로 나뉜

다. 각 조각 안의 점 P_{ij}^* 에서 f의 값과 각 조각의 넓이 ΔS_{ij}를 곱하고 다음과 같은 리만 합을 만든다.

$$\sum_{i=1}^{m}\sum_{j=1}^{n} f(P_{ij}^*)\,\Delta S_{ij}$$

그러면 조각의 수가 증가할 때의(조각의 크기는 감소함) 극한을 택하여 **곡면 S 위에서 f의 면적분**surface integral을 다음과 같이 정의한다.

1 $$\iint_S f(x, y, z)\,dS = \lim_{\max \Delta u_i, \Delta v_j \to 0} \sum_{i=1}^{m}\sum_{j=1}^{n} f(P_{ij}^*)\,\Delta S_{ij}$$

선적분의 정의(13.2절의 2)와 유사하고 이중적분의 정의(12.1절의 5)와도 유사하다는 점에 주목하자.

식 1에 있는 면적분을 계산하기 위해 조각의 넓이 ΔS_{ij}를 접평면 안의 근사 평행사변형의 넓이로 근사시킨다. 13.6절의 곡면 넓이에 관한 논의에서 다음 근사식을 얻는다.

$$\Delta S_{ij} \approx |\mathbf{r}_u \times \mathbf{r}_v|\,\Delta u_i \Delta v_j$$

S_{ij}의 모서리에서 접선벡터는 다음과 같다.

$$\mathbf{r}_u = \frac{\partial x}{\partial u}\mathbf{i} + \frac{\partial y}{\partial u}\mathbf{j} + \frac{\partial z}{\partial u}\mathbf{k}, \qquad \mathbf{r}_v = \frac{\partial x}{\partial v}\mathbf{i} + \frac{\partial y}{\partial v}\mathbf{j} + \frac{\partial z}{\partial v}\mathbf{k}$$

성분들이 연속이고 $\mathbf{r}_u$와 $\mathbf{r}_v$가 D의 내부에서 $\mathbf{0}$이 아니고 평행하지 않으면 D가 직사각형이 아니더라도 정의 1로부터 다음이 성립함을 보일 수 있다.

2 $$\iint_S f(x, y, z)\,dS = \iint_D f(\mathbf{r}(u, v))\,|\mathbf{r}_u \times \mathbf{r}_v|\,dA$$

(u, v)가 D 전체에서 움직일 때 곡면이 딱 한 번만 그려진다고 가정하자. 면적분의 값은 사용된 매개변수화에 좌우되지 않는다.

이것은 다음과 같은 선적분에 대한 공식과 비교할 수 있다.

$$\int_C f(x, y, z)\,ds = \int_a^b f(\mathbf{r}(t))\,|\mathbf{r}'(t)|\,dt$$

또한 다음을 관찰하자.

$$\iint_S 1\,dS = \iint_D |\mathbf{r}_u \times \mathbf{r}_v|\,dA = A(S)$$

식 2로부터 매개변수의 정의역 D 위에서 면적분을 이중적분으로 변환하여 계산할 수 있다. 이 식을 이용할 때 $f(\mathbf{r}(u, v))$는 $f(x, y, z)$의 식에서 $x = x(u, v)$, $y = y(u, v)$, $z = z(u, v)$로 써서 계산한다는 것을 기억하자.

예제 1 S가 단위구면 $x^2+y^2+z^2=1$일 때 면적분 $\iint_S x^2\,dS$를 계산하라.

풀이

13.6절의 [예제 4]에서와 같이 다음과 같은 매개변수 표현을 이용한다.

$$x=\sin\phi\cos\theta,\quad y=\sin\phi\sin\theta,\quad z=\cos\phi,\quad 0\le\phi\le\pi,\quad 0\le\theta\le 2\pi$$

즉 $\mathbf{r}(\phi, h)=\sin\phi\cos\theta\mathbf{i}+\sin\phi\sin\theta\mathbf{j}+\cos\phi\mathbf{k}$이다.

13.6절의 [예제 9]에서와 같이 다음을 계산할 수 있다.

$$|\mathbf{r}_\phi\times\mathbf{r}_\theta|=\sin\phi$$

그러므로 식 2에 의해 다음을 얻는다.

$$\begin{aligned}\iint_S x^2\,dS &= \iint_D (\sin\phi\cos\theta)^2|\mathbf{r}_\phi\times\mathbf{r}_\theta|\,dA=\int_0^{2\pi}\int_0^{\pi}\sin^2\phi\cos^2\theta\sin\phi\,d\phi\,d\theta\\ &=\int_0^{2\pi}\cos^2\theta\,d\theta\int_0^{\pi}\sin^3\phi\,d\phi=\int_0^{2\pi}\frac{1}{2}(1+\cos 2\theta)\,d\theta\int_0^{\pi}(\sin\phi-\sin\phi\cos^2\phi)\,d\phi\\ &=\frac{1}{2}\left[\theta+\frac{1}{2}\sin 2\theta\right]_0^{2\pi}\left[-\cos\phi+\frac{1}{3}\cos^3\phi\right]_0^{\pi}=\frac{4\pi}{3}\end{aligned}$$

면적분이 응용되는 내용은 앞에서 다룬 적분의 응용과 비슷하다. 예를 들어 얇은 판(알루미늄 호일)이 곡면 S의 형태를 가지고 점 (x, y, z)에서의 밀도(단위 넓이당 질량)가 $\rho(x, y, z)$이면 이 얇은 판의 전체 질량은 다음과 같다.

$$m=\iint_S \rho(x, y, z)\,dS$$

그리고 **질량중심** $(\bar{x}, \bar{y}, \bar{z})$은 다음과 같다.

$$\bar{x}=\frac{1}{m}\iint_S x\rho(x, y, z)\,dS,\qquad \bar{y}=\frac{1}{m}\iint_S y\rho(x, y, z)\,dS,\qquad \bar{z}=\frac{1}{m}\iint_S z\rho(x, y, z)\,dS$$

또한 관성모멘트도 앞에서와 같이 정의할 수 있다([연습문제 23] 참조).

그래프

방정식 $z=g(x, y)$를 갖는 임의의 곡면 S는 다음과 같은 매개변수 방정식을 갖는 매개곡면으로 생각할 수 있다.

$$x=x,\quad y=y,\quad z=g(x, y)$$

그리고 다음을 얻는다.

$$\mathbf{r}_x = \mathbf{i} + \left(\frac{\partial g}{\partial x}\right)\mathbf{k}, \qquad \mathbf{r}_y = \mathbf{j} + \left(\frac{\partial g}{\partial y}\right)\mathbf{k}$$

따라서 다음이 성립한다.

3 $$\mathbf{r}_x \times \mathbf{r}_y = -\frac{\partial g}{\partial x}\mathbf{i} - \frac{\partial g}{\partial y}\mathbf{j} + \mathbf{k}$$

그리고 다음을 얻는다.

$$|\mathbf{r}_x \times \mathbf{r}_y| = \sqrt{\left(\frac{\partial z}{\partial x}\right)^2 + \left(\frac{\partial z}{\partial y}\right)^2 + 1}$$

그러므로 이 경우에 식 2는 다음과 같이 쓸 수 있다.

4 $$\iint_S f(x, y, z)\,dS = \iint_D f(x, y, g(x, y))\sqrt{\left(\frac{\partial z}{\partial x}\right)^2 + \left(\frac{\partial z}{\partial y}\right)^2 + 1}\; dA$$

yz평면 또는 xz평면 위로 S를 사영시키는 것이 더 편리할 때는 각 경우마다 식 4와 유사한 식을 적용한다. 예를 들어 S가 방정식 $y = h(x, z)$를 갖는 곡면이고, D를 xz평면 위로의 S의 사영이라 하면 다음을 얻는다.

$$\iint_S f(x, y, z)\,dS = \iint_D f(x, h(x, z), z)\sqrt{\left(\frac{\partial y}{\partial x}\right)^2 + \left(\frac{\partial y}{\partial z}\right)^2 + 1}\; dA$$

예제 2 **S가 곡면 $z = x + y^2$, $0 \le x \le 1$, $0 \le y \le 2$일 때, $\iint_S y\,dS$를 계산하라([그림 66] 참조).**

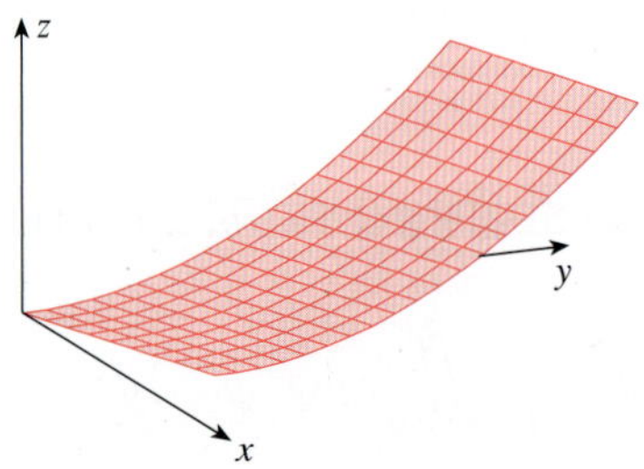

[그림 66]

풀이

$\dfrac{\partial z}{\partial x} = 1$, $\dfrac{\partial z}{\partial y} = 2y$이므로 공식 4로부터 다음을 얻는다.

$$\begin{aligned}\iint_S y\,dS &= \iint_D y\sqrt{1 + \left(\frac{\partial z}{\partial x}\right)^2 + \left(\frac{\partial z}{\partial y}\right)^2}\; dA \\ &= \int_0^1\int_0^2 y\sqrt{1+1+4y^2}\,dy\,dx \\ &= \int_0^1 dx\,\sqrt{2}\int_0^2 y\sqrt{1+2y^2}\,dy \\ &= \sqrt{2}\left(\frac{1}{4}\right)\frac{2}{3}(1+2y^2)^{3/2}\Big]_0^2 = \frac{13\sqrt{2}}{3}\end{aligned}$$

S가 조각마다 매끄러운 곡면, 즉 경계를 따라서만 만나는 유한개의 매끄러운 곡면 S_1, S_2, $\cdots$, S_n의 합집합일 때, S 위에서 f의 면적분은 다음과 같이 정의된다.

$$\iint_S f(x, y, z)\,dS = \iint_{S_1} f(x, y, z)\,dS + \cdots + \iint_{S_n} f(x, y, z)\,dS$$

예제 3 **곡면 S의 옆면 S_1은 원기둥 $x^2+y^2=1$이고, 밑면 S_2는 $z=0$인 평면에서 원판 $x^2+y^2 \le 1$이며, 윗면 S_3는 S_2 위쪽에 놓여있는 평면 $z=1+x$의 부분이다. $\iint_S z\,dS$를 구하라.**

풀이

곡면 S는 [그림 67]과 같다. (S가 잘 보이도록 통상적인 축을 옮겼다.) S_1에 대해 θ와 z를 매개변수로 이용하고(13.6절의 [예제 5] 참조) 이것의 매개변수 방정식을 다음과 같이 쓴다.

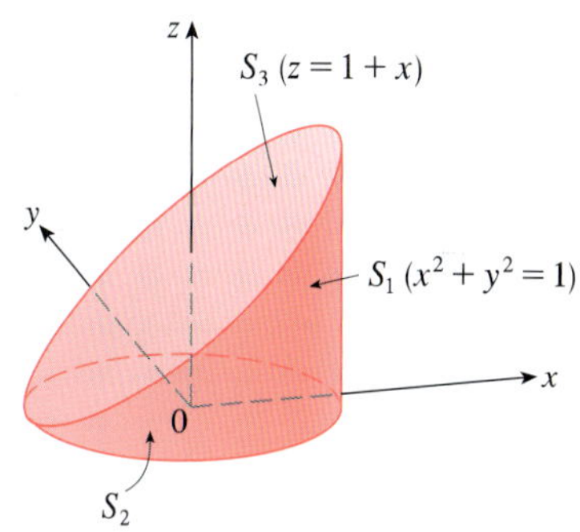

[그림 67]

$$x=\cos\theta,\quad y=\sin\theta,\quad z=z$$

여기서 $0 \le \theta \le 2\pi$, $0 \le z \le 1+x = 1+\cos\theta$이다. 그러므로 다음을 얻는다.

$$\mathbf{r}_\theta \times \mathbf{r}_z = \begin{vmatrix} \mathbf{i} & \mathbf{j} & \mathbf{k} \\ -\sin\theta & \cos\theta & 0 \\ 0 & 0 & 1 \end{vmatrix} = \cos\theta\,\mathbf{i} + \sin\theta\,\mathbf{j}$$

그리고 다음을 얻는다.

$$|\mathbf{r}_\theta \times \mathbf{r}_z| = \sqrt{\cos^2\theta + \sin^2\theta} = 1$$

따라서 S_1 위에서의 면적분은 다음과 같다.

$$\iint_{S_1} z\,dS = \iint_D z\,|\mathbf{r}_\theta \times \mathbf{r}_z|\,dA = \int_0^{2\pi}\int_0^{1+\cos\theta} z\,dz\,d\theta = \int_0^{2\pi} \frac{1}{2}(1+\cos\theta)^2\,d\theta$$

$$= \frac{1}{2}\int_0^{2\pi}\left[1+2\cos\theta+\frac{1}{2}(1+\cos 2\theta)\right]d\theta = \frac{1}{2}\left[\frac{3}{2}\theta + 2\sin\theta + \frac{1}{4}\sin 2\theta\right]_0^{2\pi} = \frac{3\pi}{2}$$

S_2가 평면 $z=0$ 안에 놓여있으므로 다음을 얻는다.

$$\iint_{S_2} z\,dS = \iint_{S_2} 0\,dS = 0$$

윗면 S_3는 단위원판 D 위에 놓여있고 평면 $z=1+x$의 일부분이다. 따라서 식 4에서 $g(x, y) = 1+x$를 택하고 극좌표로 변환하면 다음을 얻는다.

$$\iint_{S_3} z\,dS = \iint_D (1+x)\sqrt{1+\left(\frac{\partial z}{\partial x}\right)^2+\left(\frac{\partial z}{\partial y}\right)^2}\,dA$$

$$= \int_0^{2\pi}\int_0^1 (1+r\cos\theta)\sqrt{1+1+0}\,r\,dr\,d\theta$$

$$= \sqrt{2}\int_0^{2\pi}\int_0^1 (r+r^2\cos\theta)\,dr\,d\theta$$

$$= \sqrt{2}\int_0^{2\pi}\left(\frac{1}{2}+\frac{1}{3}\cos\theta\right)d\theta = \sqrt{2}\left[\frac{\theta}{2}+\frac{\sin\theta}{3}\right]_0^{2\pi} = \sqrt{2}\,\pi$$

따라서 구하고자 하는 면적분은 다음과 같다.

$$\iint_S z\,dS = \iint_{S_1} z\,dS + \iint_{S_2} z\,dS + \iint_{S_3} z\,dS$$

$$= \frac{3\pi}{2} + 0 + \sqrt{2}\,\pi = \left(\frac{3}{2}+\sqrt{2}\right)\pi$$

유향 곡면

벡터장의 면적분을 정의하기 위해서는 [그림 68]에서 보인 뫼비우스 띠와 같이 방향을 줄 수 없는 곡면은 제외해야 한다. [독일의 기하학자 뫼비우스(August Möbius, 1790~1868)의 이름을 따서 명명되었다]. 긴 직사각형의 종이 띠를 반을 꼬아서 [그림 69]와 같이 짧은 변끼리 붙이면 뫼비우스 띠를 만들 수 있다. 개미가 점 P에서 출발하여 뫼비우스 띠를 따라 기어가면 띠의 '다른 면'(반대 방향을 가리키는 위쪽의 면)에 도착할 것이다. 개미가 같은 방향으로 계속 기어간다면 모서리를 넘어가지 않고 동일한 점 P로 되돌아올 것이다. (뫼비우스 띠를 만들어서 연필로 띠의 중간에 선을 그려라.) 그러면 뫼비우스 띠는 실제로 한 면만 있다. 13.6절에 있는 [연습문제 18]에서 매개변수 방정식을 이용하여 뫼비우스 띠의 그래프를 그릴 수 있다.

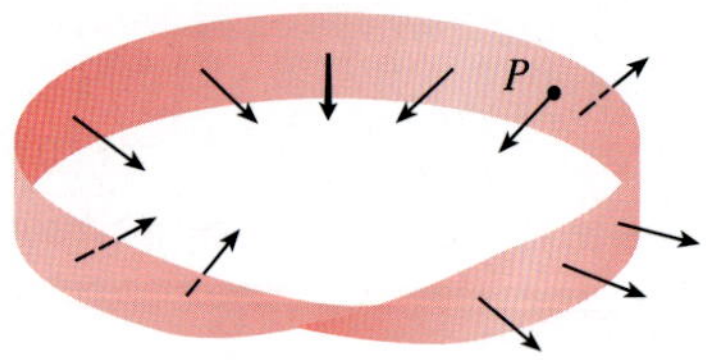

[그림 68] 뫼비우스 띠

TEC Visual 13.7은 곡면을 따라 움직이는 법선벡터를 가진 뫼비우스 띠를 보여준다.

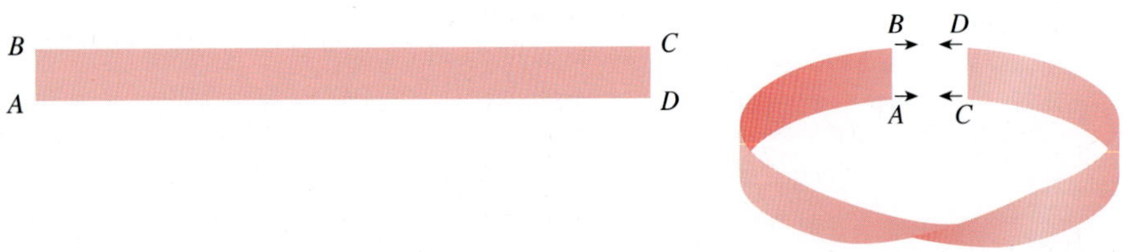

[그림 69] 뫼비우스 띠 만들기

이제부터 (두 면을 갖는) 유향 곡면만 생각한다. (경계점을 제외하고) 곡면 S 위의 모든 점 (x, y, z)에서 접평면을 갖는다고 가정하자. 그러면 (x, y, z)에서 두 개의 단위 법선벡터 $\mathbf{n}_1$과 $\mathbf{n}_2 = -\mathbf{n}_1$이 존재한다([그림 70] 참조).

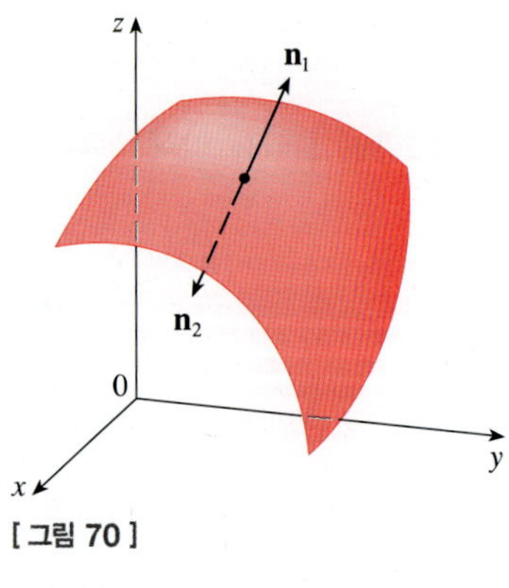

[그림 70]

S 위에서 $\mathbf{n}$이 연속적으로 변하도록 하는 모든 점 (x, y, z)에서 단위법선벡터 $\mathbf{n}$을 택할 수 있으면 S를 **유향 곡면**oriented surface이라 하고, 주어진 $\mathbf{n}$에 의해 S의 **방향**orientation이 결정된다. 임의의 유향 곡면은 두 가지 방향이 가능하다([그림 71] 참조).

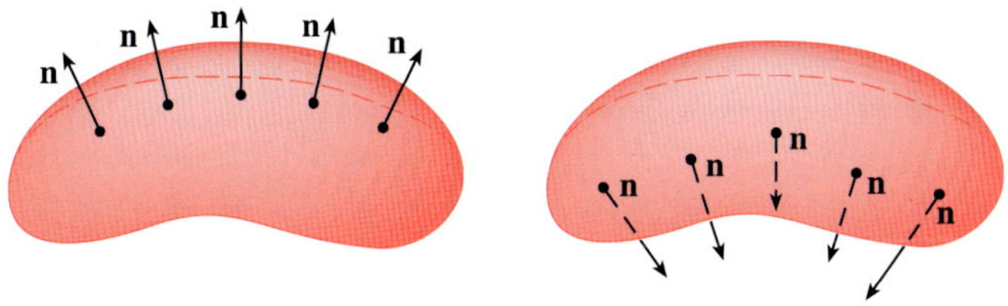

[그림 71] 유향 곡면의 두 가지 방향

g의 그래프로 주어진 곡면 $z = g(x, y)$에 대해 식 3을 이용하면 곡면의 방향은 다음 단위벡터로 주어진다.

5 $$\mathbf{n} = \frac{-\dfrac{\partial g}{\partial x}\mathbf{i} - \dfrac{\partial g}{\partial y}\mathbf{j} + \mathbf{k}}{\sqrt{1 + \left(\dfrac{\partial g}{\partial x}\right)^2 + \left(\dfrac{\partial g}{\partial y}\right)^2}}$$

$\mathbf{k}$ 성분이 양수이므로 단위법선벡터는 곡면의 위쪽을 향한다.

S가 벡터함수 $\mathbf{r}(u, v)$에 의해 매개변수 방정식 형태로 주어진 매끄러운 유향 곡면이면 이 곡면은 자동적으로 다음과 같은 단위법선베터의 방향을 갖고 반대 방향은 $-\mathbf{n}$이 된다.

6 $$\mathbf{n} = \frac{\mathbf{r}_u \times \mathbf{r}_v}{|\mathbf{r}_u \times \mathbf{r}_v|}$$

예를 들어 13.6절의 [예제 4]에서 구면 $x^2 + y^2 + z^2 = a^2$에 대한 매개변수 표현이 다음과 같음을 알았다.

$$\mathbf{r}(\phi, \theta) = a\sin\phi\cos\theta\,\mathbf{i} + a\sin\phi\sin\theta\,\mathbf{j} + a\cos\phi\,\mathbf{k}$$

그러면 13.6절의 [예제 9]에서 다음 사실을 얻는다.

$$\mathbf{r}_\phi \times \mathbf{r}_\theta = a^2\sin^2\phi\cos\theta\,\mathbf{i} + a^2\sin^2\phi\sin\theta\,\mathbf{j} + a^2\sin\phi\cos\phi\,\mathbf{k}$$

그러므로 다음과 같다.

$$|\mathbf{r}_\phi \times \mathbf{r}_\theta| = a^2\sin\phi$$

따라서 $\mathbf{r}(\phi, \theta)$에 의해 유도된 방향은 다음 단위법선벡터로 정의된다.

$$\mathbf{n} = \frac{\mathbf{r}_\phi \times \mathbf{r}_\theta}{|\mathbf{r}_\phi \times \mathbf{r}_\theta|} = \sin\phi\cos\theta\,\mathbf{i} + \sin\phi\sin\theta\,\mathbf{j} + \cos\phi\,\mathbf{k} = \frac{1}{a}\mathbf{r}(\phi, \theta)$$

$\mathbf{n}$은 위치벡터와 똑같은 방향, 즉 구면의 바깥쪽을 가리킨다([그림 72] 참조). 매개변수의 순서를 바꾼다면 $\mathbf{r}_\theta \times \mathbf{r}_\phi = -\mathbf{r}_\phi \times \mathbf{r}_\theta$이므로 (안쪽을 향하는) 반대 방향을 얻을 수 있다([그림 73] 참조).

닫힌곡면 closed surface, 즉 입체 영역 E의 경계곡면에 대해 **양의 방향** positive orientation은 E의 바깥쪽으로 향하는 법선벡터의 방향이고 안쪽으로 향하는 법선벡터는 음의 방향이 된다([그림 72~73] 참조).

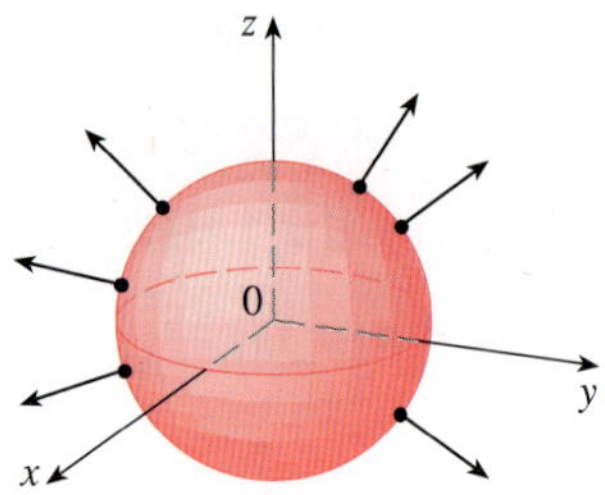

[그림 72] 양의 방향

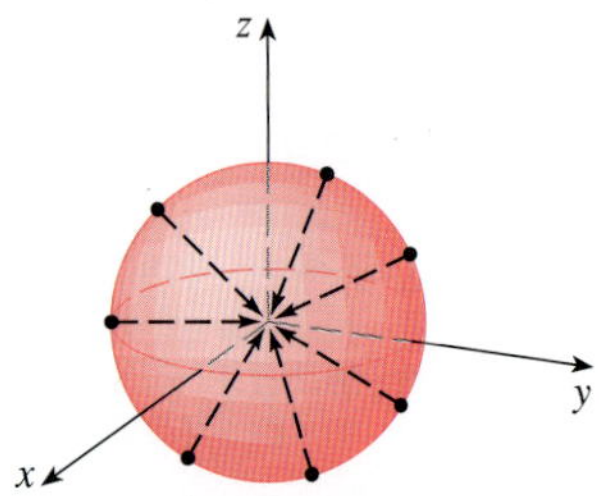

[그림 73] 음의 방향

벡터장의 면적분

단위법선벡터가 $\mathbf{n}$인 유향 곡면 S에 대해 밀도가 $\rho(x, y, z)$이고 속도장이 $\mathbf{v}(x, y, z)$인 유체가 S를 통해 흐른다고 하자. (S를 조류를 가로질러 놓인 어망처럼 유체의 흐름을 방해하지 않는 가상의 곡면으로 생각하자). 그러면 단위넓이당 흐름률(단위시간당 질량)은 $\rho\mathbf{v}$이다. S를([그림 65]와 비교하여) [그림 74]와 같이 작은 조각 S_{ij}로 나누면 S_{ij}는 거의 평면이다. 따라서 법선 $\mathbf{n}$의 방향으로 S_{ij}를 통과하는 유체의 질량을 다음 물리량으로 근사시킬 수 있다.

$$(\rho\mathbf{v} \cdot \mathbf{n})A(S_{ij})$$

여기서 ρ, $\mathbf{v}$, $\mathbf{n}$은 S_{ij} 위의 어떤 점에서 계산된다. (단위벡터 $\mathbf{n}$의 방향에서 벡터 $\rho\mathbf{v}$의 성분은 $\rho\mathbf{v} \cdot \mathbf{n}$임을 기억하자.)

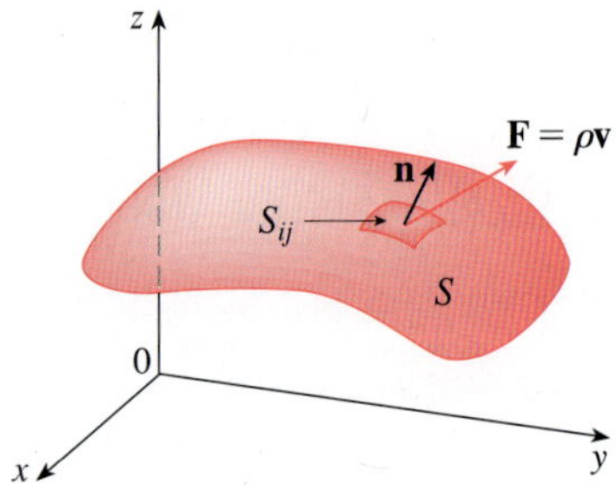

[그림 74]

이를 더하고 극한을 취하면 정의 1에 따라 S 위에서 함수 $\rho\mathbf{v} \cdot \mathbf{n}$의 면적분은 다음과 같다.

7 $$\iint_S \rho\mathbf{v} \cdot \mathbf{n}\, dS = \iint_S \rho(x, y, z)\mathbf{v}(x, y, z) \cdot \mathbf{n}(x, y, z)\, dS$$

이 면적분은 물리학적으로 S를 통과하는 흐름률로 해석된다.

$\mathbf{F} = \rho\mathbf{v}$로 쓰면 $\mathbf{F}$도 $\mathbb{R}^3$에서 벡터장이고, 식 7의 적분은 다음과 같이 된다.

$$\iint_S \mathbf{F} \cdot \mathbf{n}\, dS$$

$\mathbf{F}$가 $\rho\mathbf{v}$가 아닌 경우에도 이런 형태의 면적분은 물리학에서 자주 보이는데 이것을 S 위에서 $\mathbf{F}$의 면적분(또는 유량적분)이라 한다.

8 **정의** $\mathbf{F}$가 단위법선벡터 $\mathbf{n}$을 가진 유향 곡면 S에서 정의된 연속인 벡터장이면 S 위에서 $\mathbf{F}$의 면적분은 다음과 같다.

$$\iint_S \mathbf{F} \cdot d\mathbf{S} = \iint_S \mathbf{F} \cdot \mathbf{n}\, dS$$

이 적분을 S를 통과하는 $\mathbf{F}$의 **유량** flux이라고도 한다.

다시 말해서 정의 [8]은 S 위에서 벡터장의 면적분은 (앞에서 정의한 것과 같이) S 위에서 그 법선성분의 면적분과 같다는 것을 의미한다.

S가 벡터함수 $\mathbf{r}(u, v)$로 주어지면 $\mathbf{n}$은 식 [6]으로 주어지고 정의 [8]과 식 [2]로부터 다음을 얻는다.

$$\iint_S \mathbf{F} \cdot d\mathbf{S} = \iint_S \mathbf{F} \cdot \frac{\mathbf{r}_u \times \mathbf{r}_v}{|\mathbf{r}_u \times \mathbf{r}_v|}\, dS = \iint_D \left[\mathbf{F}(\mathbf{r}(u, v)) \cdot \frac{\mathbf{r}_u \times \mathbf{r}_v}{|\mathbf{r}_u \times \mathbf{r}_v|}\right] |\mathbf{r}_u \times \mathbf{r}_v|\, dA$$

여기서 D는 매개변수의 정의역이다. 그러므로 다음을 얻는다.

[9]
$$\iint_S \mathbf{F} \cdot d\mathbf{S} = \iint_D \mathbf{F} \cdot (\mathbf{r}_u \times \mathbf{r}_v)\, dA$$

13.2절의 정의 [13]에 있는 벡터장의 선적분의 계산식 표현이 식 [9]와 유사함에 주목하자.

$$\int_C \mathbf{F} \cdot d\mathbf{r} = \int_a^b \mathbf{F}(\mathbf{r}(t)) \cdot \mathbf{r}'(t)\, dt$$

예제 4 **단위구면 $x^2 + y^2 + z^2 = 1$을 통과하는 벡터장 $\mathbf{F}(x, y, z) = z\mathbf{i} + y\mathbf{j} + x\mathbf{k}$의 유량을 구하라.**

풀이

[예제 1]과 같이 다음 매개변수 표현을 이용한다.

[그림 75]는 단위구면 위의 점들에서 [예제 4]의 벡터장 $\mathbf{F}$를 보여준다.

$$\mathbf{r}(\phi, \theta) = \sin\phi\cos\theta\,\mathbf{i} + \sin\phi\sin\theta\,\mathbf{j} + \cos\phi\,\mathbf{k},\ \ 0 \le \phi \le \pi,\ \ 0 \le \theta \le 2\pi$$

그러면 다음을 얻는다.

$$\mathbf{F}(\mathbf{r}(\phi, \theta)) = \cos\phi\,\mathbf{i} + \sin\phi\sin\theta\,\mathbf{j} + \sin\phi\cos\theta\,\mathbf{k}$$

13.6절의 [예제 9]로부터 다음을 얻었다.

$$\mathbf{r}_\phi \times \mathbf{r}_\theta = \sin^2\phi\cos\theta\,\mathbf{i} + \sin^2\phi\sin\theta\,\mathbf{j} + \sin\phi\cos\phi\,\mathbf{k}$$

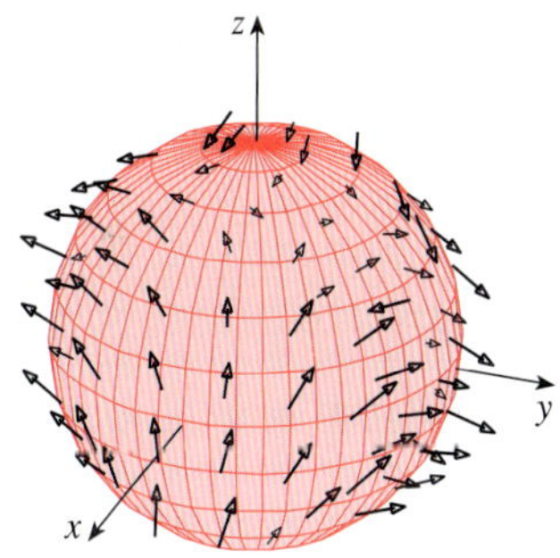

[그림 75]

그러므로 다음을 얻는다.

$$\mathbf{F}(\mathbf{r}(\phi, \theta)) \cdot (\mathbf{r}_\phi \times \mathbf{r}_\theta) = \cos\phi\sin^2\phi\cos\theta + \sin^3\phi\sin^2\theta + \sin^2\phi\cos\phi\cos\theta$$

공식 [9]에 의해 유량은 다음과 같다.

$$\begin{aligned}\iint_S \mathbf{F} \cdot d\mathbf{S} &= \iint_D \mathbf{F} \cdot (\mathbf{r}_\phi \times \mathbf{r}_\theta)\, dA = \int_0^{2\pi}\int_0^{\pi} (2\sin^2\phi\cos\phi\cos\theta + \sin^3\phi\sin^2\theta)\, d\phi\, d\theta \\ &= 2\int_0^{\pi} \sin^2\phi\cos\phi\, d\phi \int_0^{2\pi} \cos\theta\, d\theta + \int_0^{\pi} \sin^3\phi\, d\phi \int_0^{2\pi} \sin^2\theta\, d\theta \\ &= 0 + \int_0^{\pi} \sin^3\phi\, d\phi \int_0^{2\pi} \sin^2\theta\, d\theta \qquad \left(\int_0^{2\pi} \cos\theta\, d\theta = 0\text{이므로}\right) \\ &= \frac{4\pi}{3}\end{aligned}$$

이는 [예제 1]에서의 계산과 같다.

예를 들어 [예제 4]에 있는 벡터장이 밀도 1인 유체의 흐름을 나타내는 속도장이면 답 $4\pi/3$는 단위구면을 통과하는 흐름률을 단위시간당 질량의 단위로 나타낸다.

곡면 S의 그래프가 $z = g(x, y)$인 경우 x와 y를 매개변수라 생각하고 식 3을 이용하여 다음과 같이 쓴다.

$$\mathbf{F} \cdot (\mathbf{r}_x \times \mathbf{r}_y) = (P\,\mathbf{i} + Q\,\mathbf{j} + R\,\mathbf{k}) \cdot \left(-\frac{\partial g}{\partial x}\mathbf{i} - \frac{\partial g}{\partial y}\mathbf{j} + \mathbf{k}\right)$$

따라서 식 9는 다음과 같다.

10 $$\iint_S \mathbf{F} \cdot d\mathbf{S} = \iint_D \left(-P\frac{\partial g}{\partial x} - Q\frac{\partial g}{\partial y} + R\right) dA$$

이 식은 S의 방향이 위로 향한다고 가정하며 아래 방향을 나타낼 때는 -1을 곱한다. S가 $y = h(x, z)$ 또는 $x = k(y, z)$로 주어진다면 유사한 식을 얻을 수 있다([연습문제 19, 20] 참조).

예제 5 **$\mathbf{F}(x, y, z) = y\,\mathbf{i} + x\,\mathbf{j} + z\,\mathbf{k}$이고, S가 포물면 $z = 1 - x^2 - y^2$과 평면 $z = 0$으로 둘러싸인 입체 영역 E의 경계일 때 $\iint_S \mathbf{F} \cdot d\mathbf{S}$를 구하라.**

풀이

S는 포물면인 위쪽 곡면 S_1과 원인 밑면 S_2로 이루어져 있다([그림 76] 참조). S가 닫힌곡면이므로 관례적으로 양의 방향(바깥쪽으로 향하는 방향)을 이용한다. 이는 S_1은 위쪽을 향하고 xy평면 위로의 S_1의 사영, 즉 원판 $x^2 + y^2 \le 1$인 D에 식 10을 이용할 수 있음을 의미한다.

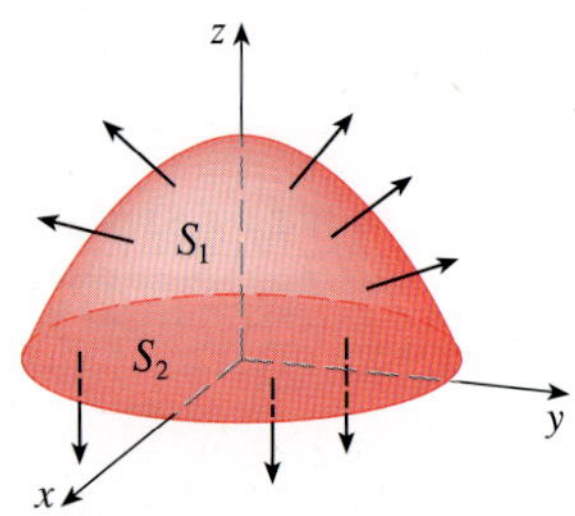

[그림 76]

S_1에서 다음이 성립한다.

$$P(x, y, z) = y, \quad Q(x, y, z) = x, \quad R(x, y, z) = z = 1 - x^2 - y^2$$

그러므로 다음과 같다.

$$\frac{\partial g}{\partial x} = -2x, \quad \frac{\partial g}{\partial y} = -2y$$

따라서 다음을 얻는다.

$$\iint_{S_1} \mathbf{F} \cdot d\mathbf{S} = \iint_D \left(-P\frac{\partial g}{\partial x} - Q\frac{\partial g}{\partial y} + R \right) dA = \iint_D [-y(-2x) - x(-2y) + 1 - x^2 - y^2]\, dA$$

$$= \iint_D (1 + 4xy - x^2 - y^2)\, dA = \int_0^{2\pi}\int_0^1 (1 + 4r^2 \cos\theta \sin\theta - r^2)\, r\, dr\, d\theta$$

$$= \int_0^{2\pi}\int_0^1 (r - r^3 + 4r^3 \cos\theta \sin\theta)\, dr\, d\theta = \int_0^{2\pi} \left(\frac{1}{4} + \cos\theta \sin\theta \right) d\theta = \frac{1}{4}(2\pi) + 0 = \frac{\pi}{2}$$

원판 S_2는 아래쪽을 향하므로 단위법선벡터는 $\mathbf{n} = -\mathbf{k}$이다. S_2에서 $z = 0$이므로 다음을 얻는다.

$$\iint_{S_2} \mathbf{F} \cdot d\mathbf{S} = \iint_{S_2} \mathbf{F} \cdot (-\mathbf{k})\, dS = \iint_D (-z)\, dA = \iint_D 0\, dA = 0$$

끝으로 정의에 의해 $\iint_S \mathbf{F} \cdot d\mathbf{S}$는 다음과 같이 S의 두 부분 S_1과 S_2 위에서 $\mathbf{F}$의 면적분의 합으로 계산한다.

$$\iint_S \mathbf{F} \cdot d\mathbf{S} = \iint_{S_1} \mathbf{F} \cdot d\mathbf{S} + \iint_{S_2} \mathbf{F} \cdot d\mathbf{S} = \frac{\pi}{2} + 0 = \frac{\pi}{2}$$

유체흐름의 예를 이용하여 벡터장의 면적분을 유도했지만 이 개념은 다른 물리적 상황에서도 일어난다. 예를 들어 E가 전기장이면(13.1절의 [예제 5] 참조) 다음 면적분은 곡면 S를 지나는 E의 **전기선속**electric flux이라 한다.

$$\iint_S \mathbf{E} \cdot d\mathbf{S}$$

정전기학의 중요 법칙 중 하나인 **가우스 법칙**Gauss's Law은 닫힌곡면 S로 둘러싸인 순전하가 다음과 같음을 말한다.

$$Q = \varepsilon_0 \iint_S \mathbf{E} \cdot d\mathbf{S} \qquad [1]$$

여기서 (자유공간의 유전율이라 부르는) ε_0는 사용된 단위에 좌우되는 상수이다. (SI 단위계에서 $\varepsilon_0 \approx 8.8542 \times 10^{-12}\,\mathrm{C}^2/\mathrm{N{\cdot}m}^2$이다.) 그러므로 [예제 4]에 있는 벡터장 $\mathbf{F}$가 전기장을 나타내면 S에 의해 둘러싸인 전하는 $Q = 4\pi\varepsilon_0/3$이라고 결론지을 수 있다.

면적분이 응용되는 또 다른 경우는 열류를 연구할 때이다. 물체 안의 점 (x, y, z)에서의 온도를 $u(x, y, z)$라고 하자. 그러면 **열류**heat flow는 다음과 같은 벡터장으로 정의된다.

$$\mathbf{F} = -K\nabla u$$

여기서 K는 실험적으로 결정되는 상수로 물질의 전도율conductivity이라 한다. 물체 안의 곡면 S를 지나는 열 흐름률은 다음과 같은 면적분으로 주어진다.

$$\iint_S \mathbf{F} \cdot d\mathbf{S} = -K\iint_S \nabla u \cdot d\mathbf{S}$$

예제 6 금속 공 안의 온도 u는 공의 중심으로부터 거리의 제곱에 비례한다. 중심은 공의 중심이고 반지름이 a인 구면 S를 지나는 열 흐름률을 구하라.

풀이

공의 중심을 원점으로 택하면 다음을 얻는다.

$$u(x, y, z) = C(x^2 + y^2 + z^2)$$

여기서 C는 비례상수이다. 그러면 열류는 다음과 같다.

$$\mathbf{F}(x, y, z) = -K\nabla u = -KC(2x\mathbf{i} + 2y\mathbf{j} + 2z\mathbf{k})$$

여기서 K는 금속의 전도율이다. [예제 4]와 같이 구면의 일반적인 매개변수화를 이용하는 대신 단위법선벡터로 면적분을 구해보자. 이때 점 (x, y, z)에서 구면 $x^2 + y^2 + z^2 = a^2$의 외부로 향하는 단위법선벡터는 다음과 같다.

$$\mathbf{n} = \frac{1}{a}(x\mathbf{i} + y\mathbf{j} + z\mathbf{k})$$

따라서 다음을 얻는다.

$$\mathbf{F} \cdot \mathbf{n} = -\frac{2KC}{a}(x^2 + y^2 + z^2)$$

이때 S 위에서 $x^2 + y^2 + z^2 = a^2$이므로 $\mathbf{F} \cdot \mathbf{n} = -2aKC$이다. 그러므로 S를 통과하는 열 흐름률은 다음과 같다.

$$\begin{aligned}\iint_S \mathbf{F} \cdot d\mathbf{S} &= \iint_S \mathbf{F} \cdot \mathbf{n}\, dS = -2aKC\iint_S dS \\ &= -2aKCA(S) = -2aKC(4\pi a^2) = -8KC\pi a^3\end{aligned}$$

13.7 연습문제

01 꼭짓점이 $(\pm1, \pm1, \pm1)$인 정육면체를 S라 하자. 정육면체의 각 면이 정사각형이 되도록 조각 S_{ij}를 택하고, 점 P_{ij}^*가 정사각형의 중심이 되도록 택하여 정의 [1]과 같이 리만 합을 이용하여 $\iint_S \sqrt{x^2+2y^2+3z^2}\,dS$를 근사시켜라.

02 H는 $x^2+y^2+z^2=50,\ z\ge 0$인 반구면이고 f는 $f(3, 4, 5)=7$, $f(3, -4, 5)=8$, $f(-3, 4, 5)=9$, $f(-3, -4, 5)=12$인 연속함수라고 하자. H를 네 조각으로 나누어 $\iint_H f(x, y, z)\,dS$의 값을 추정하라.

03~10 다음 면적분을 계산하라.

03 $\iint_S (x+y+z)\,dS$, S는 매개변수 방정식이 $x=u+v$, $y=u-v$, $z=1+2u+v$, $0\le u\le 2$, $0\le v\le 1$인 평행사변형

04 $\iint_S y\,dS$, S는 벡터방정식이 $\mathbf{r}(\mathrm{u}, \mathrm{v})=\langle u\cos v,\ u\sin v,\ v\rangle$, $0\le u\le 1$, $0\le v\le \pi$인 나선면

05 $\iint_S x^2yz\,dS$, S는 직사각형 $[0, 3]\times[0, 2]$ 위에 놓여있는 평면 $z=1+2x+3y$의 부분

06 $\iint_S x\,dS$, S는 꼭짓점이 $(1, 0, 0)$, $(0, -2, 0)$, $(0, 0, 4)$인 삼각형 영역

07 $\iint_S x^2z^2\,dS$, S는 평면 $z=1$과 $z=3$ 사이에 놓여있는 원뿔면 $z^2=x^2+y^2$의 부분

08 $\iint_S y\,dS$, S는 원기둥 $x^2+z^2=4$의 내부에 놓여있는 포물면 $y=x^2+z^2$의 부분

09 $\iint_S (x^2z+y^2z)\,dS$, S는 $x^2+y^2+z^2=4$, $z\ge 0$인 반구면

10 $\iint_S (z+x^2y)\,dS$, S는 제1팔분공간 안에서 평면 $x=0$과 $x=3$ 사이에 놓여있는 원기둥 $y^2+z^2=1$의 부분

11~17 주어진 유향 곡면 S와 벡터장 $\mathbf{F}$에 대해 면적분 $\iint_S \mathbf{F}\cdot d\mathbf{S}$를 구하라. 다시 말해서 S를 통과하는 $\mathbf{F}$의 유량을 구하라. 이때 닫힌곡면에 대해 양의 방향(바깥쪽으로 향하는 방향)을 이용한다.

11 S는 위쪽 방향을 갖는 [연습문제 3]의 평행사변형

$$\mathbf{F}(x, y, z)=ze^{xy}\mathbf{i}-3ze^{xy}\mathbf{j}+xy\mathbf{k}$$

12 S는 위쪽 방향을 갖는 [연습문제 4]의 나선면

$$\mathbf{F}(x, y, z)=y\mathbf{i}+x\mathbf{j}+z^2\mathbf{k}$$

13 S는 정사각형 $0\le x\le 1$, $0\le y\le 1$ 위에 놓여있고 방향이 위쪽인 포물면 $z=4-x^2-y^2$의 부분

$$\mathbf{F}(x, y, z)=xy\mathbf{i}+yz\mathbf{j}+zx\mathbf{k}$$

14 S는 제1팔분공간 안에서 원점을 향하는 구면 $x^2+y^2+z^2=4$의 부분

$$\mathbf{F}(x, y, z)=x\mathbf{i}-z\mathbf{j}+y\mathbf{k}$$

15 S는 포물면 $y=x^2+z^2$, $0\le y\le 1$과 원판 $x^2+z^2\le 1$, $y=1$로 이루어진 곡면

$$\mathbf{F}(x, y, z)=y\mathbf{j}-z\mathbf{k}$$

16 S는 꼭짓점이 $(\pm1, \pm1, \pm1)$인 정육면체

$$\mathbf{F}(x, y, z)=x\mathbf{i}+2y\mathbf{j}+3z\mathbf{k}$$

17 S는 반원기둥 $0\le z\le\sqrt{1-y^2}$, $0\le x\le 2$의 경계

$$\mathbf{F}(x, y, z)=x^2\mathbf{i}+y^2\mathbf{j}+z^2\mathbf{k}$$

18 CAS S가 xy평면 위에 놓인 포물면 $z=3-2x^2-y^2$의 부분일 때 $\iint_S x^2y^2z^2\,dS$의 값을 소수점 아래 넷째 자리까지 정확하게 구하라.

19 S가 $y=h(x, z)$로 주어지고 $\mathbf{n}$이 왼쪽으로 향하는 점의 단위법선벡터인 경우에 대해 공식 [10]과 유사한 $\iint_S \mathbf{F}\cdot d\mathbf{S}$에 대한 식을 구하라.

20 S가 $x=k(y, z)$로 주어지고 $\mathbf{n}$이 앞쪽으로 향하는(즉 일반적인 좌표축을 사용할 때 관찰자 쪽으로 향하는) 점의 단위법선벡터인 경우에 대해 공식 [10]과 유사한 $\iint_S \mathbf{F}\cdot d\mathbf{S}$에 대한 식을 구

하라.

21 밀도가 균일한 반구면 $x^2+y^2+z^2=a^2$, $z \ge 0$의 질량중심을 구하라.

22 밀도함수가 $\rho(x, y, z)=10-z$이고 $z=\sqrt{x^2+y^2}$, $1 \le z \le 4$인 원뿔면 모양 안에 있는 얇은 깔때기의 질량을 구하라.

23 (a) 밀도함수가 ρ이고 곡면 S의 모양인 얇은 판의 z축에 대한 관성모멘트 I_z에 대한 적분식을 세워라.

(b) [연습문제 22]에 있는 깔때기의 z축에 대한 관성모멘트를 구하라.

24 밀도가 $870\,\text{kg/m}^3$인 유체가 속도 $\mathbf{v}=z\mathbf{i}+y^2\mathbf{j}+x^2\mathbf{k}$로 흐른다. 여기서 x, y, z의 단위는 m, $\mathbf{v}$의 성분의 단위는 m/s이다. 원기둥 $x^2+y^2=4$, $0 \le z \le 1$을 통해 바깥쪽으로 흘러나가는 흐름률을 구하라.

25 전기장이 다음과 같을 때 가우스 법칙을 이용하여 반구면 입체 $x^2+y^2+z^2 \le a^2$, $z \ge 0$에 포함되어 있는 전하를 구하라.

$$\mathbf{E}(x, y, z)=x\mathbf{i}+y\mathbf{j}+2z\mathbf{k}$$

26 전도율이 $K=6.5$인 물질 안에 속하는 점 (x, y, z)에서의 온도는 $u(x, y, z)=2y^2+2z^2$이다. 원기둥면 $y^2+z^2=6$, $0 \le x \le 4$를 지나 내부로 전달되는 열 흐름률을 구하라.

27 $\mathbf{F}$를 역사각장이라 하자. 즉 어떤 상수 c에 대해 $\mathbf{F}(\mathbf{r})=c\mathbf{r}/|\mathbf{r}|^3$이고, $\mathbf{r}=x\mathbf{i}+y\mathbf{j}+z\mathbf{k}$이다. 중심이 원점인 구면 S를 가로지르는 $\mathbf{F}$의 유량은 S의 반지름에 독립임을 보여라.

13.8 스토크스 정리

스토크스 정리는 고차원적인 그린 정리로 생각할 수 있다. 그린 정리는 평면 영역 D 위에서 이중적분이 그 영역의 평면 경계곡선 주위에서 선적분과 관계가 있음을 보여주는 정리이다. 반면 스토크스 정리는 곡면 S 위에서 면적분이 S의 경계곡선(이것은 공간곡선이다.) 주변의 선적분과 관계가 있음을 설명한다. [그림 77]은 단위법선벡터가 $\mathbf{n}$인 유향 곡면을 나타낸다. S의 방향은 그림에 보인 **경계곡선 C의 양의 방향**을 유도한다. 이것은 머리를 $\mathbf{n}$의 방향으로 하여 C 주위를 양의 방향으로 걸을 때 곡면이 항상 왼쪽에 있음을 의미한다.

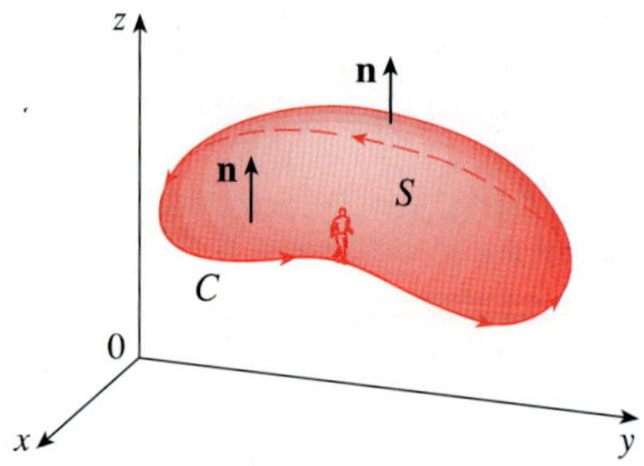

[그림 77]

스토크스 정리 조각마다 매끄러운 유향 곡면을 S라 하자. 이 유향 곡면은 양의 방향으로 조각마다 매끄러운 단순 닫힌 경계곡선 C로 둘러싸여 있다. $\mathbf{F}$가 벡터장으로서 각 성분들이 S를 포함하는 $\mathbb{R}^3$ 안의 열린 영역에서 연속인 편도함수를 갖는다고 하면 다음이 성립한다.

$$\int_C \mathbf{F}\cdot d\mathbf{r}=\iint_S \text{curl}\,\mathbf{F}\cdot d\mathbf{S}$$

스토크스 정리는 $\mathbf{F}$의 접선성분 S의 경계곡선 주위의 선적분이 $\mathbf{F}$의 회전 법선성분의 면적분과 같다는 것을 의미한다.

$$\int_C \mathbf{F}\cdot d\mathbf{r}=\int_C \mathbf{F}\cdot\mathbf{T}\,ds, \qquad \iint_S \text{curl}\,\mathbf{F}\cdot d\mathbf{S}=\iint_S \text{curl}\,\mathbf{F}\cdot\mathbf{n}\,dS$$

유향 곡면 S의 양의 방향인 경계곡선은 보통 ∂S로 쓰므로 스토크스 정리를 다음과 같이 표현할 수 있다.

$$\boxed{1} \qquad \iint_S \operatorname{curl} \mathbf{F} \cdot d\mathbf{S} = \int_{\partial S} \mathbf{F} \cdot d\mathbf{r}$$

스토크스 정리, 그린 정리, 미적분학의 기본 정리 사이에는 유사성이 있다. 앞에서와 같이 식 1의 좌변에는 도함수를 포함하는 적분(curl $\mathbf{F}$ 는 $\mathbf{F}$ 의 도함수임을 상기하자.)이 존재하고, 우변은 S 의 경계 위에서만 $\mathbf{F}$ 값을 포함한다.

사실상 특수한 경우로서 S 가 평평하고 위쪽 방향을 가진 xy 평면에 놓여있다면 단위법선벡터는 $\mathbf{k}$ 이고 면적분은 이중적분이 된다. 스토크스 정리는 다음과 같이 된다.

$$\int_C \mathbf{F} \cdot d\mathbf{r} = \iint_S \operatorname{curl} \mathbf{F} \cdot d\mathbf{S} = \iint_S (\operatorname{curl} \mathbf{F}) \cdot \mathbf{k}\, dA$$

이것은 정확하게 13.5절의 식 12에서 주어진 그린 정리의 벡터 형태이다. 따라서 그린 정리는 실제로 스토크스 정리의 특수한 경우임을 알 수 있다.

스토크스 정리를 완전히 일반적으로 증명하기는 매우 어렵지만 S 가 그래프이고 $\mathbf{F}$, S, C 에 알맞는 조건이 주어질 때는 증명할 수 있다.

스토크스 George Stokes, 1819~1903

스토크스 정리는 아일랜드 수리물리학자 스토크스 경의 이름에서 따왔다. 스토크스는 케임브리지대학교의 교수였으며(뉴턴과 같이 수학과의 루커스 석좌 교수의 지위를 받았다.) 유체의 흐름과 빛에 관한 연구가 뛰어났다. 스토크스 정리라고 부르는 정리는 실제로는 켈빈 경으로 알려진 스코틀랜드 물리학자 톰슨(William Thomson, 1824~1907)이 발견했다. 스토크스는 1850년에 톰슨이 보낸 편지에서 이 정리를 배웠으며 1854년 케임브리지대학교의 시험문제를 통해 학생들에게 증명을 물었다. 그 학생들 중 몇 명이나 그 문제를 해결했는지는 알 수 없다.

스토크스 정리의 특수한 경우에 대한 증명

S 의 방정식이 $z = g(x, y)$, $(x, y) \in D$ 라 하자. 여기서 g 는 연속인 2계 편도함수이고 D 는 C 에 대응하는 경계곡선 C_1 을 갖는 단순평면 영역이다. S 의 방향이 위쪽이면 C 의 양의 방향은 C_1 의 양의 방향에 대응한다([그림 78] 참조). 또한 P, Q, R 의 편도함수가 연속일 때 $\mathbf{F} = P\mathbf{i} + Q\mathbf{j} + R\mathbf{k}$ 가 주어진다.
S 가 함수의 그래프이므로 $\mathbf{F}$ 를 curl $\mathbf{F}$ 로 바꿔서 13.7절의 식 10을 적용할 수 있다. 그 결과는 다음과 같다.

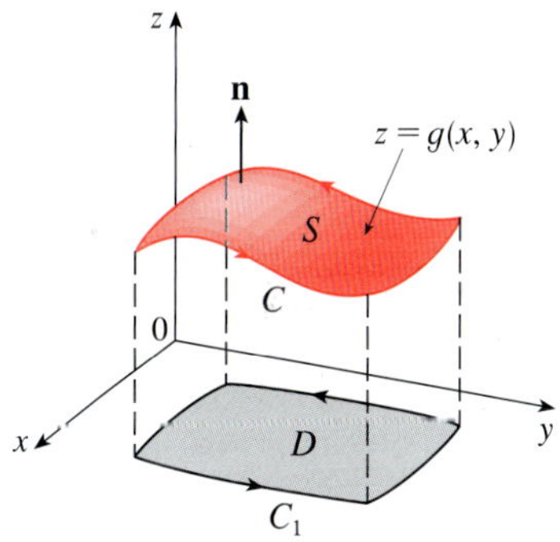

[그림 78]

$$\boxed{2} \qquad \iint_S \operatorname{curl} \mathbf{F} \cdot d\mathbf{S}$$

$$= \iint_D \left[-\left(\frac{\partial R}{\partial y} - \frac{\partial Q}{\partial z}\right)\frac{\partial z}{\partial x} - \left(\frac{\partial P}{\partial z} - \frac{\partial R}{\partial x}\right)\frac{\partial z}{\partial y} + \left(\frac{\partial Q}{\partial x} - \frac{\partial P}{\partial y}\right)\right] dA$$

여기서 P, Q, R 의 편도함수는 점 $(x, y, g(x, y))$ 에서 계산된다. C_1 의 매개변수 표현이 다음과 같다고 하자.

$$x = x(t), \quad y = y(t), \quad a \le t \le b$$

그러면 C 의 매개변수 표현은 다음과 같다.

$$x = x(t), \quad y = y(t), \quad z = g(x(t), y(t)), \quad a \le t \le b$$

위 매개변수 표현과 연쇄 법칙을 이용하면 다음과 같이 선적분을 계산할 수 있다.

$$\int_C \mathbf{F}\cdot d\mathbf{r} = \int_a^b \left(P\frac{dx}{dt}+Q\frac{dy}{dt}+R\frac{dz}{dt}\right)dt = \int_a^b \left[P\frac{dx}{dt}+Q\frac{dy}{dt}+R\left(\frac{\partial z}{\partial x}\frac{dx}{dt}+\frac{\partial z}{\partial y}\frac{dy}{dt}\right)\right]dt$$

$$= \int_a^b \left[\left(P+R\frac{\partial z}{\partial x}\right)\frac{dx}{dt}+\left(Q+R\frac{\partial z}{\partial y}\right)\frac{dy}{dt}\right]dt = \int_{C_1}\left(P+R\frac{\partial z}{\partial x}\right)dx+\left(Q+R\frac{\partial z}{\partial y}\right)dy$$

$$= \iint_D \left[\frac{\partial}{\partial x}\left(Q+R\frac{\partial z}{\partial y}\right)-\frac{\partial}{\partial y}\left(P+R\frac{\partial z}{\partial x}\right)\right]dA$$

위 적분 과정의 마지막 단계에서 그린 정리를 이용했다. 연쇄 법칙을 다시 이용하고 P, Q, R이 x, y, z의 함수이고 z가 x와 y의 함수임을 기억하면 다음을 얻는다.

$$\int_C \mathbf{F}\cdot d\mathbf{r} = \iint_D \left[\left(\frac{\partial Q}{\partial x}+\frac{\partial Q}{\partial z}\frac{\partial z}{\partial x}+\frac{\partial R}{\partial x}\frac{\partial z}{\partial y}+\frac{\partial R}{\partial z}\frac{\partial z}{\partial x}\frac{\partial z}{\partial y}+R\frac{\partial^2 z}{\partial x\,\partial y}\right)\right.$$
$$\left.-\left(\frac{\partial P}{\partial y}+\frac{\partial P}{\partial z}\frac{\partial z}{\partial y}+\frac{\partial R}{\partial y}\frac{\partial z}{\partial x}+\frac{\partial R}{\partial z}\frac{\partial z}{\partial y}\frac{\partial z}{\partial x}+R\frac{\partial^2 z}{\partial y\,\partial x}\right)\right]dA$$

이 이중적분에 포함된 네 개의 항은 소거되고 나머지 여섯 개의 항들을 정리하면 식 2의 우변과 일치한다. 따라서 다음이 성립한다.

$$\int_C \mathbf{F}\cdot d\mathbf{r} = \iint_S \operatorname{curl}\mathbf{F}\cdot d\mathbf{S}$$

예제 1 $\mathbf{F}(x, y, z) = -y^2\mathbf{i}+x\mathbf{j}+z^2\mathbf{k}$**이고, C는 평면 $y+z=2$와 원기둥 $x^2+y^2=1$의 교선일 때 $\int_C \mathbf{F}\cdot d\mathbf{r}$을 구하라.(위에서 볼 때 C의 방향은 시계 반대 방향이다.)**

풀이

곡선 C는 [그림 79]와 같이 타원이다. $\int_C \mathbf{F}\cdot d\mathbf{r}$을 직접 구할 수는 있지만 스토크스 정리를 이용하는 편이 훨씬 쉽다. 먼저 다음 계산을 한다.

$$\operatorname{curl}\mathbf{F} = \begin{vmatrix} \mathbf{i} & \mathbf{j} & \mathbf{k} \\ \frac{\partial}{\partial x} & \frac{\partial}{\partial y} & \frac{\partial}{\partial z} \\ -y^2 & x & z^2 \end{vmatrix} = (1+2y)\mathbf{k}$$

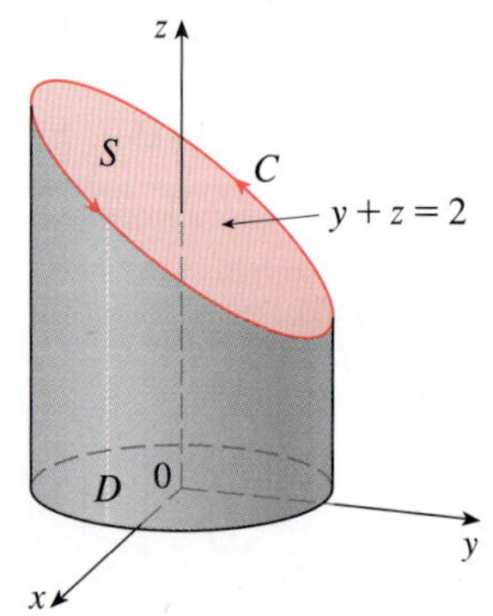

[그림 79]

경계 C를 갖는 곡면이 많지만 가장 편리한 선택은 C로 둘러싸인 평면 $y+z=2$에 속하는 타원의 영역을 S로 택하는 것이다. S가 위쪽으로 향하면 C는 S에 의해 유도된 양의 방향이 된다. xy평면 위로의 S의 사영 D는 원판 $x^2+y^2 \le 1$이다. 따라서 13.7절의 식 10을 $z=g(x, y)=2-y$에 이용하면 다음을 얻는다.

$$\int_C \mathbf{F}\cdot d\mathbf{r} = \iint_S \operatorname{curl}\mathbf{F}\cdot d\mathbf{S} = \iint_D (1+2y)\,dA = \int_0^{2\pi}\int_0^1 (1+2r\sin\theta)\,r\,dr\,d\theta$$

$$= \int_0^{2\pi}\left[\frac{r^2}{2}+2\frac{r^3}{3}\sin\theta\right]_0^1 d\theta = \int_0^{2\pi}\left(\frac{1}{2}+\frac{2}{3}\sin\theta\right)d\theta = \frac{1}{2}(2\pi)+0=\pi$$

예제 2 $\mathbf{F}(x, y, z) = xz\mathbf{i} + yz\mathbf{j} + xy\mathbf{k}$**이고** S**는 원기둥** $x^2 + y^2 = 1$**의 내부와** xy **평면 위에 놓여있는 구면** $x^2 + y^2 + z^2 = 4$**의 부분일 때([그림 80] 참조), 스토크스 정리를 이용하여 적분** $\iint_S \operatorname{curl} \mathbf{F} \cdot d\mathbf{S}$**를 계산하라.**

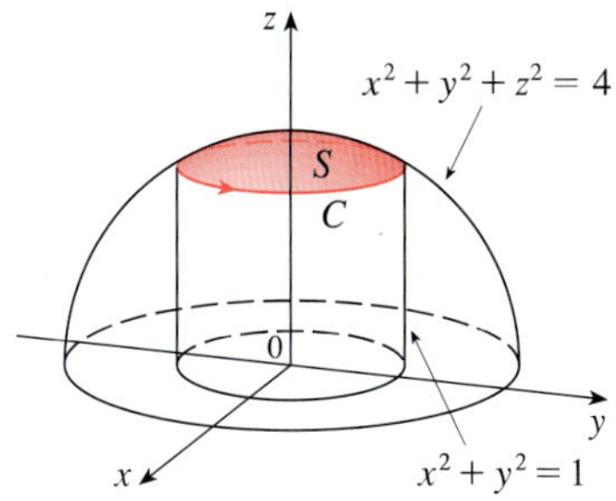

[그림 80]

풀이

경계곡선 C를 구하기 위해 방정식 $x^2 + y^2 + z^2 = 4$와 $x^2 + y^2 = 1$을 푼다. 두 식을 빼면 $z^2 = 3$을 얻으므로 $z = \sqrt{3}$ ($z > 0$이므로)이다. 따라서 C는 방정식이 $x^2 + y^2 = 1$, $z = \sqrt{3}$인 원이다. C의 벡터방정식은 다음과 같다.

$$\mathbf{r}(t) = \cos t\,\mathbf{i} + \sin t\,\mathbf{j} + \sqrt{3}\,\mathbf{k}, \quad 0 \le t \le 2\pi$$

따라서 $\mathbf{r}'(t) = -\sin t\,\mathbf{i} + \cos t\,\mathbf{j}$를 얻는다. 또한 다음을 얻는다.

$$\mathbf{F}(\mathbf{r}(t)) = \sqrt{3}\cos t\,\mathbf{i} + \sqrt{3}\sin t\,\mathbf{j} + \cos t \sin t\,\mathbf{k}$$

그러므로 스토크스 정리에 의해 다음을 얻는다.

$$\begin{aligned}\iint_S \operatorname{curl} \mathbf{F} \cdot d\mathbf{S} &= \int_C \mathbf{F} \cdot d\mathbf{r} = \int_0^{2\pi} \mathbf{F}(\mathbf{r}(t)) \cdot \mathbf{r}'(t)\,dt \\ &= \int_0^{2\pi} (-\sqrt{3}\cos t \sin t + \sqrt{3}\sin t \cos t)\,dt \\ &= \sqrt{3}\int_0^{2\pi} 0\,dt = 0\end{aligned}$$

[예제 2]에서는 경계곡선 C 주위의 $\mathbf{F}$ 값을 아는 것으로 면적분을 간단히 계산했음에 주목하자. 이것은 똑같은 경계곡선 C를 갖는 또 다른 유향 곡면이 있다면 면적분의 값이 같다는 것을 의미한다.

일반적으로 S_1과 S_2가 같은 유향 경계곡선 C를 갖는 유향 곡면이고 둘다 스토크스 정리 조건을 만족하면 다음이 성립한다.

$$\boxed{3} \qquad \iint_{S_1} \operatorname{curl} \mathbf{F} \cdot d\mathbf{S} = \int_C \mathbf{F} \cdot d\mathbf{r} = \iint_{S_2} \operatorname{curl} \mathbf{F} \cdot d\mathbf{S}$$

식 3은 어떤 곡면 위에서는 적분하기가 어렵지만 다른 곡면 위에서는 쉬울 때 유용하다.

이제 스토크스 정리를 이용해서 회전 벡터의 의미를 설명한다. C가 닫힌 유향 곡선이고 $\mathbf{v}$가 유체흐름에서 속도장을 나타낸다 하고 다음 선적분을 생각하자.

$$\int_C \mathbf{v} \cdot d\mathbf{r} = \int_C \mathbf{v} \cdot \mathbf{T}\,ds$$

여기서 $\mathbf{v} \cdot \mathbf{T}$ 는 단위접선벡터 $\mathbf{T}$ 의 방향인 $\mathbf{v}$ 의 성분임을 기억하자. 이는 $\mathbf{v}$ 의 방향이 $\mathbf{T}$ 의 방향에 가까울수록 $\mathbf{v} \cdot \mathbf{T}$ 값이 커지는 것을 의미한다. 따라서 $\int_C \mathbf{v} \cdot d\mathbf{r}$ 은 C 를 따라 움직이는 유체의 성향에 대한 척도이며 이를 가리켜 C를 따르는 $\mathbf{v}$ 의 **순환**circulation이라 한다([그림 81] 참조).

이제 $P_0(x_0, y_0, z_0)$를 유체 안의 점이라 하고, S_a를 중심이 P_0이고 반지름이 a인 작은 원판이라 하자. 그러면 $\operatorname{curl} \mathbf{F}$가 연속이므로 S_a 위의 모든 점 P에 대해 $(\operatorname{curl} \mathbf{F})(P) \approx (\operatorname{curl} \mathbf{F})(P_0)$이 성립한다. 그러므로 스토크스 정리에 의해 다음과 같이 경계원 C_a를 따라가는 순환에 대한 근삿값을 얻는다.

$$\int_{C_a} \mathbf{v} \cdot d\mathbf{r} = \iint_{S_a} \operatorname{curl} \mathbf{v} \cdot d\mathbf{S} = \iint_{S_a} \operatorname{curl} \mathbf{v} \cdot \mathbf{n}\, dS$$

$$\approx \iint_{S_a} \operatorname{curl} \mathbf{v}(P_0) \cdot \mathbf{n}(P_0)\, dS = \operatorname{curl} \mathbf{v}(P_0) \cdot \mathbf{n}(P_0)\, \pi a^2$$

$a \to 0$일수록 이 근삿값은 점점 정확해지며 다음을 얻는다.

4 $$\operatorname{curl} \mathbf{v}(P_0) \cdot \mathbf{n}(P_0) = \lim_{a \to 0} \frac{1}{\pi a^2} \int_{C_a} \mathbf{v} \cdot d\mathbf{r}$$

식 4는 회전과 순환 사이의 관계를 보여준다. 이는 $\operatorname{curl} \mathbf{v} \cdot \mathbf{n}$ 이 축 $\mathbf{n}$에 대한 유체의 회전 효과의 척도임을 의미한다. 회전 효과는 회전축이 $\operatorname{curl} \mathbf{v}$ 에 평행할 때 최대가 된다.

마지막으로 스토크스 정리는 13.5절의 정리 4($\mathbb{R}^3$의 모든 점에서 $\operatorname{curl} \mathbf{F} = \mathbf{0}$이면 $\mathbf{F}$ 는 보존적이다.)를 증명할 때 사용할 수 있다. 앞에서 다룬 내용(13.3절의 정리 3과 4)으로부터 모든 닫힌 경로 C에 대해 $\int_C \mathbf{F} \cdot d\mathbf{r} = 0$이면 $\mathbf{F}$가 보존적임을 안다. 주어진 C에 대해 경계가 C인 유향 곡면 S를 구할 수 있다고 하자. (S를 구할 수는 있지만 이를 증명하려면 고도의 테크닉이 필요하다). 그러면 스토크스 정리에 따라 다음을 얻는다.

$$\int_C \mathbf{F} \cdot d\mathbf{r} = \iint_S \operatorname{curl} \mathbf{F} \cdot d\mathbf{S} = \iint_S \mathbf{0} \cdot d\mathbf{S} = 0$$

단순하지 않은 곡선은 몇 개의 단순곡선으로 나눌 수 있으며 이들 단순곡선을 따르는 적분들은 모두 0이다. 이 적분들을 더하면 임의의 닫힌곡선 C에 대해 $\int_C \mathbf{F} \cdot d\mathbf{r} = 0$을 얻는다.

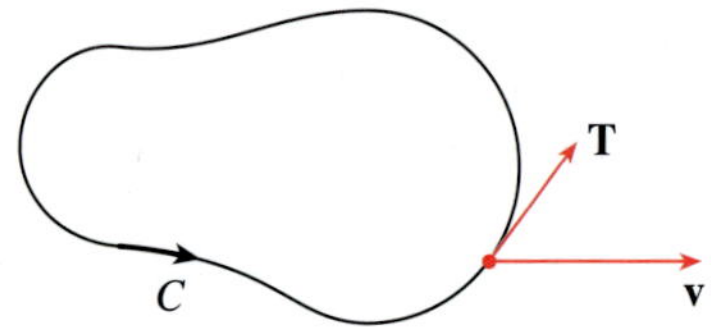

(a) $\int_C \mathbf{v} \cdot d\mathbf{r} > 0$ 양의 순환

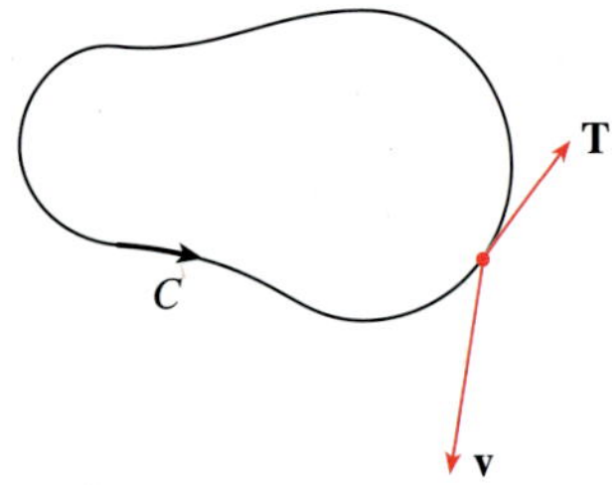

(b) $\int_C \mathbf{v} \cdot d\mathbf{r} < 0$ 음의 순환

[그림 81]

[그림 82]와 같이 점 P에서 유체 속에 있는 작은 외륜을 생각하자. 외륜은 회전축이 $\operatorname{curl} \mathbf{v}$와 평행할 때 가장 빠르게 회전한다.

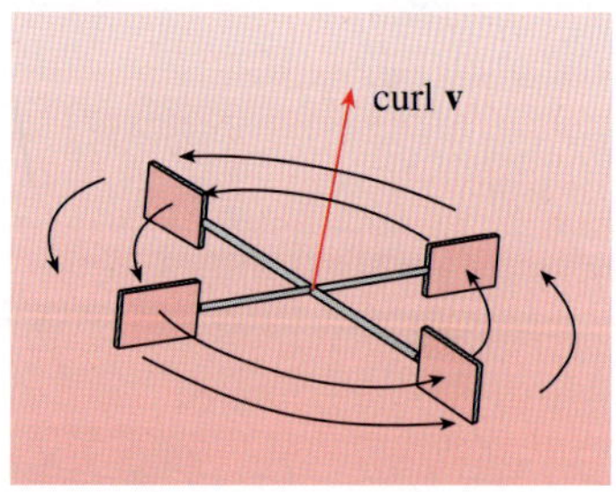

[그림 82]

13.8 연습문제

01~02 스토크스 정리를 이용하여 $\iint_S \operatorname{curl} \mathbf{F} \cdot d\mathbf{S}$를 계산하라.

01 $\mathbf{F}(x, y, z) = x^2z^2\mathbf{i} + y^2z^2\mathbf{j} + xyz\mathbf{k}$, S는 방향이 위쪽이고 원기둥 $x^2 + y^2 = 4$ 내부에 놓여있는 포물면 $z = x^2 + y^2$의 부분

02 $\mathbf{F}(x, y, z) = xyz\mathbf{i} + xy\mathbf{j} + x^2yz\mathbf{k}$, S는 방향이 위쪽이고 꼭짓점이 $(\pm 1, \pm 1, \pm 1)$인 정육면체의 (밑면이 아닌) 네 면과 윗면

03~04 스토크스 정리를 이용하여 $\int_C \mathbf{F} \cdot d\mathbf{r}$을 계산하라. 각 경우에 C는 위에서 봤을 때 시계 반대 방향을 향한다.

03 $\mathbf{F}(x, y, z) = (x + y^2)\mathbf{i} + (y + z^2)\mathbf{j} + (z + x^2)\mathbf{k}$, C는 꼭짓점이 $(1, 0, 0)$, $(0, 1, 0)$, $(0, 0, 1)$인 삼각형

04 $\mathbf{F}(x, y, z) = yz\mathbf{i} + 2xz\mathbf{j} + e^{xy}\mathbf{k}$, C는 원 $x^2 + y^2 = 16$, $z = 5$

05 (a) $\mathbf{F}(x, y, z) = x^2z\mathbf{i} + xy^2\mathbf{j} + z^2\mathbf{k}$이고, C는 위에서 봤을 때 시계 반대 방향을 향하고 평면 $x + y + z = 1$과 원기둥 $x^2 + y^2 = 9$의 교선일 때, 스토크스 정리를 이용하여 $\int_C \mathbf{F} \cdot d\mathbf{r}$을 계산하라.

(b) 🖩 (a)에서 사용한 곡면과 곡선 C를 잘 볼 수 있도록 정의역을 선정하여 평면과 원기둥의 그래프를 그려라.

(c) 🖩 C에 대한 매개변수 방정식을 구하고 이것을 이용하여 C의 그래프를 그려라.

06~07 주어진 곡면 S와 벡터장 $\mathbf{F}$에 대해 스토크스 정리가 참임을 확인하라.

06 S는 아래쪽을 향하는 원뿔면 $z^2 = x^2 + y^2$, $0 \le z \le 4$

$$\mathbf{F}(x, y, z) = -y\mathbf{i} + x\mathbf{j} - 2\mathbf{k}$$

07 S는 양의 y축 방향인 반구면 $x^2 + y^2 + z^2 = 1$, $y \ge 0$

$$\mathbf{F}(x, y, z) = y\mathbf{i} + z\mathbf{j} + x\mathbf{k}$$

08 힘장 $\mathbf{F}(x, y, z) = z^2\mathbf{i} + 2xy\mathbf{j} + 4y^2\mathbf{k}$의 영향 하에서 입자가 원점에서 시작하여 $(1, 0, 0)$, $(1, 2, 1)$, $(0, 2, 1)$을 거쳐서 다시 원점으로 연결되는 선분을 따라 움직인다. 이때 힘장에 의해 이루어진 일을 구하라.

09 S가 구면이고 $\mathbf{F}$가 스토크스 정리의 조건을 만족하면 $\iint_S \operatorname{curl} \mathbf{F} \cdot d\mathbf{S} = 0$임을 보여라.

13.9 발산 정리

13.5절에서 벡터를 이용하여 그린 정리를 다음과 같이 나타냈다.

$$\int_C \mathbf{F} \cdot \mathbf{n}\, ds = \iint_D \operatorname{div} \mathbf{F}(x, y)\, dA$$

여기서 C는 평면 영역 D의 양의 방향을 갖는 경계곡선이다. 이 정리를 $\mathbb{R}^3$의 벡터장으로 확장하고자 하면 다음을 추측할 수 있다.

1 $$\iint_S \mathbf{F} \cdot \mathbf{n}\, dS = \iiint_E \operatorname{div} \mathbf{F}(x, y, z)\, dV$$

여기서 S는 입체 영역 E의 경계곡면이다. 적당한 조건 하에서 식 1이 나타나는데

이를 발산 정리라 한다. 영역 위에서 함수의 도함수(이 경우에 $\operatorname{div}\mathbf{F}$)의 적분을 영역의 경계 위에서 원래 함수 $\mathbf{F}$의 적분에 관련시킨다는 측면에서 이것은 그린 정리, 스토크스 정리와 유사하다.

이 절에서는 12.5절에서 다루었던 삼중적분으로 계산할 수 있는 여러 유형의 영역을 복습할 것이다. 유형 1, 2, 3을 동시에 만족하는 영역 E에 대한 발산 정리를 설명하고 증명한다. 그리고 이와 같은 영역을 **단순입체 영역**[simple solid region]이라 부른다. (예를 들어 타원면으로 둘러싸인 영역이나 직육면체는 단순입체 영역이다.) E의 경계는 닫힌 곡면이고 13.7절에서 언급한 양의 방향은 바깥쪽으로 향한다는 관례, 즉 단위법선벡터 $\mathbf{n}$은 E로부터 바깥쪽으로 향한다는 관례에 따른다.

발산 정리 E는 단순입체 영역이고 S는 (바깥쪽으로 향하는) 양의 방향을 가진 E의 경계곡면이라 하자. $\mathbf{F}$는 그 성분함수들이 E를 포함하는 열린 영역에서 연속인 편도함수를 갖는 벡터장이라 하자. 그러면 다음이 성립한다.

$$\iint_S \mathbf{F}\cdot d\mathbf{S} = \iiint_E \operatorname{div}\mathbf{F}\, dV$$

발산 정리는 때때로 독일의 위대한 수학자 가우스(Karl Friedrich Gauss, 1777~1855)의 이름을 따서 가우스 정리라고도 부른다. 가우스는 정전기학을 연구하다가 이 정리를 발견했다. 동유럽에서는 발산 정리를 러시아 수학자 오스트로그라드스키(Mikhail Ostrogradsky, 1801~1862)의 이름을 따서 오스트로그라드스키 정리로 부른다. 그는 1826년에 이 결과를 발표했다.

따라서 주어진 조건 하에서의 발산 정리는 E의 경계곡면을 가로지르는 $\mathbf{F}$의 유량이 E 위에서 $\mathbf{F}$의 발산에 대한 삼중적분과 같음을 말한다.

증명

$\mathbf{F} = P\mathbf{i} + Q\mathbf{j} + R\mathbf{k}$라 하면 다음을 얻는다.

$$\operatorname{div}\mathbf{F} = \frac{\partial P}{\partial x} + \frac{\partial Q}{\partial y} + \frac{\partial R}{\partial z}$$

따라서 다음이 성립한다.

$$\iiint_E \operatorname{div}\mathbf{F}\, dV = \iiint_E \frac{\partial P}{\partial x}\, dV + \iiint_E \frac{\partial Q}{\partial y}\, dV + \iiint_E \frac{\partial R}{\partial z}\, dV$$

$\mathbf{n}$이 S의 바깥쪽으로 향하는 단위법선이면 발산 정리의 좌변에 있는 면적분은 다음과 같다.

$$\begin{aligned}\iint_S \mathbf{F}\cdot d\mathbf{S} &= \iint_S \mathbf{F}\cdot\mathbf{n}\, dS = \iint_S (P\mathbf{i} + Q\mathbf{j} + R\mathbf{k})\cdot\mathbf{n}\, dS \\ &= \iint_S P\mathbf{i}\cdot\mathbf{n}\, dS + \iint_S Q\mathbf{j}\cdot\mathbf{n}\, dS + \iint_S R\mathbf{k}\cdot\mathbf{n}\, dS\end{aligned}$$

그러므로 발산 정리를 증명하기 위해 다음 세 방정식만 증명하면 충분하다.

2 $$\iint_S P\mathbf{i}\cdot\mathbf{n}\, dS = \iiint_E \frac{\partial P}{\partial x}\, dV$$

$\boxed{3}$ $$\iint_S Q\mathbf{j} \cdot \mathbf{n}\, dS = \iiint_E \frac{\partial Q}{\partial y}\, dV$$

$\boxed{4}$ $$\iint_S R\mathbf{k} \cdot \mathbf{n}\, dS = \iiint_E \frac{\partial R}{\partial z}\, dV$$

식 $\boxed{4}$를 증명하기 위해 E가 다음과 같은 유형 1 영역인 사실을 이용한다.

$$E = \{(x,\, y,\, z) \mid (x,\, y) \in D,\ u_1(x,\, y) \le z \le u_2(x,\, y)\}$$

여기서 D는 xy평면 위로의 E의 사영이다. 12.5절의 식 $\boxed{6}$에 의해 다음을 얻는다.

$$\iiint_E \frac{\partial R}{\partial z}\, dV = \iint_D \left[\int_{u_1(x,\,y)}^{u_2(x,\,y)} \frac{\partial R}{\partial z}(x,\, y,\, z)\, dz\right] dA$$

그러므로 미적분학의 기본 정리에 따라 다음이 성립한다.

$\boxed{5}$ $$\iiint_E \frac{\partial R}{\partial z}\, dV = \iint_D [R(x,\, y,\, u_2(x,\, y)) - R(x,\, y,\, u_1(x,\, y))]\, dA$$

경계곡면 S는 다음과 같이 세 부분으로 구성된다. 즉 밑면인 곡면 S_1, 윗면인 곡면 S_2, D의 경계곡선 위에 놓여있는 수직 곡면 S_3가 가능하다. ([그림 83]을 보라. 구면의 경우와 같이 S_3는 나타나지 않을 수도 있다.) S_3에서 $\mathbf{k}$는 수직이고 $\mathbf{n}$는 수평이므로 $\mathbf{k} \cdot \mathbf{n} = 0$임에 주목하자. 따라서 다음을 얻는다.

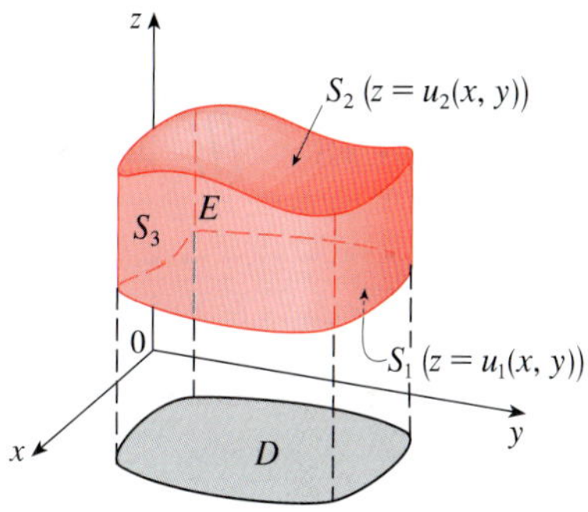

[그림 83]

$$\iint_{S_3} R\mathbf{k} \cdot \mathbf{n}\, dS = \iint_{S_3} 0\, dS = 0$$

따라서 수직 곡면의 존재 여부와 관계없이 다음이 성립한다.

$\boxed{6}$ $$\iint_S R\mathbf{k} \cdot \mathbf{n}\, dS = \iint_{S_1} R\mathbf{k} \cdot \mathbf{n}\, dS + \iint_{S_2} R\mathbf{k} \cdot \mathbf{n}\, dS$$

S_2의 방정식은 $z = u_2(x,\, y)$, $(x,\, y) \in D$이고 바깥쪽 방향의 법선 $\mathbf{n}$은 위로 향한다. 따라서 13.7절의 식 $\boxed{10}$으로부터($\mathbf{F}$를 $R\mathbf{k}$로 대치한다.) 다음을 얻는다.

$$\iint_{S_2} R\mathbf{k} \cdot \mathbf{n}\, dS = \iint_D R(x,\, y,\, u_2(x,\, y))\, dA$$

S_1에서 $z = u_1(x,\, y)$이지만 여기서 바깥쪽 방향의 법선 $\mathbf{n}$은 아래쪽으로 향한다. 따라서 다음과 같이 -1을 곱한다.

$$\iint_{S_1} R\mathbf{k} \cdot \mathbf{n}\, dS = -\iint_D R(x,\, y,\, u_1(x,\, y))\, dA$$

그러므로 식 $\boxed{6}$으로부터 다음을 얻는다.

$$\iint_S R\mathbf{k} \cdot \mathbf{n}\, dS = \iint_D [R(x,\, y,\, u_2(x,\, y)) - R(x,\, y,\, u_1(x,\, y))]\, dA$$

식 5와 비교하면 다음을 보인다.

$$\iint_S R\,\mathbf{k}\cdot\mathbf{n}\,dS = \iiint_E \frac{\partial R}{\partial z}\,dV$$

식 2와 3은 E에 대한 표현이 유형 2 또는 유형 3 영역인 경우를 이용해서 유사한 방법으로 증명된다.

발산 정리의 증명 방법은 그린 정리의 증명 방법과 매우 유사한 것에 주목하자.

예제 1 단위구면 $x^2+y^2+z^2=1$ 위에서 벡터장 $\mathbf{F}(x, y, z) = z\,\mathbf{i} + y\,\mathbf{j} + x\,\mathbf{k}$의 유량을 구하라.

풀이

우선 다음과 같이 $\mathbf{F}$의 발산을 계산한다.

$$\operatorname{div}\mathbf{F} = \frac{\partial}{\partial x}(z) + \frac{\partial}{\partial y}(y) + \frac{\partial}{\partial z}(x) = 1$$

단위구면 S는 $x^2+y^2+z^2 \le 1$로 주어지는 단위구 B의 경계이다. 따라서 발산 정리로부터 다음과 같은 유량을 얻는다.

$$\iint_S \mathbf{F}\cdot d\mathbf{S} = \iiint_B \operatorname{div}\mathbf{F}\,dV = \iiint_B 1\,dV = V(B) = \frac{4}{3}\pi(1)^3 = \frac{4\pi}{3}$$

[예제 1]의 해는 13.7절 [예제 4]의 해와 비교된다.

예제 2 $\mathbf{F}(x, y, z) = xy\,\mathbf{i} + (y^2 + e^{xz^2})\,\mathbf{j} + \sin(xy)\,\mathbf{k}$이고, S는 포물기둥 $z = 1 - x^2$과 평면 $z=0$, $y=0$, $y+z=2$로 둘러싸인 영역 E의 곡면일 때 $\iint_S \mathbf{F}\cdot d\mathbf{S}$를 계산하라([그림 2] 참조).

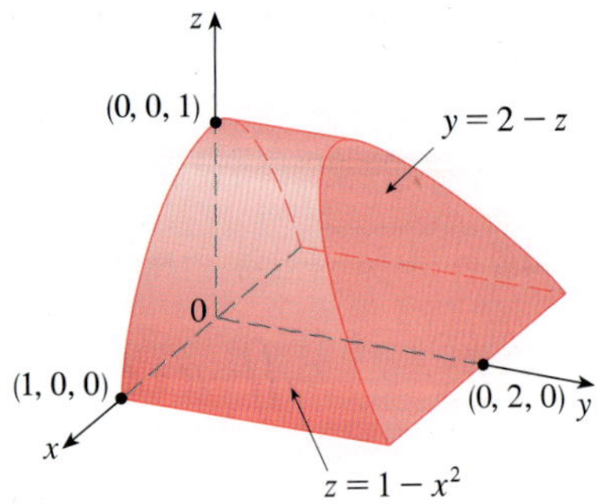

[그림 84]

풀이

주어진 면적분을 직접 구하는 것은 극히 어려울 것이다. (S의 네 부분에 대응하는 네 개의 면적분을 모두 구해야 한다.) 더욱이 $\mathbf{F}$의 발산은 다음과 같이 $\mathbf{F}$ 자체보다 덜 복잡하다.

$$\operatorname{div}\mathbf{F} = \frac{\partial}{\partial x}(xy) + \frac{\partial}{\partial y}(y^2 + e^{xz^2}) + \frac{\partial}{\partial z}(\sin xy) = y + 2y = 3y$$

그러므로 발산 정리를 이용하여 주어진 면적분을 삼중적분으로 변환한다. 이 삼중적분을 계산하는 가장 쉬운 방법은 E를 다음과 같이 유형 3인 영역으로 표현하는 것이다.

$$E = \{(x, y, z) \mid -1 \le x \le 1,\ 0 \le z \le 1 - x^2,\ 0 \le y \le 2 - z\}$$

따라서 다음을 얻는다.

$$\iint_S \mathbf{F}\cdot d\mathbf{S} = \iiint_E \operatorname{div}\mathbf{F}\,dV = \iiint_E 3y\,dV = 3\int_{-1}^{1}\int_0^{1-x^2}\int_0^{2-z} y\,dy\,dz\,dx$$

$$= 3\int_{-1}^{1}\int_{0}^{1-x^2} \frac{(2-z)^2}{2}\,dz\,dx = \frac{3}{2}\int_{-1}^{1}\left[-\frac{(2-z)^3}{3}\right]_0^{1-x^2} dx$$

$$= -\frac{1}{2}\int_{-1}^{1}[(x^2+1)^3-8]\,dx = -\int_0^1 (x^6+3x^4+3x^2-7)\,dx$$

$$= \frac{184}{35}$$

단순입체 영역에 대해서만 발산 정리를 증명했지만 유한개의 단순입체 영역의 합집합인 영역에 대해서도 증명할 수 있다. (이 과정은 13.4절에서 그린 정리를 확장할 때 사용했던 것과 유사하다.)

예를 들어 닫힌곡면 S_1과 S_2 사이에 놓인 영역 E를 생각하자. 여기서 S_1은 S_2의 안쪽에 놓여있다. $\mathbf{n}_1$과 $\mathbf{n}_2$는 S_1과 S_2의 바깥쪽으로 향하는 법선벡터라 하자. 그러면 E의 경계곡면은 $S = S_1 \cup S_2$이고 S의 법선벡터 $\mathbf{n}$은 S_1에서는 $\mathbf{n} = -\mathbf{n}_1$이며, S_2에서는 $\mathbf{n} = \mathbf{n}_2$이다([그림 85] 참조). S에 발산 정리를 적용하면 다음을 얻는다.

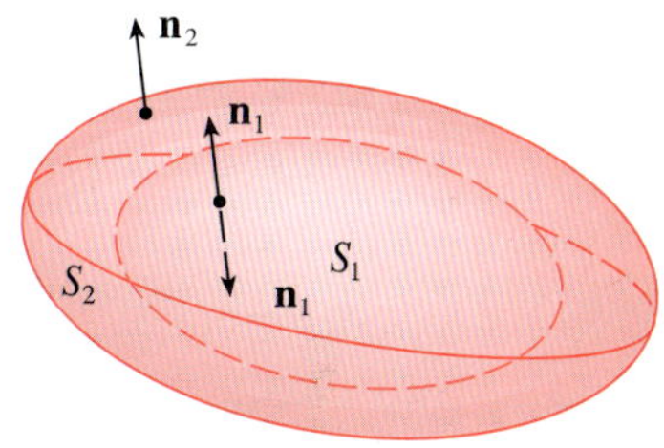

[그림 85]

7 $$\iiint_E \operatorname{div}\mathbf{F}\,dV = \iint_S \mathbf{F}\cdot d\mathbf{S} = \iint_S \mathbf{F}\cdot\mathbf{n}\,dS$$

$$= \iint_{S_1} \mathbf{F}\cdot(-\mathbf{n}_1)\,dS + \iint_{S_2} \mathbf{F}\cdot\mathbf{n}_2\,dS$$

$$= -\iint_{S_1} \mathbf{F}\cdot d\mathbf{S} + \iint_{S_2} \mathbf{F}\cdot d\mathbf{S}$$

예제 3 **13.1절 [예제 5]에서 다음과 같이 전기장을 생각했다.**

$$\mathbf{E}(\mathbf{x}) = \frac{\varepsilon Q}{|\mathbf{x}|^3}\mathbf{x}$$

여기서 전하 Q는 원점에 위치하고 $\mathbf{x} = \langle x, y, z\rangle$는 위치벡터이다. 발산 정리를 이용하여 원점을 둘러싸는 임의의 닫힌곡면 S_2를 지나는 E의 전기선속이 다음과 같음을 보여라.

$$\iint_{S_2} \mathbf{E}\cdot d\mathbf{S} = 4\pi\varepsilon Q$$

풀이

S_2는 원점을 둘러싸는 임의의 닫힌곡면이므로 S_2에 대한 명확한 방정식을 얻기가 어렵다. 이와 같은 가장 간단한 곡면은 구이므로 S_1을 중심이 원점이고 반지름이 a인 가장 작은 구라 하자. 그러면 $\operatorname{div}\mathbf{E} = 0$임을 보일 수 있다([연습문제 12] 참조). 그러므로 식 7로부터 다음을 얻는다.

$$\iint_{S_2} \mathbf{E}\cdot d\mathbf{S} = \iint_{S_1} \mathbf{E}\cdot d\mathbf{S} + \iiint_E \operatorname{div}\mathbf{E}\,dV = \iint_{S_1} \mathbf{E}\cdot d\mathbf{S} = \iint_{S_1} \mathbf{E}\cdot\mathbf{n}\,dS$$

이 계산의 요점은 S_1이 구면이기 때문에 S_1 위에서 면적분을 계산할 수 있다는 것이다. $\mathbf{x}$ 에서 법선벡터는 $\mathbf{x}/|\mathbf{x}|$이다. 그리고 S_1의 방정식이 $|\mathbf{x}| = a$이므로 다음을 얻는다.

$$\mathbf{E} \cdot \mathbf{n} = \frac{\varepsilon Q}{|\mathbf{x}|^3} \mathbf{x} \cdot \left(\frac{\mathbf{x}}{|\mathbf{x}|} \right) = \frac{\varepsilon Q}{|\mathbf{x}|^4} \mathbf{x} \cdot \mathbf{x} = \frac{\varepsilon Q}{|\mathbf{x}|^2} = \frac{\varepsilon Q}{a^2}$$

따라서 다음과 같다.

$$\iint_{S_2} \mathbf{E} \cdot d\mathbf{S} = \iint_{S_1} \mathbf{E} \cdot \mathbf{n}\, dS = \frac{\varepsilon Q}{a^2} \iint_{S_1} dS = \frac{\varepsilon Q}{a^2} A(S_1) = \frac{\varepsilon Q}{a^2} 4\pi a^2 = 4\pi \varepsilon Q$$

이것은 원점을 포함하는 임의의 닫힌곡면 S_2를 통과하는 $\mathbf{E}$의 전기선속이 $4\pi\varepsilon Q$임을 의미한다. [이것은 단일 전하에 대한 가우스 법칙(13.7절의 식 11)의 특수한 경우이다. ε과 ε_0 사이의 관계는 $\varepsilon = 1/(4\pi\varepsilon_0)$이다.]

발산 정리는 유체흐름에서도 응용된다. $\mathbf{v}(x, y, z)$를 균일한 밀도 ρ를 갖는 유체의 속도장이라 하자. 그러면 $\mathbf{F} = \rho\mathbf{v}$는 단위넓이당 흐름률이다. $P_0(x_0, y_0, z_0)$가 유체 안의 한 점이고 중심이 P_0인 매우 작은 반지름 a를 갖는 구를 B_a라 하면, $\operatorname{div}\mathbf{F}$가 연속이므로 B_a 안의 모든 점에 대해 $\operatorname{div}\mathbf{F}(P) \approx \operatorname{div}\mathbf{F}(P_0)$이다. 경계 구면 S_a 위에서 유량을 다음과 같이 근사시킨다.

$$\iint_{S_a} \mathbf{F} \cdot d\mathbf{S} = \iiint_{B_a} \operatorname{div}\mathbf{F}\, dV \approx \iiint_{B_a} \operatorname{div}\mathbf{F}(P_0)\, dV = \operatorname{div}\mathbf{F}(P_0)\, V(B_a)$$

$a \to 0$일 때 이 근삿값은 좀더 정확해지며 다음 식을 얻는다.

8 $$\operatorname{div}\mathbf{F}(P_0) = \lim_{a \to 0} \frac{1}{V(B_a)} \iint_{S_a} \mathbf{F} \cdot d\mathbf{S}$$

식 8은 $\operatorname{div}\mathbf{F}(P_0)$가 P_0에서 단위부피당 바깥쪽으로 향하는 유량의 순흐름률을 나타낸다. (이것이 바로 발산이라 이름을 붙인 이유이다.) $\operatorname{div}\mathbf{F}(P) > 0$이면 순흐름은 P 부근에서 바깥쪽으로 향하고 이때 P를 **용출점**source이라 한다. $\operatorname{div}\mathbf{F}(P) < 0$이면 순흐름은 P 부근에서 안쪽으로 향하고 이때 P를 **흡입점**sink이라 한다.

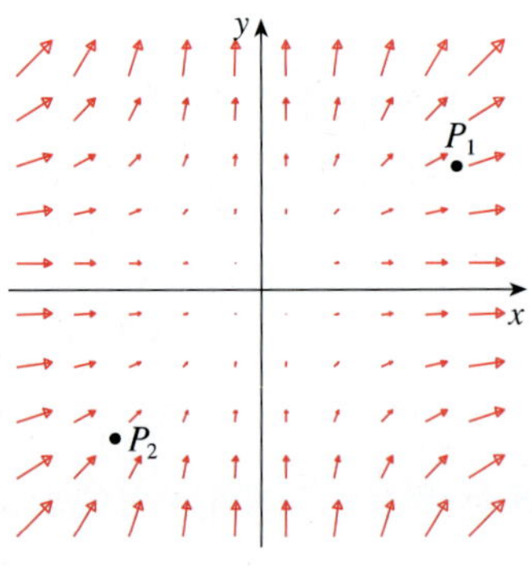

[그림 86] 벡터장 $\mathbf{F} = x^2\mathbf{i} + y^2\mathbf{j}$

[그림 86]에 있는 벡터장의 경우 P_1 부근에서 끝나는 벡터는 P_1 부근에서 출발하는 벡터보다 더 짧다. 따라서 순흐름은 P_1 부근에서 바깥쪽으로 향하므로 $\mathbf{F}(P_1) > 0$이고, P_1은 용출점이다. 다른 한편으로 P_2 부근에서 들어오는 화살은 나가는 화살보다 더 길다. 여기서 순흐름은 안쪽으로 향하므로 $\mathbf{F}(P_2) < 0$이고, P_2는 흡입점이다. $\mathbf{F}$에 대한 식을 이용하여 이러한 사실을 확인할 수 있다. $\mathbf{F} = x^2\mathbf{i} + y^2\mathbf{j}$ 이기 때문에 $\operatorname{div}\mathbf{F} = 2x + 2y$이고, $y > -x$일 때 양수이다. 따라서 직선 $y = -x$의 위쪽 점은 용출점이고, 아래쪽 점은 흡입점이다.

요약

이 장의 주요 결과들은 모두 미적분학의 기본 정리에 대한 고차원적 내용들이다. 이것들을 쉽게 기억하기 위해 이들 정리 사이의 본질적인 유사함이 드러나도록 (조건은 제외하고) 여기 함께 모아놓았다. 각 경우에서 좌변은 영역 위에서의 '도함수'의 적분이고, 우변은 오직 영역의 경계 위의 원래 함수의 값과 관계된다는 것에 주목한다.

미분적분학의 기본 정리

$$\int_a^b F'(x)\,dx = F(b) - F(a)$$

선적분의 기본 정리

$$\int_C \nabla f \cdot d\mathbf{r} = f(\mathbf{r}(b)) - f(\mathbf{r}(a))$$

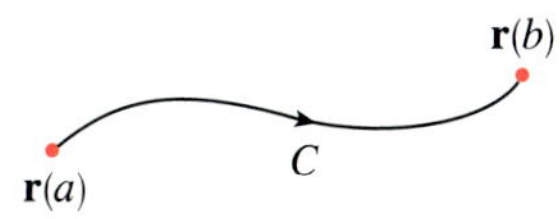

그린 정리

$$\iint_D \left(\frac{\partial Q}{\partial x} - \frac{\partial P}{\partial y}\right) dA = \int_C P\,dx + Q\,dy$$

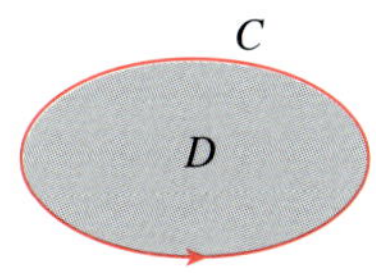

스토크스 정리

$$\iint_S \operatorname{curl} \mathbf{F} \cdot d\mathbf{S} = \int_C \mathbf{F} \cdot d\mathbf{r}$$

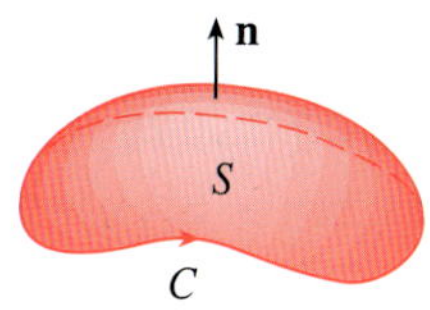

발산 정리

$$\iiint_E \operatorname{div} \mathbf{F}\, dV = \iint_S \mathbf{F} \cdot d\mathbf{S}$$

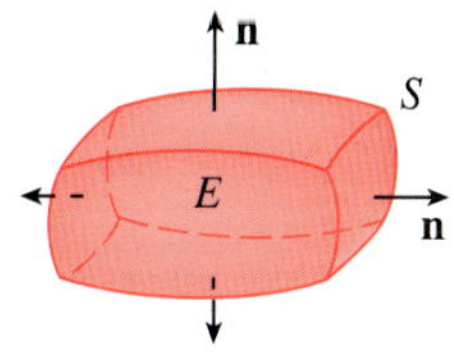

13.9 연습문제

01~02 영역 E에서 벡터장 $\mathbf{F}$에 대해 발산 정리가 참임을 보여라.

01 E는 평면 $x=0$, $x=1$, $y=0$, $y=1$, $z=0$, $z=1$로 둘러싸인 정육면체

$$\mathbf{F}(x, y, z) = 3x\,\mathbf{i} + xy\,\mathbf{j} + 2xz\,\mathbf{k}$$

02 E는 구 $x^2+y^2+z^2 \le 16$

$$\mathbf{F}(x, y, z) = \langle z, y, x \rangle$$

03~08 발산 정리를 이용하여 면적분 $\iint_S \mathbf{F} \cdot d\mathbf{S}$를 계산하라. 즉 S를 통과하는 $\mathbf{F}$의 유량을 계산하라.

03 S는 좌표평면과 평면 $x=3$, $y=2$, $z=1$로 둘러싸인 육면체 곡면

$$\mathbf{F}(x, y, z) = xye^z\,\mathbf{i} + xy^2z^3\,\mathbf{j} - ye^z\,\mathbf{k}$$

04 S는 원기둥 $y^2+z^2=1$과 평면 $x=-1$, $x=2$로 둘러싸인 입체의 곡면

$$\mathbf{F}(x, y, z) = 3xy^2\,\mathbf{i} + xe^z\,\mathbf{j} + z^3\,\mathbf{k}$$

05 S는 두툼한 구 $x^8+y^8+z^8=8$

$$\mathbf{F}(x,\ y,\ z)=x^2\sin y\mathbf{i}+x\cos y\mathbf{j}-xz\sin y\mathbf{k}$$

06 S는 포물면 $z=x^2+y^2$과 평면 $z=4$로 둘러싸인 입체의 곡면

$$\mathbf{F}(x,\ y,\ z)=(\cos z+xy^2)\mathbf{i}+xe^{-z}\mathbf{j}+(\sin y+x^2z)\mathbf{k}$$

07 S는 반구 $z=\sqrt{1-x^2-y^2}$과 xy평면 안의 원판 $x^2+y^2\le 1$

$$\mathbf{F}=|\mathbf{r}|\mathbf{r},\ \mathbf{r}=x\mathbf{i}+y\mathbf{j}+z\mathbf{k}$$

08 CAS S는 xy평면 위와 곡면 $z=2-x^4-y^4$, $-1\le x\le 1$, $-1\le y\le 1$ 아래에 있는 입체의 곡면

$$\mathbf{F}(x,\ y,\ z)=e^y\tan z\mathbf{i}+y\sqrt{3-x^2}\,\mathbf{j}+x\sin y\mathbf{k}$$

---

09 $\mathbf{F}(x,\ y,\ z)=z^2x\mathbf{i}+\left(\frac{1}{3}y^3+\tan z\right)\mathbf{j}+(x^2z+y^2)\mathbf{k}$, S는 상반 구면 $x^2+y^2+z^2=1$일 때 발산 정리를 이용하여 $\iint_S \mathbf{F}\cdot d\mathbf{S}$를 계산하라. [힌트: S가 닫힌곡면이 아님에 유의하라. 먼저 S_1과 S_2 위에서 각각 적분한다. 여기서 S_1은 아래쪽을 향하는 원판 $x^2+y^2\le 1$이고 $S_2=S\cup S_1$이다.]

10 다음 그림은 벡터장 $\mathbf{F}$을 보여준다. 이 절에서 유도한 발산의 해석을 이용하여 P_1과 P_2에서 $\operatorname{div}\mathbf{F}$가 양인지 음인지 결정하라.

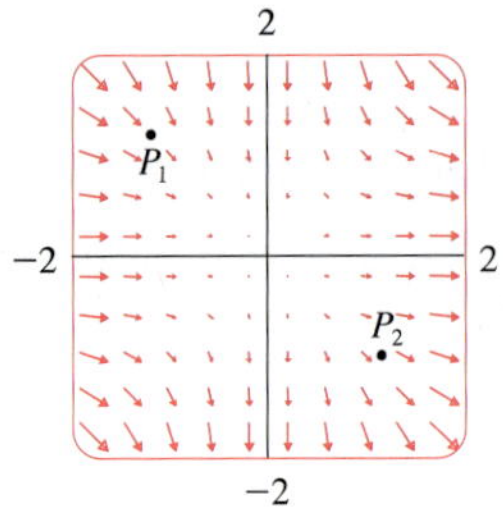

11 CAS $\mathbf{F}(x,\ y)=\langle xy,\ x+y^2\rangle$의 벡터장을 그리고 $\operatorname{div}\mathbf{F}>0$과 $\operatorname{div}\mathbf{F}<0$인 곳을 추측하라. 그리고 $\operatorname{div}\mathbf{F}$를 계산하여 추측한 답을 확인하라.

12 전기장 $\mathbf{E}(\mathbf{x})=\dfrac{\varepsilon Q}{|\mathbf{x}|^3}\mathbf{x}$에 대해 $\operatorname{div}\mathbf{E}=0$임을 증명하라.

13~15 S와 E가 발산 정리 조건을 만족하고, 스칼라 함수와 벡터장의 성분들이 연속인 2계 편도함수를 가질 때 다음 각 항등식을 증명하라.

13 $\iint_S \mathbf{a}\cdot\mathbf{n}\,dS=0$, 여기서 a는 상수벡터이다.

14 $\iint_S \operatorname{curl}\mathbf{F}\cdot d\mathbf{S}=0$

15 $\iint_S (f\nabla g)\cdot\mathbf{n}\,dS=\iiint_E (f\nabla^2 g+\nabla f\cdot\nabla g)\,dV$

13장 복습문제

개념 확인

01 벡터장이란 무엇인가? 물리적 의미를 갖는 세 가지 예를 들라.

02 (a) 보존적 벡터장이란 무엇인가?

(b) 퍼텐셜함수란 무엇인가?

03 (a) 매끄러운 곡선 C를 따르는 스칼라 함수 f의 선적분의 정의를 호의 길이에 관해 쓰라.

(b) 이와 같은 선적분을 어떻게 계산하는가?

(c) 철사의 선밀도함수가 $\rho(x,\ y)$라면 곡선 C와 같은 모양의 가느다란 철사의 질량과 질량중심에 대한 식을 쓰라.

(d) 스칼라 함수 f의 곡선 C를 따르는 선적분의 정의를 x, y, z에 대해 쓰라.

(e) 이와 같은 선적분의 값을 어떻게 계산하는가?

04 (a) 벡터함수 $\mathbf{r}(t)$로 주어진 매끄러운 곡선 C를 따르는 벡터장 $\mathbf{F}$의 선적분을 정의하라.

(b) $\mathbf{F}$가 힘장이면 선적분은 무엇을 나타내는가?

(c) $\mathbf{F}=\langle P,\ Q,\ R\rangle$이면 $\mathbf{F}$의 선적분과 성분함수 P, Q, R의 선적분 사이에 어떤 관계가 있는가?

05 선적분의 기본 정리를 설명하라.

06 (a) $\int_C \mathbf{F} \cdot d\mathbf{r}$이 경로와 독립이라는 것은 어떤 의미인가?

(b) $\int_C \mathbf{F} \cdot d\mathbf{r}$이 경로와 독립인 것을 알고 있다면 $\mathbf{F}$를 뭐라고 할 수 있는가?

07 그린 정리를 설명하라.

08 C 주위에서의 선적분을 이용하여 곡선 C로 둘러싸인 넓이에 대한 식을 쓰라.

09 $\mathbf{F}$가 $\mathbb{R}^3$에서 벡터장이라고 하자.

(a) $\operatorname{curl} \mathbf{F}$를 정의하라.

(b) $\operatorname{div} \mathbf{F}$를 정의하라.

(c) $\mathbf{F}$가 유체흐름에서 속도장일 때 $\operatorname{curl} \mathbf{F}$와 $\operatorname{div} \mathbf{F}$의 물리적인 해석은 무엇인가?

10 $\mathbf{F} = P\mathbf{i} + Q\mathbf{j}$이면 $\mathbf{F}$가 보존적인지 아닌지 결정하기 위해 사용하는 방법은 무엇인가? $\mathbf{F}$가 $\mathbb{R}^3$에서 벡터장이면 어떻게 결정하는가?

11 (a) 매개곡면은 무엇인가? 그것의 격자곡선은 무엇인가?

(b) 매개곡면의 넓이에 대한 식을 쓰라.

(c) 식 $z = g(x, y)$로 주어진 곡면 넓이를 구하라.

12 (a) 곡면 S 위에서 스칼라 함수 f의 면적분에 대한 정의를 쓰라.

(b) S가 벡터함수 $\mathbf{r}(u, v)$로 주어진 매개곡면이면 이와 같은 적분은 어떻게 구하는가?

(c) S가 방정식 $z = g(x, y)$로 주어지면 어떻게 되는가?

(d) 얇은 판이 곡면 S의 모양이고 점 (x, y, z)에서 밀도함수가 $\rho(x, y, z)$일 때, 이 판의 질량과 질량중심에 대한 식을 쓰라.

13 (a) 유향 곡면이란 무엇인가? 방향을 줄 수 없는 곡면의 예를 들라.

(b) 단위법선벡터가 $\mathbf{n}$인 유향 곡면 S 위에서 벡터장 $\mathbf{F}$의 면적분(또는 유량)을 정의하라.

(c) S가 벡터함수 $\mathbf{r}(u, v)$로 주어진 매개곡면이면 이와 같은 적분은 어떻게 구하는가?

(d) S가 방정식 $z = g(x, y)$로 주어지면 어떻게 되는가?

14 스토크스 정리를 쓰라.

15 발산 정리를 설명하라.

16 선적분의 기본 정리, 그린 정리, 스토크스 정리, 발산 정리는 어떤 면에서 비슷한가?

참/거짓 질문

다음 명제가 참인지 아니면 거짓인지 판별하라. 참이면 이유를 설명하고, 거짓이면 이유를 설명하거나 반례를 들라.

01 $\mathbf{F}$가 벡터장이면 $\operatorname{div} \mathbf{F}$는 벡터장이다.

02 f가 $\mathbb{R}^3$에서 연속인 모든 계수의 편도함수를 가지면 $\operatorname{div}(\operatorname{curl} \nabla f) = 0$이다.

03 $\mathbf{F} = P\mathbf{i} + Q\mathbf{j}$이고 열린 영역 D에서 $P_y = Q_x$이면 $\mathbf{F}$는 보존적이다.

04 $\mathbf{F}$와 $\mathbf{G}$가 벡터장이고 $\operatorname{div} \mathbf{F} = \operatorname{div} \mathbf{G}$이면 $\mathbf{F} = \mathbf{G}$이다.

05 $\mathbf{F}$와 $\mathbf{G}$가 벡터장이면 $\operatorname{curl}(\mathbf{F} + \mathbf{G}) = \operatorname{curl} \mathbf{F} + \operatorname{curl} \mathbf{G}$이다.

06 S가 구이고 $\mathbf{F}$가 상수 벡터장이면 $\iint_S \mathbf{F} \cdot d\mathbf{S} = 0$이다.

연습문제

01 벡터장 $\mathbf{F}$, 곡선 C, 점 P가 다음 그림과 같다.

(a) $\int_C \mathbf{F} \cdot d\mathbf{r}$이 양수인가, 음수인가, 0인가? 설명하라.

(b) $\operatorname{div} \mathbf{F}(P)$가 양수인가, 음수인가, 0인가? 설명하라.

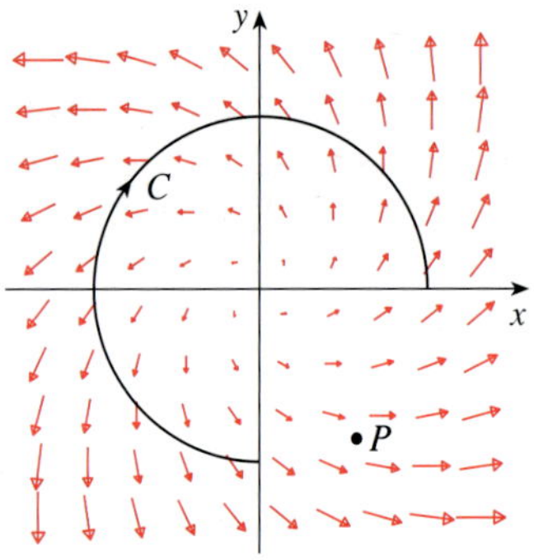

02~05 다음 선적분을 구하라.

02 $\int_C yz\cos x\,ds$, C: $x=t$, $y=3\cos t$, $z=3\sin t$, $0\le t\le\pi$

03 $\int_C y^3\,dx+x^2\,dy$, C는 $(0,-1)$에서 $(0,1)$까지 포물선 $x=1-y^2$의 호

04 $\int_C xy\,dx+y^2\,dy+yz\,dz$, C는 $(1,0,-1)$에서 $(3,4,2)$까지 선분

05 $\int_C \mathbf{F}\cdot d\mathbf{r}$, 여기서 $\mathbf{F}(x,y,z)=e^z\mathbf{i}+xz\mathbf{j}+(x+y)\mathbf{k}$이고 C는 $\mathbf{r}(t)=t^2\mathbf{i}+t^3\mathbf{j}-t\mathbf{k}$, $0\le t\le 1$로 주어진 곡선

06 $\mathbf{F}(x,y)=(1+xy)e^{xy}\mathbf{i}+(e^y+x^2e^{xy})\mathbf{j}$가 보존적 벡터장임을 보여라. $\mathbf{F}=\nabla f$를 만족하는 함수 f를 구하라.

07 $\mathbf{F}(x,y)=(4x^3y^2-2xy^3)\mathbf{i}+(2x^4y-3x^2y^2+4y^3)\mathbf{j}$가 보존적임을 보이고, 이 사실을 이용하여 곡선 C: $\mathbf{r}(t)=(t+\sin\pi t)\mathbf{i}+(2t+\cos\pi t)\mathbf{j}$, $0\le t\le 1$을 따르는 $\int_C \mathbf{F}\cdot d\mathbf{r}$을 계산하라.

08 C가 $(-1,1)$에서 $(1,1)$까지의 포물선 $y=x^2$과 $(1,1)$에서 $(-1,1)$까지의 선분으로 구성될 때, 선적분 $\int_C xy^2\,dx-x^2y\,dy$에 대해 그린 정리가 성립함을 확인하라.

09 C가 반시계 방향의 원 $x^2+y^2=4$일 때 그린 정리를 이용하여 $\int_C x^2y\,dx-xy^2\,dy$를 계산하라.

10 $\operatorname{curl}\mathbf{G}=2x\mathbf{i}+3yz\mathbf{j}-xz^2\mathbf{k}$인 벡터장 $\mathbf{G}$가 존재하지 않음을 증명하라.

11 C가 조각마다 매끄러운 단순 닫힌 평면곡선이고, f와 g가 미분 가능한 함수일 때 $\int_C f(x)\,dx+g(y)\,dy=0$임을 보여라.

12 f가 조화함수, 즉 $\nabla^2 f=0$일 때 선적분 $\int f_y\,dx-f_x\,dy$는 임의의 단순 영역 D에서 경로와 독립임을 보여라.

13 꼭짓점이 $(0,0)$, $(1,0)$, $(1,2)$인 삼각형 위에 놓여있는 곡면 $z=x^2+2y$ 부분의 넓이를 구하라.

14~15 다음 면적분을 계산하라.

14 $\iint_S z\,dS$, S는 평면 $z=4$ 아래에 놓여있는 포물면 $z=x^2+y^2$의 부분

15 $\iint_S \mathbf{F}\cdot d\mathbf{S}$, 여기서 $\mathbf{F}(x,y,z)=xz\mathbf{i}-2y\mathbf{j}+3x\mathbf{k}$이고, S는 바깥쪽을 향하는 구면 $x^2+y^2+z^2=4$

16 S가 xy평면 위에 놓여있는 포물면 $z=1-x^2-y^2$의 부분이며 위쪽 방향을 가질 때, 벡터장 $\mathbf{F}(x,y,z)=x^2\mathbf{i}+y^2\mathbf{j}+z^2\mathbf{k}$에 대해 스토크스 정리가 성립함을 확인하라.

17 스토크스 정리를 이용하여 $\int_C \mathbf{F}\cdot d\mathbf{r}$을 계산하라. 여기서 $\mathbf{F}(x,y,z)=xy\mathbf{i}+yz\mathbf{j}+zx\mathbf{k}$이고, C는 꼭짓점이 $(1,0,0)$, $(0,1,0)$, $(0,0,1)$인 삼각형이며 위에서 볼 때 시계 반대 방향이다.

18 E가 단위 구 $x^2+y^2+z^2\le 1$일 때 벡터장 $\mathbf{F}(x,y,z)=x\mathbf{i}+y\mathbf{j}+z\mathbf{k}$에 대해 발산 정리가 성립함을 보여라.

19 $\mathbf{F}(x,y,z)=x\mathbf{i}+y\mathbf{j}+z\mathbf{k}$이고 S가 그림과 같이 밖으로 향하는 곡면(한쪽 모서리에서 단위 정육면체를 제거한 정육면체의 경계 곡면)일 때, $\iint_S \mathbf{F}\cdot\mathbf{n}\,dS$를 구하라.

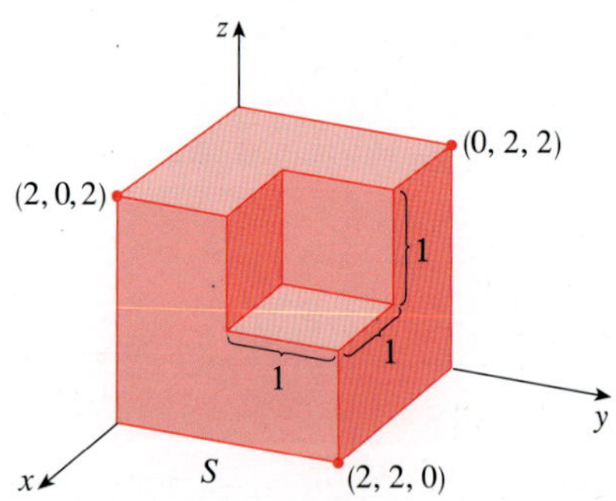

20 $\mathbf{r}=x\mathbf{i}+y\mathbf{j}+z\mathbf{k}$이고 S가 매끄러운 유향 곡면으로서 단순하며 닫혀있는 양의 방향의 경계곡선 C일 때, 다음이 성립함을 보여라.

$$\iint_S 2\mathbf{a}\cdot d\mathbf{S}=\int_C(\mathbf{a}\times\mathbf{r})\cdot d\mathbf{r}$$

부록

C 증명들

11.3절

클레로의 정리 f가 점 (a, b)를 포함하는 원판 D에서 정의되는 함수라 하자. 함수 f_{xy}와 f_{yx}가 D에서 모두 연속이면 다음이 성립한다.

$$f_{xy}(a, b) = f_{yx}(a, b)$$

증명

h는 0이 아닌 매우 작은 h에 대하여 다음 차를 생각하자.

$$\Delta(h) = [f(a+h, b+h) - f(a+h, b)] - [f(a, b+h) - f(a, b)]$$

이때 $g(x) = f(x, b+h) - f(x, b)$라 하면 다음과 같음을 주목하자.

$$\Delta(h) = g(a+h) - g(a)$$

평균값 정리에 의해 다음을 만족하는 수 c가 a와 $a+h$ 사이에 존재한다.

$$g(a+h) - g(a) = g'(c)h = h[f_x(c, b+h) - f_x(c, b)]$$

f_x에 평균값 정리를 다시 한 번 적용하면 다음을 만족하는 수 d가 b와 $b+h$ 사이에 존재한다.

$$f_x(c, b+h) - f_x(c, b) = f_{xy}(c, d)h$$

이와 같은 방정식들을 결합하면 다음을 얻는다.

$$\Delta(h) = h^2 f_{xy}(c, d)$$

이때 $h \to 0$이면 $(c, d) \to (a, b)$이므로 (a, b)에서 f_{xy}의 연속성으로부터 다음을 얻는다.

$$\lim_{h \to 0} \frac{\Delta(h)}{h^2} = \lim_{(c, d) \to (a, b)} f_{xy}(c, d) = f_{xy}(a, b)$$

마찬가지로 다음과 같이 쓰고 평균값 정리를 두 번 적용한다.

$$\Delta(h) = [f(a+h, b+h) - f(a, b+h)] - [f(a+h, b) - f(a, b)]$$

그리고 (a, b)에서 f_{yx}의 연속성을 이용하면 다음을 얻는다.

$$\lim_{h \to 0} \frac{\Delta(h)}{h^2} = f_{yx}(a, b)$$

따라서 $f_{xy}(a, b) = f_{yx}(a, b)$가 성립한다.

11.4절

> [8] **정리** 편도함수 f_x와 f_y가 (a, b) 부근에서 존재하고 (a, b)에서 연속이면 f는 (a, b)에서 미분 가능하다.

증명

다음과 같이 놓자.

$$\Delta z = f(a+\Delta x,\ b+\Delta y) - f(a,\ b)$$

11.4절 식 [7]에 따라 f가 (a, b)에서 미분 가능함을 보이기 위해 Δz를 다음과 같이 쓸 수 있음을 보여야 한다.

$$\Delta z = f_x(a,\ b)\,\Delta x + f_y(a,\ b)\,\Delta y + \varepsilon_1 \Delta x + \varepsilon_2 \Delta y$$

여기서 $(\Delta x,\ \Delta y) \to (0,\ 0)$일 때 ε_1과 $\varepsilon_2 \to 0$이다. [그림 18]을 참고하여 다음과 같이 쓴다.

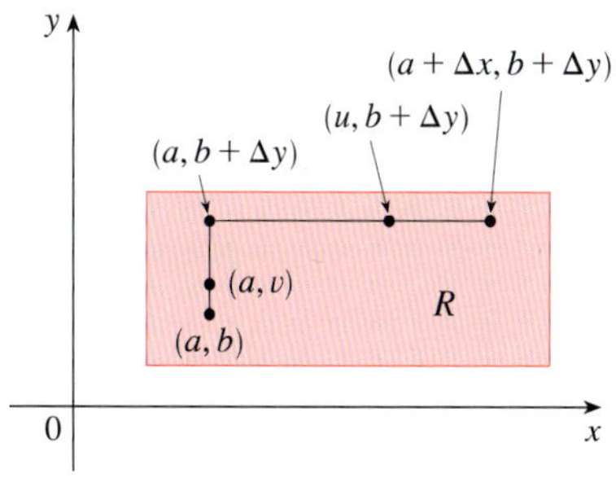

[그림 18]

$$[1] \quad \Delta z = [f(a+\Delta x,\ b+\Delta y) - f(a,\ b+\Delta y)] + [f(a,\ b+\Delta y) - f(a,\ b)]$$

구간 $[a,\ a+\Delta x]$에서 정의되는 다음 함수와 $g'(x) = f_x(x,\ b+\Delta y)$를 관찰한다.

$$g(x) = f(x,\ b+\Delta y)$$

g에 평균값 정리를 적용하면 다음을 얻는다.

$$g(a+\Delta x) - g(a) = g'(u)\,\Delta x$$

여기서 u는 a와 $a+\Delta x$ 사이에 있는 어떤 수이다. f를 이용하면 이 방정식은 다음과 같다.

$$f(a+\Delta x,\ b+\Delta y) - f(a,\ b+\Delta y) = f_x(u,\ b+\Delta y)\,\Delta x$$

이것은 식 [1]에 있는 우변의 첫 번째 부분에 대한 식이다. 두 번째 부분에 대해 $h(y) = f(a,\ y)$라 하자. 그러면 h는 구간 $[b,\ b+\Delta y]$에서 정의되는 일변수함수이고 $h'(y) = f_y(a,\ y)$이다. 평균값 정리를 두 번째로 적용하면 다음을 얻는다.

$$h(b+\Delta y) - h(b) = h'(v)\,\Delta y$$

여기서 v는 b와 $b+\Delta y$ 사이의 어떤 수이다. f를 이용하면 이 방정식은 다음과 같다.

$$f(a,\ b+\Delta y) - f(a,\ b) = f_y(a,\ v)\,\Delta y$$

이제 식 [1]에 위 식들을 대입하면 다음을 얻는다.

$$\begin{aligned}
\Delta z &= f_x(u,\ b+\Delta y)\,\Delta x + f_y(a,\ v)\,\Delta y \\
&= f_x(a,\ b)\,\Delta x + [f_x(u,\ b+\Delta y) - f_x(a,\ b)]\,\Delta x + f_y(a,\ b)\,\Delta y + [f_y(a,\ v) - f_y(a,\ b)]\,\Delta y \\
&= f_x(a,\ b)\,\Delta x + f_y(a,\ b)\,\Delta y + \varepsilon_1 \Delta x + \varepsilon_2 \Delta y
\end{aligned}$$

여기서 $\varepsilon_1 = [f_x(u,\ b+\Delta y) - f_x(a,\ b)]$, $\varepsilon_2 = [f_y(a,\ v) - f_y(a,\ b)]$이다.

$(\Delta x,\ \Delta y) \to (0,\ 0)$이면 $(u,\ b+\Delta y) \to (a,\ b)$, $(a,\ v) \to (a,\ b)$이고 $(a,\ b)$에서 f_x와 f_y가 연속이므로 $(\Delta x,\ \Delta y) \to (0,\ 0)$이면 $\varepsilon_1 \to 0$, $\varepsilon_2 \to 0$이다. 그러므로 f는 $(a,\ b)$에서 미분 가능하다.

11.7절

2계 도함수 판정법 중심이 $(a,\ b)$인 원판에서 f의 2계 편도함수들이 연속이고 $f_x(a,\ b) = 0$, $f_y(a,\ b) = 0$이라 하자[즉 $(a,\ b)$는 f의 임계점이다]. D를 다음과 같이 놓자.

$$D = D(a,\ b) = f_{xx}(a,\ b) f_{yy}(a,\ b) - [f_{xy}(a,\ b)]^2$$

그러면 다음이 성립한다.

(a) $D > 0$, $f_{xx}(a,\ b) > 0$이면 $f(a,\ b)$는 극솟값이다.

(b) $D > 0$, $f_{xx}(a,\ b) < 0$이면 $f(a,\ b)$는 극댓값이다.

(c) $D < 0$이면 $f(a,\ b)$는 극솟값도 극댓값도 아니다.

(a)의 증명

$\mathbf{u} = \langle h,\ k \rangle$인 방향에서 f의 2계 방향도함수를 계산한다. 1계 도함수는 11.6절 식 3에 의해 다음과 같이 주어진다.

$$D_{\mathbf{u}} f = f_x h + f_y k$$

이 식을 두 번 반복하여 적용하면 다음을 얻는다.

$$\begin{aligned} D_{\mathbf{u}}^2 f &= D_{\mathbf{u}}(D_{\mathbf{u}} f) = \frac{\partial}{\partial x}(D_{\mathbf{u}} f) h + \frac{\partial}{\partial y}(D_{\mathbf{u}} f) k \\ &= (f_{xx} h + f_{yx} k) h + (f_{xy} h + f_{yy} k) k \\ &= f_{xx} h^2 + 2 f_{xy} hk + f_{yy} k^2 \quad \text{(클레로의 정리에 의해)} \end{aligned}$$

이 식에 완전제곱을 취하면 다음을 얻는다.

$$\boxed{1} \qquad D_{\mathbf{u}}^2 f = f_{xx}\left(h + \frac{f_{xy}}{f_{xx}} k\right)^2 + \frac{k^2}{f_{xx}}(f_{xx} f_{yy} - f_{xy}^2)$$

$f_{xx}(a,\ b) > 0$이고 $D(a,\ b) > 0$이 주어졌지만 f_{xx}와 $D = f_{xx} f_{yy} - f_{xy}^2$이 연속함수이므로 $(x,\ y)$가 B 안에 있으면 $f_{xx}(x,\ y) > 0$이고 $D(x,\ y) > 0$을 만족하며 중심이 $(a,\ b)$이고 반지름이 $\delta > 0$인 원판 B가 존재한다. 식 1을 살펴봄으로써 $(x,\ y)$가 B 안에 있으면 $D_{\mathbf{u}}^2 f(x,\ y) > 0$임을 알 수 있다. 이는 C가 $\mathbf{u}$ 방향으로 $P(a,\ b,\ f(a,\ b))$를 지나는 수직평면을 갖는 f의 그래프와 만나서 얻어지는 교선이면 C는 길이가 2δ인 구간에서 위로 오목임을 의미한다. 이것은 모든 벡터 $\mathbf{u}$의 방향에서 성립한다. 따라서 B 안에 속하는 $(x,\ y)$로 제한하면 f의 그래프는 P에서 수평접선 위에 놓인다. 따라서 $(x,\ y)$가 B 안에 속할 때 $f(x,\ y) \geq f(a,\ b)$이다. 그러므로 $f(a,\ b)$는 극솟값이다.

D 적분표

기본형

1. $\int u\,dv = uv - \int v\,du$

2. $\int u^n\,du = \frac{u^{n+1}}{n+1} + C,\ n \neq -1$

3. $\int \frac{du}{u} = \ln|u| + C$

4. $\int e^u\,du = e^u + C$

5. $\int a^u\,du = \frac{a^u}{\ln a} + C$

6. $\int \sin u\,du = -\cos u + C$

7. $\int \cos u\,du = \sin u + C$

8. $\int \sec^2 u\,du = \tan u + C$

9. $\int \csc^2 u\,du = -\cot u + C$

10. $\int \sec u \tan u\,du = \sec u + C$

11. $\int \csc u \cot u\,du = -\csc u + C$

12. $\int \tan u\,du = \ln|\sec u| + C$

13. $\int \cot u\,du = \ln|\sin u| + C$

14. $\int \sec u\,du = \ln|\sec u + \tan u| + C$

15. $\int \csc u\,du = \ln|\csc u - \cot u| + C$

16. $\int \frac{du}{\sqrt{a^2 - u^2}} = \sin^{-1}\frac{u}{a} + C,\ a > 0$

17. $\int \frac{du}{a^2 + u^2} = \frac{1}{a}\tan^{-1}\frac{u}{a} + C$

18. $\int \frac{du}{u\sqrt{u^2 - a^2}} = \frac{1}{a}\sec^{-1}\frac{u}{a} + C$

19. $\int \frac{du}{a^2 - u^2} = \frac{1}{2a}\ln\left|\frac{u+a}{u-a}\right| + C$

20. $\int \frac{du}{u^2 - a^2} = \frac{1}{2a}\ln\left|\frac{u-a}{u+a}\right| + C$

$\sqrt{a^2+u^2}$, $a>0$를 포함하는 형태

21. $\int \sqrt{a^2+u^2}\,du = \frac{u}{2}\sqrt{a^2+u^2} + \frac{a^2}{2}\ln(u + \sqrt{a^2+u^2}) + C$

22. $\int u^2\sqrt{a^2+u^2}\,du = \frac{u}{8}(a^2+2u^2)\sqrt{a^2+u^2} - \frac{a^4}{8}\ln(u + \sqrt{a^2+u^2}) + C$

23. $\int \frac{\sqrt{a^2+u^2}}{u}\,du = \sqrt{a^2+u^2} - a\ln\left|\frac{a+\sqrt{a^2+u^2}}{u}\right| + C$

24. $\int \frac{\sqrt{a^2+u^2}}{u^2}\,du = -\frac{\sqrt{a^2+u^2}}{u} + \ln(u + \sqrt{a^2+u^2}) + C$

25. $\int \frac{du}{\sqrt{a^2+u^2}} = \ln(u + \sqrt{a^2+u^2}) + C$

26. $\displaystyle\int \frac{u^2\,du}{\sqrt{a^2+u^2}} = \frac{u}{2}\sqrt{a^2+u^2} - \frac{a^2}{2}\ln(u+\sqrt{a^2+u^2}) + C$

27. $\displaystyle\int \frac{du}{u\sqrt{a^2+u^2}} = -\frac{1}{a}\ln\left|\frac{\sqrt{a^2+u^2}+a}{u}\right| + C$

28. $\displaystyle\int \frac{du}{u^2\sqrt{a^2+u^2}} = -\frac{\sqrt{a^2+u^2}}{a^2 u} + C$

29. $\displaystyle\int \frac{du}{(a^2+u^2)^{3/2}} = \frac{u}{a^2\sqrt{a^2+u^2}} + C$

$\sqrt{a^2-u^2}$, $a>0$를 포함하는 형태

30. $\displaystyle\int \sqrt{a^2-u^2}\,du = \frac{u}{2}\sqrt{a^2-u^2} + \frac{a^2}{2}\sin^{-1}\frac{u}{a} + C$

31. $\displaystyle\int u^2\sqrt{a^2-u^2}\,du = \frac{u}{8}(2u^2-a^2)\sqrt{a^2-u^2} + \frac{a^4}{8}\sin^{-1}\frac{u}{a} + C$

32. $\displaystyle\int \frac{\sqrt{a^2-u^2}}{u}\,du = \sqrt{a^2-u^2} - a\ln\left|\frac{a+\sqrt{a^2-u^2}}{u}\right| + C$

33. $\displaystyle\int \frac{\sqrt{a^2-u^2}}{u^2}\,du = -\frac{1}{u}\sqrt{a^2-u^2} - \sin^{-1}\frac{u}{a} + C$

34. $\displaystyle\int \frac{u^2\,du}{\sqrt{a^2-u^2}} = -\frac{u}{2}\sqrt{a^2-u^2} + \frac{a^2}{2}\sin^{-1}\frac{u}{a} + C$

35. $\displaystyle\int \frac{du}{u\sqrt{a^2-u^2}} = -\frac{1}{a}\ln\left|\frac{a+\sqrt{a^2-u^2}}{u}\right| + C$

36. $\displaystyle\int \frac{du}{u^2\sqrt{a^2-u^2}} = -\frac{1}{a^2u}\sqrt{a^2-u^2} + C$

37. $\displaystyle\int (a^2-u^2)^{3/2}\,du = -\frac{u}{8}(2u^2-5a^2)\sqrt{a^2-u^2} + \frac{3a^4}{8}\sin^{-1}\frac{u}{a} + C$

38. $\displaystyle\int \frac{du}{(a^2-u^2)^{3/2}} = \frac{u}{a^2\sqrt{a^2-u^2}} + C$

$\sqrt{u^2-a^2}$, $a>0$를 포함하는 형태

39. $\displaystyle\int \sqrt{u^2-a^2}\,du = \frac{u}{2}\sqrt{u^2-a^2} - \frac{a^2}{2}\ln|u+\sqrt{u^2-a^2}| + C$

40. $\displaystyle\int u^2\sqrt{u^2-a^2}\,du = \frac{u}{8}(2u^2-a^2)\sqrt{u^2-a^2} - \frac{a^4}{8}\ln|u+\sqrt{u^2-a^2}| + C$

41. $\displaystyle\int \frac{\sqrt{u^2-a^2}}{u}\,du = \sqrt{u^2-a^2} - a\cos^{-1}\frac{a}{|u|} + C$

42. $\displaystyle\int \frac{\sqrt{u^2-a^2}}{u^2}\,du = -\frac{\sqrt{u^2-a^2}}{u} + \ln\left|u+\sqrt{u^2-a^2}\right| + C$

43. $\displaystyle\int \frac{du}{\sqrt{u^2-a^2}} = \ln\left|u+\sqrt{u^2-a^2}\right| + C$

44. $\displaystyle\int \frac{u^2\,du}{\sqrt{u^2-a^2}} = \frac{u}{2}\sqrt{u^2-a^2} + \frac{a^2}{2}\ln\left|u+\sqrt{u^2-a^2}\right| + C$

45. $\displaystyle\int \frac{du}{u^2\sqrt{u^2-a^2}} = \frac{\sqrt{u^2-a^2}}{a^2u} + C$

46. $\displaystyle\int \frac{du}{(u^2-a^2)^{3/2}} = -\frac{u}{a^2\sqrt{u^2-a^2}} + C$

$a+bu$를 포함하는 형태

47. $\displaystyle\int \frac{u\,du}{a+bu} = \frac{1}{b^2}\left(a+bu-a\ln|a+bu|\right) + C$

48. $\displaystyle\int \frac{u^2\,du}{a+bu} - \frac{1}{2b^3}\left[(a+bu)^2 - 4a(a+bu) + 2a^2\ln|a+bu|\right] + C$

49. $\displaystyle\int \frac{du}{u(a+bu)} = \frac{1}{a}\ln\left|\frac{u}{a+bu}\right| + C$

50. $\displaystyle\int \frac{du}{u^2(a+bu)} = -\frac{1}{au} + \frac{b}{a^2}\ln\left|\frac{a+bu}{u}\right| + C$

51. $\displaystyle\int \frac{u\,du}{(a+bu)^2} = \frac{a}{b^2(a+bu)} + \frac{1}{b^2}\ln\left|a+bu\right| + C$

52. $\displaystyle\int \frac{du}{u(a+bu)^2} = \frac{1}{a(a+bu)} - \frac{1}{a^2}\ln\left|\frac{a+bu}{u}\right| + C$

53. $\displaystyle\int \frac{u^2\,du}{(a+bu)^2} = \frac{1}{b^3}\left(a+bu-\frac{a^2}{a+bu}-2a\ln|a+bu|\right) + C$

54. $\displaystyle\int u\sqrt{a+bu}\,du = \frac{2}{15b^2}(3bu-2a)(a+bu)^{3/2} + C$

55. $\displaystyle\int \frac{u\,du}{\sqrt{a+bu}} = \frac{2}{3b^2}(bu-2a)\sqrt{a+bu} + C$

56. $\displaystyle\int \frac{u^2\,du}{\sqrt{a+bu}} = \frac{2}{15b^3}(8a^2+3b^2u^2-4abu)\sqrt{a+bu} + C$

57. $$\int \frac{du}{u\sqrt{a+bu}} = \frac{1}{\sqrt{a}} \ln\left|\frac{\sqrt{a+bu}-\sqrt{a}}{\sqrt{a+bu}+\sqrt{a}}\right| + C, \ a > 0$$
$$= \frac{2}{\sqrt{-a}} \tan^{-1}\sqrt{\frac{a+bu}{-a}} + C, \ a < 0$$

58. $$\int \frac{\sqrt{a+bu}}{u} du = 2\sqrt{a+bu} + a\int \frac{du}{u\sqrt{a+bu}}$$

59. $$\int \frac{\sqrt{a+bu}}{u^2} du = -\frac{\sqrt{a+bu}}{u} + \frac{b}{2}\int \frac{du}{u\sqrt{a+bu}}$$

60. $$\int u^n \sqrt{a+bu}\, du = \frac{2}{b(2n+3)}\left[u^n(a+bu)^{3/2} - na\int u^{n-1}\sqrt{a+bu}\, du\right]$$

61. $$\int \frac{u^n du}{\sqrt{a+bu}} = \frac{2u^n\sqrt{a+bu}}{b(2n+1)} - \frac{2na}{b(2n+1)}\int \frac{u^{n-1}du}{\sqrt{a+bu}}$$

62. $$\int \frac{du}{u^n\sqrt{a+bu}} = -\frac{\sqrt{a+bu}}{a(n-1)u^{n-1}} - \frac{b(2n-3)}{2a(n-1)}\int \frac{du}{u^{n-1}\sqrt{a+bu}}$$

삼각함수 형태

63. $$\int \sin^2 u\, du = \frac{1}{2}u - \frac{1}{4}\sin 2u + C$$

64. $$\int \cos^2 u\, du = \frac{1}{2}u + \frac{1}{4}\sin 2u + C$$

65. $$\int \tan^2 u\, du = \tan u - u + C$$

66. $$\int \cot^2 u\, du = -\cot u - u + C$$

67. $$\int \sin^3 u\, du = -\frac{1}{3}(2+\sin^2 u)\cos u + C$$

68. $$\int \cos^3 u\, du = \frac{1}{3}(2+\cos^2 u)\sin u + C$$

69. $$\int \tan^3 u\, du = \frac{1}{2}\tan^2 u + \ln|\cos u| + C$$

70. $$\int \cot^3 u\, du = -\frac{1}{2}\cot^2 u - \ln|\sin u| + C$$

71. $$\int \sec^3 u\, du = \frac{1}{2}\sec u\tan u + \frac{1}{2}\ln|\sec u + \tan u| + C$$

72. $$\int \csc^3 u\, du = -\frac{1}{2}\csc u\cot u + \frac{1}{2}\ln|\csc u - \cot u| + C$$

73. $\int \sin^n u\,du = -\frac{1}{n}\sin^{n-1}u\cos u + \frac{n-1}{n}\int \sin^{n-2}u\,du$

74. $\int \cos^n u\,du = \frac{1}{n}\cos^{n-1}u\sin u + \frac{n-1}{n}\int \cos^{n-2}u\,du$

75. $\int \tan^n u\,du = \frac{1}{n-1}\tan^{n-1}u - \int \tan^{n-2}u\,du$

76. $\int \cot^n u\,du = -\frac{1}{n-1}\cot^{n-1}u - \int \cot^{n-2}u\,du$

77. $\int \sec^n u\,du = \frac{1}{n-1}\tan u\sec^{n-2}u + \frac{n-2}{n-1}\int \sec^{n-2}u\,du$

78. $\int \csc^n u\,du = -\frac{1}{n-1}\cot u\csc^{n-2}u + \frac{n-2}{n-1}\int \csc^{n-2}u\,du$

79. $\int \sin au\sin bu\,du = \frac{\sin(a-b)u}{2(a-b)} - \frac{\sin(a+b)u}{2(a+b)} + C$

80. $\int \cos au\cos bu\,du = \frac{\sin(a-b)u}{2(a-b)} + \frac{\sin(a+b)u}{2(a+b)} + C$

81. $\int \sin au\cos bu\,du = -\frac{\cos(a-b)u}{2(a-b)} - \frac{\cos(a+b)u}{2(a+b)} + C$

82. $\int u\sin u\,du = \sin u - u\cos u + C$

83. $\int u\cos u\,du = \cos u + u\sin u + C$

84. $\int u^n\sin u\,du = -u^n\cos u + n\int u^{n-1}\cos u\,du$

85. $\int u^n\cos u\,du = u^n\sin u - n\int u^{n-1}\sin u\,du$

86. $\int \sin^n u\cos^m u\,du = -\frac{\sin^{n-1}u\cos^{m+1}u}{n+m} + \frac{n-1}{n+m}\int \sin^{n-2}u\cos^m u\,du$

$$= \frac{\sin^{n+1}u\cos^{m-1}u}{n+m} + \frac{m-1}{n+m}\int \sin^n u\cos^{m-2}u\,du$$

역삼각함수 형태

87. $\int \sin^{-1}u\,du = u\sin^{-1}u + \sqrt{1-u^2} + C$

88. $\int \cos^{-1}u\,du = u\cos^{-1}u - \sqrt{1-u^2} + C$

89. $\int \tan^{-1}u\,du = u\tan^{-1}u - \frac{1}{2}\ln(1+u^2) + C$

90. $\int u \sin^{-1} u\, du = \frac{2u^2-1}{4} \sin^{-1} u + \frac{u\sqrt{1-u^2}}{4} + C$

91. $\int u \cos^{-1} u\, du = \frac{2u^2-1}{4} \cos^{-1} u - \frac{u\sqrt{1-u^2}}{4} + C$

92. $\int u \tan^{-1} u\, du = \frac{u^2+1}{2} \tan^{-1} u - \frac{u}{2} + C$

93. $\int u^n \sin^{-1} u\, du = \frac{1}{n+1}\left[u^{n+1} \sin^{-1} u - \int \frac{u^{n+1} du}{\sqrt{1-u^2}}\right], \quad n \neq -1$

94. $\int u^n \cos^{-1} u\, du = \frac{1}{n+1}\left[u^{n+1} \cos^{-1} u + \int \frac{u^{n+1} du}{\sqrt{1-u^2}}\right], \quad n \neq -1$

95. $\int u^n \tan^{-1} u\, du = \frac{1}{n+1}\left[u^{n+1} \tan^{-1} u - \int \frac{u^{n+1} du}{1+u^2}\right], \quad n \neq -1$

지수함수와 로그함수 형태

96. $\int u e^{au} du = \frac{1}{a^2}(au-1)e^{au} + C$

97. $\int u^n e^{au} du = \frac{1}{a} u^n e^{au} - \frac{n}{a}\int u^{n-1} e^{au} du$

98. $\int e^{au} \sin bu\, du = \frac{e^{au}}{a^2+b^2}(a \sin bu - b \cos bu) + C$

99. $\int e^{au} \cos bu\, du = \frac{e^{au}}{a^2+b^2}(a \cos bu + b \sin bu) + C$

100. $\int \ln u\, du = u \ln u - u + C$

101. $\int u^n \ln u\, du = \frac{u^{n+1}}{(n+1)^2}[(n+1)\ln u - 1] + C$

102. $\int \frac{1}{u \ln u} du = \ln|\ln u| + C$

쌍곡선함수 형태

103. $\int \sinh u\, du = \cosh u + C$

104. $\int \cosh u\, du = \sinh u + C$

105. $\int \tanh u\,du = \ln\cosh u + C$

106. $\int \coth u\,du = \ln|\sinh u| + C$

107. $\int \operatorname{sech} u\,du = \tan^{-1}|\sinh u| + C$

108. $\int \operatorname{csch} u\,du = \ln\left|\tanh \frac{1}{2}u\right| + C$

109. $\int \operatorname{sech}^2 u\,du = \tanh u + C$

110. $\int \operatorname{csch}^2 u\,du = -\coth u + C$

111. $\int \operatorname{sech} u \tanh u\,du = -\operatorname{sech} u + C$

112. $\int \operatorname{csch} u \coth u\,du = -\operatorname{csch} u + C$

$\sqrt{2au-u^2}$, $a>0$를 포함하는 형태

113. $\int \sqrt{2au-u^2}\,du = \frac{u-a}{2}\sqrt{2au-u^2} + \frac{a^2}{2}\cos^{-1}\left(\frac{a-u}{a}\right) + C$

114. $\int u\sqrt{2au-u^2}\,du = \frac{2u^2-au-3a^2}{6}\sqrt{2au-u^2} + \frac{a^3}{2}\cos^{-1}\left(\frac{a-u}{a}\right) + C$

115. $\int \frac{\sqrt{2au-u^2}}{u}\,du = \sqrt{2au-u^2} + a\cos^{-1}\left(\frac{a-u}{a}\right) + C$

116. $\int \frac{\sqrt{2au-u^2}}{u^2}\,du = -\frac{2\sqrt{2au-u^2}}{u} - \cos^{-1}\left(\frac{a-u}{a}\right) + C$

117. $\int \frac{du}{\sqrt{2au-u^2}} = \cos^{-1}\left(\frac{a-u}{a}\right) + C$

118. $\int \frac{u\,du}{\sqrt{2au-u^2}} = -\sqrt{2au-u^2} + a\cos^{-1}\left(\frac{a-u}{a}\right) + C$

119. $\int \frac{u^2\,du}{\sqrt{2au-u^2}} = -\frac{u+3a}{2}\sqrt{2au-u^2} + \frac{3a^2}{2}\cos^{-1}\left(\frac{a-u}{a}\right) + C$

120. $\int \frac{du}{u\sqrt{2au-u^2}} = -\frac{\sqrt{2au-u^2}}{au} + C$

찾아보기

ㄹ

ㅁ

ㅂ

ㅅ

찾아보기

ㅇ

ㅈ

ㅊ

찾아보기